DICTIONNAIRE

DES

SCIENCES NATURELLES.

TOME XXII.

HUIT = IDYE.

DICTIONNAIRE

DES

SCIENCES NATURELLES,

DANS LEQUEL

ON TRAITE MÉTHODIQUEMENT DES DIFFÉRENS ÊTRES DE LA NATURE, CONSIDÉRÉS SOIT EN EUX-MÊMES, D'APRÈS L'ÉTAT ACTUEL DE NOS CONNOISSANCES, SOIT RELATIVEMENT A L'UTILITÉ QU'EN PEUVENT RETIRER LA MÉDECINE, L'AGRICULTURE, LE COMMERCE ET LES ARTS.

SUIVI D'UNE BIOGRAPHIE DES PLUS CÉLÈBRES NATURALISTES.

Ouvrage destiné aux médecins, aux agriculteurs, aux commerçans, aux artistes, aux manufacturiers, et à tous ceux qui ont intérêt à connoître les productions de la nature, leurs caractères génériques et spécifiques, leur lieu natal, leurs propriétés et leurs usages.

PAR

Plusieurs Professeurs du Jardin du Roi, et des principales Écoles de Paris.

TOME VINGT-DEUXIÈME.

F. G. LEVRAULT, Éditeur, à STRASBOURG,
et rue des Fossés M. le Prince, N.º 33, à PARIS.
LE NORMANT, rue de Seine, N.º 8, à PARIS.
1821.

Liste des Auteurs par ordre de Matières.

Physique générale.

M. LACROIX, membre de l'Académie des Sciences et professeur au Collége de France. (L.)

Chimie.

M. CHEVREUL, professeur au Collége royal de Charlemagne. (Ch.)

Minéralogie et Géologie.

M. BRONGNIART, membre de l'Académie des Sciences, professeur à la Faculté des Sciences. (B.)

M. BROCHANT DE VILLIERS, membre de l'Académie des Sciences. (B. de V.)

M. DEFRANCE, membre de plusieurs Sociétés savantes. (D. F.)

Botanique.

M. DESFONTAINES, membre de l'Académie des Sciences. (Desf.)

M. DE JUSSIEU, membre de l'Académie des Sciences, prof. au Jardin du Roi. (J.)

M. MIRBEL, membre de l'Académie des Sciences, professeur à la Faculté des Sciences. (B. M.)

M. HENRI CASSINI, membre de la Société philomatique de Paris. (H. Cass.)

M. LEMAN, membre de la Société philomatique de Paris. (Lem.)

M. LOISÉLEUR DESLONGCHAMPS, Docteur en médecine, membre de plusieurs Sociétés savantes. (L. D.)

M. MASSEY. (Mass.)

M. POIRET, membre de plusieurs Sociétés savantes et littéraires, continuateur de l'Encyclopédie botanique. (Poir.)

M. DE TUSSAC, membre de plusieurs Sociétés savantes, auteur de la Flore des Antilles. (De T.)

Zoologie générale, Anatomie et Physiologie.

M. G. CUVIER, membre et secrétaire perpétuel de l'Académie des Sciences, prof. au Jardin du Roi, etc. (G. C. ou CV. ou C.)

Mammifères.

M. GEOFFROY, membre de l'Académie des Sciences, professeur au Jardin du Roi. (G.)

Oiseaux.

M. DUMONT, membre de plusieurs Sociétés savantes. (Ch. D.)

Reptiles et Poissons.

M. DE LACÉPÈDE, membre de l'Académie des Sciences, professeur au Jardin du Roi. (L. L.)

M. DUMERIL, membre de l'Académie des Sciences, professeur à l'École de médecine. (C. D.)

M. CLOQUET, Docteur en médecine. (H. C.)

Insectes.

M. DUMERIL, membre de l'Académie des Sciences, professeur à l'École de médecine. (C. D.)

Crustacés.

M. W. E. LEACH, membre de la Société royale de Londres, Correspondant du Muséum d'histoire naturelle de France. (W. E. L.)

Mollusques, Vers et Zoophytes.

M. DE BLAINVILLE, professeur à la Faculté des Sciences. (De B.)

———

M. TURPIN, naturaliste, est chargé de l'exécution des dessins et de la direction de la gravure.

MM. DE HUMBOLDT et RAMOND donneront quelques articles sur les objets nouveaux qu'ils ont observés dans leurs voyages, ou sur les sujets dont ils se sont plus particulièrement occupés. M. DE CANDOLLE nous a fait la même promesse.

M. F. CUVIER est chargé de la direction générale de l'ouvrage, et il coopérera aux articles généraux de zoologie et à l'histoire des mammifères. (F. C.)

DICTIONNAIRE

DES

SCIENCES NATURELLES.

HUI

HUIT. (*Ornith.*) Ce nom, qui dans le département du Loiret désigne, suivant Salerne, le pinson commun, *fringilla cælebs*, Linn., est donné en Laponie au pluvier doré à gorge noire, *charadrius apricarius*, Linn. (Ch. D.)

HUITRE, *Ostrea*. (*Malacoz.*) Genre d'animaux mollusques, établi par Linnæus d'une manière extrêmement vague, et successivement de mieux en mieux défini et restreint par Bruguières, Poli et de Lamarck, tant pour l'animal que pour la coquille. En effet, c'est un genre aussi distinct par l'un que par l'autre, ce qui est assez rare dans la classe des mollusques acéphales et dans la conchyliologie moderne. Poli a proposé de lui donner le nom de *peloris*, dénomination sous laquelle il paroît que les anciens désignoient quelquefois les huîtres. En retranchant du genre Huitre de Linnæus les espèces qui forment les genres Peigne, Spondyle, Lime, Marteau, Vulselle, Perne, Houlette, Gryphée, il reste encore un nombre fort considérable de coquilles qui sont réunies en genre par les caractères suivans : Corps comprimé, plus ou moins orbiculaire, compris entre les lobes d'un manteau, libres dans presque toute leur circonférence, et dont le bord épais est garni d'une double rangée de papilles tentaculaires; l'abdomen sans aucune trace de pied; la bouche pourvue de deux paires de longs tentacules subbranchiaux; les branchies formées par deux paires de lames entièrement libres. Coquille bivalve, irrégulière, inéquivalve, inéquilatérale, de forme très-variable et plus ou moins feuilletée; sommet céphalique; valve droite plus grande, plus profonde, son sommet se prolongeant avec l'âge en une sorte de talon; valve gauche plane et plus ou moins operculiforme; charnière céphalique, sans dents; ligament inséré dans une fossette cardinale oblongue, sillonnée en travers; impression musculaire unique subcentrale.

Willis est le premier qui ait donné l'anatomie de l'huître, dans son savant ouvrage *De anima brutorum* : depuis ce temps plusieurs autres auteurs, et surtout Poli, dans son grand ouvrage sur les testacés des Deux-Siciles, y ont ajouté beaucoup de détails intéressans et plus ou moins comparatifs avec ce qui a lieu dans les genres voisins. Je vais en faire connoître quelques-uns, en y joignant ce que j'ai observé moi-même.

Le corps de l'huître est placé dans sa coquille de manière que l'extrémité où se trouve la bouche, ou l'antérieure, correspond aux sommets et au ligament, et que la postérieure ou anale est opposée, ou dans la partie la plus large : il n'est pas régulièrement symétrique, étant un peu plus épais du côté droit ; mais cette irrégularité est beaucoup moins considérable que celle des valves de la coquille pourroit le faire croire. La forme générale du corps est un peu ovale, plus élargie et plus arrondie en arrière qu'en avant, où il est bordé par une ligne droite, ou comme tronqué : c'est presque dans cette seule ligne que les bords du manteau sont réunis, en formant au devant de la tête une sorte de capuchon et de cavité antérieure, où se trouve la bouche ; au-delà, en-dessus comme en-dessous, ils sont entièrement libres dans toute leur circonférence. Ces bords, qui sont fort épais, sont évidemment formés de deux lignes de tentacules : la première, interne, simple, est composée d'un seul rang de papilles plus longues et en nombre égal aux muscles saillans a la face interne du manteau, et qui ont traversé un bourrelet transversal régnant dans toute sa circonférence; la seconde ligne de tentacules forme une sorte de frange externe, composée de deux à trois rangs de papilles plus courtes. Ce sont ces organes

qui sont le siége le plus actif de la sensibilité dans les huîtres.
Les bords de ce manteau sont du reste rétractés avec plus de
force à l'intérieur, au moyen d'un très-grand nombre de muscles très-fins, mais bien évidens, qui de la circonférence du
muscle adducteur s'irradient à la circonférence du manteau ;
et celui-ci est certainement composé de deux lames, puisque
la matière jaune qu'on regarde comme les œufs, s'y développe en commençant toujours par la partie qui recouvre
la tête.

Les organes de la locomotion générale sont presque nuls :
en effet, il n'y a aucune trace de ce faisceau de muscles
qui se voit au-dessous du corps ou sous le ventre de beaucoup de mollusques acéphales, et auquel on a donné le nom
de pied ou de langue ; mais, en compensation, on trouve
un muscle adducteur subcentral très-puissant. Sa forme est
un peu variable et ordinairement plus haute que large : il offre
les traces d'une division en deux parties, auxquelles M. le
docteur Leach a assigné, dans ces derniers temps, des usages
différens, comme nous le verrons à l'article de l'organisation
des Malacozoaires en général. Du reste, ce muscle, qui est
évidemment l'analogue du muscle postérieur des autres bivalves, est composé de fibres transverses qui se portent d'une
valve à l'autre.

L'enveloppe coquillière ou protectrice des huîtres est assez
épaisse, nacrée à l'intérieur, et plus ou moins grossièrement
feuilletée ou lamelleuse à l'extérieur. Sa forme est en général irrégulière, ce qui tient souvent aux circonstances extérieures, ou à la gêne qu'elle éprouve plus d'un côté que
de l'autre par le contact d'un corps étranger. La valve inférieure ou droite est toujours plus épaisse et plus concave.
Comme l'animal tend toujours vers la circonférence, il
semble abandonner la partie antérieure ou celle du sommet,
en sorte que celui-ci paroît pousser avec l'àge, et forme une
espèce de talon en dehors et de capuchon en dedans. C'est
cette valve seule qui adhère aux corps sous-marins d'une
manière plus ou moins forte, et en se moulant quelquefois
sur eux ; c'est aussi elle dont les lames d'accroissement sont
plus visibles et plus séparées. A l'intérieur cette valve, qui
est ordinairement d'un blanc plus ou moins nacré, offre un

endroit où les deux lames ou couches, dernièrement formées, sont distantes des autres, et séparent ainsi une cavité sans communication extérieure et qui contient une eau limpide, mais toujours d'une fétidité remarquable. On ignore l'usage de cette eau. La valve supérieure est toujours plus petite, ordinairement plate et plus ou moins operculiforme : c'est la seule qui se meuve. Le ligament qui réunit ces deux valves est très-fort, très-élastique et d'un brun foncé.

La bouche est située, comme nous avons déjà eu l'occasion de le dire, sous l'espèce de capuchon produit par la réunion des deux lobes du manteau ; elle est formée par un rebord fort mince, sans aucun autre appareil que deux paires de tentacules lamelleux : la première, qui lui est supérieure ou antérieure, est l'analogue des véritables tentacules des mollusques céphalés, et la seconde, qui est postérieure, représente les tentacules buccaux, surtout à la face externe ; leur structure a réellement beaucoup de rapports avec celle des branchies. A la suite de cette bouche, qui est fort grande et très-dilatable, vient l'estomac, qui n'est qu'une poche creusée dans le foie, avec une membrane interne très-mince, adhérente. On y voit de grandes ouvertures ovales, béantes, qui sont les pores hépatiques ; car le foie, qui est verdâtre, entoure l'estomac de toutes parts. De cet estomac partent, en-dessous, une sorte de cœcum, qui se prolonge sous le muscle adducteur, et en-dessus, le canal intestinal, qui, après deux ou trois circonvolutions dans le foie, se porte sur le muscle adducteur, et se termine par un orifice en forme d'entonnoir libre dans l'étendue d'une à deux lignes et placé exactement dans la ligne médiane et dorsale.

Les organes de la respiration sont formés par deux paires de grandes lames branchiales placées, de chaque côté du corps, entre la masse viscérale et le manteau ; la lame externe est plus courte que l'interne. En effet, celle-ci n'est étendue que depuis les appendices buccaux internes et postérieurs, auxquels elle touche, jusqu'un peu en arrière de la terminaison de l'anus ; tandis que l'externe part de la racine de l'appendice tentaculaire externe ou antérieur pour se terminer à peu près au même point. C'est en cet endroit qu'il y a une adhérence ou un point étroit de réunion avec le manteau, de manière que la grande ouverture de la circonférence de celui-ci est ainsi partagée en deux, l'une supérieure ou dorsale, et l'autre inférieure ou ventrale. C'est dans cette partie seulement que se trouve l'appareil papillaire marginal : chaque double lame branchiale d'un côté se joint à celle de l'autre dans toute la longueur dorsale, si ce n'est à la racine de la lame interne, sans qu'il y ait aucune trace de l'ouverture que l'on trouve en cet endroit dans beaucoup d'autres bivalves, en sorte que l'abdomen proprement dit, ou la masse viscérale, se trouve tout en-dessus et en avant.

Cette disposition des branchies, si différente en apparence de ce qui a lieu dans les autres bivalves, a entraîné une disposition du cœur également tout autre : en effet, au lieu d'être supérieur ou dorsal et comme traversé par le rectum, il est, pour ainsi dire, resté en avant du muscle adducteur, entre la masse viscérale et lui, bien séparé dans son péricarde. Il est donc aussi beaucoup plus profondément retiré que dans les autres acéphales, et, ce qui le fait encore plus aisément distinguer, c'est que l'oreillette est d'un brun presque noir. L'aorte qui en naît, se divise presque aussitôt en trois branches : l'une qui va vers la bouche et ses tentacules ; la seconde au foie et à l'estomac, et la troisième aux parties postérieures, à peu près comme dans les autres mollusques acéphales.

Les organes de l'appareil de la génération et le système nerveux n'ont pas encore été observés plus complétement que dans les autres mollusques bivalves, et paroissent d'ailleurs ne pas beaucoup différer de ce qu'ils sont dans ceux-ci.

Les huîtres sont regardées assez généralement comme étant presque au dernier rang de l'animalité, mais vraiment à tort, puisqu'au-dessous d'elles se trouve encore un assez grand nombre d'animaux qui leur sont certainement inférieurs sous le rapport de l'organisation, comme sous celui de ses résultats. Ce qui les fait ainsi considérer, c'est que pour la plupart elles vivent fixées à des corps sous-marins ou à des individus de leur espèce, et que l'on pense qu'elles ne sont pas susceptibles de changer de place : c'est néanmoins une erreur ; certaines espèces peuvent se mouvoir, sinon au moyen d'un pied, puisqu'elles n'en ont aucune trace, mais du moins en ouvrant et fermant brusquement leur coquille, comme le font plusieurs autres bivalves, de manière à se retourner quand par hasard elles sont sens dessus-dessous. Si leur sensibilité est presque nulle ou du moins fort obtuse dans la plus grande partie de leur corps, il n'en est pas de même du bord papillaire de leur manteau : au moindre contact d'un corps extérieur sur les filets tentaculaires, au moindre mouvement un peu brusque de l'eau, il se retire, et l'animal ferme sa coquille. On doit cependant convenir que, la plupart se fixant plus ou moins complétement avec l'âge et toujours par leur valve inférieure, elles sont obligées de vivre aux lieux où elles sont nées. Quelques espèces forment, en effet, par une accumulation successive des individus, des couches ou bancs souvent fort étendus et fort épais, tandis que d'autres restent plus ou moins libres ou solitaires.

On en trouve, à ce qu'il paroît, dans toutes les mers ; mais il semble que ce n'est jamais à de très-grandes profondeurs, ni surtout à une grande distance des rivages. Ce sont les golfes formés par l'embouchure des grandes rivières, ou ceux même où les eaux sont le plus tranquilles, qu'elles recherchent davantage ; mais jamais, à ce qu'il nous semble, les huîtres ne vivent entièrement dans les eaux douces, et ne s'y plaisent, comme le dit Pline. Certaines espèces vivent, il est vrai, dans la partie des rivières où remonte la mer, de manière à rester à sec pendant les basses eaux : c'est ce qui a surtout lieu pour l'huître des mangliers. Alors elles ferment exactement leur coquille : dans leur état ordinaire, c'est-à-dire dans l'eau, elles la laissent entre-baillée, la ligne marginale de leurs papilles tentaculaires bordant presque toute la fente. Au moindre contact d'un corps étranger sur ces tentacules seulement, elles la ferment plus ou moins complétement, et peuvent aussi y renfermer quelques petits crustacés, surtout du genre des pinnothères, mais qui ne servent pas à leur nourriture. En effet, la nourriture des huîtres se compose très-probablement d'animaux encore plus petits, d'infusoires, de molécules animées, et même de matières animales, si abondamment répandues dans les eaux de la mer ; car, malgré la grandeur de leur ouverture buccale, la mollesse des bords de cette ouverture, sa position, ne permettent pas de croire que les huîtres puissent se nourrir d'alimens un peu résistans, et la confiance avec laquelle nous mangeons ces animaux, fait croire que jamais leur estomac ne contient des corps un peu durs. Aussi admet-on généralement que l'eau de la mer dans laquelle elles vivent, continuellement attirée et rejetée dans le manteau, apporte à la fois la matière de la respiration et celle de la nutrition.

Les huîtres n'ayant, comme les autres mollusques bivalves, que le sexe femelle d'évident, il en doit résulter un véritable hermaphrodisme; et, en effet, il paroît certain qu'un seul individu peut se reproduire et continuer l'espèce. Les œufs, quand ils sont rejetés, le sont sous la forme de frai ou d'une sorte de fluide blanc, assez semblable à une goutte de suif, dans lequel on aperçoit au microscope une quantité innombrable de petites huîtres. La matière dans laquelle elles nagent ainsi, sert sans doute à les agglutiner aux corps sous-marins ou bien aux individus de la même espèce; alors les nouvelles, en se développant, étouffent pour ainsi dire les anciennes, en ne permettant pas que l'eau leur arrive, ou en les empêchant d'ouvrir leur coquille. C'est ainsi que se forment ces immenses bancs d'huîtres que l'on trouve sur nos côtes, et qui, malgré la destruction immense qu'on en fait depuis plusieurs centaines d'années, semblent ne s'épuiser jamais. Les espèces qui ne se fixent pas ou qui ne le font pas à plat, ne se trouvant pas dans des circonstances aussi favorables pour l'adhérence du frai, paroissent, en général, moins multipliées.

On ignore entièrement le mode d'accroissement des huîtres et la durée de leur vie : il paroît cependant que, comme l'accroissement est assez lent, si un individu pouvoit être placé dans des circonstances favorables , c'est-à-dire n'être pas étouffé par sa progéniture, il vivroit fort long-temps; mais c'est sur quoi nous n'avons aucune donnée bien positive. Si l'on peut cependant ajouter foi à ce que disent les habitans de Marennes, sur la côte de l'océan, il paroît qu'elles ne vivent guère au-delà de dix ans. Trois jours après le dépôt du frai, la coquille de la petite huître a déjà trois lignes de large ; à trois mois elle est de la grandeur d'une pièce de trente sous; à six, de celle d'un écu de trois livres, et, enfin, à un an elle est grande comme une pièce de six livres. Les pêcheurs de cette côte distinguent l'âge des huîtres par les stries d'accroissement de la coquille. Quand elles approchent de leur terme, celle-ci est très-grande par rapport à l'animal, qui maigrit et diminue de plus en plus. Comme les huîtres peuvent clore très-complétement leur coquille et renfermer ainsi une grande quantité d'eau dans leur intérieur, elles peuvent vivre assez long-temps hors de ce liquide, surtout si l'on empêche l'action desséchante de l'air sur leur têt, et si on les met dans leur position naturelle. Cette faculté, qui permet de les transporter à d'assez grandes distances, facilite le commerce assez étendu auquel elles donnent lieu.

Les huîtres, en effet, qui ne nous causent absolument aucun tort, autre quelquefois que celui de contribuer à rétrécir ou à diminuer la profondeur d'une baie, nous sont d'une assez grande utilité, puisque, de temps presque immémorial, elles sont employées à la nourriture de l'homme, fraîches, desséchées ou même cuites, mais surtout à l'état frais. Les Grecs et surtout les Romains, lorsqu'ils furent parvenus à faire contribuer la terre et les mers des différentes parties du monde pour couvrir la table des Lucullus et des Apicius, en faisoient un très-grand cas, et ils attachoient une grande importance à la localité d'où elles provenoient. Celles des Dardanelles, de Venise, de la baie de Cumes, d'Angleterre, étoient celles qu'ils préféroient ; mais ils attachoient surtout un très-grand prix à celles qui, amenées de ces différens lieux et peut-être de lieux encore plus éloignés, étoient transportées dans de grands bateaux, *lacubus ligneis*, et déposées dans le lac Lucrin, où elles engraissoient beaucoup. Le premier Romain qui eut l'idée d'établir ainsi une sorte de parc, fut Sergius Orata, à Baies, dans le temps de la guerre des Marses. Il paroît que les Romains préféroient celles qui ont les bords du manteau de couleur brun-foncé, presque noire, et qu'ils leur donnoient un nom particulier, celui de *calliblephara*, mot qu'on suppose cependant corrompu ; ce sont celles que vulgairement on nomme chez nous des individus mâles, mais bien à tort, puisque les huîtres sont toutes hermaphrodites. Les Romains mangeoient les huîtres crues et, à ce qu'il paroît, également cuites, avec des assaisonnemens variés, dans lesquels il entroit du poivre, des jaunes d'œufs, du vinaigre, de l'huile, du vin, etc. Mais il n'est pas probable qu'ils en aient jamais fait une aussi grande consommation que les Européens actuels : aussi les huîtres sont-elles aujourd'hui l'objet d'un commerce très-important, non-seulement dans la pêche, mais encore dans leur parcage.

Nous allons entrer dans quelques détails à ce sujet, en nous aidant d'un article intéressant publié sur l'huître considérée économiquement, dans le Nouveau Dictionnaire d'histoire naturelle, par le zélé patriote M. Lair, de Caen ; et d'un petit écrit publié tout nouvellement par un habitant de Marennes, en y ajoutant ce que nous avons observé nous-mêmes.

Les huîtres qui sont livrées au commerce dans une grande partie du nord de l'Europe et surtout à Paris, proviennent de la baie de Cancale sur les côtes de la Manche, entre le bourg de ce nom, le mont Saint-Michel et Saint-Malo. Le fond de cette baie paroît uni, solide et sans courant : toutes circonstances favorables pour la reproduction de ces animaux. Elle doit être fort considérable, et le banc que les huîtres ont produit doit être extrêmement étendu, pour suffire à la pêche continuelle qui s'y fait depuis si long-temps, sans qu'il y ait aucun signe de diminution. Cependant, de 1774 à 1777 les Anglois en emportèrent un si grand nombre, dans l'intention d'en former un banc presque artificiel sur leurs côtes, qu'on s'aperçut d'une diminution dans la baie ; mais elle ne fut pas sensible long-temps. Quoique les François aient seuls, pour ainsi dire, le droit d'y faire la pêche, elle est ouverte à toutes les nations, mais non pas à toutes les époques de l'année. Elle commence ordinairement à la fin de septembre et finit en avril ; pendant les autres mois, elle est sévèrement interdite, parce que c'est l'époque du frai, et qu'on suppose que l'huître alors est de mauvaise qualité. Cette idée, que je crois erronée, est bonne à conserver ; sans quoi la pêche continuelle détruiroit bientôt le banc, non-seulement en enlevant les individus adultes, mais surtout en détruisant le frai ou la reproduction. Cette pêche est bien simple : elle est exécutée au moyen de la drague, espèce de grand rateau de fer, derrière lequel est attachée une poche en cuir, et qui est traîné par un bateau allant à toutes voiles. En ratissant ainsi la surface du banc, on en prend quelquefois d'un seul coup jusqu'à onze ou douze cents. Ces huîtres, débarquées dans les ports de Granville et de Cancale, sont ensuite transportées dans les différens endroits où l'on a établi des parcs. Ces parcs, dont nous allons donner la description, ne servent pas seulement à conserver les huîtres et à en faciliter la vente, mais à les améliorer, comme les gourmands romains s'en étoient aperçus depuis long-temps. En effet, l'huître, quand elle sort de la mer, sent ordinairement la vase, est plus ou moins dure et d'assez mauvais goût; elle n'acquiert presque toutes les qualités que nous lui demandons que dans les parcs. Ce sont tout simplement des réservoirs plus ou moins vastes, creusés dans le sol ou même dans la pierre, comme à Étretat, et dans lesquels on peut, à volonté, conserver l'eau de mer qui y est entrée dans la marée très-haute, ou l'en faire écouler. Eu général, ces excavations, qui sont parallélogrammiques, n'ont que quelques pieds de profondeur, et leurs parois sont en talus; elles communiquent avec la mer au moyen d'un canal plus ou moins long et pourvu d'une petite vanne. Quand on veut changer l'eau, on lève la vanne à la fin de la marée basse, et le réservoir se remplit à la marée haute. On tapisse le fond et les côtés de ces fosses de galets ou de très-gros sable ; car l'on doit éviter avec soin la vase, qui est toujours fort nuisible aux huîtres : il faut aussi éviter que le mouvement des eaux ne soit pas assez considérable pour pouvoir faire entrer des grains de sable dans les coquilles. Quand le parc est ainsi disposé, on place les huîtres dans leur position naturelle, c'est-à-dire horizontalement, la valve bombée en-dessous sur une partie de la hauteur du talus, assez profondément pour qu'elles ne puissent être que difficilement atteintes par les voleurs, et cependant pas trop, pour éviter, le plus possible, le dépôt de la vase. Plus l'amareilleur (on donne ce nom à l'homme chargé de gouverner un parc) a placé convenablement les huîtres, plus il les remue avec précaution, et surtout plus il évite le dépôt vaseux qui tend toujours à se faire (et cela en lavant les parois du parc, en jetant de l'eau sur les huî-tres, préalablement et momentanément mises à sec); plus tôt il aura rendu ses huitres bonnes et marchandes. Il doit aussi rejeter avec soin celles qui seroient mortes, ce qui est très-aisé à reconnoître, vu que ce sont celles qui restent entre-baillées quand l'eau est retirée. Il y a quelques doutes sur la préférence que l'on doit donner aux parcs, suivant que l'eau qu'ils contiennent est renouvelée à toutes les marées, comme à Étretat et à Saint-Vast, sur les côtes de l'océan, ou qu'elle ne l'est que deux fois par mois, comme à Courseul, au Hàvre, à Dieppe, à Marennes, etc. : dans le premier cas, l'huitre est peut-être un peu plus dure, plus coriace, que dans le second ; mais il faut toujours que l'eau soit bien claire et bien limpide.

Quoi qu'on en ait dit, l'eau douce est à craindre pour nos huitres, du moins lorsque la quantité qui en est introduite dans les parcs, soit par les grandes pluies, soit par des débordemens, devient trop considérable : c'est ce que l'expérience a mis hors de doute pour les Courseulois, dont les parcs peuvent être remplis d'eau douce par les débordemens de la Seule. C'est une preuve de la nécessité de renouveler plus fréquemment l'eau des parcs dans le temps des grandes pluies. Comme les huitres craignent également le froid, il est évident qu'il seroit à désirer qu'elles fussent placées à une assez grande distance de la surface de l'eau ; mais il en résulteroit un autre inconvénient, c'est qu'elles seroient moins facilement inspectées.

De toutes ces considérations il résulte que, pour qu'un parc d'huitres soit bien établi, il faut qu'il soit dans des lieux abrités du vent, pour éviter l'agitation de l'eau et par suite l'entrée de grains de sable dans les coquilles ; que le fond du terrain ne soit pas vaseux, ou qu'il soit bien tapissé de galets et de gros sable, pour que l'animal perde son goût de vase, et ne le prenne pas ; que la masse d'eau soit assez considérable, surtout si elle ne peut être changée à chaque marée, pour éviter une trop grande proportion d'eau douce provenant des pluies ; que les huitres puissent être placées assez profondément pour éviter le froid, mais pas assez pour qu'elles cessent d'être vues aisément par l'amareilleur, sans quoi il ne pourroit rejeter les individus morts. Enfin, plus on sera maître de renouveler ou de ne pas renouveler l'eau, plus on pourra agir sur les huîtres pour les modifier. Si l'on désire avoir des huîtres blanches, bien claires, bien blondes et même plus grosses, il faut pouvoir changer l'eau à toutes les marées, comme à Étretat et dans différens points de l'océan ; si, au contraire, on désire les avoir plus petites, plus tendres et surtout les rendre vertes, il faut laisser les huîtres dans la même eau pendant un temps plus ou moins long, suivant la saison et quelques circonstances, probablement atmosphériques, que l'on connoît assez peu.

Ce qu'il y a de certain, c'est que les huîtres vertes sont absolument de la même espèce et proviennent des mêmes lieux que les huîtres blanches, et qu'on peut verdir celles-ci à peu près à volonté. Pour cela on choisit un parc en général assez petit, et on y fait entrer l'eau de la mer, qu'on y conserve plus ou moins de temps sans la changer. Quand les cailloux qui en tapissent les parois commencent à verdir, on y met les huîtres ; mais on est obligé de les placer avec beaucoup plus de précaution que l'on ne fait pour les huîtres ordinaires, et de manière à ce qu'elles ne soient pas les unes sur les autres. Il en résulte que, dans un espace donné, on peut à peine placer, en huîtres à verdir, le tiers des huîtres ordinaires qu'on y auroit mises. Quelquefois il suffit de trois jours pour que les huîtres acquièrent une légère couleur verte ; mais il faut un mois pour qu'elle soit plus foncée. Les huîtres ne verdissent ni dans les mois d'hiver, ni dans ceux de grande chaleur ; il faut pour cela une chaleur modérée, comme en mars, avril, septembre et octobre. Les temps de pluie et d'orage sont, dit-on, défavorables, ainsi que l'agitation de l'eau, par le vent du nord surtout. En général, il est des années où les huîtres verdissent aisément, tandis que dans d'autres à peine le peuvent-elles. Quelle est la cause de cette coloration, que d'autres mollusques peuvent également éprouver ? Certainement ce n'est pas que ces animaux se nourrissent de fucus, ni même de matière verte. Cela ne tiendroit-il pas à une sorte d'état de maladie ? C'est ce qui me semble être probable jusqu'à un certain point ; car les huîtres vertes sont, en général, plus petites. Mais M. Gaillon pense que cela tient réellement à la pénétration dans tout leur tissu d'un animalcule d'une belle couleur verte, et qu'il a désigné sous le nom de Vibrion de l'huître. (Voyez son Mémoire à ce sujet, dans le Journal de phys.) Je penserois donc volontiers que c'est à cet état d'atonie, provenant des circonstances défavorables dans lesquelles est l'animal, qu'est due cette pénétration des animalcules. Quoi qu'il en soit (car l'habitant de Marennes dont nous avons parlé plus haut, traite cette opinion presque de ridicule, on ne sait trop pourquoi), c'est aux précautions nombreuses que les amareilleurs sont obligés de prendre pour faire verdir les huîtres qu'est due leur plus grande cherté, qui est cependant moindre qu'autrefois, où l'on pensoit, dit-on, à Paris, qu'il falloit les nourrir avec des herbes fort chères.

Ce que nous venons de dire sur l'art de faire verdir les huîtres, est tiré des observations de M. Lair et des nôtres mêmes, sur les côtes de Normandie ; mais il paroît que sur celles du pays d'Aunis cet art est beaucoup plus perfectionné encore, et en effet c'est de ces lieux que proviennent les excellentes huîtres vertes de Marennes. Les hommes qui s'occupent de cette sorte d'éducation, ne prennent pas toutes sortes d'huîtres ; ils choisissent les individus qui n'ont qu'un an, et surtout ceux qui proviennent d'huîtres déjà vertes : ils vont les prendre à la main sur les rochers, dans les couraux d'Oléron, ou bien ils les détachent de grands individus pêchés à la drague, et plus profondément ; ils choisissent encore les individus les mieux conformés. Les parcs dans lesquels ils les placent, se nomment des *claires :* ce sont des étendues de terroirs, rarement de plus de quatre cents toises, de circonférence, situées sur les rives du confluent de la rivière de Sendre, et surtout sur la rive droite. Chaque parc est enclos de murs de trois pieds de hauteur au plus, et peut communiquer avec la rivière, ou mieux avec la mer, aux grandes marées, deux fois par mois seulement, au moyen d'un petit canal pourvu d'une écluse ; tout autour et en dedans de l'enceinte est un canal de trois pieds de profondeur, pour le dépôt de la vase. Le milieu ou le terre-plein est lisse et uni comme une allée de jardin, et l'on a soin de n'y laisser aucune herbe. C'est dans cet endroit qu'un an environ après sa disposition on place les huîtres bien à plat et bien isolées; puis on y fait entrer l'eau, qu'on maintient à six pouces seulement de hauteur, si ce n'est dans les grandes chaleurs ou dans les grands froids, où on l'élève autant que possible. Les huîtres restent ainsi quelquefois plus de deux ans avant d'être marchandes, et demandent beaucoup de soins de la part des surveillans, pour les changer de place et les transporter même dans d'autres claires, ce qui hâte la verdeur. Pour éviter le dépôt de la vase, il faut que le mélange d'eau salée et d'eau douce soit convenable, et que les crabes ne s'introduisent pas dans le parc. Avec toutes ces précautions, les huîtres vertes qu'on obtient sont d'une qualité très-supérieure. Quant à la cause de cette verdeur, on l'attribue à un ensemble de circonstances, comme à la nature du sol, à celle des eaux, et surtout au mélange de l'eau douce et de l'eau salée; à l'influence de l'action solaire, du vent de nord-est, d'une température modérée, et nullement à une seule et unique cause immédiate : et, en effet, M. l'observateur de Marennes fait beaucoup d'objections à la manière de voir de M. Gaillon; mais il seroit trop long de les énumérer.

Le transport des huîtres, ainsi devenues marchandes, demande encore quelques précautions : il faut toujours les placer dans leur position naturelle, c'est-à-dire horizontalement, la valve creuse en-dessous, afin qu'elles perdent moins de l'eau qui baigne leurs branchies; il est également avantageux qu'elles soient enveloppées de fucus ou de plantes marines pour éviter l'action desséchante de l'air. Plus le transport en est prompt, plus il est préférable, surtout dans les temps un peu chauds; or, comme ce mode est fort coûteux, pendant l'hiver, on voit arriver les huîtres à Paris dans d'assez grands bateaux qui viennent de Saint-Vast par la Somme : c'est alors qu'elles sont à si bon marché à Paris. Il y a quelques années, on avoit eu l'idée de ne plus envoyer les huîtres à sec, mais dans un bateau plein d'eau de mer, à la manière des Romains : l'essai n'a pas réussi; car une aussi petite quantité d'eau contenant tant d'animaux, ne pouvant être renouvelée, s'est bientôt putréfiée, comme le fait en général aisément l'eau de mer, et a causé la mort d'un si grand nombre d'huîtres que la police a été forcée de tout faire submerger.

Les huîtres de bonne qualité sont en général d'une facile digestion, mais peu nutritives, surtout quand on les mange crues. On les recherche comme servant à ouvrir l'appétit, ce qu'elles font par la nature de l'eau agréablement salée qu'elles contiennent. On cite des personnes qui peuvent en manger quinze à vingt douzaines dans un déjeûner sans en être incommodées. Il n'en seroit pas de même si elles avoient été cuites : alors elles deviennent plus dures, plus coriaces et, par conséquent, plus indigestes. On les mange aussi marinées avec du vinaigre et des fines herbes : dans cet état, elles sont envoyées dans des lieux fort éloignés de la mer, empilées les unes sur les autres, sans coquilles, et dans de petits barils.

Si les huîtres offrent presque toujours une nourriture légère et agréable, il arrive aussi, quoique rarement, qu'elles produisent des accidens assez graves. On croit généralement que ces accidens sont plus fréquens lorsqu'on les mange dans certains mois de l'année, lorsqu'elles déposent leur frai, comme en juin, juillet et août, au point qu'autrefois il étoit défendu d'en exposer en vente, à ces époques, à Paris ; mais aujourd'hui il y en a toute l'année, et je n'ai pas entendu dire qu'on en ait éprouvé d'incommodités. Dans ces dernières années, au Hàvre, plusieurs praticiens fort distingués de cette ville, ayant eu l'occasion d'observer des coliques assez graves sur plusieurs individus qui avoient mangé des huîtres provenant d'un parc creusé dans un terrain de dépôt vaseux, depuis peu de temps délaissé par la mer, crurent devoir attribuer cette maladie à l'ingestion de ces huîtres; mais cette manière de voir, qui pouvoit jusqu'à un certain point se concevoir, n'a pas eu de suite ; et depuis ce temps l'on a mangé, sans aucun accident, des huîtres provenant de ce parc, qui m'a paru l'un des mieux disposés de tous ceux que j'ai visités.

L'espèce d'huître qu'on mange le plus communément, est celle à laquelle on a justement, à cause de cela, donné le nom d'édule, *ostrea edulis*, parce que c'est aussi celle qu'on trouve en plus grande abondance dans l'Océan et dans la Manche ; mais il en est encore beaucoup d'autres qui servent à la nourriture de l'homme, comme l'huître pied-de-cheval, qui existe dans presque toute la Manche, et qui est beaucoup plus grosse et par conséquent plus dure. En général, il paroît que les huîtres des pays chauds sont moins agréables que les nôtres, que cela tienne à l'espèce ou au climat.

Je ne m'arrêterai pas à exposer les qualités thérapeutiques que l'on a attribuées aux huîtres, parce que je n'en connois aucune qui puisse résister à un examen attentif. Je dirai seulement que, dans certains pays qui manquent de pierre calcaire, on emploie avec beaucoup d'avantage leurs coquilles pour en faire, par la calcination, de la chaux excellente.

La détermination des véritables espèces de ce genre est extrêmement difficile, ce qui tient à ce que la coquille est toujours plus ou moins irrégulière, souvent à cause de la forme des corps auxquels la valve inférieure adhère, ou parce que, dans la même espèce, on ne trouve jamais deux individus semblables.

Bruguières avoit commencé à débrouiller ce genre, comme on le voit d'après les planches de l'Encyclopédie ; M. de Lamarck a suivi ses indications. Le nombre des espèces vivantes qu'il caractérise, est de quarante-huit. Nous allons en faire connoître les principales, en suivant la disposition qu'il a adoptée.

A. *Espèces dont le bord des valves est simple ou ondé,*
mais non plissé.

L'Huître comestible ; *Ostrea edulis*, Linn. ; Gmel., Encycl., pl. 184, fig. 7 et 8. Coquille ronde-ovale, sub-atténuée vers les sommets ; les lames d'accroissement imbriquées, ondulées ; la valve supérieure plane.

On en trouve quelques variétés, dont une est un peu auriculée, et une autre a le sommet prolongé, ce qui tient à l'àge.

C'est près de cette espèce que M. de Lamarck rapporte

une huître fossile qu'il nomme *ostrea edulina*, qui se trouve aux environs de Paris, dans la Normandie, le Piémont, etc.

L'Huître pied-de-cheval ; *Ostrea hippopus*, Lamk. Cette espèce, qui est distinguée de la précédente pour la première fois, paroît réellement en différer : elle est toujours beaucoup plus grande ; elle est plus arrondie, plus épaisse, et ses lames d'accroissement sont plus minces et plus déprimées.

Elle se trouve dans toute la Manche.

L'Huître vénitienne ; *Ostrea adria'ica*, Lamk. ; Knorr, *Vergn.*, 5, tom. 14, fig. 3 - 5. Coquille obliquement ovale, même subrostrée, plane en - dessus ; les lames planes ; un côté intérieur denticulé près la charnière. Golfe de Venise.

L'Huître cuiller ; *Ostrea cochlear*, Poli, *Test.*, 2, pl. 28, fig. 28. Coquille très-mince, très-fragile, presque sans lamelles, suborbiculaire, concave en-dessus ; teinte de rose. Méditerranée.

L'Huître en crête ; *Ostrea cristata*, Lamk. ; Adans., Sénég., tab. 14, fig. 4. Coquille fort mince, ronde, dilatée ; la valve supérieure aplatie, plus petite que l'autre, et formée de lames membraneuses, imbriquées et bien distinctes. De la mer Atlantique australe.

L'Huître parasite; *Ostrea parasitica*, Gmel. ; Gasar et Vetan, Adans., Sénég., tab. 14, fig. 1 et 3. Coquille mince, toujours oblongue, droite, glabre ; le sommet obtus, d'un blanc violacé.

C'est l'huître connue dans nos colonies sous le nom d'huître des mangliers.

L'Huître d'Alger ; *Ostrea ruscuriana*, Lamk. Coquille épaisse, ovale-oblongue ; le crochet inférieur en capuchon ; blanche intérieurement, si ce n'est au bord, qui est d'un pourpre noir ; le bord supérieur droit. Côtes d'Afrique.

L'Huître étroite ; *Ostrea virginica*, Lamk., Encycl. méth., pl. 175, fig. 1 - 5. Coquille alongée, étroite, presque droite, très-épaisse, lamelleuse ; la valve supérieure plane ; les crochets se prolongeant beaucoup avec l'âge ; l'impression musculaire violette : 16 centimètres ou 6 pouces de longueur.

Elle habite les côtes de Virginie, et on la trouve fossile près de Bordeaux.

L'Huître lactescente; *Ostrea canadensis*, Lamk., Encycl.

méth., pl. 180, fig. 1-3. Très-rapprochée de la précédente, mais plus grande, plus large et plus épaisse encore ; elle est plus courte, et sa valve supérieure est moins plane : elle acquiert plus de 30 centimètres ou 11 pouces de longueur. Mer du Canada , à l'embouchure du fleuve Saint-Laurent.

L'Huître MYTILOÏDE ; *Ostrea mytiloides*, Lamk. Coquille oblongue, rétrécie vers le sommet, qui est obtus; valve supérieure convexe, lamelleuse ; l'inférieure canaliculée ; le bord denticulé intérieurement. Océan austral des grandes Indes, où elle vit sur la racine des arbres littoraux.

L'Huître TUBERCULÉE ; *Ostrea tuberculata*, Lamk., Ann. du Muséum , vol. 4, pag. 358, pl. 67 , fig. 2, *a*, *b*, *c*. Coquille ovale , cunéiforme ; la valve supérieure operculaire ; l'inférieure creusée en capuchon vers le sommet, et couverte en-dessous de tubercules semi-globuleux et laciniés. Isle de Timor.

L'Huître NACRÉE ; *Ostrea margaritacea* , Lamk., Encyclop. méth., pl. 181 , fig. 1-3 ; et planches de ce Dict. , OSTRACÉES, fig. 5 et 5*a*. Coquille ovale-aiguë, recourbée ; la valve inférieure ayant le sommet creusé en capuchon ; la supérieure operculaire, sub-lamelleuse et nacrée ; couleur blanche, nuancée de rose ou de pourpre.

Des mers d'Amérique ?

L'Huître BOSSUE; *Ostrea gibbosa*, Lamk., Encyclop. méth., pl. 182, fig. 3, 4, 5. Coquille ovale-oblongue, difforme, très-sinueuse ; la valve inférieure gibbeuse, creusée en capuchon; le bord interne denticulé : 7 centimètres ou 2¾ pouces de longueur. Patrie inconnue.

L'Huître HALIOTIDÉE ; *Ostrea haliotidæa*, Lamk. Coquille alongée, demi-ovale, ayant par sa courbure, dans la direction de sa longueur, un peu la forme d'une haliotide sans trou : 26 millimètres ou un pouce de longueur. Mers de la Nouvelle-Hollande.

L'Huître DIFFORME; *Ostrea deformis*, Lamk. Coquille très-petite, sub-ovale, un peu variable ; la valve inférieure très-mince et fixée : 8 à 20 millimètres de longueur. Très-petite espèce, que l'on trouve sur des coquilles abandonnées dans les mers d'Europe.

L'Huître DES VARECS; *Ostrea fucorum*, Lamk. Coquille également fort petite, oblongue, sub-trigone, oblique, plus large vers le côté des sommets, nacrée à l'intérieur, et qu'on trouve adhérente sur les fucus.

B. *Espèces dont le bord des valves est distinctement plissé.*

L'Huître corne-d'abondance; *Ostrea cornucopia*, Lamk., Encyclop. méth., pl. 181, fig. 4 et 5. Coquille ovale-cunéiforme; les sommets arrondis; la valve inférieure en capuchon et plissée en-dessous vers les bords. Océan indien.

L'Huître rougeâtre; *Ostrea rubella*, Lamk.; Born, *Mus. test.*, pl. 121; Vign., fig. 14. Coquille petite (4 millimètres), oblongue, blanche, nuée de rouge violacé, avec des plis nombreux, très-petits, sur ses bords. Océan américain.

L'Huître feuille; *Ostrea folium*, Linn. et Gmel. Coquille ovale; le dos divisé inégalement par une crête longitudinale, de laquelle partent les plis obliques des bords. Couleur fauve en dehors blanche et nacrée en dedans. Espèce qui se fixe sur les racines des arbres littoraux de l'Océan indien et de l'Amérique méridionale.

L'Huître plicatule; *Ostrea plicatula*, Gmel., Encycl., pl. 184, fig. 9. Espèce offrant beaucoup de variétés; mais, en général, ronde, avec des plis longitudinaux sub-obtus, rugueux transversalement et divergens en rayons. Couleur fauve rougeâtre-foncé. Mers d'Amérique et de l'Inde.

L'Huître crête-de-coq; *Ostrea crista galli*; *Mytilus crista galli*, Linn.; Gmel., Encycl. méth., pl. 186, fig. 3-5. Coquille d'un blanc rougeâtre, quelquefois violacé; arrondie, avec de grands plis glabres, très-profonds, s'élargissant vers les bords, non imbriqués, et à stries sub-granulaires. De l'Océan indien. Elle a beaucoup de rapports avec l'huître flabelloïde, qu'on trouve fossile.

L'Huître rateau; *Ostrea hyotis; Mytilus hyotis*, Linn.; Gmel., Encycl. méth., pl. 186, fig. 1. Grande coquille de 200 millimètres et plus, de couleur brune en dehors, à plis ondés, inégaux, hérissés d'écailles sub-tubuleuses. Océan des grandes Indes.

L'Huître rayonnée; *Ostrea radiata*, Lamk.; Fav., Conch., pl. 45, fig. *H.* Coquille ordinairement encore plus grande et plus pesante que la précédente, ronde-ovale, convexe, plissée ; des côtes longitudinales égales, serrées et imbriquées de lames assez égales. Elle est également brune en dehors et sur le bord de l'intérieur. Des mêmes mers.

M. de Lamarck, outre les vingt-trois espèces ci-dessus, en caractérise encore vingt-cinq; savoir, dans la première section : l'Huître de New-York, *Ostrea borealis*; l'Huître en crête, *Ostrea cristata* ; l'Huître poulette, *Ostrea gallina* ; l'Huître médaille, *Ostrea numisma* ; l'Huître langue, *Ostrea lingua* ; l'Huître tulipe, *Ostrea tulipa*; l'Huître du Brésil, *Ostrea brasiliana;* l'Huître rostrale, *Ostrea rostralis;* l'Huître dentelée, *Ostrea denticulata;* l'Huître spatulée, *Ostrea spatulata;* l'Huître creuse, *Ostrea excavata;* l'Huître sinuée, *Ostrea sinuata;* l'Huître trapézine, *Ostrea trapezina;* l'Huître rousse, *Ostrea rufa;* l'Huître australe, *Ostrea australis;* l'Huître elliptique, *Ostrea elliptica.*

Dans la seconde section : l'Huître en pochette, *Ostrea cucullata;* l'Huître doridelle, *Ostrea doridella;* l'Huître limacelle, *Ostrea limacella;* l'Huître chenillette, *Ostrea erucella;* l'Huître labrelle, *Ostrea labrella;* l'Huître glaucine, *Ostrea glaucina;* l'Huître brune, *Ostrea fusca;* l'Huître turbinée, *Ostrea turbinata;* l'Huître imbriquée, *Ostrea imbricata.* (De. B.)

HUITRES. (*Foss.*) Le genre des huîtres, qu'on appelle aussi ostracites quand elles sont à l'état fossile, présente un très-grand nombre d'espèces. On en trouve dans toutes les couches coquillières, depuis celles à cornes d'Ammon inclusivement, jusqu'aux plus nouvelles. Elles sont si communes en certains endroits, que quelques-unes de ces dernières, qui ont plusieurs milles d'étendue, en sont entièrement composées, comme sur le mont Andona en Piémont.

Le test des huîtres ne disparoissant pas, même quand elles se rencontrent dans des localités où celui des autres coquilles dissolubles a disparu, il arrive qu'on les rencontre seules dans des couches où elles étoient accompagnées de coquilles d'autres genres qui ne s'y trouvent plus. (*Voyez* au mot Pétrification.)

La forme des individus d'une même espèce est souvent tellement variée, qu'il est très-difficile de distinguer les différentes espèces, surtout quand elles ont quelques rapports entre elles, comme cela arrive souvent.

Quelques espèces d'huîtres non feuilletées et qui ont la faculté de s'attacher sur d'autres corps par une grande partie de leur valve inférieure, modifient non-seulement cette valve, qui, à l'extérieur, représente le moule en creux du corps sur lequel elle a été appliquée, mais encore copient exactement ce corps en relief sur le dessus de la valve supérieure. J'en possède qui ont adhéré sur des peignes, sur des turritelles, sur des polypiers et sur d'autres corps qui se trouvent figurés sur les valves supérieures. Les huîtres ont cela de commun avec quelques espèces de gryphées, d'anomies et de balanes. Quelques-uns même de ces mollusques, à l'état vivant, ont la faculté de donner à leurs coquilles les couleurs de celles sur lesquelles ils se sont appliqués.

Quelques huîtres fossiles présentent d'une manière bien sensible l'espèce de mécanisme avec lequel elles détruisent la partie postérieure de leur muscle adducteur, à mesure qu'elles avancent celle qui est antérieure. Il est certaines espèces dans lesquelles ce muscle a été déplacé de plusieurs pouces, pour être éloigné du talon contre lequel il se trouvoit à la naissance du mollusque, et porté en avant à mesure que l'animal prenoit de l'étendue. En formant chacune des couches calcaires qui ont donné de l'épaisseur et de l'extension à la coquille, le mollusque se déplace pour se porter en avant, abandonnant d'autant son talon, où il laisse quelquefois des cloisons vides. Le muscle adducteur étant attaché aux valves par chacun de ses bouts, il ne peut faire ce déplacement que parce que, en même temps que la partie antérieure de ce muscle augmente et s'attache par cette partie à la nouvelle couche, celle qui lui est opposée est détruite, dans une proportion à peu près égale, par une lame calcaire tranchante, comme celle d'un couteau qui la suit dans ses déplacemens et qui souvent ne touche pas au fond de la coquille. Certaines espèces ont la faculté de détacher la partie postérieure de leur muscle, sans avoir besoin de cette lame, car on ne la trouve pas dans leur coquille.

Les espèces, dans le genre des huîtres, sont si nombreuses

et leurs formes sont tellement variées, qu'il est très-difficile d'en faire des divisions exactes, attendu que des espèces intermédiaires viennent, pour ainsi dire, fondre ces divisions les unes dans les autres. Cependant, pour en faciliter le classement et l'étude, on peut les diviser ainsi :

Celles dont les bords des valves sont simples ou ondés;

Celles à valve inférieure plissée et dentée sur ses bords, et à valve supérieure plane, dont les bords sont unis;

Et celles couvertes de plis, et dont les bords des deux valves sont dentés.

Huîtres dont les bords des valves sont simples ou ondés.

L'Huître sonore; *Ostrea sonora*, Def. Coquille ronde-ovale, non feuilletée, à valves compactes et sonores, ne s'attachant que par un point au sommet de la valve inférieure. Longueur, quatre pouces. On trouve cette espèce à Hauteville, département de la Manche, dans la couche du calcaire coquillier.

L'Huître callifère : *Ostrea callifera*, Lamk., Animaux sans vert.; *Ostrea hippopus*, *idem*, Annales du Musée, tom. 14, pl. 21, fig. 1. Coquille à valves feuilletées, alongée et très-épaisse : longueur, cinq pouces. On la trouve à Roquencourt près de Versailles.

L'Huître linguatule; *Ostrea linguatula*, Lamk., Ann. du Mus., tom. 14, pl. 22, fig. 4. Coquille ovale, spatulée, qui a quelquefois quatre pouces de longueur.

Le banc d'huîtres qui couvre les environs de Paris, et qui se trouve au-dessus de la couche de gypse, est composé en très-grande partie de cette espéce. La forme de chacun des individus est tellement variée, que je pense qu'on peut y rapporter celles que M. de Lamarck a regardées comme formant des espèces différentes, et qu'il a désignées sous les noms d'*Ostrea canalis*, d'*Ostrea pseudo-chama*, et d'*Ostrea edulina*, dont les deux premières espèces se trouvent figurées dans les Annales du Mus., tom. 14, pl. 21, fig. 4, et pl. 22, fig. 1. Si ces espéces étoient constantes, on en trouveroit fréquemment de jeunes individus qui ressembleroient à ceux qui leur ont servi de type, et c'est ce qui n'arrive pas. On trouve des espèces à peu près semblables à Asti, dans le Plaisantin, à Beaurein (Somme), à Saint-Paul-Trois-Châteaux (Drôme), et à Compiègne.

Dans le banc des environs de Paris, on trouve de petites huîtres qu'on croit être fondé à regarder comme une espèce particulière, quoique leur forme se rapproche de celle de l'huître linguatule. Elles n'ont qu'un pouce de longueur environ. Leur épaisseur et les nombreuses traces d'accroissement de leur talon autorisent à croire qu'elles ne sont pas jeunes, quoiqu'elles soient petites et qu'elles constituent une espèce distincte. Je lui ai donné le nom d'*Ostrea pumila*. On en trouve de pareilles à Hauteville.

L'Huître en cuiller; *Ostrea cochlearia*, Lamk., Annales du Musée. Coquille cunéiforme, spatulée et pointue à sa base. La valve inférieure est creusée en cuiller. Longueur, un pouce et demi. J'ai trouvé cette espèce en groupe à Roquencourt près de Versailles, à la surface de la terre.

L'Huître américaine; *Ostrea americana*, Def. Coquille très-alongée, dont je ne connois que des valves supérieures. Longueur, trois pouces; largeur, un pouce. On la trouve dans la Caroline du nord.

L'Huître aplatie, Def.; *Ostrea deltoidea*, Sow., *Min. conch.*, pl. 148. Coquille très-plate, de forme triangulaire et à sommet pointu. Longueur, quatre pouces et demi. On trouve cette espèce à Oxford, à Schotooer en Angleterre et au Havre-de-Grâce dans une couche ancienne.

L'Huître vésiculaire : *Ostrea vesicularis*, Lamk., Ann. du Mus., tom. 14, pl. 22, fig. 4; Hist. nat. de la montagne de Saint-Pierre de Maestricht, pl. 22, fig. 4. Les valves de cette espèce, ainsi que celles de *l'ostrea deltoidea*, Lamk. (*loc. cit.*, pl. 21, fig. 5), ont une contexture analogue et tout-à-fait particulière. Les endroits les plus épais, ainsi que ceux par lesquels la valve inférieure adhère, sont composés d'une matière calcaire qui ressemble beaucoup à la substance spongieuse des os. Les mollusques qui ont formé ces valves avoient la faculté de placer cette substance aux endroits de leur coquille où il en étoit besoin, soit pour l'attacher ou pour l'épaissir, avant d'y placer la couche mince et unie qui tapisse les valves.

D'après M. de Lamarck, voici les caractères de l'huître vésiculaire : *Coquille semi-globuleuse, à base tronquée, lisse, subauriculée, et à valve inférieure très-ventrue.* Ceux de l'huître deltoïde sont d'être aplatie, subtriangulaire, à fossette oblique, à bord supérieur arrondi. On peut ajouter à ces caractères et à ceux de l'*ostrea vesicularis*, que l'impression du muscle adducteur est extraordinairement rapprochée du talon.

Quand ces huîtres se trouvent attachées sur des corps plans qui leur permettent de s'étendre, elles prennent la figure qui a donné lieu aux caractères assignés à l'huître deltoïde; mais, quand elles adhèrent sur des spatangues ou sur des corps qui ont peu d'étendue, comme cela arrive souvent, au lieu de s'aplatir et d'en suivre la forme, elles relèvent leurs bords et portent les caractères de l'huître vésiculaire. J'ai trouvé des individus dont la forme intermédiaire m'a fait croire que sous ces deux noms on ne devoit voir que la même espèce. On trouve ces coquilles à Meudon près Paris, et dans la montagne de Saint-Pierre de Maestricht.

L'Huitre biauriculée; *Ostrea biauriculata*, Lamk., Anim. sans vert. Coquille ovale, tronquée à sa base, biauriculée; à valve inférieure très-ventrue, concave et fort épaisse, à bords amincis et tranchans. La valve supérieure est plane : l'impression musculaire est placée presque au milieu de la coquille. On trouve cette espèce aux environs du Mans, dans une couche ancienne, mais qui ne l'est peut-être pas autant que celle du calcaire compacte.

L'Huitre de Versailles, *Ostrea versaliensis*, Def. On trouve dans le parc de Versailles, près de la ménagerie, et à Chennevières, près de Pontchartrain, une couche dont les fossiles diffèrent de ceux des autres couches des environs de Paris que j'ai pu observer, et parmi ces fossiles on trouve une espèce d'huîtres qui a quelques rapports avec l'*ostrea edulina;* mais la longueur et l'épaisseur du talon de quelques-unes est très-remarquable. J'en possède une valve inférieure qui a six pouces et demi de longueur, et dont le talon a plus de la moitié de cette longueur sur plus d'un pouce de largeur dans toute son étendue.

L'Huître perdue; *Ostrea deperdita*, Def. Je ne connois cette espèce que par un talon que je possède : il a sept pouces et demi de longueur sur environ trois pouces de largeur à sa base; la partie de la coquille où l'animal a été placé manque, mais l'on voit que sa forme étoit alongée et qu'elle devoit être fort longue. J'ignore où cette espèce a vécu; mais on en trouve en Angleterre qui paroissent dépendre de la même espèce.

L'Huître a crochet; *Ostrea uncinata*, Lamk., Annales du Musée, tom. 14, pl. 22, fig. 2. Cette petite espèce, dont les plus grands individus n'ont pas plus de dix lignes de longueur, est très-remarquable par une échancrure profonde qui se trouve située d'un côté près du talon, et qui lui donne la figure d'un crochet ou d'un hameçon. Comme on ne voit aucune trace d'adhérence aux valves inférieures, il est possible qu'elles aient adhéré à quelques corps cylindriques par l'endroit où se trouve l'échancrure, qui est en général plus profonde aux valves inférieures qu'aux valves supérieures. On trouve cette espèce à Grignon, et on n'en connoit aucune à l'état vivant qui ait quelque rapport avec sa forme singulière.

L'H. du Cotentin; *Ost. constantiensis*, Def., qu'on trouve au grand Vé (Manche) dans des couches anciennes.

L'H. douteuse; *Ost. dubia*, Def. Nehou (Manche) avec des baculites.

L'H. variable : *Ost. variabilis*, Def.; Faujas, Hist. nat. de la montagne de Saint-Pierre de Maestricht, tab. 25, fig. 2. Montagne de Saint-Pierre de Maestricht.

L'H. de la Charente; *Ost. Carantoniensis*, Def. Mirambeau (Charente) et Maestricht.

L'H. petite; *Ost. parva*, Def. Valognes; dans des couches anciennes.

L'H. obscure; *Ost. obscura*, Def. Valognes. Ces coquilles, striées intérieurement, pourroient appartenir à un autre genre.

L'H. agathe; *Ost. achates*, Def. Maestricht. Elle n'est connue que par une valve supérieure.

L'H. lisse; *Ost. levis*, Def. Patrie ?

L'H. d'Épernay; *Ost. Eparnacensis*, Def. Épernay; au-dessus d'une couche de coquilles fluviatiles.

L'H. MINCE; *Ost. exilis*, Def. Nehou, dans le banc des baculites, et Falaise.

L'H. DE DESLONGCHAMPS; *Ost. Deslonchampiana*, Def. Colleville près de Caen, dans des couches anciennes, qui en sont composées entièrement et qui ont une grande étendue.

L'H. DIFFORME; *Ost. deformis*, Lamk., Annales du Musée, tom. 14, fig. 2. On ne la trouve que dans l'intérieur des coquilles univalves. Grignon.

L'H. CUCULLAIRE; *Ost. cucullaris*, Lamk., Anim. sans vert. Son sommet est très-remarquable par sa profondeur. Betz (Oise).

L'H. BORDÉE; *Ost. limbata*, Def. Grignon et Auxerre.

L'H. CRENELÉE; *Ost. crenulata*, Lamk.; Ann. du Mus. Houdan et Fontenai-Saints-Pères près Mantes.

L'H. CANALICULÉE : Def. ; *Chama canaliculata*, Sowerby, *Min. conch.*, pl. 26. Le Mans et Halldown en Angleterre.

L'H. LINGULE, *Ost. lingula*; l'H. VIRGULE, *Ost. virgula*; l'H. AGRAFE, *Ost. fibula*; l'H. BLANCHE, *Ost. albida*, Def. Quatre petites espèces qui ont du rapport avec les Gryphées. Patrie?

L'H. DE ZARA; *Ost. Jaderensis*, Def. C'est peut-être une gryphée. Zara.

L'H. TRANSPARENTE; *Ost. pellucida*, Def. Maestricht et l'Angleterre, dans le sable vert.

L'H. CUVETTE ; *Ost. fonticula*, Def. Petite espèce, qu'on trouve à Colleville, près de Caen, dans les couches anciennes.

L'H. OREILLE-DE-RAT; *Ost. myosotis*, Def. Petite espèce qui s'attache aux gryphées et qui couvre certains morceaux de bois fossile. Les Vaches noires (Calvados), dans des couches anciennes.

L'H. ITALIENNE; *Ost. italica*, Def. Espèce à valves crépues, qu'on trouve dans le Plaisantin.

L'H. RUGEUSE, *Ost. rugosa*, Def. Boutonnet près de Montpellier et autres endroits.

L'H. POINTUE : *Ost. acuta*, Def.; *an Ost. Meadi*, Sow., *Min. conch.*, tab. 252, fig. 4? Le Plaisantin.

L'H. TUILÉE; *Ost. imbricata*, Def. Les valves de cette espèce sont couvertes de lames minces. Elle a beaucoup de rapports avec l'*Ost. cornucopia*, Lamk. Patrie?

L'H. GROUPÉE : *Ost. conglomerata*, Def.; Knorr, p. 2, tab.

D? Cette espèce, à valves alongées, se trouve aux environs
du Mans.

L'H. DE KNORR : *Ost. Knorri*, Def.; Knorr, vol. 2, tab. D.
Heutlingen, canton de Berne.

L'H. RUSTIQUE; *Ost. crassa*, Def. Longueur, cinq pouces;
épaisseur, plus de deux pouces. Patrie?

L'H. ORBICULAIRE; *Ost. orbicularis*, Def. Diamètre, cinq
pouces; épaisseur, plus d'un pouce. Patrie?

L'H. DU DAUPHINÉ; *Ost. Delphinar*, Def. Elle porte une
impression musculaire extraordinairement grande. Saint-
Paul-Trois-Châteaux (Drôme).

L'H. ANTIQUE; *Ost. antiqua*, Def. Elle adhère quelquefois
sur des cornes d'Ammon. Honfleur.

L'H. DE HÉRAULT; *Ost. Heraultiana*, Def. Espèce alongée,
qu'on trouve à Allemague, près de Caen, dans une couche
ancienne de pierre blanche avec des débris de crocodile.

L'H. DU VICENTIN; *Ost. Vicentina*, Def. Quelques-unes ont
un pied de longueur, sont très-épaisses et très-larges. Le
Vicentin.

L'H. DU DÉLUGE; *Ost. diluvii*, Def. On la trouve à Honfleur
dans les couches anciennes.

L'H. HELVÉTIQUE : *Ost. helvetica*, Def.; Knorr, Pétrif., p. 2,
tab. D*. Longueur, plus de huit pouces; largeur, trois pouces.
Heutlingen.

L'H. ÉPAISSE : *Ost. crassissima*, Lamk., Animaux sans vert.,
Chemn., Conch. 8, tom. 74, fig. 678. Coquille très-grande
et très-épaisse, dont l'huître du Vicentin n'est peut-être
qu'une variété. Patrie?

L'H. TRÈS-GRANDE; *Ost. gigantea*, Sow., *Min. conch.*, tab.
64. Hordwel, Hampshire.

L'H. DE BATH; *Ost. acuminata*, Sow., *loc. cit.*, tab. 135,
fig. 2 et 3. Près de Bath, sous la couche à oolites.

L'H. CANALICULÉE; *Ost. canaliculata*, Sow., *loc. cit.*, tab. 135,
fig. 1. Mundsley en Angleterre, dans la craie.

L'H. ONDULÉE; *Ost. undulata*, Sow.; *loc. cit.*, tab. 238. Angleterre.

L'H. CERCLÉE; *Ost. circinata*, Def. Le Plaisantin.

L'H. DE CUVIER; *Ost. Cuvieri*, Def. San-Miniato, Pienza.

L'H. BEAUVOISINE; *Ost. bellovacina*, Lamk., Ann. du Mus.,

tom. 14, pl. 20, fig. 1. Cette espèce a les bords de ses valves dentés dans sa jeunesse. Bracheux, près de Beauvais, au sommet d'un monticule de sable quartzeux.

L'H. Adèle, *Ost. Adelina*, Def. On la trouve à Fontenai-aux-roses, près de Paris, au-dessous de la couche de sable quartzeux, avec l'huître linguatule et avec des moules inté-rieurs de potamides.

Les cinq dernières espèces ci-dessus, ayant leur valve inférieure plissée sans être dentée, établissent le passage, dont nous avons parlé, pour arriver à la division ci-après.

Huîtres à valve inférieure plissée et dentée, à valve supérieure plane et à bord uni.

Les espèces de cette division sont petites : elles ont la valve de dessous chargée de véritables côtes longitudinales. Cette valve est plissée sur ses bords, tandis que la valve supérieure est plane et chargée de cercles concentriques. Voici celles que je connois.

L'Huitre cyatule; *Ostrea cyathula*, Lamk., Ann. du Mus., tom. 14, pl. 21, fig. 2. On rencontre cette espèce dans la couche de sable quartzeux à Longjumeau et à Laugnan près de Bordeaux : elle affecte toutes sortes de formes, suivant les lieux où elle a été fixée. Longueur, un pouce.

L'H. plissée; *Ostrea plicata*, Def. Cette espèce se trouve à Betz (Oise), dans la couche du calcaire coquillier. On la trouve aussi à Presles, même département, dans une couche fort riche en fossiles et placée au-dessus d'une couche puissante de sable quartzeux.

L'H. flabellule; *Ost. flabellula*, Lamk., Annales du Musée, tom. 14, pl. 20, fig. 3. Elle est oblongue, cunéiforme, arquée presque en croissant. La valve inférieure est chargée de plis longitudinaux. Longueur, un pouce et demi. L'on ne trouve jamais la valve supérieure jointe avec l'inférieure; mais l'on pourroit assurer que des valves supérieures planes et arquées, comme celles inférieures de cette espèce, et que l'on trouve à Grignon avec elle, lui appartiennent.

L'H. bateau-plat : *Ost. cimbula*, Lamk., *loc. cit.*, planche 23, fig. 2 ; *Min. conch.*, tab. 253, fig. 1. Cette espèce est plus grande que la précédente. Les plis de la valve inférieure sont plus gros; sa valve supérieure est plane : on la trouve à Grignon.

On trouve à Laugnan, dans la couche du calcaire coquillier, des valves qui paroissent dépendre d'une variété de la même espèce, mais qui sont un peu plus grandes.

L'H. SILLONNÉE; *Ost. sulcata*, Def. La valve supérieure de cette espèce est couverte de sillons circulaires. Patrie ?

L'H. GENTILLE; *Ost. pulchella*, Def. Le dessous de cette espèce est agréablement plissé. Patrie ?

L'H. CONTOURNÉE; *Ost. distorta*, Def. La valve inférieure de cette espèce est grossièrement plissée. Patrie ?

L'H. NACELLE; *Ost. cymba*, Def. Cette espèce, qui a près de trois pouces de longueur, est la plus grande de cette division. Patrie ?

L'H. LIMACE; *Ost. limax*, Def. Cette espèce est très-arquée et d'une forme alongée. Betz.

L'H. TÉRÉBRATULE; *Ost. terebratula*, Def. Petite espèce, de forme orbiculaire. Aux environs de Caen, dans les couches anciennes.

Les trois dernières espèces ci-dessus ne sont connues que par leur valve inférieure.

L'HUÎTRE ÉVENTAIL, *Ost. flabellum*, Lamk., Encyclop., pl. 182, fig. 7, dépend encore de cette division. Patrie ?

Huîtres couvertes de plis, et dont les bords des deux valves sont dentés.

Les coquilles qui entrent dans cette division se trouvent dans les couches de craie et dans celles qui sont antérieures à sa formation, mais jamais dans celles qui sont plus nouvelles.

L'H. PHYLLIDIENNE : *Ost. phyllidiana*, Lamk., Anim. sans vert.; Encyclop. méthod., pl. 188, fig. 1 et 2. Coquille oblongue, épaisse, à dos convexe, plissée sur ses deux valves et portant de grandes dents sur ses bords. Longueur, trois à quatre pouces. Les environs d'Angers.

L'H. A DENTS; *Ost. dentata*, Def. Cette espèce est plus grande que la précédente : les dents dont ses bords sont garnis, sont plus profondes; mais elle a des rapports avec elle. Elle est indiquée comme ayant été trouvée dans la Champagne.

L'H. FLABELLOÏDE : *Ost. flabelloides*, Lamk., Anim. sans vert.; Encycl., pl. 185, fig. 6-9; Knorr, Pétrif., 4, part. 2, D 1, pl. 56, fig. 3; Parkinson, t. 3, pl. 15, fig. 1 : *Ostrea Marshii*, Sow., tab. 48. Coquille subtrigone, à plis épais et obliques sur les côtés. On trouve cette espèce près de Honfleur, à Falmersham en Angleterre, et à Aristorf en Suisse, dans des couches très-anciennes.

L'H. DE HAMMER; *Ost. Hammeri*, Def. Elle est plus épaisse et plus alongée que la précédente. On la trouve a Barr, et au Kæsberg aux environs de Bouxwiller.

L'H. CONTREFAITE; *Ost. distorta*, Def. Cette espèce se rapproche de l'huître flabelloide, mais elle est plus petite et ses plis sont plus nombreux. Les Vaches noires?

L'H. DE BRUGUIÈRES; *Ost. Bruguerii*, Def., Encyclop. méth., pl. 185, fig. 10 et 11. Dans son ouvrage sur les Animaux sans vertèbres, M. de Lamarck, en désignant cette coquille, qu'il n'avoit jamais vue, comme une variété de l'huître flabelloïde, a annoncé qu'on pourroit l'en distinguer; en effet, ses plis rares et extraordinairement grands n'ont aucun rapport avec ceux qui sont propres à cette espèce. La vase grise et durcie, qui accompagne ces coquilles, fait penser qu'elles ont été trouvées aux Vaches noires ou dans quelque couche analogue.

L'H. PLICATULE; *Ost. plicatula*, Def. Les plis nombreux et imbriqués dont les coquilles de cette espèce sont couvertes, et leur forme aplatie, leur donnent celle des plicatules. L'une d'elles, qui porte à sa valve inférieure des traces d'adhérence sur une tête d'encrine, prouveroit qu'elles sont d'une grande antiquité. Patrie?

L'H. ANGLAISE, Def.; *Ost. crista galli*, Sow., Mss. Coquille arquée, chargée de plis nombreux et profonds qui forment autant de dents sur les bords des valves. With en Angleterre et près de Bayeux.

L'H. PALMETTE; *Ost. palmetta*, Sow., *Min. conch.*, tab. 111, fig. 2. Petite espèce à valve inférieure bombée. Longueur, un pouce. Vestbrook en Angleterre, Ranville et Hérouville près de Caen.

L'H. DOUBLE; *Ost. gregarea*, Sow., *loc. cit.*, tab. 111, fig. 1. Divizes en Angleterre.

L'H. APLATIE; *Ost. complanata*, Def. Coquille suborbiculaire, à valves aplaties, et garnie de douze dents régulières sur ses bords. Diamètre, trois pouces. Colleville près de Caen, dans la couche ancienne à polypiers.

L'H. POINT-DE-HONGRIE : *Ost. aulœum*, Def.; Knorr, Pétrif., tab. D 1, fig. 2, p. 11. Coquille alongée, portant sur les bords antérieurs de ses valves six à sept grandes dents qui imitent la distribution des couleurs de la tapisserie nommée le point de Hongrie. Longueur, cinq pouces. La Souabe.

L'H. FOURCHUE; *Ost. bifida*, Def. Coquille arquée, de forme rhomboïdale, couverte de plis. Longueur, deux pouces. Patrie ?

L'H. PENNAIRE : *Ost. pennaria*, Lamk.; Knorr, tab. D 7, frg. 2, p. 11. Coquille alongée, étroite et couverte de plis. Longueur, un pouce et demi, sur six à neuf lignes de largeur. Gâprée près de Seez.

L'H. CHENILLE; *Ost. eruca*, Def. Coquille très-arquée, étroite, ne s'attachant que par un point; à bords garnis de vingt dents longues et étroites qui dépassent les valves en-dessus et en-dessous. Longueur, un pouce et demi. Patrie ?

L'H. GROSSIÈRE; *Ost. rustica*, Def. Espèce très-remarquable par ses valves épaisses, arquée et chargée de gros plis profonds. Longueur, deux pouces. Gâprée.

L'H. LARVE : *Ost. larva*, Lamk., Anim. sans vert.; Knorr, tab. D 7, p. 4, pl. 67, fig. 6? Coquille oblongue, courbée, n'ayant point ses valves plissées et portant dix dents sur ses bords. Maestricht.

L'H. DU CHATEL; *Ost. castellana*, Def. Coquille oblongue, courbée, à valves lisses qui ne portent aucune trace d'adhérence, ayant quatre grandes dents sur son côté extérieur et cinq à six très-petites sur le côté opposé. Longueur, un pouce et demi. Mirambeau (Charente), dans une couche qui a beaucoup de rapports, pour les fossiles qu'on y trouve, avec celle de Maestricht.

L'H. A DENTS-DE-SCIE : *Ost. serrata*, Def., Hist. nat. de la Mont. de Saint-Pierre de Maestricht, pl. 24, fig. 1 et 2; Knorr, Pétrif., tab. D 7, part. 2, fig. 5. Coquille alongée, arquée, couverte de trente plis qui viennent aboutir sur les bords à un nombre égal de dents de trois à quatre lignes de longueur. On trouve cette espèce à Maestricht, à Dreux, dans la couche de craie, et je crois qu'elle se trouve exclusivement dans cette substance. Longueur, cinq à six pouces.

L'H. CARINÉE : *Ost. carinata*, Lamk., Anim. sans vertèbres, Encyclop., tab. 187, fig. 3-5; Parkinson, tom. 3, pl. 15, fig. 2. Coquille oblongue, arquée, portant une carène sur le milieu de chaque valve, à côtés aplatis, chargés de plus de quatre-vingts plis aigus, répondant à un pareil nombre de dents aiguës qui garnissent les bords. On trouve cette espèce dans la craie chloritée, au Hàvre-de-Gràce, à Cuny (Seine inférieure), à Saint-Saturnin-Parigné-l'Évêque (Sarthe), et à Gàprée près de Seez.

Nous avons donné dans ce Dictionnaire (Suppl., tom. II, pag. 66), sous le nom d'ANOMIE *pelure-d'oignon*, la description d'une espèce que M. de Lamarck a regardée comme une huître, et qu'il a décrite, page 66 du sixième volume de son ouvrage sur les Animaux sans vertèbres, sous le nom d'*Huître anomiale*. Ce qui a empêché ce savant de la regarder comme une anomie, c'est qu'il n'a pas vu, ainsi qu'il l'annonce, la valve la plus aplatie, qui est percée. Je possède plusieurs de ces valves échancrées qui ont, comme toutes celles du même genre, le caractère bien remarquable de ne porter de trace du ligament que par l'un des côtés de l'échancrure, n'étant attachées réellement que par l'un de ces côtés; et il n'y a pas lieu de douter que ces coquilles, qui n'ont d'autre charnière que la petite trace intérieure du ligament, et qui sont très-communes à Grignon, ne soient des anomies.

Indépendamment des espèces ci-dessus décrites ou citées, dont je possède la presque-totalité, M. de Lamarck a donné la description des espèces ci-après :

L'Huître grande-scie, l'H. petite-scie, l'H. placunée, l'H. léporine, l'H. couleuvrée, l'H. scolopendre, l'H. double-face, l'H. ondée, l'H. épaisse, l'H. bréviale, l'H. scalarine, l'H. multi-lamellée, l'H. oblique, l'H. lingulaire et l'H. écaille.

On ne reconnoît, à l'état frais, presque aucun analogue des nombreuses espèces d'huîtres que l'on trouve fossiles.

M. Palissot-Beauvois en a trouvé à ce dernier état, près d'Augusta dans la Géorgie, qui ont dix-huit pouces de longueur. M. de Buch en a vu de très-grandes, bien conservées, avec d'autres coquilles, aux environs de Drontheim, sous des couches d'argile, et il y a lieu de croire qu'il s'en trouve partout où il y a des couches coquillières. (D. F.)

HUITRIER ; *Hœmatopus*, Linn. (*Ornith.*) Les oiseaux de ce genre appartiennent à la famille des échassiers : leur bec, droit, long, robuste, est comprimé latéralement en forme de coin ; la fosse nasale, très-creuse, occupe environ la moitié de sa longueur, et les narines sont percées au milieu de la rainure comme une petite fente ; la langue est courte et entière ; les paupières sont nues ; les tarses, de hauteur médiocre, sont musculeux et réticulés ; les pieds n'ont que trois doigts, tous dirigés en avant, assez courts et bordés d'une callosité ; le doigt du milieu est réuni à l'extérieur par une membrane, et l'interne est presque entièrement libre ; la première rémige est la plus longue.

Les huîtriers vivent le long des bords de la mer, sur les rochers, les falaises et les grèves. Ils reculent devant le flot quand la mer monte, et le suivent lorsqu'elle se retire, en fouillant sans cesse dans le sable humide, pour se saisir des vers marins, des patelles, des huîtres et des autres coquillages dont ils se nourrissent. La conformation de leur bec leur donne les moyens d'ouvrir les écailles des huîtres et autres bivalves, afin d'en extraire les animaux qu'elles contiennent.

On trouve ces oiseaux dans les différentes parties du monde. Ils courent et volent très-vîte : on les voit quelquefois nager, quoique leurs pieds ne semblent point propres à cet exercice ; mais, en s'y livrant, ils semblent se laisser aller à tous les mouvemens de l'eau sans s'en donner aucun, et cela prouve toujours qu'ils peuvent affronter les vagues ou s'en éloigner à leur gré.

Ils muent deux fois, en automne et au printemps ; mais les couleurs du plumage ne varient presque point à ces deux époques, et la seule différence qu'on observe dans les changemens de livrée de l'espèce européenne, consiste dans la présence ou l'absence d'un hausse-col blanc.

Ils vivent solitairement pendant le temps de la reproduction, et se rassemblent en troupes pour leurs voyages. Suivant les uns, ils ne font point de nids et déposent dans le
haut des dunes, hors de la portée des eaux, leurs œufs,
que la femelle quitte pendant une partie du jour, laissant au
soleil le soin de les échauffer ; ce qui n'est guère probable,
quoique la même habitude soit attribuée à plusieurs oiseaux
riverains : selon d'autres, ils nichent dans les herbes et les
prairies marécageuses situées près de la mer.

La ressemblance des mots *hœmatopus* et *himantopus* a souvent occasioné de la confusion dans les oiseaux auxquels on
les applique. Le second de ces termes, qui désigne convenablement la longueur et la mollesse des jambes de l'échasse,
convient à celle-ci ; mais, si le premier, qui n'annonce que
des pieds rouges, n'a pas une acception aussi restreinte pour
l'huîtrier, quoiqu'il ait les jambes de cette couleur, l'usage
qu'on est habitué à en faire le lui rend propre en quelque
sorte, sinon d'une manière tout-à-fait exclusive à l'égard des
autres oiseaux à pieds rouges, au moins relativement à l'é-
chasse.

HUITRIER-PIE ; *Hœmatopus ostralegus*, Linn. Cette espèce,
qui est la plus commune, et qui est représentée dans les
planches enluminées de Buffon, n.º 929; dans les Oiseaux
de la Grande-Bretagne de Lewin, tom. 6, pl. 189; de Donovan, tom. 5, pl. 72, et de Graves, tom. 1, pl. 36, a
quinze pouces six lignes de longueur et est de la taille de
la corbine. On a nommé cet oiseau *huîtrier* ou *mangeur
d'huîtres*, parce que ces mollusques font sa principale nourriture, et *pie de mer*, à cause de son plumage noir et blanc,
et parce qu'il fait entendre continuellement, soit en volant,
soit dans l'état de repos, surtout lorsqu'il est en troupe,
un cri aigre et sourd, qui ressemble à celui de la pie commune. En hiver, chez les deux sexes, la tête, le haut
de la poitrine, le dos, les ailes et l'extrémité de la queue
sont d'un noir profond, à l'exception d'une bande transversale blanche sur les ailes et d'un collier ou hausse-col de la
même couleur; le croupion, l'origine des pennes alaires et
caudales, le ventre et les parties inférieures sont d'un blanc
pur; le bec et la peau nue qui entoure les yeux, sont d'un

rouge orangé; il y a une petite tache blanche au-dessous de chaque œil; l'iris est cramoisi; les pieds sont rouges. Les jeunes de l'année ont le noir du plumage nuancé de brun; le blanc est terne, l'iris brun, et les pieds sont d'un gris livide.

On a remarqué, parmi les huîtriers d'Europe, des individus qui avoient la pointe du bec noire, et d'autres qui n'avoient ni la tache blanche sous l'œil, ni le collier blanc sous la gorge. M. Temminck croit, de son côté, avoir observé dans la même espèce une double race, qui seroit d'un noir plus lustré et à reflets, et qu'on trouve aussi dans l'Amérique septentrionale; mais c'est peut-être à l'âge et à la saison que sont dues ces différences dans le plumage. L'huîtrier du Sénégal ne diffère point de notre espèce.

Au reste, les huîtriers pies, que l'on voit en Danemarck, en Islande, en Norwége, sont fort communs en Angleterre, en Hollande, et bien moins sur les côtes de France. Ces oiseaux ont soin de visiter les endroits des dunes où les pêcheurs rejettent les intestins des poissons plats, et dès que la mer baisse, avant que ces poissons aient été retirés des filets, ils leur ouvrent le ventre pour y chercher les coquillages qu'il renferme.

Leur ponte consiste en quatre ou cinq œufs, suivant les uns, et en deux ou trois seulement, selon d'autres; le fond en est tantôt blanc, tantôt d'un jaune vert, tantôt brun, avec des taches et des raies d'un brun obscur, ou noires, ou d'un gris cendré, et qui offrent beaucoup de variété sous les rapports de la grandeur, de la forme et de la distribution.

On trouve un de ces œufs figuré dans Lewin, pl. 41, n.° 1; un autre dans l'*Ovarium britannicum* de Graves, pl. 7, et quatre dans la planche 2, n.°° 2 à 5, de l'ouvrage de M. Schinz, intitulé : *Description des œufs et des nids des oiseaux de Suisse, d'Allemagne*, etc.; Zuric, 1819. L'incubation dure vingt à vingt-un jours. Les petits, à la sortie de l'œuf, sont couverts d'un duvet gris-brun; dès les premiers jours, ils se traînent sur le rivage, courent peu de temps après, et se cachent dans les herbes. La chair de l'huîtrier étant noire, dure et ayant un goût de sauvagine, on s'occupe peu de lui donner la chasse; mais il nuit au succès de celle qu'on fait aux autres oiseaux riverains dont la chair est préférée, en ce que ses cris les avertissent de l'approche du chasseur.

Un de ces oiseaux, que Baillon père a nourri pendant plus de deux mois dans son jardin, où il vivoit principalement de vers de terre, comme les courlis, mangeoit aussi de la chair crue et du pain, et il buvoit indifféremment de l'eau douce et de l'eau salée.

D'autres huitriers sont considérés comme des espèces particulières. L'un, appelé *Hæmatopus palliatus*, huitrier à manteau, par M. Temminck, qui lui donne pour patrie l'Amérique méridionale, est probablement le même que l'huitrier à long bec, *Hæmatopus longirostris* de M. Vieillot, les deux étant de même caractérisés par la longueur plus considérable du bec; quoique d'ailleurs le premier de ces auteurs le décrive comme étant d'un brun cendré sur le dos, les scapulaires et les ailes, et que, suivant le second, il soit en général noir, à l'exception du bas de la poitrine et des parties postérieures, qui sont d'un blanc pur. Cet oiseau, donné par M. Vieillot comme habitant l'Australasie, lui semble appartenir à la même espèce que l'HUITRIER NOIR, *Hæmatopus niger*, espèce que M. Temminck, d'après M. Cuvier, présente comme bien distincte, et qui a le plumage, sans exception, d'un noir profond chez les adultes et d'un noir brunâtre chez les jeunes: la taille de celui-ci est un peu plus forte que celle de l'huitrier d'Europe; il a le bec, le tour des yeux et les pieds rouges, et se trouve, dit-il, dans l'Afrique méridionale et dans l'Australasie. (CH. D.)

HUITZANATL. (*Ornith.*) Pour ce nom, qui est écrit *hueitzanatl*, et donné comme synonyme de *cacaxtototl* au chapitre 158 de Fernandez, voyez CACASTOL. (CH. D.)

HUITZITZIL. (*Ornith.*) L'oiseau que Marcgrave, p. 198, dit, d'après F. Ximenès, être ainsi appelé au Mexique, est, suivant Brisson, l'oiseau-mouche à gorge rouge de la Caroline, ou le rubis de Buffon, *trochilus colubris*, Linn. (CH. D.)

HUITZ TOMATL (*Bot.*), nom mexicain de la tomate, *solanum lycopersicon*. (J.)

HULGUE. (*Bot.*) Suivant Feuillée, on nomme ainsi dans le Chili une gratiole, qui est le *gratiola peruviana* de Linnæus. (J.)

HULOTTE. (*Ornith.*) Cet oiseau, qui ne diffère pas du chat-huant commun, est le *strix aluco* et le *strix stridula*, Linn. (Cʜ. D.)

HULUMAYKOLA. (*Bot.*) Deux espèces de carmentine, *justicia repens* et *procumbens*, portent ce nom à Ceilan, suivant Hermann et Linnæus. (J.)

HUMADH. (*Bot.*) Voyez Hamadz. (J.)

HUMANTIN. (*Ichthyol.*) Voyez Centrine et Squale. (H. C.)

HUMATA. (*Bot.*) Ce genre de la famille des fougères, que Cavanilles a fait connoître dans ses *Prœludia botanica*, est le même que celui décrit à l'article Davallia de ce Dictionnaire. (Lem.)

HUMBERTIA. (*Bot.*) Commerson, dans un de ses manuscrits, avoit donné à l'endrach de Madagascar ce nom, tiré d'un de ses propres prénoms, et adopté ensuite par M. de Lamarck. Comme il existe déjà un *commersonia*, nous avons cru que, conformément au principe admis, on ne devoit pas consacrer deux genres différens à la même personne, et comme d'ailleurs il convenoit mieux de conserver le nom du pays avec une terminaison latine, nous avons nommé ce genre *Endrachium*. M. Smith l'a décrit sous celui de *Thouinia*, donné maintenant à un autre genre, et Gmelin sous celui de *Smithia*, également employé ailleurs. (J.)

HUMBLE. (*Ichthyol.*) Voyez Umble. (H. C.)

HUMBOLDTIA. (*Bot.*) Genre de plantes dicotylédones, à fleurs complètes, polypétalées, de la famille des *légumineuses*, de la *pentandrie monogynie* de Linnæus, offrant pour caractère essentiel : Un calice à quatre divisions; une corolle composée de cinq pétales; un ovaire supérieur; un style. Le fruit est une gousse oblongue, comprimée.

Ce genre avoit été d'abord désigné sous le nom de *batschia* par Vahl, nom que Gmelin, dans son *Systema naturæ*, avoit déjà employé pour une plante de la Caroline, adopté ensuite par Michaux. Quelques botanistes ont pensé que cette plante étoit trop peu différente du *lithospermum* pour l'en séparer. Thunberg, adoptant cette opinion, a de nouveau appliqué le nom de *batschia* à une autre plante de l'Amérique, qui diffère très-peu de l'*abuta* d'Aublet, si toutefois elle n'est pas la même. D'après ces diverses mutations, Vahl a substitué le nom de *humboldtia* à son genre. On trouve un autre genre du même nom dans les auteurs de la Flore du Pérou, qui appartient aux *stelis* de Swartz. (Voyez Stélide, Abuta, Batschia.)

Humboldtia a feuilles de laurier : *Humboldtia laurifolia*, Willd., *Spec.*, 1, pag. 1147; Vahl, *Symb.*, 3, pag. 106; *Batschia laurifolia*, Vahl, *l. c.*, pag. 39, tab. 56. Plante très-remarquable pour la famille à laquelle elle appartient. Ses tiges sont ligneuses; ses rameaux cylindriques, flexueux, fistuleux, glabres, articulés d'une feuille à l'autre, finement striés. Les feuilles alternes, pétiolées, ciliées, composées de quatre à cinq paires de folioles opposées, ovales-oblongues, plus étroites à leur côté antérieur qui est plus court à la base, glabres, entières, longues de deux ou trois pouces; les veines nombreuses, obscurément réticulées : deux stipules linéaires-lancéolées, attachées par leur milieu, libres à leurs deux extrémités, longues de six lignes; deux autres sessiles, longues d'un pouce, appliquées contre les rameaux: des grappes axillaires, solitaires ou géminées, soutenant des fleurs éparses, rapprochées, médiocrement pédicellées; à la base de chaque pédicelle une bractée cunéiforme, et deux autres peu distantes de la fleur : les découpures du calice oblongues, presque égales; les pétales insérés à l'orifice du tube du calice, oblongs, cunéiformes, presque égaux, un peu onguiculés : les étamines libres, plus longues que le calice; les gousses alongées et comprimées. Cette plante croit à l'île de Ceilan. (Poir.)

HUMBOLDTIA. (*Bot.*) Pour rappeler le nom du célèbre voyageur naturaliste et physicien auquel nous devons de précieuses découvertes, Necker, le premier, avoit voulu le substituer à celui du *voyara*, ou plutôt *vohiria*, genre de gentianées fait par Aublet. Les auteurs de la Flore du Pérou l'avoient donné à un de leurs genres d'orchidées, qui doit être réuni au *stelis* de Swartz. Il appartient maintenant à un genre de légumineuses fait par Vahl et voisin du *moringa*. Voyez l'article précédent. (J.)

HUMEA. (*Bot.*) M. Smith a publié sous ce nom, en 1804, dans le premier volume de son *Exotic Botany*, un genre de plantes publié, la même année, par Ventenat, sous le nom de *Calomeria*, dans le second volume de sa Description du Jardin de la Malmaison. L'*humea* et le *calomeria* ayant été publiés en même temps, il est difficile de juger lequel des deux noms génériques doit obtenir la préférence. Mais le genre dont il s'agit a déjà été décrit, par un autre rédacteur, dans ce Dictionnaire, tome VI, pag. 260, sous le nom de CALO-MÉRIE. Cependant nous croyons pouvoir profiter de l'occasion qui se présente, pour exposer nos propres observations sur le genre *Humea* ou *Calomeria.*

Ce genre appartient à l'ordre des synanthérées, et à notre tribu naturelle des anthémidées, dans laquelle il est immédiatement voisin du genre *Artemisia;* mais il a beaucoup de rapports avec les inulées, et peut servir ainsi à démontrer l'affinité de ces deux tribus. Voici les caractères génériques, tels que nous les avons observés sur un échantillon sec d'*humea elegans*, qui est, jusqu'à présent, la seule espèce du genre.

Calathide incouronnée, équaliflore, tri-quadriflore, régulariflore, androgyniflore. Péricline cylindracé, à peu près égal aux fleurs, formé de squames peu nombreuses, pauci-sériées, peu inégales, irrégulièrement imbriquées, appliquées, très-petites, oblongues, foliacées, munies d'une large bordure membraneuse, et d'un très-grand appendice confluent avec la bordure, arrondi, membraneux-scarieux. Clinanthe très-petit, inappendiculé. Ovaires oblongs, inaigrettés, parsemés de papilles cylindriques, globuleuses au sommet. Corolles à cinq divisions. Styles d'anthémidée.

En comparant les caractères génériques de l'*humea* avec ceux des vraies *artemisia*, qui se distinguent des *absinthium* par le clinanthe inappendiculé, et des *oligosporus* par le disque androgyniflore, on trouve que le genre *Humea* diffère du genre *Artemisia* par l'absence d'une couronne féminiflore, par le très-petit nombre des fleurs de la calathide, et par le péricline presque entièrement membraneux-scarieux.

L'*humea elegans* a été introduit et cultivé en Angleterre, en l'année 1800. Il y a reçu le nom d'*Oxiphœria fœtida.* M. Delaunay, auteur du Bon jardinier, a proposé de substituer au nom de *Calomeria* celui d'*Agathomeris*, qui rappelle plus exactement le nom du personnage fameux auquel Ventenat avoit dédié ce genre de plantes. (H. CASS.)

HUMECHLE (*Bot.*), nom arabe du poirier, cité d'après Serapion, par Mentzel. (J.)

HUMEJTA. (*Bot.*) Voyez Horekrek. (J.)

HUMEUR DE LA TRANSPIRATION ou SUEUR. (*Chim.*) Elle est formée, suivant M. Thénard, de beaucoup d'eau, d'acide acétique libre, de chlorure de sodium et peut-être de chlorure de potassium, de très-peu de phosphate terreux, d'un atome de fer, d'une quantité inappréciable de matière animale.

M. Berzelius, qui a examiné ce liquide après M. Thénard, dit qu'il est formé de chlorures de potassium et de sodium, d'acide lactique, de lactate de soude, et d'une matière animale qui accompagne ce dernier. Il prétend que l'acide acétique que M. Thénard en a retiré, provenoit de l'altération de l'acide lactique. Il se fonde principalement sur ce que, le papier de tournesol que l'on met en contact avec la peau, rougissant aussitôt, il faut que l'acide qui produit cet effet, ne soit pas volatil; car, s'il l'étoit, il devroit s'évaporer, à cause de l'élévation de la température du corps. Nous avouons que cette objection contre l'existence de l'acide acétique dans l'humeur de la transpiration ne nous paroit pas sans replique; car, l'acide acétique n'étant pas un gaz permanent, et son affinité pour l'eau étant assez forte pour qu'il lui reste uni à quelques degrés au-dessous du terme de son ébullition, et cet acide ayant d'ailleurs la propriété de perdre de sa volatilité par la présence de certaines matières organiques, il nous semble que son existence dans la sueur n'est point contraire à ce que nous connoissons de ses propriétés. Nous n'avons pas fait d'expériences assez suivies sur l'objet que nous traitons, pour avoir une opinion bien décidée; mais nous sommes disposés à admettre qu'il existe, quelquefois au moins, dans la sueur de certaines parties du corps des animaux, des acides volatils qui sont de la nature de ceux que nous avons découverts dans plusieurs matières grasses. Nous attribuons à ces acides, ainsi qu'à des substances huileuses, l'odeur qui s'exhale des animaux et qui souvent fait reconnoître les endroits où ils ont séjourné. (Ch.)

HUMEURS DE L'ŒIL. (*Chim.*) Il y en a trois : *l'humeur aqueuse*, *l'humeur vitrée* et *l'humeur cristalline* ou *cristallin.*

Les humeurs de l'œil furent examinées, en 1802, par M. Chenevix, et à peu près dans le même temps par M. Nicolas; en 1812, par M. Berzelius.

Humeur aqueuse.

Elle est liquide, inodore, incolore.

La densité de l'humeur aqueuse des yeux de mouton est de 1,009, et celle de l'humeur aqueuse des yeux d'homme est de 1,0053, suivant M. Chenevix, à la température de 15,5 environ.

L'humeur aqueuse est très-légèrement alcaline aux couleurs végétales.

Elle se coagule légèrement lorsqu'on l'expose de 65 à 75.

M. Chenevix pense qu'elle est formée d'eau, d'albumine, de gélatine et de chlorure de sodium. M. Nicolas prétend qu'elle contient en outre du phosphate de chaux, sur ce que, après en avoir précipité l'albumine par l'acide hydrochlorique, l'oxalate d'ammoniaque qu'on verse dans une portion de la liqueur filtrée, y fait un précipité d'oxalate de chaux; tandis que l'eau de chaux, versée dans une autre portion de la liqueur filtrée, y fait un précipité de phosphate.

M. Berzelius a démontré qu'il n'y avoit pas de gélatine dans cette humeur. Ce qui a trompé MM. Chenevix et Nicolas, c'est qu'ils ignoroient que l'albumine étoit précipitée par la noix de galle, comme la gélatine.

L'humeur aqueuse est formée, suivant M. Berzelius, de

Eau...................................	98,10
Albumine..............................	un peu
Chlorure et lactates..................	1,15
Soude, avec une matière animale soluble seulement dans l'eau....................	0,75
	100,00

Humeur vitrée.

Suivant M. Chenevix, l'humeur vitrée a les mêmes propriétés physiques et chimiques que l'humeur aqueuse, soit qu'on prenne celle des yeux de mouton, soit qu'on prenne celle des yeux d'homme. M. Nicolas assure qu'elle contient du phosphate de chaux, et que sa densité est plus grande que celle de l'humeur aqueuse.

M. Berzelius lui assigne la composition suivante :

Eau...	98,40
Albumine	0,16
Chlorure et lactates.......................	1,42
Soude, avec une matière animale soluble seulement dans l'eau...................	0,02
	100,00

Humeur cristalline, ou *cristallin*.

Elle diffère des précédentes par sa consistance, qui est beaucoup plus grande, parce qu'elle est évidemment formée d'une substance membraneuse, cellulaire, insoluble dans l'eau, et d'une liqueur qui est contenue dans les cellules de ces membranes. La consistance et la densité du cristallin vont en augmentant de la circonférence au centre. M. Chenevix dit que la densité d'un cristallin de mouton qui pesoit 22 grains, étoit de 1,100, et que la densité du noyau de ce même cristallin, réduit à ne peser plus que 5½ grains, étoit 2,2151. Le même chimiste a trouvé que le cristallin de l'homme avoit une densité de 1,079.

M. Chenevix dit qu'elle n'est ni acide ni alcaline. M. Nicolas prétend qu'elle verdit légèrement la couleur de la mauve, et qu'elle contient du phosphate de chaux. Ces deux chimistes s'accordent pour n'y pas trouver de chlorure de sodium, et pour considérer l'albumine et la gélatine comme y étant plus abondantes que dans les deux autres humeurs.

M. Berzelius a trouvé le cristallin formé de

Eau...	58,0
Matière particulière........................	35,9
Chlorure, lactates, en matière animale soluble dans l'alcool.......................	2,4
Matière animale seulement soluble dans l'eau avec quelques phosphates	1,3
Portions de la membrane cellulaire qui restent insolubles...........................	2,4
	100,0

M. Berzelius considère la substance du cristallin qui se coagule par la chaleur, comme étant différente de l'albumine. Il pense que, excepté la couleur, elle se rapproche beaucoup de la matière colorante du sang. Quand on la brûle, on obtient une cendre qui contient une trace de fer. La liqueur du cristallin qui reste après la coagulation de la matière précédente, est acide au tournesol, parce qu'elle contient de l'acide lactique : elle a l'odeur des humeurs des muscles.

M. Berzelius a vu que le pigment noir de la choroïde est une poudre insoluble dans l'eau et dans les acides, légèrement soluble dans les alcalis, et brûlant aussi aisément qu'une matière végétale, quand elle a été bien desséchée ; la cendre qu'elle laisse contient beaucoup de fer. (Ch.)

HUMIDITÉ. (*Phys.*) C'est dans l'air une disposition à mouiller les corps qui y sont plongés, et qui résulte de la quantité de vapeurs d'eau contenue dans cet air (voyez Vapeur). On distingue dans les corps une surface *humide* d'une surface *mouillée*, parce que sur la première l'eau n'est point rassemblée, au moins en gouttes, comme sur la seconde. (L. C.)

HUMIFUSE [Tige], (*Bot.*) : étendue sur le sol, mais n'y jetant pas de racines (*polygonum aviculare ;* serpolet, etc.). Lorsque la tige étendue sur le sol y jette des racines, on la dit rampante ; telle est celle du *potentilla reptans*, de la véronique officinale, etc. (Mass.)

HUMILITIES. (*Ornith.*) Suivant M. Vieillot, on désigne par ce nom, dans l'État de New-York, plusieurs oiseaux des genres *Tringa* et *Scolopax.* (Ch. D.)

HUMIRIA. (*Bot.*) Voyez Houmiri. (Poir.)

HUMITE. (*Min.*) M. le comte de Bournon, ayant remarqué des cristaux pyramidaux sur un de ces morceaux de roches qu'on trouve épars en si grand nombre au pied du mont Somma, et qui offrent la réunion la plus remarquable de presque toutes les espèces minérales ; ayant reconnu dans ces cristaux une apparence qui les distingue de toutes les espèces connues, a cru devoir, sur cette seule apparence, et même sans avoir pu mesurer l'inclinaison des faces à cause des nombreuses facettes dont elles étoient surchargées, établir une espèce particulière, à laquélle il a donné le nom de *humite*, en l'honneur de sir Abraham Hume, possesseur éclairé d'une précieuse collection de minéralogie.

L'humite a une couleur d'un brun rougeàtre de cannelle-foncé ; elle est transparente et d'un lustre éclatant ; elle raie à peine le quarz. Enfin, on voit, sur le plan des faces des pyramides, des stries transversales. Ce minéral s'est trouvé implanté dans une pierre de la Somma, avec des topazes granuleuses, d'un gris sale et d'un jaune pàle un peu·ver-dàtre, du mica d'un vert brun, et probablement avec de la haüyne incolore.

La grande perspicacité du célèbre minéralogiste qui a établi cette espèce sur des caractères si peu nombreux et si peu tranchés, nous fait présumer qu'il s'est surtout laissé. diriger par un aspect particulier qui trompe rarement des minéralogistes aussi exercés que lui, et que de nouveaux échantillons et de nouvelles observations viendront confirmer cette spécification. (B.)

HUMMATU (*Bot.*), nom malabare du *datura metel*, selon Rhéede. Voyez Cubsjubong. (J.)

HUMMING BIRD (*Ornith.*), nom anglois des oiseaux-mouches. (Cʜ. D.)

HUMULUS. (*Bot.*) Nom latin du genre Houblon. (L. D.)

HUMUS. (*Bot.*) Les substances végétales, en se décomposant spontanément dans l'eau, se convertissent en tourbe. En se décomposant spontanément à l'air, elles se convertissent en humus ou terreau. La tourbe diffère peu de l'humus. Le mélange de l'humus avec l'argile, la silice, la craie, etc., constitue la terre végétale. Les proportions de ce mélange sont innombrables. Le principal objet du cultivateur est de les régler suivant la nature des végétaux qu'il veut élever.

La végétation peut, jusqu'à un certain point, avoir lieu dans des terres privées d'humus, lorsque d'ailleurs elles ont été long-temps exposées à l'air ; mais l'humus est le principe véritablement actif de la fertilité.

On retrouve dans l'humus, en des proportions différentes, les mêmes principes que dans les végétaux. Il a besoin, pour développer sa puissance fertilisante, d'être exposé quelque temps à l'action de l'air et de la pluie. Le carbone, une de ses parties constituantes, s'empare dans cet intervalle de l'oxigène, de l'air et de l'eau ; il se forme du mucilage et de l'acide carbonique, principaux alimens des végétaux, et ces deux principes, solubles l'un et l'autre, sont absorbés par les racines des plantes avec l'eau dans laquelle ils sont dissous.

Les labours, en amenant à la surface du champ la couche inférieure de terre végétale, mettent l'humus qu'elle contient a même de se combiner avec l'oxigène, et renouvellent ainsi les principes nutritifs que la végétation précédente avoit enlevés à la couche supérieure.

Les jachères n'ont d'autre but que de donner aux parties solubles de l'humus le temps de se former.

La fertilité que l'humus doit a sa combinaison avec l'oxigène, est augmentée par la propriété qu'il a de conserver, plus qu'aucune espèce de terre, l'humidité si favorable à la végétation.

Il se produit chaque année une si grande quantité d'humus par la décomposition des racines, des tiges et des feuilles, qu'il semble qu'il devroit y en avoir une couche fort épaisse sur toute la surface de la terre ; mais sa combinaison avec l'oxigène, qui tend sans cesse à le rendre soluble dans l'eau, fait qu'il est constamment enlevé par elle, et réabsorbé par les végétaux.

La chaux et les alkalis rendent l'humus soluble bien plus rapidement que ne le fait l'action de l'air. Ces puissans agens sont employés à cet effet dans les terres riches en humus, mais avec mesure toutefois ; car ils les dépouilleroient bientôt de ce principe fertilisant.

Les alkalis et la chaux convertissent la tourbe en humus. L'air produit le même résultat, lorsqu'on expose la tourbe à son action en couches très-minces ou en tas fréquemment remués.

La substance pulvérulente, brune, onctueuse, qu'on trouve dans le tronc des vieux arbres, creusés et décomposés par le temps, est un humus très-pur. Son exposition, pendant quelques mois, à la pluie et à l'air, développe sa fertilité.

On fait artificiellement de l'humus, en amoncelant des .

substances végétales, et en les laissant se décomposer à l'abri du soleil et des vents desséchans.

L'humus produit par le fumier, avec lequel les jardiniers forment leurs couches, contient les principes des matières animales dont la paille de ce fumier étoit imprégnée. Il perd ses principes à la longue par son exposition à l'air. Aussi diffère-t-on plus ou moins long-temps l'emploi de ce terreau, suivant que les plantes auxquelles on le destine ont besoin d'un engrais animal ou végétal.

C'est aux expériences de MM. Th. de Saussure, de Humboldt, Braconnot, etc., qu'on doit la connoissance de la propriété que l'air, la chaux et les alkalis, etc., ont de rendre l'humus soluble et propre à devenir un aliment pour les végétaux. (Mass.)

HUNAN (*Bot.*), un des noms arabes du jujubier, suivant Daléchamps. (J.)

HUNBEYDT. (*Bot.*) Voyez Hamadz. (J.)

HUNBRYRE. (*Ornith.*) Voyez Imbrim. (Ch. D.)

HUNCHEM. (*Ichthyol.*) Dans quelques contrées du nord de la France on donne ce nom au Grondin. Voyez ce mot et Trigle. (H. C.)

HUND (*Mamm.*), nom allemand du chien. (F. C.)

HUNDEBE. (*Bot.*) Voyez Eudeba. (J.)

HUNDH. (*Bot.*) Voyez Humadz. (J.)

HUNDSHAY (*Ichthyol.*), nom allemand du Milandre. Voyez ce mot et Squale. (H. C.)

HUNDSISKUR (*Mamm.*), nom islandois du marsouin. (F.C.)

HUNDSTAGG (*Ichthyol.*), un des noms suédois de l'épinoche commune, *gasterosteus aculeatus*. Voyez Gastérostée (H. C.)

HUNFUBAKS (*Mamm.*), nom islandois du balénoptère gibbar. (F. C.)

HUNIURE (*Bot.*), nom arabe de l'ortie, suivant Matthiole. (J.)

HUNLING ET HUNLICH (*Bot.*), noms qu'on donne, à Troppau et à Jægerndorf en Silésie, à la chanterelle, champignon du genre Merulius. (Lem.)

HUNS-HVAL (*Mamm.*), nom norwégien du cachalot macrocéphale. (F. C.)

HUNTA. (*Bot.*) Voyez HANTA. (J.)

HUON. (*Ornith.*) Ce mot et ceux de *huot*, *hulot*, sont synonymes, et désignent, en langage vulgaire, le chat-huant ou la chouette, *strix aluco* et *strix stridula*, Linn. (CH. D.)

HUPERZIA. (*Bot.*) Sous ce nom Bernhardi avoit réuni les espèces de lycopode dont la capsule est bivalve et solitaire. Ce genre est le même que le *plananthus* de Palisot de Beauvois. (LEM.)

HUPETUP (*Ornith.*), nom flamand de la huppe commune, *upupa epops*, Linn. (CH. D.)

HUPKA (*Ornith.*), nom que la huppe, *upupa epops*, Linn., porte chez les Cassubiens. (CH. D.)

HUPLING. (*Ornith.*) L'oiseau ainsi appelé à l'île de Feroë est le cormoran, *pelecanus carbo*, Linn. (CH. D.)

HUPPARD. (*Ornith.*) L'aigle d'Afrique, ainsi nommé par M. Levaillant, est le *falco occipitalis*, Lath. (CH. D.)

HUPPE, *Crista*. (*Ornith.*) Cet ornement de la tête de plusieurs oiseaux consiste dans des plumes plus longues que les autres, qui ordinairement forment une touffe plus garnie chez les mâles que chez les femelles, lesquelles en sont souvent privées. Tantôt les plumes de la huppe sont redressées naturellement; tantôt la huppe n'est qu'une réunion de plumes longues et étroites, couchées sur le sommet de la tête, débordant un peu en arrière, et que l'oiseau, lorsqu'il est agité, relève par l'effet d'une contraction musculaire de la même nature que celle qui fait redresser les poils des mammifères saisis de frayeur ou enflammés de colère.

Il existe des huppes dans la plupart des familles d'oiseaux. On en voit chez les alcyons ou martins-pêcheurs, chez les alouettes, les bouvreuils, les cailles, les canards, les cassiques, les colibris, les coracias, les coucous, les faisans, les fourmiliers, les gobe-mouches, les grèbes, les harles, les hérons, les merles, les mésanges, les moineaux, les moucherolles, les oiseaux-mouches, les outardes, les pics, les pigeons, les promérops, les rupicoles ou coqs de roche, les tangaras, etc.

Enfin les huppes, selon la place qu'elles occupent au vertex ou à l'occiput, selon leur situation droite ou recourbée, suivant leur direction développée ou repliée, et d'après leur forme et leur longueur, fournissent des caractères propres à faire distinguer les espèces. En effet, la huppe est pendante en arrière dans le faisan doré, le canard huppé de la Louisiane, la sarcelle de la Chine, le savacou, le héron huppé de Mahon, le courlis huppé, le morillon, le pluvier huppé, etc. : elle est susceptible de redressement à volonté dans l'oiseau qui porte le nom même de huppe, dans le cacatoës ; longitudinale et en forme de demi-cercle, avancée sur le bec, dans le coq de roche, le céphaloptère ; formée par des plumes décomposées ou dont les barbes sont séparées les unes des autres, dans le faisan couronné des Indes ; composée de plumes étroites et comme étagées, un peu inclinées en arrière, mais dont la pointe se recourbe en avant, dans les hoccos ; posée transversalement dans le roi des gobe-mouches ; couchée en arrière dans l'argus ou luen ; en forme de mitre dans le touraco, et de panache dans le héron blanc à calotte noire.

M. d'Azara expose au tome 1.ᵉʳ de ses Oiseaux du Paraguay, page 6 de la traduction françoise, une opinion contraire à celle des personnes qui regardent les huppes et les panaches comme un effet de la chaleur du climat américain. Il pense que la chaleur, en dilatant la peau et les fibres, doit faire coucher les plumes de la tête des oiseaux, et il cite comme exemple le *chingolo*, qui porte une huppe pendant les froids et chez lequel on n'en voit pas quand le temps est doux. Le même auteur fait aussi remarquer que les oiseaux parés d'une huppe sont fort rares au Paraguay, et que, bien qu'on regarde en général cet ornement comme étant le partage du mâle, il est presque toujours commun aux deux sexes.

On nomme plus particulièrement *aigrettes*, les huppes composées d'un faisceau de plumes effilées, comme dans le paon, l'oiseau royal, ou en forme d'épi, comme dans le spicifère. (Cʜ. D.)

HUPPE ou PUPUT, *Upupa.* (*Ornith.*) On n'est point d'accord sur l'origine du nom de cet oiseau. Les uns l'attribuent à l'ornement dont sa tête est revêtue ; mais d'autres remarquent que le mot latin *upupa* est bien plus ancien que le terme françois *huppe,* et ils pensent que le cri de l'oiseau, *houp*, *houp*, ou *pou*, *pou*, ayant une grande analogie avec le mot latin, d'après la prononciation presque générale de l'*u* en *ou*, c'est de ce cri qu'est dérivé la dénomination de *huppe*, qui, plus tard, a peut-être servi elle-même à l'emploi de ce mot dans son acception générale, comme désignant une tête d'oiseau surmontée du panache dont celui-ci fournissoit le plus frappant modèle.

Plusieurs auteurs regardent la huppe comme faisant partie ou formant le type d'une grande famille, qui comprendroit les promérops et les craves ; mais on est assez généralement convenu de considérer les huppes proprement dites comme constituant un genre particulier, qui a pour caractères : Un bec plus long que la tête, un peu arqué, grêle, trigone à la base, comprimé sur les côtés, sans échancrures, et dont la mandibule supérieure excède l'inférieure ; des narines ovales, situées latéralement à la base de cette mandibule et surmontées par les plumes du front ; la langue très-courte, molle et collée au fond du gosier ; les trois doigts antérieurs libres ou ne présentant qu'une courte attache entre l'extérieur et celui du milieu ; les ongles peu arqués, surtout au pouce ; la queue composée de dix pennes.

Il n'y a pas plus d'accord entre les naturalistes sur le nombre des espèces dont ce genre est composé, que sur l'origine du nom. Outre la huppe proprement dite, qui paroît se trouver dans presque toutes les contrées de l'ancien monde, M. Vieillot a présenté, dans l'Histoire naturelle des promérops, faisant suite à celle des oiseaux-mouches, pag. 11, pl. 2, comme une espèce distincte, la *huppe d'Afrique*, qui, suivant M. Levaillant, ne forme qu'une race particulière. M. Cuvier, qui a admis cette espèce sous le nom d'*upupa minor*, regarde comme en formant une troisième, l'oiseau représenté dans les planches enluminées de Buffon, n.° 697, dont M. Vieillot fait un coracias et M. Temminck un martin. C'est en même temps le mérops huppé de M. Levaillant, qui le croit étranger au cap de Bonne-Espérance. On en fera mention ci-après.

Huppe vulgaire ou Puput : *Upupa epops*, Linn., pl. enlum. de Buffon, n.° 52 ; de Lewin, n.° 54 ; d'Audebert et Vieillot, Promérops, n.° 1 ; de Graves, tom. 1.er, pl. 13.e M. Levaillant a aussi donné, dans le 3.ᵉ vol. de ses Oiseaux de paradis, sous le n.° 22, une figure du même oiseau, par lui appelé hou-poup, ou promérops marcheur d'Europe; mais les couleurs en sont mauvaises. Cet oiseau a environ onze pouces de longueur totale; son bec vingt à vingt-huit lignes suivant l'âge des individus, et le tarse dix lignes. La huppe, longi-tudinale, est composée de deux rangs de plumes, égaux et parallèles entre eux, dont les plus longues occupent le centre, ce qui les fait arrondir en demi-cercle quand, par un mouvement de surprise, d'amour ou de colère, elles se redressent. Toutes ces plumes sont rousses et ter-minées de noir; il y a d'ailleurs du blanc à plusieurs de celles du milieu entre ces deux couleurs. Le reste de la tête est, ainsi que le cou et la gorge, d'un gris vineux ou roussâtre; le ventre et les parties inférieures sont d'un blanc roux; les flancs portent quelques taches longitudi-nales noirâtres; les scapulaires et les couvertures des ailes sont d'un brun clair; le dos et les ailes sont traversés de bandes blanches et noires; le croupion est blanc; les pennes de la queue sont noires et traversées par une bande blanche qui, lorsque celle-ci est épanouie, présente un croissant dont les extrémités sont dirigées vers le bout de la queue; le bec, de couleur de chair à sa base, est noir à la pointe; les pieds et l'iris sont bruns. Les deux sexes se ressemblent beaucoup; mais cependant la femelle est un peu plus petite, son plumage est plus terne et sa huppe plus courte. Les jeunes, dont le bec est moins long, ont plus de cendré sur le plumage et un plus grand nombre de taches sur les flancs et les cuisses.

Les huppes sont des oiseaux de passage qui arrivent dans nos contrées au printemps, et les quittent en automne, époque à laquelle elles paroissent se rendre en Afrique. Le pays de l'Europe où elles sont le plus rares est l'Angleterre, et c'est dans le midi qu'on en trouve davantage. Comme les scarabées, les courtilières, les fourmis et autres insectes forment, avec le frai de grenouille, sa nourriture ordi-naire, les plaines basses et humides, les bois et les buissons qui les avoisinent, sont les endroits où elles fixent leur de-meure habituelle; mais nulle part elles ne vivent en troupes,

et presque partout on les rencontre seules ou par paires.
Elles nichent le plus souvent dans des trous d'arbres, à dix
ou douze pieds de hauteur, ou dans des crevasses de rochers
et de masures, et y déposent quatre ou cinq œufs, un peu
plus gros que ceux du merle, et d'un gris blanchâtre, avec
des nuances plus foncées. On en trouve la figure dans Klein,
pl. 11, n." 6, et dans Lewin, pl. 12, n.° 4. Quelquefois,
et suivant les circonstances, elles placent leur nid par terre
et entre les racines des vieux arbres. Alors ces nids sont
formés de mousse, de feuilles sèches, et contiennent même
quelquefois des substances assez molles; mais ils ne sont point
fétides, et n'offrent pas de ces matières infectes et excré-
mentitielles qu'on suppose ces oiseaux dans l'habitude d'y
apporter. Si l'on en a trouvé des traces, cela est sans doute
provenu, soit de ce qu'on les aura vues ramassant les insectes
destinés à la nourriture des petits, sur des immondices, où
elles contractent nécessairement des souillures; soit, relativement aux nids placés dans des trous profonds, de ce que
les petits, qui ne peuvent s'écarter pour faire leurs ordures,
les déposent à l'entrée du nid, où elles s'accumulent, et où,
en effet, la main indiscrète qui tente de l'enlever, ou l'instrument dont elle se sert, peut et doit même en rencontrer;
soit, enfin, des débris des insectes apportés pour la nourriture
des petits. Telle est aussi la cause de la mauvaise odeur qui
s'exhale de ces trous, et qui fait reconnoître, en général,
les oiseaux d'espèces différentes qui y nichent également,
mais à de moindres profondeurs, et dans des places où il
leur est plus facile d'entretenir la propreté. Au reste, pour
s'assurer jusqu'à quel point la huppe peut mériter le reproche
qu'on lui fait, il faudroit avoir été à portée d'examiner son
nid, ou les matières vermoulues sur lesquelles elle a déposé
ses œufs, avant que ceux-ci soient éclos.

La huppe a plusieurs cris, qui peuvent être rendus par
poun, *poun*, *poun*, ou *bou*, *bou*, *bou*, ou encore par *houp*,
houp, *houp*, suivant M. Levaillant; elle les prononce surtout
lorsqu'elle est perchée, en ramenant chaque fois son bec
sur sa poitrine et relevant vivement la tête. Elle se borne,
pour boire, à plonger son bec dans l'eau, d'un mouvement
brusque, sans le relever comme beaucoup d'autres oiseaux,

qui vraisemblablement n'ont pas la faculté de pomper l'eau ; mais son bec, avec lequel elle aspire de même les alimens solides, n'en fait pas moins remarquer, en domesticité, les mouvemens brusques dont l'oiseau a contracté l'habitude dans l'état sauvage, par suite de l'usage de saisir les insectes, de piquer les bourgeons, de fouiller dans la vase pour en extraire des vers, et dans les fourmilières pour en enlever les chrysalides. Lorsqu'elle est surprise, elle s'arrête, et fixe, avant de partir, l'objet qui lui porte ombrage. Son vol, sinueux et sautillant, est peu rapide : elle bat des ailes en partant, comme le vanneau, et, posée sur terre, elle marche d'un mouvement uniforme, comme les poules. Olina prétend que cet oiseau ne vit que trois années ; mais il n'a probablement fait ce calcul, peu vraisemblable, que sur des individus élevés en captivité, et il seroit d'autant plus difficile de déterminer la durée moyenne de la vie de la huppe dans l'état sauvage, qu'elle n'est pas sédentaire en Europe, et qu'on ne peut même assurer, malgré l'assertion de plusieurs auteurs, qu'elle le soit en Égypte, où elle règle sa marche sur celle des eaux du Nil, qui, en se retirant, laisse à découvert un limon dans lequel fourmille bientôt une quantité innombrable d'insectes de toute espèce.

Les huppes deviennent grasses en automne, et alors elles sont assez bonnes à manger ; mais leur chair, réputée immonde chez les Juifs, conserve toujours une odeur de musc, à laquelle on attribue l'éloignement qu'ont pour elle les chats, ces animaux si friands d'oiseaux. On dit que cette odeur peut être enlevée par l'extraction de la tête aussitôt qu'on les a tuées ; mais il faudroit, pour cela, qu'elle ne résidât que dans cette partie ; et comme d'ailleurs la même recette est conseillée pour les étourneaux et pour d'autres oiseaux, elle ne paroît pas mériter une grande confiance.

Pris jeunes ou vieux, ces oiseaux s'accoutument aisément à la captivité, deviennent très-familiers, et s'accommodent volontiers des alimens qu'on leur fournit, pourvu qu'au lieu de les tenir en cage on les laisse courir dans la maison ou dans le jardin.

On a attribué à la huppe la connoissance d'herbes propres à détruire l'effet des fascinations, à rendre la vue aux aveugles, à ouvrir les portes fermées. Son cœur, son foie, sa cervelle, mangés avec des formules mystérieuses, ou appliqués sur certaines parties du corps, ont été réputés propres à guérir la migraine, à rétablir la mémoire, à procurer le sommeil, à donner des songes agréables, etc. Chez les anciens elle étoit l'emblème de la piété filiale : les jeunes prenoient soin de leurs père et mère devenus caduques; ils les réchauffoient sous leurs ailes; leur aidoient, dans le cas d'une mue laborieuse, à quitter leurs vieilles plumes; souffloient sur leurs yeux malades, y appliquoient des herbes salutaires, etc.

La Huppe d'Afrique, *Upupa minor*, Cuv., est figurée dans le tome 2 des Oiseaux dorés, pl. 2 des Promérops. M. Levaillant dit qu'elle forme dans l'Afrique méridionale une race très-distincte de celle d'Europe, et dont le plumage est toujours d'un roux bien plus foncé que celui des individus des pays froids ; qu'elle n'est point sédentaire dans la partie de l'Afrique qu'il a parcourue; mais qu'elle n'est pas d'une espèce différente de celle qu'on vient de décrire, ses allures, son cri, ses habitudes, ses caractères physiques et moraux étant les mêmes. Ce naturaliste ajoute que, quand les huppes d'Europe quittent nos contrées, elles ne vont pas jusqu'au cap de Bonne-Espérance, et que les individus qu'il a reçus d'Égypte, du Sénégal, de la Chine et des Indes, étoient semblables, pour les couleurs, à ceux qu'il avoit recueillis au Cap : d'où il a conclu l'existence de deux races distinctes, l'une des contrées septentrionales, et l'autre des pays chauds, laquelle ne se reconnoit qu'à ses couleurs plus vives et plus foncées.

M. Temminck ne regarde pas non plus cette différence, produite par l'influence du climat, comme suffisante pour l'établissement d'une espèce ; mais M. Vieillot persiste à regarder comme telle l'oiseau qu'il a fait figurer, attendu que celui-ci n'a que neuf pouces de longueur, que son plumage est plus vif, que les couleurs n'ont pas la même disposition sur les ailes, que la bande transversale de la queue est plus rapprochée du croupion, que l'aigrette est moins haute, et qu'il n'y a aucun vestige de blanc dans les plumes qui la composent.

M. Levaillant, de son côté, a donné, planche 23 de son Histoire naturelle des promérops, la figure d'une autre huppe, qu'il présente comme une espèce particulière au cap de Bonne-Espérance, et qu'il décrit sous le nom de *Promérops marcheur largup.* Les caractères les plus saillans par lesquels, dit-il, cet oiseau diffère de son *houpoup* ou huppe d'Europe, sont 1.°, qu'il a les pennes caudales un peu étagées, et que, dépourvues du large croissant blanc, elles sont seulement lisérées d'une ligne gris-blanc sur un fond noir; 2.° que la huppe, qui chez le houpoup se partage longitudinalement en deux touffes très-distinctes, ne forme chez le largup qu'une seule touffe, laquelle, étant étalée, semble un éventail ouvert en travers de la tête, comme chez le tyran huppé de Buffon; 3.° que les plumes de cette aigrette, au lieu d'être molles, sont analogues aux pennes, et que leurs tuyaux, qui percent la peau, sont implantés sur un seul muscle extenseur, par le moyen duquel le largup les relève avec force, comme cet effet a lieu pour les aigrettes des cacatoës, pour les plumes subalaires de certains oiseaux de paradis, pour celles de la nuque du magnifique, des épaules du superbe, et du croupion du paon.

Cette espèce a la tête, le cou, le manteau et la poitrine, jusqu'au milieu du sternum, d'un roux orangé; le croupion et les couvertures supérieures de la queue noirâtres; celles du dessus des ailes noires, bordées et variées de blanc et de roux fauve; les rémiges et les rectrices noires avec un liséré de gris blanc à l'extérieur; les plumes abdominales et anales blanches; l'aigrette barrée de quatre bandes noires sur un fond orangé; les yeux d'un marron foncé; le bec gris à sa naissance et noir dans le reste, ainsi que les ongles; les pieds bruns. La femelle ne diffère du mâle que par une huppe plus courte et des couleurs moins vives.

Cet oiseau, qui habite les grandes forêts de la Cafrerie, trotte à la manière des cailles, en suivant les sentiers tracés par les éléphans, les bufles, etc., dont il éparpille la fiente, pour y chercher des vers et des insectes : il dépose dans un trou d'arbre et sur le bois vermoulu, quatre œufs d'un roux pâle et parsemés de petits points d'un brun noir. Lorsqu'il part, c'est en faisant entendre un cri précipité, *clac*, *clac*, *clac*, qui semble provenir du cliquetis des mandibules; le mâle répète le matin, pendant plusieurs heures, un cri *cro*, *cro*, *cro*, qui paroît étre son chant d'amour, et qu'on pourroit employer comme épithète pour désigner l'espèce, tant en latin qu'en françois, en réduisant les trois syllabes à deux: Huppe crocro, *Upupa crocro*, Dum.

A l'article Coracias, tom. X, p. 8, de ce Dictionnaire, on a, pour le *tivouch* dont Flacourt parle dans son Histoire de Madagascar, renvoyé au mot Huppe, d'après M. Cuvier, qui conserve comme espèce de ce genre l'oiseau décrit par M. Vieillot sous le nom de *Coracias tivouch.* C'est la Huppe du Cap, *Upupa capensis*, du premier de ces naturalistes, qui est figurée dans la 697.e planche enluminée de Buffon sous la dénomination de huppe noire et blanche du cap de Bonne-Espérance, et sous celle de mérops huppé dans le 3.e vol. des Oiseaux de paradis de M. Levaillant, n.º 18. M. Levaillant n'est pas éloigné toutefois de regarder cet oiseau comme un martin, et cette opinion est adoptée par M. Temminck.

En cet état des choses on croit devoir exposer les considérations qui ont motivé le sentiment des divers auteurs.

Quoique M. Cuvier place parmi les huppes le tivouch, nom plus propre que tout autre à désigner l'espèce, et préférable par conséquent à la simple indication d'une contrée où elle n'existeroit que concurremment avec d'autres, si même on l'y trouve, il avoue que cet oiseau se lie plus particulièrement aux craves ou coracias, parce que les plumes antérieures de sa huppe, courtes et fixes, se dirigent en avant et couvrent les narines. M. Vieillot s'est appuyé, pour le ranger avec ces derniers, des faits exposés par Montbeillard, desquels il résulte que le tivouch a douze pennes à la queue, et non dix seulement comme les huppes ; que sa langue n'est pas, comme chez celles-ci, courte et entière ; mais que sa longueur égale celle du bec, et que sa pointe est divisée en plusieurs filets ; que la mandibule supérieure est échancrée à son extrémité, et que l'ongle postérieur, le plus long de tous, est très-crochu.

Montbeillard, qui dit que ces oiseaux se tiennent dans les

grands bois de Madagascar, de l'île de Bourbon et du cap
de Bonne-Espérance, n'indique pas précisément quelle est
leur nourriture ; mais il annonce qu'on a trouvé dans l'estomac d'un individu, des graines et des baies de *pseudobuxus ;*
et M. Levaillant, qui n'a jamais vu cette espèce au Cap,
ajoute, d'après le témoignage d'un habitant de l'île de
Bourbon, qu'elle vit en grandes bandes dans cette île, où
elle fréquente les lieux humides et les marais, et cause de
grands dégàts aux cafiers. Si l'on ne peut conclure de ces
faits que le tivouch soit purement frugivore, il en résulte
au moins qu'il n'est pas exclusivement entomophage, comme
le sont les huppes.

Au reste, cet oiseau, qui, suivant M. Vieillot, n'a que
neuf pouces trois quarts de longueur totale, quoique Montbeillard lui donne *seize pouces,* porte sur la tête une huppe
blanche, composée, dans le milieu, de plumes longues,
flexibles, à barbes désunies, qui se recourbent en avant quand
l'oiseau les redresse ; le dessous du corps est également
blanc, et prend sur le cou une teinte grise ; les parties supérieures sont d'un gris rembruni, et l'on remarque une tache
blanche vers le centre des rémiges. Le bec, les paupières,
les pieds sont jaunes, et les ongles bruns. (Ch. D.)

HUPPE-COL. (*Ornith.*) Ce nom est donné à un oiseau-
mouche de Cayenne, *trochilus ornatus,* Gmel., et à un gal-
linacé, *tetras huppe - col,* Temm., *tetrao cupido,* Lath.
(Ch. D.)

HUPPELING. (*Ornith.*) Cormoran. Voyez Hupling. (Ch. D.)

HUPPÉS. (*Ornith.*) Sonnini s'est borné à traduire par cet ad-
jectif la dénomination, trop vague pour devenir générique,
de *crestados,* donnée par M. d'Azara aux deux oiseaux du
Paraguay qu'il a décrits sous les n.°ˢ 128 et 129, et qu'on
appelle cardinaux à la rivière de la Plata. Les caractères
communs de ces oiseaux, qui ne sont ni vifs ni farouches,
et qui fréquentent les halliers et les buissons des enclos,
sans se percher à leur cime, consistent, suivant l'auteur espagnol, dans un bec gros, fort et convexe en-dessus, mais
sans courbure en-dessous comme celui des gros-becs, et plus
long. Leur vol est léger et peu prolongé. Dans la saison
des amours on rencontre par paires les deux sexes, qui ne

présentent aucune différence extérieure ; en hiver ils se réunissent en petites troupes. Ils sont insectivores et granivores : on les prend facilement dans les pièges, et ils supportent fort bien la captivité.

La première espèce, le HUPPÉ ROUGE, qui correspond au paroare huppé, *loxia cucullata*, Lath., est représentée dans les Oiseaux chanteurs de la zone torride par M. Vieillot, pl. 70. Cet oiseau, long de sept pouces deux tiers, a un panache vertical, terminé en pointe et formé de plumes soyeuses de couleur de feu ; une bande de la même couleur règne sur la gorge et s'étend jusqu'au milieu du cou. Le dessus du corps est d'un plombé clair, et le dessous blanc.

La seconde espèce est le HUPPÉ JAUNE, dont les formes sont à peu près les mêmes que celles du précédent, et qui a un trait jaune depuis les narines jusqu'au-delà des yeux ; la tête, les joues, la gorge et la moitié du devant du cou noirs ; les côtés du cou, le pli de l'aile, le dessus du corps et des ailes jaunes ; le derrière du cou noir au centre et d'un jaune verdâtre dans le reste ; le dos vert ; les pennes des ailes et leurs couvertures supérieures bordées de jaune verdâtre sur un fond noirâtre ; les quatre pennes intermédiaires de la queue de cette couleur, et les autres d'un jaune pur ; son bec, plus fort que celui du huppé rouge, est noir en-dessus et bleu de ciel en-dessous. (CH. D.)

HURA. (*Bot.*) Voyez SABLIER. (POIR.)

HURCHELIN. (*Ornith.*) Un des noms allemands, suivant Gesner, du petit grèbe huppé de Buffon, que l'on appelle aussi dans la même langue *Deuchelin*, *Duchentlein* et *Mirgigeln*. (CH. D.)

HUREK. (*Bot.*) Voyez CONDONDONG. (J.)

HURGILL. (*Ornith.*) L'oiseau qu'on appelle ainsi à Calcutta, est l'*ardea dubia*, de Gmelin, l'*ardea argala*, de Latham, et la cicogne à sac, de M. Cuvier. (CH. D.)

HURIO (*Ichthyol.*), un des noms du grand esturgeon, *acipenser huso*, Linn. Voyez ESTURGEON. (H. C.)

HURLEUR. (*Mamm.*) Nom générique donné par les voyageurs aux alouattes, singes d'Amérique, remarquables par les cris épouvantables dont ils remplissent les forêts. Voyez SAPAJOUS. (F. C.)

HURON (*Mamm.*), nom espagnol du furet. (F. C.)

HURRIAH, *Hurria.* (*Erpétol.*) Feu Daudin a établi sous ce nom, dans la famille des reptiles ophidiens hétérodermes, et aux dépens des boas de la plupart des erpétologistes, un genre de serpens reconnoissable aux caractères suivans :

Anus sans ergot ; queue longue, simple, non terminée par une pointe de corne ; tête couverte en-dessus de plaques polygones ; dessous du corps et de la queue revêtu de plaques entières ; celle-ci terminée cependant par de doubles plaques ; anus simple et transversal ; pas de crochets à venin.

On distinguera facilement, à l'aide de ces notes, les Hurriahs des Vipères, des Crotales, des Scytales, qui ont des crochets à venin ; des Boas, qui ont un double ergot à l'anus ; des Acanthophis, qui ont la queue terminée par une pointe de corne ; des Couleuvres, qui ont un double rang de plaques sous la queue entière. (Voyez ces différens mots.)

Les hurriahs sont des serpens innocens, qui ne paroissent pas acquérir de grandes dimensions, et qui se nourrissent de petits animaux.

L'Hurriah faux-boïga ; *Hurria pseudo-boiga,* Daudin. Corps mince et très-long ; tête ovale, un peu en cœur, assez grosse, peu déprimée, obtuse par devant ; une plaque rostrale triangulaire ; quatre plaques frontales ; une grande plaque pentagonale entre les yeux ; intérieur de la bouche brunâtre ; deux dents petites, très-pointues et courbées en arrière ; langue un peu fourchue, pouvant se contracter dans un fourreau cylindrique ; narines assez ouvertes et presque circulaires ; écailles du dessus du corps distinctes, isses, alongées, rhomboïdales et pointues postérieurement ; deux cent cinquante-huit grandes plaques abdominales ; dix-sept plaques entières et quatre-vingt-treize doubles plaques sous la queue.

Ce serpent parvient à la taille de deux ou trois pieds. Il est d'un gris obscur et un peu rouge en-dessus ; d'un blanc sale un peu jaunâtre en-dessous, teinte qui règne aussi sur le bord des mâchoires. Le dos est irrégulièrement marqueté de taches blanches disposées par séries transversales. Le ventre est sans taches.

La patrie de l'hurriah faux-boïga est inconnue. Merrem,

le premier, l'a décrit et figuré sous le nom de *unregelmässige Natter*, c'est-à-dire, de serpent irrégulier.

L'Hurriah a deux raies jaunes ; *Hurria bilineata*, Daudin. Tête petite, ovale, obtuse, déprimée, couverte de dix plaques ; yeux petits, latéraux, orbiculaires ; bouche large, assez fendue ; mâchoires égales ; dents très-petites et courbées ; cou et corps cylindriques, d'une grosseur presque égale jusqu'à l'anus , et revêtus d'écailles ovales très-petites.

La longueur totale de cet hurriah est de plus d'un pied. Il est noir en-dessus, avec une ligne longitudinale jaunâtre sur chaque côté du dos, dans toute la longueur du rachis : la gorge et le ventre sont d'un blanc de perle.

Ce serpent a été trouvé à Hyderabad par Alexandre Russel, qui l'a décrit et figuré très-exactement sous le nom indien de *Hurriah*.

L'Hurriah schneidérien : *Hurria schneideriana* , Daudin ; *Elaps boœformis*, Schneider. Tête petite, oblongue, obtuse en-devant ; yeux petits ; narines étroites, de même que la bouche ; dents courtes et petites ; écailles rhomboïdales et carenées ; une bande noire de chaque côté du corps et naissant derrière l'œil ; dos cendré, avec des taches transversales noires ; ventre blanchâtre varié de noir.

On ignore la patrie de ce reptile. M. Schneider l'a fait connoitre aux naturalistes d'après un individu conservé dans la collection de l'université de Halle. (H. C.)

HURTA (*Ichthyol.*), nom d'une espèce de daurade de la mer Méditerranée, rangée par plusieurs auteurs parmi les spares. Voyez Daurade. (H. C.)

HURU. (*Ornith.*) L'oiseau que les Suisses désignent par ce nom, et par ceux de *huzuw* et de *huw*, est le grand duc, *strix bubo*, Linn. (Ch. D.)

HUS (*Ornith.*), nom illyrien de l'oie domestique, *anas anser*, Linn. (Ch. D.)

HUSANGIA. (*Bot.*) Necker a voulu substituer ce nom à celui de *mayeta*, donné par Aublet à un de ses genres dans la famille des mélastomées. (J.)

HUSEN (*Ichthyol.*), un des noms allemands du grand esturgeon, *acipenser huso*. Voyez Esturgeon. (H. C.)

HUSO (*Ichthyol.*), nom latin du grand esturgeon, *acipenser huso.* Voyez Esturgeon. (H. C.)

HUTAFFE (*Mamm.*), nom que quelques auteurs allemands donnent au bonnet chinois. (F. C.)

HUTCHINSIA. (*Bot.*) Agardh (*Synops. algarum Scand.*) donne ce nom générique à une des divisions du genre *Ceramium*, et le définit ainsi :

Fruit de deux sortes ; des capsules (trispermes le plus souvent) ovales, réticulées ; et des globules contenus dans des rameaux renflés qui ressemblent à de petites siliques ; filamens formés par la réunion de plusieurs canaux. Ces caractères ont été offerts par les *hutchinsia coccinea*, *Wulfenii*, *elongata*, *byssoides*, *atrorubescens* et *patens*. Lyngbye adopte ce genre, mais avec quelques légères restrictions sur les caractères et sur les espèces qu'il faut y admettre ; car plusieurs sont ramenées par lui dans son genre *Callithamnion*, formé d'espèces de *ceramium*, et placées par Agardh dans ses trois genres *Hutchinsia*, *Ceramium* et *Griffitsia*. Selon lui, les articulations sont formées par la réunion de plusieurs tubulures.

Le genre qui nous occupe comprend environ vingt espèces ; elles se rencontrent toutes sur les côtes d'Europe baignées par l'Océan, et plusieurs sur celles de la Méditerranée. Nous ferons remarquer les suivantes.

Hutchinsia fastigié : *Hutchinsia fastigiata*, Agardh, *Syn.*, p. 53 ; Lyngb., *Tent.* 108, t. 33 ; *Ceramium polymorphum*, Decand., Fl. fr., n.° 106 ; *Ceramium fastigiatum*, Roth ; *Conferva polymorpha*, Linn., *Fl. dan.* t. 393 ; Dillw., *British conf.*, t. 44 ; *Engl. Bot.*, 1764 ; Dillen., t. 6, tab. 35. Noir ou brun, pellucide vers le sommet, dur, cartilagineux ; les filamens dichotomes presque égaux ; rameaux supérieurs courts et ramassés ; articles plus courts que leur diamètre, marqués d'un point noir. Cette espèce est commune dans l'Océan : on la trouve sur les varecs et particulièrement sur le *fucus nodosus*. Elle a un à deux pouces environ de longueur ; sa fructification forme des tubercules latéraux, sessiles, solitaires, placés vers l'extrémité des ramifications.

Hutchinsia alongé : *Hutchinsia elongata*, Agardh, l. c. ; *Ceramium elongatum*, Roth ; Decand., l. c., n.° 104 ; Lyngbye, *Tent.*, 117, tab. 66, D. 1 : *Conferva elongata*, Dillw., *Brit. conf.*, t. 33 ; Web. et Mohr ; *Crossbrit.*, t. 33 ; Dillw., *Musc.*, tab. 6, fig. 38. Rouge ; filamens dichotomes, rameux, très-fins, fort longs ; articulations un peu plus courtes que leur diamètre, marquées de veines réticulées ; l'articulation inférieure à peine apparente. Cette plante est commune dans l'Océan ; elle forme des touffes longues d'un pied environ. La coupe transversale d'une des articulations offre une aréole centrale, entourée de quatre grandes cellules, autour desquelles sont d'autres cellules beaucoup plus petites.

HUTCHINSIA BYSSOÏDE : *Hutchinsia byssoides*, Agardh, l. c., 60, Lyngb., 110, tab. 34 ; *Ceramium byssoides*, Decand., Fl. fr. ; n.° 95 ; *Conferva byssoides*, Engl. Bot., 547 ; Dillen., t. 58. Purpurin, très-délicat, très-menu ; rameaux alongés, terminés par de petits flocons formés de ramifications fasciculées ; articulations trois fois plus longues que larges ; fructifications sessiles, globuleuses. Se trouve sur les côtes de Normandie.

On peut voir, dans le *Synopsis algarum* d'Agardh, et dans le *Tentamen hydrophytographiæ Danicæ* de Lyngbye, la description des autres espèces de ce genre ; seulement nous noterons ici le CÉRAMIUM ÉCARLATE, décrit dans ce Dictionnaire, qui est l'*hutchinsia coccinea* d'Agardh, et le type du genre *Callithamnion* de Lyngbye. Voyez GRIFFITSIA, Agardh (*agarum*, Link) ; PLUMARIA, Link (*cladostephus*, Agardh), SPHACELLARIA, Lyngb., et CERAMIUM. (LEM.)

HUTILADIH (*Bot.*), nom arabe de l'arbousier, suivant Daléchamps. (J.)

HUTTE. (*Avicept.*) On appelle ainsi la loge en forme de buisson dans laquelle se cache l'oiseleur pour la chasse à la pipée. Lorsqu'on la fait au pied d'un arbre, on emploie, pour la couvrir, les branches qui en sont les plus voisines ; et quand on veut pratiquer une cabane ambulante, on entrelace les branches coupées et fraîches de manière à ne pas laisser entrevoir l'oiseleur, qui doit y être commodément assis. On prétend qu'il ne faut pas l'arrondir, dans la crainte de causer de la défiance aux oiseaux. On y laisse deux ouvertures pour faciliter l'entrée et la sortie, et l'on en ménage d'autres plus petites pour donner les moyens de voir sans être vu. Cette hutte peut être employée pour la chasse aux perdrix, aux canards, aux foulques, aux grives, etc. (Cʜ. D.)

HUTTI. (*Ornith.*) Les Lapons donnent ce nom et celui de *huttich* au pluvier doré à gorge noire, *charadrius apricarius*, Linn. (Cʜ. D.)

HUTTUM. (*Bot.*) Nom que porte à Amboine le *butonica* de Rumph, grand arbre de la famille des myrtées, remarquable par son fruit de forme carrée. Il a été décrit par plusieurs auteurs sous des noms différens. C'est le *huttum* d'Adanson, le *commersona* de Sonnerat, le *barringtonia* de Linnæus fils, le *mitraria* de Gmelin. Le nom de Rumph doit prévaloir comme plus ancien. (J.)

HVAFISK (*Mamm.*), nom de la baleine franche, en Norwége. (F. C.)

HVAL-HUND (*Mamm.*), nom norwégien du dauphin orque. (F. C.)

HVIIDFISKE. (*Mamm.*) Eggde, dans son Histoire du Groenland, donne ce nom au cachalot blanchâtre. (F. C.)

HWASSBUK (*Ichthyol.*), un des noms suédois de la sardine. Voyez Cʟᴜᴘᴇᴇ. (H. C.)

HUYSEN. (*Mamm.*) C'est le même nom que Hofʀᴜɴɢ. (F. C.)

HYACINTHE. (*Min.*) Si notre zircon orangé fut la première pierre qui reçut le nom de *hyacinthe*, à raison de la ressemblance de sa couleur avec celle de la plante qui porte aussi cette dénomination, il faut avouer que la comparaison ne fut pas heureuse. Mais, sans nous arrêter à examiner si la ressemblance étoit juste ou ne l'étoit pas, il n'en est pas moins vrai que le nom du héros de la fable fit fortune en minéralogie comme en botanique; et ce qui est assez remarquable, c'est que notre espèce hyacinthe est tout aussi embrouillée que celle des botanistes : l'énumération suivante en donnera une idée.

Hyacinthe ou *jargon*. Voyez Zɪʀᴄᴏɴ ᴏʀᴀɴɢᴇ́.

Hyacinthe blanche de la Somma. Voyez Mᴇɪᴏɴɪᴛᴇ.

Hyacinthe brune des volcans ou *du Vésuve.* Voyez Iᴅᴏᴄʀᴀsᴇ.

Hyacinthe de Compostelle. Voyez Qᴜᴀʀᴢ ʜᴇ́ᴍᴀᴛᴏɪᴅᴇ.

Hyacinthe cruciforme. Voyez Hᴀʀᴍᴏᴛᴏᴍᴇ.

Hyacinthe de Dissentis. Voyez Gʀᴇɴᴀᴛ.

Hyacinthe la belle. Voyez Grenat.

Hyacinthe occidentale. Voyez Topaze miellée ou safranée.

Hyacinthe orientale. Voyez Corindon - télésie et Essonite. (Brard.)

HYACINTHE. (*Bot.*) Voyez Jacinthe. (L. D.)

HYACINTHE ASPHODÈLE (*Bot.*), nom vulgaire de l'ornithogale des Pyrénées. (L. D.)

HYACINTHE DU COMMERCE (*Min.*) Voyez Pierre de cannelle. (Lem.)

HYACINTHE DE NOTRE PÈRE (*Bot.*), ancien nom de l'ornithogale arabique. (L. D.)

HYACINTHINE. (*Min.*) Idocrase de Lametherie. (Brard.)

HYACINTHUS. (*Bot.*) On sait que , suivant la fable, Apollon ayant tué, sans intention , Hyacinthe qu'il aimoit, en fut inconsolable, et le changea en une plante à laquelle il donna son nom. Il voulut encore tracer sur la fleur des caractères qui attestassent son chagrin ; c'est ce qu'Ovide exprime très-bien dans les deux vers suivans :

> Ipse suos gemitus foliis inscripsit, et ai, ai
> Flos habet inscriptum; funestaque littera ducta est.

On a été long-temps indécis sur la plante qui étoit le *hyacinthus* des anciens, et qui, présentant les lettres indiquées, avoit servi de base à la fable. On trouve les caractères ı Aı Aı assez bien tracés dans le pétale intérieur du pied-d'alouette des jardins, *delphinium Ajacis :* cependant personne n'a cru que cette plante fût le *hyacinthus.* Théocrite et d'autres poëtes ont eu en vue un *iris* bulbeux, suivant Lobel. Le même a nommé *hyacinthus poeticus* l'iris *sisyrinchium.* Anguillara veut que le *hyacinthus* de Virgile, de Columelle et de Palladius, soit l'*iris germanica*, ou une de ses variétés. La plante que Tragus nomme *hyacinthus poetarum* est, selon C. Bauhin, le lis martagon ou un autre lis à fleurs blanches marquées intérieurement de taches purpurines, mentionné par Clusius, et non rapporté dans les livres modernes aux espèces connues. Il est probable que cette dernière opinion est la plus vraisemblable , parce qu'on trouve dans ces lis des rides intérieures colorées qui ressemblent un peu aux caractères indiqués. La jacinte des jardins, qui est actuellement l'espèce principale du genre *Hyacinthus*, n'a aucun rapport avec la plante ancienne. Il en est de même de la jacinte des bois, que pour cette raison Linnæus a nommée *hyacinthus non scriptus*.

Si l'on considère le nom *hyacinthus* uniquement sous le point de vue de la science botanique, on verra qu'il a été prodigué légèrement à des plantes différentes, tels qu'un *antholyza*, un *aletris*, plusieurs scilles, un *crinum*, et le *polyanthes*. On verra encore que plusieurs auteurs ont voulu subdiviser le genre de Linnæus avec plus ou moins de raison. La séparation du *muscari*, dont les fleurs sont en grelot, et non en entonnoir ou en vase, sera probablement approuvée. Il sera peut-être moins nécessaire de séparer, avec Jacquin et Willdenow, le *hyacinthus revolutus* sous le nom de *drimmia*, parce que ses étamines sont insérées au milieu et non au fond du calice. Faudra-t-il adopter le genre *Bellevalia* de Lapeyrouse, fait sur le *hyacinthus romanus*, qui a les filets des étamines demi-monadelphes, selon lui, et seulement membraneux et élargis à la base, suivant Willdenow? Les espèces telles que le *hyacinthus serotinus*, nommé *dipcadi* par Mœnch, seront-elles séparées pour former le genre *Zuccagnia* de M. Thunberg, parce que les trois divisions extérieures du calice sont plus profondes que les intérieures? Laissera-t-on dans le genre le *hyacinthus non scriptus*, et d'autres dont le calice est divisé presque jusqu'à sa base en six lobes qui sont seulement rapprochés pour former un tube; ou les reportera-t-on au genre *Scilla*, avec Swartz? (J.)

HYÆNANCHE, *Hyænanche*. (*Bot.*) Genre de plantes dicotylédones, à fleurs incomplètes, dioïques, de la famille des *euphorbiacées*, de la *dioécie dodécandrie* de Linnæus, offrant pour caractère essentiel : Des fleurs dioïques, dans les fleurs mâles; un calice à six ou sept folioles; point de corolle; de dix à vingt étamines. Dans les fleurs femelles, un calice à sept ou huit folioles imbriquées; point de corolle; un ovaire supérieur; un style; trois stigmates; une capsule à trois loges, à trois coques; deux semences dans chaque loge.

Hyænanche globuleuse: *Hyænanche globulosa*, Lamb., *Monogr. Cinch.*, pag. 52, tab. 10; *Toxicodendrum capense*, Thunb., *Act. Holm.*, 1796, pag. 188, tab. 7. Arbrisseau qui s'élève à la hauteur de six à huit pieds, sur une tige droite, rameuse : les rameaux sont diffus, étalés, d'un brun cendré, hérissés de cicatrices après la chute des feuilles : celles-ci sont pétiolées, opposées, ou réunies, trois ou quatre ensemble, en verticilles, coriaces, alongées, un peu émoussées à leur sommet; les pédoncules sont situés dans l'aisselle des feuilles; ils supportent des fleurs disposées en grappes, formant une sorte de corymbe par leur réunion : ces fleurs n'ont point de corolle ; les mâles ont leur calice divisé en six ou sept folioles; il y en a ordinairement une de plus dans le calice des fleurs femelles. Le fruit consiste en une capsule à trois coques, à trois loges ; chaque loge renferme deux semences. Cette plante croît sur les rochers, dans l'intérieur des terres, au cap de Bonne-Espérance. (Poir.)

HYÆNOPHOLON. (*Bot.*) Nom grec cité par Mentzel, de l'*ocymastrum* de Fuchs et de Daléchamps, qui est le *thymus acinos* des modernes, nommé vulgairement basilic sauvage, parce que c'étoit l'*ocymum sylvestre sive acinos* de Dodoens. (J.)

HYALE, *Hyalæa.* (*Malacoz.*) M. de Lamarck est le premier qui ait établi, sous cette dénomination, un genre bien distinct de mollusques, quoiqu'on ne connût guère alors que la coquille, que Forskal, et par suite Gmelin, rangeoient parmi les anomies, section des térébratules, sous le nom d'*anomia tridenta*. Le premier des auteurs que nous venons de citer avoit bien dit quelque chose de l'animal qu'il avoit observé vivant; mais il en avoit parlé d'une manière si obscure pour lui-même, et surtout pour les autres, qu'il plaça, comme on vient de le dire, cet animal parmi les bivalves, ce que MM. Cuvier et de Lamarck imitèrent dans leurs premiers ouvrages (1). Lamartinière, naturaliste de l'expédition de La Peyrouse, s'étoit encore mieux aperçu, d'après ce que dit M. Cuvier, que ce petit mollusque devoit appartenir au genre formé long-temps avant

---

(1) Forskal avoit cependant dit, dans ses observations sur la coquille, que cette espèce d'anomie avoit des rapports avec les patelles ; rapprochement que Bruguière, d'après les planches de l'Encyclopédie, paroissoit avoir adopté.

Mais, avant Bruguière, Gioëni, célèbre en histoire naturelle par la hardiesse avec laquelle il décrivit les mœurs d'un estomac de bullée, comme si c'eût été un animal, avoit fort bien décrit la coquille de l'hyale, et cet auteur paroissoit supposer que son habitant devoit être un animal pourvu de bras.

par Browne, dans son Histoire de la Jamaïque, sous le nom de clio, et que, depuis, on a nommé cléodore; et j'ai vu et trouvé dans les notes manuscrites des observations de Forster, naturaliste de l'une des expéditions du capitaine Cook, qu'il avoit eu la même idée, puisque l'hyale y est figurée avec la dénomination de *clio conchacea*. Mais, depuis l'anatomie que M. G. Cuvier a publiée de cet animal, dans les Annales du Muséum, il n'y a plus eu de variations, et l'hyale a été constamment placée, par tous les zoologistes subséquens, auprès des clios, dont elle a suivi le sort. En effet, les uns ont vu dans ces animaux des mollusques si différens des autres, qu'ils en ont formé un ordre particulier, comme MM. G. Cuvier, qui l'a établi le premier, Duméril, de Lamarck, Péron, Bosc, Mekel et moi-même; et, depuis, MM. Schweiger, Goldfuss; tandis que d'autres n'en ont fait qu'une seule famille, comme M. Ocken. M. G. Cuvier est même arrivé, dans son dernier ouvrage, à en former une classe distincte, sous le nom de Ptèropodes (voyez ce mot). J'avoue que pendant quelque temps, et n'ayant pas moi-même observé l'hyale, j'ai balancé sur ses affinités naturelles, pensant tantôt que ce pouvoit être un genre de céphalopodes ou de cryptodibranches, et tantôt que c'étoit plutôt à la première famille des acéphales qu'elle devoit appartenir. Aujourd'hui, que je l'ai disséquée avec soin, et surtout que j'ai observé plusieurs bullées vivantes, j'ai pu m'en faire une idée beaucoup plus juste; et je pense que, bien loin qu'elle doive former une classe avec les clios, c'est avec peine qu'on pourra la séparer de la famille qui comprend les bullées et quelques genres voisins, tant les rapprochemens sont nombreux; mais, pour les bien saisir, il faut une description extérieure et intérieure un peu plus complète que celle que possède la science.

Le corps de l'hyale la plus commune, de la grosseur d'une assez médiocre noisette, du moins quand il est contracté, est formé de deux parties séparées par un rétrécissement bien marqué: l'une antérieure, qui réunit la tête et une sorte de thorax; et l'autre postérieure, que je nommerai quelquefois l'abdomen. Celle-ci est toujours couverte par une coquille d'une forme assez singulière pour qu'on en ait fait quelquefois une coquille bivalve, dont les valves seroient soudées ou continues à l'endroit de la charnière. Le fait est que c'est plutôt une sorte de fourreau ou de gaîne bien symétrique, fort déprimée, et chez laquelle l'ouverture antérieure se prolongeroit en échancrure fort étroite de chaque côté. Ce fourreau, très-mince, quoique dur, de couleur de corne, et translucide, est à peu près carré ; le bord postérieur, sur lequel les deux lames se confondent, est divisé plus ou moins profondément en trois pointes dont la médiane, toujours plus longue, est percée à son extrémité ; les bords latéraux sont droits et fendus dans une plus ou moins grande partie de leur longueur. Quant au bord antérieur, il présente l'ouverture de la gaîne ou de la coquille, qui est assez étroite et transverse. La partie supérieure, avance beaucoup plus que l'inférieure, parce que la lame de dessus, qui est presque plane, avec quatre espèces de carènes, s'irradiant de la pointe médiane, se prolonge en formant en avant une sorte d'apophyse mousse. La lame de dessous, au contraire, est beaucoup plus creuse, beaucoup plus bombée, comme hémisphérique, et son bord antérieur est arrondi (1).

Cette coquille est complétement à nu, et elle ne tient à l'animal que par sa pointe médiane ou percée, à laquelle s'attachent les muscles dorsaux ou de la columelle, et par les bords de son ouverture, auxquels adhèrent ceux du manteau.

Quoiqu'elle n'appartienne réellement qu'à l'abdomen, il paroît que la partie antérieure du corps peut se mettre à l'abri sous l'avance de la lame supérieure sur l'inférieure ; mais jamais elle ne peut rentrer dans l'écartement de ces valves, ou dans la coquille elle-même : c'est ce qu'on peut induire de ce que dit Forskal, et de l'analogie de ce qui a lieu dans les bullées. Peut-être même que, dans le repos, l'animal enveloppe

---

(1) Les rapports de cette coquille avec l'animal m'ont forcé de l'envisager dans un sens tout-à-fait contraire à ce qu'on avoit fait jusqu'à moi. En effet, ce que je nomme côté supérieur est ce que l'on regardoit comme l'inférieur, *et vice versâ*. Il est bien vrai que M. G. Cuvier, dans son Règne Animal, décrit cette coquille tout autrement qu'il n'avoit fait dans son Mémoire sur l'Hyale ; mais, quoiqu'il ne m'ait pas fait l'honneur de me citer, il est évident que c'est depuis mon travail sur les ptéropodes qu'il a ainsi changé.

sa coquille avec les lobes de son pied, comme cela a lieu dans celles-ci.

Lorsqu'on a enlevé cette coquille, ce qui ne peut se faire qu'en la brisant, si l'on veut conserver l'animal, parce que l'entrée de la gaîne est plus étroite que sa cavité, on voit beaucoup plus évidemment la séparation du corps en deux parties. Nous allons les décrire successivement. L'une et l'autre sont parfaitement symétriques.

La postérieure, ou l'abdomen, présente absolument la forme de la gaîne ou coquille qu'elle remplit exactement : aussi elle est beaucoup plus plane en dessus, et, au contraire, très-bombée en dessous ; elle est entièrement enveloppée par un manteau fort mince dans les parties médianes où il est adhérent, et, au contraire, plus épais dans toute la circonférence qui borde la fente de la coquille, et qui est plus ou moins libre ; en dessus il se prolonge, comme la lame supérieure de celle-ci ; en dessous il borde également la lame inférieure, mais il y est plus épais ; il le devient surtout beaucoup plus sur les côtés, où il borde la fente de la coquille, et où il se partage en deux lèvres, mais qui ne sont cependant pas fendues dans leur longueur : à l'extrémité postérieure de leur réunion, il paroît qu'il existe une sorte de lanière qui n'en est que le prolongement, et qui peut être quelquefois beaucoup plus lonque que la coquille, comme cela se voit dans l'espèce que MM. Péron et Lesueur ont nommée hyale téniobranche, en supposant à tort que ce seroit un organe branchial.

Dans l'espace qui sépare les deux lèvres unies de cette partie latérale du manteau, se trouve une sorte de repli ou de lame saillante également musculeuse.

D'après ce que dit Forskal de ces bords du manteau, il paroît que dans l'état de vie ils peuvent s'étendre beaucoup et devenir fort minces, et même translucides.

De cette description du manteau, il suit qu'il n'est réellement ouvert que dans toute sa partie antérieure, surtout en dessus et de chaque côté, et nullement sur ses parties latérales correspondantes aux fentes latérales du fourreau, et qu'il n'offre non plus aucune trace de disposition de branchies. Ce que M. Cuvier a décrit et figuré comme telles, ne sont réellement que les fibres musculaires des prolongemens latéraux du manteau. Comme dans ses parties centrales cette enveloppe est fort mince, on aperçoit à travers, en dessus, la véritable branchie à droite, et l'ovaire, formant une masse beaucoup plus considérable, à gauche : toute la partie inférieure est occupée par le foie et la seconde portion de l'oviducte.

La partie antérieure ou céphalo-thoracique de l'hyale est beaucoup plus compliquée ; elle est séparée de la postérieure par un rétrécissement assez sensible qu'on a, à tort, nommé cou ; d'où il s'en est suivi que l'on a méconnu les divers organes qui s'y trouvent. Le fait est qu'il faut y distinguer le tronc proprement dit, terminé antérieurement par la tête, qui n'est pas séparée du pied ou des appendices locomoteurs qui se sont énormément développés sur ses côtés.

Le tronc ne consiste qu'en une bande fort étroite, peu distincte, et surtout en dessous ; car, en dessus, on la voit assez bien former une saillie ovale, alongée, plane, entre les appendices locomoteurs, et se terminer par la tête. L'extrémité de l'appareil mâle de la génération se voit même en arrière à travers la peau, qui est fort mince. Sur cette partie, et à son extrémité antérieure, sont les tentacules ; ils sont assez petits, mais bien visibles, cylindriques, et formés par une gaîne ou fourreau dans laquelle sont contenus les véritables tentacules, un peu renflés à leur sommet.

Quoique je n'aie pu apercevoir, d'une manière bien certaine, des yeux, je n'ai presque aucun doute qu'il doit en exister.

Plus en avant, et un peu à droite, à la racine du tentacule de ce côté, est un orifice un peu infundibuliforme ; c'est celui de l'appareil mâle de la génération : on ne peut pas dire qu'il soit réellement médian.

En dessous, la saillie médiane du tronc, qui est toujours de couleur très-foncée, et qui ne se voit bien qu'en avant, se termine par une petite fente inférieure, dirigée dans le sens de l'axe du corps : c'est la bouche ; elle est dans le sommet de l'angle que font deux petites bandes labiales, décurrentes, posées de champ, et qui vont se perdre, en s'écartant beaucoup, sous les appendices locomoteurs.

Ces appendices, qu'il nous reste à décrire, ne sont autre chose que le pied des autres mollusques gastéropodes, et surtout des bullées, qui a pris son développement non dans la partie médiane et inférieure, mais surtout sur les côtés et en avant, de manière à beaucoup dépasser la tête; et comme ces deux parties latérales, pour se porter ainsi en avant, ont dû se rapprocher l'une de l'autre, il en est résulté une sorte d'échancrure profonde qui a fait dire que ces animaux avoient deux ailes sur les parties latérales de la tête. En arrière il n'y a cependant aucune trace de séparation, et l'on y voit que le bord externe, après avoir fait un pli au-devant de l'ouverture latérale du manteau, se continue sans interruption et se recourbe en avant de son bord inférieur, en formant une sorte de gros repli transverse; d'où il résulte que ce pied, beaucoup plus épais à la racine et au milieu de sa dilatation, et assez mince dans sa circonférence pour devenir hyalin, peut non seulement servir à la natation, en agissant comme des espèces d'ailes, mais qu'il peut, très-probablement ramper un peu à la surface des corps sous-marins, et surtout former une sorte de ventouse dans le repos de l'animal.

Pour compléter la description extérieure de l'hyale, il nous reste à parler des orifices de terminaison de l'appareil digestif, et de celui l'appareil de la génération : l'un se trouve à l'extrémité postérieure du sillon qui sépare les deux lèvres latérales du manteau, à droite, et l'autre existe également à droite, mais il est situé beaucoup plus en avant et dans l'échancrure qui sépare les deux parties du corps, en avant de l'orifice de la cavité branchiale de ce côté.

Je dois ajouter que la couleur de ces petits animaux, qui est généralement d'un jaune bleuâtre hyalin, est beaucoup plus foncée et d'un beau violet en dessous du corps et du pied ou des nageoires, ce qui me porte à croire que l'hyale, dans la natation, nage renversée, le ventre en haut, comme le font beaucoup d'autres mollusques, et entre autres, les bullées, dont elle est beaucoup moins éloignée qu'on ne le pensoit, comme ce que nous allons dire de son organisation va le montrer.

Nous avons déjà envisagé l'enveloppe extérieure de l'hyale sous le rapport de sa disposition et de sa forme, étudions le manteau dans ses usages.

Le manteau, dans son contour même, me semble devoir être assez peu muqueux ou crypteux, et en effet la coquille est fort mince ; mais il est évidemment fort contractile et probablement très-sensible dans ses parties exsertiles. La sensibilité locale ou spéciale est exercée par les tentacules dont nous avons parlé plus haut, et qui sont peu développés, et par des yeux, sans doute encore plus imparfaits, dont nous admettons l'existence sans les avoir vus d'une manière absolument certaine.

Les parties exsertiles du manteau sont en outre susceptibles d'une grande extension ; elles ont des muscles particuliers pour les rentrer à l'intérieur : on les voit aisément sur le dos et sous le ventre. Ces fibres blanches, évidemment musculaires, se portent transversalement et presque parallèlement à chaque lèvre des lobes latéraux. D'après la place qu'elles occupent, et leur disposition, il est probable que ce sont elles que M. G. Cuvier a prises pour des vaisseaux branchiaux, mais doublement à tort ; d'abord, parce que ce sont réellement des fibres musculaires, et ensuite, parce que les branchies sont où elles devoient être. En général, je puis assurer qu'aucune partie de l'enveloppe extérieure de l'hyale n'est assez vasculaire pour devenir un organe de respiration ; et, par conséquent, c'est encore à tort que Péron et Lesueur ont désigné une espèce sous le nom de *téniobranche*, en supposant que le prolongement considérable qui naît de l'extrémité postérieure des lobes latéraux du manteau seroit branchial.

Le pied de l'hyale étant le principal, et peut-être même le seul organe de locomotion générale, c'est dans cet organe que la disposition musculaire a dû être la plus compliquée. D'abord il est certain, comme l'a justement observé M. Cuvier, que la peau qui en enveloppe les lobes ou les expansions n'est nullement vasculaire ; mais, comme elle est mince et très-adhérente, on y observe cependant fort bien les mêmes stries obliques qu'il a vues dans le clio, et qu'il a regardées, à tort, comme vasculaires ; mais elles sont réellement formées par les fibres musculaires qui sont au-dessous, dans l'un comme dans l'autre genre. Ces fibres forment cinq couches que l'on aperçoit aisément quand on coupe en totalité et transversalement une de ces expansions, que l'on peut décrire comme s'il n'y en avoit réellement que trois, en allant de la superficie au centre. Celui-ci est d'abord occupé par une couche assez mince de fibres musculaires ou de muscles aplatis, disposés en éventail, et qui proviennent d'un faisceau particulier. Entre cette couche médiane et la seconde, est un intervalle vide assez considérable, du moins dans les individus conservés dans l'esprit de vin. La seconde couche, beaucoup plus épaisse, est formée de fibres très-serrées, dirigées obliquement, et peu distinctes. La troisième, ou la plus superficielle, est encore plus épaisse ; elle forme un tissu encore plus serré, mais dont les fibres, dirigées aussi obliquement, croisent la direction de celles de la couche précédente. Toutes ces couches musculaires proviennent d'un énorme muscle disposé en un cône dont le sommet est attaché à la pointe médiane de la coquille ; il traverse ensuite, d'arrière en avant, l'abdomen, situé entre l'ovaire et la cavité branchiale, au-dessus du canal intestinal, en s'élargissant à mesure qu'il se rapproche du thorax ; alors ses faisceaux s'écartent à droite et à gauche de l'œsophage, en formant en dessous une couche très-épaisse qui se subdivise ensuite pour chaque lobe ou partie latérale du pied, et pour composer les cinq couches décrites plus haut, les uns restant supérieurs au canal intestinal, tandis que d'autres passent au-dessous.

Ce muscle est évidemment celui qu'on appelle le muscle de la columelle dans les mollusques qui ont une coquille tordue en spirale ; c'est celui que je nomme *dorsal* dans mon Système de nomenclature.

J'ai dit, en donnant la description extérieure de l'hyale, quelles sont la position et la forme de l'orifice antérieur du canal intestinal ou de la bouche. Cette bouche contient, dans une cavité extrêmement petite, sans renflement, l'appareil musculaire spécial, et qui semble n'être qu'une très-petite dilatation de l'œsophage : aussi n'y a-t-il aucune apparence de dents, et à peine y voit-on, inférieurement, une trace de renflement lingual ; je crois cependant qu'il existe.

Je n'ai pas été plus heureux que M. Cuvier pour les glandes salivaires : je n'en ai aperçu aucun indice.

Du pharynx, et dans sa continuation, naît un œsophage fort mince, très-étroit, qui traverse l'anneau nerveux formé par le cerveau, et se place entre la couche des muscles du pied dont nous venons de parler et la partie mâle de l'appareil

de la génération, que nous décrirons plus loin. Encore contenu
dans la première cavité du corps, l'œsophage, par conséquent
fort court, se renfle en un estomac, cylindrique, alongé, qui
se prolonge dans la cavité abdominale en passant sous les
organes de la génération.

Cet estomac est composé de deux parties placées dans la
même direction : la première est membraneuse et la plus
étendue; la seconde, qui forme une espèce de cul-de-sac, a
ses parois évidemment plus épaisses et cerclées en dehors par
des fibres musculaires formant de petits faisceaux évidens:
son intérieur contient une membrane noirâtre à la face interne de laquelle se développent de petits corps dentiformes
assez durs, quoique peu calcaires, adhérens par leur base, et
dont le sommet est ou pointu ou en crête tranchante. J'en ai
trouvé trois ou quatre, mais, en général, assez dissemblables
pour la forme.

C'est autour de cette espèce de gésier que se trouve appliqué le foie.

Cet organe forme une masse indivise à peu près globuleuse,
recourbée sur le cul-de-sac de l'estomac. Elle est composée
d'un très-grand nombre de petits grains arrondis, assez distincts
pour qu'on pût quelquefois prendre cette masse pour un ovaire.
Les canaux hépatiques se réunissent en un seul, qui s'ouvre
tout près du pylore, c'est-à-dire, presque au point d'origine
de l'intestin.

Celui-ci est cylindrique, sans renflemens ni boursouflures,
d'un diamètre assez étroit, et forme trois ou quatre circonvolutions serrées, rapprochées dans l'extrémité postérieure du
foie. Après s'en être dégagé, il se dirige en avant et à gauche;
puis, parvenu dans la partie antérieure de la cavité abdominale, il se recourbe de gauche à droite, et se reporte ensuite
directement d'avant en arrière, le long de la cavité branchiale,
jusqu'à l'extrémité postérieure de la double lèvre droite du
manteau, où il se termine, en formant, à l'extérieur, un petit
appendice flottant bien évident.

La cavité abdominale, qui contient les viscères de la
digestion que nous venons de décrire, et la plus grande partie de ceux de la génération, est tapissée intérieurement par
une membrane péritonéale, surtout bien visible à droite et

à gauche, parce qu'elle est noire, finement pointillée de blanc.

Organes de la circulation et de la respiration.

Quoique sur un si petit animal, et depuis long-temps conservé dans l'esprit de vin, je n'aie pu apercevoir la disposition du système veineux, je ne puis avoir aucun doute qu'il soit comme dans tous les mollusques de cette classe.

J'ai seulement bien vu l'artère pulmonaire du côté droit, et qui se porte à la masse branchiale en s'y subdivisant à la manière ordinaire.

Les organes de la respiration ne sont certainement pas à la surface des appendices locomoteurs, comme on a pu le voir à l'article de la locomotion, où nous en avons fait connoître la composition, qui n'est en aucune manière vasculaire ; aussi sont-ils évidemment dans une cavité particulière, située de chaque côté de la masse postérieure du corps, entre le péritoine, ou mieux une membrane musculaire, doublée du péritoine, qui la sépare de la cavité viscérale et la peau ou le derme, qui est à l'extérieur. Cette cavité, ainsi formée, communique évidemment avec le fluide ambiant par une fente assez considérable qui provient de l'ouverture transverse du manteau, et qui se trouve à l'origine de la fente latérale de la coquille.

L'organe lui-même est formé par un véritable peigne branchial, composé de branches ou dents décroissantes, de la première, ou antérieure, à la dernière, ou postérieure, et sur chacune desquelles on peut voir aisément les subdivisions secondaires. Ces branches tombent perpendiculairement sur les gros vaisseaux qui occupent le bord externe et inférieur de tout le peigne.

Je suis bien certain de l'existence du peigne du côté droit, qui occupe la plus grande longueur du corps, mais je ne le suis pas autant de celui du côté gauche ; il me paroît cependant probable qu'il existe, à cause de la symétrie de la coquille, et de la position du cœur.

Cet organe est en effet placé tout-à-fait à gauche dans une cavité particulière ou péricarde bien distinct, situé au-devant de la place de la branchie de ce côté ; il est réellement fort gros, relativement à la grandeur de l'animal ; il est évidemment composé d'une oreillette assez distincte, mais membraneuse, dans laquelle viennent se rendre les veines branchiales, dont la droite a traversé toute la masse des viscères. Cette oreillette, après un léger rétrécissement, communique avec le ventricule, qui a ses parois fort épaisses, et qui se dirige en arrière et en dedans. De sa pointe, et presque immédiatement, sortent les deux aortes : l'une antérieure, qui va à l'estomac et à la partie antérieure du corps, et la postérieure, qui se porte aux organes de la génération et au foie : celui-ci en reçoit une fort grosse artère.

De l'appareil de la génération.

Cet appareil est fort considérable : il se compose, comme dans cette classe de mollusques, de deux parties bien distinctes : de ce qu'on nomme le sexe femelle, et le sexe mâle.

On trouve d'abord un organe considérable qui occupe tout le côté gauche du corps, et qui se laisse apercevoir immédiatement après qu'on a enlevé la coquille, sous la membrane fort mince du manteau. Cet organe, ovale alongé, convexe en dessus et concave en dessous, est évidemment composé d'espèces de rondelles ou de plaques empilées les unes à la suite des autres : il paroit qu'elles ne sont pas gélatineuses ; mais elles sont placées de chaque côté d'une sorte d'axe élargi dans son milieu, qui commence en pointe en arrière, s'élargit et s'amincit ensuite pour former l'origine de l'oviducte. Cet axe médian est évidemment creux dans sa longueur, et forme une cavité possible assez grande : le canal très-fin qui en sort se dirige en avant et un peu à droite ; après un court trajet, il se renfle ou se change en un canal dont le diamètre est beaucoup plus considérable, et qui, après une inflexion peu marquée, se réunit à un autre canal.

Celui-ci commence en arrière, dans la cavité viscérale, il lui est contigu, et même un peu adhérent, par un cul-de-sac arrondi et assez renflé. Après plusieurs circonvolutions fort serrées, il diminue un peu de diamètre, puis se renfle ; et enfin, à quelque distance, il vient se réunir, avec le canal provenant de l'ovaire, dans un canal commun. Cette espèce de cœcum ou de boyau fort alongé doit être considérée comme une vessie analogue à ce qu'on voit dans les autres mollusques ;

et, en effet, elle n'a aucune connexion immédiate par son extrémité postérieure.

Ce canal passe sous l'estomac et sous le foie ; et, après avoir fait quelques inflexions et diminué un peu de calibre, il se termine en se recourbant d'avant en arrière dans un autre canal boursouflé et à parois évidemment gélatineuses. Celui-ci, composé de deux parties serrées et collées l'une contre l'autre, forme ainsi une masse unique, globuleuse, qui est placée sous l'estomac, et qui remplit avec lui le côté le plus bombé de la coquille.

C'est cet organe que M. Cuvier regarde comme le testicule ; et, en effet, le long d'une partie au moins de l'une des flexions de cet oviducte, on remarque une sorte de bande blanche, granuleuse, analogue à ce qu'on voit dans beaucoup de mollusques gastéropodes, et qui semble appartenir au testicule. C'est, à n'en pas douter, la seconde partie de l'oviducte des autres mollusques, celle dans laquelle se dépose la matière gélatineuse. Elle se dirige ensuite d'arrière en avant, et de gauche à droite, au bord antérieur de la cavité viscérale, en diminuant un peu de diamètre, et ses parois deviennent unies. Avant de sortir du corps il s'y joint une sorte de vessie, ou mieux, de repli en cul-de-sac peu distinct ; et enfin le canal, devenu plus étroit, perce la peau et s'ouvre à droite dans l'espace qui sépare les deux parties du corps, ou l'abdomen de la poitrine, un peu au-dessus de la racine du lobe du pied de ce côté. Son orifice est oblique, et le bord interne se prolonge en une assez longue languette libre et flottante.

D'après cette disposition, l'ovaire seroit la masse située à gauche : alors il est évident que le canal qui en sort seroit le canal déférent qui s'ouvriroit dans l'oviducte, et qui recevroit le canal d'une longue vessie ; l'oviducte, un peu au delà, se renfleroit et se plisseroit pour former ce qu'on nomme quelquefois la matrice ou la seconde portion de l'oviducte, qui, après une sorte de circonvolution serrée, s'ouvriroit à l'extérieur ; mais il résulteroit aussi de cette disposition qu'il n'y auroit aucune communication entre cette partie de l'appareil et celle qui nous reste à décrire ; et en effet, je n'ai pu trouver aucun indice de canal qui serviroit à les réunir.

L'appareil mâle de la génération consiste en une masse consi-

dérable qui occupe presque toute la cavité de la partie antérieure
du corps, située au-dessus de l'œsophage du cerveau et des
muscles qui, du faisceau columellaire, se portent aux organes
de la locomotion. On en voit saillir l'extrémité postérieure à
travers la peau du dos ; elle forme un corps cylindrique un
peu plus étroit en avant qu'en arrière, où son extrémité renflée se recourbe de gauche à droite et d'arrière en avant. C'est
vers cette pointe mousse, ainsi recourbée, que s'attache le
muscle rétracteur. En étudiant la structure de cet organe,
on voit qu'il est composé d'une enveloppe musculaire à fibres
transverses, luisantes, plus épaisses et plus apparentes dans les
deux tiers antérieurs de sa longueur. Si l'on fend cette espèce
de gaîne, on trouve en dedans une partie saillante, de couleur noire, adhérente d'un côté et libre de l'autre, de manière
à former une petite pointe mousse dirigée en avant ; enfin,
à la base de cette partie noire, formant probablement le véritable corps excitateur, on trouve une petite masse ovale,
blanche, que l'on voit très-bien à travers l'enveloppe, et qui
semble glanduleuse. C'est cet organe qui occupe l'extrémité
recourbée de la verge, et qui probablement est le testicule.

Le système nerveux, la seule partie de l'hyale qu'il nous
reste à examiner, offre absolument la même disposition que
dans les autres mollusques céphales.

Le cerveau, situé comme à l'ordinaire, est formé de deux
assez petits ganglions sus-œsophagiens, réunis par une com-
missure assez étroite et longue ; chacun de ces ganglions fournit
un très-petit filet nerveux pour le tentacule, et plusieurs autres
beaucoup plus fins pour la bouche.

De chaque côté naît, comme à l'ordinaire, l'anneau œso-
phagien, qui est ici extrémement large, et qui se termine à
droite et à gauche par le ganglion de la locomotion. Celui-ci
est assez considérable pour paroître former, en avant et en
arrière du ganglion sus-œsophagien, une saillie ganglionaire.
C'est de chacun de ces gros ganglions de la locomotion que
sortent en avant, et surtout de côté, tous les gros filets nerveux qui vont dans chaque lobe ou chaque côté du pied : ceux
qui en naissent en arrière se prolongent dans les muscles de
la columelle, ou mieux, dans le faisceau musculaire dorsal.

Je n'ai pas vu le ganglion viscéral et ses filets de communication avec le cerveau, mais probablement à cause de leur ténuité.

D'après cette description externe et interne, il est évident :

1.° Que l'hyale a été non seulement assez incomplétement décrite pour qu'on n'ait pu saisir ses rapports, mais qu'elle l'a été sens dessus dessous, le dos ayant été pris pour le ventre et celui-ci pour le dos, ce qui a entraîné une autre erreur dans l'indication du côté où se terminent les organes de la génération et où est situé l'anus.

2.° Que cet animal n'a, en aucune manière, ses branchies à la surface des lobes latéraux du manteau, pas plus qu'à la surface de ses nageoires ; mais qu'elles sont placées de chaque côté du corps, et surtout à droite, sous forme de peigne, dans une cavité particulière communiquant avec l'extérieur par la fente antérieure du manteau.

3.° Que ce qu'on a nommé les ailes de l'hyale, accompagnant la tête, ne sont autre chose que le pied des autres mollusques céphalés, et dans une disposition presque entièrement semblable à ce qui a lieu dans les bullées.

4.° Que l'hyale a des tentacules, et probablement des yeux.

5.° Que la terminaison de l'organe femelle de la génération, de l'anus, et même de l'organe mâle, est toute différente de ce qu'on avoit cru.

6.° Et que, par conséquent, si cet animal a plusieurs rapports avec les clios, il en a peut-être encore de plus grands avec les bullées, et qu'ainsi le groupe de mollusques qu'il contribue à former est bien loin de devoir composer une classe dans ce type.

Les caractères de ce genre devront donc être ainsi reformés : Corps subglobuleux, formé de deux parties distinctes ; la postérieure ou abdominale, renfermée dans une gaîne cornée, simulant une coquille bivalve, bombée en dessous, plane en dessus, ouverte en avant et sur les côtés, où sortent les lobes plus ou moins cirrheux du manteau ; l'antérieure céphalothoracique, pourvue d'un large disque musculaire dilaté de chaque côté en forme de nageoires ou d'ailes ; la tête non distincte ; deux tentacules contenus dans une gaîne cylindrique ; deux yeux sessiles ; l'ouverture de la bouche pourvue de deux appendices labiaux décurrens sous le pied ; celle de l'anus à la partie postérieure de la double lèvre du côté droit du manteau ; l'orifice de l'organe mâle, tout-à-fait antérieur, en dedans et en avant du tentacule droit ; celui de l'organe femelle du même côté, et à l'endroit de la séparation des deux parties du corps ; les branchies en forme de peigne sur le côté droit du corps seulement.

D'après cela, il est certain que ce genre doit être extrêmement rapproché de celui que Browne avoit d'abord nommé clio, et que, par la suite, MM. Péron et Lesueur ont désigné sous la dénomination de cléodore ; et, en effet, il n'y a peut-être de différence que dans la forme de la gaîne.

Les hyales sont des animaux mollusques pélasgiens, ou qui se trouvent assez souvent à une assez grande distance des rivages. On connoît assez peu leurs mœurs et leurs habitudes : on sait seulement qu'elles nagent avec beaucoup de vitesse au moyen de leur pied, converti en nageoires, et qu'elles agitent comme un papillon fait de ses ailes. Nous avons dit, en traitant de l'organisation, que cette natation avoit très-probablement lieu l'animal renversé, ce que nous avons supposé d'après la coloration plus grande de la face inférieure du pied, et d'après l'analogie de ce qui a lieu dans la bullée. Au moindre danger le petit animal contracte ses nageoires, les retire sous l'avance de la lame supérieure de son fourreau, ou peut-être l'en enveloppe en partie, et alors il tombe promptement au fond de l'eau : je suppose aussi qu'il y peut ramper, quoique difficilement, avec son pied, et surtout qu'il peut se fixer aux corps sous-marins, à l'aide de ce même organe, disposé un peu en ventouse, comme je l'ai dit plus haut. L'anatomie me porte aussi à penser que les deux sexes existant sur chaque individu, susceptible d'une locomotion évidente, il doit y avoir une sorte d'accouplement réciproque, comme dans les limaçons ; mais c'est tout ce que je me permettrai d'ajouter à l'absence complète d'observations sur les habitudes des hyales.

On doit la connoissance et la distinction de la plupart des espèces de ce genre, à MM. Péron et Lesueur, et surtout à ce dernier, qui en a fait une monographie avec figures, dont le manuscrit m'a été confié.

HYALE DE FORSKAL : *Hyalæa Forskalii, Anomia tridenta, Gmel.,*

d'après Forskal; *Hyalæa cornea*, Lamck.; HYALE, G. Cuvier,
Ann. du Mus., IV, pl. 19. C'est l'espèce que l'on trouve, à ce
qu'il paroît, dans toutes les parties de la Méditerranée, qui a
servi à la description et à l'anatomie de M. Cuvier, ainsi qu'aux
miennes. La valve supérieure a quatre côtes un peu saillantes;
l'inférieure est très-bombée, striée transversalement; sa couleur est d'un jaune roussâtre; et les appendices des lèvres latérales du manteau sont médiocres.

Le *monoculus telemus* de Linnæus et de Gmelin appartient
probablement à cette espèce.

HYALE DE PÉRON : *Hyalæa Peronii; Hyalæa teniobranchia,* Péron
et Lesueur, Ann. du Mus., XV, pl. 3, fig. 13. Faut-il distinguer
de la précédente l'hyale que M. Péron a figurée sous le nom
de hyale téniobranche ? c'est ce que ne pense pas M. Cuvier.
Les appendices postérieurs des lobes latéraux du manteau sont
cependant bien longs, et Forskal ne dit pas que la sienne en
ait de pareils; elle vient cependant également de la Méditerranée.

HYALE PAPILIONACÉE ; *Hyalæa papilionacea,* Bory de Saint-
Vincent, Voyage aux quatre principales îles d'Afrique, vol. 1,
pag. 137, pl. V, fig. 1. Le voyageur que nous citons a cru devoir
distinguer cette espèce de celle de Forskal, parce qu'elle est
plus petite, que la lame supérieure du fourreau n'a que trois
sillons, et qu'elle est tronquée obliquement en avant; mais,
sont-ce bien des caractères suffisans? L'animal, ajoute-t-il, est
de couleur pâle, grisâtre et brunâtre.

HYALE INFLÉCHIE; *Hyalæa inflexa,* Lesueur, Bullet. pour la
Soc. philom., tom. 3, n.° 69, pl. 5, fig. 4, A. B. C. D. Dans cette
espèce, dont on ne connoît ni l'animal ni la patrie, et qui
n'atteint que trois à quatre lignes de long, on aperçoit déjà
un passage vers les cléodores, en ce que les fentes latérales
du têt sont déjà beaucoup moins longues proportionnellement,
et que l'ouverture semi-lunaire est beaucoup plus grande.
La lame dorsale ou plane n'offre qu'une côte saillante dans
son milieu; l'inférieure ou bombée est lisse; l'extrémité postérieure, prolongée en une sorte de pointe, est recourbée
vers le dos.

HYALE LANCÉOLÉE ; *Hyalæa lanceolata,* Lesueur, l. c., fig. 3,
A. B. C. C'est une espèce qui me semble appartenir au genre

Cléodore, si l'on persiste à conserver ce genre. En effet, la fente latérale du fourreau ne forme plus, avec l'antérieure, qu'une large ouverture, presque droite, dont le bord supérieur avance plus que l'inférieur; du reste, la forme générale de l'étui est déprimée, avec une carène dorsale, et il est terminé postérieurement par une pointe aiguë que je ne crois pas percée. L'animal a absolument la forme de celui de l'hyale, si ce n'est que la dernière partie du corps est beaucoup plus alongée; l'antérieure est aussi beaucoup plus saillante entre les deux lobes du pied, et il n'y a pas d'appendices sur les parties latérales du manteau.

Il me semble extrêmement probable que cet animal n'est autre chose que le *clio* n.° 2 de Browne, le *clio caudata* de Linnæus, et, par conséquent, l'*hyalæa caudata* de M. Bosc, dans son Histoire naturelle des Vers.

Hyale rétuse : *Hyalæa retusa*, Lesueur, l. c., et Bosc, l. c.; *Clio retusa*, Linn., d'après Browne. Elle me semble aussi être une espèce de Cléodore. (Voyez ce mot.)

Hyale quadridentée; *Hyalæa quadridentata*, Lesueur. Coquille subglobuleuse ou très-bombée, entièrement lisse en dessous, avec trois côtes longitudinales en dessus, comme tronquée en avant et en arrière; les appendices latéraux de la coquille très-peu prononcés et formant deux petites pointes de chaque côté de la pointe médiane qui est fort grosse.

Les nageoires de l'animal sont bilobées sans expansions latérales. Cette espèce, qui a deux à trois lignes de long, a été trouvée par M. Lesueur dans l'Océan Atlantique, assez près des Barbades : lat. 25°, 36', longit. 27°, 22'.

Hyale longirostre; *Hyalæa longirostris*, Lesueur. Sa forme est celle de l'hyale ordinaire ou de Forskal; mais l'avance de la lame supérieure de la coquille est beaucoup plus grande et aussi longue que son corps, dont les appendices latéraux sont extrêmement saillans, très-reculés, et comme recourbés en arrière, ce qui donne à l'ensemble de la coquille la forme d'un triangle équilatéral.

Les nageoires de l'animal sont rondes et non bilobées.

Cette espèce qui a été trouvée dans l'Océan Atlantique, 22° 9' de latitude, a trois lignes de long sur deux de large.

Hyale raccourcie; *Hyalæa ecaudata*, Lesueur. Elle ne diffère de la précédente qu'en ce que le prolongement de la lame supérieure est un peu moins long, et que ses bords sont repliés en dessous. Sa pointe médiane est tellement courte, qu'elle semble tronquée; mais c'est comme dans la précédente avec laquelle elle a été trouvée.

Hyale alongée ; *Hyalæa elongata*, Lesueur. Coquille déprimée, presque unie ou peu striée, à peu près également bombée en dessous et en dessus, où il y a deux dépressions latérales. La lame supérieure un peu plus longue que l'inférieure est recourbée dans toute son étendue; la pointe postérieure est fort longue, et le paroît davantage par la position très-avancée des appendices latéraux qui sont assez saillans, ce qui donne à toute la coquille une forme alongée.

L'animal a ses nageoires assez petites et échancrées; les expansions latérales larges et terminées en pointe.

Deux lignes de long sur un peu plus d'une de large. Eaux de la Martinique.

Hyale a trois pointes; *Hyalæa trispinosa*, Lesueur. Jolie espèce très-déprimée, à peine plus bombée en dessous qu'en dessus; la lame supérieure dépassant à peine l'inférieure; ouverture antérieure très-étroite, les latérales presque nulles et se terminant au bord antérieur des appendices latéraux qui forment de chaque côté une pointe très-aiguë. L'extrémité postérieure se prolonge en une sorte de tube fort long, et renflé vers son extrémité.

L'animal a ses nageoires blanches et bilobées.

M. Lesueur dit avoir trouvé cette espèce par la lat. 15°, 58' et longit. 56° 44', c'est-à-dire dans la mer des Antilles. Il ajoute qu'elle n'a que quatre lignes de long, sur trois de large ; mais je possède un individu qui vient des mers de l'Archipel indien, et qui a bien le double de grandeur. Il m'a été donné par le docteur Marion.

Hyale tronquée; *Hyalæa truncata*, Lesueur. Petite espèce d'une ligne de long et qui est triangulaire, déprimée, la base formant l'ouverture presque sans appendices latéraux; l'extrémité postérieure recourbée en dessus. Les ailes de l'animal sont à peine bilobées. Des eaux de la Martinique.

Hyale cuspidée ; *Hyalæa cuspidata*, Bosc, l. c., et Nouveau Dict. d'Hist. nat., tom. xi, pag. 410, tab. E. 15. Enfin, cette dernière espéce, que M. Bosc a fait connoître le premier, et que, jusqu'ici, personne n'a observée après lui, diffère tellement, du moins pour l'enveloppe, et d'après sa figure, des hyales véritables et des cléodores, que l'on peut presque assurer positivement que ce n'est pas à cette famille qu'elle appartient. Aussi M. Bosc dit lui-même que l'animal, qu'il n'a vu qu'un moment, n'étoit pas un mollusque, mais étoit plutôt analogue aux daphnies. (De B.)

HYALE. (*Foss.*) On ne trouve point d'hyales proprement dits à l'état fossile, à moins qu'avec M. Lesueur l'on ne regarde, comme devant entrer dans ce genre, la coquille à laquelle Daudin a donné le nom de vaginelle, et qui est commune dans la couche coquillière de Loignan, près de Bordeaux. Voyez le mot Vaginelle. (D.F.)

HYALITHE. (*Min.*) On a cru devoir donner ce nom à la variété du quarz concrétionné, qui se trouve à la surface de certains produits volcaniques, et qui se distingue par sa limpidité, son aspect vitreux et quelquefois nacré, et par sa forme mamelonnée. Ce quarz, nommé tour à tour *muller-glass*, en l'honneur de Muller, *fiorite* et *amiatite*, et enfin *hydrate de silice*, s'est rencontré aux environs de Francfort, au mont Amiata, à Santa-Fiora, aux environs du Puy-en-Velay, et je l'ai trouvé nouvellement à la surface des laves basaltiques de Val-Rosse, près de Beziers, sous la forme de pellicules minces, incolores, et ayant absolument l'aspect de l'eau congelée. Voyez Quarz concrétionné. (Brard.)

HYALOIDE. (*Min.*) C'est le nom qui fut donné par les anciens naturalistes, et par Valmont de Bomare, aux cailloux de quarz roulés que l'on trouve sur les bords de la rivière des Amazones. (Brard.)

HYALOMICTE. (*Min.*) M. Brongniart a donné ce nom au *graisen* des minéralogistes allemands, qui est une roche essentiellement composée de quarz hyalin et de mica disséminé non continu. Le felspath s'y trouve aussi, mais seulement comme principe accidentel. La structure de l'hyalomicte est grenue, irrégulière et cristallisée ; le quarz est généralement blanc, et le mica ordinairement noir ou brun. Cette roche sert souvent de gangue aux minerais d'étain oxidé, tel qu'à Zinnwald en Bohème; à Altenberg, en Saxe; et même à Vaulry, près Limoges, où il existe aussi du minerai d'étain.

M. de Bonnard, en proposant d'étendre beaucoup plus les limites de cette espèce, propose aussi de la nommer *quarzite*, et d'y réunir,

1.° Toutes les roches de quarz micacé ou talqueux, si abondantes aux Alpes, au Hunsdruck, en Saxe, etc.;

2.° Une roche de quarz schistoïde à structure feuilletée, semblable au mica schiste, mais dans laquelle le mica est remplacé par le fer oligiste : cette roche abonde au Brésil et en Suède, et est exploitée comme minerai de fer;

3.° La roche à base de quarz avec tourmaline, qui se trouve aussi en Suède, en Cornouaille, dans les Alpes, etc.; et 4.° enfin, la roche de topaze (*topaz fels*), dont le type existe à la montagne de Schneckenstein. (BRARD.)

HYBANTHUS. (*Bot.*) Ce nom a été appliqué par Adanson à quelques espèces de violettes, différentes par les divisions égales et inappendiculées du calice, par le pétale inférieur non prolongé en un éperon, et par des anthères distinctes. Necker avoit adopté ce genre avec le même nom. Ventenat l'a mieux caractérisé en le nommant *ionidium*, et déterminant avec précision les espèces qui doivent lui être associées. (J.)

HYBERNACLE, *Hybernaculum*. (*Bot.*) Linnæus désigne sous ce nom les parties qui enveloppent et abritent les jeunes pousses avant leur développement. Telles sont les écailles (rudimens de feuilles, de stipules), dont l'ensemble forme les bulbes et les boutons. (MASS.)

HYBLÉE. *Hyblæa.* (*Entom.*) Mot qu'il ne faut pas confondre avec Hylée. Fabricius nomme ainsi une division des lépidoptères séticornes ou à antennes en soie, très-voisine des genres *Aglosse* et *Herminie*, et que nous avons cru devoir laisser dans celui des CRAMBES. Voyez ce mot. (C. D.)

HYBOS. (*Entom.*) M. Meigen, et par suite Fabricius, ont donné ce nom à un genre d'insectes diptères, voisins des empis et des asiles, dont les antennes, dressées en avant, ne sont composées que de deux articles principaux. Ce genre appartiendroit à la famille des sclérostomes. Quant à son nom, il paroît être emprunté du grec υϐωος, dont se servit Aristote pour désigner certaines tumeurs formées sur le dos du chameau par une sorte d'oëstre.

Parmi les espèces rangées dans ce genre par Fabricius, deux ont été apportées de l'Amérique méridionale, et deux ont été décrites par Meigen comme observées en Allemagne. Ce sont,

HYBOS FUNÈBRE.

Il ressemble à un empis : son corps est noir; ses ailes sont obscures, avec une tache noire sur le bord externe; ses balanciers sont jaunes; ses pattes postérieures ont les cuisses en massue, dentelées en dessous.

HYBOS PATTES JAUNES, *Hybos flavipes.*

Il ressemble au précédent, mais il est plus petit; ses ailes sont transparentes; les pattes antérieures sont jaunes. (C. D.)

HYBRIDE [PLANTE]. (*Bot.*) Espèce de mulet végétal, provenant de la fécondation d'une espèce par une autre. Les espèces suivantes sont indiquées comme devant leur existence à des fécondations adultérines. *Veronica hybrida, delphinium hybridum, sorbus hybrida, primula cortusoides,* etc. Voyez au mot FÉCONDATION. (MASS.)

HYBRIDE ou HIBRIDE. (*Entom.*) On nomme ainsi, en histoire naturelle, les êtres organisés qui proviennent de deux individus d'espèce différente. La plupart des individus hybrides, surtout parmi les animaux, ne sont pas féconds, et on les nomme alors des *mulets.* Parmi les végétaux, il y a quelques exemples de plantes qui sont ainsi provenues de fécondations adultérines, et dont la race s'est propagée, surtout parmi les solanées, les becs de grue, les papavéracées. Parmi les insectes, on voit souvent de ces sortes d'accouplemens qu'on a appelés adultérins; mais on n'en a pas étudié les résultats : d'ailleurs, on a souvent regardé, comme des individus d'espèces différentes, des différences de sexe. C'est ainsi que parmi les coccinelles, les carabes, les punaises, les ichneumons, les fourmis, les tenthrèdes, il existe souvent une si grande différence entre le mâle et la femelle, qu'on a pu nous donner ces réunions d'individus comme devant produire des mulets. Quelques espèces, ayant d'ailleurs beaucoup de ressemblance avec deux autres espèces voisines , ont reçu le nom trivial d'hybrides, sans que, pour cela, on ait eu la preuve qu'ils étoient le résultat d'un accouplement adultérin, du grec υϬρις, génitif υϬριδος, qui est souvent pris dans le sens d'injure, d'affront et d'adultère. (C. D.)

HYBRIDELLE, *Hybridella.* (*Bot.*) [*Corymbifères*, Juss. = *Syngénésie polygamie superflue*, Linn.] Ce genre de plantes, que nous avons proposé dans le Bulletin des Sciences de janvier 1817, appartient à l'ordre des synanthérées, à notre tribu naturel.e des hélianthées, et à la section des hélianthées-millériées. Il offre les caractères suivans :

Calathide radiée; disque hémisphérique, multiflore, régulariflore, androgyniflore; couronne unisériée, liguliflore, féminiflore. Péricline orbiculaire, plan , égal aux fleurs du disque; formé de squames bisériées, égales, étalées, inappliquées, oblongues, aiguës, foliacées. Clinanthe globuleux, garni de squamelles inférieures aux fleurs, linéaires, foliacées. Ovaires du disque oblongs, lisses, glabriuscules, munis d'un bourrelet basilaire, et dépourvus d'aigrette , mais continus par le sommet avec la base de la corolle , qui est garnie d'une zone circulaire de soies courtes, grosses, aiguës, articulées, simulant une aigrette. Corolles de la couronne à languette longue bilobée au sommet; à tube articulé et nu sur le côté intérieur, mais continu avec l'ovaire et garni d'une touffe de poils sur le côté extérieur.

Hybridelle a calathides globuleuses : *Hybridella globosa,* H. Cass.; *Anthemis globosa,* Ortega. C'est une plante herbacée, à racine vivace, produisant des tiges hautes de huit pouces, inclinées, peu rameuses, cylindriques, hispides; les feuilles sont alternes, longues de six pouces, larges de deux pouces, profondément tripinnatifides, hispides; leur base est élargie, presque amplexicaule; leur partie inférieure est pétioliforme; leurs derhières divisions sont très-petites, presque subulées; les calathides, composées de fleurs jaunes, sont peu nombreuses, solitaires au sommet de rameaux pédonculiformes, et elles forment ensemble une sorte de petit corymbe terminal; elles ont six lignes de hauteur, et environ quinze lignes de largeur. Cette plante , indigène au Mexique, est cultivée au Jardin du Roi , où elle fleurit en juillet, et où nous avons observé les caractères génériques et spécifiques que nous venons de décrire.

Dans notre premier Mémoire sur les Synanthérées, publié dans le Journal de Physique de février, mars et avril 1813, nous avions rapporté l'*anthemis globosa* à la tribu des anthémidées, mais en exprimant, par un point d'interrogation, les doutes que nous avions dès lors sur le genre auquel on attribuoit cette plante; et en faisant remarquer que le style s'écartoit un peu de la conformation ordinaire au style dans la tribu des anthémidées, les bourrelets stigmatiques, qui sont papillés, s'oblitérant vers la base, et confluant ensemble en une seule masse vers le sommet. De nouvelles observations nous ont convaincu que la plante dont il s'agit ne pouvoit appartenir ni au genre *Anthemis*, ni à la tribu des anthémidées, et qu'elle devoit constituer un genre particulier dans la tribu des hélianthées, et dans la section des hélianthées-milliériées. Mais il faut avouer que ce genre semble être intermédiaire entre la tribu des hélianthées et celle des anthémidées, qu'il participe de l'une et de l'autre, et qu'il démontre l'affinité de ces deux tribus. Cependant, il est plus analogue aux hélianthées qu'aux anthémidées. Quoi qu'il en soit, il est certain que la plante en question est étrangère au genre *Anthemis;* et le nom d'*hybridella* nous a paru convenable pour exprimer sa nature ambiguë. J'observe qu'elle est presque inodore, et que l'odeur très-foible qu'on peut lui trouver ne rappelle point du tout celle des *anthemis*, mais bien plutôt celle de beaucoup d'hélianthées. (H. Cass.)

HYBRIZON. (*Entom.*) On trouve ce nom dans le Dictionnaire d'histoire naturelle de Déterville, indiqué comme celui d'un genre d'insectes hyménoptères que nous ne connoissons pas. (C. D.)

HYCH (*Bot.*), un des noms arabes cités par M. Delile pour le *saccharum ægyptiacum* de Willdenow, ou *biflorum* de Forskal. (J.)

HYCLÉE (*Entom.*), nom sous lequel M. Latreille a fait un genre, pour y ranger quelques espèces de mylabres, coléoptères de la famille des vésicaux ou épispastiques, parce que leurs antennes n'ont que neuf articles, comme dans les cérocomes, et parce qu'elles se terminent en un bouton ovoïde. Voyez Mylabre. (C. D.)

HYDATICA. (*Bot.*) Tournefort distinguoit du genre *Saxi-*

fraga qui a l'ovaire adhérent par le bas au calice, le *geum* dans lequel l'ovaire est entièrement libre. Linnæus les a réunis ensemble sous le nom de *saxifraga;* mais Necker, voulant les séparer, a reproduit le *geum* sous le nom de *hydatica.* Cette division n'a pas été adoptée. (J.)

HYDATIDE, *Hydatida.* (*Entoz.*) Genre de vers intestinaux, long-temps confondus avec les tænias par Pallas, Goëze, Linnæus, et distingué ensuite par Bloch, Schrank, Abildgaar, sur d'assez bons caractères, pour que le genre qu'ils en ont formé ait été adopté par tous les zoologistes. M. de Lamarck lui donna en France le nom d'hydatide, au lieu duquel M. Rudolphi a cru devoir adopter celui de cysticerque, imaginé par Schrank, et qui en effet est beaucoup meilleur, parce qu'il est tiré de l'animal lui-même, et non du kiste fibreux qui l'enveloppe et qui ne lui appartient réellement pas. Aussi, est-ce sous ce nom de cysticerque que nous avons décrit les espèces d'hydatides. Nous croyons cependant devoir ajouter ici quelques détails à ce que nous avons dit de général sur ces animaux.

Le mot d'hydatide, employé par tous les médecins presque de tous temps, n'est cependant pas une preuve, comme le disent plusieurs auteurs, que les animaux que l'on désigne maintenant en France sous ce nom, leur fussent réellement connus : en effet, ils n'entendoient par là, comme le font encore beaucoup de médecins, que des vésicules remplies d'eau, d'après l'étymologie même du mot; et comme il en existe très-souvent dans différentes parties du corps de l'homme de telles, qui ne sont nullement de véritables animaux, ou mieux, qui ne contiennent pas de cysticerques, il étoit réellement assez important de ne plus admettre le nom d'hydatide en zoologie, et de l'abandonner à l'observation médicale, à moins que de donner aux hydatides des médecins le nom d'acéphalocyste, que M. Laennec a proposé; mais il s'ensuivroit encore un inconvénient, c'est qu'on pourroit être induit à croire que ce seroit un animal; tandis que ce n'est réellement qu'un kiste aqueux.

La découverte de l'hydatide animale est due à Tyson, qui fit voir que c'étoit un animal dont le corps est terminé par une vessie pleine d'eau, et contenu dans une poche externe ou kiste fibreux, formé aux dépens de l'animal, sur lequel vit l'hydatide. C'est ce qui fut mis hors de doute par Pallas, dans un Mémoire sur ces animaux, inséré dans ses *Miscellanea Zoologica*. Depuis ce temps, différens observateurs ont ajouté quelques faits nouveaux à l'histoire de ces animaux ; mais elle est cependant encore fort incomplète. On ignore, par exemple, presque tout sur leur organisation.

Plusieurs anatomistes anciens, en ouvrant l'abdomen de lièvres, et surtout d'animaux ruminans, avoient bien aperçu de véritables hydatides qui s'y rencontrent fréquemment ; mais ils n'en avoient réellement vu que le sac ou kiste qui les renferme. La découverte de l'animal est entièrement due à Tyson : il fit en effet connoître la différence qu'il y a entre les animaux, qu'il nomme *lumbrici hydropici*, et les hydatides de l'ovaire des femmes. Par exemple, il dit que celles-ci ne sont formées que par une simple membrane, contenant un fluide ; tandis que les autres sont composées d'une membrane fibreuse qui forme une poche, et renfermant, à l'intérieur, un animal dont le corps est terminé par une vessie qui est pourvue de mouvemens évidens. Hartmann, ayant eu soin de mettre ces animaux dans de l'eau chaude, immédiatement aussitôt après leur extraction du corps, reconnut leurs mouvemens d'une manière encore plus certaine. Depuis cette époque, il n'est presque aucun anatomiste qui n'ait eu l'occasion de voir les mouvemens de ces animaux. (DE B.)

HYDATIGÈRE, *Hydatigera*. (*Entoz.*) Subdivision générique, proposée par Batsh, pour un petit nombre d'espèces de cysticerques ou d'hydatides, dont le corps est beaucoup plus alongé, et par conséquent la vessie terminale beaucoup plus petite, proportionnellement que dans les autres, mais dont l'organisation, les mœurs et habitudes sont, du reste, tout-à-fait les mêmes : aussi M. Rudolphi réunit-il les hydatigères et les hydatides sous le nom commun de CYSTICERQUE (voyez ce mot). Malgré cela, M. de Lamarck a cru devoir conserver le genre Hydatigère dans la nouvelle édition de ses Animaux sans vertèbres. Les espèces qui le forment sont au nombre de trois : ce sont, 1.º l'hydatigère téniacée ; 2.º l'hydatigère chalumeau ; et 3.º l'hydatigère lancéolée. Elles sont décrites à l'article CYSTICERQUE, sous les noms de *Cysticerque fasciolaire*, *fistulaire* et du *tissu cellulaire*. (DE B.)

HYDÈRE, *Hydera*. (*Entom.*) M. Latreille appelle ainsi un petit genre de coléoptères, voisins des *dryops* ou des *parnes*, de la section des pentamérés et de la famille des hélocères ou clavicornes. Voyez Parne. (C. D.)

HYDNE. (*Bot.*) Voyez Hydnum. (Lem.)

HYDNOCARPE, *Hydnocarpus*. (*Bot.*) Genre de plantes dicotylédones, à fleurs complètes, polygames, très-rapproché de la famille des *rhamnées*, de la *polygamie dioécie* de Linnæus, dont le caractère essentiel consiste dans des fleurs polygames; les hermaphrodites composées d'un calice à cinq folioles; cinq pétales, une écaille à la base de chaque pétale; cinq étamines : un ovaire supérieur; un stigmate sessile : le fruit est une baie à une seule loge polysperme. Il n'y a point d'étamines dans les fleurs femelles.

Hydnocarpe enivrant : *Hydnocarpus inebrians*, Valh, *Symb.*, 3, pag. 100; Willd., *Spec.*, 4, pag. 1105; Gærtn., *de Fruct.*, 1, pag. 288, tab. 60, fig. 3; *Makulu*, Linn., *Flor. Zeyl.*, n.° 637. Arbre de l'île de Ceilan, dont les rameaux sont glabres, flexueux, couverts d'une écorce cendrée; les feuilles alternes, pétiolées, étalées, elliptiques, lancéolées, acuminées, glabres, luisantes, longues de quatre à cinq pouces, larges de deux, légèrement dentées en scie; les pédoncules très-velus, axillaires, un peu plus courts que les pétioles, solitaires, chargés de fleurs nombreuses, pédicellées, presque en ombelles; les unes hermaphrodites, les autres femelles, sur des pieds séparés. Le calice est composé de cinq folioles d'un gris jaunâtre, deux extérieures ovales; trois intérieures arrondies, un peu plus grandes; les pétales oblongs, blancs, velus à leurs bords, de la longueur du calice, munis chacun à leur base d'une écaille ovale, couverte en dedans de poils touffus, luisans, d'un jaune d'or; les filamens des étamines ovales, un peu épais, aigus, de la longueur des pétales; les anthères droites, petites, oblongues, anguleuses. Le fruit est une baie globuleuse, de la grosseur d'une prune, un peu comprimée, couverte d'un duvet jaunâtre.

Au rapport d'Hermann, les fruits de cette plante sont recherchés avec avidité à l'île de Ceilan, par les poissons qu'on nomme *lellu* et *pethys*. Elle les enivre. Ceux que l'on mange en cet état causent des vomissemens et plusieurs autres incommodités; aussi on s'abstient de s'en nourrir à l'époque de la maturité de ces fruits, quoique d'ailleurs ces poissons soient très-délicats. (Poir.)

HYDNON. (*Bot.*) Ce nom paroît avoir été, chez les Grecs, celui des truffes. Maintenant les botanistes désignent ainsi des champignons tout différens. Voyez Hydnum. (Lem.)

HYDNOPHORE, *Hydnophora*. (*Polyp.*) Subdivision établie par M. Fischer, dans les Mémoires de la Société des naturalistes de Moscow, pour un certain nombre de polypiers, dont la plupart ne sont connus qu'à l'état fossile, et que M. de Lamarck a réunis depuis sous le nom de monticulaire. Les cellules calcaires des polypes sont en forme d'étoiles lamelleuses plus ou moins élevées, avec une sorte d'axe solide pyramidal, et elles sont disposées sur une seule face, de manière à former des masses pierreuses, encroûtant les corps marins, ou formant des expansions lobées et subfoliacées.

Parmi les huit espèces que M. Fischer place dans ce genre, il n'y en a que deux qui soient connues à l'état vivant. L'une est l'hydnophore de Demidoff, l'autre est l'hydnophore de Pallas, *hydnophora Pallasii*, que M. de Lamarck nomme monticulaire à petits cônes, Ellis et Soland., tab. 49, f. 3. Elle est encroûtante, et sa surface présente une grande quantité de cônes très-petits, serrés, presqu'égaux, à lamelles un peu dentifiées. Elle vient de la mer des Indes, comme la précédente.

M. de Lamarck a ajouté à cette section générique, qui fait un peu le passage aux méandrines, trois ou quatre autres espèces vivantes, que nous décrirons à l'article Monticulaire. Voyez ce mot. (De B.)

HYDNORA. (*Bot.*) Ce genre de M. Thunberg, nommé *aphyteia* par Linnæus, a été l'objet d'une dissertation spéciale de ce dernier, insérée dans ses *Amœnitates*. Son fils, dans le *Supplementum*, en donne une description plus détaillée. Pour se former une idée exacte de l'organisation de cette plante, qui est parasite sur les racines d'un euphorbe, et dont la fleur seule sort de terre, il faudroit l'observer de nouveau sur un individu vivant. Jusqu'alors il sera difficile d'assigner sa place dans l'ordre naturel. Voyez Aphyteia. (J.)

HYDNUM, *Hydne, Erinace, Urchin* ou *Eurchin*. (*Bot.*) Genre de champignons intermédiaire entre les *telephora* et les *boletus.*

Ces champignons sont charnus ou coriaces; leur surface inférieure (quelquefois la supérieure) est hérissée de pointes ou de dents coniques ou subulées, dirigées dans le même sens et vers la terre, et qui portent les séminules à leur extrémité. Ils croissent à terre ou sur les troncs d'arbres; il y en a de la grosseur du poing, et de beaucoup plus grands. Ils sont variables dans leur forme, et en général épais ou charnus. La partie garnie de dents ressemble le plus souvent à un menton barbu ou bien au dos d'un hérisson. Cet aspect se retrouve dans le genre *Sistotrema*, Pers., chez lequel les pointes ou dents sont lamelleuses. Quelques espèces dont on avoit formé le genre *Odontia* s'étalent en se repliant, et forment une couche plane qui adhère par sa surface supérieure, l'inférieure est alors extérieure.

Le genre *Hydnum* (*Erinaceus*, Mich., *Echinus*, Hall.) ne renferme guère que des champignons d'Europe : les espèces s'élèvent à une quarantaine environ. Fries, dans le I.er volume de son *Systema mycologicum*, en porte le nombre à 87; mais on doit dire qu'il ramène à l'*Hydnum* presque toutes les espèces de *Sistotrema*. Albertini et Schweinitz, Kunze, Nées, etc., en ont décrit plusieurs nouvelles.

Nées désigne les divisions du genre par les mêmes épithètes que Persoon a introduites pour celles du genre *Agaricus.*

§. I. Stipités; chapeau entier ou orbiculaire, ou découpé. *Hydnum*, Juss.; *Gymnopus*, Nées; *Mesopus*, Fries.

Hydnum écailleux : *Hydnum squammosum*, Bull., *Champ.*, tab. 409; *Hydnum subsquammosum*, Batsch, *Fung.*, 111, t. 10, fig. 43; *Hydnum imbricatum*, var. A., Pers.; Sow., *Fung.*, t. 93; *Fl. Dan.*, t. 176 et 1500; Fries, *Obs.*; *Hydnum squammosum*, Nées, Trait., tab. 32, fig. 240; Chevrotine écailleuse ou Grande Chevrette, Paulet, Tr., 1, pag. 127, pl. 35, fig. 3. Coriace, d'une couleur fauve ou ferrugineuse; stipe gros; chapeau épais, ombiliqué, tacheté de brun, arrondi, peluché, hérissé inférieurement de pointes ou papilles cylindriques, épaisses, presque droites, d'un gris brunâtre. Cette espèce croit ordinairement

à terre. La largeur de son chapeau est de deux à cinq pouces ;
elle offre plusieurs variétés dans ses couleurs et le nombre des
papilles. Peut-être plusieurs espèces sont - elles confondues
sous ce nom. On la mange sans inconvénient, comme la
suivante.

Hydnum sinué : *Hydnum repandum*, Linn.; Pers.; Sow., *Fung.*,
tab. 176 ; *Fl. Dan.*, tab. 310 ; *Hydnum sinuatum*, Bull., *Champ.*,
tab. 172 ; Vaill., Par., t. 14, fig. 6, 7, 8. Jaune, fauve, blanc-
rosâtre ou blanc ; chapeau rugueux, flexueux, ondulé et sinué
sur les bords, garni en dessous de pointes cylindriques ; fran-
gile de couleur foncée ; stipe épais, tubéreux, excentrique.
Cette espèce, plus petite que la précédente, croît à terre,
particulièrement dans les bois de hêtres et de châtaigniers. On
trouve communément plusieurs individus ensemble. Ce champignon sert de nourriture en Allemagne ; en France, il y est
connu sous les noms d'*eurchon, urchin, rignoche* : il a un arrière-
goût poivré. Le docteur Paulet le désigne par *chevrotine cha-
mois* (Tr. Champ., 2, pag. 126, pl. 35, fig. 1, 2). « Cette espèce, dit-il, est de très-bonne qualité. La cuisson dans l'eau
paroît nécessaire pour la ramollir, étant de substance un peu
ferme. Même mangée en quantité, je ne connois pas d'observation qui prouve qu'elle ait incommodé personne. Il n'y a
rien à ôter pour la préparer : on la coupe par morceaux ; on
la fait revenir un peu dans l'eau bouillante, et on la fricasse
avec du beurre, du persil, du poivre, du sel, etc. Mais l'expérience m'a prouvé qu'après l'avoir passée à l'eau bouillante,
la meilleure manière de l'apprêter, c'est de la faire cuire, sans
l'essuyer, à la graisse et au bouillon ; elle est meilleure qu'avec
le beurre, avec lequel elle est toujours un peu coriace : étant
très-peu aqueuse par elle-même, elle a besoin d'un véhicule
liquide un peu abondant. » On mange aussi ce champignon cuit
sur le gril avec des fines herbes. On ne le rencontre dans nos
climats qu'en automne, et lorsque les premiers froids se font
sentir. (Voyez *Escudarde bistré*, à l'article Escudarde.) A Dax,
il est connu sous le nom d'*arresteron*, qui signifie râteau ; et
dans les Vosges, sous ceux de *pied de mouton* et de *barbe de vache*.

§.II.Chapeau contracté en stipe, *Russula*, Nées ; *Hydnum* , Juss. ;
Mesopus, Fries.

HYDNUM ROUSSATRE : *Hydnum rufescens*, Pers.; Nées, Tr., t. 32,
fig. 241, B. Chapeau un peu mince, charnu, un peu cotonneux, d'un roux un peu couleur de chair ; pointes ou papilles
pointues, un peu comprimées, d'un jaune incarnat ; stipe
presque cylindrique, peu épais. Cette espèce n'a guère plus
de deux à trois pouces de diamètre ; elle est légèrement zonée.
On la trouve, comme la précédente, à terre, dans les bois.

HYDNUM HYBRIDE : *Hydnum compactum*, Pers.; Nées, Trait.,
tab. 32, fig. 241 ; *Hydnum floriforme*, Schæff., *Fung.*, tab. 146,
fig. 1, 6 ; *Hydnum hybridum*, Bull., *Champ.*, t. 453, fig. 2. En
forme de cône renversé ; coriace ; fauve dans sa jeunesse, puis
d'un brun noirâtre ; chapeau d'abord voûté et lisse, quelquefois
zoné, se creusant ensuite ; rugueux et flexueux ; pointes de
couleur baie, cylindriques, grêles et verticales ; stipe court,
gros, plein. Ce champignon est deux fois plus grand que les
précédens. Il croit à terre, çà et là, dans les bruyères et les
bois de pins.

§. III. Chapeau en forme d'entonnoir stipité, *Omphalia*, Nées ;
Mesopus, Fries.

HYDNUM EN COUPE : *Hydnum cyathiforme*, Schæff., 2, tab. 139 ;
Bull., *Champ.*, t. 156. De couleur tannée ; coriace ; chapeau
d'abord arrondi ou en toupie, hérissé de pointes, puis se creusant
par le sommet en entonnoir ; mince, zoné, garni de pointes
brunes ou grises, grêles et cylindriques ; stipe fort court. Il
croit à terre dans les bois, et y forme de grosses et nombreuses
touffes. Il varie de couleur.

§. IV. Chapeau latéral, *Mycena*, Nées ; *Hericius*, Juss. ; *Mesopus*, Fries.

HYDNUM CURE-OREILLE : *Hydnum auriscalpium*, Linn.; *Curt.
Lond.*, tab. 190 ; *Fl. Dan.*, t. 1020 ; Bull., *Herb.*, t. 481, fig. 3 ;
Nées, Trait., tab. 32, fig. 243 ; Schæff., *Fung.*, 2, tab. 145.
Brun ou de couleur de bistre ; stipe cylindrique, droit, plein,
long de deux pouces ; chapeau demi-circulaire, latéral, co-

riace, velu, garni à sa surface inférieure de pointes grêles. Cette espèce croît sur les cônes du pin sauvage, et s'y rencontre pendant presque tout le cours de l'année. C'est l'escudarde cure-oreille de Paulet (Trait., 2, pag. 124, pl. 32, fig. 4), dont il reconnoit deux sortes : l'une unie et couleur de buis, l'autre hérissée.

C'est à la suite de cette espèce que M. Persoon place l'*hydnum suaveolens* de Scopoli, qui répand une agréable odeur de lavande qu'il conserve pendant long-temps. On le trouve aux environs d'Idria, en Carniole ; il a été observé en Allemagne par Albertini et Schweinitz.

§. V. Chapeau dimidié, sessile, ou porté sur un stipe horizontal, *Pleuropus* et *Apus*, Nées ; *Hericius*, Juss.

HYDNUM GÉLATINEUX : *Hydnum gelatinosum*, Jacq., *Aust.*, tab. 239 ; Nées, Trait., tab. 32, fig. 244 ; *Hydnum cristallinum*, *Fl. Dan.*, tab. 717. Gélatineux, demi-transparent, blanc glauque, ou d'un gris de souris en dessus ou sur les bords ; chaque rameau presque rond, plat des deux côtés, entier, lisse en dessus, muni d'aiguillons en dessous ; stipe très-court, latéral. Cette petite espèce n'a pas un pouce de longueur ; elle se plaît dans les bois épais et humides, et croît sur les branches d'arbres.

HYDNUM HÉRISSON : *Hydnum erinaceus*, Bull., *Champ.*, tab. 34 ; Tratinn., *Fung. Aust.*, tab. 68 ; Buxb., *Cent.*, tab. 56, fig. 1,9 ; le HÉRISSON OU BARBE DES ARBRES, Paul., Tr., 2, pag. 424, pl. 193 ; et HOUPPE DES ARBRES, du même. Très-grand, convexe, d'abord blanc, puis jaunâtre, charnu, sessile ou stipité, garni à son sommet d'aiguillons minces très-longs, pendans et étagés. Cette espèce croît sur les troncs des vieux chênes : lorsqu'elle sort d'une fente, sa base est contractée en forme de stipe peu régulier, recourbé au sommet. On dit qu'elle est bonne à manger, et qu'elle sert de nourriture. Selon Paulet, on l'accommode comme le champignon de couches, dont elle a le goût.

§. VI. Champignons sans chapeau distinct, renversés, étendus, aiguillonnés en dessus ; aiguillons cylindriques. *Odontia*, Pers. ; *Hericius*, Juss. ; *Resupinata*, Nées ; *Resupinatus*, Fries.

HYDNUM BLANC DE NEIGE : *Hydnum niveum*, Pers., *Syn.* ; Nées,

Tr., tab. 32, fig. 246; *Odontia nivea*, Pers., *Disp. Meth.*, t. 4, fig. 6, 7. En couche très-étendue, irrégulière, blanche, coriace, cotonneuse sur les bords; d'abord lisse, puis poreuse; enfin, chargée de pointes serrées, souvent irrégulières. Cette espèce croît entre le bois et l'écorce des arbres, principalement des chênes.

HYDNUM BARBE DE JUPITER : *Hydnum Barba Jovis*, Bull., *Champ.*, tab. 481, fig. 2. En couche membraneuse appliquée sur le bois dans toute son étendue, d'abord blanchâtre, puis d'un jaune roux; à surface extérieure parsemée de nombreux aiguillons blancs, simples, mamelonnés au sommet, d'où partent des filamens jaunes, simples ou rameux. Ce champignon croît sur les branches d'arbres, et particulièrement sur celles qui sont tombées à terre.

§. VII. Champignons en forme de massue simple ou ramifiée. *Hericium*, Pers., Nées; *Hericius*, Juss.; *Merisma*, Fries.

HYDNUM EN FORME DE CORAIL : *Hydnum coralloides*, Schæff., *Fung.*, t. 142; Bull., *Herb.*, tab. 309; Bull., *Champ.*, t. 390; Sow., *Fung.*, t. 252; Nées, Trait., tab. 35, fig. 249; la CORNE DE CERF, ou la CHEVELURE DES ARBRES, COULEUR DE CHAIR, Paul., Trait., 2, pag. 427, pl. 195, fig. 34. Très-grand; sessile; très-rameux; blanc, puis jaunàtre; rameaux serrés, courbés, hérissés en dessous de pointes subulées, dont les terminales sont ramassées en faisceaux et étagées. Cet *hydnum* ressemble à un chou-fleur. Il croît sur les vieux arbres, surtout sur le chêne. On en distingue plusieurs variétés, suivant Micheli et Paulet. On mange ce champignon sans inconvénient; il a de très-bonnes qualités. Paulet en cite une variété (chevelure des arbres blanche) qui, selon lui, passe avec raison pour suspecte. (Voyez CHEVELURE DES ARBRES.)

HYDNUM TÊTE DE MÉDUSE : *Hydnum Caput Medusæ*, Pers., *Syn.*; Nées, Tr., tab. 35, fig. 249; *Clavaria Caput Medusæ*, Bull., Champ., tab. 412. Tronc épais, court, charnu, terminé par une multitude de rameaux simples, alongés, grêles, pointus, rapprochés et touffus, d'abord verticaux, puis courbés en divers sens, et tout-à-fait pendans. Ce champignon, blanc dans sa jeunesse, devient avec l'âge d'un gris bistré clair. Il croît sur le bois mort, à demi pourri. On le mange en Italie, et surtout en Toscane, où il est connu sous le nom de *fungo istrice* (Mich., *Gen.*, tab. 64, fig. 1). Cette espèce, la précédente, et l'hydnum hérisson décrit plus haut, forment le genre *Hericium*, rétabli de nouveau par M. Persoon dans son Traité des champignons comestibles, et qui fait le passage du genre *Hydnum* à celui des *Clavaria*. Voyez Sistotrema, Cerophora, Escudarde, Coralloïdes, Hypothèle, Bidona. (Lem.)

HYDRACHNE. (*Entom.*) On trouve ce nom dans le Système des Eleuthérates de Fabricius, comme propre à indiquer un genre de coléoptères rémitarses. Ce nom ayant été déjà employé par Muller, comme on le verra dans l'article suivant, nous avons cru devoir adopter celui d'*hyphydre*, qui désigne les mêmes insectes, retirés du genre Dytique, tels que celui d'Herman, l'Ovale, le Bossu, l'Inégal, etc. (C.D.)

HYDRACHNE. (*Entom.*) Ce nom, employé par Müller (Otton Frédéric), dans son Entomologie Danoise, et dans un vol. in-4° qui a paru à Leyde en 1781 sous le titre d'*Hydrachna*, avec figures coloriées, signifie araignée d'eau; de υδωρ et αραχνης.

Depuis, beaucoup d'auteurs ont subdivisé ce groupe en plusieurs genres, tels que ceux de *Limnochares*, *Trombidie*, *Eylaïs*, *Mitte*, *Atace*. Fabricius a désigné sous ce dernier nom les insectes que nous allons décrire ici.

Ils appartiennent à notre famille des acères ou aranéides, parce qu'ils sont aptères, sans antennes, qu'ils ont huit pattes; que leur tête, leur corselet et leur abdomen sont confondus en une seule pièce; de sorte que le nom d'araignées d'eau leur convient assez : mais ils n'ont que deux yeux et deux palpes alongés en forme de fil, composés de cinq articles à peu près égaux. Leurs pattes sont courtes, ciliées, et propres au nager.

On trouve ces animaux dans les eaux douces et stagnantes. Ils sont souvent colorés très-agréablement en rouge carmin, en violet, en bleu, en noirâtre, en vert, et quelques espèces sont ornées de teintes métalliques changeantes. Müller, Roësel et Dégéer ont décrit les mœurs de quelques espèces qu'ils ont observées avec soin; ils ont reconnu que les femelles sont ordinairement plus grosses que les mâles, comme parmi les araignées. Leur accouplement est très-remarquable, parce que le mâle n'a pas, comme dans ce dernier genre, les organes sexuels situés sur les palpes, mais à l'extrémité de l'abdomen; tandis que la femelle les a placés à peu près comme les araignées femelles.

Les hydrachnes sont la proie des poissons et de beaucoup d'insectes aquatiques, en particulier des dytiques et des larves d'hydrophiles.

Les principales espèces sont :

1.° HYDRACHNE A QUEUE : *Atax*, Fabr. ; *Acarus*, Dég. ; *Caudatus; Hydrachna buccinator*, Müll., ouvrage cité, pl. 3, n.° 1. Elle est ovale, noire derrière, rouge devant; son abdomen se prolonge en une sorte de queue étranglée à la base, et de couleur jaune.

2.° HYDRACHNE CRASSIPÈDE, Müll., pl. IV, fig. 1 et 2.

Elle est blanchâtre, avec une tache noire sur le dos; les pattes très-longues.

3.° HYDRACHNE APLATIE, verte; avec une bande blanche en travers.

4.° HYDRACHNE NOUÉE; rouge, à taches brunes; le quatrième article des tarses postérieurs dilaté.

5.° HYDRACNE ESSUYANTE ; *Hydrachna abstergens;* globuleuse, rouge, à pattes noires. (C. D.)

HYDRACIDES. (*Chim.*) M. Gay-Lussac a proposé de donner ce nom à un genre d'acides qui sont formés d'hydrogène, et d'un corps comburent, autre que l'oxigène.

Les hydracides connus sont :

L'acide hydrophtorique, l'acide hydrochlorique, l'acide hydrosulfurique, l'acide hydrosélénique, l'acide hydrotellurique et l'acide hydrocyanique. On peut y ajouter l'acide oxalique, si on le considère, avec M. Dulong, comme un composé d'acide carbonique et d'hydrogène.

La nomenclature de ces acides eût été plus régulière, si on eût dit acide phtorhydrique, acide chlorhydrique, etc. ; au lieu d'acide hydrophtorique, acide hydrochlorique, etc., en mettant le nom du comburent avant celui du combustible. (CH.)

HYDRACNELLE. (*Entom.*) M. Latreille avoit ainsi nommé la famille des insectes aptères, qui comprenoit ses acères sclérostomes ou à bec, tels que les *Hydracnes*, les *Eylaïs* et les *Limnochares*. (C. D.)

HYDRACNELLES. (*Entom.*) Voyez Hydrachnes. (C. D.)

HYDRAENE. (*Entom.*) Voyez Hydrène.

HYDRAGOGON (*Bot.*), un des noms grecs, cités par Mentzel, du *chamædaphne* de Dioscoride, qui est le fragon, *ruscus aculeatus*. (J.)

HYDRANGÉA, HYDRANGELLE, *Hydrangea*. (*Bot.*) Genre de plantes dicotylédones, à fleurs complètes, polypétalées, de la famille des *saxifragées*, de la *décandrie digynie* de Linnæus, offrant pour caractère essentiel : Un calice à cinq dents, adhérent avec l'ovaire ; une corolle à cinq pétales ; dix étamines ; un ovaire inférieur, surmonté de deux styles ; les stigmates obtus. Le fruit est une capsule couronnée par les dents du calice, à deux loges polyspermes, à deux valves vers le sommet, terminées par deux cornes percées d'un pore au sommet ; les semences nombreuses, fort petites, anguleuses.

Quelques auteurs modernes ont réuni à ce genre l'*hortensia*, dont en effet il se rapproche beaucoup. (Voyez Hortensia.)

Hydrangéa arbrisseau : *Hydrangea arborescens*, Linn.; Lamk., *Ill. gen.*, tab. 370, fig. 1 ; *Hydrangea vulgaris*, Mich., *Amer.*, 1, pag. 268 ; *Bot. Magaz.*, tab. 437. Arbrisseau d'environ trois pieds de haut ; les tiges sont droites, glabres, pleines de moelle, médiocrement ligneuses, peu ramifiées, garnies de feuilles opposées, pétiolées, en cœur, assez grandes, aiguës au sommet, presque glabres ; les supérieures ovales, dentées en scie, d'un vert tendre, plus pâles en dessous. Les fleurs sont petites, blanchâtres, très-nombreuses, disposées en cônes ombelliformes et terminales ; le calice d'une seule pièce, à cinq dents courtes ; la corolle plus grande que le calice ; les pétales égaux, arrondis, concaves ; les filamens des étamines plus longs que la corolle ; les anthères arrondies, à deux loges. Le fruit consiste en une capsule arrondie, striée, couronnée par le calice.

Cette plante est originaire de la Virginie et de plusieurs autres contrées de l'Amérique septentrionale : on la cultive au Jardin du Roi. Elle aime l'ombre et le frais, et réussit très-bien dans le terreau de bruyère, mélangé avec de la terre franche ; elle fleurit vers la fin de juillet. Comme elle vient assez bien en pleine terre, on l'emploie pour la décoration des

bosquets d'été, qu'elle embellit à une époque où les arbustes
à fleurs sont rares. On la multiplie de drageons, de marcottes
et de boutures; à la vérité, ses tiges sont sujettes à geler pendant l'hiver; mais il en pousse de nouvelles au retour du printemps : il est même avantageux de les couper tous les ans, à
la fin de l'hiver; les nouvelles pousses donnent des feuilles
plus grandes, et des corymbes de fleurs plus garnis.

HYDRANGÉA COTONNEUX : *Hydrangea nivea*, Mich., *Amer.*, 1,
pag. 268; Lamk., *Ill. gen.*, tab. 370, fig. 2; *Hydrangea radiata*,
Walt., *Carol.*, pag. 251; Willd, *Spec.* Arbrisseau d'un port
assez élégant, et qui offre, dans ses fleurs, quelques uns des
caractères du *Viburnum Opulus*. Il est facile à reconnoître au
duvet blanc, un peu glauque, très-doux au toucher, qui revêt
la face inférieure des feuilles, et aux fleurs de la circonférence
des corymbes, qui sont stériles et beaucoup plus grandes
que celles du centre. Les rameaux sont glabres, élancés, cylindriques; les feuilles pétiolées, ovales, un peu en cœur, aiguës,
dentées en scie, vertes en dessus, cotonneuses et d'un blanc
de neige en dessous; elles perdent quelquefois leur duvet par
la culture; les fleurs sont blanches, disposées en un corymbe
terminal.

Cette espèce croît à la Caroline et sur les bords du fleuve
Savannah. Elle est aujourd'hui introduite dans les bosquets.
On la préfère même à la précédente, à cause de l'élégance de
son feuillage et de la grandeur de ses fleurs stériles : on la cultive, et on la multiplie par les mêmes moyens.

HYDRANGÉA A FEUILLES DE CHÊNE : *Hydrangea quercifolia*,
Bartram, *Itin.*, *edit. germ.*, pag. 366, tab. 7; Willd., *Spec.*;
Hydrangea radiata, Smith, *Ic. pict*, p. 12; *Bot. Magaz.*, t. 975.
Cette espèce ressemble beaucoup à la précédente par ses fleurs,
celles de la circonférence des corymbes étant également stériles, beaucoup plus grandes que les autres; mais elle en est
bien distinguée par ses feuilles lobées, sinuées et dentées, assez
semblables à celles de notre chêne, vertes, un peu rudes en
dessus, couvertes en dessous d'un duvet d'un vert cendré : elles
sont très-grandes; quelques unes ont presque un pied de long
et huit à neuf pouces de large; les lobes aigus, irréguliers; les
rameaux pileux, un peu quadrangulaires vers leur sommet;
les fleurs d'un blanc jaunâtre. Cette plante croît dans la Floride;

elle est cultivée dans plusieurs jardins, et paroît exiger les mêmes soins et la même culture que les deux espéces précédentes. (Poir.)

HYDRANGELLE. (*Bot.*) Voyez Hydrangéa. (Poir.)

HYDRANTHEMA. (*Bot.*) Link, dans sa nouvelle classification des algues, propose de nommer *hydranthema* le genre qu'il regarde comme étant le véritable genre *Conferva;* il le caractérise ainsi : Filamens cloisonnés ; cloisons pellucides ; fructification externe nulle.

Presque toutes les espéces, dit-il, sont rouges, et jouissent d'un mouvement centripède qui a lieu dans l'intérieur. Les *conferva atropurpurea, fucicola, ericetorum, aurea* (*trentepohlia aurea*), *setacea,* etc., en font partie. Ce genre, selon Link, se distingue difficilement des champignons; et, d'après les espéces qu'il cite, on voit que plusieurs faisoient partie du genre *Byssus* de Linnæus. Le *plumaria* de Link est un sous-genre ou une division de l'*hydranthema* (Link, *Hor. Phys. Berol.,* p. 4). (Lem.)

HYDRARGILLITE. (*Min.*) C'est le nom significatif que M. H. Davy a proposé de donner au minéral que nous désignerons sous celui de Wavellite. Il avoit cru reconnoître que ce minéral étoit essentiellement composé d'alumine et d'eau, et avoit voulu que son nom indiquât cette composition. Or, nous trouvons ici une des circonstances les plus propres à faire voir combien la nomenclature significative qui semble, au premier aspect, si philosophique et si commode, présente d'inconvéniens. Une analyse, faite par M. Davy, devoit paroître incontestable. Cependant M. Berzelius a prouvé, par une nouvelle analyse, que la wavellite étoit composée d'alumine et d'acide phosphorique. Le nom d'hydrargillite ne pouvoit donc plus lui rester, et, dans le système de la nomenclature significative, devoit être remplacé par celui d'*alumine phosphatée,* et cela, tant que de nouveaux progrès, dans l'analyse chimique, ne seront pas venus nous apprendre que cette composition n'est pas, ou exactement, ou suffisamment, ou complétement exprimée par ce nom, et qu'il faut lui en substituer un autre.

Le nom de wavellite, au contraire, ne disant autre chose, sinon que ce minéral est dédié au docteur Wavell qui l'a découvert, doit rester immuable, et nous faire constamment reconnoître le même minéral. C'est dans l'histoire de ce minéral, plutôt que dans son nom, qu'on doit apprendre successivement, et toujours clairement, et complétement celle de ses parties constituantes.

Nous avons insisté sur ce point des principes de la nomenclature, parce que cette espèce nous a offert une des applications les plus remarquables d'un de ces principes. (B.)

HYDRARGYRE, *Hydrargyra.* (*Ichthyol.*) M. de Lacépède a donné ce nom à un genre de poissons de la famille des gymnopomes, et reconnoissable aux caractères suivans :

Ventre arrondi ; nageoire dorsale unique ; opercules lisses ; rayons des catopes au nombre de huit au plus ; point de dents au palais ; corps et queue alongés, et plus ou moins transparens ; mâchoires non prolongées, garnies de dents.

Le mot hydrargyre est tiré du grec ὑδράργυρος, et indique que le poisson qui porte ce nom a l'éclat métallique du mercure.

Du reste, ce genre se distingue facilement des ARGENTINES, qui ont plus de neuf rayons aux catopes ; des CYPRINS et des STOLÉPHORES, qui n'ont point de dents aux mâchoires ; des ATHÉRINES et des SERPES, qui ont deux nageoires dorsales ; des CLUPÉES, des CLUPANODONS, des BURO, des DORSUAIRES, etc., qui ont le ventre caréné et dentelé. (Voyez ces différens mots, et GYMNOPOMES.)

La seule espèce que renferme le genre Hydrargyre est :

La SWAMPINE : *Hydrargyra Swampina,* Lacép.; *Atherina Swampina,* Bosc. Nageoire caudale arrondie ; tête déprimée ; bouche cartilagineuse ; lèvres protractiles et garnies chacune de dix ou douze dents très-courtes ; l'inférieure plus avancée que celle d'en haut ; catopes très-rapprochés de la nageoire anale : écailles semi-circulaires ; corps demi-transparent ; une raie argentée de chaque côté ; yeux jaunes ; nageoires souvent pointillées ; onze ou douze bandes transversales brunes ; un grand nombre de petits points verdâtres autour de chaque écaille. Taille de trois à quatre pouces.

Les swampines habitent par milliers dans toutes les eaux douces de la Caroline, et fourmillent surtout dans les marais et dans les lagunes des bois. Elles sautent avec beaucoup de facilité, et s'élancent à d'assez grandes hauteurs, ce qui leur est avantageux dans les émigrations auxquelles elles sont forcées par le desséchement des mares dans lesquelles on les rencontre communément. M. Bosc en a vu parcourir en un instant des espaces considérables pour aller chercher une eau plus abondante.

La saveur de leur chair n'est point agréable ; elles servent de nourriture à un grand nombre d'oiseaux d'eau et de reptiles.

Le genre Hydrargyre n'a point été adopté par M. Cuvier.

Ce savant naturaliste place la swampine parmi les Pœcilies. Voyez ce mot. (H. C.)

HYDRASTE , *Hydrastis*. (*Bot.*) Genre de plantes dicotylédones , à fleurs incomplètes , de la famille des *renonculacées*, de la *polyandrie polygynie* de Linnæus, offrant pour caractère essentiel : Trois pétales ovales ; point de calice ; un grand nombre d'étamines plus courtes que la corolle ; les fila· mens linéaires, comprimés, insérés sur le réceptacle ; des ovaires nombreux, réunis en tête, surmontés de styles trèscourts. Le fruit est une baie composée d'un grand nombre de petits grains pulpeux et rougeâtres.

Hydraste du Canada : *Hydrastis canadensis*, Linn. ; *Warneria canadensis*, Mill., *Dict.* et *Icon.*, pag. 290, tab. 285. La figure qui porte le nom d'*hydrastis* dans les Illustrations des genres de M. de Lamarck , appartient au *cimicifuga palmata*, Mich. C'est par erreur qu'elle a été placée sous le nom d'*hydrastis*. Cette plante a des racines composées de tubercules charnus, d'un jaune foncé en dedans. Sa tige est simple, herbacée, uniflore, d'un vert rougeâtre, légèrement velue vers son sommet, haute d'environ un demi-pied , munie de deux ou trois feuilles alternes ; les inférieures pétiolées ; les supérieures presque sessiles, palmées, à trois ou cinq lobes à grosses dentelures aiguës. La fleur est petite, solitaire, terminale, pédonculée, d'un blanc rougeâtre , dépourvue de calice ; sa corolle composée de trois pétales égaux, ouverts, ovales-arrondis ; les étamines très-nombreuses, plus courtes que la corolle ; les anthères ovales, obtuses, comprimées ; les ovaires nombreux, ramassés en tête. Le fruit est une sorte de baie rouge, charnue, ayant l'aspect de celle d'une ronce, composée d'un grand nombre de petits grains pulpeux, arrondis, monospermes. Cette plante croit au Canada, dans les lieux aquatiques. Les racines passent pour amères et toniques; elles fournissent une belle couleur jaune. (Poir.)

HYDRASTON, HYDRASTINA (*Bot.*), noms grecs, suivant Mentzel, du *cannabis sylvestris* de Lobel, qui est un galéope, *galeopsis tetrahit*. (**J.**)

HYDRATES. (*Chim.*) C'est le nom qu'on donne particulièrement aux combinaisons définies que l'eau forme avec les acides et les bases salifiables. L'eau ne neutralise pas les acides ni les bases salifiables auxquels elle s'unit. C'est M. Proust qui a établi ce genre de combinaisons; c'est lui qui a introduit, dans la nomenclature chimique, le mot *hydrate*.

La plupart des sels sont susceptibles de fixer une proportion d'eau définie; et, sous ce rapport, ce sont de véritables hydrates. Cependant, l'usage veut qu'on dise sel hydraté, et non hydrate de tel sel : par exemple, on dit sulfate de soude hydraté, et non hydrate de sulfate de soude. (**Ch.**)

HYDRE, *Hydra.* (*Actinoz.*) Dénomination employée primitivement par quelques auteurs, et entre autres, par Gærtner et Boadsch, pour désigner les animaux que Linnæus avoit nommés d'abord *priapus*, et ensuite *holothuria*, mais qu'il a appliquée définitivement à ceux que Réaumur avoit désignés sous les noms de *polypus* ou polypes, et dont Trembley a décrit l'histoire avec tant de logique et de sagacité, sous celui de polypes d'eau douce. Quelques auteurs françois, tout en adoptant la dénomination latine d'*hydra*, ont cru cependant devoir conserver le nom de polype tandis que d'autres emploient celui d'hydre.

Les caractères génériques des hydres sont : Corps très-petit, plus ou moins linéaire, extrêmement contractile, entièrement mou, transparent, en forme de petit tube plus ou moins évasé, dont l'orifice est garni, dans sa circonférence, d'un rang de cirrhes ou tentacules sétacés, radiaires. Ces très-petits animaux ont été décrits, pour la première fois, par Ant. Lewenoeck, *Act. Anglic.*, vol. 20, n.° 283, art. 4, et par un anonyme dans le même ouvrage, n.° 288, art. 2. Mais leur véritable observateur, celui qui les a rattachés au règne animal, en en donnant une histoire qui devra toujours être considérée comme un modèle dans l'art de conduire son esprit dans les recherches d'histoire naturelle, est évidemment Abraham Trembley. Depuis la publication de son ouvrage en 1746, à Leyde, plusieurs personnes se sont occupées de ces animaux curieux, et, entre autres, Baker, Roësel, Schæffer. C'est de leurs ouvrages, et surtout de celui du premier, que nous allons extraire le fond de cet article.

Les hydres sont des animaux extrêmement simples, que l'on ne peut guère comparer qu'à des filamens un peu épais, se fixant par l'une de leurs extrémités, au moyen d'une sorte de suçoir, et pourvus, de l'autre, d'une couronne de cirrhes ou de tentacules, plus ténus que les cheveux les plus fins, au nombre de dix au plus, et d'une contractilité extrême. C'est cette disposition des tentacules, et même leurs usages, qui, ayant fait comparer ces petits animaux aux polypes des anciens, que nous nommons maintenant des poulpes, leur fit donner le nom de polypes par Réaumur. La structure des différentes parties du corps des hydres est partout complétement uniforme ; on n'y voit en effet, même au microscope, qu'une sorte de parenchyme, formé de globules et de tissu celluleux, et qui peut se contracter, surtout dans les tentacules, de manière à disparoître presque complétement. Aussi la sensibilité générale de ces animalcules est-elle exquise, au point qu'ils peuvent sentir ou apercevoir la lumière et la distinguer de l'ombre, non pas cependant que l'on puisse dire, comme quelques auteurs, qu'ils voient au moyen de l'enveloppe générale ; mais ils sont dans le cas des plantes qui se dirigent fort bien vers la lumière, dont ils ressentent les effets, sans apercevoir autrement les corps qui la leur renvoient. Les hydres n'ont, du reste, aucune trace d'organes des sens si ce n'est de celui du toucher, qui est parfait dans les tentacules, dont la bouche est armée. Toutes les parties de leur tissu peuvent se contracter, mais sans qu'on puisse y apercevoir de fibres musculaires distinctes. Les hydres sont cependant susceptibles de changer de place en totalité, et elles le font à la manière des chenilles arpenteuses, et de quelques sangsues. Le plus souvent cependant elles restent fixées par l'extrémité postérieure, et étendent, plus ou moins, leur corps et leurs tentacules dans les différens sens nécessaires pour saisir leur proie. Elles se nourrissent de très-petits insectes aquatiques, comme de monocles, ou de naïades ; elles les attirent vers elles par les mouvemens presque continuels de leurs tentacules, les enlacent dans leurs nombreux replis, en les agglutinant par quelque suc ou par quelque mode de succion, ce qui me paroît plus douteux, et enfin les dirigent vers l'ouverture de la bouche, qui est au milieu du cercle que forment ces tentacules. Cette bouche, qui peut se dilater en une sorte de calice, communique dans l'estomac, creusé dans le parenchyme même du corps du petit animal, sans qu'il y ait de parois distinctes, pas plus que la peau ne l'est à la surface extérieure. Aussi la similitude des parois externe et interne est si complète, que Trembley, dans une de ses plus curieuses expériences, a montré que le petit animal peut être retourné presque comme un doigt de gant, et que la digestion et l'absorption peuvent aussi bien se faire par le côté externe que par l'interne. Du reste, cette espèce d'estomac n'a pas d'orifice postérieur; et quand la proie, digestible ou non, y est restée quelque temps, elle est rejetée ou tout entière dans le dernier cas, ou dans ses parties qui n'étoient pas susceptibles de digestion dans le premier. Il en résulte qu'il n'y a pas choix dans les corps que le petit animal introduit dans son estomac, et que c'est celui-ci seulement qui juge, par ses effets sur eux, s'ils peuvent lui être utiles. Ces animaux peuvent, du reste, supporter un très-long jeûne, probablement parce qu'ils absorbent directement du milieu dans lequel ils vivent.

La reproduction des hydres est encore beaucoup plus simple, s'il est bien certain qu'elle ait lieu par bourgeons dans toutes les parties de la surface extérieure du corps. Pendant la durée de l'été on voit, dit-on, d'un lieu quelconque de cette surface, saillir ou sortir un très-petit bouton, qui grandit peu à peu en prenant la figure de sa mère : bientôt, de l'extrémité libre, on voit également pousser les tentacules; et, au bout d'un temps plus ou moins long, ce qui tient un peu aux circonstances plus ou moins favorables, la jeune hydre qui, pendant qu'elle étoit attachée sur sa mère, cherchoit et attiroit sa proie comme elle, et s'en nourrissoit, finit par s'en détacher, et va se fixer sur quelque corps submergé, où elle se reproduit à son tour de la même manière. Quelquefois elle s'est même reproduite sur la mère elle-même; de sorte qu'on en a compté jusqu'à dix-huit réunies. J'avoue que cette espèce de pullulation, à la manière des arbres, me paroît difficile à croire, et qu'il me sembleroit plus conforme à l'analogie d'admettre l'opinion de Vahl, naturaliste danois, qui a vu que c'est vers la marge de la cavité digestive, et par des orifices particuliers, que sortent les gemmules ; alors on peut concevoir comment les gemmules, tombant sur le corps de leur mère, pourroient s'y développer comme sur un corps étranger, et par conséquent expliquer l'observation de Trembley. Les hydres seroient alors dans le cas de tous les polypes, chez lesquels les ovaires viennent aussi s'ouvrir à la circonférence de la bouche.

La faculté reproductive des hydres, portée jusqu'au point où Trembley l'a observée, tendroit cependant à faire croire à leur reproduction par bourgeons dans toutes les parties du corps. En effet, d'après les expériences très-délicates, mais hors de doute de la part d'un homme aussi recommandable que Trembley, il est évident que non seulement les diverses parties du corps coupé transversalement ou longitudinalement peuvent reproduire les parties qui leur manquent, et former ainsi autant d'animaux complets, souvent en deux jours seusement ; mais même quelquefois une portion de tentacule peut se développer et produire une hydre parfaite, comme Roësel assure l'avoir observé. Cela, en effet, porteroit à croire que chaque grain dont se compose l'animal dans son corps ou dans ses parties, est une sorte de bourgeon latent qui peut pousser et se développer : cela prouve également que la nutrition, dans ces petits animaux, peut se faire par une absorption directe et entièrement cutanée ; ce qui confirme l'expérience du retournement du corps, et la longue durée du jeûne qu'ils peuvent supporter, surtout dans les expériences de reproduction.

Mais ce n'est pas seulement par gemmation, ou par scissure artificielle ou spontanée, que les hydres peuvent se reproduire. En effet, Jussieu, Trembley, Roësel, et Pallas lui-même, ont observé que, vers l'automne, elles font sortir de leur parenchyme même des œufs qui tombent, se conservent pendant l'hiver, et ne se développent qu'au printemps. On ajoute aussi que les individus provenus par ce mode sont toujours plus petits que ceux qui sont venus par gemmation. Mais, sont-ce là de véritables œufs ?

Enfin, pour ajouter encore au merveilleux de l'histoire de ce petit animal et prouver combien la nature lui a donné de moyens de résister à sa destruction, malgré son extrême mollesse, on sait, d'après les observations de Schæffer, que l'hydre verte desséchée peut revivre, quand on lui rend l'eau qu'elle avoit perdue.

Aussi l'histoire des hydres, en la considérant comme bien avérée, apporte à la physiologie générale des considérations de la plus grande importance, puisqu'elle nous montre un corps organisé, composé d'un tissu homogène, par conséquent sans distinction ou séparation d'organes, pas même de peau ni de fibres musculaires, doué d'une sensibilité très-grande qui lui permet de sentir la lumière, extrêmement contractile dans toutes ses parties, qui peut saisir de petits animaux plus résistans que lui, les forcer d'entrer dans son estomac, les digérer; et cela, non seulement par la surface habituellement digestive, mais encore par la surface externe, devenue artificiellement interne. Elle nous fait voir un animal qui peut se greffer sur un autre, et faire vivre celui-ci, ou *vice versâ*, par une véritable continuité de substance, de manière à former, par la réunion d'un plus ou moins grand nombre d'individus, un animal complexe, un animal à plusieurs têtes, et à renouveler ainsi l'hydre de la fable. Nous y voyons un être animé qui peut se reproduire presque de toutes les manières, d'abord par la scissure artificielle et même spontanée d'une partie quelconque de son corps, et si promptement pour quelques unes d'elles, qu'en deux jours, dans un temps chaud, une moitié postérieure du corps devient un animal parfait; par gemmation, c'est-à-dire par le développement successif d'un petit bourgeon dans un point quelconque du corps de la mère, bourgeon qui, parvenu à la forme de celle-ci, vit plus ou moins long-temps sur elle, et d'une manière qui lui est commune, pouvant lui-même, à cette époque, pousser des bourgeons qui deviennent des hydres, et ainsi de suite; en sorte qu'au bout d'un mois, un seul individu pourroit avoir donné naissance à un million d'êtres semblables à lui, et qui s'en seroient successivement séparés; enfin, l'hydre peut encore se reproduire par des espèces d'œufs ou de gemmules qui se séparent de l'animal mère avant de se développer, et ne le font que souvent assez long-temps après; et elle peut revivre après avoir été desséchée, lorsqu'on la remet dans l'eau. Tous ces faits, qu'il seroit peut-être bon de revoir aujourd'hui, où les phénomènes sont mieux appréciés, tendroient à faire croire que les hydres sont très-inférieures aux polypes des madrépores, et à ceux des pennatules, etc., qui sont évidemment beaucoup plus compliqués dans leur organisation, et que, par conséquent, elles forment le dernier anneau du type des animaux radiaires.

On trouve des hydres dans les eaux douces et dans celles de la mer; mais surtout, à ce qu'il paroît, dans les premières, quand elles sont dormantes, pourvu qu'elles soient pures. C'est pendant l'été, sur tous les corps qui s'y trouvent, qu'il faut les chercher; car, pendant l'hiver, il paroît qu'elles se contractent et s'enfoncent dans la vase. On s'en procure aisément, en prenant une certaine quantité de lentilles d'eau, et la mettant dans un vase plein d'eau; au bout de peu de temps de repos, on voit les hydres commencer à se mouvoir et agiter leurs tentacules, comme dans leur position ordinaire. Trembley, qui en a ainsi conservé et étudié pendant plusieurs années consécutives, les nourrissoit avec des daphnies et autres petits animaux aquatiques. Il paroît qu'il faut quelques circonstances particulières pour le développement des hydres dans certains lieux, et qu'il arrive qu'on n'en trouve que difficilement dans des amas d'eaux où il y en avoit beaucoup autrefois; ainsi elles sont devenues assez rares aux environs de Paris, comme à la Garre, dans la mare d'Auteuil, quoiqu'elles y aient été communes.

Le nombre des espèces d'hydres est assez peu considérable: c'est à Roësel et à M. Bosc que l'on doit la découverte des principales. On les distingue généralement par le nombre des tentacules; mais il me semble peu probable qu'ils soient aussi variables en nombre qu'on le dit.

1.° L'Hydre verte: *Hydra viridis*, Linn.; Tremb., Polyp., 1, tab. 1, fig. 1. Cette espèce, qui se trouve dans nos eaux douces, est celle qui a été le sujet principal des observations de Trembley et de Roësel; elle est toute verte, et les tentacules, qui sont au nombre de huit à dix, sont plus courts que le corps.

2.° L'Hydre commune: *Hydra grisea*, Linn.; Tremb., Polyp., 1, tab. 1, f. 1; Encycl. Méth., pl. 67. Le corps de cette espèce, qui se trouve encore plus communément que la précédente, et de même qu'elle sous les feuilles des plantes aquatiques, est d'un gris jaunâtre, et ses tentacules, assez variables dans leur nombre et leur longueur, sont généralement plus longs que dans la première, et au nombre de sept.

3.º L'HYDRE BRUNE : *Hydra fusca*, Linn.; Tremb., Polyp., 1, tab. 1, f. 3-4; Encycl. Méth., pl. 69, fig. 1-8. Elle vient dans les mêmes eaux que les précédentes, dont elle diffère par sa couleur, qui est d'un brun grisâtre, et par la très-grande longueur de ses tentacules.

4.º L'HYDRE PALE : *Hydra pallens*, Roësel, *Ins.*, 3, tab. 76-77, et Encycl. Méth., pl. 68. Elle est plus rare, quoiqu'elle se trouve dans les mêmes eaux. Ses tentacules sont médiocres, et au nombre de six en général.

5°. L'HYDRE GÉLATINEUSE: *Hydra gelatinosa*, Mull., *Zool. Dan.*, 3, pag. 25, tab. 95, f. 1-2. Cette petite espèce, qui est cylindrique, de couleur laiteuse, a douze tentacules plus courts que le corps. Elle vient des mers du Nord, où elle vit sous les fucus.

M. Bosc en a encore fait connoître deux espèces, également marines, et trouvées, dans l'Océan Atlantique, sous les fucus : l'une, qu'il nomme l'HYDRE JAUNE, *Hydra lutea*, et qui n'a que trois tentacules fort courts ; et l'autre, l'HYDRE CORYNAIRE, *Hydra corynaria*, dont la couleur est blanche, et dont la tête est grande, avec six tentacules courts et glanduleux. Elles sont figurées dans la pl. 22 de l'Hist. nat. des Vers de M. Bosc, qui pense qu'elles font le passage aux sertulaires, parce qu'elles sont légèrement cartilagineuses.

Quant aux espèces que Gmelin a caractérisées sous le nom d'*hydra*, les quatorze premières sont de véritables actinies, comme il paroît qu'il l'avoit reconnu lui-même, espèces dont on a fait les genres *Cereus*, *Zoantha* et *Metridium*, et la quinzième est une véritable holothurie. (DE B.)

HYDRE, *Hydrus*. (*Erpétol.*) Nom d'un reptile fabuleux, célèbre dans l'ancienne Mythologie par son combat avec Hercule, et dont on a prétendu renouveler l'existence à diverses époques plus rapprochées de la nôtre. Nous en parlerons au mot REPTILES. (H. C.)

HYDRE, *Hydrus*. (*Erpétol.*) M. Schneider s'est servi de ce nom qui, chez les anciens Grecs, désignoit un serpent aquatique, pour en faire celui d'un genre de reptiles ophidiens, dont les espèces, dépourvues de plaques abdominales et sous-caudales, rentrent, en conséquence, dans la famille des homodermes. Ce genre est facile à reconnoître aux caractères suivans :

Tête garnie de grandes plaques ; mâchoires dilatables ; la première des dents maxillaires plus longue que les autres et canaliculée; partie postérieure du corps , et queue , très-comprimées et très-élevées dans le sens vertical , ce qui , donnant aux hydres la facilité de nager , en fait des animaux aquatiques.

Le genre Hydre n'a point été adopté généralement par les erpétologistes : Daudin en a partagé les espèces en deux groupes, auxquels il a donné les noms d'HYDROPHIDE et de PÉLAMIDE. M. Cuvier a ajouté à ces deux sous-genres celui des CHERSYDRES. Voyez ces différens mots. (H. C.)

HYDRE COULEUVRIN , *Hydrus colubrinus.* (*Erpétol.*) M. Schneider a ainsi appelé un reptile ophidien dont nous parlerons à l'article PLATURE. Pallas , de son côté, a donné le nom de *coluber hydrus*, à une couleuvre que nous avons décrite tome XI, pag. 198 de ce Dictionnaire. (H. C.)

HYDRÈNE, *Hydræna.* (*Entom.*) Ce nom de genre, employé par Kugelan et par Illiger, a été emprunté du mot grec υδραινω, *je lave.* Il a été appliqué à une espèce d'*élophore*, de notre famille des hélocères ou clavicornes. C'est un insecte aquatique, dont les mœurs sont peu connues, et qui ne différeroit des élophores que par la forme des palpes. C'est l'hydrène des rivages, ou l'hélophore très-petit de Fabricius, *elophorus minimus*. Il est d'un brun cuivreux; ses élytres ont des stries de points; ses pattes sont brunes. On le trouve sur le bord des eaux. (C. D.)

HYDRENON (*Bot.*), nom grec, suivant Mentzel, de l'*erinus* de Dioscoride , qui est peut-être une campanule. (J.)

HYDRIODATES. (*Chim.*) Combinaisons de l'acide hydriodique avec les bases salifiables.

Nous emprunterons tout ce que nous dirons de ce genre de sels, du beau travail de M. Gay-Lussac sur l'iode.

Composition. Dans les hydriodates neutres à bases d'oxide, l'oxigène de celui-ci est, à l'hydrogène de l'acide, dans le rapport où ces élémens constituent l'eau ; et l'iode est, au métal, dans le rapport qui constitue un iodure.

100 d'acide hydriodique saturent une quantité d'oxide qui contient 6,34 d'oxigène.

Propriétés. Tous les hydriodates connus sont solubles dans l'eau.

Tous, à l'état liquide, sont susceptibles de dissoudre l'iode en grande quantité ; ils se colorent alors en rouge brun, et la neutralité n'est pas altérée. L'iode n'est que très-foiblement uni au sel neutre, car il suffit pour l'en séparer, de faire bouillir la solution, ou d'exposer à l'air l'hydriodate ioduré.

Les acides sulfureux, hydrochlorique, hydrosulfurique ne décomposent pas les hydriodates.

Le chlore, l'acide nitrique et l'acide sulfurique concentrés, les décomposent instantanément : l'iode est mis à nu, parce que l'hydrogène auquel il étoit uni est brûlé, soit par l'oxigène des acides, soit par le chlore.

Les hydriodates précipitent le nitrate d'argent en blanc : le précipité est insoluble dans l'ammoniaque ; en cela il diffère du chlorure d'argent : ils précipitent le nitrate de protoxide de mercure en jaune verdâtre, et le perchlorure de mercure en rouge orangé : ce dernier-précipité est très-soluble dans un excès d'hydriodate. Enfin, les hydriodates forment, avec le nitrate de plomb, un dépôt jaune orangé. Tous ces précipités paroissent être des iodures.

Préparation. On les prépare, en général, en unissant l'acide hydriodique aux bases salifiables hydratées.

Les hydriodates de chaux, de strontiane, de baryte, de soude et de potasse peuvent être préparés en mettant l'iode avec une dissolution aqueuse de ces bases. Dans cette circonstance, l'eau est décomposée, l'iode se partage en deux portions qui s'unissent, l'une à l'oxigène, et l'autre à l'hydrogène : il en résulte un hydriodate soluble, et un iodate peu soluble.

Quand on opère avec la chaux, la strontiane et la baryte, les iodates de ces bases sont si peu solubles, qu'il suffit de filtrer la liqueur où l'on a mis l'iode et la base alcaline pour obtenir presque tout l'iodate sur le filtre, à l'état de pureté. Quant à l'hydriodate filtré, il retient toujours un peu d'iodate.

Pour les deux autres hydriodates, on verse, sur de l'iode, des eaux de potasse ou de soude, jusqu'à ce qu'on ait une dissolution incolore. On fait évaporer à siccité. On traite le résidu par l'alcool d'une densité de 0,81 ou 0,82. L'hydriodate est dissous à l'exclusion de l'iodate. On filtre. On lave l'iodate avec de l'alcool. On ajoute le lavage à la solution d'hydriodate. On fait évaporer le tout. On obtient un résidu alcalin qu'on neutralise par l'acide hydriodique.

On obtient l'iodate à l'état de pureté en le dissolvant dans l'eau, neutralisant l'excès d'alcali qu'il contient par l'acide acétique, faisant évaporer à siccité, et traitant le résidu par l'alcool, qui dissout l'acétate sans toucher à l'iodate.

Les hydriodates de zinc, de fer, et en général de tous les métaux qui décomposent l'eau, se préparent en dissolvant leurs iodures dans l'eau, ou, ce qui revient au même, en faisant chauffer doucement le métal et l'iode au milieu de l'eau.

HYDRIODATE D'AMMONIAQUE.

Il est formé de volumes égaux de gaz hydriodique et de gaz ammoniaque.

Il cristallise en cubes. Il est à peu près aussi volatil que l'hydrochlorate d'ammoniaque. Quand il est sublimé sans le contact de l'air, il y en a une très-foible portion qui est décomposée ; le sublimé est gris blanc : quand, au contraire, il a le contact de l'air, le sublimé est plus ou moins coloré par de l'iode. On peut le décolorer, soit en y ajoutant un peu d'ammoniaque, soit en l'exposant à l'air pour en dégager l'iode.

L'hydriodate d'ammoniaque est plus soluble et plus déliquescent que l'hydrochlorate.

On le prépare en neutralisant l'acide hydriodique dissous dans l'eau par l'ammoniaque fluor.

HYDRIODATE DE BARYTE.

Composition. Acide.................... 100

Baryte.................... 60,622.

Il cristallise en prismes très-fins, semblables à ceux de l'hydrochlorate de strontiane.

Exposé à l'air pendant un mois, il se décompose en partie.

L'eau avec laquelle on le traite dissout de l'hydriodate ioduré, et laisse du sous-carbonate de baryte.

Il est très-soluble dans l'eau, et peu déliquescent.

Sa solution évaporée, sans le contact de l'air, laisse un résidu qui, étant chauffé au rouge, ne se fond pas et ne devient pas alcalin ; c'est un véritable iodure de barium, lequel est susceptible de se convertir en iode et en sous-iodure de baryte, lorsqu'il est chauffé et qu'il a en même-temps le contact de l'oxigène.

HYDRIODATE DE CHAUX.

Il se fond au-dessus de la température rouge ; s'il n'a pas le contact de l'air, il ne devient que très-légèrement alcalin. Dans cet état, c'est un iodure de calcium. Si, pendant qu'il est chaud, on le met en contact avec du gaz oxigène, le calcium brûle : il se dégage une portion d'iode, et l'autre portion reste combinée à la chaux, à l'état de sous-iodure.

L'hydriodate de chaux est très-soluble dans l'eau. Quand ce sel a été préparé avec l'eau de chaux et l'acide hydriodique, il peut être évaporé à siccité, et desséché à l'air, sans perdre d'iode : il passe à l'état d'iodure de calcium. La solution d'hydriodate de chaux, qui a été formée avec l'iode et l'eau de chaux, et qui retient, ainsi que nous l'avons dit, un peu d'iodate, ne peut pas être évaporée sans qu'à un certain degré de concentration l'iodate ne soit décomposé par une portion d'hydriodate. Il se produit de l'eau ; et l'iode, provenant des deux acides décomposés, reste en dissolution dans la portion d'hydriodate qui n'a pas été altérée, parce qu'il n'y avoit pas une quantité suffisante d'iodate.

HYDRIODATE DE MAGNÉSIE.

Il cristallise avec beaucoup de difficulté.

Chauffé au rouge en vase clos, il se réduit en magnésie et en acide hydriodique.

Il est déliquescent.

Telles sont les propriétés que M. Gay-Lussac a reconnues au sel préparé avec l'acide hydriodique et la magnésie.

Quand on fait chauffer de la magnésie et de l'iode dans de l'eau, il se produit des flocons semblables au kermès, qui sont de l'iodure de magnésie : la liqueur est à peine colorée ; elle contient une petite quantité d'iodate et d'hydriodate de magnésie, lesquels, concentrés, se décomposent et laissent précipiter une nouvelle quantité d'iodure.

HYDRIODATE DE POTASSE.

Composition. Acide...................... 100
              Potasse.................... 37,426.

Ce sel, en cristallisant, se convertit en eau et en iodure de potassium dont la forme est celle du chlorure de sodium.

Cet iodure se fond et se sublime à une température rouge : chauffé avec le contact de l'air, il n'éprouve pas d'altération.

Il est déliquescent.

M. Gay-Lussac pense que l'iodure de potassium, en se dissolvant dans l'eau, passe à l'état d'hydriodate.

HYDRIODATE DE SOUDE.

Composition. Acide...................... 100
              Soude..................... 24,728.

Il cristallise en prismes rhomboïdaux aplatis, assez volumineux, qui se groupent de manière à former des prismes plus épais, terminés en échelons et striés dans leur longueur.

Ces cristaux retiennent beaucoup d'eau, et sont cependant très-déliquescens.

Par la dessiccation il passe à l'état d'un iodure très-légèrement alcalin, qui peut être volatilisé, même avec le contact de l'oxigène, sans éprouver d'altération.

100 parties d'eau à 14^d en ont dissous 173.

HYDRIODATE DE STRONTIANE.

Il se fond au-dessous de la température rouge, et se convertit en iodure de strontium un peu alcalin, s'il n'a pas le contact de l'air; dans le cas contraire, il se dégage un peu d'iode, le métal se convertit en strontiane, que fixe l'autre portion d'ode en formant un sous-iodure.

Hydriodate de zinc.

Composition. Acide..................... 100
    Oxide de zinc............ 32,352.

Il ne cristallise pas, parce que vraisemblablement il est trop déliquescent.

Lorsqu'il est séché, il n'est plus un hydriodate, mais un iodure de zinc, qui peut être fondu et sublimé en beaux cristaux prismatiques semblables aux fleurs d'antimoine.

Pour obtenir ces cristaux, il faut opérer sans le contact de l'air; autrement, l'oxigène brûleroit le zinc, et l'iode s'en dégageroit. (Cʜ.)

HYDRIODIQUE [Acide]. (*Chim.*)

Combinaison acide de l'hydrogène avec l'iode.

Composition.

	en poids	en vol.	
Iode............	100	1	Sans condensation
Hydrogène......	0,849	1	apparente.

Propriétés physiques.

Lorsqu'il est libre de toute combinaison, il est gazeux, incolore; sa densité, trouvée directement, est de 4,443; sa densité calculée est de 4,4288.

Il a une odeur analogue à celle de l'acide l'hydrochlorique, une saveur très-aigre; il est impropre à la respiration.

Propriétés chimiques.

a) *Cas où le gaz hydriodique n'est pas décomposé.*

La bougie allumée qu'on y plonge s'y éteint. La lumière, le carbone, le phosphore, le soufre ne l'altèrent pas.

Il en est de même du gaz acide sulfureux, et du gaz acide hydrosulfurique.

Le gaz hydriodique a une grande affinité avec l'eau; aussi répand-il des fumées blanches, épaisses, quand il est en contact avec des gaz humides.

L'eau qui est saturée d'acide hydriodique répand des fumées

blanches acides, comme la solution aqueuse concentrée d'acide hydrochlorique : elle a une densité de 1,7 ; elle bout à 128^d ; cette propriété rend l'acide hydriodique susceptible de chasser plusieurs acides volatils de leurs combinaisons salines. Lorsque la solution de cet acide est étendue, on peut la concentrer par la chaleur, jusqu'à ce qu'elle ait une densité de 1,7; alors, si on continue de la chauffer, elle se volatilise en entier. Dans le cas où la distillation est faite sans le contact de l'air, le produit est incolore ; mais si l'air est présent, l'oxigène brûle une portion d'hydrogène, et l'iode colore la portion d'acide qui n'a pas été décomposée.

b) *Cas où l'acide hydriodique est altéré.*

Si on fait passer du gaz hydriodique dans un tube de porcelaine rouge, il se décompose en partie ; de l'hydrogène et de l'iode sont mis en liberté.

L'électricité voltaïque le décompose ; l'hydrogène va au pôle négatif, et l'iode au pôle positif.

Un volume d'oxigène et quatre volumes de gaz hydriodique qu'on fait passer dans un tube de porcelaine rouge, donnent de l'eau et de la vapeur d'iode.

A la température ordinaire, l'oxigène est absorbé par la solution aqueuse d'acide hydriodique ; il se forme de l'eau, et l'iode, qui est mis à nu, se dissout dans l'acide hydriodique indécomposé, et le colore en rouge. L'iode ne peut être chassé par l'ébullition de l'acide hydriodique ; ce qui prouve qu'il y a une affinité assez forte entre ces corps.

Les acides sulfurique et nitrique concentrés décomposent également l'acide hydriodique ; il y a formation d'eau et dépôt d'iode.

Les dissolutions de péroxide de fer sont ramenées au minimum d'oxidation par l'acide hydriodique ; il se produit de l'eau, et de l'iode est séparé.

Chauffé avec le péroxide de manganèse, celui-ci cède une portion de son oxigène à l'hydrogène d'une portion d'acide ; l'oxide de manganèse ainsi réduit s'unit à la portion de l'acide non décomposée.

Le deutoxide de plomb est réduit; il se produit de l'eau, un iodure de plomb; une portion d'iode est mise en liberté.

Un volume de chlore et deux d'acide hydriodique mêlés,

donnent deux volumes d'acide hydrochlorique, et une belle vapeur violette d'iode qui se condense bientôt.

L'eau de chlore, versée dans la solution d'acide hydriodique, forme également de l'acide hydrochlorique, et précipite de l'iode : si on mettoit trop de chlore, l'iode seroit dissous.

A froid, le mercure décompose le gaz hydriodique en s'emparant de l'iode ; il reste un volume d'hydrogène pour deux volumes d'acide. A froid, ou à une légère élévation de température, le zinc, le potassium, le fer, produisent le même effet par l'affinité qu'ils ont pour l'iode.

Préparation.

Pour obtenir le gaz hydriodique, on introduit dans une très-petite cornue de verre un iodure de phosphore, dans lequel l'iode est au phosphore, comme 8 est à 1. On humecte légèrement l'iodure ; on adapte à la cornue un tube courbé qui plonge jusqu'au fond d'un flacon étroit plein d'air. Ce flacon est muni d'un autre tube ouvert; la partie de ce tube que l'on a enfoncée dans le bouchon, adapté au flacon, ne doit pas dépasser le niveau de la face inférieure du bouchon. En chauffant graduellement la cornue, l'eau se décompose; son oxigène s'unit au phosphore, et forme de l'acide phosphoreux, tandis que son hydrogène s'unit à l'iode et forme le gaz hydriodique, qui se rend dans le flacon, où, en raison de sa grande densité, il chasse l'air en le soulevant : celui-ci se dégage par le tube ouvert.

Lorsqu'on veut avoir le gaz desséché, on interpose entre la cornue et le flacon un tube étroit d'un mètre de long, que l'on refroidit à 22$^\text{d}$.

On peut se procurer l'acide hydriodique dissous dans l'eau :

1.° En recevant le gaz dans une cloche où l'on a mis de l'eau : il n'est pas nécessaire que le tube qui apporte le gaz de la cornue plonge dans le liquide ; il suffit qu'il aboutisse à quelques millimètres au-dessus de sa surface ;

2.° En recevant du gaz hydrosulfurique dans de l'eau où l'on a mis de l'iode, le soufre est séparé, et l'iode en prend la place : mais, par ce procédé, on n'obtient qu'un acide très-étendu d'eau;

3.º En dissolvant l'iodure de phosphore dans l'eau, et distillant les matières, on rejette le premier produit, qui n'est que de l'eau très-peu chargée d'acide hydriodique, et on ne recueille que le second. Il ne faut pas pousser trop loin l'opération, afin de ne pas décomposer l'acide phosphoreux qui a été produit par la décomposition de l'eau, en même temps que l'acide hydriodique.

Histoire.

Il a été produit par MM. Clément et Désorme, en faisant passer de l'hydrogène et de l'iode dans un tube rouge de feu : mais c'est à M. Gay-Lussac que nous sommes redevables de son analyse, et de la connoissance de toutes les propriétés que nous avons exposées. (Cʜ.)

HYDROBATA. (*Ornith.*) M. Vieillot a donné ce nom générique, qui signifie marcher dans l'eau, à l'aguassière, autrement cincle ou merle d'eau, *sturnus cinclus*, Linn. (Cʜ. D.)

HYDROCALUMMA (*Bot.*), un des noms donnés par des auteurs anciens, au *nostoch*. (Lᴇᴍ.)

HYDROCANTHARES, *Hydrocantharides*. (*Entom.*) Ce nom, qui a été employé par les plus anciens entomologistes, signifie scarabées aquatiques, et avoit été appliqué à beaucoup d'insectes très-différens, comme on le voit dans Mouffet, *cap.* 23, *pag.* 164, à des hydrophiles, des dytiques, des notonectes. M. Latreille a formé sous ce nom une tribu qui correspond à nos nectopodes ou rémipèdes, c'est-à-dire, aux coléoptères pentamérés, à élytres dures, couvrant l'abdomen, à antennes en soie ou en fil non dentées, et à pattes ciliées propres à la nage. Voyez Nᴇᴄᴛᴏᴘᴏᴅᴇs. (C. D.)

HYDROCARABE. (*Entom.*) Nous avions désigné sous ce nom un genre d'insectes de la famille des créophages, que M. Latreille a appelé omophron, et M. Fabricius, très-improprement, *scolyte*. Voyez l'article Oᴍᴏᴘʜʀᴏɴ. (C. D.)

HYDROCERATOPHYLLUM. (*Bot.*) Ce genre de plante aquatique, fait par Vaillant, a été adopté par Linnæus, sous le nom plus abrégé de *ceratophyllum*. C'est le *dichotophyllon* de Dillen. (L. D.)

HYDROCHARIDÉES. (*Bot.*) Cette famille de plantes est

rangée dans la classe des monoépigynes ou monocotylédones à étamines insérées sur le pistil. Elle n'étoit pas d'abord définie avec précision, parce qu'on y rapportoit plusieurs genres qui n'ont de commun avec elle que quelques caractères principaux. On a reconnu, depuis, que ces genres ajoutés pouvoient devenir le type de nouvelles familles, tels que le *nymphæa* et le *pistia*, ou être réunis, comme le *trapa* et le *proserpinaca*, à d'autres familles anciennes. M. Richard, de son côté, a soumis à un nouvel examen l'*hydrocharis*, et les genres qui ont avec lui une véritable affinité. Il a reconnu les caractères qui leur sont communs, et dont l'ensemble forme celui de la famille : le nombre des genres a été augmenté; et ce travail a été l'objet d'une dissertation accompagnée d'excellens dessins, insérée dans les Mémoires de l'Académie des Sciences, année 1811, dont nous présentons ici l'extrait.

Les fleurs sont ordinairement dioïques, c'est-à-dire, mâles et femelles sur des pieds différens, rarement hermaphrodites; elles sont entourées d'une spathe mono ou diphylle, pédonculée ou plus rarement sessile. Elle est uniflore, à fleur sessile ou plus souvent pédonculée dans les fleurs femelles et hermaphrodites. Dans les mâles elle est tantôt uniflore à fleur sessile ou pédonculée, tantôt plus souvent pluriflore à fleurs toujours pédonculées. Le calice adhérent à l'ovaire, le déborde par son limbe, divisé en six parties, dont trois intérieures (manquant dans le *vallisneria*) sont pétaloïdes et cachées avant leur épanouissement sous les trois extérieures qui alors se recouvrent mutuellement par un de leurs côtés. L'intérieur des fleurs, dans les genres qui n'ont que des hampes sans autres tiges, présente des appendices centrales ou entourant les organes de la fructification, et dont le nombre et la forme varient. On ne les observe point dans les genres à tiges. Les étamines, dans les fleurs hermaphrodites et les mâles, sont portées sur un ovaire fertile ou stérile, en nombre défini (1-13), plus courtes que les divisions extérieures du calice. Leurs anthères sont droites sur l'extrémité des filets, à deux loges s'ouvrant dans leur longueur et remplies de poussières globuleuses. L'ovaire, dans les fleurs hermaphrodites et les femelles, est infère adhérent au calice, entouré de la spathe, prolongé au-dessus dans les genres à tige, rétréci en une pointe couronnée par le limbe du calice; il est surmonté d'un style qui manque très-souvent, et de trois ou six stigmates glanduleux en dedans, et simples ou bifides. Le fruit, également adhérent, rarement couronné par le limbe subsistant du calice, est oblong, coriace, pulpeux intérieurement, ne s'ouvrant pas, et contenant des graines plus ou moins nombreuses, entourées de pulpe, attachées aux parois lorsqu'il est uniloculaire, ou portées sur des cloisons plus ou moins prolongées des parois au centre, ce qui le rend alors presque entièrement multiloculaire. Le tégument extérieur de ces graines, dur et couvert de fibrilles ou de vésicules, leur donne la consistance de nucules ou très-petites noix monospermes. L'embryon ovoïde, cylindracé, dénué de périsperme, est renversé, à radicule montante, creusé vers son milieu d'une petite cavité recouverte d'une languette de laquelle sort la plumule, dirigée inférieurement.

Les plantes de cette famille sont toutes aquatiques, herbacées, enfoncées presque entièrement dans l'eau : les unes poussant des tiges rameuses, à feuilles opposées ou verticillées, sessiles, planes et dentelées, et à fleurs axillaires solitaires; les autres n'ayant que des feuilles radicales, pétiolées, entières et convolutées, du milieu desquelles s'élèvent des hampes uniflores.

M. Richard réunit dans cette série dix genres, dont plusieurs sont nouveaux. Dans une première division, caractérisée par trois stigmates et un fruit uniloculaire, se trouvent l'*elodea*, l'*anacharis* et l'*hydrilla*, qui ont des tiges rameuses et feuillées, le *vallisneria* et le *blyxa*, qui n'ont que des hampes et des feuilles radicales. Dans la seconde, qui présente six stigmates et un fruit pluriloculaire, sont le *stratiotes* et l'*enhalus* à feuilles sessiles, et l'*ottelia*, le *limnobium*, l'*hydrocharis* à feuilles pétiolées. (J.)

HYDROCHARIS (*Bot.*), nom latin du genre Morène. (L. D.)

HYDROCHLORATES. (*Chim.*) Combinaisons salines de l'acide hydrochlorique avec les bases salifiables.

Composition. Il y a des hydrochlorates neutres et des hydrochlorates avec excès de base. On n'en connoît pas qui soient avec excès d'acide.

Les hydrochlorates neutres, dont la base est un oxide, sont

ceux dont l'oxigène de la base est à l'hydrogène de l'acide
dans le rapport de 1 à 2 en volume. D'après cette définition,
et d'après la considération que 2 volumes d'hydrogène, en
s'unissant à 2 volumes de chlore, produisent 4 volumes d'acide
hydrochlorique; il s'ensuit que, dans les hydrochlorates neutres,
il y a 4 volumes d'acide unis à une quantité de base qui contient
1 volume d'oxigène; ce qui donne le rapport en poids de 100
d'acide à 21,71 d'oxigène.

Avec ce rapport, et la connoissance de la composition des
oxides qui neutralisent l'acide hydrochlorique, il est facile
d'en déduire la composition des hydrochlorates neutres.

Dans la théorie, où l'on considère le chlore comme un composé d'acide muriatique et d'une quantité d'oxigène, dont le
volume est la moitié de celui du chlore, ou plutôt de l'acide muriatique oxigéné, et le gaz hydrochlorique comme un composé
d'acidé muriatique et d'une quantité d'eau, dont le volume
est la moitié de celui du gaz muriatique hydraté, les substances qui correspondent à nos *hydrochlorates neutres* sont représentées par de l'acide muriatique sec, de l'oxide, plus la
quantité d'eau nécessaire pour convertir l'acide en gaz muriatique hydraté; et les substances qui correspondent à *nos chlorures* sont représentées par de l'acide muriatique sec, plus
de l'oxide sec : aussi les appelle-t-on *muriates anhydres*. Dans
cette théorie, M. Berzelius admet que 100 d'acide muriatique
sec, contenant 58,37 d'oxigène, saturent une quantité de
base qui contient 29,18 d'oxigène.

La plupart des analyses des hydrochlorates et des chlorures
étant établies d'après la théorie de l'acide muriatique oxigéné,
nous allons donner les moyens de ramener ces analyses à ce
qu'elles doivent être dans la théorie du chlore.

Supposons qu'il s'agisse de déterminer la composition du
chlorure de calcium, et celle de l'hydrochlorate de chaux, d'a-
près l'analyse du muriate de chaux anhydre : on soustraira le
poids de l'oxigène contenu dans la chaux, du poids de cette
dernière; la différence sera le poids du calcium : en ajoutant
le poids de l'oxigène à celui de l'acide muriatique, on aura
celui du chlore, et, par conséquent, la composition du chlorure de calcium. Pour avoir celle de l'hydrochlorate de chaux,
on cherchera les quantités d'oxigène et d'hydrogène néces-

saires pour convertir les élémens du chlorure en chaux et en acide hydrochlorique. Avec ces données, on pourra rapporter à la théorie du chlore les analyses des muriates que nous exposerons telles que leurs auteurs les ont publiées.

Action de la chaleur sur les hydrochlorates. Il n'y a qu'un seul hydrochlorate, celui d'ammoniaque, dont la volatilité soit bien constatée.

Les bases salifiables, qui tiennent peu à l'acide hydrochlorique, et dont les radicaux ne paroissent pas avoir une grande affinité pour le chlore, se séparent complètement de l'acide hydrochlorique, quand leurs hydrochlorates sont exposés à une température suffisamment élevée; c'est ce qui arrive aux hydrochlorates de zircone, d'alumine, de glucine, d'yttria, à celui de magnésie quand il est hydraté, à ceux de péroxide de fer, de chrome, de péroxide d'urane, de cérium et de titane; la présence de l'eau facilite, en général, le dégagement de l'acide hydrochlorique.

Les bases salifiables, dont les radicaux ont une grande affinité pour le chlore, donnent des hydrochlorates qui, étant exposés à l'action de la chaleur, se convertissent en eau et en chlorure; tels sont les hydrochlorates de chaux, de strontiane, de baryte, de manganèse, de zinc, de protoxide de fer, de protoxide d'étain, de protoxide d'antimoine, de cobalt, de bismuth, de péroxide de cuivre et de nickel. Pour obtenir ce résultat, il faut chauffer les hydrochlorates, aussi exempts d'humidité qu'il est possible de les obtenir; autrement, l'eau entraîneroit avec elle plus ou moins d'acide : c'est ce qui arriveroit certainement à des solutions neutres d'hydrochlorates de zinc, de protoxide d'étain, de protoxide d'antimoine, de bismuth que l'on feroit évaporer. Le résidu contiendroit une quantité de base plus ou moins considérable, qui seroit ou à l'état pur, ou à l'état de sous-hydrochlorate.

Action de l'eau. Tous les hydrochlorates neutres sont solubles dans l'eau. Cependant il y a une observation à faire sur les hydrochlorates de protoxide d'antimoine (base de la poudre d'algaroth), de bismuth et de tellure : une petite quantité d'eau peut les dissoudre; mais une plus grande les réduit en sous-hydrochlorate et en acide qui s'unit à l'eau : l'eau acidulée reticut une quantité variable de sous-hydrochlorate en dissolution; elle peut même, dans certains cas, le retenir en totalité.

Action des acides. Les acides sulfurique, phosphorique, arsenique, et en général les acides très-solubles dans l'eau qui ont la propriété d'être plus fixes que l'acide hydrochlorique, décomposent les hydrochlorates à une température qui varie, mais qui ne s'élève guère au-dessus de 110 environ.

L'acide nitrique, moins volatil que l'acide hydrochlorique, a, par cela même, plus de tendance à s'unir aux bases salifiables; il doit donc le chasser de ses combinaisons salines. Mais lorsqu'il est chaud, ou suffisamment concentré, une portion d'acide nitrique, en cédant de son oxigène à de l'hydrogène de l'acide hydrochlorique, et en donnant lieu par là à une formation d'eau, et à un dégagement de chlore et d'acide nitreux, peut faciliter l'action de la portion d'acide nitrique qui s'unit à la base de l'hydrochlorate.

Action des bases salifiables. La potasse, la soude décomposent tous les hydrochlorates dissous dans l'eau; l'oxigène de ces alcalis se porte sur l'hydrogène de l'acide hydrochlorique pour former de l'eau; le chlore s'unit au potassium ou au sodium, et la base du sel se dépose ou reste en dissolution, ou enfin peut se dégager, si c'est de l'ammoniaque, et si la température est suffisamment élevée.

L'oxide d'argent, et ses sels solubles, décomposent toutes les solutions d'hydrochlorates. Dans cette circonstance, il se produit de l'eau, un chlorure d'argent insoluble, et la base de l'hydrochlorate reste à l'état libre ou à l'état de sel, suivant qu'on a opéré avec l'oxide d'argent pur, ou avec une dissolution saline de cette base.

La baryte, la strontiane, la chaux, la magnésie et l'ammoniaque sont les bases salifiables qui ont le plus d'affinité avec l'acide hydrochlorique.

Nous pensons que la potasse, la soude, l'oxide d'argent, l'oxide de plomb, le protoxide de cuivre, les deux oxides de mercure, l'oxide d'or, et probablement les oxides de palladium, de platine, d'iridium et peut-être de rhodium, ne peuvent former d'hydrochlorates, par la raison que, d'une part, l'affinité du métal de ces bases pour le chlore, et, d'une autre part, l'affinité de leur oxigène pour l'hydrogène de l'acide, l'emportent sur la force qui tend à maintenir l'acide, uni à la base, à l'état de sel.

Hydrochlorate d'alumine.

L'acide hydrochlorique dissout l'hydrate d'alumine en gelée. Lorsqu'on fait évaporer la solution, il arrive qu'une portion de base se précipite, si l'acide n'est pas en grand excès, et si l'évaporation est trop rapide; dans le cas où l'on pousseroit trop loin la dessiccation du résidu, on volatiliseroit tout, ou presque tout l'acide.

L'hydrochlorate d'alumine, seché autant que possible, est incolore, déliquescent; il a une saveur sucrée et astringente. Il exige très-peu d'eau pour se dissoudre; la solution concentrée est sirupeuse. Il est soluble dans l'alcool. Jusqu'ici, on ne paroit pas l'avoir obtenu à l'état de cristaux.

La solution de ce sel jouit de toutes les propriétés des sels solubles d'alumine. (Voyez *sels d'alumine*, au mot Sels.)

Hydrochlorate d'ammoniaque.

en vol.

Composition. Acide.................. 1

Ammoniaque........... 1

en poids

Acide muriatique....... 51,10

Ammoniaque........... 32,13

Eau.................... 16,17

Synonymie. Sel ammoniac, muriate d'ammoniaque.

Propriétés physiques. Sa forme primitive est l'octaèdre; il cristallise en cubes par la sublimation, ou lorsqu'il se sépare lentement de l'urine qui le tient en solution. Il cristallise en octaèdres lorsqu'il se sépare lentement de l'eau. S'il cristallise trop rapidement au milieu de ce liquide, il affecte la forme de grains qui se disposent de manière à former des feuilles de fougère : on dit que ces grains sont des pyramides hexaèdres.

L'hydrochlorate d'ammoniaque a une certaine flexibilité; il est incolore, transparent; il est inodore; il a une saveur très-piquante.

Propriétés chimiques. Il est soluble dans trois parties d'eau froide au plus, et dans une moindre quantité d'eau chaude. La solution, entretenue bouillante, laisse dégager un peu d'ammoniaque. En se dissolvant dans l'eau froide, il absorbe beaucoup de chaleur. (Voyez Froid artificiel.)

Il est soluble dans l'alcool.

L'hydrochlorate d'ammoniaque, mêlé à l'acide nitrique, forme de l'Eau régale. (Voyez ce mot.)

La baryte, la strontiane, la potasse, la soude, la chaux, la magnésie, et plusieurs autres bases fixes, décomposent le sel ammoniac en s'emparant de son acide.

Plusieurs métaux, tels que le potassium, le sodium à une foible chaleur, l'étain, le zinc, le fer à une chaleur rouge, le décomposent au moins en partie. Il y a dégagement d'ammoniaque ou de ses élémens, dégagement de l'hydrogène de l'acide hydrochlorique, et union du chlore avec le métal.

Etat naturel. L'hydrochlorate d'ammoniaque existe dans l'urine humaine, dans les excrémens des animaux qui se sont nourris d'herbes salées. On le trouve dans les terrains volcaniques. Enfin, il se produit dans les eaux qui contiennent de l'hydrochlorate de magnésie, et des matières azotées qui peuvent s'y décomposer.

Préparation. En Egypte, on le retire des excrémens et des urines des chameaux, et de plusieurs animaux qui se nourrissent de plantes salées. Les femmes et les enfans, après avoir rassemblé les excrémens dont nous venons de parler, les arrosent avec les urines, et en font une sorte de pâte qu'ils appliquent sur le devant de leurs maisons : peu à peu la pâte se sèche, et alors on s'en sert comme combustible. On recueille la suie que les excrémens brûlés ont donnée, et on la vend aux fabricans de *sel ammoniac*, qui n'ont pas d'ateliers fixes, mais qui les établissent sur les lieux mêmes, où ils trouvent une quantité suffisante de suie à traiter. Ils font eux-mêmes leurs fourneaux et leurs vaisseaux de verre : ils construisent les premiers avec de la terre humide et mêlée de paille hachée; ils fabriquent les seconds, qui sont des ballons très-minces, d'un pied de diamètre, avec du sable et du *natrum* (sous-carbonate de soude); ils les enduisent extérieurement d'une

couche de terre mêlée de paille hachée; ils introduisent de
la suie jusqu'à ce que cette matière ne soit plus qu'à trois
doigts de la naissance du col; ils les placent dans un fourneau
long, semblable à celui des fabricans d'eaux fortes, de manière que la voûte du ballon soit en contact avec l'air froid,
tandis que les parties inférieures sont chauffées. Ils mettent
d'abord peu de feu dans le fourneau, et l'augmentent graduellement. Ils l'entretiennent pendant trois jours. Lorsque la sublimation se fait, ils ont soin de plonger de temps en temps
dans le col du ballon, une tige de fer, afin que le sublimé
n'obstrue pas la communication qui doit toujours exister entre
l'intérieur du vaisseau et l'air extérieur, tant qu'il se dégage
du gaz. L'opération achevée, et le fourneau suffisamment
refroidi, ils sont forcés de casser les ballons pour avoir le
sel ammoniac; celui-ci est sous la forme d'un gâteau légèrement convexe sur une face, et légèrement concave sur
l'autre. La première face, celle qui adhéroit au verre, est noir-
cie par une couche d'huile empyreumatique qui s'est volati-
lisée avant le sel, et qui a été ensuite réduite en matière char-
bonneuse.

Baumé est le premier chimiste qui ait établi en France une
fabrique d'hydrochlorate d'ammoniaque. Il distilloit des matières animales pour en recueillir le sous-carbonate d'ammoniaque; puis il mêloit ce sel avec les eaux mères des salines et
celles des salpêtriers, qui contiennent beaucoup d'hydrochlorate de magnésie. Il obtenoit, par ce moyen, un précipité de
sous-carbonate de magnésie, et une dissolution d'hydrochlorate d'ammoniaque. Il faisoit évaporer cette dernière à siccité,
puis il chauffoit le résidu dans des cuines, afin de sublimer l'hydrochlorate d'ammoniaque qu'il contenoit. Le sel de Baumé ne
put soutenir la concurrence avec celui d'Egypte, et cela,
parce que le premier n'avoit pas, sur une de ses faces, la
couche noire qu'on remarque dans l'autre.

Le procédé, actuellement suivi à Paris, diffère du précédent.
Après avoir préparé une certaine quantité d'eaux ammonia-
cales, en distillant des os et des chiffons de laine dans des cylindres de fer, on met ce produit en contact avec du plâtre;
le sous-carbonate d'ammoniaque décompose le sulfate de chaux:
il en résulte du sous-carbonate de chaux insoluble, et du sulfate

d'ammoniaque qui reste dans l'eau. On filtre au travers d'une toile. On mêle au liquide du chlorure de sodium ; on fait chauffer jusqu'à l'ébullition ; à un certain degré de concentration, on obtient un dépôt de sulfate de soude et une eau mère d'hydrochlorate d'ammoniaque, que l'on fait évaporer à siccité. Le résidu est ensuite sublimé dans des cuines de terre : lorsqu'on veut que le pain de sel ammoniac ait une couche noire, on enduit, au moyen d'un pinceau, la voûte de la cuine d'une couche d'huile empyreumatique provenant de la distillation des os et des chiffons.

En Belgique, on fait une pâte de chlorure de sodium, de suie de cheminée, de houille pyriteuse et d'argile ; on la moule en briques qu'on dessèche au soleil, puis on les brûle dans un fourneau avec des os. Les vapeurs pénètrent par une ouverture dans une chambre où le sel ammoniac produit, se condense, mêlé avec de la suie. Il y a, sur une même ligne, plusieurs fourneaux et autant de chambres. Toutes les chambres communiquent à une galerie commune, où la condensation des produits de la combustion s'achève : dans cette galerie se trouve une cheminée par laquelle les gaz de l'opération se dégagent dans l'atmosphère.

Usages. L'hydrochlorate d'ammoniaque est employé à fabriquer le sous-carbonate d'ammoniaque, à décaper le cuivre qu'on veut étamer. Mêlé à l'acide nitrique, il forme une eau régale, employée en teinture pour dissoudre l'étain. En médecine, il est prescrit comme stimulant : c'est de ce sel qu'on extrait l'ammoniaque.

Histoire. Tournefort passe pour être le premier qui ait dit, en 1700, que l'hydrochlorate d'ammoniaque étoit formé d'acide hydrochlorique et d'ammoniaque. En 1720, Lemaire, alors consul au Caire, décrivit la manière dont on préparoit le sel ammoniac en Egypte. Cette description confirmoit ce que Geoffroy le jeune avoit avancé en 1716, à l'Académie, sur la préparation de ce produit qu'on faisoit en Egypte, en employant le procédé de la sublimation.

HYDROCHLORATE D'ARGENT.

Cette combinaison n'existe pas ; l'oxide d'argent n'est pas plus tôt en contact avec l'acide hydrochlorique, qu'il en résuite de l'eau et du chlorure : ce chlorure est susceptible de se dissoudre dans l'acide hydrochlorique concentré; il en est précipité par l'eau.

HYDROCHLORATE D'ARSENIC.

L'acide hydrochlorique concentré peut dissoudre une assez grande quantité d'acide arsenieux, à l'aide de la chaleur; mais, par le refroidissement, une grande partie s'en dépose à l'état de petits cristaux. La liqueur refroidie en retient cependant encore assez pour précipiter de nouvel acide arsenieux, lorsqu'on la mêle avec de l'eau. Nous considérons l'acide arsenieux, uni à l'acide hydrochlorique, comme une simple dissolution, et non comme une combinaison saline.

Le beurre d'arsenic qu'on obtient en distillant 1 partie d'arsenic en poudre, avec 2 parties de perchlorure de mercure, est un chlorure qui, mêlé avec l'eau, la décompose et se convertit en acide hydrochlorique et en acide arsenieux, qui se précipite pour la plus grande partie.

HYDROCHLORATE DE PROTOXIDE D'ANTIMOINE.

Dans le Supplément, au mot ANTIMOINE, nous avons décrit le seul chlorure d'antimoine connu. Nous avons dit qu'un peu d'eau pouvoit dissoudre ce composé, sans en altérer la nature, suivant M. Davy; tandis qu'une quantité plus forte du même liquide le réduisoit en acide hydrochlorique qui restoit en dissolution, et en précipité blanc appelé *poudre d'algaroth* (1).

La poudre d'algaroth étoit considérée, avant la théorie du chlore, comme un sous-hydrochlorate de protoxide d'antimoine par la raison que le chlorure étoit considéré comme un hydrochlorate sec, c'est-à-dire, comme la combinaison d'un oxide avec un acide : on devoit, à plus forte raison, admettre, d'une part, dans la poudre d'algaroth, l'existence de ce même oxide, et, d'une autre part, celle de l'acide hydrochlorique, puisqu'en soumettant la poudre d'algaroth à l'action de la chaleur, elle se réduisoit en un oxide fusible jaunâtre, cristallisant en

(1) Une portion de poudre d'algaroth reste en dissolution dans l'eau l'acide hydrochlorique.

faisceaux par le refroidissement, et en chlorure d'antimoine qui se sublimoit.

Aujourd'hui, que la théorie du chlore est admise, on peut regarder la *poudre d'algaroth* comme un sous-hydrochlorate ou comme un composé d'oxide et de chlorure d'antimoine. Ii n'y a, jusques ici, aucune preuve pour exclure l'une plutôt que l'autre de ces deux opinions. M. Proust a remarqué qu'il falloit traiter à chaud la poudre d'algaroth par une solution de carbonate de potasse, si on vouloit en séparer tout l'acide ou tout le chlore.

La poudre d'algaroth peut être dissoute dans une grande quantité d'eau : dans ce cas, nous pensons qu'on doit la considérer comme un sous-hydrochlorate. La dissolution se fait mieux dans l'eau acidulée que dans l'eau pure.

La poudre d'algaroth ou son oxide peuvent être dissous dans de l'acide hydrochlorique concentré; dans ce cas, nous ignorons si la liqueur doit être considérée comme un chlorure , ou bien comme un hydrochlorate neutre, qui, suivant la quantité d'acide employée, seroit dissous dans de l'eau pure, ou dans de l'eau tenant de l'acide hydrochlorique libre. Ce qu'il y a de certain, c'est que cette solution évaporée donne du chlorure.

HYDROCHLORATE DE PÉROXIDE D'ANTIMOINE.

Cette combinaison est presque inconnue. Tout ce que nous pouvons dire, c'est que M. Proust a observé qu'un acide qui dissolvoit 100 d'oxide de poudre d'algaroth , n'en dissolvoit que de 32 à 33 de péroxide, et que cette solution , au lieu de précipiter un oxide, retenant de l'acide ou du chlorure, précipitoit de l'oxide pur. La force alcaline est donc bien plus foible dans l'oxide au maximum que dans l'oxide au minimum ; ce qui est parfaitement d'accord avec l'acidité que M. Berzelius a reconnue à l'oxide au maximum.

D'après ces faits, il nous semble que la combinaison du péroxide d'antimoine avec l'acide hydrochlorique est plutôt une simple dissolution qu'une combinaison saline.

Le chlorure qui correspondroit à l'hydrochlorate de péroxide est inconnu.

Hydrochlorate de baryte.

Composition. Acide muriatique..... 22,48
        Baryte............... 62,77
        Eau................. 14,75 (Berzelius.)

Synonymie. Muriate de baryte hydraté.

Propriétés. Le chlorure de barium, dissous dans l'eau, est généralement considéré comme un hydrochlorate. Cette dissolution a une saveur àcre, piquante ; c'est un poison assez violent.

Deux parties d'eau bouillante peuvent en dissoudre une de chlorure. Cette dissolution est susceptible de cristalliser en belles lames hexagonales, brillantes, incolores et transparentes. Ces cristaux, exposés à la chaleur, perdent 14,75 d'eau pour 100 parties ; le résidu fixe est du chlorure de barium. La quantité d'eau séparée étant un peu plus considérable que celle nécessaire à la conversion du chlorure de barium en hydrochlorate de baryte, il s'ensuit que, si l'on admet dans les cristaux l'existence de l'acide hydrochlorique et de la baryte, il faut y reconnoître une certaine quantité d'eau de cristallisation ; si, au contraire, on regarde ces cristaux comme du chlorure, il faut y admettre une proportion d'eau, dont l'oxigène et l'hydrogène sont plus considérables que la quantité nécessaire pour convertir le barium en baryte, et le chlore en acide hydrochlorique.

L'alcool, d'une densité de 0,791, ne dissout pas sensiblement ces cristaux : 400 parties d'alcool, d'une densité de 0,822, en dissolvent 1. Cette solution brûle avec une flamme jaune.

L'acide nitrique, versé dans une solution concentrée d'hydrochlorate de baryte, en précipite du nitrate cristallisé.

Quand on verse des eaux de potasse et de soude dans une solution chaude d'hydrochlorate de baryte, on obtient, par le refroidissement, de l'hydrate de baryte cristallisé.

Préparation. 1.° On neutralise de l'acide hydrochlorique par du sous-carbonate de baryte ; on filtre, et on fait concentrer sur le feu, s'il y a trop d'eau ; puis on abandonne la liqueur à l'air libre pour obtenir des cristaux. Si le sous-carbonate de baryte employé contenoit du fer, il faudroit, avant de filtrer la liqueur, y verser de l'eau de baryte, jusqu'à ce qu'il ne se fît plus de précipité.

2.° On décompose le sulfure hydrogéné de baryte (1) par l'acide hydrochlorique ; on fait chauffer pour réunir le soufre en gros flocons et volatiliser tout l'acide hydrosulfurique qui proviennent de la décomposition du sulfure hydrogéné ; on filtre ensuite, et on abandonne la liqueur à l'air libre.

3.° On chauffe au rouge dans un creuset de terre, pendant une heure environ, un mélange bien intime de parties égales de sulfate de baryte et de chlorure de calcium : il arrive alors que le chlore quitte le calcium pour s'unir au barium ; tandis que l'oxigène et l'acide sulfurique qui étoient unis à ce dernier se portent sur le calcium, et forment du sulfate de chaux. On pulvérise la masse fondue, et on la délaye avec de l'eau bouillante. Le chlorure de barium se change en hydrochlorate de baryte qui se dissout, et le sulfate de chaux ne se dissout pas. Il faut filtrer promptement les matières ; autrement, le sulfate de chaux réagiroit sur l'hydrochlorate de baryte, et il se produiroit du sulfate de cette base, et de l'hydrochlorate de chaux.

HYDROCHLORATE DE BISMUTH.

On peut considérer les cristaux qu'on obtient en faisant évaporer la solution du bismuth dans l'eau régale, ou celle du chlorure dans l'acide hydrochlorique comme un chlorure de bismuth hydraté, ou comme un hydrochlorate. Mais, si l'on met ces cristaux en contact avec une suffisante quantité d'eau, aussitôt il se fait un abondant précipité qui contient certainement beaucoup d'oxide, et un peu d'acide hydrochlorique ou de chlorure métallique ; il reste, dans la liqueur, de l'oxide et un grand excès d'acide hydrochlorique. L'eau se comporte donc avec ce chlorure, de la même manière qu'avec le chlorure d'antimoine, et les composés qui résultent de la réaction de l'eau sur les deux chlorures peuvent être envisagés absolument de la même manière, quant à leur nature.

____

(1) Aux mots BARIUM et BARYTE, nous avons donné le procédé de réduire le sulfate de baryte en sulfure hydrogéné.

Hydrochlorate de protoxide de cérium.

Synonymie. Muriate de cérium.

Propriétés. On ne l'a point encore observé sous forme régulière; on l'a toujours obtenu en petits cristaux confusément groupés. Il est incolore, inodore; sa saveur est douce et astringente.

Il est déliquescent; conséquemment il est très-soluble dans l'eau. Il se dissout également dans l'alcool.

Au feu, il donne de l'acide hydrochlorique et du protoxide, si la décomposition s'opère sans le contact de l'oxigène; autrement, le protoxide passe au maximum, et devient rougeâtre.

On le prépare en dissolvant les oxides de cérium dans l'acide hydrochlorique, et en faisant évaporer la liqueur presqu'à siccité; quand on opère avec le péroxide, cette précaution est surtout nécessaire pour réduire le péroxide en protoxide.

Hydrochlorate de chaux.

Composition. Acide muriatique........ 24,95
     Chaux.................. 25,93
     Eau.................... 49,12 (Berzelius.)

Synonymie. Muriate de chaux cristallisé.

Les anciens appeloient sa solution aqueuse concentrée *huile de chaux.* Il ne faut pas inscrire au nombre des synonymes la dénomination de *phosphore de Homberg*, parce qu'elle se rapporte au *chlorure de calcium.*

Propriétés. Il cristallise en prismes hexaèdres striés, terminés par des pyramides aiguës.

Il est incolore et inodore. Sa saveur, d'abord très-piquante, est ensuite amère et âcre.

Il est soluble dans l'eau chaude en toutes proportions : 1 partie de sel est dissoute par $\frac{1}{4}$ de son poids d'eau à 15^d, et par $\frac{1}{2}$ de son poids d'eau à zéro. Cette dissolution donne difficilement des cristaux réguliers, à cause de la grande solubilité du sel et de la viscosité de la dissolution. En effet, si la solution n'a pas été suffisamment concentrée par la chaleur, elle ne cristallise pas. Si elle l'a été un peu trop, elle pourra ne pas cristalliser par un refroidissement tranquille; mais si elle est agitée, elle se prendra en masse, et il se dégagera en même temps de la chaleur. Suivant Walker, une solution d'hydrochlorate de chaux amenée à avoir, à 27^d, une densité de 1,45, donne des cristaux transparens, quand elle est exposée à zéro; si sa densité à 27^d, au lieu d'être 1,45, est 1,49, elle se prend en une masse dure satinée.

Les cristaux d'hydrochlorate de chaux, en s'unissant à l'eau, surtout à la neige, produisent beaucoup de froid : c'est pour cette raison que ce sel est très-propre à former des mélanges frigorifiques. (Voyez Froid artificiel.) Lowitz a observé que 5 part. de ce sel et 2 part. d'eau, les corps étant à 2^d au-dessus de zéro, produisent, par leur union, un froid de 15^d: il a vu encore que 8 parties de cet hydrochlorate et 6 de neige, les deux corps étant à 2 + o, produisent par leur union un froid de 39^d.

L'hydrochlorate de chaux, exposé à l'air humide, se liquéfie très-promptement.

L'alcool dissout d'autant mieux l'hydrochlorate de chaux, qu'il est plus foible. Cette solution étant moins chargée de sel et moins visqueuse que la solution aqueuse, il est plus facile d'en obtenir de beaux cristaux que de la dernière.

L'hydrochlorate de chaux colore la flamme de l'alcool en jaune, nuancé de rouge.

L'hydrochlorate de chaux cristallisé, exposé graduellement à la chaleur, se convertit en eau qui se volatilise, et en chlorure de calcium. Si on chauffe le sel trop brusquement, ou si l'on prend une solution étendue, que l'on fera bouillir quelque temps avant de la réduire à siccité, on volatilisera une certaine quantité d'acide hydrochlorique, et le résidu, au lieu d'être du chlorure pur, contiendra de la chaux.

L'acide sulfurique concentré, versé dans la solution d'hydrodrochlorate de chaux, y produit un abondant précipité de sulfate.

La potasse, la soude, la baryte, la strontiane, en précipitent la chaux. L'ammoniaque et la magnésie ne le décomposent pas.

Préparation. On dissout à chaud du sous-carbonate de chaux dans l'acide hydrochlorique étendu ; si la dissolution contenoit des oxides de fer et de manganèse, de l'alumine, de la magnésie, on précipiteroit ces bases, en ajoutant à la liqueur une suffisante quantité d'eau de chaux. On filtre la liqueur, et on la fait concentrer jusqu'à ce qu'elle ait, à 27^d, une densité de 1,45 ; puis on l'abandonne à zéro : par ce moyen, on obtient le sel cristallisé.

Usages. On le prescrit contre le scrophule ; il est surtout employé pour les froids artificiels et pour préparer le chlorure de calcium, qui sert à sécher les gaz.

SOUS-HYDROCHLORATE DE CHAUX.

Lorsqu'on a chauffé 1 partie d'hydrochlorate d'ammoniaque et 2 parties de chaux vive, jusqu'à ce qu'il ne se dégage plus rien, si l'on applique l'eau au résidu qui est formé de chlorure de calcium et de chaux, on obtient une liqueur qui est beaucoup moins dense que la solution d'hydrochlorate de chaux, lors même qu'on n'a employé qu'une foible proportion d'eau. La liqueur dont nous parlons, concentrée sans le contact de l'air atmosphérique, dépose des cristaux alongés, aplatis, ternes, peu solubles dans l'eau, et qui paroissent être un sous-hydrochlorate de chaux. Leur solution aqueuse, soumise à un courant de gaz acide carbonique, laisse précipiter du sous-carbonate de chaux, et se réduit en hydrochlorate de chaux.

Il seroit curieux de savoir si ce composé ne seroit pas produit dans la réaction de la chaux et du sous-carbonate de chaux sur le chlorure de sodium, et si ce même composé qui a été exposé au feu ne seroit pas une espèce de sel, où le chlorure de calcium feroit la fonction d'acide, et la chaux celle de base.

HYDROCHLORATE DE CHROME.

L'oxide de chrome, préparé par la voie humide (voyez tom. IX, pag. 143), se dissout très-bien dans l'acide hydrochlorique ; il le colore en vert. Cette couleur, qui est celle des sels à base d'oxide de chrome, nous paroît démontrer l'existence de l'hydrochlorate de chrome. Lorsqu'on fait évaporer la dissolution de ce sel, on obtient un résidu lilas, qui, étant exposé à une chaleur rouge, se réduit en oxide vert ou en gaz hydrochlorique. Ce résultat prouve que le résidu lilas est ou un chlorure hydraté, ou bien de l'hydrochlorate anhydre.

Au mot Chlorures, nous avons dit qu'il nous paroissoit être un chlorure hydraté, parce que sa couleur est toute différente de celle de l'hydrochlorate. Cependant, nous avouerons ici que cela n'est pas une preuve, puisque le sulfate de cuivre anhydre est incolore, tandis que le sulfate hydraté est bleu. Or, dans ces deux sels, la base est certainement la même, lors même qu'on admettroit que dans le sulfate bleu la base est à l'état d'hydrate.

HYDROCHLORATE DE COBALT.

L'analogie de couleur qu'on observe entre la dissolution hydrochlorique de cobalt et la dissolution des sels de ce métal à base de protoxide, nous a fait admettre l'existence de l'hydrochlorate de cobalt.

La solution de ce sel évaporée devient bleue, quand elle est concentrée à un certain point. Si on la retire du feu, et si on l'abandonne au froid dans un espace où elle ne puisse pas attirer de la vapeur d'eau, elle donne des cristaux bleus.

Nous sommes portés à regarder ces derniers comme un chlorure hydraté, plutôt que comme un hydrochlorate; et voici notre motif. Ces cristaux, étant exposés à la chaleur, dégagent de l'eau, et se convertissent en un chlorure gris de lin, dont la couleur ne diffère de celle des cristaux qu'en ce qu'elle est moins foncée. Or, cette analogie de couleur, qui ne se trouve pas dans les sels de cobalt anhydres, autres que l'hydrochlorate, nous paroît, sinon une preuve, au moins une probabilité, en faveur de notre opinion.

Les cristaux bleus, exposés à l'air humide, repassent à l'état d'hydrochlorate, en absorbant l'humidité.

L'hydrochlorate de cobalt est soluble dans l'alcool : quand celui-ci est concentré, la dissolution est bleue.

On peut préparer ce sel en dissolvant les oxides et le sous-carbonate de cobalt dans l'acide hydrochlorique, et en faisant évaporer pour chasser l'excès d'acide.

L'hydrochlorate de cobalt a été employé comme Encre de sympathie. (Voyez ce mot.)

HYDROCHLORATE DE COLOMBIUM.

L'acide colombique n'est qu'extrêmement peu soluble dans l'acide hydrochlorique, et cette combinaison ne peut être envisagée que comme une simple solution, et non comme un sel.

HYDROCHLORATE DE PROTOXIDE DE CUIVRE.

Ce sel ne nous paroît pas exister. Lorsqu'on met le protochlorure de cuivre en contact avec l'eau, il devient blanc, en formant, suivant nous, un chlorure hydraté.

HYDROCHLORATE DE DEUTOXIDE DE CUIVRE.

Composition. Acide muriatique......... 26,60
Deutoxide de cuivre..... 38,48
Eau..................... 34,92 (Berzelius.)

Cette combinaison existe certainement lorsqu'on dissout le perchlorure de cuivre dans l'eau, ou lorsqu'on fait cristalliser la solution du deutoxide de cuivre dans l'acide hydrochlorique.

L'hydrochlorate de deutoxide cristallise en petites aiguilles prismatiques, d'un beau vert pré.

Il a une saveur styptique métallique des plus désagréables.

Il est déliquescent, par conséquent très-soluble dans l'eau. La solution concentrée est verte; étendue, elle est bleue.

Il est soluble dans l'alcool. Cette solution brûle avec une flamme verte.

Ce sel, exposé au feu, devient couleur de cannelle, en passant à l'état de perchlorure. A une chaleur plus élevée, il donne la moitié de son chlore, et se convertit en protochlorure.

Si on ne met qu'une certaine quantité de potasse, de soude dans la solution de l'hydrochlorate de cuivre, on obtient un précipité vert qui passe généralement pour être un sous-hydrochlorate de deutoxide.

L'hydrochlorate de cuivre s'obtient en faisant chauffer du cuivre dans de l'acide hydrochlorique concentré, auquel on ajoute, de temps en temps, de l'acide nitrique. Quand la dissolution du métal est opérée, on fait évaporer presque à siccité, et on reprend le résidu par l'eau. On peut encore préparer la même combinaison en dissolvant le sous-carbonate de cuivre et le deutoxide dans l'acide hydrochlorique.

SOUS-HYDROCLORATE DE DEUTOXIDE DE CUIVRE.

Berzelius.

Composition. Acide muriatique... 12,35
Deutoxide. 71,45
Eau............... 16,20

Il est vert. On le trouve cristallisé dans la nature, sous la forme de petits grains indéterminés.

Il est insoluble dans l'eau.

Il colore la flamme des combustibles en vert.

Exposé à la chaleur avec précaution, il devient brun, en donnant de l'eau. Le résidu est un mélange de perchlorure de cuivre et de péroxide anhydre, que l'on peut séparer l'un de l'autre en les traitant par l'eau, qui dissout le premier, à l'exclusion du second. Si on élève la température, il se dégage beaucoup d'oxigène, et il reste du protochlorure de cuivre. Il paroît qu'une très-petite quantité de chlore, que l'on obtient avec l'oxigène, et une très-petite quantité d'oxide de cuivre qui reste mêlé au protochlorure, sont accidentelles au résultat de l'action de la chaleur.

Pour le préparer, il suffit de mettre un peu de potasse dans la solution d'hydrochlorate de cuivre, de manière à obtenir un précipité vert. Si ce dernier étoit nuancé de bleu, même après qu'on auroit agité la liqueur, il faudroit ajouter de l'hydrochlorate, parce que cela prouveroit que la potasse, employée en excès, auroit précipité de l'hydrate bleu avec le sous-sel. On décante le liquide éclairci de dessus le précipité vert ; on lave celui-ci plusieurs fois avec de l'eau pure, puis on le jette sur un filtre, et on le laisse sécher à l'air libre.

HYDROCHLORATE DE PROTOXIDE D'ÉTAIN.

Le protochlorure d'étain, dissous dans un peu d'eau, passe à l'état d'hydrochlorate de protoxide. Cette dissolution est incolore ; elle a l'odeur particulière que l'étain, que l'on tient dans les mains pendant quelque temps, leur communique. Elle a une saveur acide et très-astringente. Cette dissolution étant étendue d'une proportion suffisante d'eau, laisse précipiter un peu de sous-hydrochlorate ; de l'hydrochlorate, ou peut-être du sous-hydrochlorate, reste en dissolution dans de l'eau acidulée.

La dissolution d'hydrochlorate de protoxide d'étain, exposée à l'air, en absorbe l'oxigène avec rapidité; et, comme la quantité d'acide est insuffisante pour dissoudre tout le péroxide qui se produit, une partie de celui-ci se dépose à l'état d'une gelée, si la dissolution étoit concentrée.

Le chlore, mis dans la dissolution d'hydrochlorate de protoxide, produit de l'hydrochlorate de péroxide, en donnant lieu à une décomposition d'eau : l'hydrogène, provenant de cette décomposition, s'unit au chlore, et l'oxigène s'unit au protoxide.

L'acide nitrique détermine la suroxidation du protoxide d'étain, en lui cédant de l'oxigène, et en se convertissant en gaz azote et en acide nitreux.

L'hydrochlorate de protoxide d'étain enlève l'oxigène au péroxide de cuivre, dissous dans l'acide hydrochlorique. La moitié de l'oxigène du cuivre, et l'acide correspondant à cette quantité, se portent sur le protoxide d'étain, et le convertissent en hydrochlorate de péroxide ; tandis que l'acide hydrochlorique restant, et l'autre moitié de l'oxigène retenu par le cuivre, donnent lieu à une formation d'eau et à un protochlorure métallique, qui se précipite en petits grains blancs hydratés.

L'hydrochlorate de protoxide d'étain convertit le perchlorure d'or en *pourpre de Cassius*. (Voyez Or.)

La potasse, la soude, l'ammoniaque, versés en petite quantité dans l'hydrochlorate de protoxide d'étain, en précipitent un sous-hydrochlorate de protoxide : une plus grande quantité en précipite du protoxide pur; et enfin, un excès redissout le précipité.

Les eaux de baryte, de strontiane et de chaux sont susceptibles de réduire l'hydrochlorate en sous-hydrochlorate. Elles sont aussi susceptibles de former avec lui des sels doubles solubles ; elles ne peuvent en produire d'insolubles, suivant Amédée Berthollet.

Les sels doubles que forment l'hydrochlorate de protoxide d'étain, en s'unissant à la potasse, à la baryte, à l'ammoniaque, cristallisent eu prismes rhomboïdaux, terminés par deux biseaux correspondans aux grands angles du prisme.

Les sels doubles, que forme le même sel avec la soude et la strontiane, cristallisent en aiguilles fines. (Amédée Berthollet.)

L'hydrochlorate de protoxide, auquel on ajoute de l'acide hydrochlorique, peut être concentré jusqu'à ce qu'il cristallise en aiguilles, qui sont ou de l'hydrochlorate de protoxide hydraté, ou du chlorure hydraté : ce qu'il y a de certain, c'est qu'en les distillant, on obtient de l'eau et un peu d'acide ; et enfin, un protochlorure qui peut se volatiliser, si la chaleur est suffisante.

Préparation. On met de l'étain, réduit en grenailles, dans une cornue tubulée qui est placée sur une grille, dans un fourneau, ou bien dans un bain de sable. On adapte à la cornue un récipient tubulé. La tubulure de la cornue doit être munie d'un tube en S, pour qu'on puisse verser de l'acide hydrochlorique sur l'étain, et celle du récipient doit être d'un tube recourbé, dont l'extrémité libre va plonger, d'une ligne ou deux, dans l'eau. On commence par verser un peu d'acide concentré sur le métal ; on chauffe très-doucement ; lorsque l'acide paroît saturé, on en verse de nouveau, et ainsi de suite, jusqu'à ce que tout, ou presque tout, soit dissous. Dans cette circonstance, l'étain s'oxide aux dépens de l'eau ; il y a dégagement d'hydrogène et d'un peu d'acide hydrochlorique, dont une partie se condense dans le récipient avec de l'eau, et dont l'autre se dissout dans l'eau où plonge le tube adapté au récipient. Lorsque la dissolution est suffisamment concentrée, on cesse de chauffer ; l'hydrochlorate d'étain cristallise par le refroidissement.

Usages. Il est employé, en teinture, comme mordant ; il tend, en général, à former des combinaisons amarantes ou cramoisies, avec les couleurs rouges. On s'en sert dans les fabriques de toiles peintes pour faire disparoître certaines couleurs que l'on a appliquées sur celles-ci, et qui ne doivent pas y rester. Il sert à la préparation du pourpre de Cassius ; mais nous croyons que le nitrate de protoxide d'étain conviendroit mieux à cette préparation.

SOUS-HYDROCHLORATE DE PROTOXIDE D'ÉTAIN.

Il est blanc; lorsqu'il a été précipité convenablement, il a un aspect cristallin.

L'acide nitrique foible le dissout : si l'on chauffe, il y a suroxidation de l'étain, et précipitation de péroxide.

L'eau alcalisée, digérée avec ce sous-sel, le réduit à de l'oxide pur qui a le brillant métallique, si le sous-sel étoit cristallin. Il paroît que l'eau bouillante seule peut en séparer tout l'acide.

Exposé au contact de l'oxigène, il l'absorbe et passe au maximum d'oxidation.

Distillé, il donne du protochlorure d'étain, qui se volatilise en un résidu de protoxide.

HYDROCHLORATE DE PÉROXIDE D'ÉTAIN.

Lorsqu'on mêle une portion d'eau convenable avec le perchlorure d'étain, on obtient des cristaux d'hydrochlorate de péroxide.

Ces cristaux sont dissolubles dans l'eau. Cette dissolution, conservée pendant quelque temps, laisse déposer des flocons de péroxide hydraté, retenant peut-être un peu d'acide. La liqueur surnageante est jaunâtre; elle retient beaucoup d'hydrochlorate de péroxide.

Cette solution d'hydrochlorate de péroxide d'étain est décomposée par la potasse et la soude; un excès d'alcali redissout le précipité; elle l'est également par l'ammoniaque; mais il faut une grande quantité de cette dernière pour redissoudre le précipité.

Ce qui distingue l'hydrochlorate de péroxide d'étain du précédent, c'est qu'il n'éprouve aucun changement de la part du chlore, et de la part de tous les corps qui agissent sur l'hydrochlorate de protoxide d'étain, en en déterminant l'oxidation; c'est qu'il précipite en jaune par l'acide hydrosulfurique ou les hydrosulfates solubles; c'est enfin qu'il se colore en rouge par l'hématine. L'hydrochlorate de protoxide précipite en brun par l'acide hydrosulfurique, et en bleu par l'hématine.

Il donne à la distillation, de l'eau, de l'acide hydrochlorique, du chlorure, et un résidu de péroxide.

On peut se le procurer, non seulement par le moyen que nous avons décrit; mais encore en dissolvant de l'étain dans l'eau régale. C'est ce dernier procédé qu'on suit pour préparer la dissolution de péroxide d'étain, qui est employée dans la teinture en écarlate.

HYDROCHLORATE DE PROTOXIDE DE FER.

On obtient cette combinaison en dissolvant dans l'eau le protochlorure de fer-blanc : on peut encore se la procurer d'une manière plus simple, en mettant 1 partie de fer dans 6 parties d'acide hydrochlorique concentré; de l'eau est décomposée; son hydrogène est mis en liberté, et son oxigène se combine au métal. Cette dissolution est susceptible de cristalliser en cubes, qui, comme elle, sont de couleur verte. Les dissolutions de protoxide de fer dans les acides étant vertes, ainsi que les cristaux qu'elles sont susceptibles de donner, nous en concluons, par analogie, que le fer dissous par l'acide hydrochlorique forme un hydrochlorate de protoxide, et que les cristaux que l'on en obtient ont la même composition.

L'hydrochlorate de protoxide de fer a la saveur des sels de fer : il est inodore; il se dissout dans l'eau et dans l'alcool. La dissolution d'hydrochlorate de fer, exposée à l'air, en absorbe l'oxigène. Il se dépose du sous-hydrochlorate de péroxide qui est en poudre d'un jaune rougeâtre. On observe que la couleur de la dissolution se fonce. Et enfin, si elle est exposée à l'air pendant un temps suffisant, elle se convertit en hydrochlorate de péroxide.

La dissolution aqueuse d'hydrochlorate de protoxide de fer absorbe le gaz nitreux.

L'acide hydrosulfurique en sépare une portion d'oxide à l'état d'hydrosulfate.

L'hydrochlorate de protoxide de fer chauffé, donne de l'eau, un peu d'acide, du chlorure blanc, mêlé d'une petite quantité d'oxide.

HYDROCHLORATE DE PÉROXIDE DE FER.

On le forme en dissolvant du péroxide de fer dans l'acide hydrochlorique, ou en traitant de l'hydrochlorate de protoxide soit par du chlore, soit par un mélange d'acide hydrochlorique et d'acide nitrique; dans ce cas, on opère à chaud. Lorsque l'hydrochlorate de péroxide n'est pas avec excès d'acide, et que la solution est concentrée, il est susceptible de cristalliser en aiguilles d'un beau jaune d'or, ainsi que j'ai eu occasion de l'observer : ces cristaux sont très-solubles dans l'eau ; mais cette solution, à la longue, se réduit en sous-hydrochlorate, qui se précipite, et en hydrochlorate qui reste dans l'eau avec l'excès d'acide.

L'hydrochlorate de péroxide de fer se réduit, par l'action de la chaleur, en acide et en péroxide.

HYDROCHLORATE DE GLUCINE.

Ce sel est susceptible de cristalliser en aiguilles incolores, inodores, qui ont une saveur douce et astringente.

On l'obtient en dissolvant le sous-carbonate de glucine dans l'acide hydrochlorique.

HYDROCHLORATE D'IRIDIUM.

On ignore si la dissolution de l'iridium dans l'eau régale est un hydrochlorate ou un chlorure : cependant, le peu d'affinité de ce métal pour l'oxigène donne plus de probabilité à la seconde opinion.

HYDROCHLORATE DE LITHINE.

La lithine, ou son sous-carbonate, en s'unissant à l'acide hydrochlorique, produit un composé déliquescent, incristallisable, qui se liquifie à une température inférieure à la chaleur rouge. Nous ignorons si on doit le considérer comme un hydrochlorate ou un chlorure.

HYDROCHLORATE DE MAGNÉSIE.

Composition. Acide muriatique...... 29,46
     Magnésie............. 22,21
     Eau.................. 48,33

Il cristallise difficilement en prismes minces, qui se réu-

nissent en faisceaux. Il est incolore, inodore. Sa saveur est piquante et très-amère.

Il est très-soluble dans l'eau, très-déliquescent : il se dissout
dans l'alcool.

L'action de l'hydrochlorate de magnésie sur le sulfate de
soude est remarquable. Pour l'observer, il faut dissoudre des
poids égaux de ces sels dans l'eau froide, puis faire bouillir
la liqueur. A mesure qu'elle se concentre, il se précipite du
chlorure de sodium, et il reste du sulfate de magnésie en dissolution. Si on expose à zéro de l'eau qui a été saturée à plusieurs
degrés au-dessus, de sulfate de soude et d'hydrochlorate de
magnésie, il n'y a pas de décomposition ; le sulfate de soude
se cristallise. On obtiendroit le même produit , si on eût dissous dans l'eau du chlorure de sodium avec du sulfate de magnésie. (Voyez, pour l'explication de ces décompositions ,
au mot SELS, *action mutuelle des sels solubles.*)

L'hydrochlorate de magnésie, exposé au feu, se réduit à sa
base. Cette décomposition est due en partie au moins à la force
avec laquelle il est uni à l'eau de cristallisation.

Il existe dans les eaux de plusieurs sources.

On peut le préparer en dissolvant dans l'acide hydrochlorique la magnésie ou son sous-carbonate.

HYDROCHLORATE D'OXIDE VERT DE MANGANÈSE.

On l'obtient en dissolvant le sous-carbonate de manganèse
dans l'acide hydrochlorique. La solution concentrée cristallise
difficilement, parce que l'hydrochlorate est déliquescent. Nous
l'avons toujours obtenue avec une nuance rose ; mais, comme
la couleur est d'autant plus foncée que la solution a été exposée pendant un plus long temps à l'air, nous pensons qu'elle
doit cette propriété à un peu d'oxide rouge.

HYDROCHLORATE D'OXIDE ROUGE DE MANGANÈSE.

L'oxide rouge de manganèse peut être dissous dans l'acide
hydrochlorique foible et froid : cette dissolution est rouge.
Mais en élève-t-on la température, il se manifeste du chlore,
et l'oxide est ramené à l'état d'oxide vert ; l'oxigène qu'il

abandonne forme de l'eau avec l'hydrogène qui étoit uni au chlore.

L'hydrochlorate rouge de manganèse est ramené au minimum d'oxidation par la plupart des corps combustibles.

Nous croyons que la présence de l'hydrochlorate d'oxide vert, dans l'hydrochlorate rouge, lui donne plus de stabilité.

Hydrochlorate de mercure.

Nous pensons que les composés, qu'on a appelés mercure doux et sublimé corrosif, sont constamment à l'état de chlorure. Nous devons donc renvoyer au mot Mercure l'histoire de ces composés.

Hydrochlorate de molybdène.

Inconnu.

Hydrochlorate de nickel.

Il cristallise en petits prismes d'un beau vert foncé. Il est déliquescent et soluble dans l'alcool. Ces solutions sont d'un beau vert.

Quand on distille cet hydrochlorate, on obtient de l'eau et un chlorure jaune d'or, qui se sublime à une chaleur rouge.

On le prépare en dissolvant le sous-carbonate de nickel dans l'acide hydrochlorique.

Hydrochlorate d'or.

Cette combinaison ne paroît pas exister ; car, ce qu'on a appelé *dissolution d'or*, *muriate d'or*, a beaucoup plus d'analogie par ses propriétés avec les chlorures qu'avec les hydrochlorates.

Hydrochlorate d'osmium.

L'oxide d'osmium ne paroît pas former de combinaison saline avec l'acide hydrochlorique.

Hydrochlorate de palladium.

Voyez Palladium.

Hydrochlorate de platine.

Voyez Platine.

HYDROCHLORATE DE PLOMB.

Cette combinaison n'existe pas. Ce qu'on a appelé muriate de plomb est un chlorure : ce qu'on a appelé muriate de plomb avec excès de base, paroît être un composé de chlorure et d'oxide jaune de plomb.

HYDROCHLORATE DE POTASSE.

Nous pensons que le chlorure de potassium, en se dissolvant dans l'eau, ne décompose pas ce liquide ; en conséquence, nous pensons qu'il n'existe pas d'hydrochlorate de potasse.

HYDROCHLORATE DE RHODIUM.

Voyez RHODIUM.

HYDROCHLORATE DE SILICE.

L'acide hydrochlorique dissout la silice au moment où celle-ci vient d'être séparée d'une solution alcaline très-étendue ; mais cette dissolution n'a aucun caractère des sels.

HYDROCHLORATE DE SOUDE.

Nous pensons que cette combinaison n'existe pas plus que l'hydrochlorate de potasse.

HYDROCHLORATE DF STRONTIANE.

Composition. Acide muriatique......... 20,58
Strontiane................ 38,89
Eau..................... 40,53 (Berzelius.)

Ce sel cristallise en prismes hexaèdres très-fins ; il a une saveur piquante, un peu àcre : il n'est pas vénéneux comme l'hydrochlorate de baryte.

Quand l'air est très-humide, il est déliquescent : à 15^d, 1 partie d'eau en dissout $1 \frac{1}{2}$ d'hydrochlorate ; à 100^d, ce liquide le dissout en toutes proportions.

Bucholz dit que, pour dissoudre 1 partie de ce sel, il faut 24 parties d'alcool, à la température de 15^d ; tandis que quand l'alcool est bouillant, 19 parties suffisent. Cette solution brûle avec une flamme pourpre. Je me suis assuré que la couleur ne s'observoit qu'autant que les particules de l'hydrochlorate étoient mécaniquement portées dans la flamme ; car, en mettant la solution dans une fiole, à laquelle on adapte un tube de deux pieds environ, faisant bouillir, et enflammant l'alcool à l'orifice du tube, la flamme n'est pas colorée en pourpre. Au feu, l'hydrochlorate de strontiane perd son eau de cristallisation, puis il se réduit en eau et en chlorure.

On prépare ce sel en neutralisant l'acide hydrochlorique par du sous-carbonate de strontiane, ou en le saturant par du sulfure hydrogéné de cette base.

HYDROCHLORATE DE TELLURE.

Lorsqu'on traite le tellure par l'eau régale, on obtient une dissolution qu'on peut considérer, quand on en a chassé une partie de l'excès d'acide, comme un hydrochlorate ; car, lorsqu'on y verse de l'eau, on en précipite une poudre blanche, qui paroît être un sous-hydrochlorate, car elle se redissout dans un excès d'eau.

HYDROCHLORATE DE THORINE.

Il ne cristallise pas ; sa saveur est astringente ; il n'est pas déliquescent, cependant il se dissout très-bien dans l'eau ; la solution étant concentrée doucement se réduit en un liquide épais, sirupeux. Si on continue à chauffer ce liquide, il laisse dégager de l'acide, et se réduit en une matière blanche, semblable à l'émail. La solution d'hydrochlorate étendue, laisse précipiter par l'ébullition presque toute sa thorine, sous la forme d'une masse gélatineuse, légère et demi-transparente. On prépare ce sel en unissant la thorine ou son sous-carbonate à l'acide hydrochlorique.

HYDROCHLORATE DE TITANE.

Ce sel, qu'on obtient en dissolvant l'oxide de titane gélatineux, dans l'acide hydrochlorique concentré, est jaune ; on ne l'a point encore obtenu sous forme régulière. Il a une saveur très-astringente ; il est très-soluble dans l'eau : l'eau ajoutée à la solution concentrée en précipite, à la longue, une poudre blanche qui paroît être un sous-hydrochlorate. La solution d'hydrochlorate de titane, exposée à la chaleur, se trouble avant même de bouillir.

HYDROCHLORATE DE TUNGSTÈNE.

Cette combinaison ne paroît pas exister.

HYDROCHLORATE DE PROTOXIDÉ D'URANE.

Il est vert. Il paroît susceptible de cristalliser. On l'obtient en dissolvant le sulfure d'urane dans l'acide hydrochlorique.

HYDROCHLORATE DE PÉROXIDE D'URANE.

Il est d'un beau jaune citron : il cristallise en prismes quadrangulaires, aplatis. Il est très-soluble dans l'eau, il se dissout dans l'alcool.

On l'obtient en dissolvant le péroxide d'urane dans l'acide hydrochlorique.

HYDROCHLORATE DE ZINC.

On l'obtient en dissolvant le zinc dans l'acide hydrochlorique, ou en dissolvant le chlorure de zinc dans l'eau. Ce sel est très-soluble dans l'eau ; aussi est-il déliquescent. Il cristallise en aiguilles.

HYDROCHLORATE DE ZIRCONE.

Il est incolore, inodore, très-astringent ; il cristallise en petites aiguilles blanches, brillantes ; il est très-soluble dans l'eau ; sa solution ne se trouble pas par l'ébullition, comme celle de l'hydrochlorate de titane.

Il est décomposable, à une douce chaleur, en acide et en zircone pure.

On l'obtient en dissolvant l'hydrate de zircone dans l'acide hydrochlorique.

HYDROCHLORATE D'YTTRIA.

Il est incolore, inodore ; sa saveur est douce et astringente ; s'il cristallise, ce n'est que très-difficilement ; il est déliquescent : il perd tout son acide quand il est chauffé au rouge obscur.

On le prépare en dissolvant, dans l'acide hydrochlorique, l'yttria hydratée ou son sous-carbonate. (Ch.)

HYDROCHLORIQUE [ACIDE]. (*Chim.*) Combinaison du chlore avec l'hydrogène, dans la proportion de

Chlore........1 }
Hydrogène....1 } sans condensation apparente.

Synonymie. Esprit de sel, acide marin, acide muriatique.

Propriétés physiques. L'acide hydrochlorique, libre de toute combinaison, est un gaz incolore, d'une densité de 1,247 suivant MM. Biot et Arago : il peut être refroidi à 50^d sans changement d'état. Il a une odeur forte, suffoquante ; il est délétère.

Propriétés chimiques. Il rougit le papier de tournesol. Lorsqu'on y plonge une bougie allumée, la flamme pàlit, et la base se colore en vert ; enfin elle s'éteint, et il se produit une fumée blanche, due à la combinaison du gaz avec la vapeur d'eau provenant de la combustion de la bougie.

Le gaz hydrochlorique a une grande affinité pour l'eau, et cette affinité donne lieu à la formation d'un composé dont la tension est beaucoup plus foible à la température ordinaire que celle du gaz. De là une fumée blanche qui se manifeste dès que le gaz hydrochlorique est en contact avec un gaz humide. C'est encore à cette affinité qu'il faut attribuer la rapide liquéfaction de la glace qu'on fait passer dans une cloche de cet acide, ainsi que la chaleur qui se manifeste pendant l'absorption du gaz.

Si, au lieu de présenter l'acide à de la vapeur d'eau ou à de la glace, on le présente à de l'eau liquide, l'absorption se fait avec une extrême rapidité. On peut s'en convaincre en débouchant, dans un seau d'eau, un petit flacon à l'émeri plein de ce gaz, et dont l'ouverture est en bas.

L'eau saturée de gaz hydrochlorique est très-acide ; elle répand des fumées blanches dans l'air, parce qu'une portion d'acide, s'en dégageant à l'état gazeux, s'unit bientôt avec la vapeur d'eau atmosphérique. Cette fumée blanche, ainsi que l'eau saturée sont susceptibles de disparoître lorsqu'on les met dans un volume suffisant de gaz hydrochlorique. Le gaz qui contient de l'eau en abandonne la plus grande partie, si ce n'est la totalité, lorsqu'on le fait passer dans un tube refroidi à 22^d, bien entendu que l'eau qui se dépose est saturée d'acide.

La solution d'acide hydrochlorique concentrée exposée à 50^d, se fige en une masse jaunâtre grenue.

Lorsqu'on l'expose à une chaleur graduée, elle bout à quelques degrés au-dessus de celui où l'eau a été saturée, il se dégage du gaz hydrochlorique qu'on peut recueillir sur le mercure, et il reste de l'acide hydrochlorique aqueux foible. Il est impossible de pouvoir séparer la totalité de l'acide de l'eau qui le tient en dissolution.

Suivant M. Thénard, à 20^d sous la pression de 0,^{m}76, un volume d'eau en absorbe 464 d'acide, ou les $\frac{75}{100}$ de son poids.

Suivant M. H. Davy, à 4^d,44, un volume d'eau en absorbe 480, de gaz hydrochlorique : la solution a une densité de 1,2109.

M. E. Davy a donné le tableau suivant des quantités d'acide contenues dans des solutions de différentes densités, à la température de 7^d,22, et à la pression de 0,^{m}762.

Cent parties d'une solution de gaz hydrochlorique ayant une densité de

1,21	contiennent	42,43 parties d'acide.
1,20		40,80
1,19		38,38
1,18		36,36
1,17		34,34
1,16		32,32
1,15		30,30
1,14		28,28
1,13		26,26
1,12		24,24
1,11		22,23
1,10		20,20
1,09		18,18
1,08		16,16
1,07		14,14
1,06		12,12
1,05		10,10
1,04		8,08

1,03 6,06
1,02 4,04
1,01 2,02

Le gaz hydrochlorique n'est pas décomposé par la chaleur.

Il ne l'est pas par les corps simples non métalliques. Cependant il n'est pas absurde de penser que l'oxigène, à une basse température, pourroit en séparer le chlore, et que le phtore, si on pouvoit l'obtenir à l'état de liberté, produiroit le même effet.

Lorsqu'on fait éclater dans du gaz hydrochlorique une suite d'étincelles electriques, au moyen d'un excitateur d'or ou de platine, il y a une portion de gaz qui est décomposée en chlore et en hydrogène, suivant l'expérience de M. Henry. Mais la décomposition ne peut jamais avoir lieu sur tout le gaz, par la raison que l'étincelle allume un mélange de volumes égaux de chlore et d'hydrogène, qui est exempt de gaz hydrochlorique.

Le potassium, le sodium, le manganèse, le fer, le zinc et l'étain, chauffé dans du gaz hydrochlorique contenu dans une petite cloche de verre courbe, s'emparent du chlore et mettent en liberté un volume d'hydrogène, qui est précisément la moitié du volume de l'acide qui a été décomposé.

L'acide nitrique décompose l'acide hydrochlorique liquide; il en résulte de l'acide nitreux, de l'eau et du chlore. (Voyez *eau régale*, tom. XIV, pag. 72.)

L'acide hydrochlorique liquide est encore réduit en chlore et en eau, par l'oxide de chlore, par l'acide chlorique, par l'acide iodique.

Lorsqu'on le fait chauffer avec des péroxides de plomb, on obtient du chlore, de l'eau et un chlorure de plomb. Lorsqu'on le fait chauffer avec de l'acide chromique, des péroxides de manganèse, des péroxides de cobalt et du péroxide de nickel, une portion d'acide hydrochlorique se réduit en chlore et en eau, et l'autre portion s'unit au métal qui a perdu une partie de son oxigène.

Les oxides de mercure, le protoxide de plomb, l'oxide d'argent, la soude, la potasse, à la température ordinaire, décomposent l'acide hydrochlorique; il en résulte de l'eau et un chlorure.

Etat naturel. L'acide hydrochlorique dissous dans l'eau, a été indiqué dans le voisinage des volcans. Il se trouve en combinaison avec la magnésie, l'oxide de cuivre, etc.

Préparation.

a) *De l'acide hydrochlorique gazeux.*

On met 1 partie de chlorure de sodium décrépité dans une fiole à médecine, qui doit en être remplie au quart environ de sa capacité. On adapte à la fiole un bouchon muni de deux tubes, l'un en S, l'autre recourbé, propre à conduire le gaz dans une cloche pleine de mercure. On place la fiole sur la grille d'un fourneau, et on verse peu à peusur le chlorure, par le tube en S $\frac{1}{4}$ de partie environ d'acide sulfurique concentré. Il se produit une vive effervescence occasionnée par du gaz hydrochlorique. Il ne faut commencer à recueillir cet acide que quand il est entièrement soluble dans l'eau : on ne doit mettre le feu dans le fourneau que quand on a versé tout l'acide, et qu'il ne se dégage plus ou que très-peu de gaz. Dans cette opération, l'eau contenue dans l'acide sulfurique se décompose; tandis que son hydrogène se porte sur le chlore, son oxigène s'unit au sodium, et la soude qui en résulte s'unit à l'acide sulfurique, et forme un sursulfate qui reste dans la fiole.

b) *De l'acide dissous dans l'eau.*

On fait fondre du chlorure de sodium dans un creuset de Hesse, afin de décomposer les nitrates qu'il pourroit contenir. On coule le chlorure fondu sur une pierre compacte et froide; on le pulvérise, et on l'introduit dans un ballon qui repose sur la grille d'un fourneau, ou sur un bain de sable. On ferme le ballon avec un bouchon muni d'un tube en S et à boule, et d'un tube coudé qui met le ballon en communication avec deux flacons de Woulf. Ceux-ci sont remplis d'eau à moitié de leur capacité. Le premier flacon doit contenir un poids d'eau égal aux $\frac{2}{10}$; le second un poids d'eau égal aux $\frac{5}{10}$ au plus du poids du chlorure. Il faut que l'extrémité des tubes qui conduisent le gaz, ne plonge dans l'eau que de 1 à 2 millimètres. Enfin, le second flacon porte un tube qui va plonger dans un verre d'eau. Quand l'appareil est ainsi disposé, on verse par le tube en S, avec précaution, l'acide sulfurique nécessaire au dégagement de l'acide hydrochlorique. Pour 4 parties de chlorure de sodium, on emploie 5 parties d'acide sulfurique à 66^d, auquel on a ajouté 1 partie d'eau. Le chlorure et l'acide ne doivent remplir que la moitié au plus de la capacité du ballon. On chauffe graduellement de manière à avoir un dégagement à peu près égal. L'acide hydrochlorique sature d'abord l'eau du premier flacon, puis celle du second. A mesure que cette saturation se fait, il se produit des stries qui naissent dans la partie supérieure de l'eau, qui de là se précipitent dans la partie inférieure : en même temps il y a un dégagement de chaleur et une augmentation de volume du liquide. Les stries sont dues à ce que l'eau qui dissout l'acide hydrochlorique, éprouvant un changement de densité, réfracte la lumière autrement que l'eau pure, et d'un autre côté, l'eau saturée d'acide étant plus dense que l'eau pure, on voit pourquoi les stries vont de haut en bas. Lorsqu'il ne se dégage plus de gaz hydrochlorique du ballon, malgré le feu, il faut arrêter l'opération ; déluter le ballon, le remplir d'eau chaude, et le renverser ensuite dans une terrine d'eau, afin que le sursulfalte de soude qui s'est produit puisse se dissoudre dans l'eau.

L'acide hydrochlorique est pur quand il est incolore, qu'il ne précipite pas le nitrate de baryte étendu d'eau, qu'il ne décolore pas le sulfate d'indigo.

L'acide hydrochlorique que l'on trouve dans le commerce, contient presque toujours de l'acide sulfurique, et il est coloré en jaune par du péroxide de fer et par du chlore. Lorsqu'on l'a préparé avec du chlorure de sodium ou de potassium provenant du salpêtre, il peut contenir, outre ces corps, de l'acide nitreux.

Usages. L'acide hydrochlorique est un des réactifs les plus fréquemment employés dans les laboratoires de chimie. Dans les arts il sert à préparer plusieurs produits tels que des sels.

Histoire. Glauber a décrit le premier le moyen d'obtenir l'acide hydrochlorique liquide en faisant réagir l'acide sulfurique sur le chlorure de sodium. Cavendish obtint cet acide à l'état gazeux en 1776, mais il n'en étudia pas les propriétés : ce fut Priestley qui les fit connoître. (Cн.)

HYDROCHŒRUS. (*Mamm.*) Nom donné par Erxleben à

un genre formé du tapir et du cabiai, c'est-à-dire, d'un pachyderme et d'un rongeur. Aussi ce genre n'a-t-il point été conservé. (F. C.)

HYDROCLEYS. (*Bot.*) Genre de plantes monocotylédones, à fleurs incomplètes, de la famille des *alismacées* (des butomées, Rich.), de la *polyandrie polygynie* de Linnæus, qui a beaucoup de rapports avec les *butomus*, offrant pour caractère essentiel : Un calice en forme de corolle, à six grandes divisions très-profondes, inégales; les trois extérieures oblongues, vertes, ovales, les trois intérieures blanches, quatre fois plus grandes, presque rondes; environ vingt étamines; huit ovaires supérieurs, oblongs, lancéolés, soudés à leur base, amincis et recourbés à leur sommet en un bec qui tient lieu de style : le stigmate consiste en un sillon rempli d'une substance finement raboteuse, qui descend du sommet du bec jusque vers les deux tiers de son bord intérieur. Le fruit inconnu. (Huit capsules?) La seule espèce connue de ce genre est le

Hydrocleys de Commerson : *Hydrocleys Commersoni*, Rich., Mém. du Mus. d'Hist. nat. de Paris, vol. 1, pag. 368, tab. 18. Ses feuilles radicales sont droites, accompagnées de quelques gaînes oblongues, longuement pétiolées, courtes, ovales, un peu en cœur, arrondies, obtuses, entières, à sept nervures, les latérales courbées parallèlement aux bords; les pétioles cylindriques, obscurément articulés. Les pédoncules uniflores, semblables aux pétioles, un peu plus courts, solitaires dans l'aisselle des gaînes les plus extérieures; la fleur très-grande. Cette plante a été découverte par Commerson dans un étang voisin de Rio-Janeiro. (Poir.)

HYDROCOMBRETUM. (*Bot.*) Suivant Adanson, la plante ainsi nommée autrefois seroit une espèce de conferve. (Lem.)

HYDROCORAX. (*Ornith.*) Brisson a fait de ce mot, qui signifie corbeau d'eau, le nom générique des calaos, *buceros*, Linn.; et ce dernier, ainsi que Latham, l'ont donné pour épithète au calao des Moluques, *buceros hydrocorax*, ce qui constitue une double erreur, puisque les calaos ne sont pas des oiseaux aquatiques. (Ch. D.)

HYDROCORÉES ou RÉMITARSES (*Entom.*), nom d'une famille d'insectes hémiptères, à antennes sétacées très-courtes, à pattes propres à nager, à élytres demi-coriaces, et à bec paroissant naître du front.

Ce nom est tiré du grec *κορις*, qui signifie *punaise*, et de *υδωρ*, *eau*. Celui de rémitarses indique la disposition des pattes qui sont aplaties, ciliées, et qui servent de rames à ces insectes.

Les caractères que nous avons indiqués suffisent pour distinguer les hydrocorées de tous les autres hémiptères. Ainsi, les élytres à demi coriaces les éloignent des genres voisins des pucerons et des cigales, ou des phytadelges et des aüchénorinques : les antennes courtes, d'avec les physapodes, comme les thryps, et d'avec les rhinostomes, comme les corées, les scutellaires, les pentatomes ; enfin, la brièveté de ces antennes, d'avec les zoadelges comme les réduves et les vraies punaises. (Voyez la planche de l'Atlas de ce Dictionnaire qui représente une espèce de chacun des cinq genres de cette famille.)

M. Latreille a nommé, quatre ans après nous, ces insectes les hydrocorises ou punaises d'eau. Ils correspondent aux genres Nèpe et Notonecte, ou punaises à avirons, de la plupart des auteurs. Leurs antennes sont, en général, beaucoup plus courtes que leur tête ; leurs yeux sont grands ; leur bec court, acéré, produit une douleur très-vive lorsqu'il pique la peau. Toutes les espèces connues sont carnassières, sucent les animaux comme les zoadelges. Le plus souvent ils les saisissent avec les pattes de devant, qui sont terminées en pince ou en crochet. Ils varient beaucoup pour la forme, quoique leurs mœurs et leurs habitudes aient quelques rapports.

Cinq genres composent cette famille. Dans deux de ces genres, l'abdomen se termine par une sorte de tarière qui sert en même temps d'oviducte et d'organe respiratoire, et qui constitue une sorte de queue. Ils introduisent leurs œufs dans les tiges des végétaux, et ces œufs sont terminés en dehors par deux ou plusieurs pointes qui leur donnent quelque ressemblance avec les graines de quelques synanthérées, comme avec celles du bidens. Tels sont les ranatres et nèpes, qui diffèrent entre eux par la disposition de leur bec. Dans les autres genres, l'abdomen n'est pas terminé par une queue alongée. Mais, dans les notonectes, les tarses antérieurs sont semblables à ceux des autres pattes; tandis que, dans les sigares, ils forment une sorte de pince d'écrevisse ou de tenaille, et que, dans les naucores, ils sont terminés par un crochet acéré, comme dans les mantes, les nèpes et les ranatres.

Le tableau suivant, extrait de la Zoologie analytique, donne, au premier aperçu, une idée de ces caractères, comparés et opposés les uns aux autres.

HÉMIPTÈRES RÉMITARSES ou HYDROCORÉES; *Hémélytres*, *fronti-rostres*, *séticornes*, *rémitarses*; c'est-à-dire dont les élytres sont à demi coriaces ou opaques; dont le bec paroît être un prolongement du front; dont les antennes sont en soie, et les tarses en forme de rames.

A ventre	terminé par des filets: bec...	avancé....... 1. RANATRE.	
		arqué .... 2. NÈPE.	
	sans filets : à tarses antérieurs	simples, sans crochets. 4. NOTONECTE.	
		armés	d'un crochet. 3. NAUCORE.
			d'une pince. . 5. SIGARE.

(C. D.)

HYDROCORISES. (*Entom.*) Voyez HYDROCORÉES. (C. D.)

HYDROCOTYLE (*Bot.*); *Hydrocotyle*, Tourn., Linn. Genre de plantes dicotylédones, de la famille des *ombellifères*, Juss., et de la *pentandrie digynie*, Linn., qui a pour caractères : Calice très-court et presque nul; corolle de cinq pétales entiers, ovales, ouverts; cinq étamines portées sur un disque épigyne, à deux lobes; un ovaire infère, surmonté de deux styles courts, divergens, terminés chacun par un petit stigmate en tête; fruit comprimé, orbiculaire, didyme, se partageant en deux graines presque ovales, lenticulaires-comprimées.

Le nom d'*hydrocotyle*, donné à ce genre par Tournefort, vient de υδωρ, *eau*, et de κοτυλη, *écuelle*, parce que les feuilles de l'espèce la plus commune qui croît dans les lieux aquatiques, et la plus anciennement connue, sont arrondies, concaves en dessus, et ont plus ou moins l'apparence de petites écuelles.

Les hydrocotyles sont, le plus souvent, des herbes vivaces, rarement annuelles ou suffrutescentes; leurs tiges sont ordinairement couchées ou rampantes, rameuses; leurs feuilles alternes et pétiolées affectent différentes formes; leurs fleurs, sessiles ou pédonculées, sont disposées en têtes ou en ombelles entourées à leur base d'une collerette composée communément de trois à quatre folioles. Elles croissent le plus habituellement dans les marais sablonneux : on en trouve dans les différentes parties du monde; deux seulement viennent naturellement en Europe.

Linnæus, dans la seconde édition de son *Species Plantarum*, publiée en 1762, n'a fait mention que de cinq espèces de ces plantes; mais les découvertes successives des botanistes modernes ont tellement augmenté ce nombre, qu'il est devenu douze fois plus considérable; et que M. Achille Richard, dans l'excellente monographie du genre Hydrocotyle qu'il vient de publier, en a décrit soixante espèces. Mais ces plantes, n'offrant d'ailleurs presque aucun intérêt, sous le rapport de leurs usages économiques et médicaux, nous ne ferons mention ici que de quelques unes d'elles, et nous renverrons les personnes qui désireroient plus de détails, à l'ouvrage de M. A. Richard.

Hydrocotyle vulgaire : *Hydrocotyle vulgaris*, Tourn., *Inst.*, 328; Linn., *Spec.*, 338; *Fl. Dan.*, t. 90; Rich., *Monogr.*, 25, pl. L, n.° 1; et pl. LII, f. 1. Sa tige est rampante, longue d'environ un pied, comme articulée; de chacune de ses articulations naît une touffe de racines grêles, et une feuille orbiculaire, peltée, crénelée, portée sur un pétiole long de quatre à huit pouces, et s'insérant au centre de la face inférieure. Les fleurs sont petites, blanchâtres, disposées, au nombre de cinq à huit, en une petite tête portée par un pédicule presque axillaire, et plus court que le pétiole. Cette espèce croît en France et en Europe, dans les lieux humides et marécageux; elle passe pour apéritive, détersive et vulnéraire. On n'en fait aucun usage. Sa saveur est âcre.

Hydrocotyle ombellée : *Hydrocotyle umbellata*, Linn., *Spec.*, 338; Lamk., *Dict.*, 3, pl. 152; Rich., *Monogr.*, 28, pl. LII, f. 5. Cette espèce est entièrement glabre; sa tige est rampante, couchée, longue d'un pied ou plus; ses feuilles sont arrondies, peltées, crénelées, portées sur des pétioles longs de quatre à huit pouces, et quelquefois assez rapprochées deux à deux pour paroître géminées; ses fleurs sont petites, blanchâtres, portées

sur des pédicelles de six à huit lignes de longueur, et disposées,
au nombre de vingt à trente, en une ombelle simple, entourée à sa base par une collerette polyphylle. Cette espèce croît
en Amérique, à Saint-Domingue, aux Etats-Unis, etc. Pison,
dans son Histoire naturelle et médicale du Brésil, dit que ses
racines sont aromatiques, et que, lorsqu'on les écrase, elles
exhalent une odeur analogue à celle du persil. On les emploie
dans le pays comme apéritives.

HYDROCOTYLE FAUSSE NUMMULAIRE ; *Hydracotyle nummula-
rioides*, Rich.; *Monogr.*, 36, pl. LIV, f. 9. Sa tige est grêle,
rampante, le plus souvent simple, longue de six pouces ou environ, garnie de feuilles réniformes, un peu sinuées en leurs
bords, échancrées à leur base, portées sur des pétioles pubescens, longs d'un pouce, et ordinairement disposées deux à
trois ensemble. Les fleurs sont purpurines, très-petites, réunies trois ensemble en petites têtes, portées sur des pédoncules
plus courts que les pétioles, et entourées à leur base d'une collerette de quatre folioles ovales, aiguës. Cette espèce croît
sur le bord des ruisseaux, dans l'île de Bourbon.

HYDROCOTYLE MULTIFIDE; *Hydrocotyle multifida*, Rich., *Monogr.*,
68, pl. LXIV, fig. 34. Sa tige est glabre, grêle, couchée, garnie
de feuilles solitaires, palmées, composées de cinq folioles tri-
lobées, cunéiformes inférieurement, portées sur des pétioles
d'un pouce de long. Les fleurs sont très-petites, réunies une
dizaine ensemble en une ombelle simple, entourée à sa base
par une collerette polyphylle, et portée par un pédoncule ordinairement plus long que les pétioles. Cette espèce a été trouvée par MM. Humboldt et Bonpland, dans les lieux humides
et ombragés de la Chaîne des Andes.

HYDROCOTYLE A FEUILLES AIGUES : *Hydrocotyle acutifolia*, Ruiz
et Pavon, *Fl. Peruv.*, 3, pl. 25, tab. 248, fig. a; Rich.,
Monogr., 71. Sa tige est rampante, divisée en rameaux grêles,
garnis de feuilles en cœur, crénelées, portées sur des pétioles
plus longs qu'elles. Les fleurs sont blanches, disposées, un assez
grand nombre ensemble, en ombelles globuleuses, munies
d'une involucre polyphylle, et portées sur des pédoncules plus
longs que les feuilles. Cette plante croît au Pérou.

HYDROCOTYLE AILÉE; *Hydrocotyle alata*, Rich., *Monogr.*, 75,
pl. LXI, fig. 28. Sa tige est comprimée, ailée latéralement, re-

dressée, rameuse, comme articulée, garnie de feuilles petites, sagittées, obtuses, légèrement charnues, soutenues sur des pétioles de trois à cinq lignes de longueur. Les fleurs sont portées chacune sur un pédicelle d'à peine une ligne de longueur, et disposées, au nombre de six, en une ombelle entourée à sa base par une collerette de six folioles très-petites et caduques. Cette plante a été trouvée à la Nouvelle-Hollande.

HYDROCOTYLE A TROIS DENTS : *Hydrocotyle tridentata*, Linn., *Suppl.*, 176; Lamk., Dict. Encycl., 3, p. 156; Rich., *Monogr.*, 74, pl. LXVI, fig. 37. Sa tige est dressée, comme frutescente, légèrement tomenteuse, divisée en un petit nombre de rameaux garnis de feuilles cunéiformes, alongées, découpées à leur sommet en trois à cinq dents, dont trois toujours plus marquées que les autres. Les fleurs forment des ombelles simples, presque sessiles, entourées d'une collerette de six à huit folioles étroites, pubescentes, à peu près de la longeur des fleurs. Cette espèce croît au cap de Bonne-Espérance.

HYDROCOTYLE A GROS FRUITS; *Hydrocotyle macrocarpa*, Rich., *Monogr.*, 80, pl. LXVII, fig. 40. Sa tige est suffrutescente, dressée, rameuse, glabre, garnie de feuilles linéaires, longues, presque cylindriques, semi-amplexicaules et fasciculées trois à quatre ensemble. Les fleurs sont disposées par trois, en petits groupes pédiculés et munis d'une collerette de deux folioles. Le fruit est très-gros, presque cordiforme. Cette espèce croît au cap de Bonne-Espérance. (L. D.)

HYDROCYANATES et CYANURES. (*Chim.*)

HYDROCYANATES.

Combinaisons de l'acide hydrocyanique avec les bases salifiables.

Composition. D'après ce qu'on sait du cyanure de potassium qui, en se dissolvant dans l'eau, se transforme en hydrocyanate de potasse, on peut croire que, dans tous les hydrocyanates neutres, l'hydrogène de l'acide est à l'oxigène de la base dans la proportion où ces élémens forment l'eau.

Propriétés génériques. Les hydrocyanates d'ammoniaque, de potasse, de soude, de baryte, de strontiane et de chaux, sont toujours alcalins, quelle que soit la quantité d'acide qu'on ait ajoutée à ces bases. Ils ont en outre l'odeur et la saveur de l'acide hydrocyanique. Ils sont incolores et solubles dans l'eau.

Les acides les plus foibles, entre autres, le carbonique à l'état gazeux, peuvent décomposer les hydrocyanates que nous avons cités. Lorsqu'on chauffe les hydrocyanates à base d'oxides très-alcalins, préalablement desséchés, et sans le contact de l'air, ils se changent en cyanures d'oxides, suivant l'observation de M. Gay-Lussac. Si on les chauffe avec le contact de l'air, l'oxigène est absorbé ; il se produit de l'eau et de l'acide carbonique : l'azote est dégagé.

On les prépare, en général, en unissant directement avec les bases l'acide dissous dans l'eau.

Préparation. Les hydrocyanates ne sont que très-imparfaitement connus. Nous ne parlerons que de ceux d'ammoniaque et de potasse, les seuls qui aient donné lieu à quelques observations importantes.

HYDROCYANATE D'AMMONIAQUE.

M. Gay-Lussac l'a obtenu cristallisé en cubes, en petits prismes entrelacés, et en feuilles de fougère. Il a vu qu'à 22^d la tension de sa vapeur est de 0,^{m}45 environ.

Ce sel se décompose avec la plus grande facilité.

HYDROCYANATE DE POTASSE.

Ce sel a une saveur alcaline, amère et aromatique, comme les amandes amères : il est soluble dans l'eau et l'alcool.

Il précipite un assez grand nombre de dissolutions de sels métalliques, savoir :

Les sels de manganèse, en jaune sale ;

Les sels de zinc, en blanc ;

Les sels de protoxide de fer, en blanc ou en bleu, si l'on opère avec le contact de l'air ;

Les dissolutions d'oxide noir de fer, en bleu ;

Les sels de péroxide, en jaune : ce précipité est simplement de l'hydrate de péroxide ;

Les sels d'étain, en blanc ;

Les sels d'antimoine, en blanc ;

Les sels d'urane, en blanc jaune ;

Les sels de cobalt, en cannelle clair ;

Les sels de nickel, en blanc jaunâtre ;

Les sels de bismuth, en blanc ;

Les sels de péroxide de cuivre, en jaune ;

La dissolution hydrochlorique de protochlorure de cuivre, en blanc ;

Le perchlorure d'or, en blanc : ce précipité devient d'un beau jaune ;

Les sels d'argent, en un caillé blanc, qui ne se colore pas, et qui est soluble dans un excès d'hydrocyanate, suivant la remarque de M. Thénard.

L'hydrocyanate de potasse paroît être sans action sur les acides molybdique, tungstique, sur le perchlorure de platine.

M. Proust a observé qu'en distillant la solution d'hydrocyanate de potasse, ce sel éprouve une décomposition assez compliquée. Il y a une première portion d'acide hydrocyanique qui se dégage à l'état de pureté, et qu'on peut enflammer à l'orifice du bec de la cornue, où l'on fait l'opération ; ensuite, une autre portion d'acide se réduit en ammoniaque et en acide carbonique, dont une partie se dégage en combinaison avec l'ammoniaque, et dont l'autre reste unie à de la potasse ; enfin, une troisième portion d'acide hydrocyanique se retrouve à l'état d'hydrocyanate de potasse.

M. Proust dit que si l'on chauffe au rouge de l'hydrocyanate de potasse desséché, dans une cornue où il y ait de l'air, on obtient du sous-carbonate d'ammoniaque, un peu d'huile ; enfin, un résidu formé de charbon, de sous-carbonate et d'hydrocyanate de potasse. Il est évident, d'après le travail de M. Gay-Lussac, que ce que M. Proust a pris pour de l'hydrocyanate, est du cyanure de potasse.

L'hydrocyanate de potasse neutre, soit celui qu'on a obtenu en dissolvant le cyanure de potassium dans l'eau, soit celui qui provient de l'évaporation à siccité de l'eau de potasse sursaturée d'acide hydrocyanique, se conduit d'une manière remarquable avec le *cyanure d'argent*, suivant l'observation de M. Gay-Lussac. Met-on du cyanure d'argent pur et récemment préparé, avec la solution de cet hydrocyanate, il se dissout rapidement, sans que l'alcalinité de la potasse soit neutralisée ; ajoute-t-on de l'acide hydrocyanique à la liqueur, celle-ci devient susceptible de dissoudre de nouveau le cyanure d'argent, en même temps qu'elle perd son alcalinité par cette dissolution. La liqueur évaporée cristallise en lames hexagonales. M. Gay-Lussac considère cette combinaison comme de l'hydrocyanate de potasse neutralisé, uni à du cyanure d'argent ; il pense que c'est l'affinité de ce cyanure pour l'acide hydrocyanique et la potasse, qui déterminent cette base à absorber une quantité d'acide plus grande que celle que constitue l'hydrocyanate de potasse, que nous avons appelé neutre, parce que l'oxigène ou la base est à l'hydrogène de l'acide dans le rapport des élémens de l'eau. Et c'est encore cette affinité qui détermine la neutralisation des propriétés alcalines de la potasse par l'acide hydrocyanique. L'hydrocyanate de potasse, uni au cyanure d'argent, n'est pas décomposé par l'acide carbonique : il l'est par l'acide hydrochlorique : il y a dégagement d'acide hydrocyanique, et précipitation de chlorure d'argent.

M. Thénard a observé que l'hydrocyanate de potasse se conduisoit, avec l'oxide noir de fer, d'une manière tout-à-fait analogue à celle dont il se comporte avec le cyanure d'argent ; c'est-à-dire que l'hydrocyanate dissout un peu d'oxide noir, sans que son alcalinité soit neutralisée ; mais, en ajoutant de l'acide hydrocyanique à la liqueur, elle peut dissoudre de nouvel oxide, et perdre ses propriétés alcalines. M. Thénard pense que, dans cette circonstance, l'oxide noir de fer produit de l'eau et un cyanure ou un sous-cyanure métallique aux dépens d'une portion de l'acide hydrocyanique, et que ce cyanure exerce sur la neutralisation de la potasse, par l'acide hydrocyanique , la même influence que le cyanure d'argent.

CYANURES.

Combinaisons du cyanogène avec les métaux ou les bases salifiables.

Nous les diviserons en cyanures formés d'une base salifiable , et en cyanures formés d'une seule base métallique non oxidée.

Ire Division. *Cyanures à base salifiable.*

Cyanure d'ammoniaque.

M. Gay-Lussac l'a obtenu en mêlant dans une cloche, sur le mercure, 90 volumes de cyanogène avec 227 de gaz ammoniaque. L'action a commencé au moment du contact ; mais elle n'a été terminée qu'au bout de plusieurs heures. Le cyanure apparoît, d'abord, sous la forme d'une fumée blanche, épaisse, qui se condense sur les parois de la cloche en une substance solide, brune. Les gaz s'unissent dans le rapport de 1 de cyanogène à 1,5 de gaz ammoniaque.

Le cyanure est peu soluble dans l'eau. Il colore ce liquide en orangé brun foncé. Cette solution ne produit pas de précipité bleu avec les sels de fer.

Cyanure de baryte.

Ce composé peut être produit en chauffant la baryte dans la vapeur d'acide hydrocyanique. Il y a dégagement d'hydrogène, production de cyanure de baryte, qui peut être dissous dans l'eau, sans éprouver d'altération.

Cyanure de potasse.

Lorsqu'on met une solution de potasse peu concentrée en contact avec du cyanogène, ce gaz est absorbé ; si l'alcali est en léger excès, la liqueur est d'un jaune citron très-pâle ; si le cyanogène domine, au contraire, la liqueur est brune. Cette solution est du cyanure de potasse. On ne peut admettre qu'il y ait eu décomposition d'eau, lors de l'absorption du gaz, puisqu'on ne peut découvrir dans la liqueur, ni acide carbonique, ni ammoniaque, ni acide hydrocyanique, composés qui se forment toujours dans le cas où le cyanogène, uni à la potasse, décompose l'eau. Mais, si l'on ajoute un acide au cyanure de potasse, cette décomposition a lieu ; du gaz acide carbonique se dégage avec effervescence, en entrainant un peu d'acide hydrocyanique ; tandis que le reste de ce dernier, et de l'ammoniaque, sont retenus dans la liqueur. M. Gay-Lussac, à qui nous devons ces observations, a démontré par l'expérience, avec la sagacité qui le caractérise, que pour 1 volume de cyanogène, absorbé par la potasse, on obtient 1 volume de gaz acide carbonique, 1 volume d'acide hydrocyanique et 1 volume d'ammoniaque. Ce résultat est facile à concevoir. En effet, 1 volume de cyanogène est composé de 2 volumes de carbone (1) et de 1 volume d'azote. Supposons, comme l'expérience le prouve d'ailleurs, la quantité d'eau décomposée, représentée par 1 volume d'oxigène et 2 volumes d'hydrogène, il est évident,

1.° Que 1 volume d'oxigène, en s'unissant à 1 volume de carbone, produiront 1 volume d'acide carbonique ;

2.° Que le volume de carbone restant, en s'unissant à $\frac{1}{2}$ vol. d'azote et à $\frac{1}{2}$ volume d'hydrogène, formera 1 volume d'acide hydrocyanique ;

3.° Enfin, que $\frac{1}{2}$ volume d'azote, en s'unissant à 1 volume $\frac{1}{2}$ d'hydrogène, produira 1 volume de gaz ammoniaque.

Le cyanure de potasse diffère du chlorure de potasse, en ce qu'il n'est pas altéré par l'eau ; tandis que celui-ci est réduit en partie en chlorure de potassium, et en partie en chlorate de potasse.

Le cyanure de potasse est produit lorsqu'on chauffe la potasse hydratée dans la vapeur hydrocyanique : il y a dégagement d'hydrogène, et décomposition de l'eau de l'hydrate par une portion de cyanogène.

M. Gay-Lussac a encore démontré que, lorsqu'on calcine des matières organiques azotées avec la potasse pure ou carbonatée, il se produit du *cyanure de potasse*, et non du *cyanure de potassium*. Les preuves en sont,

1.° Qu'à une température élevée, l'acide hydrocyanique est décomposé par la potasse en hydrogène et en cyanogène qui reste uni à la potasse, ainsi que nous venons de le dire ;

2.° Que le résidu des matières organiques azotées, calcinées avec la potasse, forme avec l'eau, une liqueur qui se comporte comme le cyanure de potasse : car, lorsqu'on y verse un acide, il se produit de l'acide carbonique, de l'ammoniaque et de l'acide hydrocyanique. Or, s'il s'étoit produit du cyanure de

---

(1) Dans l'hypothèse où 1 volume d'acide carbonique résulte de l'union de 1 volume de carbone et de 1 volume d'oxigène.

potasssium pendant la calcination, l'eau ne contiendroit que de l'hydrocyanate de potasse, lequel ne se réduit pas en ammoniaque ni en acide carbonique, par l'action des acides.

M. Gay-Lussac fait observer que, si l'on jetoit le résidu de la calcination, encore chaud, dans l'eau, il se produiroit du sous-carbonate d'ammoniaque.

CYANURE DE SOUDE.

On le prépare comme celui de potasse. Il présente des propriétés analogues.

M. Gay-Lussac l'a encore produit en faisant passer de la vapeur hydrocyanique sur du sous-carbonate de soude sec, chauffé au rouge obscur; il y a alors un dégagement d'acide carbonique et d'un gaz inflammable, qui n'est pas de l'hydrogène pur, parce que l'hydrogène ou l'acide hydrocyanique décomposent une portion de l'acide carbonique.

CYANURE DE STRONTIANE.

La strontiane s'unit au cyanogène dans les mêmes circonstances que la baryte.

II.ᵉ Division. *Cyanures à base métallique.*

CYANURE D'ARGENT.

On l'obtient en précipitant du nitrate d'argent par l'hydrocyanate de potasse, ou bien encore par l'acide hydrocyanique.

Il est blanc, insoluble dans l'eau.

Lorsqu'on l'expose à une douce chaleur, il laisse dégager du cyanogène; il se fond en un liquide d'un rouge brun, qui se fige en une matière solide, grisâtre par le refroidissement. M. Gay Lussac considère cette matière comme un sous-cyanure. Celui-ci peut être chauffé assez fortement sans se décomposer; mais, s'il a le contact de l'air, le cyanogène est détruit, et l'on obtient de l'argent pur.

M. Gay-Lussac a, le premier, fait connoître la nature et presque toutes les propriétés de ce composé, qui passoit, avant lui, pour être un prussiate ou un hydrocyanate d'argent.

Cyanure de mercure.

Composition. Cyanogène........ 20,09
           Mercure.......... 79,91 (Gay-Lussac.)

Synonymie. Prussiate de mercure.

Propriétés physiques. Il cristallise en longs prismes quadran-gulaires, coupés obliquement. Il est incolore, assez brillant, transparent, facile à réduire en poudre.

Il est inodore.

Il a la saveur styptique et métallique des sels de mercure solubles, et il agit d'une manière analogue sur l'économie animale.

Propriétés chimiques. Il est parfaitement neutre aux réactifs colorés.

Il est plus soluble dans l'eau chaude que dans l'eau froide.

L'acide nitrique bouillant, l'acide sulfurique foible bouillant, l'eau de potasse concentrée bouillante, peuvent dissoudre le cyanure de mercure en assez grande quantité, sans le décomposer.

Le soufre, chauffé avec le cyanure de mercure, le décompose; du cyanogène se dégage; il se produit du cinabre.

L'acide hydrochlorique concentré et chaud le décompose. Le chlore de l'acide s'unit au mercure; tandis que l'hydrogène, en s'unissant au cyanogène, produit de l'acide hydrocyanique qui se dégage, et qu'on peut recueillir à l'état de pureté, en employant l'appareil décrit au mot Hydrocyanique (acide).

Les acides hydriodique et hydrosulfurique le décomposent également : il se forme, d'une part, de l'acide hydrocyanique; et, d'une autre, un iodure et un sulfure.

L'acide sulfurique concentré et bouillant le décompose; il y a dégagement d'acide sulfureux, parce que le mercure s'oxide et forme un sulfate.

L'hydrochlorate de protoxide d'étain en sépare le mercure à l'état métallique. L'eau est décomposée, tandis que son hydrogène, en se portant sur le cyanogène, forme de l'acide hydrocyanique; son oxigène élève le protoxide d'étain à l'état de péroxide.

La solution d'hydrosulfate de potasse, mêlée à celle du cyanure de mercure, donne lieu à la formation d'un sulfure de mercure qui se dépose, et à de l'hydrocyanate de potasse qui reste en dissolution.

Lorsqu'à une solution de 1 partie de cyanure dans 8 parties d'eau, on ajoute 1 partie $\frac{1}{2}$ de fer en limaille, et $\frac{3}{8}$ de partie d'acide sulfurique concentré; qu'on agite le mélange pendant quelques minutes, qu'on laisse reposer, qu'on décante la liqueur et qu'on la distille jusqu'à ce qu'on en ait recueilli un quart de son volume, on obtient l'acide hydrocyanique en dissolution dans l'eau, suivant le procédé de Schéele. Dans cette opération, l'eau est décomposée; son oxigène se porte sur le fer, qui se dissout dans l'acide sulfurique; l'hydrogène s'unit au cyanogène, et le mercure devient libre.

Le cyanure de mercure bien sec, soumis à la distillation dans une petite cornue de verre, noircit, se fond; une partie se sublime, et une autre se convertit en cyanogène et en mercure. Il y a toujours un petit résidu de charbon couleur de suie, et léger comme du noir de fumée. Si l'on chauffoit jusqu'à fondre le verre, le cyanogène contiendroit du gaz azote.

Quand le cyanure est humide, il y a de l'eau et une portion de cyanogène décomposées. Cette portion est réduite en acide carbonique et en ammoniaque par l'oxigène de l'eau, et une partie seulement de son hydrogène; l'autre portion de cyanogène forme de l'acide hydrocyanique avec le reste de l'hydrogène de l'eau.

Préparation. On met dans un ballon 2 parties de bleu de Prusse de la meilleure qualité, réduites en poudre fine, 1 partie de péroxide de mercure, et 8 parties d'eau : on fait bouillir jusqu'à ce que le bleu de Prusse soit changé en une matière jaune : on filtre le liquide bouillant. Par le refroidissement, il se dépose du cyanure de mercure cristallisé : on sépare les cristaux, et on réunit leur eau mère aux lavages de la matière jaune restée sur le filtre; on fait concentrer de manière à pouvoir obtenir le reste du cyanure sous la forme de cristaux.

Mais le produit de cette opération n'est pas pur; il contient de l'oxide de fer. Pour l'en séparer, il faut redissoudre les cristaux dans l'eau, faire bouillir la solution avec un excès de péroxide de mercure; alors celui-ci est dissous par le cyanure de mercure, et en même temps il précipite l'oxide de fer. On filtre.

La liqueur doit être considérée, suivant M. Gay-Lussac, comme une dissolution d'un composé de cyanure de mercure et de péroxide du même métal. On convertit ce composé en cyanure neutre, en versant dans sa solution un léger excès d'acide hydrocyanique aqueux ; celui-ci réduit le péroxide en eau et en cyanure : on concentre la liqueur pour volatiliser l'acide qui est en excès, et ensuite on fait cristalliser le cyanure.

CYANURE DE MERCURE UNI AU PÉROXIDE DE MERCURE.

Cette combinaison que l'on obtient, ainsi que nous venons de le dire, en faisant bouillir le cyanure de mercure sur le péroxide de ce métal, a été aperçue par M. Proust, et étudiée par M. Gay-Lussac.

Elle cristallise en très-petites houppes soyeuses. Elle est très-alcaline aux réactifs colorés ; elle paroît être un peu plus soluble dans l'eau que le cyanure. Quand on en évapore la solution à siccité, la matière se charbonne très-aisément ; c'est pourquoi il est nécessaire de l'évaporer au bain-marie.

Lorsqu'on la distille à l'état sec, on obtient du cyanogène, de l'acide carbonique, de l'azote et du mercure ; si elle est humide, on obtient de l'ammoniaque, de l'acide carbonique, de l'acide hydrocyanique, de l'azote et un liquide brun non huileux, et du mercure.

Usages du cyanure de mercure. Il sert à préparer le cyanogène et l'acide hydrocyanique. On l'administre quelquefois comme anti-syphilitique.

Histoire. Schéele l'a obtenu le premier. MM. Proust, Porrett et Gay-Lussac l'ont examiné. C'est ce dernier qui en a déterminé la nature.

CYANURE D'OR.

On le prépare en versant de l'hydrocyanate de potasse dans la solution de perchlorure d'or. Il est blanc ; mais ensuite il passe au jaune.

CYANURE DE PLATINE.

M. Gay-Lussac ayant fondu, à une chaleur rouge, du prussiate de potasse ferrugineux dans un creuset de platine, a obtenu une masse brune qui a laissé déposer, lorsqu'on l'a eu mêlée avec l'eau, une poudre grise, insoluble dans l'eau régale, susceptible de s'embraser à 300^d comme un pyrophore. M. Gay-Lussac a pensé que cette matière pouvoit être un sous-cyanure de platine.

CYANURE DE POTASSIUM.

On peut le préparer en faisant évaporer à siccité de l'eau de potasse, dans laquelle on entretient un léger excès d'acide hydrocyanique. L'hydrogène de l'acide s'unit à l'oxigène de potassium ; tandis que le métal réduit se combine au cyanogène. On le produit encore lorsqu'on chauffe du potassium dans de la vapeur hydrocyanique qu'on a mêlée avec du gaz azote ou hydrogène : alors le potassium absorbe le cyanogène, à l'exclusion de l'hydrogène. Il devient gris, spongieux, puis il se fond en une matière jaunâtre, qui est le cyanure.

Le cyanure de potassium, en se dissolvant dans l'eau, se réduit en hydrocyanate de potasse, qui est toujours alcalin, quelle que soit la quantité d'acide hydrocyanique que l'on ait employée pour préparer le cyanure. Il diffère en cela du chlorure et de l'iodure de potassium, qui forment avec l'eau des dissolutions neutres. C'est ce que M. Gay-Lussac, à qui nous devons la connoissance des cyanures de potassium, a fait observer.

CYANURE DE SODIUM.

On le prépare avec la soude et l'acide hydrocyanique.
Il jouit de propriétés analogues à celles du précédent. (CH.)
HYDROCYANIQUE [ACIDE.] (*Chimie.*)

Composition.

	volumes.			poids.
Azote............	$\frac{1}{2}$			51,705
Carbone.........	1 (1)	cond. en 1 vol.		44,650
Hydrogène.......	$\frac{1}{2}$			3,645
				100,000

Ou Cyanogène.....	$\frac{1}{2}$	Sans condensation apparente.
Hydrogène.....	$\frac{1}{2}$	

(1) Dans l'hypothèse où un volume d'acide carbonique est formé d'un volume de carbone et d'un volume d'oxigène.

Synonymie. Acide prussique (Guyton-Morveau).

Propriétés physiques. L'acide hydrocyanique est liquide depuis 15^d au-dessous de zéro jusqu'à $26^d,5$, où il entre en ébullition, la pression atmosphérique étant de $0,^m76$. Il est susceptible de cristalliser régulièrement. Quelquefois il a la forme fibreuse du nitrate d'ammoniaque.

La densité de l'acide liquide à 7^d, est de $0,7058$; à 18^d, elle est de $0,6969$. Il est incolore; lorsqu'on en met une goutte au bout d'un tube de verre ou d'une petite bande de papier, il y en a une portion qui s'évapore si rapidement, que celle qui ne s'évapore pas se trouve assez refroidie pour cristalliser.

La densité de la vapeur hydrocyanique déterminée par l'expérience, est de $0,9476$; la densité calculée est de $0,9442$.

L'acide hydrocyanique a une odeur extrêmement forte, qui est celle des amandes amères, lorsque sa vapeur est disséminée dans un grand volume d'air. Sa saveur, qui est fraîche d'abord, devient bientôt brûlante; mais, pour lui reconnoître ces propriétés, il faut prendre beaucoup de précaution, car on ne connoit pas de poison qui donne une mort plus prompte que cet acide concentré. M. Magendie a vu qu'il suffit de toucher la langue d'un chien vigoureux avec un tube de verre légèrement imprégné d'acide hydrocyanique, pour que l'animal tombe roide mort presque subitement. L'effet est le même si on applique des atomes d'acide sur l'œil de l'animal, ou bien encore si on lui injecte une goutte d'acide étendu de 4 gouttes d'alcool dans la veine jugulaire. L'action de l'acide hydrocyanique sur l'économie animale est éminemment asténique, aussi n'observe-t-on plus d'irritabilité dans les organes musculaires locomoteurs du cadavre des animaux auxquels on a donné ce poison.

Propriétés chimiques. L'acide hydrocyanique rougit légèrement le papier tournesol, mais la couleur bleue reparoit bientôt si le papier est exposé à l'air.

Il est peu soluble dans l'eau, il l'est beaucoup dans l'alcool.

Le soufre chauffé dans la vapeur hydrocyanique l'absorbe. Il se produit un composé solide, que M. Gay-Lussac regarde comme étant identique avec le composé que l'on produit avec le cyanogène et l'acide hydrosulfurique.

L'iode, le phosphore, l'arsenic et le cuivre n'ont pas d'action sur lui.

Cas où l'acide hydrocyanique est altéré.

L'acide hydrocyanique exposé à l'action de la pile, est réduit en cyanogène qui va au pôle positif, et en hydrogène qui va au pôle négatif.

Abandonné à lui-même dans un flacon, il se réduit spontanément en hydrocyanate d'ammoniaque et en azoture de carbone. Quelquefois cette décomposition arrive une heure après qu'il a été introduit dans le flacon; d'autres fois il se conserve plusieurs mois sans altération.

Lorsqu'on le fait passer dans un tube rouge de feu, il n'y en a qu'une petite portion qui se décompose en carbone, en azote, en hydrogène et en cyanogène. Il est remarquable qu'en le faisant passer sur du fer rouge, la totalité de la vapeur est réduite en volumes égaux d'azote et d'hydrogène, et en carbone dont une partie s'unit au fer.

L'acide hydrocyanique est très-inflammable. On peut l'allumer dans l'air avec un corps enflammé. En brûlant il donne naissance à de l'acide carbonique et à de l'eau; l'azote est mis à nu.

Si l'on fait détoner dans un eudiomètre 100 de vapeur hydrocyanique avec 200 d'oxigène, il y a une condensation de 75, et un résidu gazeux formé de

Acide carbonique...................100

Azote............................ 50

Oxigène.......................... 75 (1)

Il disparoît 25 d'oxigène qui brûlent 50 d'hydrogène. Si l'on admet qu'un volume d'acide carbonique contient 1 volume de carbone et 1 volume d'oxigène, il en résulte que

---

(1) L'expérience ne donne jamais exactement ce résultat, parce qu'il y a toujours un peu d'acide nitrique produit aux dépens de l'azote et de l'oxigène.

la composition de l'acide hydrocyanique doit être 1 volume de carbone, $\frac{1}{2}$ volume d'azote et $\frac{1}{2}$ volume d'hydrogène condensés en un seul. La condensation observée dans l'analyse, au lieu d'être de 75, devroit être de 125, puisqu'il y a 100 d'oxigène employées à former l'acide carbonique, et 25 à brûler l'hydrogène ; mais comme il y en a 50 de gazazote qui deviennent libres, la condensation n'est que de 75.

Le chlore convertit l'acide hydrocyanique en acide hydrochlorique, et en acide Chlorocyanique. (Voyez ce mot, tom. IX, pag. 59.)

Lorsqu'on fait passer la vapeur hydrocyanique sur du peroxide de cuivre rouge de feu, on obtient de l'eau, 2 volumes d'acide carbonique, et 1 volume d'azote, ce qui confirme l'analyse précédente.

Le potassium a une action remarquable sur la vapeur hydrocyanique. Qu'on prenne, par exemple, une quantité de métal qui dégageroit avec l'eau, 50 volumes d'hydrogène, qu'on la chauffe dans 100 volumes de vapeur mêlés avec 100 volumes de gaz azote, le potassium deviendra gris, puis jaune, et passera à l'état de cyanure, qui, étant mis dans l'eau, donnera de l'hydrocyanate de potasse. Le résidu gazeux sera formé de 100 d'azote, et de 50 d'hydrogène : par conséquent l'acide hydrocyanique est réduit par le potassium en cyanogène qui s'y unit, et en hydrogène qui se dégage. Le volume de ce dernier est la moitié du volume de l'acide décomposé.

Ce résultat est bien propre à faire saisir le rapport qu'il y a entre les acides hydrochlorique, hydriodique, et l'acide hydrocyanique ; car le potassium les réduit tous les trois à la moitié de leur volume d'hydrogène ; et, en s'unissant au chlore, à l'iode, et au cyanogène, il établit entre ces trois derniers corps un rapport remarquable.

La baryte, chauffée au rouge, décompose la vapeur hydrocyanique : l'alcali devient incandescent, en s'unissant à du cyanogène, et de l'hydrogène se dégage.

L'hydrate de potasse forme également un cyanure d'oxide avec la vapeur hydrocyanique. Le volume de l'hydrogène dégagé est plus grand que dans l'expérience précédente, par la

raison que l'eau de l'hydrate est décomposée par du cyanogène.

Le sous-carbonate de soude sec est décomposé par l'acide
hydrocyanique; il se forme un cyanure de soude.

A une température rouge, le péroxide de cuivre convertit
l'acide hydrocyanique en eau, en gaz acide carbonique, en
azote, ainsi que nous l'avons dit plus haut; mais, à la température ordinaire, il le convertit en eau et en cyanogène.

Le péroxide de manganèse absorbe complétement la vapeur
hydrocyanique : il se produit de l'eau, mais il ne se forme pas
de cyanogène.

Le péroxide de mercure l'absorde à froid : il y a production
d'eau et de cyanure de mercure. Le péroxide de mercure
peut servir à absorber la vapeur hydrocyanique de la plupart
des gaz auxquels elle pourroit être mélangée.

Préparation. Dans une petite cornue tubulée, on introduit
3oo grammes de cyanure de mercure cristallin, et 200 gramm.
d'acide hydrochlorique, légèrement fumant. Au bec de la
cornue, on adapte un tube de verre horizontal de o,^{m}6 environ
de longueur, et de o,^{m}o15 de diamètre intérieur, dont un tiers
est rempli de fragmens de marbre blanc, et les deux autres
tiers de chlorure de calcium. Le tube horizontal communique
au moyen d'un tube coudé, avec un petit flacon vide qui est
plongé dans un mélange de glace et de chlorure de sodium.

On chauffe doucement la cornue. L'acide hydrocyanique
se dégage; l'acide hydrochlorique qui pourroit y être mêlé est
absorbé par la chaux du marbre, et l'humidité l'est par le
chlorure de calcium. Si de l'acide hydrocyanique se conden-
soit dans le tube horizontal, il faudroit, après avoir décomposé
le cyanure de mercure, ôter la cornue, boucher l'extrémité
ouverte du tube horizontal, et chauffer légèrement ce dernier,
en allant progressivement de cette même extrémité au petit
flacon qui est destiné à recevoir le produit de l'opération.

Il est préférable de commencer l'opération avec 100 gramm.
d'acide hydrochlorique, et d'ajouter les 100 autres grammes,
lorsque les premiers ont produit leur effet. Par ce moyen, on
évite de dégager une trop grande quantité d'acide hydrochlorique avec la vapeur hydrocyanique. Le dégagement de l'acide
hydrochlorique a l'inconvénient, en décomposant le marbre, de

mettre en liberté du gaz acide carbonique qui présente , à la vapeur hydrocyanique , un espace où elle s'étend assez pour échapper à l'action frigorifique du mélange qui entoure le récipient.

Usages. M. Magendie a prescrit l'usage de l'acide hydrocyanique contre plusieurs maladies de la poitrine.

Histoire. Schèele observa le premier, en 1782 , l'acide hydrocyanique, dégagé des bases salifiables; mais il l'obtint dissous dans beaucoup d'eau. M. Gay-Lussac, en 1811, publia le procédé que nous avons décrit pour préparer l'acide hydrocyanique pur; et, en 1815 , il fit connoître la véritable composition de ce corps. C'est dans son excellent travail que nous avons puisé la matière de cet article. (CH.)

HYDROCYN, *Hydrocynus.* (*Ichthyol.*) M. Cuvier a donné ce nom à un genre de poissons qu'il a séparé des characins d'Artédi, et des osmères de M. de Lacépède et de la plupart des autres ichthyologistes. Ce genre , qui appartient à la famille des dermoptères, et dont Linnæus avoit confondu les espèces avec les salmones, est reconnoissable aux caractères suivans :

Bouche à l'extrémité du museau et ordinaire; ventre arrondi ; membrane branchiale à quatre rayons osseux seulement; corps alongé; dents coniques aux deux mâchoires.

On peut distinguer les HYDROCYNS des ANOSTOMES, qui ont la bouche tournée en haut; des SERRASALMES, des RAIS et des PIABUQUES, qui ont le ventre caréné et dentelé en scie ; des EPERLANS ou OSMÈRES, des SALMONES, des SAURES, des CORÉGONES, des ARGENTINES, qui ont plus de quatre rayons osseux à la membrane des branchies; des CITHARINES, qui ont la bouche déprimée et en travers au bout du museau; des CURIMATES enfin, dont les dents ont une forme variable. (Voyez ces différens mots et DERMOPTÈRES.)

Ce genre renferme déjà plusieurs espèces, toutes extraordinairement voraces, et parmi lesquelles nous signalerons les suivantes :

L'HYDROCYN FAUCILLE : *Hydrocynus falcatus; Osmerus falcatus,* Lacép.; *Salmo falcatus,* Bloch , 385. Nageoire caudale fourchue; première nageoire dorsale répondant à l'intervalle des catopes et de l'anale ; nageoire anale falciforme ; une rangée serrée de petites dents aux os maxillaires et aux os palatins ;

mâchoire supérieure plus avancée que l'inférieure ; langue étroite et lisse ; deux orifices à chaque narine ; opercules rayonnées ; écailles minces et caduques ; anus à une distance presque égale de la tête et de la nageoire caudale ; un appendice à chaque catope ; teinte générale argentée ; dos violet ; base de toutes les nageoires grise ; leur extrémité brune ; une tache noire de chaque côté, auprès de la tête et de la nageoire caudale.

Ce poisson habite Surinam. Sa chair, pour la saveur, ressemble à celle de la carpe. Lorsqu'il ouvre la gueule, on en voit sortir un os court, large, dentelé, et placé à l'angle de la bouche, lequel reprend sa première position quand elle se referme.

L'Hydrocyn odoé : *Hydrocynus odoe ; Characinus odoe*, Lacép.; *Salmo odoe*, Bloch, 586. Première nageoire dorsale répondant à l'intervalle des catopes et de la nageoire anale ; une rangée serrée de petites dents aux os maxillaires et aux os palatins ; mâchoire supérieure plus avancée que celle d'en bas ; dents fortes, inégales et pointues sur les mâchoires ; deux orifices à chaque narine ; dos presque noir ; côtés d'un roux plus ou moins clair ; nageoires d'un brun noirâtre. Taille de trois pieds environ.

Cet hydrocyn vit dans les rivières de la côte de Guinée. Il est très-vorace. Sa chair, rougeâtre, grasse et d'une saveur fort agréable, est très-estimée. Il a été rapporté par plusieurs ichthyologistes au genre Characin. (Voyez ce mot.)

L'Hydrocyn denté : *Hydrocynus Forskahlii*, Cuv.; *Salmo niloticus*. Gmel.; *Characinus dentex*, Lacép.; *Salmo roschal*, Forsk. Un petit nombre de dents fortes, renflées et pointues à la mâchoire inférieure et aux os intermaxillaires seulement ; palais lisse ; première nageoire dorsale au-dessus des catopes ; teinte générale argentée ; des raies brunes et blanchâtres ; nageoires blanchâtres ; lobe inférieur de la nageoire caudale d'un beau rouge. Forme générale de la truite. Taille de 5o pouces.

L'hydrocyn denté vit dans les eaux du Nil ; il est plus abondant à l'époque de l'inondation, et il descend de la Nubie dès que les eaux du fleuve augmentent. Cette circonstance peut faire croire qu'il étoit le φαγηρ, adoré, selon Plutarque, Elien et Clément d'Alexandrie, des habitans de Siéné, auxquels son arrivée annonçoit la crue du Nil. M. Geoffroy l'a figuré parmi les poissons d'Egypte, pl. XIV, fig. 1. Son nom arabe est *roschal* ou *chien d'eau.*

Ce poisson n'est point, comme l'a pensé Forskal, le *salmo dentex* d'Hasselquist. Celui-ci est le raii, qui est lui-même le *cyprinus dentex* du Musée du prince Adolphe Frédéric, et le *salmo niloticus* de Forskal, en sorte qu'il se trouve deux fois dans Gmelin et ses successeurs. C'est pour éviter toute confusion à cet égard, que M. Cuvier l'appelle *hydrocynus Forskahlii.*

L'Hydrocyn du Brésil; *Hydrocynus brasiliensis*, Cuv. Première nageoire dorsale au-dessus des catopes; une double rangée de dents aux inter-maxillaires et à la mâchoire inférieure, une rangée simple aux maxillaires, mais les palatins nus; nageoire caudale arrondie; corps rayé en long de noirâtre.

Cette espèce est nouvelle. Elle vient du Brésil. M. Cuvier l'a figurée dans son ouvrage intitulé : *Le Règne animal distribué d'après son organisation*, pl. X, fig. 2.

L'Hydrocyn brochet; *Hydrocynus lucius*, Cuv. Museau très-saillant, pointu; maxillaires très-courts, garnis, ainsi que la mâchoire inférieure et les inter-maxillaires, d'une seule rangée de très-petites dents serrées; première dorsale répondant à l'intervalle des catopes et de la nageoire anale; tout le corps garni de fortes écailles. Taille de 18 pouces.

Cette espèce est nouvelle, et du Brésil aussi, de même que la suivante probablement.

L'Hydrocyn scombéroïde; *Hydrocynus scomberoides*, Cuv. Mâchoire inférieure et os maxillaires garnis d'une simple rangée de dents alternativement très-petites et très-longues, les deux secondes d'en bas passant au travers de deux trous de la mâchoire supérieure quand la bouche se ferme; ligne latérale garnie d'écailles plus grandes; première nageoire dorsale répondant à l'intervalle des catopes et de la nageoire anale. Taille de 9 pouces environ.

Cette espèce a été apportée de Lisbonne par M. Geoffroy, et il y a lieu de croire qu'elle est du Brésil.

L'Hydrocyn a museau courbe; *Hydrocynus falcirostris*, Cuv. Tête faisant à elle seule un peu moins du tiers de la longueur totale; bord de la mâchoire supérieure très-concave; dessus du profil presque rectiligne; douze dents pointues à chaque os intermaxillaire, parmi lesquelles la seconde et la pénultième sont du double et du triple plus fortes; langue lisse; dessus de la tête alépidote; nageoire caudale fourchue; teinte générale d'un gris jaunâtre; une large tache noire sur le milieu de la nageoire caudale, vers sa racine.

L'Hydrocyn a petites dents; *Hydrocynus brevidens*, Cuv. Museau court et mousse; narines fort près des yeux; dents courtes; mâchoire inférieure prolongée; tête alépidote; teinte d'un jaunâtre plus ou moins doré, avec des reflets opalins; une petite tache brunâtre sur chaque écaille; une grande tache noirâtre sur le milieu de la nageoire caudale.

Ce poisson, apporté de Lisbonne à Paris, est originaire du Brésil. Ainsi que les espèces précédentes, il est figuré dans les Mémoires du Muséum d'Histoire naturelle, tom. V, n.º 2, pl. 26. et 27. (H. C.)

HYDROCYON, *Hydrocyon*. (*Ichthyol.*) Dans le cinquième volume des Mémoires du Muséum d'Histoire naturelle, M. Cuvier a remplacé le nom latin d'*hydrocynus* par celui d'*hydrocyon*, plus conforme à l'étymologie (υδωρ, *eau*, et κυων, *chien*), en raison de la voracité des poissons qui composent ce genre. En effet, les habitans des pays chauds, dans les rivières desquels on les trouve, les ont comparés au chien, et les Egyptiens appellent celui du Nil *kelb et bahr* (*chien de fleuve*), ou *kelb el moyeh* (*chien d'eau*). (H. C.)

HYDRODYCTION. (*Bot.*) Ce genre, de la famille des algues, a été séparé du genre *Conferva* de Linnæus, par Roth, et les botanistes se sont empressés, depuis, de l'adopter. Il est très-aisé à reconnoître, et un des plus naturels parmi les genres de cette famille. Les végétaux qui le composent ont la forme d'un réseau à mailles polygones, et semblable à une bourse ou à un sac cylindrique ou oblong, presque fermé à ses deux extrémités. Cette configuration est unique dans ce genre.

Hydrodyction pentagone: *Hydrodyction pentagonum*, Vauch., *Conf.*, p. 88, t. 5; *Hydrodyction utriculatum*, Roth, *Catalect.*, 3; *Conferva reticulata*, Linn.; Sowerb., *Engl. Bot.*, 1687; Dill., 4, fig. 14; Dillev., t. 97. Plante aquatique d'un beau vert d'abord, passant ensuite au jaune, et au grisâtre avec l'âge; à mailles habituellement à cinq côtés, quelquefois aussi à quatre ou six. Cette jolie plante nage dans les eaux tranquilles, entièrement libres, et forme quelquefois des couches qui couvrent la surface de l'eau; c'est ainsi que nous l'avons observée dans les ruisseaux qui traversent les prairies du grand Gentilly et d'Arcueil, près Paris. Il est très-difficile de la recueillir entière, car elle se déchire très-aisément, et l'on a des lambeaux qui ressemblent à de la dentelle. La grandeur des mailles et celle du sac varient selon l'âge. Plus les individus sont jeunes, plus les mailles sont petites et serrées; avec l'âge, les mailles acquièrent trois lignes et demie de diamètre, et le sac sept pouces de longueur sur un pouce et demi de diamètre. Ces différences d'âge ont été méconnues quelquefois, et l'on a cru y voir des espèces et des variétés distinctes. Les petits filets qui forment les mailles sont autant de petits tubes qui se détachent à une certaine époque, et se renflent à leurs extrémités, puis se gonflent, et produisent ainsi de nouveaux individus semblables à celui qui leur a donné naissance.

Cette plante curieuse croit en Europe, dans les ruisseaux et les rivières tranquilles; elle est plus rare dans le Nord : cependant elle résiste à un froid très-vif sans périr. On a observé que des individus desséchés depuis long-temps ont végété et se sont développés ayant été plongés de nouveau dans l'eau.

Cette plante est rapportée par Adanson à son genre *Reticula*, où il place aussi le *rhizomorpha subcorticalis*, Ach., espèce d'un genre qui lui est totalement étranger.

Une seconde espèce de ce genre a été observée à la Nouvelle-Hollande; c'est le *conferva umbilicata*, qui a les mailles triangulaires, et qui est fixé par son centre. Elle demande à être observée de nouveau. (LEM.)

HYDROGALLINE. (*Ornith.*) On a exposé, au mot GALLINULE, les motifs de la préférence donnée à *hydrogalline*, malgré l'irrégularité de la formation de ce dernier terme, dont les racines appartiennent à deux langues différentes, mais qui présente tout à la fois l'idée d'un oiseau ayant des rapports avec les gallinacés, et fréquentant les lieux aquatiques.

Les hydrogallines remplaceront donc ici les poules d'eau, mais avec moins d'extension que dans la Méthode de M. de Lacépède; car ce savant applique la dénomination dont il s'agit, non seulement aux poules d'eau proprement dites, mais aux poules sultanes, autrement appelées talèves ou poi-

phyrions. A l'égard des poules d'eau, il y a encore des diver-
gences d'opinions chez les naturalistes. Ceux qui, comme
M. Temminck, tirent de la longueur comparative du bec avec
la tête les signes distinctifs des râles et des gallinules ou poules
d'eau, confondent les espèces du premier de ces genres avec
celles du second; et, considérant comme des gallinules celles
dont la mandibule supérieure, sans s'élargir sur le front en
forme de plaque nue, pénètre seulement à travers les plumes
qui le couvrent, mettent au premier rang parmi les poules
d'eau, *gallinula*, Lath., le râle de terre ou de genêt, *rallus crex*,
qui vit ordinairement dans les champs, et sont obligés de lui
donner le nom composé et assez étrange de *poule d'eau de
genêt*; tandis que le râle d'eau, *rallus aquaticus*, est le type du
genre *Rallus*.

Sans s'arrêter, au surplus, à cette observation, et mettant
de côté ce qui concerne le plus ou le moins de longueur du bec,
les signes les plus propres à faire aisément distinguer les hydrogallines, les poules sultanes ou talèves, les râles et les foulques qui les avoisinent, semblent être que les râles ont le front
emplumé et les doigts tout-à-fait séparés, sans bordures membraneuses; et que les trois autres genres, dont le front est
garni d'une plaque plus ou moins étendue, diffèrent entre eux
en ce que les talèves ont les doigts totalement libres et à bords
lisses; que les hydrogallines les ont bordés d'une membrane
étroite, sans ondulations, et que chez les foulques cette membrane est festonnée.

Les autres caractères plus particuliers aux hydrogallines sont
d'avoir un bec en général droit, épais à la base, convexe en
dessus, comprimé latéralement, un peu renflé en dessous,
vers l'extrémité, et dont la mandibule supérieure recouvre
les bords de l'inférieure; les narines oblongues, couvertes d'une
membrane gonflée; la langue entière; les pieds longs et nus au-
dessus du genou; les trois doigts antérieurs aplatis en dessous;
le pouce posant à terre sur plusieurs phalanges; les ongles
comprimés sur les côtés; les ailes concaves et arrondies, dont
les deuxième et troisième pennes sont les plus longues.

Quoique les hydrogallines se trouvent souvent à terre,
les eaux douces sont leur vrai domaine; elles vivent, en général, sur celles qui sont stagnantes: on les y trouve seules ou

par couples, et rarement en petites troupes de trois ou quatre. Elles plongent et nagent facilement, et l'on prétend que, dans cette dernière action, elles frappent sans cesse l'eau de leur queue; mais on ne les voit guère nager que pour passer d'une rive à l'autre, ou pour chercher les petits poissons, les insectes et les plantes aquatiques qui composent leur nourriture. Elles affectionnent la lagune où elles ont pris naissance, et elles y reviennent toujours. Elles passent la plus grande partie de la journée dans les roseaux et les joncs, où elles se tiennent cachées; et ce n'est que le soir, et pendant la nuit, qu'elles se hasardent sur la surface des eaux. Leur vol, durant lequel elles ont les jambes pendantes, n'est ni élevé, ni soutenu, ni rapide. Elles placent leur nid sur le bord du rivage, et le composent de joncs secs, grossièrement amoncelés. Les petits courent dès qu'ils sont éclos, et suivent leur mère pendant quelques jours; mais ils s'habituent bientôt à se passer de ses soins. Il paroit que le mâle ne partage pas ceux de l'incubation, car on prétend qu'au moment où la femelle, qui abandonne très-peu son nid pendant le jour, va le soir chercher sa nourriture, elle couvre ses œufs avec des brins d'herbes.

On ignore si ces oiseaux éprouvent une double mue; mais, quoique les jeunes diffèrent beaucoup des adultes, quand ceux-là, après un an révolu, ont pris des couleurs stables, elles ne changent plus, et les mâles ne se distinguent des femelles que par des nuances plus pures et une plaque plus étendue. Il est difficile de déterminer au juste la longueur totale de ces oiseaux, attendu qu'ils varient beaucoup d'individu à individu.

On trouve des hydrogallines dans les deux Continens. Adanson en a vu au Sénégal; Cook dans l'île de Norfolk et à la Nouvelle-Zélande; du Tertre, Sloane, Lepage du Pratz, le P. Feuillée, etc., en ont trouvé beaucoup au Canada, à la Louisiane, à l'île Saint-Thomas, dans les Antilles, à la Guadeloupe, à la Jamaïque et à l'île d'Aves, quoiqu'il n'y ait pas d'eau douce dans cette dernière île. Mais les espèces n'ont pas été suffisamment étudiées par les voyageurs pour s'assurer de l'identité de toutes celles qui, au premier coup d'œil, paroissent être les mêmes.

L'espèce la plus répandue en Europe, et que l'on trouve en

Ecosse, en Angleterre, en Hollande, en Prusse, en Suisse, en Espagne, et dans la plupart des départemens de France, est l'hydrogalline commune, *hydrogallina chloropus*, Lacép.; *gallinula chloropus*, Lath.; et *fulica chloropus*, Linn.; Poule d'eau, Buff., pl. enl., n.° 877, le mâle; pl. 192 de Lewin; 37 de Graves, tom. II; 110 de Donovan. Cette espèce, longue de 12 à 14 pouces, a, dans son état parfait, la tête, la gorge, le cou et toutes les parties inférieures d'un bleu ardoisé; le dessus du corps d'un bleu olivâtre foncé; du blanc au bord de l'aile, et des taches de la même couleur sur les flancs et sur les plumes anales, au centre desquelles on voit aussi des taches noires. La base du bec et la plaque frontale sont rouges, et la pointe du bec est jaune; un cercle d'un beau rouge entoure le tibia, et les pieds sont d'un vert jaunâtre.

Les jeunes, jusqu'à la seconde mue d'automne, ont le haut de la tête, la nuque, le dos et le croupion d'un brun olivâtre; les pennes alaires et caudales sont d'un brun foncé, qui devient plus clair sur les bords des rémiges; il y a au-dessous de l'œil une tache blanchâtre; le devant du cou et la gorge sont de la même couleur; les parties inférieures sont d'un gris clair, avec des nuances olivâtres sur les flancs. La pointe du bec est d'un vert olivâtre, et la plaque frontale est peu apparente; les pieds sont olivâtres, et le cercle du tibia est jaunâtre. C'est, dans cet état, la poulette d'eau de Buffon, *gallinula fusca*, Lath.; *fulica fusca*, Gmel.

Enfin, chez les jeunes de l'année, il y a plus de blanchâtre autour du bec, et les teintes sont plus claires sur les parties inférieures. Des individus, passant d'un âge à l'autre, ont la plaque frontale plus ou moins grande, et colorée de rouge ou de jaunâtre. Ce sont ces variétés dont les auteurs ont fait des espèces, telles que les *gallinula maculata, flavipes* et *fistulans*, Lath.; les *fulica maculata, flavipes* et *fistulans*, Gmel.; les *smirring* et *glout* de Buffon; mais, suivant M. Cuvier, elles ne reposent originairement que sur de mauvaises figures données par Gesner, d'après des dessins qu'il avoit reçus.

L'hydrogalline commune fait son nid avec des joncs entrelacés sur une souche peu élevée ou au milieu des herbes, et exactement au-dessus du niveau des eaux. La femelle y pond cinq à huit œufs d'un blanc cendré, et marqués irrégulièrement de taches d'un brun rougeâtre : Lewin les a représentés pl. 42, f. 1.

Ces oiseaux quittent en octobre les pays froids et montueux, et ils passent l'hiver dans les lieux tempérés, où on les trouve près des sources et sur les eaux vives qui ne gèlent pas, de sorte que leurs voyages paroissent se borner des montagnes à la plaine, et de la plaine aux montagnes. Ils se chargent de graisse en automne, et on les chasse au fusil et au tramail ; mais leur chair ne peut avoir quelque mérite que pour les observateurs de l'abstinence, qui trouvent en elle une viande de carême.

M. Cuvier donne, comme espèce distincte, la poule d'eau tachetée ou grinette, *fulica nævia*, Gmel., et *gallinula nævia*, Lath., laquelle ressemble au râle de terre, même par sa teinte d'un brun fauve, tachetée de noirâtre, et qui a le dessous du corps et les ailes fauves, avec des stries transversales d'un brun noirâtre. Mais, selon M. Temminck, cet oiseau est un jeune du râle de genêt qui, dans la figure d'Albin, tom. 1, pl. 73, n'offre qu'un composé bizarre des *gallinula crex*, *chloropus* et *porzana*, et on doit le rayer du système.

M. Temminck regarde le *gallinula major* de Brisson, et la grande poule d'eau ou porzane de Buffon, comme se rapportant à une race distincte et propre aux contrées méridionales de l'Amérique ; et c'est elle, ajoute-t-il, que M. Lichtenstein a nommée *gallinula galeata* ; mais cette dénomination sembleroit devoir plutôt appartenir à la poule d'eau ou hydrogalline cendrée, *fulica cinerea*, Gmel. ; et *gallinula cristata*, Lath., à cause de la protubérance rouge qu'elle porte sur un front chauve. Au reste, ce dernier oiseau, que l'on croit avoir été apporté de la Chine, a environ 17 pouces de longueur ; la tête, le cou et le croupion sont d'un cendré plus pâle sur cette dernière partie ; le dos et les ailes sont nuancés de vert ; le milieu du ventre est blanc, et les pieds sont bruns.

On a trouvé à Java une hydrogalline couleur de plomb, *gallinula plumbea*, Vieill., ou *hydrogallina plumbea*, Dum., laquelle est longue de 20 pouces, et dont la plaque frontale a la forme d'un fer de lance ; son bec est d'un roux jaunàtre, et la membrane du front d'un rouge vif. La tête, le cou et tout le dessous du corps sont d'un gris plombé, avec une très-petite bande blanche au bord de chaque plume ; celles du dos, qui sont noires, se terminent par un gris de plomb; les pennes alaires sont d'un gris brun, avec des raies grises et blanches en dedans, et les grandes couvertures sont noires et largement bordées de roux clair, ainsi que les plumes anales.

Latham range aussi parmi les poules d'eau un oiseau trouvé à Carthagène d'Amérique, et qu'il nomme *gallinula carthagena*; tandis qu'on pouvoit lui appliquer plus convenablement la dénomination de gallinule ou hydrogalline à front bleu, *hydrogallina cyanifrons*, si c'est une espèce bien constatée, et si cette couleur, tranchant sur le roux de tout le reste du plumage, est chez elle un signe caractéristique général et permanent.

On a déjà fait observer que les *gallinula fusca*, *maculata*, *flavipes*, *fistulans*, ainsi que le smirring et le glout de Buffon, étoient considérés comme des variétés d'âge. La grande poule d'eau de Cayenne, *fulica cayennensis*, Gmel., *gallinula cayennensis*, Lath., pl. enl., n.° 352, a été reconnue devoir appartenir au genre Râle, et il en est probablement de même de la gallinule à cou roux, *fulica cayennensis*, Gmel., qui paroît n'en être qu'une variété, quoiqu'elle soit présentée dans plusieurs ouvrages comme une espèce particulière de gallinule. L'oiseau décrit et figuré dans le supplément à l'*Ornithological Dictionary* de Montagu, sous le nom de *gallinule little* (*gallinula minuta*), et qui ressemble à la marouette, n'est vraisemblablement aussi qu'une variété accidentelle, quoique l'auteur le présente comme une espèce particulière. (CH. D.)

HYDROGASTRUM. (*Bot.*) L'*ulva granulata* est le type de ce genre, établi par Desvaux, il le caractérise ainsi : Globuleux, creux en dedans, rempli d'une humeur aqueuse. Voyez ULVA. (LEM.)

HYDROGÈNE. (*Chim.*)

Composition. Corps simple.

Synonymie. Air inflammable, gaz inflammable.

Propriétés physiques. L'hydrogène est gazeux, incolore : sa force réfringente est de 6,61476, celle de l'air étant 1; sa densité est de 0,0688, suivant MM. Berzelius et Dulong.

Il est inodore à l'état de pureté. Il n'a pas de saveur sensible; il est impropre à la respiration : cependant, on ne peut pas dire qu'il soit délétère. Scheele en a fait vingt inspirations de suite ; et Pilatre de Rozier a confirmé ce résultat sur lui-même. M. H. Davy assure qu'il est impossible de le respirer pendant plus d'une minute. Le timbre de la voix des personnes qui l'ont respiré est tout-à-fait changé.

L'hydrogène est électropositif, par rapport à la plupart des corps simples non métalliques.

Propriétés chimiques. L'action de l'oxigène sur l'hydrogène est nulle dans les circonstances ordinaires. Mais, si on élève suffisamment la température d'un mélange de 1 volume d'oxigène et de 2 volumes d'hydrogène, soit au moyen d'une bougie enflammée, soit au moyen d'un corps incombustible rouge de feu, soit enfin en le comprimant, la combinaison des deux gaz s'opérera ; il y aura inflammation, détonation et production d'eau. On aura le même résultat si, après avoir renfermé les gaz dans un eudiomètre à mercure, on y fait passer une étincelle électrique. (Voyez au mot Gaz, p. 235 et 237, tom. XVII.) C'est même le moyen qu'on emploie pour démontrer la composition de l'eau en volume : ordinairement, on introduit dans l'eudiomètre 2 volumes d'oxigène et 2 volumes d'hydrogène. Après l'inflammation, il reste 1 volume d'oxigène.

La chaleur dégagée de la combustion de l'hydrogène est plus considérable que celle qu'on obtient des autres corps brûlés par l'oxigène.

D'après Lavoisier, 1 livre d'hydrogène, en brûlant, dégage la quantité de chaleur qui est nécessaire pour fondre 295,5895 livres de glace à zéro.

C'est sur ce grand dégagement de chaleur qu'est fondé le Chalumeau de Newman. (Voyez ce mot, tom. VIII, pag. 76.)

La combinaison de l'oxigène avec l'hydrogène peut s'opérer lentement, sans qu'il y ait d'inflammation : c'est ce que M. H. Davy a fait voir, en faisant passer un mélange de 2 vol. d'hydrogène et de 1 volume d'oxigène dans un tube de verre, exposé à une température comprise entre 360^{d}, et la plus grande chaleur que le verre peut éprouver, sans être visible dans l'obscurité.

La combinaison du mélange gazeux se fait encore lentement, dans le cas où, après avoir fait rougir un fil de platine, on l'y plonge au bout de quelques secondes qu'il a cessé d'être lumineux dans l'obscurité. (Voyez article Flamme, 2.ᵉ section, §. III.)

M. H. Davy a observé que le mélange d'oxigène et d'hydro-

gène, amené par une diminution de pression à être dix-huit fois
plus rare qu'il l'est sous la pression de 0,^m76, cesse de s'enflammer par l'étincelle électrique. (Voyez article FLAMME,
pag. 115.)

Si le même mélange est dilaté par la chaleur, au lieu d'être
raréfié par une diminution de pression, il pourra détoner
par le contact d'un corps moins chaud que dans le cas où il
seroit à la température ordinaire : c'est ainsi qu'une chaleur,
qui n'est pas rouge, suffit pour déterminer l'inflammation du
mélange raréfié. (Voyez au mot FLAMME, pag. 116, tom. XVII.)

M. Davy a encore observé que 1 volume d'un mélange de
$\frac{1}{3}$ d'oxigène et de $\frac{2}{3}$ d'hydrogène ne s'enflammoit pas quand
il étoit mêlé avec

          8 volumes d'hydrogène environ.
          9 .... d'oxigène.
         11 .... de protoxide d'azote.
          1 .... d'hydrogène protocarburé.
          2 .... d'acide hydrosulfurique.
         $\frac{1}{2}$ .... d'hydrogène percarburé.
          2 .... d'acide hydrochlorique.
         $\frac{5}{6}$ .... d'acide phtorosilicique.

(Voyez au mot FLAMME, pag. 117, tom. XVII.)

Nous allons examiner maintenant la manière dont se comporte l'hydrogène avec l'air atmosphérique.

Si, après avoir rempli une cloche de gaz hydrogène, et l'avoir
fermée avec un obturateur, on la transporte au milieu de l'air,
l'ouverture tournée en bas, et qu'alors on enlève l'obturateur,
il ne se produit aucun effet, si ce n'est cependant que l'hydrogène peut rester quelque temps dans la cloche, sans se mêler
avec l'air, à cause de la grande différence de densité qui
existe entre ces gaz. Lorsqu'on plonge rapidement une bougie
allumée dans la cloche, elle s'éteint; mais la couche d'hydrogène, qui est en contact avec l'air, a été suffisamment échauf-
fée par la flamme, pour qu'elle brûle en se combinant
avec l'oxigène de l'air : la combustion se continue ensuite
paisiblement couche par couche. Si on plonge la bougie
dans une cloche d'hydrogène, dont l'ouverture est en haut
au lieu d'être en bas, le gaz s'enflamme, et la combustion,
beaucoup plus rapide que dans le cas précédent, est accom-

pagnée d'une Détonation. (Voyez ce mot, tom. XIII, p. 112.)
La cause de la différence des deux combustions tient à ce que,
dans le premier cas, la légèreté spécifique de l'hydrogène le
maintenant dans la partie supérieure de la cloche, jusqu'à ce
qu'il soit brûlé, la combustion est successive ; tandis que, dans
le second cas, l'hydrogène, par sa légèreté spécifique, sortant
de la cloche, en même temps que de l'air extérieur y pénètre, il
en résulte que les gaz se mêlent. Dès lors, si on allume, au moyen
de la bougie, une portion d'hydrogène, la chaleur dégagée par
la combustion de cette portion, se propageant rapidement
dans le reste de l'hydrogène qui est plus ou moins mélangé
d'oxigène atmosphérique, doit déterminer une combustion
rapide dans le reste, et conséquemment il doit y avoir une
détonation. (Voyez, au mot FLAMME, la distinction que nous
avons établie entre les *flammes persistantes* et les *flammes instan-
tanées*, tom. XVII, pag. 102.)

Un mélange de 1 volume de chlore et de 1 volume d'hydrogène, conservé dans l'obscurité, n'éprouve aucun changement ; mais, s'il est exposé à la lumière diffuse, les gaz se combinent lentement sans dégagement de lumière, la couleur du
chlore disparoît entièrement, et, au bout d'un certain temps,
au lieu de 1 volume de chlore et de 1 volume d'hydrogène, on
a 2 volumes d'acide hydrochlorique. Si le mélange est exposé
aux rayons du soleil, il se produit une détonation des plus
fortes, accompagnée d'une vive lumière. Le même phénomène
a lieu, si on introduit dans le mélange une bougie en igni-
tion, une brique chaude ; enfin, si on y fait éclater une étincelle électrique. Dans tous les cas, on obtient 2 volumes d'acide
hydrochlorique. C'est à MM. Gay-Lussac et Thénard que nous
devons l'observation de l'inflammation de l'hydrogène par le
chlore, lorsque ces gaz sont exposés au soleil.

Le procédé le plus sûr pour se convaincre que l'hydrogène,
en se combinant à son volume de chlore, produit 2 volumes
d'acide hydrochlorique, est celui que ces chimistes ont pratiqué.
Pour cela, on prend un ballon de 0,lit 5 au plus, et un flacon
à l'éméri d'une capacité égale. On use l'extrémité du col du
ballon extérieurement, de manière qu'en l'enfonçant dans la
tubulure du flacon, elle puisse le fermer comme le feroit un
bouchon usé à l'éméri. On dessèche les deux vaisseaux ; on rem-

plit le flacon de chlore sec (voyez Préparation du Chlore, tom. IX, page 23); puis le ballon d'hydrogène sec en opérant sur le mercure. On ferme le ballon avec le doigt; et, après avoir débouché le flacon de chlore, on introduit rapidement dans sa tubulure le col du ballon, et on coule tout autour du mastic fondu. Les gaz se mêlent bientôt intimement. On les laisse exposés à la lumière diffuse pendant environ trois jours; alors le mélange n'est plus que très-légèrement coloré, parce qu'il ne reste plus qu'une très-petite quantité de chlore qui n'est pas uni à l'hydrogène. Pour en déterminer la combinaison, il faut exposer l'appareil, pendant une demi-heure, aux rayons du soleil. Lorsque cela est fait, si on sépare le ballon du flacon sur le mercure, on observe, la pression et la température étant les mêmes qu'à l'époque où les gaz ont été mêlés, qu'il n'entre pas de mercure dans les vaisseaux, et qu'il n'en sort pas de gaz. Ce qui prouve que la combinaison s'est faite sans changement apparent dans le volume des élémens. La lumière diffuse agit sur le gaz d'une manière analogue à celle du platine, qui n'est pas assez chaud pour faire détoner le mélange d'oxigène et d'hydrogène, mais qui l'est suffisamment pour en déterminer la combinaison lente.

A une température rouge, l'iode se combine avec son volume d'hydrogène, et forme 2 volumes d'acide hydriodique.

A une température peu élevée, le soufre est dissous par l'hydrogène : il en résulte un volume d'acide hydrosulfurique égal à celui de l'hydrogène.

L'hydrogène, à l'état naissant, se combine au sélénium et au tellure, et il forme deux acides gazeux, ou un hydrure solide avec le tellure seulement.

A l'état naissant, il se combine avec le cyanogène dans le rapport de volumes égaux, et produit de l'acide hydrocyanique.

A l'état naissant, il s'unit au phosphore et à l'arsenic. La première combinaison est gazeuse; la seconde peut être ou gazeuse ou solide, suivant qu'elle contient plus ou moins d'hydrogène. Ces composés ne sont pas acides, ainsi que les suivans.

L'hydrogène forme plusieurs combinaisons avec le carbone : l'une, appelée gaz hydrogène percarburé, s'obtient en traitant

1 partie d'alcool par 5 parties d'acide sulfurique concentré ; la seconde, appelée gaz hydrogène carburé, se produit dans la distillation de la plupart des matières organiques, et surtout dans la décomposition spontanée des matières organiques qui forment une partie de la vase des marais. Enfin le charbon, fortement calciné, est un hydrure solide.

A une température peu élevée, il est absorbé par le potassium, avec lequel il forme un hydrure solide. On a prétendu qu'à une température très-élevée, il étoit susceptible de former un composé gazeux avec le même métal.

L'hydrogène, à l'état naissant, se combine à l'azote dans une foule de circonstances, et il donne naissance à l'ammoniaque, qui est formé de 5 volumes d'hydrogène et 1 volume d'azote, condensés en 2 volumes. Il est remarquable que cette combinaison ait une alcalinité très-prononcée, lorsque sa nature est si différente de celle des autres alcalis.

Etat naturel. L'hydrogène, très-abondamment répandu à l'état de combinaison, est rarement libre. Tous les gaz hydrogènes naturels que l'on a eu occasion d'observer, contenoient ou du soufre, ou du carbone. Cependant, nous ferons observer que l'on pourroit en trouver de pur, par la raison qu'un assez grand nombre de matières organiques azotées en laissent dégager à cet état, à une certaine époque de la décomposition spontanée qu'elles éprouvent dans les eaux.

Préparation. On met des tournures de fer ou du zinc en grenaille dans un flacon ; on verse par-dessus un poids d'acide sulfurique à 10^d, qui doit être sextuple de celui du métal, et qui doit remplir presque tout le flacon. On ferme celui-ci avec un bouchon auquel on a adapté un tube recourbé, rempli d'eau distillée ; on engage l'extrémité du tube dans des flacons pleins d'eau, afin de recevoir le gaz hydrogène qui se dégage au moment même où l'acide est en contact avec le métal.

Si on vouloit obtenir l'hydrogène parfaitement pur, il faudroit le faire passer dans un flacon rempli d'eau de potasse caustique, et ensuite dans un tube rempli de chlorure de calcium pour le dessécher, ainsi que MM. Berzelius et Dulong l'ont fait quand ils ont déterminé la densité de ce gaz.

Dans l'opération dont nous venons de parler, il y a une portion d'eau qui se décompose, pendant que son oxigène, sollicité à la fois par le métal et par l'acide sulfurique, s'unit à ces corps pour former un sulfate, l'hydrogène prend l'état gazeux. Il y a aussi un dégagement de chaleur.

Usages. L'hydrogène, à l'état libre, sert à faire l'analyse de plusieurs gaz qui contiennent de l'oxigène, à gonfler les ballons de taffetas gommé qu'on veut enlever dans l'atmosphère, et produire une température élevée, en le brûlant avec la moitié de son volume d'oxigène dans le chalumeau de Newman.

Des combinaisons les plus remarquables de l'hydrogène avec les comburens.

DU PROTOXIDE D'HYDROGÈNE OU DE L'EAU.

Composition.

	en poids	en vol.	
Oxigène......	88,9	 1	} condensés en 2 vol.
Hydrogène....	11,1	 2	} (Gay-Lussac.)

Berzelius et Dulong.

Propriétés physiques.

Etat de l'eau. Dans notre climat, nous pouvons facilement nous convaincre que l'eau est susceptible d'exister à l'état solide, à l'état liquide, et à l'état de fluide aériforme ou de vapeur. En effet, le plus ordinairement nous la voyons sous la forme d'un liquide incolore, inodore, insipide ; nous observons qu'elle prend l'état solide ou de glace, lorsqu'il survient un abaissement de température suffisant dans l'atmosphère ; alors si elle est en masse compacte, elle ressemble, par sa limpidité, à un bloc de cristal de roche. Quant à l'eau en vapeur, il est moins facile de l'apercevoir que celle qui est liquide ou solide, quoique, dans les températures les plus extrêmes de la couche d'atmosphère où nous vivons, il en existe toujours une quantité notable : cette difficulté tient à ce que la vapeur d'eau est incolore, inodore, comme l'air auquel elle est intimement mélangée. Mais cet air se refroidit-il assez, l'eau, d'invisible qu'elle étoit, apparoît alors sous la forme de brouillard ; dans cet état, elle est redevenue liquide, mais elle se trouve disséminée dans l'air en petits globules que l'on croit généralement être de petites sphères creuses, auxquelles on a donné en conséquence le nom de *vapeur vésiculaire*. Ce brouillard est produit lorsqu'on fait rapidement le vide sous un récipient de cristal. On l'observe aussi lorsqu'on fait bouillir de l'eau dans un vase; la couche d'air qui est immédiatement au-dessus du vase reste transparente, parce que l'eau qui s'y trouve est à l'état de fluide élastique, et par conséquent transparente; mais, plus haut, la diminution de température la convertit en vapeur vésiculaire. Au reste, on peut faire une expérience très-propre à prouver l'existence de la vapeur d'eau dans l'atmosphère : elle consiste à mettre dans un verre de cristal, de l'eau et de l'hydrochlorate d'ammoniaque ; l'action mutuelle de ces corps en abaisse la température à zéro : dès lors, on observe que la surface extérieure du verre, qui étoit parfaitement claire, se ternit et se recouvre d'une rosée d'eau liquide, laquelle provient évidemment de la condensation de la vapeur d'eau qui étoit dans l'atmosphère ambiante.

Congélation et vaporisation de l'eau. Il s'agit maintenant de fixer les conditions de ces trois états de l'eau par rapport à la température, et d'exposer, avec quelques détails, les observations importantes auxquelles a donné lieu cette substance, considérée sous le rapport physique.

Si on plonge un thermomètre dans de la glace qui est placée dans un lieu dont la température est telle que cette glace s'y liquéfie, on observe que, dès que la liquéfaction a commencé, et que le thermomètre est en équilibre avec cette glace fondante, la température se maintient invariable, jusqu'à ce que la liquéfaction soit achevée. Il y a plus, si on répète cette observation avec le même thermomètre sur de la glace qui se fond sous des pressions diverses, on remarque que l'instrument indique toujours le même degré. Cette constance d'un phénomène, que nous pouvons facilement reproduire, a engagé les physiciens à choisir la température de la glace fondante pour un des points fixes du thermomètre. Dans le thermomètre de Fahrenheit, cette température est désignée par le 52.ᵉ degré ; dans celui de Celsius, qui est le même que notre thermomètre centigrade, dans ceux de Réaumur et de Deluc, elle est indiquée par zéro. Si de l'eau, contenue dans un vase de fer-blanc, est placée sur le feu, elle augmentera de volume à partir du 4ᵈ +,o (échelle centig.), et s'échauffera de plus en plus, jusqu'au moment où elle entrera en ébullition ; alors sa température restera fixe, jusqu'à ce qu'elle soit entièrement vaporisée. En répétant cette expérience sous diverses pressions, on observe que l'ébullition commence à un degré d'autant moins élevé, que la pression est moindre ; mais, dès qu'elle a commencé sous une certaine pression, la température reste stationnaire. On est généralement convenu de prendre pour second point fixe du thermomètre, celui de la température de l'eau bouillante, sous une pression de 0,m76 de mercure, environ 28 pouces. Cette température est indiquée par le 212.ᵉ deg. de Fahrenheit, par 100 deg. du thermomètre centigrade, et par le 80ᵉ deg. des thermomètres de Réaumur et de Deluc, qui, quoique d'accord à ces degrés extrêmes, ne le sont pas aux degrés intermédiaires, parce que les degrés de Réaumur sont mesurés par des dilatations égales d'alcool, et les degrés de Deluc le sont par des dilatations égales de mercure.

Nous allons parler maintenant des circonstances où l'eau peut exister à l'état liquide au-dessous de zéro, et de celle où elle peut être exposée à 100^d, sous la pression de 0,m760, sans bouillir.

De ce que la température de la glace fondante est constante, il ne faudroit pas en conclure que l'eau se gèle toujours lorsqu'elle est arrivée à cette température : il y a plus même, c'est qu'elle peut se refroidir de plusieurs degrés au-dessous, et ne pas changer d'état. Pour s'en convaincre, on remplit de ce liquide un matras à col étroit ; on l'expose, en ayant soin de ne pas l'agiter, à un froid que l'on gradue doucement. En opérant ainsi l'eau peut être refroidie à $6^d,16$, sans se geler, ainsi que M. Blagden l'a prouvé pour l'eau privée d'air ; et si elle est recouverte d'une couche d'huile, elle peut l'être jusqu'à 12^d, suivant l'observation de M. Gay-Lussac. L'eau qui se refroidit au-dessous de zéro, en conservant sa liquidité, continue à augmenter de volume ; et, au moment où elle se solidifie, cette augmentation atteint son maximum, et en même temps le thermomètre remonte à zéro. On détermine sur-le-champ la congélation de l'eau refroidie au-dessous de zéro, en imprimant à sa masse, non pas un mouvement de translation dans l'espace, mais un mouvement vibratoire à ses particules ; ou bien encore en y plongeant un petit morceau de glace. Au mot ATTRAC-

TION MOLÉCULAIRE, tom. III, suppl. p. 102, nous avons conclu de ce que la glace avoit moins de densité que l'eau à 4^d, et de ce que l'augmentation de volume de l'eau se manifeste à mesure qu'elle se refroidit à partir de 4^d, que les particules sont autrement disposées dans la glace que dans l'eau liquide, et que cette disposition commence à devenir sensible avant le changement d'état. D'après cela on conçoit pourquoi un mouvement vibratoire, en changeant la position respective des particules d'eau refroidies au-dessous de zéro, en détermine la congélation ; et pourquoi l'impulsion qui transporte toutes les particules dans l'espace, sans en changer les positions respectives, ne produit pas cet effet; et enfin, on explique comment le morceau de glace, plongé dans cette même eau, en agissant par la cohésion de ses particules qui sont à l'état solide, exerce sur les particules de l'eau liquide une action supérieure à l'inertie de ces dernières.

Quant à la chaleur qui se dégage, par la congélation, de l'eau refroidie au-dessous de zéro, elle n'est autre chose que celle qui est absorbée lorsque la glace se fond; car on sait qu'en mêlant 1 partie d'eau à 75^d, avec 1 partie de glace à zéro, on a 2 parties d'eau liquide à zéro. Le dégagement de cette chaleur, et la propriété qu'a l'eau de conduire mal la chaleur, explique pourquoi la glace qui se forme dans une masse d'eau est disposée en aiguilles, et pourquoi cette masse d'eau exige un temps assez long pour sa congélation complète. En effet, au moment où quelques particules prennent l'état solide, les particules environnantes reçoivent la chaleur dégagée, et sont maintenues par là à l'état liquide: mais les particules qui sont un peu plus loin, et qui ne participent pas à cette chaleur, se congèlent ; conséquemment, puisqu'il y a dans une masse d'eau qui se gèle des particules qui reçoivent la chaleur, qu'abandonnent les particules qui prennent l'état solide, et que la congélation ne peut absolument se faire au-dessus de zéro, il est évident qu'il faut que les premières particules qui se gèlent, soiens séparées par des intervalles, où l'eau reste liquide, et, comme elle est mauvais conducteur de la chaleur, il faut un temps assez long pour que toute la masse devienne solide.

L'eau qui s'échauffe dans un vase de métal, à partir de $4^d + o$, se dilate continuellement jusqu'à 100^d, la pression étant de 0,^{m}760 de mercure; nous avons vu qu'alors elle entre en ébullition. Dans ce cas, pour se réduire en vapeur, elle absorbe 4,66 fois la quantité de chaleur que cette même masse d'eau avoit absorbée pour s'élever de zéro à 100^d : mais, ce qu'il y a de très-remarquable, c'est l'influence que la nature du vase exerce sur le terme d'ébullition de l'eau. Ce liquide, dans les conditions que nous avons énoncées précédemment, c'est-à-dire, étant contenu dans un vase de métal et chauffé sous une pression de 0,^{m}760, bouillira à 100^d; mais, si l'eau est dans un vase de verre ou de terre, elle ne bouillira qu'à 100^d,5, 101^d, 101^d,5 même, ainsi que M. Gay-Lussac l'a observé. On remarque alors qu'un corps pointu, particulièrement une parcelle métallique qu'on jette dans le vase, détermine sur-le-champ l'ébullition, et que la température s'abaisse à 100^d.

La plupart des corps qui ont une grande affinité pour l'eau, comme les sels déliquescens, le chlorure de sodium, etc., en abaissent le terme de la congélation. Ce qu'il y a de remarquable, c'est que l'air qui est dissous dans l'eau s'oppose à ce qu'elle puisse se refroidir à 6^d,16 au-dessous de zéro, sans prendre l'état solide; car l'eau aérée, d'après Blagden, ne peut se refroidir au-dessous de 5^d,5, sans se solidifier, et l'eau qui tient des parties solides en suspension, ne peut l'être au-dessous de zéro, sans perdre l'état liquide. Dans ce dernier cas, les parties solides sembleroient agir à la manière d'un fragment de glace qui détermine la congélation d'une masse dans laquelle on le plonge.

Les corps fixes qui ont une forte action sur elle en élèvent le point d'ébullition; c'est un effet que produisent l'acide sulfurique, l'acide phosphorique, la potasse, les sels déliquescens.

Densité de l'eau dans ses différens états.

Le poids d'un volume de glace est à celui d'un volume égal d'eau prise au maximum de densité, c'est-à-dire à 4^d :: 92 : 100; conséquemment, le volume de poids égaux de glace et d'eau à 4^d, sont :: 100 : 92. L'expansion qu'éprouve l'eau à partir de 4^d, soit qu'elle se refroidisse, soit qu'elle s'échauffe, explique un trop grand nombre d'effets pour que nous n'exposions pas les deux suivans :

22.   13

1.° L'eau d'une rivière, d'un lac, d'un étang, ne peut commencer à se congeler avant que la température de toute la masse du liquide soit parvenue à 4^d. Pour le concevoir, supposons qu'une masse d'eau à 12^d se refroidit par sa surface supépérieure seulement, toutes ses autres surfaces étant enveloppées d'un corps absolument non conducteur de la chaleur : les particules de la couche supérieure de cette masse, en se refroidissant, deviennent plus denses que les particules situées au-dessous ; dès lors celles-ci s'élèvent, et les autres descendent. Mais en même temps qu'il s'établit des courans ascendans et des courans descendans, une température uniforme tend à se produire dans le liquide, puisque les particules qui étoient à la surface, en descendant rencontrent des particules moins froides qu'elles ; dès lors, en leur enlevant de la chaleur, elles s'échauffent. On conçoit donc que si le froid cessoit à la surface, les courans cesseroient lorsque la température seroit égale dans toute la masse. Mais, admettons que le froid continue d'agir, et toujours à la surface du liquide, il est visible que les courans ne cesseront qu'à l'époque où toute la masse sera à 4^d ; car alors, toutes les couches de l'eau étant au maximum de densité, la couche de la surface pourra se congeler, puisqu'à mesure qu'elle se refroidit davantage, elle devient de plus en plus légère, et se trouve, par là même, toujours maintenue à la surface où le froid se fait sentir.

Si nous supposons maintenant que la masse d'eau, au lieu d'être contenue dans une enveloppe imperméable à la chaleur, se trouve dans une cavité creusée au milieu d'un solide dont la température est de 12^d, et qui n'est pas susceptible de se refroidir immédiatement par la cause qui abaisse la température de la surface de l'eau, on verra qu'il se présente des cas où la congélation ne pourra pas avoir lieu, suivant le rapport qu'il y aura entre la masse de l'eau et celle de l'enveloppe, d'une part, et d'une autre part, l'intensité de la cause qui produit le froid.

Rappelons-nous maintenant qu'en hiver, l'abaissement de température des corps solides et liquides de la terre commence par la surface qui se trouve en contact avec l'atmosphère, et les suppositions que nous venons de faire expliqueront très-bien pourquoi, en premier lieu, la congélation d'une rivière, ou plus généralement d'une masse d'eau un peu profonde, ne peut commencer avant que la température de toute cette masse soit à 4^d; en second lieu, pourquoi il faut une température de quelques degrés au-dessous de zéro, soutenue pendant plusieurs jours, pour que la congélation s'opère, si toutefois elle est possible; car, si la masse du sol qui sert de réservoir à la masse d'eau que nous considérons est très-considérable, et qu'elle soit susceptible de lui céder de la chaleur, sans être exposée d'ailleurs à se refroidir beaucoup par l'action de l'atmosphère et du rayonnement, on conçoit qu'un froid prolongé ne pourra déterminer la congélation de l'eau.

2.° L'eau qui remplit toute la capacité d'un vase, étant exposée dans des circonstances favorables à sa congélation, agit avec force contre l'enveloppe qui met obstacle à son expansion : elle tend donc à la rompre. C'est ce qui est évident par l'expérience que l'on a faite à Florence. On renferma de l'eau dans une sphère de cuivre; on exposa celle-ci à un froid suffisant pour faire geler l'eau qui y étoit contenue, et la sphère fut brisée : cependant son épaisseur étoit telle, que Muschenbroëck estima qu'il fallut, pour produire cet effet, une force équivalente à 27720 livres.

Cette expérience explique les effets désastreux de l'eau qui se gèle dans les pierres de nos édifices, dans les fruits, dans les plantes, etc., lorsque ce liquide s'y trouve contenu dans des cavités qui ne lui présentent pas l'espace nécessaire à son expansion : elle explique, par la même raison, comment la gelée favorise la conversion en terre de certaines pierres poreuses qui se sont imbibées d'eau : comment, dans les pays schisteux, on peut tirer parti du froid pour convertir en terres arables des terrains pierreux préalablement mouillés.

Les auteurs du nouveau système des poids et mesures ont choisi, pour l'unité pondérable qu'ils ont appelé *gramme,* le poids d'un centimètre cube d'eau, prise à son maximum de densité. Comme on est dans l'usage de prendre l'eau pour unité dans les tables de densité des corps solides et liquides, il est évident que les nombres de ces tables expriment en gramme les poids du centimètre cube de chacune des substances auxquelles ils se rapportent.

Un centimètre cube d'eau à 4^d occupe, lorsqu'il est réduit en vapeur sous la pression de 0,^{m}76, et à la température de 100^d, 1698 centimètres cubes, d'après M. Gay-Lussac. Ce qui donne, pour la densité de la vapeur d'eau comparée à celle de l'air, prise pour unité, 0,6235.

L'expansion de l'eau qui se vaporise explique comment ce liquide est susceptible de produire des effets si violens, lorsque l'espace dans lequel il prend l'état aériforme est trop resserré. C'est sur cette expansibilité, et sur la facilité avec laquelle on l'anéantit, pour ainsi dire, qu'est fondé tout le mécanisme des machines à vapeur.

Forme. L'eau qui se gèle dans des circonstances convenables, est susceptible de cristalliser en prismes hexaèdres.

Le plus souvent elle présente des aiguilles dont une se réunit à l'autre sous des angles de 60 et de 120. L'ensemble de ces aiguilles présente la forme d'une feuille de fougère.

La neige, qui n'est que de l'eau gelée dans l'atmosphère, se présente, dans le Nord surtout, sous la forme d'étoiles à six rayons.

Compressibilité. L'eau passe comme les liquides, en général, pour être incompressible, et cette opinion paroît surtout fondée sur ce qu'on n'aperçoit pas de diminution sensible dans son volume lorsqu'on la soumet dans le tube de Mariotte à la pression de plusieurs atmosphères. Cependant, les expériences de Canton, vérifiées dans ces derniers temps par M. Oersted, prouvent le contraire : la compressibilité de l'eau est très-foible et proportionnelle aux forces comprimantes, et M. Dessaignes a observé qu'en soumettant l'eau à un choc violent et rapide, elle devient lumineuse. Il seroit très-difficile de se rendre compte de ce phénomène, sans admettre la compressibilité de ce liquide.

C'est sur le peu de compressibilité de l'eau, et sur la mobilité de ses particules, qu'est fondé le mécanisme si ingénieux de la presse hydraulique.

Pouvoir conducteur de la chaleur et de l'électricité.

L'eau, comme tous les liquides, est un mauvais conducteur de la chaleur.

Elle ne conduit pas bien l'électricité : aussi, pour qu'elle soit décomposée par la pile, est-il nécessaire d'en augmenter la conductibilité en y dissolvant de l'acide sulfurique ou un sel. (Voyez, pour la décomposition de l'eau par la pile, le mot Attraction moléculaire, tom. III, Supplément, pag. 116.)

Propriétés chimiques de l'eau.

a) *Des actions que l'eau exerce sans éprouver de décomposition, et sans en faire éprouver aux corps sur lesquels elle agit.*

Dans l'impossibilité où nous sommes, je ne dis pas de décrire ici, mais de mentionner toutes les substances sur lesquelles l'eau agit, sans éprouver d'altération dans sa nature, et sans leur en faire éprouver à elles-mêmes, nous ordonnerons ces substances en trois groupes.

Le premier comprendra les hydrates ou les composés dans lesquels l'eau est assujétie à la loi des combinaisons définies.

Le second comprendra les combinaisons qui se forment lorsque l'eau dissout un corps.

Le troisième enfin comprendra les substances solides qui doivent plusieurs de leurs propriétés physiques les plus remarquables à la présence de l'eau, qui s'y trouve en partie, au moins dans un état particulier. Ce n'est que dans ces derniers temps que nous avons fixé l'attention des savans sur ce dernier groupe.

1.er *Groupe.* Hydrates.

L'eau forme des hydrates avec la plupart des acides, des bases salifiables et des sels.

On ne connoît qu'un hydrate de corps simple, c'est celui de chlore.

Quelques substances sont susceptibles de se combiner à l'eau en deux proportions définies. Telles sont surtout la baryte, la strontiane, la potasse et la soude.

La force avec laquelle l'eau est fixée dans les hydrates est extrêmement variée. Dans quelques uns, comme ceux de potasse et de soude fondus, l'eau résiste à la force expansive d'une chaleur rouge; dans quelques autres, comme l'hydrate de deutoxide de cuivre, l'eau se dégage lorsqu'on les expose même au sein de ce liquide à une température de 90^d à 100^d.

Dans quelques hydrates, l'eau exerce la plus grande influence sur l'existence de la combinaison des élémens du corps auquel cette eau est unie : ainsi, dans l'acide nitrique le plus concentré, qui se congèle à 50^d, on ne peut en séparer l'eau par aucun moyen, si ce n'est celui d'une base salifiable, sans que l'acide ne se réduise en vapeur d'acide nitreux et en gaz oxigène : et, d'ailleurs, lorsqu'on présente de l'eau à un mélange de vapeur nitreuse et d'oxigène, sur-le-champ il se produit un hydrate d'acide qui se dissout dans l'excès d'eau.

L'acide sulfurique présente des résultats analogues, avec cette différence cependant qu'il est possible d'obtenir cet acide an-hydre, en distillant certains sulfates ; tandis que, jusqu'ici, on n'a pu obtenir l'acide nitrique à cet état.

L'eau paroît essentielle à l'existence du carbonate d'ammoniaque ; car, si l'on présente 2 volumes d'acide carbonique à 2 volumes d'ammoniaque, il y aura formation d'un sous-carbonate solide, et un résidu de 1 volume d'acide carbonique. Si on ajoute de l'eau, ce volume sera absorbé, et l'on aura un carbonate,

La plupart des hydrates sont à l'état solide à la température ordinaire : un assez grand nombre cristallisent.

Les propriétés caractéristiques des acides et des alcalis ne sont point neutralisées par leur combinaison avec l'eau. Les changemens que nous observons en eux par le fait de cette combinaison, se rapportent, en général, à une diminution de co-hésion dans ceux qui en ont beaucoup, et, au contraire, dans un rapprochement de parties ou une condensation dans ceux qui ont de la tendance à l'expansion. Quoique l'eau ne neutralise pas les acides ni les alcalis, on peut dire cependant qu'elle agit à la manière d'une base salifiable sur les acides, et à la manière d'un acide sur les alcalis.

Il existe des sels anhydres, comme le sulfate de baryte, le sous-carbonate de chaux ; mais la plupart sont hydratés. Dans ceux-ci, l'eau, suivant l'espèce de sel, est fixée avec une force très-variable dans son intensité : mais l'on observe que dans les sels qui tiennent le plus à l'eau, cette dernière n'est point aussi fortement attirée qu'elle l'est par les acides et les alcalis, qui sont susceptibles de former les hydrates les plus stables. D'où il suit que les acides énergiques et les alcalis énergiques qui re-

tiennent l'eau avec le plus de force, perdent de leur action
sur ce liquide par leur neutralisation mutuelle.

2.ᵉ *Groupe.* Dissolutions des corps dans l'eau.

Ces combinaisons toujours liquides ne se distinguent guère
des précédentes que parce qu'elles ne sont point assujéties à des
proportions définies. Les considérations que nous avons émises
relativement à l'influence que l'eau exerce sur les propriétés caractéristiques des acides et des alcalis qui sont susceptibles de
former des hydrates, sont applicables aux dissolutions de ces
mêmes corps, dissolutions qu'on peut regarder comme des hydrates unis à l'eau en proportions indéfinies.

Plusieurs acides qui sont naturellement gazeux, tels que le
carbonique, le sulfureux, l'hydrosulfurique, et qui n'ont pas
une grande affinité pour l'eau, ne forment pas d'hydrates,
mais des dissolutions.

L'action de la chaleur a une grande influence sur la quantité
de matière qui peut être dissoute par un poids donné d'eau.
Elle diminue le pouvoir dissolvant de ce liquide, lorsque le
corps à dissoudre est gazeux : le plus souvent, au contraire,
elle favorise la dissolution des solides qui sont fixes ; nous disons
le plus souvent, parce qu'il y a des corps qui sont moins solubles à chaud qu'à froid ; tels sont la chaux et son citrate, dont
les solutions saturées à la température ordinaire se troublent
lorsqu'elles sont exposées à une chaleur de 100ᵈ.

Parmi les dissolutions dans l'eau de gaz, qui n'ont pas pour
ce liquide une grande affinité, nous devons distinguer celle de
l'air atmosphérique par l'importance qu'elle a dans un grand
nombre de phénomènes de la nature, et par l'influence qu'elle
peut exercer dans les expériences que nous faisons dans nos
laboratoires et dans les travaux de nos ateliers.

Cent mesures d'eau bouillie peuvent dissoudre, suivant
M. Th. de Saussure, à 18ᵈ,4, ᵐ2 d'azote et 6,ᵐ 5 d'oxigène : si
l'absorption se fait au milieu d'un grand volume d'air atmosphérique, les 100 mesures d'eau sont capables d'en dissoudre
jusqu'à 5 d'air. On voit donc que l'oxigène est plus soluble
que l'azote ; ce qui est parfaitement conforme aux observations
que MM. Gay-Lussac et Humboldt ont faites sur la proportion
des élémens de l'air dissous dans l'eau. Ces savans ont vu,

1.º Que l'air contenu dans l'eau étoit plus abondant en oxigène que celui de l'atmosphère;

2.º Qu'en fractionnant l'air qu'on retire de l'eau quand on la fait bouillir, les premières portions contiennent de 0,22 à 0,23 d'oxigène, tandis que les dernières en contiennent de 0,33 à 0,34 ;

3.º Qu'en mettant de l'oxigène en contact avec de l'eau aérée, celle-ci dissout le premier, et abandonne une portion d'azote.

Ils ont observé en outre que la présence de l'oxigène dans l'eau y facilite la dissolution de l'hydrogène sans que, pour cela, il y ait combinaison entre ces gaz : l'eau qui les a dissous les abandonne quand on la fait bouillir.

Tableau de la solubilité de différens gaz dans l'eau.

Cent mesures d'eau, privée d'air, absorbent à 18ᵈ, d'après M. Th. de Saussure :

<pre>
4378 mesures de gaz acide sulfureux.
 253 .... acide hydrosulfurique.
 106 .... acide carbonique.
  76 .... oxide d'azote.
15,5 .... oléfiant.
 6,5 .... oxigène.
 6,2 .... oxide de carbone.
 4,6 .... hydrogène.
 4,2 .... azote.
</pre>

3.ᵉ *Groupe.*

Dans ces derniers temps, j'ai démontré que toutes, ou presque toutes les substances solides qui constituent immédiatement les animaux, tiennent leurs propriétés physiques les plus distinctives d'une certaine quantité d'eau qui s'y trouve engagée dans un état que je n'ai pas défini, parce que nos connoissances actuelles ne le permettent pas.

Les substances que j'ai examinées sont les tendons, le tissu jaune élastique des anatomistes, la fibrine du sang, les cartilages, les ligamens, la cornée opaque et la cornée transparente. J'ai reconnu que ces substances, à l'état sec, sont transparentes ou demi-transparentes, plus ou moins roides, colorées en jaune, tirant sur le rougeâtre : j'ai vu qu'en les mettant dans l'eau, elles absorbent ce liquide, et reproduisent des substances semblables à ce qu'elles étoient dans les animaux vivans. Ainsi, par l'absorption de l'eau, le tendon sec devient souple et argenté ; le tissu jaune sec redevient élastique ; il en est de même de la fibrine ; la cornée opaque sèche redevient d'un blanc laiteux, etc.

Il est remarquable que ces substances, dans les animaux, ne sont pas saturées d'eau ; qu'elles sont susceptibles, au moins certaines d'entre elles, d'absorber des quantités de ce liquide qui croissent jusqu'à un certain point avec la température ; enfin, qu'il est possible de priver ces substances des propriétés distinctives qu'elles doivent à l'eau, en les soumettant à la presse entre des papiers Joseph.

b) Des actions que l'eau exerce sans éprouver de décomposition, mais en faisant éprouver quelque altération à des corps composés.

L'eau, en agissant sur plusieurs sels dont les principes immédiats n'ont pas une grande action mutuelle, et dont l'un est soluble dans l'eau, tandis que l'autre ne l'est pas, ou ne l'est que très-peu, les décompose : elle tend, en général, à former un sous-sel ou un sur-sel insoluble, suivant que c'est la base ou l'acide qui est insoluble, et à dissoudre une combinaison avec excès du corps soluble. C'est ce qui arrive au nitrate de bismuth, à l'hydrochlorate à base d'oxide d'antimoine de la poudre d'algaroth, aux margarates de potasse et de soude.

Lorsque l'affinité du corps insoluble pour le corps soluble est très-foible, le premier peut être précipité à l'état de pureté ; c'est ce qui a lieu pour la solution du péroxide d'antimoine dans l'acide hydrochlorique.

Nous pensons que les sels qui précipitent par une certaine quantité d'eau, et dont le précipité est susceptible d'être redissous par une grande quantité de ce liquide, doivent être considérés, dans cet état de dissolution, non plus comme des sels neutres, mais comme des sous-sels, plus de l'eau acidulée. Nous pensons que les savons, dissous dans beaucoup d'eau, sont des sur-savons dissous dans de l'eau alcalisée, et qu'il en est de même de beaucoup de combinaisons salines qui, au premier coup d'œil, paroissent se dissoudre dans l'eau sans éprouver de changement.

c) *Des actions que l'eau exerce en se décomposant.*

Plusieurs corps simples décomposent l'eau instantanément à la température ordinaire ; tels sont le barium, le strontium, le potassium et le sodium. Pour s'en convaincre, on remplit une petite cloche de mercure : on y fait passer quelques grammes d'eau, puis un fragment d'un de ces métaux enveloppé dans du papier. Dès que les corps sont en contact, il se produit une violente effervescence, occasionnée par de l'hydrogène, et l'on trouve dans le liquide non décomposé le métal uni à l'oxigène de la portion d'eau qui a été décomposée.

Le manganèse, le fer, le zinc et l'étain s'emparent de l'oxigène de l'eau à une température rouge.

Pour faire cette expérience, on met de la limaille ou des petits morceaux d'un de ces métaux dans un tube de porcelaine luté, qui traverse un fourneau à réverbère ; on adapte à une extrémité du tube une petite cornue remplie d'eau, et à l'autre extrémité un tube propre à conduire le gaz sous une cloche pleine d'eau : lorsque le tube est rouge de feu, on chauffe la cornue. L'eau se réduit en vapeur ; elle passe dans le tube où elle est décomposée : son oxigène se fixe au métal, et son hydrogène se dégage. Un fait très-remarquable, c'est que, si on expose, dans un tuyau de porcelaine, l'oxide noir résultant de la décomposition de l'eau par le fer, à la température où il a été produit, et qu'ensuite on fasse passer dessus un courant de gaz hydrogène, il se produit de l'eau, et le fer est complétement réduit, d'après l'observation de M. Gay-Lussac. Ces faits sont inexplicables, si on rejette l'explication que M. Ampère en a donnée : il admet en principe qu'*une différence de température, dans des corps susceptibles de s'unir, favorise leur action mutuelle.* Suivant lui, lorsque la vapeur d'eau passe sur du fer, la tendance qu'a son oxigène à se combiner avec ce métal est favorisée, 1.° par la force répulsive que la chaleur communique aux deux élémens de l'eau réduite en vapeur, et élevée à la même température ; 2.° par l'inégalité de température qui existe entre le fer et la vapeur. Dans le cas où l'on chauffe de l'oxide noir de fer, la chaleur tend à en séparer l'oxigène ; mais elle ne peut jamais être assez forte pour opérer cet effet. Si alors on fait passer de l'hydrogène sur l'oxide, il tend à s'unir à l'oxigène, et, à cause de la différence de leur température, l'union a lieu.

Le manganèse et le fer peuvent décomposer l'eau à la température ordinaire. Pour s'en convaincre, il suffit d'introduire de la limaille de ces métaux dans une cloche posée sur le mercure, où l'on a mis plusieurs grammes d'eau. Mais il faut plusieurs mois, surtout avec le fer, pour obtenir quelques centimètres cubes de gaz hydrogène.

Le carbone rouge décompose l'eau; il se produit de l'acide carbonique et de l'oxide de carbone. L'hydrogène, mis en liberté, paroît, au moins en partie, se combiner avec du carbone.

Il est probable que le bore décomposeroit l'eau à une température rouge.

Le phosphore, à la température ordinaire, paroît agir sur les élémens de l'eau. Cependant, il n'est point encore démontré que ce liquide soit décomposé.

On peut dire que l'eau, en agissant sur les métaux dont nous avons parlé, et même sur le carbone, agit par son oxigène, et comme le fait un comburent sur un combustible. Dans plusieurs cas, elle agit, au contraire, comme corps combustible : c'est ce qui a lieu lorsqu'on fait passer du chlore et de la vapeur d'eau dans un tube rouge : il se produit de l'acide hydrochlorique, et l'oxigène est mis en liberté.

Dans le cas où l'on expose du chlore dissous dans l'eau, à l'action de la lumière, on obtient un résultat analogue, avec cette différence cependant qu'on trouve dans l'eau, avec l'acide hydrochlorique, un peu d'acide chlorique. La production de ce dernier aide certainement la décomposition de l'eau; mais la cause principale qui l'opère est l'affinité de l'hydrogène pour le chlore.

L'iode mis dans l'eau, et exposé au soleil, agit à peu près comme le chlore; il se produit de l'acide hydriodique, et un peu d'acide iodique.

Nous venons de donner des exemples où l'eau agit comme comburent et comme combustible. Citons-en maintenant où elle agit à la fois de ces deux manières. Les chlorures de fer, de nickel, de cobalt, etc., que l'on met dans l'eau, se convertissent en hydrochlorates de protoxides. Les cyanures de potassium, de sodium, plusieurs sulfures et iodures décomposent également l'eau, et se convertissent en hydrocyanates, en hydrosulfates et en hydriodates d'oxides. Cette décomposition de l'eau est très-conséquente à ce qui précède, puisque ses deux élémens sont sollicités, en sens contraire, par la force comburente et par la force combustible; et que nous avons vu plus haut qu'une seule de ces forces suffisoit souvent pour la décomposition. Et, en second lieu, nous ajouterons que les produits résultans de cette décomposition, antagonistes de propriétés, se neutralisent.

Les azotures de potassium et de sodium décomposent aussi l'eau : il en résulte de l'ammoniaque et de la potasse.

Plusieurs métaux, qui ont peu ou pas d'action sur l'eau, peuvent en opérer la décomposition lorsqu'on ajoute au mélange de ces corps un acide susceptible de s'unir à l'oxide du métal mis en expérience. La même décomposition s'observe encore lorsqu'on chauffe dans l'eau du phosphore et un oxide métallique très-alcalin, tels que la potasse et la chaux.

Etat. L'eau qu'on trouve dans la nature en si grande abondance n'est jamais absolument pure, ainsi que nous l'avons dit à l'article EAUX NATURELLES, tom. XIV, p. 75. (Voyez ce mot.) L'eau est un des principes des composés inorganiques. Les plantes et les animaux en contiennent de très-grandes quantités.

Préparation. Au mot EAU DISTILLÉE, tom. XIV, pag. 68, nous avons dit que l'on purifioit l'eau qu'on emploie dans les laboratoires de chimie, en la soumettant à la distillation dans des alambics, et qu'ainsi purifiée elle étoit appelée *eau distillée.* Dans cet état, elle contient toujours de l'air, de l'acide carbonique, et presque toujours de l'ammoniaque. (Voyez EAU DISTILLÉE.)

Usages.—L'eau, à l'état solide, se fondant à une température constante, donne au physicien le moyen de déterminer un des points fixes du thermomètre. D'un autre côté, la propriété qu'elle a d'exiger, quand elle est à zéro, une quantité contante de chaleur pour se fondre, sans qu'elle augmente de température, la fait employer pour déterminer la chaleur que des substances peuvent abandonner par une action mutuelle, et pour comparer les chaleurs spécifiques des corps, c'est-à-dire, les quantités de chaleur qu'une unité de masse de ceux-ci abandonne pour se refroidir d'un degré; ou, ce qui revient au même, les quantités de chaleur qu'elle absorbe pour s'échauffer d'un degré. La glace, mêlée au chlorure de sodium, est employée, dans les offices, pour faire geler des boissons ou des alimens. Ce mélange, et surtout celui de glace et d'hydrochlorate de chaux, sont utiles au physicien et au chimiste pour produire de grands abaissemens de température. Enfin, la glace est employée comme rafraîchissant et comme sédatif par plusieurs médecins.

L'eau, à l'état liquide, présente au chimiste un des agens qu'il emploie le plus souvent, soit à l'état de pureté, soit unie à des acides, à des alcalis, pour faire l'analyse des corps. Dans les arts chimiques, elle rend les plus grands services ; soit qu'on l'emploie pour séparer de petites quantités de matières qu'elle dissout, qui sont disséminées dans des masses très-considérables de matières qu'elle ne dissout pas ; soit qu'on l'emploie pour séparer l'un de l'autre des corps qui sont également insolubles, mais qui diffèrent entre eux par leur densité : de sorte qu'en agitant le mélange de ces corps dans l'eau, laissant reposer le liquide quelques instans, et le décantant avant que tout ce qu'il tenoit en suspension soit précipité, on obtient un premier dépôt de la matière la plus dense, et un second de la matière qui l'est le moins. C'est ainsi que l'on sépare les parties quarzeuses grossières de la terre à porcelaine ; c'est ainsi qu'en lavant plusieurs substances métalliques, on en sépare les substances terreuses. Enfin l'eau liquide, dans la presse hydraulique, donne le moyen de produire des efforts considérables.

L'eau, à l'état de vapeur, est employée comme un véhicule de chaleur, soit qu'en la faisant circuler dans des tuyaux de métal elle serve à échauffer des lambris, des parquets ; soit qu'en la conduisant d'une chaudière, où elle se forme, dans plusieurs cuves remplies de liquides, elle serve à échauffer ces derniers. On en fait encore usage pour nettoyer le linge, pour cuire les alimens, pour des bains, etc. On tire un grand parti de sa force élastique, au moyen des machines à vapeur.

Après avoir indiqué les nombreux usages de l'eau dans les opérations chimiques et dans les arts, il n'est pas sans intérêt de considérer rapidement le rôle qu'elle joue dans l'économie de la nature.

L'eau, descendant des montagnes sous la forme de torrens

ou de rivières, entraîne avec elle les débris des rochers qu'elle trouve sur son passage; les chocs, les frottemens, suites des mouvemens auxquels ces débris sont en proie, en font des cailloux roulés et des sables : l'eau tend ainsi à abaisser les montagnes et à élever le sol des plaines. Les rivières débordées, et chargées de particules solides qu'elles tiennent en suspension, ont la plus grande influence sur la fertilité des plaines qu'elles couvrent momentanément. Là, si les particules qu'elles tiennent suspendues sont de nature organique, elles seront une source de fertilité pour la terre sur laquelle ces particules se déposeront. Ici, au contraire, les rivières rouleront des bancs de sable qui frapperont de stérilité des plaines fertiles. Il n'est pas rare d'observer ces phénomènes différens dans une même vallée où coule un grand fleuve. Les terrains comme les rives, exposés aux inondations subites, sont sujets à être couverts de sable; tandis que les terrains éloignés du lit, qui ne sont inondés que par des eaux dont le mouvement est peu considérable, et qui ont eu le temps de déposer dans le voisinage du lit du fleuve les matières les plus denses qu'elles tenoient en suspension, ne reçoivent que les matières les plus ténues que les eaux charrient, matières qui proviennent des terres cultivées ou plantées de végétaux, situées plus haut que les plaines inondées, que nous considérons.

Dans l'économie animale vivante, l'eau est si nécessaire que, sans elle, la vie est impossible à concevoir. En effet, le végétal fixé au sol a besoin de trouver sa nourriture dans le milieu où ses organes absorbans sont placés : or, tous, ou presque tous ses alimens, sont absorbés à l'état de dissolution aqueuse. L'eau qui est dans les couches de la terre tendant sans cesse à s'y mettre en équilibre, il arrive que, quand les racines ont absorbé l'eau qui étoit en contact avec les petites ouvertures de leurs vaisseaux, la couche de terre qui entoure les racines ne se trouvant plus en équilibre d'humidité avec les couches voisines, celles-ci en cèdent à la première, et ainsi de proche en proche, il s'établit un afflux d'eau dans un grand espace de terrain, vers les racines des végétaux. Par ce moyen, ceux-ci trouvent la nourriture qui leur est nécessaire. L'eau, arrivée dans le végétal, s'élève jusqu'aux feuilles : là, une partie, en s'unissant au carbone qui provient de l'acide carbonique décomposé sous l'in-

fluence de la lumière, reste fixée dans le végétal et accroit
le poids de la matière organique; tandis qu'une autre partie
plus considérable, en s'évaporant dans l'air à la surface du
végétal, abandonne les substances fixes qu'elle avoit dissoutes
dans le sol, et est une nouvelle cause de l'augmentation du
poids de la plante, en même temps qu'elle détermine ou au
moins facilite l'ascension de la séve, et même un mouvement
plus lent du centre à la circonférence des différens sucs des végétaux. En outre, l'eau donne aux organes du végétal la flexibilité qui leur est nécessaire; et, en s'évaporant, elle s'oppose
à ce qu'un excès de température pourroit avoir de nuisible.

L'eau n'a pas, sur la constitution des animaux, une influence
moins marquée que sur celle des végétaux. Si, dans les animaux
qui appartiennent aux classes supérieures, on n'a pas vu évidemment l'eau se fixer à du carbone et à de l'azote pour accroitre la
partie organique de ces êtres, on ne peut méconnoître qu'elle est
l'excipient des fluides réparateurs de tous les animaux; qu'elle
est la cause principale qui s'oppose aux dangers d'une élévation
trop grande de température; enfin, que c'est elle qui imprime
à quelques tissus organiques l'élasticité, et à tous la flexibilité
et la souplesse qui leur sont nécessaires pour remplir les fonctions indispensables à la vie.

Ajoutons que l'eau, par sa propriété de dissoudre l'oxigène
de l'atmosphère, permet à d'innombrables animaux de vivre
au sein des mers profondes; qu'en se réduisant en vapeur, elle
tempère l'action d'une chaleur trop élevée, qu'elle entretient
dans l'atmosphère un mouvement favorable à la vie. Ajoutons
que cette propriété qu'elle a d'être plus dense à 4^d qu'à zéro,
balance les effets dangereux que le froid tend à produire sur
les êtres organisés; car, nous avons vu que la prolongation d'une
température de plusieurs degrés au-dessous de zéro, qui est
nécessaire pour déterminer la congélation des rivières et des
eaux profondes, est une suite de cette propriété. Ajoutons
enfin que les eaux de la mer, en absorbant la chaleur du soleil
sous la zone torride, contribuent encore à adoucir les rigueurs
des hivers dans les climats tempérés, en y transportant des
masses de liquide échauffées.

Histoire. Schèele fit la première expérience connue, pour
déterminer la nature du produit de la combustion de l'hydro-

gène, qui pour lui étoit le phlogistique; il en conclut que ce produit étoit la matière de la chaleur.

En 1776, Macquer et Sigaud de Lafond observèrent qu'une soucoupe de porcelaine froide, placée au-dessus d'un jet de gaz hydrogène enflammé, se couvroit d'humidité.

En 1777, Bucquet et Lavoisier brûlèrent un mélange d'oxigène et d'hydrogène. Ils s'assurèrent qu'il n'y avoit pas d'acide carbonique, ainsi que Bucquet l'avoit d'abord soupçonné.

En 1781, Priestley fit détoner le même mélange dans un vaisseau de verre; il observa qu'il s'étoit déposé de l'humidité; et Warltire, ayant refait l'expérience dans un vase de cuivre, prétendit qu'il y avoit une diminution de poids dans la matière.

Dans la même année, Cavendish répéta l'expérience de Priestley : il obtint $1^{gr}942$ d'eau qui contenoit un peu d'acide nitrique. *Il en conclut dès lors que l'eau n'étoit point un élément, comme on l'avoit cru jusque là avec Aristote, mais un composé d'oxigène et d'hydrogène.* A peu près dans le même temps, Monge à Mézières, et Wat en Angleterre, arrivèrent à la même conclusion.

Enfin Lavoisier, en 1785, aidé de Meunier, ayant brûlé des volumes connus d'oxigène et d'hydrogène, prouva que le poids de l'eau formée étoit égal à celui des gaz brûlés.

M. Lefebvre-Gineau confirma ce résultat, ainsi que MM. Fourcroy, Vauquelin et Seguin. L'expérience faite en commun par ces trois savans fut remarquable en ce qu'ils obtinrent une livre d'eau.

DEUTOXIDE D'HYDROGÈNE, PÉROXIDE D'HYDROGÈNE, EAU OXIGÉNÉE.

Ce composé a été produit, pour la première fois, par M. Thénard, dans le mois de juillet 1818. C'est de son Mémoire que nous tirerons tous les faits que nous allons rapporter.

Composition.

en vol.

Oxigène............ 1
Hydrogène.......... 1

Propriétés physiques et chimiques. L'eau oxigénée reste liquide lorsqu'on l'expose, pendant trois quarts d'heure, à un froid de 30^{d}. Sa tension est beaucoup plus foible que celle de l'eau, à la température ordinaire. C'est pour cette raison qu'en exposant au vide séché par l'acide sulfurique une dissolution d'eau oxigénée dans l'eau ordinaire, celle-ci s'évapore avant la première, ou plutôt il s'évapore, dans les premiers temps, une proportion d'eau beaucoup plus considérable que d'eau oxigénée; de sorte qu'au bout d'un certain temps, c'est de l'eau oxigénée qui s'évapore, probablement avec une petite quantité d'eau ordinaire. L'eau oxigénée peut être ainsi évaporée en totalité sans décomposition. On peut le démontrer directement, en mettant de l'eau oxigénée dans une petite cornue de verre, à laquelle on adapte un ballon tubulé que l'on entoure de glace; on fait le vide dans l'appareil, l'eau oxigénée se réduit en vapeur; elle passe dans le récipient, où elle se condense.

L'eau oxigénée, la plus pure que l'on ait obtenue, avoit une densité de 1,452.

L'eau oxigénée est incolore; elle est inodore, ou presque inodore. Elle attaque l'épiderme; elle le blanchit, et cause des picottemens. Mise sur la langue, elle la blanchit, y cause des picottemens, épaissit la salive, et produit une sensation qui est analogue à celle de certaines dissolutions métalliques.

Elle détruit peu à peu la couleur des papiers réactifs, tels que ceux de tournesol et de curcuma : elle les blanchit.

Action de la chaleur. L'eau oxigénée est réduite, par la chaleur, en eau et en gaz oxigène. On observe que la décomposition se ralentit à mesure que la proportion d'eau désoxigénée augmente par rapport à la quantité d'eau qui n'a pas perdu son oxigène : ce qui prouve une affinité réelle entre les deux oxides d'hydrogène.

La décomposition de l'eau oxigénée est très-sensible à 20^d. On ne pourroit pas exposer brusquement à 100^d $0,^{gr}5$ d'eau oxigénée, dans un vase à col étroit, sans risquer d'être blessé par la rupture du vase.

De l'eau oxigénée, étendue d'une telle proportion d'eau que la liqueur ne contienne que sept à huit fois son volume d'oxigène, ne se décompose pas sensiblement à 50^d; mais, à quelques degrés au-dessus, le dégagement d'oxigène a lieu, et augmente avec la température jusqu'à une époque où il cesse, parce que toute l'eau oxigénée a été décomposée.

Action de la lumière. A la lumière diffuse, de même que dans l'obscurité, le péroxide d'hydrogène se décompose en grande partie; mais il faut plusieurs mois, en opérant à la température ordinaire. A la température de zéro, la décomposition est très-foible : c'est pourquoi, lorsqu'on veut conserver l'eau oxigénée, il faut plonger le vase qui la contient au milieu de la glace, qu'on renouvelle à mesure qu'elle se fond. A la lumière directe, la décomposition est encore assez lente.

Action de l'électricité. L'eau oxigénée est décomposée par la pile, à la manière de l'eau ordinaire; l'oxigène va au pôle positif, et l'hydrogène au pôle négatif. Il paroît n'y avoir de différence que dans le volume de l'oxigène, qui est, comme on doit bien le penser, plus considérable que celui qu'on obtiendroit d'un poids égal d'eau ordinaire.

ACTION DES CORPS INORGANIQUES SUR L'EAU OXIGÉNÉE.

Pour mettre les corps en contact avec l'eau oxigénée, on verse ce liquide, avec une petite pipette, dans un petit tube de verre fermé à un bout, puis on y introduit, au moyen d'une carte, le corps qu'on veut soumettre à l'expérience. Quelques gouttes d'eau oxigénée suffisent pour faire connoître l'action d'un corps. Quand on opère avec de l'eau oxigénée, étendue d'eau ordinaire, il faut employer un peu plus de liquide.

Si un corps décompose l'eau oxigénée, on peut regarder son action comme finie, lorsqu'il n'y a plus de dégagement de gaz; et alors, en y ajoutant du péroxide de manganèse, on reconnoît que tout l'oxigène en a été séparé, s'il ne se produit pas d'effervescence. Cela est fondé sur la puissante action de cet oxide pour réduire l'eau oxigénée en eau et en oxigène.

Ire DIVISION.

Des corps solides qui n'ont pas d'action sur l'eau oxigénée.

a) *Corps simples solides.*

Le bore, le phosphore, le soufre, l'iode, le fer, l'étain, l'antimoine, le tellure, n'ont pas, ou presque pas d'action sur l'eau oxigénée.

On n'a point essayé si l'urane, le titane, le cérium, le barium, le strontium, le calcium, le lithium et le magnesium auroient quelque action sur elle.

b) *Corps composés solides ou gazeux.*

Le sulfure d'argent, le cinabre, n'ont aucune action.

Il en est de même du chlorure de zinc, du sublimé corrosif, et du perchlorure d'étain.

L'alumine, la silice, l'oxide de chrome, le deutoxide d'étain, le protoxide et le deutoxide d'antimoine, l'acide tungstique, sont sans action bien sensible.

L'acide carbonique et l'acide borique sont dans le même cas.

Parmi trente et un sels que M. Thénard a mis en contact avec l'eau oxigénée, quinze ont été sans action, savoir :

Le sulfate de potasse.
       de soude.
       de chaux.
       de baryte.
       de strontiane.
       d'ammoniaque et d'alumine.
Sous-sulfate de deutoxide de mercure.
Nitrate de potasse.
      de soude.
      de baryte.
      de strontiane.
      de plomb.
      de bismuth.
Phosphate de soude.
Chlorate de potasse.

II.ᵉ DIVISION.

Action des corps qui décomposent l'eau oxigénée sans éprouver d'altération, à la température ordinaire.

a) *Corps simples solides.*

Eau oxigénée, et charbon de bois en poudre fine. Action subite et très-vive ; chaleur assez grande ; dégagement de tout l'oxigène à l'état de pureté.

L'eau, qui ne contient que neuf fois son volume d'oxigène, donne lieu au même résultat, sauf qu'il ne se développe pas de chaleur.

Eau oxigénée et argent très-divisé (provenant du nitrate, très-peu de temps après où celui-ci vient d'être décomposé par le cuivre). Action subite, violente ; le tube devient brûlant ; tout l'oxigène est dégagé.

L'eau, qui ne contient que neuf fois son volume d'oxigène, perd également tout son oxigène ; mais il faut plus de temps, et il n'y a pas de chaleur.

Il est très-remarquable que l'action de l'argent diminue à mesure que sa ténuité est moindre. C'est ce qu'on observe très-bien en opérant successivement avec de l'argent précipité depuis quelque temps, avec de l'argent limé ; enfin, avec de l'argent en masse. Dans ce dernier cas, l'action est très-foible, relativement à celle de l'argent divisé.

Eau oxigénée, et platine en poudre fine (provenant de la calcination d'un sel ammoniaco-de-platine, mêlé avec du chlorure de sodium). Action aussi vive, et peut-être plus vive que celle de l'argent très-divisé.

Mêmes phénomènes que les précédens, avec l'eau qui contient neuf fois son volume d'oxigène. Même influence de la ténuité du métal.

Eau oxigénée pure ou étendue ; or très-divisé (provenant du chlorure décomposé par le sulfate de fer). Mêmes phénomènes.

Eau oxigénée pure ou étendue ; osmium en poudre noire. Phénomènes analogues, mais plus intenses ; ce qui peut tenir à la plus grande division du métal.

Eau oxigénée pure ou étendue, et palladium en poudre (provenant de la calcination du sel ammoniaco-de-palladium).

Phénomènes analogues, mais action moins rapide.

Eau oxigénée pure ou étendue, et rhodium en poudre (provenant du sel ammoniaco-de-rhodium calciné).

Mêmes phénomènes qu'avec le palladium.

Eau oxigénée pure ou étendue, et iridium en poudre (provenant de la calcination du sel ammoniaco-d'iridium).

Mêmes phénomènes qu'avec le palladium.

Eau oxigénée et plomb en limaille fine. Action lente d'abord, qui, dans l'espace de quelques minutes, devient très-forte, et donne lieu à beaucoup de chaleur : tout l'oxigène est dégagé.

L'eau oxigénée, contenant neuf fois son volume d'oxigène,

a une action très-foible d'abord; elle augmente peu à peu; après une heure il n'y a plus d'oxigène dans la liqueur.

Eau oxigénée, et bismuth bien divisé.

Mêmes phénomènes.

L'eau, contenant neuf fois son volume, est désoxigénée au bout de douze heures.

Eau oxigénée pure ou étendue, et mercure.

Mêmes phénomènes qu'avec les deux derniers.

Le cobalt, le nickel, le cadmium et le cuivre ont une action très-foible.

Une observation bien remarquable, c'est que, si l'on met dans un verre du platine, de l'osmium ou de l'argent en poudre très-fine et très-sèche, et si on laisse tomber sur le métal une forte goutte d'eau oxigénée qu'on a aspirée dans un tube effilé, dont l'ouverture supérieure peut être fermée à volonté avec le doigt, il se produit une explosion accompagnée d'une lumière sensible dans l'obscurité.

b) *Corps composés.*

Oxides. Nous commencerons par ceux qui ont le plus d'action.

Eau oxigénée, et péroxide de manganèse artificiel très-divisé.

Le tube devient brûlant; tout l'oxigène se dégage; il peut y avoir explosion.

L'action est un peu moins vive avec le péroxide natif.

Eau oxigénée, et péroxide de cobalt.

Phénomènes analogues à ceux qu'on obtient avec le péroxide de manganèse natif.

Eau oxigénée, et massicot en poudre.

Phénomènes analogues aux précédens, seulement la désoxidation est moins prompte.

Eau oxigénée, et hydrate de péroxide de fer.

L'action est très-forte peu de temps après le contact; il y a beaucoup de chaleur dégagée, et la désoxidation de l'eau est complète.

L'oxide de nickel en poudre noire, le deutoxide de cuivre en poudre brune, l'oxide de bismuth en poudre jaune, dégagent tout l'oxigène de l'eau oxigénée, après quelques heures de contact.

La potasse et la soude même en dissolution, dégagent tout l'oxigène de l'eau oxigénée.

Eau oxigénée, et magnésie en gelée comprimée. Dégagement très-sensible d'oxigène qui s'arrête avant la désoxigénation complète.

Eau oxigénée et hydrates de péroxide de barium, de strontium, de calcium, d'oxide d'urane. Peu d'action.

Eau oxigénée, oxide de titane en poudre, fleurs de zinc, deutoxide de cérium. Effervescence très-foible. Après trente heures, la liqueur est à peine désoxigénée.

L'oxide d'argent, le tritoxide de plomb et le péroxide de manganèse artificiel le plus divisé possible, sur lesquels on fait tomber une forte goutte d'eau oxigénée, produisent une explosion qui est accompagnée d'une lumière visible dans l'obscurité.

Chlorures.

Les chlorures de potassium, de sodium, de barium, de calcium, d'antimoine, dégagent lentement l'oxigène de l'eau oxigénée.

Sels.

Il en est de même des sels suivans :
    Sulfate de manganèse.
        de zinc.
        de cuivre.
        de fer.
    Nitrate de manganèse.
        de cuivre.
        de protoxide de mercure.
        d'argent.
    Sous-carbonate de soude.
    Carbonate de potasse.
    Hydrochlorate de manganèse.
        d'ammoniaque.

III.ᵉ Division.

Action des corps qui décomposent l'eau oxigénée en absorbant son oxigène en tout ou en partie.

a) *Corps simples solides.*
Eau oxigénée, et selenium en poudre. Action subite très-vio-

lente; grande chaleur sans lumière: tout le selenium s'acidifie et est dissous.

L'eau qui ne contient que neuf fois son volume d'oxigène, acidifie le selenium en quelques minutes. Il n'y a pas de chaleur, et le dégagement de bulles est très-rare.

Eau oxigénée, et arsenic en poudre. Action subite des plus violentes. Flamme produite par la combustion du métal qui s'acidifie, et qui rend plus difficile la décomposition de l'eau qui ne s'est pas encore décomposée.

L'eau qui ne contient que neuf fois son volume d'oxigène, ne produit pas d'effervescence; de l'acide, étant produit sur-le-champ, s'oppose à la désoxigénation complète de l'eau.

Eau oxigénée, et molybdène en poudre. Action très-violente; combustion lumineuse; formation d'un acide très-soluble qui colore l'eau en jaune.

L'eau, qui ne contient que neuf fois son volume d'oxigène, fait subitement une effervescence assez vive, donne lieu à la production d'un acide. Après quinze heures, la liqueur est bleue, probablement quand il y a un excès de métal.

Eau oxigénée, tungstène et chrome. L'action est foible d'abord; elle ne devient violente qu'avec le tungstène.

Eau oxigénée et potassium. Action subite et violente; combustion vive; dégagement d'oxigène; production de potasse. Il faut opérer dans un verre.

Eau oxigénée et sodium. Mêmes phénomènes qu'avec le précédent.

Eau oxigénée et manganèse. Action très-forte, surtout quand le métal est en poudre; dégagement d'oxigène et de chaleur.

Eau oxigénée et zinc. Action très-foible.

b) *Corps composés.*

Sulfures.

Les sulfures d'arsenic et de molybdène agissent avec force sur l'eau oxigénée; il y a chaleur et lumière; acidification de métal, et le soufre reste presque intact.

Les sulfures de cuivre, d'antimoine, de plomb et de fer, donnent lieu à un grand dégagement de chaleur: ils sont transformés en sulfates; il se dégage de l'oxigène.

Acides.

L'eau oxigénée réduit sur-le-champ l'acide hydriodique en eau et en iode.

Elle décompose l'acide hydrosulfurique, en agissant principalement sur l'hydrogène; car il se dépose du soufre, et l'eau ne précipite pas, pour ainsi dire, le nitrate de baryte.

Quand on verse de l'acide sulfurique concentré en excès dans un mélange d'eau oxigénée et d'hydrochlorate de baryte, l'oxigène de l'eau oxigénée se porte sur l'hydrogène de l'acide hydrochlorique; il se produit de l'eau, et il se dégage du chlore.

Les acides arsenieux et sulfureux sont convertis, par l'eau oxigénée, en acides arsenique et sulfurique.

Oxides.

La baryte, la strontiane et la chaux, en dissolution dans l'eau, versées (la chaux peu à peu) dans l'eau oxigénée pure ou étendue, produisent à l'instant de petites paillettes nacrées, qui sont des péroxides de ces bases salifiables à l'état d'hydrates.

Si on mettoit ces alcalis secs caustiques, avec l'eau oxigénée, il se dégageroit beaucoup de chaleur et d'oxigène, et il ne se produiroit que très-peu de péroxide.

L'hydrate de deutoxide de cuivre gélatineux mis avec l'eau oxigénée étendue, se suroxide; il devient d'un jaune d'ocre; et, dans cet état, il décompose l'eau oxigénée qui n'a pas encore perdu son oxigène.

Les hydrates de zinc et de nickel se suroxident également : le nouvel oxide n'a que peu d'action sur l'eau oxigénée.

Les hydrates de protoxide de manganèse, de cobalt, de fer et d'étain produisent des péroxides que nous connoissons. Les péroxides des deux premiers métaux, surtout celui de manganèse, ont la plus grande action pour décomposer l'eau oxigénée ; le péroxide de fer n'a que très-peu d'action; le péroxide d'étain n'en a pas.

Sels.

Eau oxigénée, et hydriodate de baryte cristallisée. Action subite : chaleur. Il se produit probablement de l'eau et de l'acide iodique qui reste uni à la baryte.

Eau oxigénée, et hydrosulfate de patasse légèrement sulfuré. Action très-forte ; grand dégagement de chaleur et de gaz ; dépôt de soufre ; production d'eau et d'un peu de sulfate.

Eau oxigénée, et hydrosulfate de fer (volcan de Lémery). Action des plus vives ; chaleur ; gaz ; formation d'acide sulfurique.

Eau oxigénée et kermès. Mêmes effets.

IV.ᵉ DIVISION.

Action des oxides qui dégagent l'oxigène de l'eau oxigénée, en même temps qu'ils abandonnent le leur en tout ou en partie.

Eau oxigénée, et oxide d'argent. L'action est si vive , qu'il y a explosion, et que, dans l'obscurité, il y a un dégagement sensible de lumière. L'oxide métallique est réduit. Il faut opérer dans un verre.

L'oxide d'argent dégage instantanément l'oxigène d'une eau qui ne contient que $\frac{1}{50}$ de son volume d'oxigène. M. Thénard attribue la désoxigénation de l'argent à l'élévation de la température.

Eau oxigénée, et tritoxide de plomb. Action presque aussi vive que celle de l'oxide d'argent ; le tritoxide devient massicot.

Eau oxigénée et minium. Action moins vive ; pas de lumière.

Eau oxigénée, et hydrate de deutoxide de mercure. Action qui devient très-forte ; grand dégagement de chaleur ; désoxidation complète des deux corps.

Avec le précipité *per se*, l'action est moins vive.

Eau oxigénée, et oxide d'or en poudre sèche et brune, et oxide de platine. Action très-forte ; dégagement de chaleur ; désoxidation complète des deux corps.

Les oxides d'iridium, de palladium, de rhodium, produiroient vraisemblablement les mêmes effets.

L'oxide d'osmium ne produit pas d'effet sensible sur l'eau oxigénée ; mais, en ajoutant un peu de potasse, il y a effervescence, et la liqueur devient d'un brun foncé.

Ve DIVISION.

Action des corps qui donnent plus de stabilité à l'eau oxigénée en s'y combinant.

Lorsqu'on expose de l'eau qui contient six fois son volume d'oxigène, à une température capable d'en dégager beaucoup de gaz, on arrête ce dégagement en versant dans la liqueur une petite quantité d'un acide fort, qui, d'ailleurs, n'altère pas l'eau oxigénée : tels sont les acides hydrophtorique, hydrochlorique, phosphorique, arsenique, oxalique, etc. Le dégagement s'arrête lors même que la température de l'acide ajouté est égale à celle de l'eau.

De l'eau qui contient deux à trois fois son volume d'oxigène, exposée à la chaleur, perd tout son oxigène, presque aussitôt qu'elle est à 100^d; si elle est acidulée après une demi-heure d'ébullition, elle contiendra encore assez d'oxigène pour faire une vive effervescence avec l'oxide d'argent.

De l'or très-divisé, qui exerce une action extrêmement forte sur l'eau oxigénée, n'en exerce plus, si celle-ci contient un peu d'acide sulfurique. Le résultat est le même avec l'eau oxigénée, qui contient dix, vingt et trente fois ou plus son volume d'oxigène. On observe, dans ces derniers cas, qu'en neutralisant l'acide par la potasse, le dégagement du gaz a lieu ; qu'en sursaturant l'alcali par l'acide sulfurique, le dégagement s'arrête de nouveau.

Le platine, le palladium, le rhodium et tous les métaux dont l'action sur l'eau oxigénée n'est pas très-grande, cessent d'agir sur l'eau qu'on acidule suffisamment.

Il est remarquable que l'or, qui a une action beaucoup plus forte que le bismuth sur l'eau oxigénée, est neutralisé par une quantité d'acide qui ne surmonte pas l'action du bismuth.

Un acide fort a tant d'influence pour fixer l'oxigène dans l'eau, qu'au moyen du vide sec on ne peut amener l'eau, qui contient de l'oxigène sans acide, qu'à un degré tel de concentration, qu'elle contient 250 fois son volume d'oxigène ; mais, en l'acidifiant de manière qu'elle rende le papier de tournesol pourpre, elle peut se concentrer sans altération.

De l'eau oxigénée, contenant cinq à six fois son volume d'oxi-

gène, forme avec les acides hydrochlorique, nitrique, sulfurique, phosphorique, des liqueurs dont nous allons examiner
quelques unes des propriétés; le poids de l'oxigène de l'eau
oxigénée doit être au poids de l'acide dans un rapport deux à
à trois fois plus grand que celui du poids d'oxigène et d'acide
dans les sels neutres.

Ces liqueurs, mises avec un grand nombre de métaux, les
attaquent à la température ordinaire; il se forme des sels qui
quelquefois réagissent sur l'excès de l'eau oxigénée. Si ces liqueurs contenoient l'oxigène et l'acide dans le rapport où ces
corps se trouvent dans les sels neutres de ce même acide,
le métal pourroit être dissous sans effervescence.

Eaux oxigénées acidulées et oxides.

*Oxide d'or verdâtre (préparé par la baryte), 1.° avec l'eau
oxigénée, acidulée par l'acide hydrochlorique.*

Vive effervescence; l'oxide devient pourpre, puis il est
réduit complétement.

*2.° Avec les eaux acidulées par les acides nitrique, sulfurique,
phosphorique.*

Mêmes effets, si ce n'est que l'or, au lieu de prendre l'aspect de celui qui est précipité par le sulfate de fer, est d'un
brun foncé.

*Oxide d'argent hydraté, 1.° avec l'eau oxigénée acidulée par
l'acide nitrique.*

Effervescence très-vive due à de l'oxigène : argent réduit;
nitrate d'argent. Si l'acide nitrique est en excès, l'argent réduit
peut être dissous en tout ou en partie. La dissolution étant achevée, si on ajoute à la liqueur de la potasse, il y a dégagement
d'oxigène, et un précipité d'un violet noir, qui est probablement un protoxide d'argent.

*2.° Avec l'eau oxigénée acidulée par l'acide sulfurique et par
l'acide phosphorique.*

Dégagement d'oxigène; argent réduit; sulfate et phosphate
d'argent : le métal ne se dissout pas ainsi que cela arrive dans
le cas précédent.

3.° Avec l'eau oxigénée acidulée par l'acide hydrochlorique.

En mettant la quantité d'oxide nécessaire pour convertir
l'acide en eau et en chlorure, ou un excès d'oxide, tout l'oxigène

est dégagé. Il se forme de l'eau et du chlorure d'argent violet, qui se distingue du chlorure blanc en ce qu'il est réduit par l'ammoniaque en chlorure blanc soluble, et en argent métallique. C'est probablement un sous-chlorure.

Si on ajoute d'abord au liquide de l'acide sulfurique, nitrique ou phosphorique, et qu'ensuite on y mette de l'oxide d'argent par petites portions, on pourra convertir tout l'acide hydrochlorique en eau et en chlorure d'argent blanc, et il ne se dégagera qu'une portion du gaz oxigène.

Péroxide de manganèse et péroxide de plomb, 1.° *avec l'eau oxigénée acidulée par l'acide nitrique.*

Ces oxides sont dissous avec la plus grande facilité. *S'ils sont en excès*, tout l'oxigène de la liqueur se dégage avec une partie de l'oxigène de la portion du péroxide qui est dissoute ; la potasse, versée dans la solution, précipite des hydrates blancs. *S'ils ne sont pas en excès*, il reste de l'eau oxigénée, laquelle cède son oxigène aux oxides, lorsqu'on vient à les précipiter par la potasse : celui de manganèse se colore en noir, celui de plomb en rouge de brique. La dissolution des oxides est opérée, 1.° par l'affinité de l'acide pour l'oxide vert de manganèse et l'oxide jaune de plomb, 2.° par la force répulsive que l'oxigène de l'eau oxigénée exerce sur une partie de l'oxigène des péroxides.

2.° *Avec l'eau acidulée par les acides sulfurique et hydrochlorique.*

Les résultats sont analogues aux précédens ; ce qui est remarqué pour l'acide hydrochlorique qui, en réagissant sur le péroxide de manganèse, lorsqu'il est uni avec l'eau pure, donne lieu à un dégagement de chlore.

ACTION DES MATIÈRES VÉGÉTALES SUR L'EAU OXIGÉNÉE.

Le tournesol en pain est la seule substance végétale qui dégage l'oxigène de l'eau oxigénée, encore est-ce par son alcali qu'il paroît agir. La liqueur devient rouge au bout de quelques heures : mais au bout d'un jour la couleur est détruite. L'eau oxigénée étendue ne produit pas d'effet.

Les acides oxalique, acétique, tartarique, citrique donnent de la stabilité à l'eau oxigénée ; mais si on faisoit bouillir la liqueur, il pourroit se dégager un peu d'acide carbonique avec l'oxigène, parce qu'alors l'acide organique seroit décomposé. Il est très-probable qu'outre le carbone qui est brûlé, il y a encore de l'hydrogène. Cette décomposition est facile à vérifier sur l'acide tartarique. L'acide oxalique mis dans une eau qui contient six à sept fois son volume d'oxigène ne donne pas d'acide carbonique.

L'oxalate de potasse, l'acétate de potasse, le sucre, la gomme, l'amidon, le ligneux, la mannite, l'huile d'olive, la sandaraque, le camphre, l'alcool, l'indigo ne font pas d'effervescence lorsqu'on les met en contact avec l'eau oxigénée; et celle-ci au bout de quelquesjours, est encore très-oxigénée. Cependant M. Thénard a reconnu que deux de ces substances, le sucre et l'amidon, après plusieurs jours, donnent lieu à un dégagement très-lent d'acide carbonique et d'oxigène, ce qui annonce une décomposition. Le sucre est dissous dès qu'il est mis en contact avec l'eau oxigénée. L'amidon se convertit en gelée d'abord, et ce n'est qu'au bout de deux jours qu'il est dissous.

ACTION DES MATIÈRES ANIMALES SUR L'EAU OXIGÉNÉE.

Matières qui exercent le plus d'action sur l'eau oxigénée, et qui dégagent assez promptement tout l'oxigène d'une eau qui en contient sept à huit fois son volume, chacune de ces matières formant à peu près la moitié du volume de la liqueur.

Fibrine récente, en longs filamens, extraite du sang.
Fibrine récente, en petits filamens, extraite du caillot.
Fibrine sèche.
Tissu du foie, en tranches minces, bien lavées.
Tissu de la rate, *id.*
Tissu des poumons , *id.*
Tissu des testicules, *id.*
Tissu du cœur, *id.*
Tissu graisseux, bien lavé.
Tissu caverneux, *id.*
Choroïde, *id.*
Iris , *id.*
Matière cérébrale , *id.*

Observation. La fibrine, en séparant l'oxigène de l'eau,

donne lieu en même temps à un dégagement de chaleur. Il en
est de même des tissus du foie, des reins et de la rate. Il est
probable que les autres matières en dégagent aussi.

*Matières animales dont l'action sur l'eau oxigénée est moins grande
que celle des précédentes, mais assez forte encore pour dégager
en quelques heures tout l'oxigène d'une eau qui en contiendroit
sept à huit fois son volume, chacune de ces matières formant
à peu près la moitié du volume de la liqueur.*

Tissu bien lavé de la peau.
Id.　　　　　des tendons.
Id.　　　　　des veines.
Id.　　　　　des artères.
Id.　　　　　de la matrice.
Id.　　　　　de l'ovaire.
Id.　　　　　de la glande thiroïde.
Id.　　　　　de l'uretère.
Id.　　　　　des mamelles.
Id.　　　　　du canal thoracique.
Id.　　　　　fibreux.
Id.　　　　　absorbant.
Id.　　　　　ligamenteux.
Id.　　　　　séreux.
Id.　　　　　nerveux organique.
Id.　　　　　nerveux animal.
Moelle.

*Matières animales dont l'action sur l'eau oxigénée est très-foible,
et ne peut dégager que dans l'espace de quelques jours, tout
l'oxigène d'une eau qui en contiendroit sept à huit fois son
volume, chacune de ces matières formant à peu près la moitié du volume de la liqueur.*

Chair musculaire, en tranches minces, bien lavée.
Fibro-cartilage des côtes, *id.*
Fibro-cartilage intervertébral, *id.*
Rétine.
Ongles.

Matières animales dont l'action sur l'eau oxigénée est loin d'être assez grande pour désoxigéner complétement en plusieurs jours une eau qui contiendroit sept à huit fois son volume d'oxigène, chacune des matières formant à peu près la moitié du volume de la liqueur.

Matière caséeuse.
Cartilage.
Os.
Cheveux : action extrêmement foible.

Matières animales qui ne produisent pas la plus légère effervescence dans une eau contenant sept à huit fois son volume d'oxigène, et qui sont d'ailleurs sans action sur elle, du moins dans l'espace de quelques jours.

Albumine liquide.
Albumine coagulée.
Colle de poisson.
Gelée de colle.
Urée.
Acide urique.

Les cheveux, mis avec l'eau oxigénée pure, sont ramollis; et, après vingt-quatre heures, ils sont dissous, sans que l'eau ait perdu d'oxigène.

L'urée est restée pendant plus de six jours en contact avec le même liquide, sans éprouver d'altération, et sans dégager de gaz.

Les résultats précédens sont si remarquables, que nous croyons devoir rapporter le passage suivant, par lequel M. Thénard en résume l'exposé : « Mais, dit-il, puisque la « fibrine, les tissus du poumon, de la rate, des reins, etc. ont « comme le platine, l'or, l'argent, etc., la propriété de dé- « gager l'oxigène de l'eau oxigénée, il est très-probable que « ces effets sont dus à une même force. Seroit-il déraisonnable « de penser, d'après cela, que c'est par une force analogue « qu'ont lieu toutes les sécrétions animales ou végétales ? je « ne l'imagine pas : l'on concevroit ainsi comment un organe, « sans rien absorber, sans rien céder, peut constamment « agir sur un liquide, et le transformer en des produits nou- « veaux. »

DE LA QUANTITÉ D'EAU OXIGÉNÉE QUI PEUT ÊTRE DÉCOMPOSÉE PAR LES CORPS CAPABLES DE METTRE L'OXIGÈNE DE CE LIQUIDE EN LIBERTÉ.

Expériences faites avec l'eau oxigénée.

Le platine, l'or, l'argent, le palladium, le rhodium, l'iridium, l'osmium ont paru à M. Thénard posséder la propriété de décomposer une quantité infinie d'eau oxigénée ; car $0^{gr},1$ de ces métaux, mis en contact plusieurs fois de suite, chacun avec $0^{gr},2$ d'eau oxigénée, n'avoit rien perdu de sa force décomposante à la vingt-cinquième épreuve.

Il paroît en être de même des oxides de manganèse, de cobalt, du plomb et du charbon.

Expériences faites avec l'eau oxigénée étendue.

Le platine, l'or, l'argent, les oxides de manganèse, de cobalt, de plomb peuvent agir sur l'eau oxigénée étendue, plus de trente fois de suite, sans perdre de leur action.

Au contraire, le bismuth, le cuivre, le nickel, le cobalt, les oxides secs de bismuth, de zinc, de nickel, le deutoxide de cuivre desséché, l'hydrate de péroxide de fer, etc. etc., perdoient peu à peu de leur force décomposante, de sorte qu'après quelques jours, ces corps dégageoient à peine quelques bulles d'oxigène, quoiqu'ils fussent dans le même état apparent qu'avant l'expérience.

La fibrine récente, les tissus du poumon, du foie, des reins, etc., ont dégagé pendant bien long-temps, et presque toujours avec la même force, l'oxigène de l'eau oxigénée.

Les ongles, le fibro-cartilage des côtes, et même les tendons, la peau, cessent bientôt d'agir sur l'eau, sans qu'on puisse leur reconnoître la moindre altération. L'affoiblissement de leur action ne tient point à ce que les points de contact sont moins multipliés, à mesure que la désoxigénation a lieu, puisqu'en remplaçant un échantillon de matière qui a cessé d'agir, par un autre de la même espèce, l'effervescence recommence. D'où M. Thénard conclut, *ou que la matière par elle-même perd insensiblement sa force d'agir, ou qu'elle ne la perd que parce qu'elle se combine avec certains corps que retient toujours la liqueur, par exemple, avec un peu de silice.*

DE LA CAUSE A LAQUELLE PEUT ÊTRE DUE LA DÉCOMPOSITION DE L'EAU
OXIGÉNÉE PAR LES MÉTAUX , etc.

On ne peut pas rapporter cette cause à l'affinité , car le platine , l'or, l'argent, le péroxide de manganèse, etc. agissent
sur l'eau oxigénée , sans s'unir à aucun des produits de la
décomposition qui s'opère sous leur influence ; ils paroissent
plutôt agir par répulsion. M. Thénard a recherché s'il se dé-
veloppoit de l'électricité lorsque l'eau oxigénée se réduit en
eau et en oxigène ; il a fait usage de l'électromètre à feuilles
d'or, surmonté d'un condensateur : dans une seule expérience,
les feuilles ont divergé ; mais comme il n'a pu reproduire le
même phénomène, il en a conclu qu'il étoit accidentel. Il
s'est assuré que l'eau oxigénée se maintenoit sans altération
quand on la mettoit en communication avec un seul pôle
d'une pile de trois cent cinquante paires, et qu'elle se dé-
composoit si elle étoit soumise au courant voltaïque.

Quoi qu'il en soit, il est extrêmement probable que la décomposition de l'eau oxigénée est un phénomène électrique :
M. Thénard dit qu'on pourroit supposer que dans ce liquide,
l'eau seroit électrisée positivement, et l'oxigène négative-
ment , et que la combinaison de ces corps n'auroit lieu que
sous cette influence électrique ; que lorsqu'on mettroit certains corps en contact avec l'eau oxigénée, ces corps réuni-
roient les deux électricités ; qu'il en résulteroit de l'eau, de
l'oxigène et de la chaleur. Celle-ci seroit due à la combinaison subite des deux électricités, et M. Thénard admettroit
que dans certains cas elle seroit assez grande pour réduire les
oxides d'argent, de mercure, d'or, etc.

M. Thénard pense que la cause qui manifeste sa puissance
dans la décomposition de l'eau oxigénée, agit dans la détonation des matières fulminantes, dans la décomposition du gaz
ammoniaque par les métaux, et peut-être même dans la fermentation alcoolique.

Préparation de l'eau oxigénée.

(A) Il faut se procurer du nitrate de baryte parfaitement
pur. Pour cela, on traite du sulfure de baryte par de l'eau et
un léger excès d'acide nitrique, dans un vase de fonte. On

fait évaporer à siccité, on reprend par l'eau ; on verse dans la liqueur un léger excès de baryte, on filtre, on fait cristalliser le nitrate dans des vases de platine, d'argent, ou de porcelaine.

(B) On introduit 2 kil., ou 2 kil. $\frac{1}{2}$ de nitrate de baryte dans une cornue de porcelaine (une cornue de grés auroit l'inconvénient d'introduire de l'oxide de manganèse dans le produit de l'opération). On chauffe graduellement le nitrate jusqu'à ce qu'il ne dégage plus de gaz, à la température rouge d'un fourneau à réverbère. La baryte qu'on obtient par ce moyen contient une certaine quantité de silice et d'alumine.

(C) On introduit la baryte, réduite en morceaux de la grosseur de l'extrémité du pouce, dans un tube de verre luté, capable d'en recevoir un kilogramme. Ce tube doit être placé dans un fourneau où on puisse le faire rougir légèrement. On fait communiquer, 1.° une de ses extrémités à une cornue contenant, soit du chlorate de potasse, soit du péroxide de manganèse privé de carbonate (1), au moyen d'un tube rempli de fragmens de chaux vive; 2.° l'autre extrémité à un petit tube, dont un bout plonge dans le mercure. Quand la baryte est chauffée au rouge léger, on dégage l'oxigène : celui-ci est absorbé rapidement ; il se forme du deutoxide de baryte. A partir du moment où l'oxigène sort par le petit tube, on continue l'opération pendant un quart d'heure, on laisse refroidir l'appareil, puis on introduit le deutoxide de baryte dans un flacon bouché. Il a pour caractère de se déliter, sans s'échauffer, quand on y verse un peu d'eau.

(D) On prend deux décilitres d'eau, à laquelle on ajoute assez d'acide hydrochlorique, pur et fumant, pour dissoudre environ 15^{gr} de baryte; on verse l'acide étendu dans un verre à pied qui doit être entouré de glace. On prend 12^{gr} de deutoxide de

---

(1) On peut traiter préalablement l'oxide de manganèse par l'acide nitrique, s'il contient du carbonate, puis le laver et le sécher avant de le chauffer. On pourroit même faire passer l'oxigène dans une solution de potasse, ensuite sur des fragmens de pierre à cautère avant de le faire arriver dans le tube qui contient la baryte.

barium, on les humecte à peine, et on les broye par portions dans un mortier d'agate, ou de verre. A mesure qu'une
portion vient d'être réduite en pâte fine, on la porte, au
moyen d'un couteau de buis, dans la liqueur. La dissolution
s'en opère sans effervescence ; alors on agite la liqueur avec une
baguette de verre, et on y verse goutte à goutte de l'acide
sulfurique, jusqu'à ce qu'il y en ait un léger excès. *La liqueur
est de l'acide hydrochlorique, de l'eau, plus l'oxigène qui étoit en
excès à la composition de la baryte, plus un léger excès d'acide
sulfurique.* On sature de nouveau les acides par du deutoxide de barium, puis on précipite la baryte par de l'acide
sulfurique, en ayant l'attention de n'en mettre qu'un très-
léger excès.

Alors on filtre la liqueur; on passe sur le filtre une très-petite quantité d'eau qu'on ajoute à la liqueur. (Comme ce lavage n'est pas suffisant pour épuiser la matière, on met le filtre
égoutté sur un plan de verre, on enlève la matière qu'il contient, on la délaie dans un peu d'eau; et on jette le tout sur
un filtre. Ce lavage est mis de côté pour laver les filtres des
opérations ultérieures.)

On met dans la liqueur filtrée du deutoxide de barium,
on y verse de l'acide sulfurique, puis, comme la première
fois, sans filtrer, on ajoute de nouveau deutoxide, ensuite de
l'acide sulfurique, et on filtre. On lave le filtre premièrement avec les lavages de l'opération précédente, deuxièmement avec de l'eau; puis on le fait égoutter; et on le presse
dans une double toile d'un tissu bien serré.

On fait ainsi une troisième, une quatrième opération, etc.
jusqu'à ce qu'on juge que l'eau est assez chargée d'oxigène. En
traitant environ 90 à 100 grammes de deutoxide de barium,
on obtient une eau contenant de 25 à 30 fois son volume
d'oxigène. Pour l'oxigéner davantage, il faut y ajouter de
l'acide hydrochlorique.

(E) Quand la liqueur est suffisamment oxigénée, on la
sursature de deutoxide, en la tenant toujours au milieu de
la glace. Par ce moyen, on précipite des flocons d'alumine
et de silice, colorés par un peu d'oxides de fer et de manganèse. On doit jeter promptement la matière sur une toile,
l'y envelopper afin de pouvoir la comprimer quand le ré-

sidu est égoutté. Il faut opérer promptement pour éviter de perdre trop d'oxigène, lorsque l'oxide de manganèse est mis à nu.

(F) Pour séparer les bases et les oxides de fer et de manganèse qui n'auroient pas été précipités dans l'opération précédente, on verse goutte à goutte dans la liqueur un très-léger excès de baryte. Si la liqueur refroidie précipite, il faut la jeter promptement sur deux ou trois filtres : si la filtration ne se faisoit pas bien sur un filtre, il faudroit jeter le liquide sur un autre. Après la filtration, on réunit tous les filtres, et on les comprime dans un linge. Ceux qui contiennent une quantité notable d'oxide de manganèse, s'échauffent assez pour brûler la main.

(G) On précipite le léger excès de baryte de la liqueur (F) filtrée, par la quantité d'acide sulfurique strictement nécessaire, ou, si l'on en met un excès, cet excès doit être extrêmement petit ; on filtre.

(H) Après ces opérations, la liqueur ne contient plus que de l'eau, de l'eau oxigénée et de l'acide hydrochlorique. On la met dans un vase refroidi à zéro, et on y verse peu à peu du sulfate d'argent, aussi pur et aussi neutre que possible ; quand il y a suffisamment de sulfate, la liqueur, de trouble qu'elle étoit, s'éclaircit tout à coup, et alors elle contient de l'eau, de l'eau oxigénée et de l'acide sulfurique ; l'acide hydrochlorique et l'oxide d'argent ayant formé de l'eau et un chlorure qui s'est précipité. Pour que l'opération soit bien faite, il faut que la liqueur ne contienne ni acide hydrochlorique, ni sulfate d'argent, ce qu'on reconnoît à ce qu'elle ne précipite pas le nitrate d'argent et l'acide hydrochlorique.

Dans ce cas, on la jette sur un filtre qu'on laisse égoutter et que l'on comprime dans une toile. Le liquide extrait par la pression, étant trouble, doit être passé à travers le papier.

(I) Pour séparer l'acide sulfurique de la liqueur (H), on verse celle-ci dans un mortier refroidi à zéro, on y ajoute peu à peu de la baryte éteinte, bien desséchée et réduite en poudre fine, on la triture dans le mortier. Quand on juge qu'elle s'est unie à l'acide sulfurique, on en ajoute une seconde portion, etc. Enfin, quand la liqueur rougit à peine le papier de tournesol, on la filtre ; on comprime le filtre dans un linge. On réunit les deux liqueurs, et on y verse de l'eau de baryte qui doit être en très-léger excès, afin de séparer les restes d'oxides de fer et de manganèse qui pourroient se trouver dans la liqueur; on filtre promptement, puis on précipite l'excès de baryte par quelques gouttes d'acide sulfurique foible; celui-ci doit être plutôt en excès que la baryte.

(K) Après ces opérations, on a de l'eau tenant en dissolution de l'eau oxigénée, plus la petite quantité d'acide sulfurique qu'on peut avoir mis en excès dans l'opération (I). On met la liqueur dans un verre à pied qu'on place dans une large capsule, pleine aux deux tiers d'acide sulfurique concentré; on pose l'appareil sur la platine de la machine pneumatique, et on fait le vide. L'eau pure, ayant beaucoup plus de tension que l'eau oxigénée, s'évapore la première. Si pendant le séjour dans le vide, il se formoit un trouble dans la liqueur, il faudroit la décanter de dessus le dépôt, au moyen d'une petite pipette.

On reconnoît que l'eau oxigénée approche du point où l'on ne peut plus en séparer d'eau, lorsqu'il s'y produit des bulles qui crèvent difficilement. Enfin, on reconnoît que l'eau est aussi concentrée que possible, lorsque sous la pression de $0^m,76$ à 14^d, elle donne 475 fois son volume d'oxigène. Pour cela, on prend un volume connu d'eau oxigénée, par exemple, cinq centièmes de centilitre, on l'étend de douze fois son volume d'eau environ, on l'introduit dans un tube de verre fermé à la lampe, par un bout, long de 15 à 16 pouces, large de 7 à 8 lignes, dans lequel on a préalablement versé assez de mercure pour le remplir, à un demi-pouce près, puis on ajoute du mercure ou de l'eau dans le tube, si la liqueur ne le remplit pas exactement; on le ferme avec un obturateur enduit de suif, on le renverse dans une cuve pleine de mercure, et on y fait passer un peu de péroxide de manganèse délayé dans l'eau. En agitant le tube, l'eau oxigénée est complètement décomposée.

(L) Tous les acides qui forment des sels solubles avec la baryte, peuvent donner lieu, en agissant sur le deutoxide de barium, à de l'eau oxigénée; mais l'acide hydrochlorique est préférable à tout autre, à cause de la facilité avec laquelle on peut le séparer.

Les péroxides de potassium, de sodium, de strontium, de calcium, et quelques autres peuvent produire de l'eau oxigénée, par leur contact avec les acides ; mais on ne peut pas en séparer facilement la base qui s'est désoxigénée.

(M) L'eau oxigénée doit être conservée dans un long tube, de verre, fermé hermétiquement à un bout, et bouché à l'autre avec du liége. Pendant l'été, on l'entoure de glace, on le recouvre d'une cloche, et on le met à la cave.

Il ne sera pas inutile de résumer en peu de mots le procédé que nous venons d'exposer, à peu de choses près, comme M. Thénard l'a décrit.

1.° On neutralise de l'acide hydrochlorique, par du deutoxide de barium ; il se forme de l'hydrochlorate de baryte et et de l'eau oxigénée qui s'unit à de l'eau ordinaire.

2.° On précipite la baryte par l'acide sulfurique, on obtient d'une part un précipité de sulfate de baryte, et de l'autre part, une liqueur formée d'eau, d'eau oxigénée et d'acide hydrochlorique.

3.° On met la liqueur précédente avec du sulfate d'argent, il se produit de l'eau et du chlorure d'argent qui se précipite. La liqueur est formée d'eau, d'eau oxigénée et d'acide sulfurique.

4.° En précipitant l'acide sulfurique par l'eau de baryte, on obtient une dissolution d'eau oxigénée dans l'eau ordinaire.

5.° En exposant la dissolution précédente dans le vide, l'eau s'évapore avant l'eau oxigénée.

HYDROGÈNE ET CARBONE.

Il existe un assez grand nombre de combinaisons de carbone et d'hydrogène. A l'article CHARBON, nous avons regardé le résidu fixe de la distillation des matières organiques non azotées comme un carbure d'hydrogène solide, et au mot HUILES VOLATILES, nous avons dit que l'huile de térébenthine, l'huile de citron, les cristaux de l'huile de rose, n'avoient présenté à l'analyse que du carbone et de l'hydrogène. Nous allons décrire maintenant deux combinaisons définies de carbone et d'hydrogène qui sont gazeuses et qui sont appelées *hydrogène percarburé* et *hydrogène protocarburé*. Il est probable qu'il en existe une troisième ; mais comme les faits qui s'y rattachent ne sont pas suffisamment précis, nous n'en parlerons pas.

HYDROGÈNE PERCARBURÉ.

volumes.

Composition. Carbone..... 2 ⎱ condensés en 1.
Hydrogène.............. 2 ⎰

Synonymie. — *Gaz oléfiant, hydrogène percarboné.*

Propriétés physiques. Il est gazeux ; sa densité est, suivant M. Th. de Saussure, de 0,9852 : par le calcul, on trouve 0,9816.

Il est incolore, insipide. Il a une odeur particulière, foible, mais désagréable. Il est impropre à la respiration.

Propriétés chimiques.

a) *Cas où il agit sans décomposition.*

Il n'est ni alcalin, ni acide aux réactifs colorés.

Suivant M. Th. de Saussure, à 18^d,100 mesures d'eau ont dissous 15,5 mesures de ce gaz, et 100 mesures d'alcool, d'une densité de 0,84, en ont dissous 127 mesures.

Il se combine, à la température ordinaire, avec un volume de chlore égal au sien. Le résultat est liquide ; nous l'avons décrit au mot ÉTHER CHLORURIQUE. (Voyez tom. XV, pag. 468.)

b) *Cas où il agit en se décomposant.*

Lorsqu'on le fait passer dans un tube rouge de feu, il abandonne son carbone et double de volume. M. Berthollet prétend qu'en en portant successivement la température jusqu'à la chaleur la plus forte d'un fourneau de forge, il laisse déposer des quantités de carbone de plus en plus grandes, jusqu'à ce qu'enfin il ait triplé de volume. M. Berthollet admet qu'alors l'hydrogène est carburé au *minimum*, et qu'entre ce degré et celui qui constitue l'hydrogène carburé au *maximum*, il en existe beaucoup d'autres.

Soumis à une suite d'étincelles électriques, il est réduit en hydrogène et en carbone, son volume est doublé.

Le mélange de 1 volume de ce gaz et de 4 à 5 d'oxigène,

n'éprouve pas de changement à la température ordinaire ; mais si on y plonge une bougie enflammée, si on le soumet à l'étincelle électrique, il y a une détonation violente, il en résulte de l'eau et de l'acide carbonique. C'est par ce moyen qu'on peut en reconnoître la composition. Pour cela, on introduit 1 volume de gaz percarburé et 5 d'oxigène dans l'eudiomètre à mercure, on enflamme le gaz, on obtient 4 volumes de résidu, lesquels sont formés de 2 volumes d'acide carbonique, et de 2 volumes d'oxigène pur; ce qu'on reconnoît premièrement, au moyen de la potasse qui absorbe l'acide carbonique; deuxièmement, en faisant passer les 2 volumes, qui n'ont pas été dissous par la potasse, dans une cloche pleine de mercure, où l'on a introduit un fragment de phosphore qu'on a chauffé ensuite. Il résulte de là, 1.°, que 2 volumes d'oxigène ont été employés pour produire 2 volumes d'acide carbonique, ce qui représente 2 volumes de vapeur de carbone (dans la supposition où ce dernier corps s'unit à l'oxigène à volume égal, pour faire l'acide carbonique); 2.°, que, puisqu'après la combustion, on retrouve 4 volumes d'oxigène, 2 dans l'acide carbonique, et 2 à l'état libre, le volume d'oxigène qui a disparu a dû brûler 2 volumes d'hydrogène; 3.°, que 1 volume d'hydrogène percarburé est représenté par 2 volumes de carbone et 2 d'hydrogène.

Il est nécessaire de mettre 5 volumes d'oxigène pour brûler complètement le gaz carburé et pour ne pas faire éclater l'eudiomètre. Si on employoit moins de 3 d'oxigène, on obtiendroit un dépôt de carbone; c'est ce qui est surtout sensible, lorsqu'on enflamme l'hydrogène percarburé à l'orifice d'une éprouvette qui en est remplie, et dont l'ouverture est tournée en en bas; la flamme est rouge et fuligineuse.

Le mélange de 2 volumes de chlore et de 1 d'hydrogène percarburé, détone fortement lorsqu'on y plonge une bougie ou lorsqu'on l'expose aux rayons du soleil. Il en résulte un dépot de carbone et 4 volumes d'acide hydrochlorique.

Le soufre qu'on vaporise dans 1 volume de ce gaz, en précipite le carbone, et produit 2 volumes d'acide hydrosulfurique.

État. On ne l'a point rencontré dans la nature.

Préparation. C'est en échauffant doucement dans une fiole munie d'un tube à gaz qui se rend sous un flacon plein d'eau ou de mercure, un mélange de 4 parties d'acide sulfurique concentré, et de 1 d'alcool à 0,821 qu'on obtient du gaz. Comme il est en général mêlé d'acides carboniques et sulfureux, il faut le mettre dans une cloche pleine de mercure avec un peu d'eau de potasse très-concentrée. (Voyez, pour plus de détail, au mot ESPRIT DE VIN.)

Histoire. Il a été décrit en 1796 par les chimistes hollandois sous le nom de gaz oléfiant à cause de sa propriété de former avec le chlore un liquide d'apparence huileuse. Depuis, plusieurs chimistes l'ont étudié. M. Th. de Saussure en a fixé la composition.

HYDROGÈNE CARBURÉ DES MARAIS, OU GAZ INFLAMMABLE DES MARAIS, A L'ÉTAT DE PURETÉ.

Lorsqu'on agite la vase des eaux stagnantes où il y a des matières végétales en décomposition, il se dégage des bulles de gaz qu'on peut recueillir dans un flacon plein d'eau renversé, et dans l'orifice duquel on a introduit le tube d'un large entonnoir. Ce gaz est un mélange d'acide carbonique, d'azote, d'hydrogène carburé et quelquefois d'oxigène. En y chauffant doucement un peu de phosphore, on absorbe l'oxigène; en le traitant ensuite par l'eau de potasse, on dissout l'acide carbonique. Il reste un mélange d'hydrogène carburé et d'azote.

Voici la composition que l'on trouve au gaz hydrogène carburé, en le faisant brûler avec 2,5 fois son volume d'oxigène dans l'eudiomètre à mercure : lorsqu'on traite le résidu gazeux comme celui que l'on obtient de la combustion de l'hydrogène percarburé, 1.° par l'eau de potasse qui absorbe l'acide carbonique; 2.° par le phosphore chaud qui absorbe l'oxigène en excès à la combustion; on a le volume de l'azote qui étoit mêlé au gaz inflammable : en tenant compte ensuite du volume de l'acide carbonique produit, de l'oxigène qui a disparu pour faire de l'eau, du volume du gaz brûlé, on arrive à ce résultat : 1 volume d'hydrogène carburé des marais absorbe 2 volumes d'oxigène, il se produit 1 volume d'acide carbonique, et une quantité d'eau qui est représentée par 2 volumes d'hydrogène, d'où il suit qu'il est formé de 1 volume de carbone et de 2

d'hydrogène condensés en 1 seul. Sa densité doit être de
0,5596.

Ce gaz ne forme pas de composé liquide lorsqu'on le met
en contact avec du chlore à la température ordinaire. Si on
échauffe le mélange il y a combustion vive, dépôt de carbone, et production d'acide hydrochlorique.

On regarde généralement le gaz inflammable des mines de
charbon de terre qui produit le *feu grisou*, comme analogue
au gaz hydrogène carburé des marais.

HYDROGÈNE ET PHOSPHORE.

GAZ HYDROGÈNE PERPHOSPHURÉ.

en volume.

Composition.
Hydrogène..... 1   } condensés en 1.
Phosphore..... 1   }

Suivant Thomson.

MM. Gay-Lussac et Thénard ayant décomposé sur le mercure
1 volume de ce gaz par le potassium, ont obtenu 1 volume ½
d'hydrogène, ce qui ne s'accorde pas avec la composition
précédente.

Synonymie. — *Gaz hydrogène phosphoré, gaz hydrogène per-
phosphoré.*

Propriétés physiques. Il est gazeux; sa densité, suivant
M. Thomson, est de 0,9022. Il est incolore.

Il a une odeur alliacée, une saveur amère, il est délétère.

Propriétés chimiques. — *Cas où il n'est pas décomposé.*

Il est sans action sur les réactifs colorés.

M. Henry et M. Davy ont observé que 1 volume de ce gaz
exigeoit 40 volumes d'eau pour être dissous. Cette dissolution
a une saveur et une odeur analogues à celles du gaz. Elle est
incolore quand elle est préparée avec de l'eau bouillie;
quand au contraire elle a été préparée avec de l'eau aérée,
elle peut être colorée par du phosphore rougeâtre très-divisé
qu'elle tient en suspension. Cette eau perd la totalité de son
gaz lorsqu'on la fait bouillir.

La dissolution d'hydrogène perphosphuré agit sur un assez

grand nombre de sels métalliques dissous dans l'eau, à la manière de l'acide hydrosulfurique.

Une combinaison très-remarquable de ce gaz est celle qu'il forme avec l'acide hydriodique, et dont nous devons la découverte à M. Dulong. Nous en parlerons plus bas en traitant de l'*hydrogène protophosphuré*.

Cas où il est décomposé.

Soumis à la chaleur rouge, ou à une suite d'étincelles électriques, le phosphore se précipite, et l'hydrogène est mis en liberté. Suivant Thomson, la décomposition a lieu dans ces circonstances sans changement de volume.

L'oxigène, à la température ordinaire, a une action très-forte sur ce gaz. Si dans une cloche mince et large, contenant de l'oxigène, on fait arriver peu à peu de l'hydrogène perphosphuré, il se produit une inflammation des plus vives, dont les produits sont de l'eau et de l'acide phosphorique.

Pour brûler complètement 1 volume d'hydrogène perphosphuré, il faut 1 volume $\frac{1}{2}$ d'oxigène, suivant Thomson. Or, comme il sait d'ailleurs que 1 volume d'hydrogène perphosphuré contient 1 volume d'hydrogène qui absorbe un $\frac{1}{2}$ volume d'oxigène pour former de l'eau, il pense que l'acide phosphorique résulte de l'union de volumes égaux d'oxigène et de phosphore.

Le même chimiste a observé qu'en faisant arriver de l'oxigène dans un tube très-étroit qui contient du gaz hydrogène persphosphuré, le phosphore seul est brûlé, sans qu'il y ait dégagement de lumière. L'acide phosphorique produit apparoit sous la forme de fumées blanches. Il est facile d'expliquer l'influence des tubes sur les résultats précédens, si l'on se rappelle que le phosphore exige moins de chaleur que l'hydrogène pour se combiner à l'oxigène. En effet, dans le cas où le tube est étroit, la chaleur dégagée par la combustion du phosphore étant absorbée rapidement par la matière du tube, l'hydrogène est trop froid pour brûler, tandis que dans le cas où le mélange est fait dans un tube large, l'hydrogène se trouve assez échauffé pour être consumé.

L'air agit à la manière de l'oxigène sur l'hydrogène perphosphuré : lorsqu'on incline doucement une cloche pleine de ce gaz, dont l'ouverture est plongée dans l'eau ou même le mercure, de manière à en faire sortir le gaz bulle à bulle, celles-ci, en venant crever à la surface du bain, s'enflamment à l'instant, et si l'air est tranquille, il s'élève des couronnes de fumées blanches qui vont en s'élargissant de plus en plus.

Quand on fait arriver de l'hydrogène perphosphuré dans du chlore, il y a une vive inflammation. Si les gaz sont dans le rapport de 1 à 3, il se produit 2 volumes d'acide hydrochlorique et une quantité d'acide chloro-phosphorique, représentés par 2 volumes de chlore et 1 volume de phosphore. Comme on fait ce mélange sur l'eau, les produits sont absorbés, et l'acide chloro-phosphorique est converti en acides hydrochlorique et phosphorique, par l'action qu'il exerce sur l'eau.

Le soufre chauffé dans le gaz hydrogène perphosphuré, produit 1 volume d'acide hydrosulfurique et du sulfure de phosphore.

L'iode que l'on met en contact avec l'hydrogène perphosphuré dans un tube bien sec, s'unit au phosphore, et l'hydrogène devient libre suivant Thomson.

Le potassium et le sodium chauffés dans ce même gaz le décomposent, ils s'emparent du phosphore et mettent l'hydrogène en liberté.

Etat naturel. On a dit que l'hydrogène perphosphuré, en sortant du sein de la terre où il y avoit des substances animales enfouies, produisoit les feux follets lorsqu'il étoit en contact avec l'air; mais cette opinion est loin d'être prouvée : cependant elle n'est pas du tout contraire à ce que nous savons de la nature des matières animales.

Préparation. On peut le préparer, 1.° en faisant chauffer dans une petite fiole à médecine, munie d'un tube à gaz, 72 grains d'hydrate de potasse, 36 grains de phosphore et 1 à 2 onces d'eau ; on recueille le gaz dans des cloches pleines de mercure lorsqu'il est spontanément inflammable.

2.° En chauffant dans le même appareil 15 parties de chaux réduites en bouillie avec 1 partie de phosphore. Dans ces deux cas, l'eau est décomposée, son oxigène en s'unissant à du phosphore et à une partie de la base salifiable, forme un hypo-phosphite et un phosphate; son hydrogène, en s'unissant à une autre portion de phosphore, forme l'hydrogène perphos-phuré.

3.° Par le procédé de Thomson, on prend une cornue tubu-lée d'une capacité de 12 pouces cubes. On y verse jusqu'à la tu-bulure un mélange de 1 partie d'acide hydrochlorique, et de 5 parties d'eau bouillie; puis on y introduit $\frac{1}{2}$ once de phos-phure de chaux en morceaux. On bouche la cornue, on l'in-cline légèrement de manière à pouvoir achever de l'emplir avec de l'eau bouillie; ensuite on en introduit le bec dans un bain d'eau bouillie. On chauffe légèrement le mélange, et on recueille le gaz dans des flacons. Demi-once de bon phosphure donne 70 pouces cubes de gaz.

Usages. Il est sans usages.

Histoire. Il a été découvert par M. Gengembre en 1783, et examiné en 1786 par Kirwan, en 1791 et 1799 par M. Ray-mond, en 1810 et 1818 par M. Dalton, en 1816 par M. Thom-son.

HYDROGÈNE PROTOPHOSPHURÉ.

Composition, d'après M. Thomson.

en volume

Hydrogène perphosphuré... 1 }
Hydrogène............... 1 } condensés en 1.

Propriétés physiques. Il est gazeux; sa densité, suivant M. Thomson, est de 0,9716. M. H. Davy l'a trouvée par l'expé-rience de 0,87 : il est incolore.

Son odeur est alliacée, sa saveur amère. Il est délétère.
Propriétés chimiques.

a) *Cas où il n'éprouve pas de décomposition.*

Il est sans action sur les réactifs colorés.

Lorsqu'on fait passer dans une cloche placée sur le mercure du gaz hydrogène protophosphuré ou perphosphuré, puis du gaz hydriodique, il se produit aussitôt par l'union des gaz une matière solide qui paroît être cristallisée en cubes. Nous al-lons décrire successivement ces deux combinaisons d'après M. Houton Labillardière.

Hydriodate d'hydrogène protophosphuré.

Composition.

Acide.......................... 1 volume.
Gaz hydrogène protophosphuré... 1

Il est incolore, il se volatilise à une douce chaleur sans altération et sans avoir été fondu.

L'oxigène, l'azote, les acides carbonique, hydrochlorique,
hydrosulfurique, le mercure, secs, ne l'altèrent pas.

L'eau, l'alcool et la plupart des bases salifiables, en s'unissant à l'acide hydriodique, en expulsent l'hydrogène protophosphuré. Il en est de même des acides aqueux. Dans ce cas,
c'est l'eau qui agit.

Le gaz ammoniaque, mis en contact avec l'hydriodate d'hydrogène protophosphuré, sépare un volume de ce dernier
égal au sien. Or, comme l'hydriodate d'ammoniaque est formé de volumes égaux d'acide et de base, il s'ensuit *que l'hydriodate d'hydrogène protophosphuré a une composition analogue.*

Hydriodate d'hydrogène perphosphuré.

Ce composé qui a plusieurs propriétés semblables au précédent, est facile à distinguer d'après la manière dont il se
comporte avec l'eau et le gaz ammoniaque.

1.° L'eau, en s'unissant à son acide, en dégage de l'hydrogène protophosphuré, et en sépare du phosphore à l'état
solide.

2.° L'ammoniaque, en s'unissant à son acide, dégage une
quantité de gaz hydrogène protophosphuré, dont le volume
est la moitié du sien. Il en précipite du phosphore.

Il suit de là et de la composition de l'hydrogène protophosphuré adoptée par M. Thomson, que *dans l'hydriodate d'hydrogène perphosphuré il y a 1 volume d'acide uni à un volume de
base comme dans l'hydriodate précédent.*

M. Houton Labillardière admet, au contraire, *que l'hydriodate d'hydrogène perphosphuré est formé de 2 volumes d'acide unis
à 1 volume d'hydrogène perphosphuré,* parce qu'il pense que ce
dernier n'éprouve aucun changement de volume en devenant hydrogène protophosphuré.

b) *Cas où l'hydrogène protophosphuré éprouve une dé-*
composition.

Il est probable qu'il est décomposé par la chaleur et l'étincelle électrique.

Sous la pression ordinaire il ne s'enflamme pas quand il
est mêlé avec l'oxigène. Il faut pour cela qu'il soit chauffé au
moins à 150ᵈ environ, ou soumis à l'étincelle électrique. Mais
si la pression à laquelle il est soumis vient à diminuer, il prend
feu spontanément, d'après M. H. Labillardière. Quand l'oxigène est en proportion suffisante, les produits sont de l'eau
et de l'acide phosphorique.

Il faut, d'après M. Thomson, 4 volumes de chlore pour en
brûler 1 de ce gaz. Le mélange fait dans cette proportion sur
l'eau est absorbé en totalité.

M. Thomson dit qu'en chauffant dans 1 volume de ce gaz
du soufre et du potassium, on obtient avec le premier du
sulfure de phosphore et 2 volumes d'acide hydrosulfurique,
et avec le second, du phosphure de potassium et 2 volumes
d'hydrogène pur.

Préparation. M. H. Davy a obtenu ce gaz en 1812, en faisant
chauffer dans une petite cornue de verre de l'acide phosphoreux dissous dans très-peu d'eau. On reçoit le gaz dans des
cloches pleines de mercure. Dans cette opération l'acide décompose l'eau. Tandis qu'il en absorbe l'oxigène, il abandonne à l'hydrogène une portion de son phosphore. Le même
gaz est produit lorsqu'au lieu d'acide phosphoreux on emploie de l'acide phosphatique.

Hydrogène et arsenic. (Voyez Arsenic, tome III, Supplément, pag. 23.)

Acide hydrophtorique. (Voyez Hydrophtorique, *acide.*)

Acide hydrochlorique. (Voyez Hydrochlorique, *acide.*)

Acide hydriodique. (Voyez Hydriodique, *acide.*)

Acide hydroselenique. (Voyez Hydroselenique, *acide.*)

Acide hydrosulfurique. (Voyez Hydrosulfurique, *acide.*)

Acide hydrotellurique. (Voyez Hydrotellurique, *acide.*)

Acide hydrocyanique. (Voyez Hydrocyanique, *acide.*)

Azoture d'hydrogène ou ammoniaque. (Voyez ammoniaque.)

(Ch.)

HYDROGETON. (*Bot.*) M. Persoon nomme ainsi l'*ouviran-dra* de Madagascar, *uvirandra* de M. Dupetit-Thouars, plante aquatique, à feuilles en réseau, de la famille des saururées. On ne peut admettre, pour cette plante, le nom de M. Persoon, donné antérieurement par Loureiro à un autre genre voisin du *potamogeton.* Voyez ci-après. (J.)

HYDROGETON, *Hydrogeton.* (*Bot.*) Genre de plantes mono-cotylédones, à fleurs incomplètes, de la famille des *naïades*, de l'*hexandrie trigynie* de Linnæus, offrant pour caractère essen-tiel : Une corolle composée de trois pétales ; point de calice ; six étamines ; les filamens dilatés à leur base ; trois ovaires infé-rieurs, surmontés de trois styles simples. Le fruit consiste en trois capsules membraneuses ; chacune d'elles renferme deux semences.

HYDROGETON CLOISONNÉ : *Hydrogeton fenestralis*, Pers., *Synops.*, 1, pag. 400 ; *Ouvirandra*, Petit-Th., *Nov. Gen. Madag.*, pag. 2, n.° 3. Plante découverte par M. Dupetit-Thouars, à l'île de Madagascar, au milieu des eaux. Sa racine est forte, alongée, tubéreuse : elle produit plusieurs feuilles radicales, plongées dans l'eau, pétiolées, glabres, linéaires, elliptiques, obtuses, cloisonnées ou percées à jour en parallélogrammes. Du centre des feuilles s'élève une hampe renflée dans son milieu, soute-nant plusieurs épis de fleurs odorantes, couleur de rose, com-posées d'une corolle à trois pétales lancéolés ; les filamens des étamines élargis à leur base ; les ovaires se convertissent en trois capsules membraneuses, contenant chacune deux semences attachées à la base des parois, dépourvues de périsperme ; la feuille séminale plissée en lobes. Au rapport de M. Dupetit-Thouars, la racine de cette plante pourroit être bonne à man-ger.

On trouve dans la *Flore de la Cochinchine* de Loureiro un autre genre établi sous le nom de *hydrogeton*, qui ne diffère des *potamogeton* que par huit étamines, au lieu de quatre. On conçoit que ce caractère est insuffisant pour former un genre particulier. (POIR.)

HYDROGLOSSUM. (*Bot.*) Genre de la famille des fougères, qui avoit été d'abord confondu avec l'*ophioglossum* ; mais qui, depuis, en a été séparé, avec raison, par Cavanilles, qui le nomme *ugena* ; par Swartz, qui le désigne par *lygodium* ; par

Michaux, qui l'appelle *cteisium;* enfin, par Willdenow, qui l'a adopté sous le nom de *hydroglossum.* Les genres *Odontopteris* et *Gisopteris* de Bernhardi sont le même divisé en deux : le *ramondia* de Mirbel le représente également, et peut-être doit-on y ramener le *lophidium* de Richard.

L'*hydroglossum* appartient à la division des fougères caractérisées par les capsules uniloculaires bivalves et privées d'anneaux élastiques. Dans ce genre, la fructification forme des épis unilatéraux ; les capsules sont disposées sur deux rangs, et s'ouvrent, par le côté interne, de la base au sommet ; le tégument ou membrane qui recouvre chaque capsule a la forme d'une écaille.

Toutes les espèces de ce genre sont exotiques, et se font remarquer dans la famille par leur port tout particulier. Leur tige est flexueuse, grimpante, garnie de frondes conjuguées, ailées, palmées ou lobées ; les capsules forment sur les rebords de celles-ci des épis radiés.

On peut compter une vingtaine d'espèces dans ce genre. Elles appartiennent aux climats chauds de l'Afrique et de l'Amérique, ainsi qu'aux Indes orientales, à la Nouvelle-Hollande, etc.

Voici l'indication de quelques espèces remarquables :

Hydroglossum grimpant : *Hydroglossum scandens,* Willd., *Spec.,* p. 5, p. 77; *Ophioglossum scandens,* Linn.; *Ugena microphylla,* Cav., *Ic.,* 6, p. 76, tab. 595, fig. 2 ; *Odontopteris,* Bernh.; *Adiantum,* Rumph, 6, t. 52, fig. 4, 2 et 3 ; *Tsieru-valli-panna alt.,* Rhéede, *Malab.,* 12, pl. 34. Frondes conjuguées, ailées ; frondules spicifères, oblongues, tronquées à la base ; les stériles oblongues, en cœur, presque entières. Cette fougère se trouve à Tranquebar, à Amboine, aux îles Marianes et Philippines, etc.

Hydroglossum sarmenteux : *Hydroglossum volubile,* Willd., *Spec.,* pl. 5, p. 78 ; *Lygodium volubile,* Swartz, *Synops.;* Sloan., *Hist.,* 1, tab. 46, fig. 1. Frondes conjuguées, ailées ; frondules oblongues, lancéolées, obtuses, finement dentelées ; frondules stériles, alternes, au nombre de cinq, presque en cœur à leur base, arrondie, à bords sinueux et comme denticulés. Cette espèce croît à la Guiane et à la Jamaïque.

Hydroglossum pinnatifide : *Hydroglossum pinnatifidum,* Willd., *Spec.,* pl. 5, pag. 80; *Lygodium pinnatifidum,* Swartz,

Excl.; Cav., *Syn.; Tsieru-valli-panna* vel *warapoli*, Rhéede, *Malab.*, 12, tab. 33. Frondes conjuguées, ailées; frondules spicifères, lancéolées, divisées en trois parties à leur base, ou arrondies et auriculées; frondes stériles, pinnatifides, garnies de chaque côté de douze frondules environ, linéaires, arrondies, obtuses et très-entières. Cette fougère croît dans les Indes orientales.

Hydroglossum flexueux : *Hydroglossum flexuosum*, Willd., *Spec.*, pl. 5, p. 83, *Act. Acad. Erf.*, 1802, p. 23, t. 1, fig. 3 ; *Lygodium flexuosum*, Swartz; *Ophioglossum flexuosum*, Linn.; *Valli-panna*, Rhéede, *Malab.*, 12, t. 32. Frondes conjuguées, presque divisées en deux parties, palmées, à lobes lancéolés, acuminés et dentelés. Cette fougère croît aux Indes orientales.

Hydroglossum palmé: *Hydroglossum palmatum*, Willd., *Spec.*, pl. 5, p. 84; *Lygodium palmatum*, Swartz; *Cteisium paniculatum*, Mich., *Amer.*, 2, p. 275; *Gisopteris*, Bernh. Frondes conjuguées, palmées en cœur à leur base, divisées profondément en cinq ou six lobes longs d'un pouce et plus, ovales, lancéolés, alongés, obtus; frondes fertiles, garnies en leurs bords de petits épis. Cette espèce croît dans la Virginie et dans la Pensylvanie, etc. Voyez Ramondia et Cteisium. (Lem.)

HYDROGORA. (*Bot.*) Ce genre de champignons, établi par Wiggers (*Prim. Fl. Hols.*) et adopté par Roth, a pour type le *mucor urceolatus* de Dickson et de Bulliard. Ce genre est conséquemment le même que le *pilobolus* de Tode, formé sur la même plante. Les naturalistes ont adopté ce dernier nom pour ce genre : nous y reviendrons donc à sa lettre. (Lem.)

HYDRO-LAPATHUM. (*Bot.*) Lobel nommoit ainsi la parelle ou patience des marais, *rumex aquaticus;* Matthiole la nommoit *hippolapathum.* (J.)

HYDROLEA. (*Bot.*) Voyez Coutarde. (Poir.)

HYDROLINUM. (*Bot.*) Genre de plantes cryptogames de la famille des algues. Elles sont capillaires, et n'offrent ni cloisons intérieures, ni vestiges de fructification extérieure. Ces plantes, qui sont très-simples, se rapprochent, selon Link, auteur de ce genre, des *himantia*, dans la famille des champignons; peut-être même sont-elles des espèces plus parfaites de ce genre, ou des jeunes individus d'espèces d'autres genres. Link cite les *conferva rutilans* et *Hermanni. L'ulva fœtida* s'en rapproche jusqu'à un certain point; mais il en diffère, en ce que, dans son intérieur, on voit la matière verte rassemblée en petits globules ovoïdes.

Ce genre est intermédiaire entre l'*oscillatoria* et l'*ectosperma*. (LEM.)

HYDROLITHE. (*Min.*) On doit la connoissance de cette substance minérale à M. Leman et à M. de Drée, qui la possédoit dans ses magnifiques collections. L'hydrolithe se présente en cristaux hexaèdres, terminés à chaque extrémité par une pyramide à six faces entières ou tronquées. Ces formes secondaires, analogues à celle du quarz, dérivent aussi d'un rhomboïde voisin du cube. L'hydrolithe est tendre, fusible au chalumeau, d'un blanc rougeâtre ou d'un blanc de lait, et se rapproche, seulement pour l'aspect, de certaines variétés d'analcime et de chabasie.

M. Vauquelin a trouvé sur 100 parties d'hydrolithe,

Silice............................ 50

Alumine.......................... 20

Chaux............................ 4,5

Soude............................ 4,5

Eau.,............................ 21

C'est cette forte proportion d'eau qui lui a valu son nom.

L'hydrolithe se trouve au milieu des roches amygdaloïdes de Montechio-Maggiore, dans le Vicentin, et dans celles de Dumbarton en Ecosse. Plusieurs naturalistes les considèrent comme appartenant aux produits volcaniques. (BRARD.)

HYDROLITHE. (*Min.*) Il paroît que l'on a donné ce même nom aux coques de calcédoines, qui renferment une goutte d'eau. (BRARD.)

HYDROMEL. (*Chim.*) Une dissolution de miel dans son poids d'eau est appelée *hydromel simple*, lorsqu'elle n'a point fermenté; elle est appelée *hydromel vineux*, lorsqu'elle a éprouvé la fermentation alcoolique. (CH.)

HYDROMÈTRE, *Hydrometra. Aquarius.* (*Entom.*) C'est le nom d'un genre d'insectes de l'ordre des hémiptères, à élytres demi-coriaces ou hémélytres, à bec paroissant naitre du front; à antennes en soie, composées de petits articles; à pattes longues, dont les tarses ont trois articles, et de la famille des sanguisuges ou zoadelges.

Ce nom, tiré du grec (qu'on auroit dû terminer par *metrum*), est composé des deux mots υδωρ, *eau*, μετρον, *mesure*. Il signifie mesureur d'eau ; tandis qu'*hydrometra* signifie hydropisie de matrice. Il a été imaginé par M. Latreille pour indiquer un genre de punaises aquatiques, excessivement alongées, qui vivent principalement sur le bord des étangs, où elles courent très-vite à la surface de l'eau.

M. Fabricius a appliqué ensuite ce nom de genre à un grand nombre de *gerres*, dont les antennes sont tout-à-fait différentes, et qui, par conséquent, doivent être rangées dans une famille voisine, celle des frontirostres ou rhinostomes. (Voyez HÉMIPTÈRES.)

Le type de ce genre est la punaise aiguille de Geoffroy, tom. 1, pag. 468, n.° 60, et que Dégéer a figuré, tom. III, pl. 15, n.° 24, dont nous avons nous-même donné une figure exacte, mais du double de la grandeur naturelle, au n.° 5 de la planche des hémiptères zoadelges dans l'Atlas de ce Dictionnaire.

C'est un insecte à corps linéaire, dont la tête est cependant excessivement alongée, au milieu de laquelle se voient sur les côtés deux yeux globuleux : on l'a nommé hydomètre des étangs, *hydrometra stagnorum*. Il a cinq ou six lignes de long. Il est noir ; les antennes et les pattes sont d'une teinte moins foncée.

Une autre espèce a été rapportée des Indes orientales par le docteur Kœnig. Fabricius l'a nommée hydromètre des fossés, *hydrometra fossarum*. Elle est brune; elle porte sur le dos une ligne, et les bords de son corselet et de son écusson sont jaunes. (C. D.)

HYDROMICUS. (*Bot.*) Les caractéres de ce genre de plantes cryptogames, établi par Rafinesque, ne nous sont pas connus. Il a pour type le *tremelloides aquosus*, Linn. Ce champignon, selon Rafinesque, se rapproche des *tremella*. Il croît dans les ruisseaux et dans les endroits humides, sur les racines d'arbres, dans le New-Jersey et la Pensylvanie. Il est à croire que c'est une espèce de nostoch plutôt qu'un champignon. (LEM.)

HYDROMYES ou BEC-MOUCHES. (*Entom.*) Nous avons désigné sous ce nom, dans la Zoologie Analytique, une famille d'insectes à deux ailes, qui n'ont ni trompe charnue, ni suçoir corné, et dont la bouche se prolonge en un museau plat, saillant, muni de palpes distinctement articulés. Telles sont les *tipules*, les *hirtées*, les *scatopses*.

Ce nom de *bec-mouches* indique cette particularité remarquable, et tout-à-fait distincte, de la forme de la bouche, en forme de museau que nous venons d'indiquer. Celui d'*hydromyes* est tiré des deux mots grecs υδρος, *aquatique*, et de μυια, *mouche*, parce qu'en effet ces insectes se trouvent dans les lieux humides, et que les larves de la plupart se développent dans l'eau ou dans les terrains humides.

Les habitudes de ces insectes, leur conformation, leurs mœurs exigent en effet qu'on les considère comme constituant une famille distincte (Voyez l'article DIPTÈRE), où nous avons présenté beaucoup de détails sur les larves de ces insectes, et sur les différences nombreuses qu'offrent ces hydromyes, dans leur reproduction sous le rapport des mâles et des femelles, dont les yeux, les antennes, l'abdomen, et souvent les couleurs, varient beaucoup ; dans la forme des larves, qui ne sont pas apodes absolument, et qui ont une sorte de tête écailleuse comme celle des chenilles ; dans la configuration des nymphes qui changent de peau, et qui souvent se filent une sorte de cocon.

Cette famille, que M. Latreille a adoptée à peu près dans l'ouvrage de M. Cuvier intitulé le Règne Animal distribué d'après son organisation, en y adjoignant cependant le genre Cousin, a été par lui subdivisée comme il suit :

Les *tipules* dont il n'offre pas les caractères essentiels, mais qu'il subdivise

A. En culiciformes qui composent les trois sous-genres, 1 *Tanypes*, auxquels il rapporte les genres *Corèthre* et *Chironome* de M. Meigen ; 2. *Cératopogons* ; 3. les *Psychodes*.

B. Les tipules proprement dites, auxquelles il réunit les *enétophores*, les *néphrotomes*, les *ptychoptères*, *érioptères*, *trichotères*, de M. Meigen.

C. Les tipulaires fongivores, telles que les *asindules*, les *platyures*, les *mycétophiles*, *anisopes*, *sciares*, *macrocères*, *molobres* et les *cératoplates*.

D. Enfin, les tipulaires florales, telles que les *hirtées*, les *sca-*

topses, les *simulies*, qui paroissent être plutôt des espèces voisines des cousins.

Il nous seroit impossible de suivre les détails de cet arrangement, dont les caractères ne sont pas tirés des mêmes parties. Ne pouvant pas les comparer, nous nous bornerons à donner ici l'analyse des six genres que nous avons indiqués dans la Zoologie, en avouant que celui des *tipules* doit être subdivisé, comme nous le ferons à cet article. Les quatre autres sont très-faciles à distinguer.

Deux de ces genres, en effet, ont les antennes à peu près de la longueur de la tête ; ce sont les *hirtées* ou *bibions* de Geoffroy, qui n'y ont que neuf articles, et les scatopses qui en ont onze.

Dans les trois autres genres, les antennes sont très-longues; dans les *cératoplates*, elles sont comprimées et en fuseau, ou plus grosses au milieu; dans les *tipules* et les *psychodes*, ces antennes alongées ne sont jamais comprimées, quoique très-variables; mais le dernier de ces genres se distingue de celui des tipules parce que les espèces qu'on y rapporte ont les ailes en toit comme des petits bombyces; ce qui leur fait même donner le nom de phalénules par M. Meigen. Ces ailes sont grandes, velues, ciliées. Voici le tableau d'analyse de cette classification.

Famille des Bec-Mouches ou Hydromyes.

Diptères à bouche prolongée en museau plat et saillant,
munie de palpes.

à antennes	longues	en fils variables : à pattes	longues : ailes nues.... 1 Tipule.
			courtes : ailes velues... 3. Psychode.
		plates comprimées....................... 2. Cératoplate.	
	courtes	perfoliées, de la longueur de la tête..... 5. Hirtée.	
		grenues, de la longueur du corselet...... 4. Scatopse.	

(C. D.)

HYDROMYS (*Mamm.*) [Geoff., S. Hil.] Ce nom, tiré du grec, et qui signifie proprement rat d'eau, fut donné par M. Geoffroy (Ann. du Mus., tom. 6) à un genre composé de deux rongeurs alors inédits, et d'un autre, indiqué par Molina sous le nom de coypu (*mus coypus*, Gmel.), par Commerson (figures inédites), sous celui de *myopotamus bonariensis*, et par d'Azara sous celui de quouyia. Ce dernier animal, peu connu, par ses dents, ne put être classé que par supposition avec les deux autres. Mieux connu aujourd'hui, il doit former le type d'une nouvelle division générique, voisine des castors. (Voyez MYOPOTAMUS.)

Le genre Hydromys ne se compose donc que de deux seules espèces, qui sont, l'une et l'autre, de l'Australasie, et ses caractères sont les suivans :

Dents molaires au nombre de huit; deux de chaque côté des mâchoires; la longueur de chacune d'elles est double de sa largeur; l'émail les traverse dans leur milieu, en se contournant de manière que leur tranche figure assez bien le chiffre arabe 8, ce qui est surtout rendu sensible par deux excavations assez profondes, correspondantes à l'espace circonscrit par les deux cercles qui forment ce chiffre.

Les sens de ces animaux sont très-peu connus : l'œil paroît petit; le nez semble être celui des rats; les oreilles sont courtes et arrondies, et l'on ne sait quelle étendue peut avoir le toucher, ni quelle est la structure des organes de la génération.

Les pieds de devant ont quatre doigts de médiocre longueur, libres, velus, et armés d'ongles petits, pointus, et légèrement recourbés; et un pouce rudimentaire sur lequel on trouve, comme dans les rats, un très-petit ongle plat.

Ceux de derrière ont cinq doigts assez longs, réunis jusqu'aux ongles par une membrane large et un peu velue, et terminés par des ongles semblables à ceux des pieds de devant.

La queue est longue, ronde, couverte de poils très-courts et peu fournis, mais qui sont plus longs, et en plus grand nombre, à la base, et semblent là une continuation de ceux de la croupe.

Leurs poils sont de deux natures : les uns, laineux, forment une bourre assez épaisse, très-fine et très-douce au toucher; les autres, soyeux, plus longs et plus roides que les précédens, les recouvrent presque entièrement. Des moustaches longues et roides garnissent la mâchoire supérieure.

Ils ont à peu près les formes de notre rat d'eau (voyez

Campagnol), et, à ce qu'il paroît, ses habitudes : comme lui, ils vont s'établir près des rivières, dans les excavations du rivage.

L'Hydromys a ventre jaune ; *Hydromys chrysogaster*, Geoff., Ann. du Mus., tom. 6, pag. 88. Le dessus de la tête, du cou et des épaules, le dos, le haut des flancs, la croupe, la partie postérieure de la cuisse, le poignet et les doigts des pieds de devant sont d'un brun roux ; tandis que la gorge, les côtés de la tête et du cou, la partie inférieure de l'épaule et le bras, la poitrine, le ventre, la partie inférieure des flancs, le devant de la cuisse et de la jambe, les doigts postérieurs, et l'intérieur des membres, sont d'un roux jaune vif. Le tour de la bouche est blanchâtre ; la queue est d'un brun noirâtre, avec le bout blanc ; les moustaches sont noires.

Le seul individu de cette espèce que l'on se soit encore procuré, a été tué dans une des iles du canal d'Entrecasteaux, au moment où il alloit se cacher sous un tas de pierres.

L'Hydromys a ventre blanc ; *Hydromys leucogaster*, Geoff., Ann. du Mus., tom. 6, pag. 89. Le museau, le dessus et les côtés supérieurs de la tête, les épaules, les bras et le dessus de l'avant-bras, le dos, le haut des côtés du corps, la croupe, la cuisse, le dessus de la jambe et les doigts sont d'un brun foncé, varié de mèches gris brun, petites, mais nombreuses ; les côtés inférieurs de la tête, la mâchoire inférieure, le menton, la gorge, la poitrine, le ventre, le bas des côtés du corps et l'intérieur des pieds de devant sont d'un blanc sale. L'intérieur des pieds de derrière est d'un brun pâle ; la queue est brune, excepté sa moitié postérieure, qui est blanche, et les moustaches sont noires.

Cette espèce ne s'est encore trouvée que dans l'ile Maria, située non loin du canal d'Entrecasteaux. (F. C.)

HYDRONEMIA. (*Bot.*) C'est la dénomination qu'emploie Rafinesque pour désigner les algues articulées ou conferves des auteurs, dont il fait une famille particulière. (Lem.)

HYDROPELTIS. (*Bot.*) Genre de plantes monocotylédones à à fleurs incomplètes, de la famille des *hydrocharidées*, de la *polyandrie polygynie* de Linnæus, offrant pour caractère essentiel : Un calice à six folioles presque conniventes ; point de co-

rolle; des étamines nombreuses, insérées sur le réceptacle; plusieurs ovaires supérieurs ; autant de styles recourbés, et des
capsules à une seule loge indéhiscente, contenant ou une deux
semences.

HYDROPELTIS POURPRÉ : *Hydropeltis purpurea*. Mich., *Fl. Bor.
Amer.*, 1, pag. 524, t. 29; *Brasinia*, Pursh, *Amer.*, 2, p. 389;
Rondachine, Bosc, Dict. d'Agric.; *Bot. Magaz.*, tab. 1147,
Pluken., *Almag.*, tab. 349. Plante découverte dans les eaux
tranquilles de la Basse-Caroline. Ses tiges sont tendres, charnues, cylindriques, garnies de feuilles alternes, longuement
pétiolées, ovales, obtuses, en rondache, très-entières, longues
d'environ quatre pouces, attachées par leur centre à un long
pétiole. Les fleurs sont solitaires, axillaires, pédonculées; les
pédoncules simples, uniflores, presque aussi longs que les pétioles; les fleurs d'un pourpre obscur, composées d'un calice à
six divisions très-profondes, colorées, oblongues, pétaliformes;
trois alternes un peu plus longues, plus minces, plus fortement
colorées, un peu recourbées à leur sommet; point de corolle;
les étamines de la longueur du calice; les filamens capillaires ;
les anthères linéaires, obtuses; environ quinze à dix-huit ovaires
distincts, droits, oblongs, rapprochés; les capsules plus longues
que le calice, droites, ovales-oblongues, un peu charnues,
marquées à leur côté intérieur d'une suture longitudinale, uniloculaires, indéhiscentes, renfermant chacune une ou deux
semences presque globuleuses, attachées à la suture. (POIR.)

HYDROPHACE. (*Bot.*) Buxbaums désigne, sous ce nom, la
lentille d'eau, *lemna* de Linnæus. (J.)

HYDROPHANE. (*Min.*) Plusieurs substances minérales ont
la propriété d'augmenter d'éclat par suite d'une immersion
dans l'eau; tel est entre autres le quarz *agate prase*, qui devient
d'un vert beaucoup plus beau quand on l'y a fait séjourner quelques heures, et qui conserve ce surcroît d'éclat pendant plusieurs jours, pour reprendre ensuite celui qui lui est naturel.
Ce moyen d'augmenter momentanément la couleur est bien
connu des marchands de pierres précieuses, et ils l'emploient
non seulement pour la *prase*, mais aussi pour l'*opale* et quelques
autres pierres siliceuses analogues. Or, pour que l'eau puisse
aviver les couleurs de ces pierres long-temps après qu'elles
ont été essuyées avec soin, il faut admettre qu'elle pénètre

dans leur intérieur, et c'est en effet ce qui arrive; car les pierres siliceuses, qui font le sujet de cet article, et que l'on nomme *hydrophanes*, sont des variétés d'opales blanches ou de cacholons, dont la transparence est très-nébuleuse, et qui deviennent quelquefois presque entièrement transparentes à la suite d'une immersion dans l'eau, de quelques minutes seulement. Ce changement dans la lucidité de ces pierres suffiroit aux physiciens pour leur prouver que l'eau s'est interposée entre les molécules de ces pierres, naturellement laiteuses; mais, pour que tout le monde soit convaincu de ce fait, nous ajouterons que les hydrophanes, placées dans un verre plein d'eau, laissent échapper des bulles d'air si fines et si multipliées qu'elles semblent former des fils continus, et que ce phénomène prouve évidemment le déplacement d'un fluide par un autre, plus dense et plus lourd. Or, le fluide déplacé est l'air, et celui qui le remplace est l'eau; car une hydrophane pesée avant l'immersion se trouve constamment plus légère qu'après qu'elle a acquis ainsi de la transparence, et qu'on l'a essuyée avec tout le soin possible. Les faits suivans, qui sont constatés par plusieurs observateurs très-recommandables, viennent à l'appui de ce que l'on avance ici.

Delius possédoit une hydrophane du poids de cent trente-cinq grains dans son état naturel, et qui augmentoit de huit grains lorsqu'elle étoit devenue transparente dans l'eau.

Patrin en possédoit une autre qui, après avoir été desséchée sur les cendres chaudes, pesoit soixante-six grains, et qui absorboit, en prenant de la transparence, jusqu'à neuf grains d'eau en cinq à six minutes; quantité énorme, eu égard au volume de la pierre, et qui égale trente gouttelettes d'eau de la grosseur d'un grain de chanvre.

Il n'y a donc plus moyen de douter que l'eau pénètre réellement dans les hydrophanes et dans les pierres qui deviennent plus vives de couleur après l'immersion.

Quelques hydrophanes deviennent non seulement transparentes dans l'eau, mais acquièrent encore des filets opalins du plus brillant éclat : ce sont les plus estimées.

Des observations, qui paroissent positives, tendent à prouver que les meilleures hydrophanes proviennent d'une sorte d'altération qu'auroient éprouvée les *silex resinites* et les *opales*, long-temps exposés à l'air et à ses diverses influences; car les hydrophanes les plus recherchées par leurs effets sont celles de Czornniska, en Hongrie, lieu qui fournit aussi les plus belles opales; et l'on fait remarquer que les hydrophanes se trouvent seulement à la surface de la terre, et jamais dans l'intérieur. Voyez SILEX RESINITE. (BRARD.)

HYDROPHIDE. (*Erpét.*) Voyez HYDROPHIS. (H. C.)

HYDROPHILÆ. (*Ornith.*) Mœrhing a donné ce nom à la quatrième famille de sa Méthode, laquelle il a caractérisée par des tarses nus en avant, et couverts d'une peau molle et coriace; mais le terme d'hydrophile a depuis été exclusivement employé pour désigner un genre d'insectes aquatiques, et il a été remplacé, pour les oiseaux, par celui d'*hygrobata*. (CH. D.)

HYDROPHILE, *Hydrophilus.* (*Entom.*) Genre d'insectes coléoptères pentamérés, établi par Geoffroy, et adopté par tous les auteurs qui ont depuis écrit sur l'histoire des insectes.

Ce nom, tiré du grec υδωρ et de φιλος, ami de l'eau, *amator aquæ*, désigne des insectes à étuis, à antennes terminées par une masse perfoliée, à corps arrondi, ovale, dont les pattes moyennes et postérieures sont disposées en rames par l'aplatissement des jambes et des tarses qui ont cinq articles, et qui sont bordés de cils ou de poils roides et mobiles.

Ce genre appartient, par la conformation des antennes, et jusqu'à un certain point, par le genre de vie, à la famille des clavicornes ou hélocères, quoique Linnæus, et d'autres auteurs, l'aient rapproché des dytiques ou de la famille des nectopodes, dont il diffère par la forme des antennes, par le genre de nourriture, ainsi que par les particularités de la métamorphose et de l'organisation, comme nous l'indiquerons bientôt.

Nous ne pouvons mieux faire connoître ce genre, qu'en présentant un extrait de l'excellent Mémoire sur les Métamorphoses des Hydrophiles, observées par MM. Laucret et Miger, et décrites par ce dernier dans le tom. XIV des Ann. du Mus. d'Hist. nat. de Paris, en 1809, pag. 441.

On a confondu pendant long-temps les larves des hydrophiles avec celles des dytiques; mais un examen plus attentif de ces insectes, le rapprochement et la comparaison d'un plus grand nombre d'espèces, devoit nécessairement détruire cette erreur, et dissiper toute incertitude à cet égard.

Les larves des hydrophiles sont toutes carnassières. Leur corps est composé de onze anneaux très-distincts. Il est conique, mou, le plus ordinairement, mais susceptible, à la volonté de l'animal, de contraction, de dilatation et de raccourcissement. Il supporte de chaque côté sept petits tubercules charnus, plus ou moins longs, et quelquefois ciliés. Lyonet en a donné une très-bonne figure dans sa traduction de la Théologie des Insectes de Lesser.

La tête de ces larves est remarquable par la conformation de la bouche, qui est munie de deux fortes mandibules dentelées en dedans, de deux mâchoires alongées, et semblables à de longs palpes articulés, et d'une languette saillante, surmontée de petits palpes.

Quelques unes de ces larves nagent avec facilité, et celles-là ont la faculté de se maintenir, par la partie postérieure, à la surface de l'eau, ayant alors la tête en bas; celles-là sont dites nageuses : d'autres ne peuvent se suspendre comme les précédentes; elles restent constamment à fleur d'eau : on les voit, renversées sur le dos, parcourir la surface des eaux stagnantes, soit en y marchant avec vitesse, comme sur un plafond et à la manière des fausses chenilles; soit en formant des mouvemens vermiculaires et horizontaux, à peu près comme les sangsues. M. Miger nomme ces larves *rampantes*.

Mais c'est dans la terre que ces larves subissent leurs métamorphoses. Leur nymphe est semblable à toutes celles des autres coléoptères.

Deux particularités remarquables dont ne parle pas M. Miger, dans le Mémoire que nous continuerons d'analyser, dans la description du grand hydrophile, que l'auteur a principalement fait connoître, c'est l'instinct de la larve, qui devient tout à coup flasque et mollasse, pour échapper aux dangers dans quelques circonstances, comme lorsqu'elle est saisie par quelque oiseau aquatique ou par quelque poisson : elle se laisse alonger, tirailler dans tous les sens, sans donner aucun signe de vie, comme nous l'avons déjà indiqué en traitant des moyens de défense dans les insectes. L'autre particularité est le changement notable qui s'opère dans la longueur et dans l'étendue de tube digestif, comparé dans la larve et dans l'insecte parfait; circonstance inverse de celle qui s'observe dans les métamorphoses du têtard, des batraciens anoures, lequel, d'herbivore qu'il étoit d'abord, devient ensuite carnassier; tandis que la larve de l'hydrophile, qui se nourrissoit uniquement d'animaux vivans, ne cherche, pour ainsi dire, que des végétaux décomposés, lorsqu'elle a subi sa métamorphose, ou quand l'insecte est parfait, et qu'il peut se reproduire.

Histoire des métamorphoses du grand Hydrophile.

M. Miger avoit pris, dans les premiers jours de mai 1807, plusieurs grands hydrophiles qu'il avoit retirés d'une mare ou plutôt d'un étang, qui existe au Petit-Gentilly, près Paris. Il les plaça dans un bocal rempli d'eau, avec des plantes aquatiques, dont ils firent leur nourriture principale. Ils dévorèrent aussi avec avidité des larves mortes et des limaçons d'eau douce. Ces insectes cherchèrent bientôt à s'accoupler. Les mâles se servirent à cet effet du dernier article dilaté, et si remarquable de leurs tarses antérieurs, pour s'accrocher au bord extérieur des élytres de leur femelle, et s'y maintenir.

Quelques jours après, une femelle se mit à filer une coque pour y déposer ses œufs. Notre observateur la vit s'attacher au revers d'une feuille qui flottoit sur l'eau, s'y placer en travers en alongeant ses premières paires de pattes, les appuyer sur le dessus et de chaque côté de cette feuille, de manière à lui faire prendre une légère courbure. L'abdomen étoit fortement appliqué au revers de la feuille, et laissoit voir, à son extrémité, deux appendices ou véritables filières, qui s'avançoient et se retiroient avec vitesse, et desquelles paroissoit sortir une liqueur blanche et gommeuse. Cette liqueur étoit une soie destinée à former la coque. L'insecte en construisit une sorte de petite poche demi-circulaire, dans laquelle l'extrémité de l'abdomen se trouva comme engagée. Au bout de dix minutes environ, l'hydrophile, retirant ses pattes de dessus la feuille, se retira brusquement, et se plaça la tête en bas, sans ôter pour cela de la coque l'extrémité de son abdomen. L'insecte resta ainsi près de deux heures dans une apparente immobilité; mais sa double filière continua le travail de la coque, qui devenoit de plus en plus épaisse et opaque.

Cependant de petites bulles d'air commencèrent à s'échapper de l'intérieur de la coque. M. Miger reconnut que c'étoit
des œufs qui occasionnoient ce déplacement. En trois quarts
d'heure, la ponte fut achevée. L'insecte retira peu à peu son
abdomen de dessous la feuille, ferma sa coque assez imparfaitement, et prit une nouvelle position.

Il restoit à former la pointe ou l'espèce de corne qui termine
cette coque. Pour y travailler, l'insecte, ayant toujours la tête
en bas, ramena ses pattes postérieures sur la feuille, et les plaça
de chaque côté de la coque. Dans cette position, on pouvoit
suivre le mouvement des filières, qui étoit continuel et rapide.
L'insecte employa plus d'une demi-heure pour filer cette
pointe, qui s'éleva à un pouce environ au-dessus de la surface
de l'eau. Ce fut alors que l'insecte abandonna cette coque ou
ce berceau, dont la construction avoit duré environ trois
heures.

Les œufs, déposés dans la partie supérieure de ces coques, y
sont au nombre d'une cinquantaine, groupés en forme de
croissant. Ils sont alongés, légèrement renflés, et courbés vers
leur sommet, dans une position à peu près verticale, chacun
dans une sorte d'alvéole ou de case cotonneuse, à égale distance les uns des autres. Ces œufs éclosent ordinairement dans
l'espace de douze à quinze jours, suivant la température de
l'atmosphère. Ils éprouvent une sorte de développement. Ils
deviennent bruns et opaques, de manière à laisser distinguer
les formes de la larve future, et surtout ses yeux. Lorsque ces
larves sortent de leur coque, elles restent, pendant plus de
douze heures, attachées dans la partie inférieure de leur berceau commun, appliquées les unes sur les autres. On les y
voit se mouvoir et s'agiter, sans prendre cependant de nourriture.

M. Miger, qui a suivi l'histoire de ces larves, en donne une
description détaillée. Elles changent plusieurs fois de peau :
elles semblent respirer par la partie postérieure de leur corps.
Elles se nourrissent d'insectes aquatiques, et principalement
des bulimes. On en a nourri avec de petits morceaux de viande
crue. Lorsqu'elles ont pris tout leur développement, elles
cessent de manger, et s'efforcent de quitter l'eau pour se retirer vers la terre, où elles se creusent une sorte de terrier à

deux pouces de profondeur; et là, elles se pratiquent une cavité à peu près sphérique, d'environ dix-huit lignes de diamètre, et très-lisse à l'intérieur, où, après une dizaine de jours, on les trouve changées en nymphes, semblables à toutes celles des coléoptères. Mais on remarque, sur chacun des deux angles antérieurs de leur corselet, trois aigrettes de substance cornée, qui sont recourbées au-devant de la tête, et qui paroissent destinées à tenir l'insecte à une certaine distance des parois de la coque, et dans une position déterminée que la larve peut toujours prendre, comme le permettent les chalazes aux germes des oiseaux contenus dans leur coque avec le jaune.

L'insecte conserve cette forme de nymphe et cette immobilité presque complète, pendant plus de vingt jours; seulement il se colore, et semble acquérir, de jour en jour, plus de consistance. Quand il a quitté sa dépouille, à la manière des hannetons, il reste près de douze jours dans la coque de terre, où il acquiert toute la solidité nécessaire pour s'ouvrir un passage jusqu'à l'air libre.

Ainsi, il faut près de cent jours environ pour le développement d'un hydrophile brun, dont soixante ont été passés sous l'état de larve ou de nymphe.

Nous avons fait figurer dans l'Atlas de ce Dictionnaire, parmi les coléoptères pentamérés de la famille des hélocères, l'espèce dont nous venons de faire connoître les mœurs. C'est un mâle, comme on peut le reconnoître à la forme de ses tarses antérieurs.

Le genre des hydrophiles se distingue d'un grand nombre de ceux de la même famille des hélocères, par la forme du corps de la plupart des espèces, qui est ovale, c'est-à-dire, à circonférence elliptique, avec une certaine épaisseur dans la ligne médiane, tant en dessus qu'en dessous; par la forme des antennes qui sont en masse perfoliée, composées de six articles, qui n'ont que la longueur de la tête, sous laquelle elles se retirent dans un enfoncement creusé au-dessous des yeux, au-devant desquels ces antennes sont insérées; par la forme des membres, et surtout des tarses. Ces pattes sont, en effet, très-propres à nager, surtout les deux paires postérieures, dont les jambes et les articles des tarses sont aplatis, ciliés et peu distincts les uns des autres. Le premier est même si court dans quelques espèces, que l'insecte peut être pris pour un tétra-méré, ainsi que l'a fait Fabricius, qui donne pour caractère naturel au genre ce nombre des articles (*tarsis quadriarticu-latis*). Le corselet des hydrophiles est de la même largeur que les élytres, qui sont dures, convexes, non rebordées, couvrant tout l'abdomen. Dans la plupart des espèces, le sternum forme une sorte de quille qui se prolonge, avec une autre saillie du ventre, et qui est quelquefois pointue, acérée et très-piquante, surtout dans ces grandes espèces. Quelques mâles ont les tarses des pattes antérieures dilatés, principalement dans le dernier article. Cette conformation paroît destinée, comme dans les dytiques, les crabrons et plusieurs autres genres d'insectes, au rapprochement des sexes dans l'accouplement.

Les espèces principales du genre Hydrophile sont les sui-vantes :

1.° Parmi les espèces dont la poitrine forme une sorte de sternum pointu.

1. Le Grand Hydrophile, *Hydrophilus piceus.*

Figuré par Geoffroy, pl. 1, 3, fig. 3 du tom. 1, et dans l'Atlas de ce Dictionnaire, famille des hélocéres (le mâle).

Il est noir ; ses élytres offrent trois lignes longitudinales peu enfoncées, formées par de petits points.

Cette espèce est un des plus gros coléoptères de France. Elle atteint quelquefois la largeur d'un pouce, et elle a un tiers de plus en longueur. Nous en avons présenté l'histoire avec détail dans les généralités qui précèdent.

2. L'Hydrophile caraboïde, *Hydrophilus caraboides.*

Figuré par Olivier, pl. 39, n.° 2, fig. 18.

D'un noir luisant ; les élytres sont aussi légèrement striées en longueur.

Il n'atteint guère en longueur que le tiers du précédent. Il est très-commun dans nos mares et dans nos fossés. Il vole plus souvent que le grand hydrophile.

2.° Parmi les espèces dont le sternum ne se prolonge pas en dessous, et dont les tarses ne sont pas ciliés, nous citerons :

3. L'Hydrophile scarabOïde, *Hydrophilus scarabœides.*

Figuré à la planche d'Olivier, indiquée ci-dessus, sous le n.° 9.

Il est noir; ses élytres sont striées par dix lignes longitudinales; et ses pattes sont brunes.

4. L'Hydrophile picipède, *Hydrophilus picipes.*

Qui ressemble au précédent, mais dont les élytres sont lisses.

5. L'Hydrophile orbiculaire, *Hydrophilus orbicularis.*

Geoffroy l'a décrit sous le nom d'hydrophile lisse, à points, tom. 1, pag. 184, n.° 3.

Il est noir, lisse, sans stries; cependant, vu à la loupe, le corselet et les élytres sont très-finement marqués de points enfoncés.

6. Hydrophile gras, *Hydrophilus luridus.*

Figuré dans la Faune de Panzer, cah. 7, pl. 3.

Il a le corps noir; mais les élytres, qui sont striées, et le corselet, sont d'une teinte jaune, cendrée.

7. Hydrophile gris, *Hydrophilus griseus.*

Geoffroy l'a décrit, tom. 1, pag. 184, n.° 5, sous le nom de fauve : il offre la particularité que les œufs de la femelle sont portés par elle à l'extérieur du corps, sous la forme d'une petite masse ovale.

Il est gris en dessus, brun en dessous.

L'Hydrophile deux-points, *Hydrophilus bipunctatus.*

Il est petit, arrondi; son corselet est noir, bordé de gris; ses élytres sont brunes, bordées de jaunàtre, avec un point pâle à l'extrémité. Geoffroy l'a décrit, dans ce genre, sous le n.° 4, et sous le nom d'hydrophile noir strié. (C. D.)

HYDROPHILIENS, *Hydrophilii.* (*Entom.*) M. Latreille a désigné sous ce nom le groupe d'insectes coléoptères pentamérés, à antennes en masse perfoliée, ou de notre famille des hélocères ou clavicornes, qui ont les tarses aplatis, ciliés, propres à nager, tels que les hydrophiles, les hydrènes. Voyez Hélocères. (C. D.)

HYDROPHIS, *Hydrophis.* (*Erpétol.*) Feu Daudin a établi sous ce nom, et aux dépens du grand genre des Hydres de M. Schneider, un genre de reptiles ophidiens, qui rentre dans la famille des *homodermes*, et qui est reconnoissable aux caractères suivans :

Peau couverte d'écailles presque semblables; queue comprimée, large, obtuse, et servant de rame; tête petite, non renflée, garnie

.de grandes *plaques ; une rangée d'écailles sous le ventre , un peu plus grandes que les autres ; crochets à venin non isolés ; anus simple et sans ergots.*

Ce genre est facile à séparer des Amphisbènes et des Cécilies, qui ont la peau nue; des Rouleaux, des Acrochordes et des Typhlops, qui ont la queue arrondie ; des Pélamides, qui ont l'occiput renflé. (Voyez ces divers mots, Erpétologie et Homodermes.)

Les espèces d'hydrophis connues sont assez nombreuses. A cause de leurs écailles presque toutes petites, Linnæus avoit rangé parmi les orvets celles qui avoient été décrites de son temps.

Les animaux qui sont placés dans ce genre ont, ainsi que leur nom tiré du grec υδωρ, *eau* , et οφις, *serpent* , l'indique suffisamment , la singulière habitude de vivre dans l'eau. Ils paroissent avoir été en partie connus des anciens. Ælien (lib. II, A, 16, 8) dit que, dans la mer des Indes, on trouve des hydres à queue plate, et qu'il en existe aussi dans les marais. Il annonce même que ces reptiles ont des dents très-aiguës, et qui paroissent venimeuses. Suivant Ctésias, les serpens du fleuve d'Argada, dans la province de Sittacène , se tiennent cachés au fond des eaux pendant le jour; et, durant la nuit, ils s'avancent contre les personnes qui nagent ou qui lavent du linge. Dans le *Périple de la mer Erythrée* , Arrien fait mention des hydrophis ou des pélamides dans trois endroits différens.

Avant Daudin, M. Latreille avoit formé un genre *Hydrophis*, et, par conséquent, du même nom que celui dont nous parlons. Mais les deux espèces qui le composoient ont été reportées parmi les pélamides.

Les espèces d'hydrophis les plus intéressantes sont les suivantes :

L'Hydrophis obscur ; *Hydrophis obscurus* , Daud. Tête petite, ovale, aplatie en dessus et sur les côtés; mâchoire inférieure plus courte; dents petites, aiguës; un crochet venimeux de chaque côté de la mâchoire supérieure; yeux orbiculaires , petits, situés sur le sommet de la tête ; cou et corps cylindriques; ventre caréné ; écailles ovales; imbriquées, carénées; cou d'un noir bleuâtre, avec des bandes transversales jaunes ;

dos d'un bleu noirâtre aussi, avec quelques bandes plus claires; une tache jaune derrière les narines, et une autre derrière les yeux. Taille de trois pieds.

Ce serpent a été trouvé dans les eaux salées d'une rivière, près de Calcutta, qui partage en deux la contrée du Bengale, nommée par les Anglois le *Sunder-Bunds*. Il nage avec beaucoup de facilité, ne se meut qu'avec peine sur la terre, et y meurt en peu de temps, de même que si on le plonge dans l'eau douce. Il a été figuré par Russel, dans la planche VIII du Supplément de son bel ouvrage sur les Ophidiens du Coromandel. Les Indiens le nomment *kallo-shoutur-sun*.

L'HYDROPHIS CLORIS; *Hydrophis cloris*, Daud. Tête très-petite, oblongue, aplatie en dessus et sur les côtés; mâchoires obtuses et égales; un crochet à venin de chaque côté de la supérieure; dents de l'inférieure très-petites, et courbées en arrière; ventre caréné; écailles carénées, imbriquées, ovales sur le dos, orbiculaires dans d'autres endroits, et plus étroites sur la carène du ventre; teinte générale d'un bleu sombre; une soixantaine de bandes transversales d'un beau vert clair sous la queue et le ventre, et formant des anneaux entiers autour du cou. Taille de trois à quatre pieds.

Ce reptile habite les mêmes lieux, et a les mêmes mœurs que le précédent. Il paroît ovovivipare; car Russel, qui l'a figuré dans la septième planche de son Supplément, a trouvé, dans le ventre d'une femelle, deux jeunes bien conformés, et un œuf qui n'étoit pas encore éclos. Les Indiens le nomment *shoutur-sun*.

L'HYDROPHIS A BANDES NOIRES; *Hydrophis nigrocinctus*, Daud. Tête petite, oblongue, obtuse, légèrement convexe en dessus, aplatie sur les côtés; narines verticales et arrondies; bouche large; mâchoires égales; yeux latéraux; cou cylindrique; dos arrondi; ventre caréné; queue courte; écailles imbriquées, ovales et lisses sur le cou, carénées dans d'autres parties, orbiculaires sur les flancs et le ventre, et beaucoup plus larges sous le ventre et la queue; dos d'un vert olivâtre; ventre jaune; cinquante-huit bandes d'un noir bleuâtre foncé autour du corps, et neuf autour de la queue. Taille de plus de trois pieds.

Cet hydrophis habite les mêmes lieux que les deux espèces précédentes. Russel l'a figuré aussi dans la planche VI de son Supplément. Les Indiens l'appellent *kerril-pattee*, et il paroît fort venimeux. Un oiseau, mordu par lui à la cuisse, mourut dans les convulsions au bout de sept minutes.

L'HYDROPHIS A BANDES BLEUES; *Hydrophis cyanocinctus*, Daud. Tête petite, oblongue, arrondie, obtuse; bouche petite; cou cylindrique; ventre légèrement caréné; écailles petites, lisses, imbriquées, ciliées, et plus grandes sous l'abdomen, orbiculaires sur les côtés; soixante anneaux d'un beau bleu clair, élargis, séparés par d'autres anneaux d'un blanc jaunâtre. Taille de cinq pieds.

Ce reptile ophidien vit dans les mêmes endroits que ceux dont nous venons de parler. Russel l'a figuré dans la planche IX de son Supplément. Les Indiens l'appellent *chittul*. Un oiseau, mordu à la cuisse par ce reptile venimeux, est mort au bout de huit minutes.

L'HYDROPHIS ARDOISÉ; *Hydrophis schistosus*, Daud. Mêmes caractères que les précédens; seulement yeux ovales; ventre caréné; queue un peu pointue; écailles ovales, carénées et imbriquées sur le dos, lisses sur les côtés; petites, ovales, imbriquées et lisses sur la carène du ventre; tête noire; queue bleue; flancs et ventre d'une couleur de buffle pâle. Taille de trois pieds environ.

Russel a figuré, dans la planche X de son Supplément, ce serpent que les Indiens du Bengale appellent *hougli-pattee*, et qui vit, avec les espèces précédentes, dans une rivière salée non loin de Calcutta. Un oiseau, mordu par lui, est mort en cinq minutes.

L'HYDROPHIS DORSAL : *Hydrophis dorsalis ; Enhydris dorsalis*, Daud. Tête ovale, alongée; cou étroit; ventre caréné; queue très-comprimée; teinte générale d'un blanc sale, avec une large bande noire sur tout le dos, prolongée çà et là sur les flancs. Taille d'un pied environ; volume du petit doigt.

Cette espèce a été décrite d'abord par Hermann, de Strasbourg. M. Schneider l'a placée parmi ses hydres, et Daudin et M. Latreille en ont fait le type du genre ENHYDRE. (Voyez ce mot.)

Outre les espèces que nous venons de faire connoître dans

le genre Hydrophis, M. Cuvier rapporte encore à ce genre l'AIPYSURE, le LÉIOSÉLASME et le DISTEIRE. (Voyez ces mots.) Il regarde également comme des hydrophis, les *hydrus curtus* et *hydrus spiralis* de M. Schneider. (H. C.)

HYDROPHORA. (*Bot.*) Tode, dans son travail sur les champignons qui croissent dans le Meklembourg, appelle *hydrophora* un genre tellement voisin du *mucor*, que M. Persoon a cru d'abord devoir l'y réunir (voyez son *Synopsis fungorum*). Link pense qu'on doit peut-être l'en distingner, et Nées l'en sépare tout-à-fait. Dans ce genre, le conceptacle ou péridium forme un très-petit capitule semblable à une goutte d'eau ; il est porté sur un stipe presque droit, capillaire, simple.

HYDROPHORA TRÈS-PETIT : *Hydrophora minima*, Tode, *Fung. Mekl.*, 2, p. 5, tab. 8, fig. 65 ; *Mucor ? Hydrophora*, Pers., *Syn.*, p. 202. Capitule cristallin ; stipe droit, entier, un peu roide, et blanc jaunâtre. On le trouve en été, après les pluies, sur les rameaux tombés du hêtre. Ses capitules ressemblent à de petites gouttes d'eau très-limpide, d'abord ovales, puis globuleuses.

HYDROPHORA DÉLICAT : *Hydrophora tenella*, Tode, l. c., p. 6 ; *Mucor ? Tenellus*, Pers., *Synops.*, l. c. Capitule cristallin, un peu pendant ; stipe droit, gris, très-frêle. On le trouve en abondance et en gazon épais, après les pluies d'automne, sur les branches et les tiges en putréfaction.

HYDROPHORA DES EXCRÉMENS : *Hydrophora stercorea*, Tode, l. c. ; *Mucor caninus*, Pers., *Obs. mycol.*, 1, p. 96, t. 6, fig. 3, 4 ; *ejusd. Synops.*, p. 201. En touffe et blanc ; capitules très-petits, jaunâtres. Il croît sur les excrémens du chien, qu'il recouvre quelquefois entièrement comme un byssus blanchâtre. On le trouve pendant les hivers pluvieux. Les stipes sont longs et lâches. (LEM.)

HYDROPHORE GRIS DE LIN. (*Bot.*) Cette espèce d'agaric, décrite par Paulet (*Trait. Champ.*, 2, p. 254, pl. 123, fig. 5), croît parmi les graminées, et s'élève à quatre pouces. Il est d'un beau gris partout. Son chapeau, en forme d'éteignoir, est rayé, depuis le sommet jusqu'au bord, par l'impression des feuillets, qui ne sont couverts que d'une peau. Son stipe est fistuleux et hérissé de fibrilles. Cette espèce est inodore, de saveur fade, et ne nuit point aux animaux. Elle appartient à

la famille des éteignoirs d'eau du docteur Paulet (voyez Éteignoir). Ce médecin pense que ce pourroit être la même plante
que le *fungus perpusillus* de Rai, *Synops.*, II, p. 13, qu'il considère comme étant l'*agaricus narcoticus*, Batsch, *Elench.*, tab. 16,
fig. 77, et qu'il place dans sa famille des PETITS PLISSÉS (voyez
cet article); mais ce rapprochement ne semble pas heureux.
(Lem.)

HYDROPHORE TROIS COULEURS. (*Bot.*) Petit agaric qui
croît sur les plantes potagères qui se gâtent. Il s'élève de trois
à quatre pouces : son stipe, grêle, d'une demi-ligne de diamètre,
fistuleux et fauve, porte un chapeau de six lignes de diamètre :
ce chapeau est d'un gris de noisette au milieu, gris de lin ou
lilas sur le bord, et garni en dessous de feuillets blancs. Ce
champignon, aqueux, tendre, frêle, se fond en liqueur
noire. Il ne nuit pas aux animaux qui en ont mangé. Il appartient à la famille des HYDROPHORES ou ÉTEIGNOIRS D'EAU. Voyez
ces mots. (Lem.)

HYDROPHORES. (*Bot.*) Famille de champignons, dans la
méthode de Paulet. Voyez ÉTEIGNOIRS D'EAU, à l'article ÉTEI-
GNOIRS. (Lem.)

HYDROPHORI. (*Bot.*) Battara désigne ainsi la treizième
classe des champignons; d'après sa méthode, cette classe comprend les agarics aqueux qui se résolvent en eau. Voyez ÉTEI-
GNOIRS D'EAU et ÉTEIGNOIRS. (Lem.)

HYDROPHTORATES et PHTORURES. (*Chim.*) Les hydrophtorates sont les combinaisons salines de l'acide hydrophtorique avec les bases salifiables ; les phtorures, celles du
phtore avec les oxides, et les corps simples autres que l'oxigène.

Presque toutes les connoissances que nous avons sur les hydrophtorates ayant été acquises avant l'époque où l'on a appliqué à l'acide hydrophtorique une théorie analogue à celle de
l'acide hydrochlorique, considéré comme un composé de
chlore et d'hydrogène ; et ces connoissances étant encore peu
complètes en comparaison de celles que nous avons sur les
composés de chlore, nous traiterons des hydrophtorates et en
même temps des phtorures.

Nous ferons remarquer que, quand on veut préparer les
hydrophtorates ou les phtorures avec de l'acide hydrophto-

rique, il faut opérer dans des vaisseaux d'argent ou de platine.

HYDROPHTORATE D'ALUMINE OU PHTORURE D'ALUMINIUM.

MM. Gay-Lussac et Thénard, ayant versé de l'hydrophtorate de potasse dans une solution d'alun, ont obtenu sur-le-champ un précipité pulvérulent, insipide, insoluble dans l'eau, soluble dans l'acide hydrophtorique, si toutefois il n'a pas été desséché trop fortement. Nous ignorons si ce précipité est un hydrophtorate d'alumine ou un phtorure d'aluminium.

HYDROPHTORATE D'AMMONIAQUE.

On obtient cette combinaison à l'état de pureté, suivant M. Davy, en faisant arriver peu à peu du gaz ammoniaque dans un tube de platine, où l'on a mis une capsule de même métal, remplie d'acide hydrophtorique. Le gaz ammoniaque doit être contenu dans un gazomètre. Après que l'opération est terminée, et que le tube a perdu la chaleur qu'il avoit acquise lors de la combinaison, on trouve dans le tube et dans la capsule, de l'hydrophtorate sous la forme d'une masse cristalline blanche.

Lorsqu'on veut obtenir l'hydrophtorate d'ammoniaque dissous dans l'eau, il suffit de neutraliser de l'ammoniaque très-foible ou du sous-carbonate de cette base par de l'acide hydrophtorique dissous dans l'eau.

L'hydrophtorate d'ammoniaque a une saveur piquante. Lorsqu'il a été préparé par le premier procédé, il se sublime sans laisser dégager d'humidité sensible.

Il est soluble dans l'eau et dans l'alcool. Sa solution aqueuse ne cristallise pas. Lorsqu'elle est concentrée suffisamment, le sel se volatilise avec l'eau. Au commencement de l'évaporation, il se dégage un peu d'ammoniaque.

Le potassium décompose l'hydrophtorate d'ammoniaque sec; il se dégage 1 volume d'hydrogène, 2 d'ammoniaque, et il reste du phtorure de potassium. Voyez HYDROPHTORIQUE (acide.)

HYDROPHTORATE D'ARGENT ET PHTORURE D'ARGENT.

On le prépare en versant sur de l'oxide d'argent, contenu dans une capsule de platine, de l'acide hydrophtorique foible;

l'oxide est dissous. Cette solution est incolore ; elle a la saveur du nitrate d'argent; comme lui, elle tache la peau en noir. Elle peut être évaporée à siccité, sans se décomposer. Le résidu est déliquescent, incristallisable, neutre, fusible à une température peu élevée. La matière fondue est un phtorure d'argent. L'acide hydrochlorique le réduit en chlorure.

M. H. Davy a vu qu'en le chauffant avec du chlore dans une cloche de verre, il se produit du chlorure d'argent, et que le phtore expulse l'oxigène de la silice et de la soude du verre, et s'unit au silicium et au sodium ; en faisant l'expérience dans des vaisseaux de platine, il a vu que dans cette circonstance il se produit seulement du phtorure d'argent et du phtorure de platine.

HYDROPHTORATE DE BARYTE ET PHTORURE DE BARIUM.

Lorsqu'on neutralise de l'acide hydrophtorique foible par de l'eau de baryte, ou qu'on mêle du nitrate de cette base avec de l'hydrophtorate de potasse, on obtient un précipité floconneux, qui se dissout dans l'acide hydrophtorique et dans les acides nitrique et hydrochlorique. Ce précipité, au moins quand il a été rougi, paroît être un phtorure de barium.

HYDROPHTORATE DE CÉRIUM.

Cette combinaison, ou le phtorure de cérium, existe dans la nature.

HYDROPHTORATE DE CHAUX ET PHTORURE DE CALCIUM.

L'hydrophtorate de chaux n'existe pas. Ce que l'on a appelé fluate de chaux est du *phtorure de calcium*. (Voyez tom. VI, pag. 27 du Supplément.)

On peut l'obtenir en neutralisant de la chaux par l'acide hydrophtorique, ou en mêlant de l'hydrophtorate de potasse avec du nitrate de chaux.

HYDROPHTORATE DE COBALT.

MM. Gay-Lussac et Thénard ont vu que l'acide hydrophtorique étendu, en dissolvant le protoxide de cobalt, formoit un surhydrophtorate rose ; que cette dissolution évaporée dégageoit de l'acide, et donnoit de petits cristaux roses.

Ces cristaux sont acides : en les mettant avec l'eau, il se produit un sur-hydrophtorate soluble, et un hydrophtorate neutre, ou avec excès de base, de couleur rose, qui ne se dissout pas. Ces deux sels sont réduits, par l'eau de potasse, à de l'oxide bleu.

Les dissolutions de cobalt dans les acides, les plus neutres qu'il est possible de se procurer, *donnent tout au plus* un léger trouble avec l'hydrophtorate de potasse neutre.

HYDROPHTORATE DE CUIVRE.

L'acide hydrophtorique étendu dissout très-bien le deutoxide de cuivre. La dissolution est toujours très-acide. En la faisant évaporer sur le feu ou spontanément, il se dégage de l'acide, et il se dépose de l'hydrophtorate acide, en très-petits cristaux bleuâtres.

Les dissolutions de cuivre, neutres et concentrées, précipitent sensiblement par la solution d'hydrophtorate de potasse neutre.

Tels sont les faits qui ont été observés par MM. Gay-Lussac et Thénard.

HYDROPHTORATE DE PROTOXIDE D'ÉTAIN.

On le prépare avec le protoxide d'étain et l'acide hydrophtorique, étendu de 5 à 6 parties d'eau. L'oxide est dissous, si l'on emploie l'acide avec excès : en faisant concentrer la dissolution sur de l'étain métallique, on obtient des petits cristaux blancs très-brillans et très-acides : ils sont solubles dans l'eau.

Si l'on fait concentrer la dissolution acide d'hydrophtorate de protoxide d'étain, sans y mettre d'étain métallique, le protoxide absorbe l'oxigène de l'air, et l'on obtient une bouillie d'hydrophtorate de péroxide. (Gay-Lussac et Thénard.)

HYDROPHTORATE DE PÉROXIDE D'ÉTAIN.

Les chimistes que nous venons de citer l'ont préparé en traitant le péroxide d'étain par l'acide hydrophtorique étendu, employé en excès. Cette dissolution évaporée se prend en une bouillie liquide et un peu opaque; en ajoutant de l'eau à la matière, elle reprend presque toute sa transparence. Si l'on fait évaporer à siccité, le résidu est un hydrophtorate ou un

phtorure, qui ne se dissout pas dans l'eau, et qui n'est pas volatil comme le perchlorure d'étain.

HYDROPHTORATE DE PROTOXIDE DE FER, OU PHTORURE DE FER.

MM. Gay-Lussac et Thénard ont obtenu, en mêlant de l'hydrophtorate de potasse avec du sulfate de protoxide de fer,
un précipité blanc, insipide, sans acidité, dont la cohésion
est telle qu'il faut beaucoup d'acide hydrophtorique pour le
dissoudre, quoiqu'on ajoute l'acide au moment où la précipitation vient d'être faite. Ce précipité est très-probablement un
phtorure et non un hydrophtorate de protoxide de fer.

On obtient le même produit en faisant réagir l'acide hydrophtorique sur le fer.

HYDROPHTORATE DE GLUCINE, OU PHTORURE DE GLUCINIUM.

MM. Gay-Lussac et Thénard l'ont préparé en mêlant de l'hydrophtorate de potasse avec de l'hydrochlorate très-sensible-
ment acide de glucine. Il s'est produit un précipité gélatineux
blanc, qui, après avoir été lavé par décantation, a été dissous par l'eau chaude, de laquelle il s'est ensuite précipité, par
le refroidissement, en petits cristaux neutres.

MM. Gay-Lussac et Thénard, en précipitant l'hydrochlorate
de glucine par l'hydrophtorate de potasse, ont fait l'observation
importante que, quoique les deux sels fussent légèrement
acides, les résultats de leur décomposition étoient un sel
neutre, insoluble, et un sel alcalin soluble (1). Les hydrochlorates acides de zircone et d'yttria se sont comportés de la
même manière que celui de glucine.

Avant ce fait, on ne connoissoit rien qui lui fût analogue;
car on avoit vu que, dans le cas où l'on mêle deux sels qui se
décomposent réciproquement, les résultats de la décomposition
sont au même degré de saturation que les sels mélangés;
c'est-à-dire, que deux sels neutres, en se décomposant mutuellement, produisent deux nouveaux sels neutres : qu'un sel
acide, en décomposant un sel neutre, produit un sel acide et
un sel neutre.

La glucine, formant avec l'acide hydrochlorique un hydro-

---

(1) Ou plutôt un chlorure de potassium, plus de la potasse.

chlorate et non un chlorure, il sembleroit que, par analogie, elle devroit former un hydrophtorate et non un phtorure métallique; mais, ce qui diminue la force de cette analogie, c'est, d'une part, le peu de solubilité des cristaux qui se produisent lorsqu'on verse l'hydrochlorate de glucine dans l'hydrophtorate de potasse; et, d'une autre part, le défaut d'action de ces cristaux sur le tournesol.

Hydrophtorate de magnésie, ou phtorure de magnésium.

Le précipité qu'on obtient en mêlant des solutions d'hydrophtorate de potasse et de sulfate de magnésie, ou le résultat de la neutralisation de l'acide hydrophtorique par le sous-carbonate de magnésie, paroît être un phtorure métallique, plutôt qu'un hydrophtorate; car il est pulvérulent, insipide, indécomposable au feu, insoluble dans l'eau et très-peu dans les acides, suivant MM. Gay-Lussac et Thénard.

Hydrophtorate de manganèse, ou phtorure de manganèse.

En versant de l'hydrophtorate de potasse dans du sulfate ou de l'hydrochlorate de manganèse, on obtient un précipité blanc, insoluble, qui se dissout dans l'acide hydrophtorique.

On ignore si c'est un hydrophtorate ou un phtorure. Il a été observé par MM. Gay-Lussac et Thénard.

Hydrophtorate de mercure, ou phtorure de mercure.

MM. Gay-Lussac et Thénard, en faisant chauffer du péroxide de mercure dans un creuset de platine avec de l'acide hydrophtorique étendu de six à sept fois son poids d'eau, ont obtenu, après une demi-heure, une dissolution très-acide qui, ayant été décantée de dessus la partie indissoute, leur a présenté les propriétés suivantes: En la faisant évaporer, elle a dégagé de l'acide hydrophtorique, et a laissé précipiter de petits cristaux lamelleux et jaunâtres, qui étoient acides au tournesol, qui avoient une saveur métallique, qui se volatilisoient à une chaleur rouge, et qui, traités par l'eau, paroissoient se réduire en acide qui se dissolvoit, et en péroxide de mercure qui restoit indissous.

M. H. Davy considère le résultat de l'action de l'acide hydrophtorique sur le péroxide de mercure, comme un phtorure que l'on peut sublimer. Il a vu que ce composé éprouvoit, de la part du chlore, la même décomposition que le phtorure d'argent (voyez HYDROPHTORATE D'ARGENT), et qu'en le mettant dans les mêmes circonstances que ce dernier, en contact avec le chlore, le phtorure de mercure étoit converti en perchlorure.

Le phtorure de mercure qu'il distilla avec du phosphore et du soufre, donna du phosphure et du sulfure de mercure; les tubes de verre où l'opération fut faite furent corrodés, et il parut se former de l'acide hydrophtorique aux dépens de l'hydrogène du soufre et du phosphore.

HYDROPHTORATE, OU PHTORURE DE PLOMB.

En versant de l'acide hydrophtorique dans du sous-acétate de plomb, ou de l'hydrophtorate de potasse dans du nitrate de plomb. on obtient un précipité blanc, lamelleux, brillant, un peu acide au tournesol, insipide, insoluble dans l'eau, et très-soluble dans les acides nitrique, hydrophtorique et hydrochlorique, fusible à une chaleur à peine rouge cerise. Par la fusion il devient légèrement jaune, et laisse dégager un peu d'acide; de sorte que ce résidu paroîtroit être un phtorure de plomb tenant de l'oxide. Tels sont les faits reconnus par MM. Gay-Lussac et Thénard.

M. H. Davy a vu qu'il se comportoit avec le phosphore et le soufre, d'une manière analogue au phtorure de mercure.

HYDROPHTORATE DE POTASSE ET PHTORURE DE POTASSIUM.

On le prépare en neutralisant l'acide hydrophtorique par l'eau de potasse.

MM. Gay-Lussac et Thénard lui ont reconnu les propriétés suivantes :

Il a une saveur très-piquante; il ne cristallise que difficilement. Il est très-soluble dans l'eau, et très-déliquescent.

A froid, l'acide sulfurique concentré le décompose; la chaleur dégagée est assez grande pour que l'acide hydrophtorique se dégage avec effervescence.

Les eaux de chaux, de stroutiane, de baryte ; les sels so-

lubles de ces bases, et tous ceux que forment des hydrophtorates ou des phtorures insolubles, le décomposent.

L'hydrophtorate de potasse cristallisé étant chauffé, se fond
dans son eau de cristallisation; puis il devient anhydre, et se
convertit en phtorure de potassium qui se fond.

Hydrophtorate de soude et phtorure de sodium.

On l'obtient en neutralisant la soude par l'acide hydrophtorique.

Il a une saveur bien moins piquante que l'hydrophtorate de
potasse. Il est un peu plus soluble à chaud qu'à froid : aussi,
par le refroidissement, la solution dépose-t-elle de petits cristaux. Ceux-ci croquent sous la dent : ils ne sont ni déliquescens, ni efflorescens.

L'hydrophtorate de soude se fond au feu, et se convertit en
phtorure.

Il se comporte, comme le précédent, avec les eaux d'alcalis
peu solubles, ainsi qu'avec les dissolutions salines, dont les
bases forment des hydrophtorates ou des phtorures insolubles.

Hydrophtorate de strontium, ou phtorure de strontium.

L'eau de strontiane est précipitée , par l'acide hydrophtorique , en flocons qui paroissent être un phtorure de strontium. Ces flocons sont insolubles dans l'eau, et sont dissous
par un excès des acides hydrophtorique, nitrique et hydrochlorique.

Hydrophtorate de zinc, ou phtorure de zinc.

Lorsqu'on verse de l'hydrophtorate de potasse dans du sulfate de zinc, on obtient un précipité blanc gélatineux, insipide ,
qui, dans cet état, peut être dissous par les acides hydrophtorique, nitrique et hydrochlorique.

On peut également le préparer en mettant du zinc dans de
l'acide hydrophtorique foible; le métal se dissout avec effervescence ; mais, à mesure que l'acide se sature, il se dépose
une matière blanche gélatineuse , semblable à la précédente.

L'insolubilité de ce produit peut faire croire que c'est un
phtorure métallique plutôt qu'un hydrophtorate.

Hydrophtorates de zircone et d'yttria, ou phtorures de zirconium et d'yttrium.

On les prépare en mélant de l'hydrophtorate de potasse avec des hydrochlorates de zircone et d'yttria ; on observe un phénomène remarquable dans cette opération.(Voyez Hydrophtorate de glucine, ou Phtorure de glucinium.) Excepté ce qui se rapporte à la base, tout ce que nous avons dit de ce dernier est applicable aux hydrophtorates de zircone et d'yttria ou aux phtorures de zirconium et d'yttrium. (Ch.)

HYDROPHTORIQUE (Acide). (*Chim.*)

Composition et histoire.

Cet acide fut découvert par Schèele en 1771 ; mais il l'obtint dissous dans une grande quantité d'eau. MM. Gay-Lussac et Thénard firent connoître, en 1808, un procédé au moyen duquel on le prépare aussi privé d'eau que possible. Dans cet état , ils le considérèrent comme l'hydrate d'un acide composé d'oxigène et d'un radical inconnu ; ils lui conservèrent le nom d'acide fluorique que Guyton lui avoit donné. M. Ampère, qui à cette époque avoit adopté la nouvelle théorie du chlore, considéra l'acide préparé par MM. Gay-Lussac et Thénard, comme un composé d'hydrogène et d'un corps comburent particulier auquel il donna le nom de phtore : en conséquence, il changea le nom d'acide fluorique en celui d'acide hydrophtorique. Enfin, en 1813, M. H. Davy à qui M. Ampère avoit fait part de son opinion sur la nature de l'acide fluorique, entreprit une suite d'expériences pour démontrer qu'elle étoit fondée. M. H. Davy a donné au *phtore* le nom de *fluorine.*

Propriétés physiques.

L'acide hydrophtorique, obtenu par le procédé de MM. Gay-Lussac ét Thénard, est un liquide incolore, qui ne se congèle pas à un froid de 40^d, qui paroit bouillir au-dessous de 30^d. M. H. Davy lui assigne une densité de 1,0609.

Il a une odeur extrêmement piquante et pénétrante. sa saveur ne peut être déterminée, à cause de sa propriété excessivement corrosive : en effet, son action est si forte sur les tissus organisés, qu'à l'instant même où on en a mis sur la peau , celle-ci est désorganisée ; une douleur des plus vives se fait sentir , les parties voisines de l'endroit où l'acide a été appliqué blanchissent; et bientôt elles se tendent, et il se produit une ampoule épaisse qui peu à peu se remplit de pus. Dans le cas où la quantité d'acide seroit *à peine visible*, les mêmes phénomènes se manifesteroient; mais ce ne seroit qu'au bout de plusieurs heures. On doit donc prendre toutes les précautions possibles pour se garantir du contact de cet acide soit liquide, soit en vapeur. M. H. Davy rapporte qu'ayant respiré de l'air dans lequel il y avoit de cette vapeur, il ressentit des douleurs extrêmement vives, non seulement dans la poitrine, mais encore dans les yeux et sous les ongles. MM. Gay-Lussac et Thénard prescrivent, dans le cas où l'on auroit été brûlé par cet acide, d'appliquer le plus promptement possible sur l'endroit brûlé, de l'eau de potasse, puis un cataplasme émollient, et de percer la peau, dès que cela est possible, afin de faire sortir le pus.

Propriétés chimiques.

a) *Cas où l'acide ne se décompose pas.*

Il n'éprouve aucune altération de la part de la chaleur et de la lumière.

Il n'en éprouve pas davantage de la part de l'hydrogène, du carbone, du phosphore, du soufre, de l'azote, du chlore et de l'oxigène, secs.

Si on le met en contact avec de l'air humide, l'acide hydrophtorique répand des fumées blanches très-épaisses, parce que sa vapeur, en se combinant avec la vapeur aqueuse, produit un liquide dont la tension est moindre que celle de l'acide pur.

Lorsqu'on le jette dans l'eau, il fait entendre un petit sifflement semblable à celui que produiroit un fer rouge qu'on plongeroit dans ce liquide. Si l'on ajoute quelques gouttes d'eau à l'acide, la température s'élève assez pour que celui-ci entre en ébullition. L'acide peut être mêlé à une assez grande quantité d'eau sans cesser d'être fumant. M. H. Davy a observé que la densité de l'acide, qui est de 1,060, est susceptible de s'élever jusqu'à 1,25, par une proportion d'eau convenable.

L'acide hydrophtorique est susceptible de se combiner à plusieurs bases sans éprouver d'altération; c'est au moins ce que l'on conclut de sa combinaison avec le gaz ammoniaque. En effet, en neutralisant de l'acide hydrophtorique par ce gaz sec, dans des vaisseaux de platine, on obtient un sel blanc qu'on peut sublimer, sans qu'il laisse dégager la moindre trace d'humidité. Au contraire, tous les sels ammoniacaux, formés avec des acides oxigénés, qui contiennent évidemment de l'eau à l'état d'hydrate, étant chauffés, laissent dégager de l'eau. L'action du potassium sur l'*hydrophtorate d'ammoniaque* tendant aussi à prouver que l'acide hydrophtorique est un composé de phtore et d'hydrogène, et non l'hydrate d'un acide oxigéné, nous croyons devoir placer ici les observations que M. H. Davy a faites à ce sujet. Si l'on met dans une petite capsule de platine parties égales de potassium et d'hydrophtorate d'ammoniaque, et qu'on chauffe la capsule dans un tube de verre courbé, placé sur la cuve à mercure, il se produit rapidement beaucoup de gaz nébuleux, et quand l'action est terminée, on trouve, en examinant les produits, 1.° un volume d'hydrogène; 2.° 2 volumes de gaz ammoniaque, 3.° du phtorure de potassium, 4.° le potassium qui étoit en excès. Le résultat est analogue à celui qu'on observe, lorsqu'on traite par le potassium l'hydrochlorate d'ammoniaque préparé avec des gaz secs, et absolument contraire aux résultats de l'action du même métal sur le nitrate d'ammoniaque et le sulfate d'ammoniaque desséchés; avec le nitrate, on obtient du gaz ammoniaque, de l'azote et de la potasse; avec le sulfate, de l'ammoniaque, du soufre libre et du sulfure de potasse : conséquemment, si l'acide hydrophtorique avoit une composition analogue à celle des hydrates d'acides sulfurique et nitrique, on devroit obtenir en outre des gaz hydrogène et ammoniaque, de la potasse et du phtore.

a) *Cas où l'acide se décompose.*

M. H. Davy a soumis l'acide hydrophtoriqne à l'action de la pile, de la manière suivante. Il fit passer au travers d'une petite cloche de chlorure d'argent un fil de platine, il la remplit d'acide hydrophtorique, puis il la renversa dans une capsule de platine, pleine de cet acide, il mit cet appareil en communication avec les pôles de la pile, au moyen de fils de platine; de l'hydrogène se dégagea au fil négatif, et une substance, couleur de chocolat, qui étoit probablement du phtorure de platine, recouvrit le fil positif.

Le potassium et le sodium ont une action des plus énergiques sur l'acide hydrophtorique; aussi, pour en étudier les résultats, est-il nécessaire de faire arriver goutte à goutte l'acide sur le métal contenu dans un tube de cuivre, ouvert à ses deux bouts et légèrement courbé, qui est placé au milieu de la glace : on obtient de l'hydrogène et du phtorure de potassium ou de sodium. Si, au lieu de procéder de cette manière, on portoit un globule de ces métaux dans l'acide contenu dans le tube, il se produiroit une détonation, et le gaz hydrogène dégagé seroit assez chaud pour brûler dans l'air.

MM. Gay-Lussac et Thénard, à qui l'on doit la connoissance des faits précédens, ont observé que le manganèse, le fer et le zinc décomposent également l'acide hydrophtorique, mais que leur action est moins énergique que celle du potassium et du sodium.

L'acide hydrophtorique décompose la silice avec une grande facilité; il se produit de l'eau et du gaz phtorosilicique. A chaud, il décompose la potasse et la soude, l'oxigène se porte sur son hydrogène, et le métal réduit s'unit au phtore. Il exerce une action analogue sur beaucoup d'oxides métalliques, surtout à une température plus ou moins élevée.

Etat. L'acide hydrophtorique ne paroît point exister dans la nature, car toutes les combinaisons qui peuvent en fournir paroissent être des phtorures, et dès lors si, en les traitant par des acides hydratés, on obtient de l'acide hydrophtorique, celui-ci provient de ce qu'il y a de l'eau décomposée.

Préparation. MM. Gay-Lussac et Thénard ont obtenu de l'acide hydrophtorique à l'état de pureté par le procédé suivant. Ils ont introduit du phtorure de calcium, exempt de silice et réduit en poudre fine '(au moins 100^{gr}), dans une cornue de plomb; ils ont versé par dessus le double d'acide sulfurique d'une densité de 1,85. La cornue placée sur un fourneau, ils ont adapté à son bec un tube de plomb, renflé vers sa partie moyenne et percé d'un petit trou; ce tube étoit refroidi par de la glace, ils ont chauffé doucement, de manière à ne pas ramollir la cornue : à l'aide de la chaleur, l'eau de l'acide sulfurique a été décomposée, son hydrogène s'est porté sur le phtore, et son oxigène sur le calcium. Il en est résulté de l'acide hydrophtorique qui s'est condensé dans le récipient, et de la chaux qui s'est unie à l'acide sulfurique anhydre.

Nous ferons observer que la cornue est de deux pièces qui s'adaptent l'une à l'autre, comme celles d'une tabatière ronde ; ces pièces doivent être lutées avec de la terre. Quant au bec de la cornue et à l'extrémité du tube qui s'y trouve adapté, ils doivent être lutés avec le lut gras. On doit éviter de s'exposer à la vapeur de l'acide hydrophtorique qui échappe à la condensation, et, à plus forte raison, de répandre sur soi l'acide liquide. Pour conserver ce dernier, il faut le renfermer dans des vaisseaux d'argent pur dont le bouchon, également en argent, doit avoir été rodé avec soin ; autrement, l'acide se dégageroit dans l'air. On ne pourroit éviter ce dégagement en faisant usage de vaisseaux de plomb, parce que la ductilité de ce métal ne permet jamais de les fermer exactement.

Usages. Il a été employé pour graver sur le verre de la même manière que l'on fait usage de l'acide nitrique pour graver sur le cuivre. Le vernis que l'on étend sur le verre se fait en mêlant 5 parties de cire fondue avec une partie d'huile volatile de térébenthine, on coule ce vernis sur le verre. Quand il est complétement refroidi, on enlève avec un burin tout le vernis qui recouvre les parties du verre qui doivent être creusées, puis on expose ces parties soit à l'action de l'acide hydrophtorique, étendu de 6 fois son poids d'eau, soit à l'action de la vapeur d'acide hydrophtorique qui se dégage d'un mélange de phtorure de calcium et d'acide sulfurique. Ce mélange doit être mis dans une boîte de plomb, afin qu'on puisse le chauffer, et la boîte doit être fermée avec la plaque de verre qu'on veut graver ; il est sans doute inutile de faire observer que le coté vernis doit regarder le fond de la caisse. Quand l'acide a suffisamment corrodé les parties du verre dépouillées de vernis, on passe la pièce dans l'eau pour séparer tout l'acide, puis on enlève le vernis, et on achève la gravure au burin. (Ch.)

HYDROPHYLACE. *Hydrophylax.* (*Bot.*) Genre de plantes dicotylédones, à fleurs complètes, monopétalées, rapproché de la famille des *rubiacées*, de la *tétrandrie monogynie* de Linnæus, offrant pour caractère essentiel : Un calice à quatre divisions, une corolle infundibuliforme, barbue à son orifice; quatre étamines attachées à l'entrée du tube; un ovaire inférieur surmonté d'un style filiforme et courbé; le stigmate bifide. Le fruit est une baie sèche, oblongue, anguleuse, biloculaire, couronnée par le calice, indéhiscente, une semence dans chaque loge.

HYDROPHYLACE MARITIME : *Hydrophylax maritima*, Linn. fils, *Suppl.*, 126; Lamk., *Ill.*, tab. 76; *Savissus anceps*, Gærtn., *de Fruct.*, 1, pag. 118. t. 25; Roxb., *Corom.*, tab. 233. Cette plante a des tiges très-longues, rampantes, glabres, colorées, articulées, couvertes de gaînes membraneuses; les feuilles sont petites, très-médiocrement pétiolées, opposées, ovales, aiguës, très-entières, luisantes et charnues, parsemées de petites callosités blanchâtres, transparentes, qui les rendent un peu âpres au toucher; les pétioles courts, membraneux, embrassant la tige par une gaîne qui persiste après la chute des feuilles; les fleurs presque sessiles, axillaires, solitaires ou quelquefois géminées; leur calice partagé en quatre découpures droites, ovales, aiguës, un peu charnues; la corolle d'un bleu pâle, en entonnoir; le tube plus long que le calice; le limbe anguleux, barbu à son orifice, à quatre découpures ovales, roulées en dehors; les filamens des étamines plus longs que la corolle; les anthères presque hastées; l'ovaire oblong. Le fruit est une baie sèche, ovale-oblongue, anguleuse, un peu comprimée, à deux loges indéhiscentes; les semences oblongues, marquées, d'un côté, de deux sillons. Cette plante croît dans les Indes et dans l'ile de Madagascar. (Poir.)

HYDROPHYLLA. (*Bot.*) Dans ce genre, de la famille des algues, établi par Stackhouse, la fronde est foliacée, veinée, très-mince, à pétioles et côtes cylindriques garnis d'une fructification tuberculeuse qui se retrouve sur les nervures de la fronde et sur ses bords.

Les fucus *sanguineus* et *sinuosus* sont les deux espèces rapportées à ce genre par Stackhouse. Ce sont des espèces de *delesseria* de Lamouroux, et des *ulva* pour quelques auteurs. (Lem.)

HYDROPHYLLE, *Hydrophyllum*. (*Bot.*) Genre de plantes dicotylédones, à fleurs complètes, monopétalées, régulières, de la famille des *borraginées*, de la *pentandrie monogynie*, offrant pour caractère essentiel : Un calice à cinq divisions ; une corolle campanulée, à cinq divisions, munies intérieurement de cinq stries canaliculées, contenant une liqueur mielleuse ; cinq étamines saillantes ; un ovaire supérieur, ovale ; le style simple, le stigmate bifide. Le fruit est une capsule globuleuse, bivalve, uniloculaire, ordinairement monosperme, par l'avortement de trois semences.

HYDROPHYLLE DE VIRGINIE : *Hydrophyllum virginicum*, Linn. ; Lamk., *Ill. gen.*, tab. 76, fig. 1 ; Sabb., *Hort.*, 1, tab. 15 ; Moris., *Hist.*, 3, 11, 15. tab. 1, fig. 1. Quelques auteurs ont donné à cette plante le nom de *dentaria*, à cause de la ressemblance de ses feuilles avec celles de la dentaire. Sa racine, épaisse à son collet, est composée de grosses fibres charnues, qui produisent des tiges herbacées, hautes de huit à dix pouces, à peine ramifiées, presque glabres. Les feuilles sont longuement pétiolées, alternes, ailées avec impaire, assez grandes, à cinq folioles ; les trois supérieures confluentes à leur base ; les deux supérieures simples ou partagées en deux lobes ; elles sont ovales lancéolées, très-aiguës, vertes en dessus, plus pâles et un peu blanchâtres en dessous, grossièrement dentées en scie. Les pédoncules simples, ou quelquefois bifurqués, droits, plus longs que les pétioles ; ils se terminent par des fleurs blanchâtres, pédicellées, disposées en petits corymbes ramassés en tête. Le calice est hispide ; les filamens barbus vers leur base ; les anthères oblongues et vacillantes, l'ovaire ovale ; le style de la longueur des étamines.

Cette plante, originaire de la Virginie, est cultivée, ainsi que les deux suivantes, au Jardin du Roi : elles paroissent se plaire dans tous les terrains et à toutes les expositions ; cependant, elles profitent mieux dans les lieux frais et ombragés ; elles craignent peu les rigueurs de l'hiver ; elles perdent leurs feuilles pendant les chaleurs de l'été, et souvent elles fleurissent une seconde fois en automne : elles produisent, étant en fleurs, un assez bel effet, dans les jardins paysagers, étant placées sur le bord des eaux, le long des allées, au nord. On les multiplie de graines et par le déchirement des vieux pieds.

HYDROPHYLLE DE CANADA : *Hydrophyllum canadense*, Linn. ; Lamk., *Ill. gen.*, tab. 97, fig. 2 ; Mich., *Fl. bor. Amer.*, 1, pag. 133. Quoique très-rapprochée de la précédente, cette espèce s'en distingue aisément par la forme de ses feuilles, et par ses pédoncules beaucoup plus courts. Sa tige est glabre, moins élevée, garnie de deux feuilles alternes, pétiolées, assez amples, palmées, vertes, pâles en dessous, assez semblables à celles de quelques érables, à cinq ou sept lobes aigus, dentés, anguleux; les pédoncules courts, situés à la base du pétiole de la dernière feuille : ils soutiennent des fleurs agglomérées en tête, disposées en grappes rameuses très-courtes. Cette plante croît aux lieux frais et ombragés, dans les forêts et sur les montagnes du Canada et des monts Alléghanis.

HYDROPHYLLE DE MAGELLAN ; *Hydrophyllum magellanicum*, Lamk., Journ. d'Hist. nat., vol. 1, p. 373, t. 19. Plante découverte par Commerson au détroit de Magellan : elle est lanugineuse, légèrement tomenteuse sur toutes ses parties, et présente le port d'une valériane. Sa racine est brune, alongée, fusiforme; sa tige droite, pileuse, cylindrique, médiocrement rameuse, haute de sept à huit pouces; les feuilles alternes, distantes, légèrement tomenteuses, pétiolées, ailées avec une impaire, composées de folioles ovales, ridées, aiguës, très-entières, inégales; la terminale beaucoup plus grande. Les fleurs sont sessiles, très-serrées, réunies en quatre ou cinq épis courts, terminaux, ramassés en tête; les calices lanugineux ; la corolle plus longue que le calice, à cinq découpures profondes, obtuses; l'ovaire velu; le style à demi bifide.

HYDROPHYLLE APPENDICULÉ ; *Hydrophyllum appendiculatum*, Mich., *Fl. bor. Amer.*, 1, pag. 134. Cette plante est hérissée sur toutes ses parties : elle est pourvue de tiges cylindriques, herbacées, garnies de feuilles alternes, pétiolées, velues et lobées; les radicales presque pinnatifides ; les caulinaires médiocrement lobées, anguleuses; les fleurs ramassées en fascicules, disposées presque en panicules; la corolle bleuâtre ; le calice assez semblable à celui de quelques espèces de campanules, dont les sinus sont réfléchis, et prolongés en un appendice ovale. Cette espèce croît dans les forêts, sur les montagnes de Tennessée, et dans plusieurs autres contrées de l'Amérique septentrionale.

Pursh fait mention, sous le nom d'*hydrophyllum lineare*, *Flor. Amer.*, 1, pag. 134, d'une nouvelle espèce assez bien distinguée par les poils qui recouvrent toutes ses parties ; par ses feuilles linéaires, et ses fleurs disposées en grappes alongées. Elle croit dans le Missouri. ((Poir.)

HYDROPHYTTITE. (*Min.*) C'est, dans le Manuel de minéralogie de MM. Meinecke et Keferstein, la chaux muriatée qui se trouve dans le gypse, près Lunébourg. (B.)

HYDROPIPER. (*Bot.*) Nom ancien donné à plusieurs plantes différentes, toutes aquatiques, et ayant une saveur de poivre. La persicaire étoit l'*hydropeperi* de Dioscoride ; et la persicaire brûlante ou currage, l'*hydropiper* de Fuchs, Matthiole et autres, qui est le *polygonum hydropiper* de Linnæus. L'*hydropiper* de Daléchamps est le *bidens tripartita*. Le même nomme *hydropiper lanceolatum* le *ranunculus gramineus* et sa variété. Le *calla palustris* est, suivant Bauhin, l'*hydropiper rubrum* de Fuchs. Buxbaums nommoit *hydropiper* un *alsinastrum* de Vaillant, qui est maintenant l'*elatine hydropiper*. (J.)

HYDROPITE. (*Min.*) M. Germar donne ce nom à un minerai de manganèse, composé, d'après Brande, d'oxidule de ce métal, de silice et d'eau. Voyez Manganèse. (B.)

HYDROPITYONE, *Hydropityon*. (*Bot.*) Genre de plantes dicotylédones, à fleurs complètes, polypétalées, de la famille des *caryophyllées*, de la *décandrie monogynie* de Linnæus, offrant pour caractère essentiel : Un calice à cinq folioles ; une corolle à cinq pétales, plus petits que le calice ; dix étamines ; les filamens velus ; un ovaire supérieur prolongé en un style terminé par un stigmate élargi, orbiculaire. Le fruit consiste en une semence nue, ou une capsule monosperme.

Ce genre, rapporté d'abord comme espèce à l'*hottonia*, en diffère, comme on vient de le voir, par les caractères des fleurs. (Voyez Hottone.)

Hydropityone des Indes : *Hydropityon indicum*, Gærtn., *Fil. Carp.*, tab. 183 ; *Hottonia indica*, Linn. ; *Gratiola trifida*, Vahl ; *Limnophila*, Brown, *Nov. Holl.*, 442 ; *Tsjunda-Tsjera* ; Rhéed., *Malab.*, 12, tab. 56 ; Brown, *Zeyl.*, tab. 55, fig. 1. Cette plante est fort petite ; ses tiges droites, simples, menues, longues de trois ou quatre pouces, garnies de feuilles verticillées ; six ou sept à chaque verticille, étroites, linéaires, découpées ou dentées, quelques unes trifides, inférieures, la plupart très-variables dans leurs découpures. Les pédoncules sont axillaires, solitaires, au moins de la longueur des feuilles, terminées par une petite fleur dont le calice est partagé en cinq folioles ; la corolle beaucoup plus petite, composée de cinq pétales. Cette plante croît aux lieux sablonneux, dans l'Inde, à la Nouvelle Hollande. (POIR.)

HYDROPORE, *Hydroporus*. (*Entom.*) υγροπορος, qui traverse les lieux humides. C'est le nom d'une division ou d'un sous-genre établi par M. Clairville, parmi les dytiques. Ce sont des coléoptères pentamérés de la famille des nectopodes. Voyez HYPHYDRE. (C. D.)

HYDROPTÉRIDÉES. (*Bot.*) On donne ce nom à la famille des rhyzospermes, que Willdenow a désignée le premier par *hydropterides*, qui signifie fougères d'eau, en grec. (LÆM.)

HYDROPYXIS. (*Bot.*) Genre imparfaitement connu, à fleurs complètes, monopétalées, irrégulières, qui paroît se rapprocher de la famille des *personnées*, de la *didynamie angiospermie* de Linnæus, offrant pour caractère essentiel : Un calice persistant, à cinq divisions profondes, accompagné de deux bractées ; les deux divisions intérieures plus courtes ; une corolle en forme de coupe ; son limbe divisé en cinq lobes inégaux ; quatre étamines didynames ; les anthères hastées ; un ovaire supérieur ; le style simple ; le stigmate en tête, à trois lobes. Le fruit consiste en une capsule uniloculaire, polysperme, triangulaire, s'ouvrant transversalement ; un réceptacle libre et central

HYDROPYXIS DES MARAIS ; *Hydropyxis palustris*, Rafin., *in* Rob., *F. Gal. Ludov.*, p. 19 ; vulgairement POURPIER DES MARAIS. Plante herbacée, qui croît dans les marais et les fossés inondés à la Louisiane, découverte par Robin. Ses tiges sont rampantes, couchées ; ses feuilles inconnues. Les fleurs sont pédonculées, axillaires, solitaires ; la corolle blanche, teinte de violet ; le stigmate large, verdâtre. (POIR.)

HYDRORHIZA. (*Bot.*) Commerson nommoit ainsi une espèce de *pandanus*, sans motiver cette différence de nom. (J.)

HYDROSACE (*Bot.*), nom synonyme, suivant Menzel, de l'*androsace*, genre de primulacées. (J.)

HYDROSANE. (*Min.*) Nom d'une espèce d'opale blanche commune et tendre, que l'on trouve près d'Habersburg, en Saxe; elle est hydrophane et opalissante dans l'eau. Cent grains distillés par Klaproth ont produit une eau empyreumatique sur laquelle il surnageoit une pellicule huileuse. Dans cette opération l'hydrosane perdit 5 grains et $\frac{1}{4}$ de son poids. (Journ. de Phys., tom. 46, pag. 217.) (BRARD.)

HYDROSÉLÉNIATES. (*Chim.*) Combinaisons salines de l'acide hydrosélénique avec les bases salifiables. Voyez l'article ci-après. (CH.)

HYDROSÉLENIQUE [ACIDE.] (*Chim.*) Combinaison acide gazeuse du sélénium avec l'hydrogène.

Composition.

	Poids.	Volumes.
Sélénium	97,4	1
Hydrogène	2,6	2

(Berzelius.)

Propriétés physiques. Il est gazeux et incolore.

Son odeur est celle de l'acide hydrosulfurique ; mais à cette sensation en succède bientôt une autre qui est à la fois piquante, astringente et douloureuse. Les yeux deviennent rouges et l'odorat perd toute sensibilité pendant plusieurs heures; enfin, à tous ces symptômes succède un rhume qui dure plusieurs jours. C'est ce que M. Berzelius a éprouvé, après avoir laissé pénétrer dans une de ses narines une bulle de gaz de la grosseur d'un petit pois. Ce savant attribue les effets de ce gaz délétère à ce qu'étant absorbé par le liquide qui recouvre les membranes intérieures, il y est décomposé par l'oxigène de l'air, il se forme de l'eau et il se dépose du sélénium dont l'action délétère se fait sentir tant qu'il n'est pas complétement expulsé de dessus les parties où il s'est précipité.

Propriétés chimiques. Il est acide, car il rougit la teinture de tournesol.

Il se dissout dans l'eau non aérée, sans la colorer. Si l'eau contient un peu d'oxigène atmosphérique, il se dépose un peu de sélénium, parce que de l'hydrogène est brûlé. L'eau imprégnée de ce gaz a une saveur d'acide hydrosulfurique, elle rougit le papier de tournesol, et colore la peau en brun : dans ce cas, l'oxigène brûle l'hydrogène, et le sélénium, mis à nu, pénètre assez profondément dans la peau pour la colorer, de manière à ce qu'on ne puisse l'en séparer au moyen de l'eau. L'acide hydrosélénique est beaucoup plus soluble dans l'eau que l'acide hydrosulfurique, il y tient plus fortement. Cette dissolution précipite tous les sels métalliques solubles, même ceux de fer et de zinc, quand ils ne contiennent pas d'acide en excès. Quand les précipités sont noirs ou bruns, M. Berzelius les considère comme des séléniures métalliques; lorsqu'ils sont couleur de chair, comme ceux de zinc, de manganèse, de cérium, il les considère comme des hydroséléniures, au moins au moment de leur précipitation, car, en absorbant l'oxigène de l'air, l'hydrogène se brûle, et ils se trouvent convertis en séléniures d'oxides.

L'oxigène de l'air a une grande action sur l'acide hydrosélénique humide, il en brûle l'hydrogène et en sépare le sélénium; si la décomposition se fait sur des corps poreux qui sont humectés avec la dissolution de cet acide, ils se coloreront en rouge de cinabre, jusqu'à une certaine profondeur.

Préparation et histoire. Cet acide a été découvert par M. Berzelius; il l'a obtenu en versant sur du séléniure de potassium, contenu dans une petite cornue de verre, de l'acide hydrochlorique étendu. Dans cette circonstance, le chlore s'est uni au potassium, tandis que l'hydrogène qui étoit uni au chlore s'est porté sur le sélénium et s'est dégagé avec lui, à l'état d'acide hydrosélénique. (Ch.)

HYDROSIDERUM. (*Min.*) Voyez Fer phosphaté. (Brard.)

HYDROSTACHYS (*Bot.*); Petit-Th., *Nov. Gen. Madag.*, 1. Genre de la famille des *naïades*, établi par M. du Petit-Thouars pour des herbes aquatiques qui croissent dans le fond des eaux, à l'île de Madagascar, dont les fleurs sont dioïques, disposées en un chaton presque en forme d'épi, portées sur une hampe qui s'élève d'entre les feuilles : celles-ci sont variables dans leur forme, selon les espèces. Ce genre appartient à la *dioécie monandrie* de Linnæus. Il offre pour caractère essentiel : Dans les fleurs mâles, un calice formé par une écaille perpendiculaire à l'axe, courbée à son sommet; une seule anthère sessile, a deux loges distinctes. Dans les fleurs femelles, un ovaire caché sous l'écaille calicinale; deux styles; une capsule ovale, comprimée d'un côté, à deux valves, à une loge polysperme; les semences attachées aux parties internes des valves. Les espèces qui composent ce genre n'ont point été mentionnées. (*Voir.*)

HYDROSULFATES. (*Chim.*) Combinaisons salines de l'acide hydrosulfurique avec les bases salifiables.

Composition. Dans les hydrosulfates neutres à base d'oxide, l'oxigène de celui-ci est à l'hydrogène de l'acide dans le rapport où ces élémens constituent l'eau, et le métal est au soufre dans le rapport où ils constituent un sulfure.

Les hydrosulfates connus sont ceux d'ammoniaque, de magnésie, de chaux, de strontiane, de baryte, de soude, de potasse, de protoxide de fer, d'oxide vert de manganèse, de protoxide et de péroxide d'étain, de zinc, de l'oxide d'antimoine de la poudre d'algaroth, de protoxide de cobalt et de protoxide de nickel; les sept premiers sont solubles dans l'eau, et les cinq autres sont insolubles.

Nous nous occuperons d'abord des hydrosulfates insolubles, puis des hydrosulfates solubles.

Première division. HYDROSULFATES INSOLUBLES.

Action de la chaleur. Tous, chauffés doucement, sont susceptibles de se réduire en eau qui se volatilise et en sulfure fixe. Mais il faut observer que quand on opère avec de l'hydrosulfate de péroxide d'étain, si on élève trop la température, on obtient avec l'eau un sublimé de soufre. Cela tient à ce que le persulfure d'étain qui correspond au péroxide d'étain et à l'hydrosulfate du même métal, est susceptible de se réduire par la chaleur en protosulfure et en soufre.

Action de l'acide hydrochlorique. L'acide hydrochlorique concentré les décompose tous, surtout à l'aide d'une légère chaleur; le gaz hydrosulfurique se dégage, et l'acide hydrochlorique forme avec la base un hydrochlorate; ou de l'eau et un chlorure. Il en est de même des acides énergiques qui ne décomposent pas l'acide hydrosulfurique.

Préparation. Les hydrosulfates de manganèse, de fer, de protoxide et de péroxide d'étain, de zinc, de cobalt et de nickel s'obtiennent en versant de l'hydrosulfate de potasse bien saturé d'acide dans la dissolution aqueuse des sels de ces mêmes bases. Quant à l'hydrosulfate d'antimoine, il faut faire passer un courant de gaz hydrosulfurique dans une solution d'hydrochlorate de protoxide d'antimoine. Ce procédé peut être appliqué à la préparation des deux hydrosulfates d'étain.

HYDROSULFATE DE MANGANÈSE.

Il est d'un blanc très-légèrement rosé.

HYDROSULFATE DE FER.

Il est noir. Exposé à l'air, il se réduit en eau, en péroxide et en soufre. Non seulement il se prépare comme nous l'avons dit plus haut, mais on peut l'obtenir encore, en mettant dans un flacon fermé 1 partie de soufre et 2 parties de fer en limaille intimément mêlées, et assez humectées d'eau pour former une pâte. Ayant laissé un pareil mélange abandonné à lui-même, j'observai au bout de deux ans, lorsque j'eus débouché le flacon, et versé sur un papier la poudre extrêmement divisée et très-sèche qui étoit dans le flacon, que la matière s'echauffa et prit feu en produisant le phénomène du *volcan de Lémery;* les produits de combustion étoient du gaz acide sulfureux et du péroxide de fer.

Lorsqu'on verse, dans la solution d'un sel de péroxide de fer, de l'hydrosulfate de potasse ou de soude, le précipité est un hydrosulfate de fer, mêlé de soufre, lequel provient de ce qu'une portion d'acide hydrosulfurique a réduit le péroxide de fer en protoxide, au moyen de son hydrogéne seulement, dès lors le soufre uni à ce dernier, s'est précipité avec l'hydrosulfate de protoxide de fer.

HYDROSULFATE DE ZINC.

Il est d'un blanc tirant sur le jaune léger.

M. Gay-Lussac a observé qu'en le tenant exposé pendant quelque temps à une température insuffisante pour le réduire complétement en eau et en sulfure, et suffisante cependant pour en séparer de l'eau, il arrivoit un instant où il cessoit d'en donner, et qu'alors si on élevoit de plus en plus la température, on obtenoit de nouvelles quantités de liquide. Il lui a paru, d'après cela, que ce qu'on nomme hydrosulfate de zinc pourroit être un *sulfure hydraté.* Dans ce cas, on concevroit très-bien comment, à mesure que la quantité d'eau diminue par rapport au sulfure, il faut des degrés de chaleur de plus en plus élevés, tandis que, dans l'opinion contraire, on ne voit pas pourquoi, dès que la matière est exposée à un degré de température suffisant pour en dégager de l'eau, elle ne donne pas toute celle qui doit résulter de l'union de l'hydrogène de l'acide avec l'oxigène de la base.

HYDROSULFATE DE PROTOXIDE D'ÉTAIN.

Il est couleur de caffé au lait.

HYDROSULFATE DE PÉROXIDE D'ÉTAIN.

Il est jaune.

HYDROSULFATE DE L'OXIDE D'ANTIMOINE DE LA POUDRE D'ALGAROTH.

Il est d'une belle couleur rouge orangé.

HYDROSULFATES DE COBALT ET DE NICKEL.

M. Proust pense que les précipités noirs que l'on obtient en versant de l'hydrosulfate de potasse dans une dissolution de cobalt et de nickel sont des hydrosulfates. M. Thénard les considère, au contraire, comme des sulfures.

Deuxième division. HYDROSULFATES SOLUBLES.

Préparation. Quand on veut unir la potasse, la soude, la baryte, la strontiane, la magnésie, la chaux et l'ammoniaque liquide à l'acide hydrosulfurique, on commence par remplir des flacons de Woulf presque entièrement de ces bases dissoutes ou délayées dans l'eau, en ayant le soin de mettre l'ammoniaque dans le dernier flacon de l'appareil : ensuite on introduit du protosulfure de fer dans un matras, on y adapte un bouchon muni d'un tube en S, et d'un tube deux fois coudé, qui va plonger dans un petit flacon où l'on a mis un peu d'eau ; ce flacon communique ensuite avec ceux qui contiennent les bases salifiables. On verse par le tube en S de l'acide sulfurique à 10 degrés ; il se dégage de l'acide hydrosulfurique qui va neutraliser les bases. Au lieu de se servir de protosulfure de fer, on peut employer le sulfure d'antimoine ; il faut alors le traiter par l'acide hydrochlorique un peu fumant, et chauffer très-légèrement le matras. Quand le sulfure de fer ou celui d'antimoine est décomposé, il faut ôter le matras pour le charger de nouveau, si les bases ne sont pas saturées d'acide hydrosulfurique; on doit, autant que possible, éviter les contacts multipliés de l'air avec les hydrosulfates; autrement, ils seroient plus ou moins sulfurés et dès lors colorés en jaune. Lorsqu'ils sont dans cet état, il faut les mettre avec du mercure dans des flacons. Peu à peu, le soufre qui les colore est absorbé par le métal; mais une observation importante, c'est que, tant que le sulfure de mercure produit n'est pas d'un beau rouge, l'hydrosulfate peut retenir en dissolution du sulfure de mercure noir, lequel se précipite en flocons noirs, dès qu'on sature la base par un acide qui chasse l'acide hydrosulfurique. Lorsqu'on veut obtenir les hydrosulfates de potasse et de soude cristallisés, les dissolutions alcalines doivent être très-concentrées.

HYDROSULFATE DE POTASSE.

Suivant M. Vauquelin, il cristallise en prismes tétraèdres ou hexaèdres, terminés par des pyramides à quatre ou à six faces.

Il est incolore, inodore, tant qu'il ne s'en sépare pas d'acide. Sa saveur est âcre et amère.

Il est très-soluble dans l'eau; pendant la dissolution du sel qui est cristallisé, il se produit du froid; la solution est incolore.

L'alcool dissout l'hydrosulfate de potasse.

Action du mercure. Ce métal n'a aucune action sur l'hydrosulfate de potasse neutre; mais s'il contient de l'acide hydrosulfurique libre, ou du soufre en excès à la composition de l'acide hydrosulfurique; il noircit, dans le premier cas, en agissant sur l'acide hydrosulfurique, dans le second cas, en agissant sur le soufre en excès.

Action du soufre. A froid, il est dissous par l'hydrosulfate de potasse liquide; il le colore en jaune. Si l'on fait bouillir, il est dissous en plus grande quantité, et en même temps il se dégage plus ou moins d'acide hydrosulfurique.

Action du chlore. Lorsqu'on met le chlore en contact avec une solution d'hydrosulfate de potasse, il se forme en général de l'acide hydrochlorique et un dépôt de soufre; mais si on ne met qu'un peu de chlore, le soufre, au lieu de se déposer, se dissout dans l'hydrosulfate non décomposé, et le colore en jaune. Si le chlore est en excès, le soufre pourra être, en tout ou en partie, converti en acide sulfurique. Dans ce cas, le chlore libre attirera l'hydrogène d'une portion d'eau tandis que l'oxigène de cette même portion se portera sur le soufre.

Action de l'iode. L'iode agit d'une manière analogue au chlore, avec cette différence, que s'il est susceptible, lorsqu'il est en excès, de déterminer l'acidification du soufre aux dépens de l'oxigène de l'eau, cela doit être avec beaucoup moins d'énergie que le chlore.

Action de l'oxigène. L'hydrosulfate de potasse liquide absorbe l'oxigène pur ou celui de l'air, avec assez de rapidité. Il paroît que dans le premier temps de l'absorption, l'hydrogène seul d'une portion d'hydrosulfate est brûlé, il en résulte de l'eau et du soufre; celui-ci reste en dissolution dans la portion d'hydrosulfate non décomposée, il la colore en jaune. Enfin, si l'hydrosulfate reste exposé à l'oxigène un temps suffisant, la couleur disparoîtra peu à peu, et la liqueur contiendra de l'hyposulfite de potasse, d'où il suit qu'alors l'hydrogène est brûlé simultanément avec le soufre. L'hydrosulfate de potasse cristallisé éprouve la même altération.

Action de quelques oxides. Lorsqu'on fait chauffer du péroxide de manganèse dans une solution d'hydrosulfate de potasse, M. Gay-Lussac a observé qu'il se produit d'abord de l'eau et que le soufre mis en liberté est retenu par l'hydrosulfate non décomposé; qu'ensuite l'hydrosulfate sulfuré est converti en hyposulfite, et que le péroxide de manganèse est réduit à l'état d'oxide vert. Les phénomènes produits par cet acide sont donc tout-à-fait analogues à ceux qu'on observe dans l'action de l'oxigène sur l'hydrosulfate de potasse.

Les oxides susceptibles de se désoxider, en partie seulement, doivent se comporter comme le précédent.

Le deutoxide de cuivre exposé à 100^d, avec de l'hydrosulfate de potasse, est complétement réduit; le métal se combine à la plus grande partie du soufre; l'oxigène brûle tout l'hydrogène, ainsi qu'une portion du soufre qui passe à l'état d'acide hyposulfureux. Le résultat est donc du sulfure de cuivre, de l'eau , de l'hyposulfite de potasse , et enfin de la potasse libre. Puisqu'en opérant avec l'oxide de manganèse, qui n'absorbe pas de soufre, on obtient en dernier lieu un hyposulfite neutre, on conçoit comment il se fait qu'en opérant avec l'oxide de cuivre qui agit d'une manière contraire, le soufre brûlé ne soit pas en quantité suffisante pour neutraliser toute la base.

Action des acides qui séparent l'acide hydrosulfurique , sans l'altérer.

Le gaz acide carbonique que l'on fait passer à une basse température, dans une solution d'hydrosulfate de potasse, peut en dégager tout l'acide hydrosulfurique, ou s'il en laisse une portion dans la liqueur, cette portion est susceptible d'être décomposée en entier par le mercure métallique, ce qui prouve que si la potasse agit encore sur elle, c'est avec une force moindre que s'il n'y avoit pas d'acide carbonique.

Les acides borique, sulfurique, phosphorique, hydrochlorique, hydrophtorique, hydriodique, le décomposent surtout à une douce chaleur, et lorsqu'ils sont un peu étendus d'eau. Tous ou presque tous les acides végétaux qui sont solubles dans l'eau, se conduisent de la même manière.

Action des acides qui décomposent l'acide hydrosulfurique.

L'acide sulfureux convertit l'hydrosulfate de potasse en hyposulfite; dans ce cas, l'hydrogène est brûlé par une portion d'oxigène de l'acide ; l'autre portion se concentre sur le soufre de l'acide sulfureux et sur celui de l'acide hydrosulfurique, pour former l'acide hyposulfureux.

L'acide nitreux, versé dans l'hydrosulfate étendu , en précipite du soufre, parce qu'il brûle l'hydrogène, de préférence au soufre ; mais si l'acide est employé en excès, et que la liqueur ne soit pas trop étendue, le soufre peut être brûlé en tout ou en partie.

L'acide nitrique concentré se comporte d'une manière analogue au précédent.

Action des sels. L'hydrosulfate de potasse décompose :

1.º Les sels d'alumine, de zircone, de glucine, d'yttria, de chrome, de cérium et de titane; l'acide hydrosulfurique est mis en liberté, la base salifiable insoluble se précipite à l'état d'hydrate.

2.° Les sels de protoxide de fer, d'oxide vert de manganèse, de protoxide d'étain, de péroxide d'étain, de zinc, d'antimoine, de cobalt et de nickel: l'acide hydrosulfurique s'unit à ces oxides, sans leur faire éprouver d'altération. Si le fer, le manganèse, l'antimoine étoient plus oxidés que les oxides dont nous parlons, il y auroit une portion d'acide hydrosulfurique qui enleveroit leur excès d'oxigène ; dès lors, l'hydrosulfate précipité contiendroit une portion de soufre.

3.° Les sels d'urane, de bismuth, de cuivre, de tellure, de plomb, de mercure, d'argent, de palladium, de platine et d'or; l'acide hydrosulfurique et la base salifiable insoluble donnent naissance à de l'eau et à un sulfure qui se précipite.

Dans toutes les décompositions dont nous parlons, la potasse s'unit avec l'acide du sel qu'on met en contact avec l'hydrosulfate.

<h3>HYDROSULFATE DE SOUDE.</h3>

Ses propriétés sont analogues à celles que nous avons reconnues à l'hydrosulfate de potasse.

<h3>HYDROSULFATE ET SOUS-HYDROSULFATE DE BARYTE.</h3>

Le sous-hydrosulfate de baryte est plus connu que l'hydrosulfate, par la raison qu'on a souvent l'occasion de le préparer dans les laboratoires. En effet, quand on a exposé le sulfate de baryte mêlé avec du charbon, à une température rouge, et qu'on vient à traiter le résidu par 5 à 6 parties d'eau bouillante, on obtient, par le refroidissement du lavage, des cristaux de sous-hydrosulfate qu'il suffit de faire égoutter, de laver avec un peu d'eau froide, puis de presser entre des papiers joseph, pour les débarrasser d'un peu d'hydrosulfate sulfuré qui les colore en jaune. Le sous-hydrosulfate dissous dans l'eau, et soumis à un courant d'acide hydrosulfurique, se convertit en hydrosulfate.

Hydrosulfate de strontiane.

En traitant par l'eau bouillante le sulfate de strontiane décomposé par le charbon, on obtient assez ordinairement, par le refroidissement, un mélange de strontiane cristallisée et de sous-hydrosulfate; on peut convertir ces cristaux, quand on les a purifiés d'un peu de sous-hydrosulfate sulfuré qui les colore en jaune, en hydrosulfates neutres, en les soumettant à un courant de gaz hydrosulfurique.

Hydrosulfates de chaux et de magnésie.

On ne les a obtenus jusqu'ici qu'en dissolution dans l'eau.

Hydrosulfate d'ammoniaque.

M. Thénard a obtenu ce sel parfaitement pur et cristallisé, par le procédé suivant : On prend un flacon bouché à l'émeri bien sec, on y adapte trois tubes, dont deux plongeant jusqu'au fond, doivent être adaptés, l'un à un appareil propre à dégager du gaz ammoniaque sec, l'autre à un appareil propre à dégager de l'acide hydrosulfurique également sec. Le troisième tube du flacon est coudé, l'extrémité libre plonge de quelques lignes dans du mercure; le flacon doit être entouré de glace. On commence par remplir l'appareil de gaz acide hydrosulfurique, afin d'en expulser l'air avant que l'hydrosulfate se forme, puis on dégage le gaz ammoniaque, en continuant toujours de maintenir le dégagement de l'acide hydrosulfurique. L'hydrosulfate d'ammoniaque cristallise trèspeu d'instans après que les gaz se sont rencontrés.

L'hydrosulfate d'ammoniaque est incolore, transparent, en aiguilles ou en lames; il est très-volatil. En se dissolvant dans l'eau, il produit du froid, surtout s'il est avec excès d'ammoniaque, parce qu'alors il se dissout plus promptement que quand il est neutre.

Exposé à l'air, il jaunit, en devenant hydrosulfate sulfuré.

Excepté sa volatilité et les propriétés qui distinguent l'ammoniaque des oxides salifiables, ce sel se comporte avec les réactifs comme les hydrosulfates de potasse et de soude. (C_{II}.)

HYDROSULFURIQUE (Acide). (*Chim.*)

Composition. Combinaison gazeuse du soufre avec l'hydro‑ gène , composée de

Poids.   Volumes.

Soufre........ 94,176 .... 1 $\Big\}$ Condensés en 1 volume.
Hydrogène.... 5,824 1

Synonymie. Air puant, air hépatique, gaz hépatique, gaz hydrogène sulfuré, acide hydrothionique.

Propriétés physiques. Il est gazeux, incolore; sa densité est de 1,1912.

Il a une odeur et un goût d'œufs pourris.

On ne connoît pas de gaz plus délétère que cet acide. D'a‑ près les expériences de MM. Thénard et Dupuytren, de l'air qui en contient $\frac{1}{1500}$ de son volume tue sur-le-champ un ver‑ dier qu'on y plonge : un chien de moyenne taille périt dans un air qui en contient $\frac{1}{800}$, et un cheval ne peut vivre dans un air qui en contient $\frac{1}{250}$. D'après ces résultats, on sent la nécessité de ne pas s'exposer aux émanations de ce gaz; lors‑ qu'on en court le risque, il faut l'enflammer au moment de son dégagement, si cela est possible, et, dans tous les cas, il est bon d'avoir auprès de soi une capsule où l'on a mis un mélange propre au dégagement du chlore.

Propriétés chimiques.

a) Cas où il n'est pas décomposé.

Le gaz acide hydrosulfurique n'est pas décomposé par la lumière.

100 mesures d'eau bouillie en absorbent à 18ᵈ, 253 de ce gaz, suivant M. Th. de Saussure. Cette eau a l'odeur du gaz, une saveur douceâtre et acide; exposée au vide, elle perd tout son gaz ou la plus grande partie ; elle le perd encore à la température de 100ᵈ.

Il existe une matière qu'on a appelée *soufre hydrogéné de Schéele*, *hydrure de soufre*, qui nous paroît être une com‑ binaison d'acide hydrosulfurique et de soufre. On la prépare de la manière suivante : on prend un flacon à l'émeri, pou‑ vant contenir deux onces d'eau ; on y verse du sulfure hy‑ drogéné de potasse, jusqu'à ce qu'il en soit au tiers plein ; puis on achève de l'emplir avec de l'acide hydrochlorique à 6ᵈ.; on ferme le flacon, on fixe le bouchon au goulot, et on agite les liqueurs afin de les mêler : l'acide hydrochlorique se porte sur la potasse, et du soufre, plus de l'acide hydrosulfurique se combinent à l'état naissant, et forment un liquide jaune, oléagineux, qui se rassemble à la partie supérieure du flacon. Ce liquide, exposé dans un espace quelconque, se réduit en gaz acide hydrosulfurique et en soufre. Après Schéele, M. Berthollet et M. Proust ont examiné ce produit.

L'acide hydrosulfurique peut s'unir à l'ammoniaque, aux oxides des métaux de la seconde et troisième section et à ceux de quelques métaux de la quatrième, sans éprouver de décomposition.

b) *Cas où l'acide hydrosulfurique est altéré.*

Ce gaz, soumis à l'action de la chaleur rouge, dans un tube de porcelaine, se réduit, en partie, en soufre et en hydrogène pur, suivant l'observation de Cluzel.

Lorsqu'on fait rougir des fils de platine dans ce gaz, au moyen de l'électricité voltaïque, il est promptement décomposé; le soufre se dépose, et il reste un volume d'hydrogène pur, égal au volume du gaz acide.

Nous serions assez disposés à admettre que l'oxigène conservé avec de l'eau chargée d'acide hydrosulfurique, peut, à la température ordinaire, se porter sur l'hydrogène, et mettre le soufre en liberté.

Lorsqu'on approche une bougie allumée de l'ouverture d'une cloche remplie de ce gaz, celui-ci prend feu, la flamme est rouge nuancée de bleu, il se produit de l'eau et de l'acide sulfureux, et toujours une portion de soufre se dépose à l'état de combustible.

Si le gaz est enveloppé de toutes parts dans un excès d'oxigène, il brûle complétement, en produisant de l'eau et du gaz acide sulfureux; c'est ce qu'on démontre en enflammant dans l'eudiomètre, par l'étincelle électrique, un mélange de 1 volume de gaz acide, et de 5 d'oxigène. Il ne faut brûler à la fois qu'une très-petite quantité de ce mélange; autrement, l'eudiomètre seroit brisé. Nous ferons observer qu'il y a une portion de l'acide sulfureux produit, et de l'oxigène en excès, qui se combinent presque aussitôt l'inflammation, pour former de l'acide sulfurique. La proportion d'oxigène rigoureusement nécessaire pour convertir ce gaz en acide sulfureux et en eau est de 1 volume ½ pour 1 de gaz acide.

Le mélange de 2 volumes d'acide hydrosulfurique et de 1 volume d'oxigène qu'on enflamme dans l'eudiomètre donne de l'eau, et presque tout le soufre qui étoit uni à l'hydrogène.

Un assez grand nombre d'acides oxigénés décomposent l'acide hydrosulfurique, tels sont :

1.° l'acide sulfurique concentré ; la décomposition ne se fait que très-lentement, il se produit de l'eau, et le soufre des deux acides se dépose.

2.° L'acide sulfureux ; lorsqu'on mêle les deux acides gazeux et desséchés, la décomposition ne s'opère que quelque temps après le mélange ; mais s'il y a de l'eau, l'action est instantanée ; il y a formation d'eau et dépôt de soufre ; lorsque les acides sont dissous dans une très-grande quantité d'eau, ils n'ont pas d'action mutuelle.

3.° L'acide iodique ; il y a production d'eau, dépôt d'iode et de soufre.

4.° L'acide chlorique ; il y a formation d'eau.

5.° Les acides nitrique et nitreux ; en opérant avec un excès d'acide, et en chauffant, on peut brûler l'hydrogène et le soufre.

6.° L'acide arsenieux et l'acide arsenique dissous dans l'eau ; il y a formation de sulfure d'arsenic.

7.° L'acide chromique ; celui-ci est réduit à l'état d'oxide ; il y a formation d'eau et dépôt de soufre.

Le chlore décompose l'acide hydrosulfurique en s'emparant de son hydrogène. Le soufre est précipité ; 1 volume d'acide et 1 volume de chlore donnent 2 volumes de gaz hydrochlorique ; et lorsque le chlore en excès agit sur l'acide hydrosulfurique dissous dans l'eau, l'hydrogène est brûlé par une portion du chlore, tandis que la portion de ce dernier qui est en excès, en s'unissant à l'hydrogène de l'eau, met de l'oxigène en liberté, qui se porte sur du soufre, et le convertit en acide sulfurique.

L'iode décompose l'acide hydrosulfurique, en s'emparant de son hydrogène. Il est même possible de préparer l'acide hydriodique dissous dans l'eau, en faisant arriver un courant de gaz hydrosulfurique dans de l'eau où l'on a mis de l'iode ;

il se dépose du soufre, tandis que l'iode se dissout en s'unissant à l'hydrogène.

Le potassium et le sodium à froid agissent foiblement sur l'acide hydrosulfurique ; à chaud , il y a production de lumière. Ces métaux enlèvent le soufre à l'hydrogène ; mais en même temps qu'il se produit un sulfure et que de l'hydrogène devient libre, il y a, d'après l'observation de MM. Gay-Lussac et Thénard, une portion d'acide hydrosulfurique indécomposée, qui est absorbée par le sulfure. La quantité d'hydrogène pur, mis en liberté, est précisément égale à celle qui seroit dégagée, si on avoit mis le métal en contact avec l'eau; d'après cela, la quantité de soufre qui se fixe au métal doit être constante. Il n'en est pas de même de la proportion de l'acide hydrosulfurique absorbée; celle-ci varie suivant la quantité de gaz que l'on a employée, et suivant la température à laquelle les corps sont exposés.

La manganèse, le fer, l'étain, le cuivre, etc. décomposent le gaz hydrosulfurique à chaud, en s'emparant du soufre; le sulfure produit n'absorbe pas d'acide hydrosulfurique. En faisant passer dans une petite cloche de verre courbée , pleine de mercure, un volume déterminé de gaz acide hydrosulfurique, portant avec une tige de fer un morceau d'étain, dans la partie courbée de la cloche, l'y tenant fondu pendant une demi-heure, on démontre facilement qu'un volume d'acide hydrosulfurique contient un volume égal d'hydrogène , car, dans l'expérience que nous venons de décrire, d'après MM. Gay-Lussac et Thénard, le volume du gaz ne change pas, et cependant tout le soufre s'est porté sur l'étain.

Etat. Le gaz hydrosulfurique se dégage des matières animales en décomposition , il se reconnoît à son odeur et à la couleur noire qu'il donne à l'argent, au cuivre qui sont exposés aux émanations de ces matières. Quand il est produit aux dépens du soufre contenu dans les matières organiques, il est toujours en petite proportion , par rapport aux gaz qui se sont développés en même temps que lui.

Nous nous sommes assurés que dans beaucoup de circonstances, l'acide hydrosulfurique, et même le soufre qu'on rencontre dans des eaux où il y a des matières organiques en putréfaction , proviennent de ce que des sulfates, contenus dans ces eaux, sont réduits en hydrosulfates par le carbone et l'hydrogène des matières organiques. Nous nous en sommes convaincus en suivant la putréfaction, en vaisseaux clos, d'un grand nombre de ces matières submergées dans l'eau de puits et dans l'eau distillée : dans le premier cas, le liquide, au bout de trois ans, contenoit un hydrosulfate, et avoit déposé des cristaux de soufre; dans le second cas, il n'en contenoit point, et il n'avoit point déposé de soufre.

L'acide hydrosulfurique existe dans toutes les eaux sulfureuses minérales connues.

Préparation. Pour préparer le gaz hydrosulfurique à l'état de pureté, on met dans un matras 1 partie de sulfure d'antimoine réduit en poudre fine, on ferme le matras avec un bouchon auquel on a adapté un tube en S à boule, et un tube recourbé, propre à porter le gaz dans un flacon ou une cloche pleine d'eau. Quand le matras est placé sur un fourneau, on verse par le premier tube six parties d'acide hydrochlorique concentré; on aide la réaction des corps en mettant quelques charbons ardens sous le matras, et on ne recueille le gaz que quand on s'est assuré, en le recevant dans une éprouvette, qu'il étoit absorbé en entier par l'eau de potasse. Dans cette opération, l'hydrogène de l'acide s'unit au soufre; et l'antimoine, qui étoit combiné à ce dernier, s'unit au chlore.

Avant que MM. Gay-Lussac et Thénard eussent prescrit d'employer le sulfure d'antimoine, on faisoit toujours usage du protosulfure de fer artificiel, qu'on traitoit par l'acide sulfurique à 15^d. Mais on étoit exposé à obtenir un gaz impur, par la raison que le protosulfure de fer des laboratoires contient assez souvent une portion de fer qui n'est pas sulfurée; dès lors, celle-ci, en se dissolvant dans l'acide, dégage de l'hydrogène qui se mêle au gaz hydrosulfurique provenant de la dissolution du fer sulfuré. On peut se servir du protosulfure de fer, lorsqu'on veut faire de l'acide hydrosulfurique dissous dans l'eau. Dans ce cas, on met le matras qui contient le sulfure et l'acide sulfurique à 15^d, en communication avec des flacons de Woulf.

Usages. Il est employé dans les laboratoires de chimie pour séparer les oxides métalliques qu'il précipite à l'état de sulfure ou d'hydrosulfate, des oxides métalliques qu'il ne précipite pas, au moins lorsque ceux-ci sont dissous dans un léger excès d'acide.

C'est un remède puissant dans les maladies de la peau.

Histoire. L'acide hydrosulfurique a été découvert en 1777.
Il a été successivement étudié par MM. Berthollet, H. Davy,
Gay-Lussac et Thénard. M. Chaussier, et MM. Thénard et Du-
puytren ont étudié son action sur l'économie animale. (Cʜ.)

HYDROTELLURATES. (*Chim.*) Nom des combinaisons salines de l'acide hydrotellurique avec les bases salifiables.

On ne connoit que l'hydrotellurate de potasse. Voyez Hʏ-
ᴅʀᴏᴛᴇʟʟᴜʀɪǫᴜᴇ *Acide.* (Cʜ.)

HYDROTELLURIQUE (Acɪᴅᴇ.) (*Chim.*)

Combinaison gazeuse acide du tellure avec l'hydrogène,
formée, suivant M. Berzelius, de

Tellure......... 98,088 .... 100.
Hydrogène..... 1,911 .... 1,948.

Propriétés physiques. Il est gazeux, il a une odeur très-forte,
qui a beaucoup d'analogie avec celle de l'acide hydrosulfurique.

Propriétés chimiques. Il brûle avec une flamme bleuâtre, en
déposant de l'oxide de tellure.

Il se dissout dans l'eau non aérée, et la colore en rouge
pourpre. Cette dissolution, étendue d'eau aérée, en absorbe
l'oxigène atmosphérique, il se forme de l'eau; et de l'hydrure
de tellure solide se sépare, suivant l'observation de M. H. Davy.
Le même chimiste dit que cette solution, exposée à l'air, en
absorbe l'oxigène, et qu'il se dépose du tellure métallique.

Le chlore, en s'unissant à l'hydrogène de l'acide dissous dans
l'eau, produit de l'acide hydrochlorique, et met le tellure à
nu. Si le chlore est en excès, il réagit sur le tellure et donne
lieu à un chlorure, ou plutôt à de l'acide hydrochlorique et
à de l'oxide de tellure, parce que le chlorure décompose
l'eau qui tenoit l'acide en dissolution.

Le gaz hydrotellurique est absorbé par l'eau de potasse
non aérée. Il forme alors un hydrotellurate qui est d'un beau
pourpre. Lorsqu'on verse de l'acide hydrochlorique foible
dans cette solution suffisamment concentrée, on en dégage
du gaz hydrotellurique.

L'hydrotellurate de potasse, exposé à l'air, perd son odeur
et sa couleur, en laissant précipiter tout son tellure. M. Berzelius dit que dans l'hydrotellurate de potasse, le tellure est

dans une proportion telle, que pour l'oxider, il absorberoit une quantité d'oxigène égale à celle de la potasse, et que l'hydrogène uni au métal, est à l'oxigène de la potasse dans le rapport de l'eau.

M. Berzelius a vu que l'hydrotellurate de potasse précipite le nitrate de cuivre et le sulfate de protoxide de fer en noir, et le sulfate de protoxide de manganèse en brun. Il n'a pu décider si ces précipités étoient des hydrotellurates ou des alliages de tellure.

Préparation et histoire. On fait un alliage de potassium et de tellure, soit en combinant ces deux métaux dans une cornue de verre, pleine d'hydrogène, soit en chauffant dans un pareil vaisseau 100 parties d'oxide de tellure, 20 de potasse, et 12 de charbon; puis on met cet alliage dans l'eau; il se produit de l'hydrotellurate de potasse qui se dissout, et si le tellure étoit en excès dans l'alliage, cet excès n'est pas dissous, et il ne se dégage pas de gaz. On décompose ensuite l'hydrotellurate par l'acide hydrochlorique, et on recueille le gaz sur le mercure. M. H. Davy qui a découvert l'acide hydrotellurique en 1809, dit que le gaz qu'il obtint par ce procédé rougissoit le papier de tournesol humecté, mais qu'il perdit cette propriété par son lavage dans un peu d'eau : comme l'eau qu'il employa étoit aérée, et qu'il y eut de l'acide décomposé, il n'affirme pas que l'acide hydrotellurique soit sans action sur le tournesol. (CH.)

HYDRURES. (*Chim.*) On a donné ce nom a des composés solides d'hydrogène et de plusieurs corps simples. Les hydrures connus sont l'hydrure de potassium, l'hydrure d'arsenic et l'hydrure de tellure. Enfin, il existe un composé de mercure, d'hydrogène et d'ammoniaque, qu'on appelle hydrure ammonical de mercure. (CH.)

HYÈNE, *Hyæna*, G. Cuv. (*Mamm.*) Ce nom est donné, dans Aristote, à un animal qui, suivant ce naturaliste célèbre, étoit de la grandeur et de la couleur du loup, et qui avoit, comme ce dernier, les dents en forme de scie et un poil épais, une sorte de crinière qui se continuoit sur toute l'épine, et de plus une ouverture placée entre la queue et l'anus, que l'on prendroit pour le le caractère de la femelle, quoique celle-ci ait, comme les autres animaux, la vulve placée sous l'anus.(Arist., Hist. VI, 32.-VIII, 5.)

A ces traits fort exacts, les anciens mêlèrent tant de fables, que les auteurs modernes méconnurent long-temps la hyène d'Aristote. Les uns appliquèrent ce nom au mandrill, d'autres à la civette, etc etc. Il est hors de doute aujourd'hui que cet animal est un carnassier qui se trouve en Afrique et en Asie, que Linnæus plaça parmi les chiens, et dont on a fait depuis le type du genre Hyène, lequel contient aujourd'hui trois ou quatre espèces. Ce sont des animaux nocturnes, d'une allure traînante et embarrassée, qui sont lâches et féroces, et qui se nourrissent principalement de charognes. On les voit quelquefois pénétrer, dans le silence de la nuit, au milieu des habitations, pour chercher les restes des repas ou les parties des animaux qui ont été rejetées, et dans l'intérieur des cimetières pour déterrer les corps morts; car, quoiqu'ils aient beaucoup de force dans les mâchoires, ils ne paroissent pas avoir été destinés pour chasser; aussi, quand la faim les presse, ils ne rejettent pas les substances végétales.

Les hyènes sont digitigrades, comme les chiens, dont elles rappellent un peu les formes, quoiqu'elles soient remarquables par un train de derrière, beaucoup plus bas que celui de devant; leur queue est courte et pendante; leur tête est forte, et leur museau gros et obtus. Elles n'ont que quatre doigts à chaque pied, armés d'ongles courts, épais, forts, tronqués, et enfin propres à fouir; leurs narines sont placées au bout du museau, et entourées d'un muffle, comme celles des chiens; la langue est rude, et garnie de papilles épineuses; l'œil est grand, et la pupille s'offre sous la forme d'une pyramide, dont la base, au lieu d'être droite, seroit fort arrondie; enfin, leurs oreilles sont de forme variable; mais toujours très-larges. Les organes génitaux ressemblent beaucoup à ceux des chiens, seulement les hyènes ont une poche entre l'anus et la queue, dans laquelle un appareil glanduleux sécrète une matière épaisse et visqueuse, qui répand une odeur très-désagréable.

La mâchoire supérieure a six incisives, deux canines et cinq molaires de chaque côté; trois fausses molaires, une carnassière et une tuberculeuse. Les quatre incisives du milieu sont placées sur la même ligne, et ont, à leur base interne, un petit talon, divisé en deux par un sillon; les deux externes sont beaucoup plus grandes que celles-ci, et ont toute la forme des canines; celles-ci sont très-fortes, et presque plates à leur face interne; la première fausse molaire est petite, triangulaire et à une seule racine; les deux suivantes sont très-fortes et à trois pointes, une au milieu et deux latérales, beaucoup plus petites; la carnassière a deux fortes pointes, et un talon tranchant à sa partie postérieure; et à la partie antérieure de la face interne se trouve un tubercule conique assez fort : enfin, la tuberculeuse est placée transversalement oblongue, et garnie de deux tubercules, placés à chaque bout. A la mâchoire inférieure se trouvent six incisives, deux canines et quatre molaires; de chaque côté, trois fausses molaires et une carnassière : les incisives sont simples et d'égale grandeur; les canines sont fortes, rondes à la partie externe, et plates à l'interne; les trois fausses molaires ont une grande pointe, avec deux autres beaucoup plus petites, une de chaque côté : la carnassière a deux grandes pointes, l'antérieure tranchante et la seconde pointue; à la base interne de celle-ci se trouve une petite pointe tuberculeuse; le talon postérieur de cette dent a deux très-petits tubercules, et s'est étendu et aplati pour s'opposer à la couronne de la tuberculeuse d'en haut. Toutes les molaires sont remarquables par leur extrême épaisseur et leur force, comparées à celles des chiens et des chats. La hyène connue des anciens est,

La HYÈNE RAYÉE : *Canis Hyœna*, Linn.; Buff.; F. Cuv., Hist. nat. des Mamm. Tout le pelage est jaunâtre; et sur les épaules, le dos et la croupe se trouvent des bandes noires irrégulières, allant, la plupart, du dos jusqu'au ventre; celles des épaules et des cuisses sont obliques, et il n'y a que quelques taches sur le cou.

Les jambes n'ont que des bandes noires transversales et interrompues, entremêlées de taches en roses, et d'autres petites, pleines : la tête est roussâtre; le menton noirâtre, et la gorge toute noire : la crinière et la queue sont ondées de noirâtre et de jaune; les oreilles sont brunes, demi-nues, longues et larges; les poils sont longs, surtout sur le cou, les épaules, le dos et la croupe, où ils forment une épaisse crinière; et la queue est garnie de poils alongés et touffus.

Cette espèce étoit, comme on l'a vu au commencement de cet article, connue d'Aristote, qui l'a décrite fort exactement, quoiqu'en peu de mots.

Il paroît aussi qu'Oppien l'a parfaitement connue, lorsqu'il dit que c'est un animal nocturne, à dos voûté, peint de longues bandes noires, et ennemi mortel des chiens. Enfin, cette espèce se trouve en Perse, en Arabie, en Syrie, en Egypte, en Barbarie, etc.

M. Geoffroy a décrit une espèce très-voisine de la précédente qui est .

La HYÈNE BRUNE. (Geoff., Cat. des Mamm. du Mus.) C'est un animal conservé dans les galeries du Muséum. Cette espèce est toute d'un brun roux, avec le dessus du dos, quelques ondes sur les flancs, quelques larges bandes sur la cuisse, et la jambe un peu plus noirâtre; les jambes de devant sont annelées de brun noirâtre; le dessous du corps, l'intérieur des membres, le carpe et le tarse sont plus pâles : les poils du carpe sont aussi longs que ceux de la crinière, et la queue est longue, touffue et unicolore. Les oreilles sont presque nues, alongées et pointues.

L'HYÈNE PEINTE; *Hyæna picta*, Temm. La couleur de cet animal, dont on doit la connoissance à M. Temminck, est, en général, variée par de grandes masses de noir, de brun, de roux et de blanc; mais il paroît que la distribution de ces teintes diffère singulièrement d'un individu à l'autre; du moins, celui que M. Temminck a décrit ne ressemble pas entièrement à un autre rapporté du Cap par M. Delalande.

Celui-ci a la tête noire, le front, la calotte, le derrière des yeux et le dessus du cou jaune-roussâtre; les côtés du cou sont d'un brun noirâtre, et le dessous est gris-brun, avec un large demi-collier blanc, vers le bas; les épaules, le dos, les flancs et le ventre sont noirs; une large tache rousse se trouve derrière le haut de l'épaule ; et les côtés du corps sont variés de cette couleur; deux taches blanches sont sur le devant de l'épaule, et les jambes de devant sont blanches, avec une tache rousse derrière le coude, bordée d'une ligne noire qui se termine, vers le bas, par une tache en rose de même couleur, dont le centre est roux ; celle-ci est suivie d'une tache semblable, au-dessous de laquelle se trouve une autre tache noire, mais pleine; vers le haut du devant de la jambe se trouve une autre tache noire en rose, et à centre roux, suivie de deux autres petites taches pleines; les doigts sont d'un brun noir; la croupe est variée de roux et de brun; la cuisse et le haut de la jambe sont de cette

dernière couleur, avec deux fortes taches blanches, l'une au
milieu de la cuisse, et l'autre à la partie postérieure du genou ;
le bas de la jambe et la partie antérieure de la cuisse sont
roux, avec quelques taches noires ; le talon a un anneau noir
qui se termine, vers le bas, par une tache en rose, à centre
roux. Le tarse est blanc, et les doigts sont noirs, ainsi que
quelques taches sur le côté du tarse ; la queue est rousse à
l'origine, puis blanche, ensuite noire, et enfin la pointe
blanche ; le dessous du corps est noirâtre ; l'intérieur des jambes
de devant est blanc, avec quelques taches et quelques lignes
noires ; celui des postérieures est roux pâle sur la jambe, avec
quelques ondes noires, obliques vers le haut ; le tarse est blanchâtre, et il se trouve, vers le talon, une tache en rose noire,
à centre roussâtre. Les oreilles sont grandes, ovales, velues,
noires, avec de petites taches roussâtres. Le poil est peu
long, excepté sur la queue, qui est touffue vers le bout, et
descend jusqu'au talon.

Il paroît que cette espèce habite les contrées méridionales de l'Afrique, et qu'elle chasse en troupes assez nombreuses.

La Hyène tachetée : *Canis crocuta*, Linn. ; F. Cuv., Histoire
naturelle des Mammifères. Elle est toute d'un jaune roux,
avec des bandes longitudinales sur le corps, formées de taches
brunes indécises ; il s'en trouve d'autres plus indécises et irrégulières sur les épaules et la cuisse ; les membres sont bruns en
dessus, et roussâtres en dedans, à leur partie supérieure. Le poil
est moins long que celui de la hyène rayée : il est, comme chez
celle-ci, plus long sur le cou et le dos, et y forme une crinière peu fournie ; la queue est longue, garnie de poils longs,
peu fournis, et d'un brun noirâtre. Les oreilles sont courtes et
larges, et ont une forme à peu près carrée.

Elle habite, comme la hyène peinte, le midi de l'Afrique,
et se voit cependant quelquefois jusqu'en Barbarie.

Nous donnerons ici la description d'un animal nouveau,
rapporté du cap de Bonne-Espérance par M. Delalande, à
cause de ses rapports avec la hyène rayée, quoiqu'il doive
former le type d'un nouveau genre ; c'est

La Civette hyénoïde, nom qui a été donné par M. G. Cuvier,
cet l'animal est si semblable, à l'extérieur, à la hyène rayée,

qu'il paroîtroit, au premier coup d'œil, devoir prendre rang parmi les espèces du genre Hyène; mais il en diffère totalement quant à ses détails supérieurs d'organisation. La forme de sa tête, osseuse, semble la placer entre les civettes proprement dites, et les chiens; elle a la face courte des premières, et le crâne élargi des seconds; et cependant cette tête a beaucoup de détails qui ne se retrouvent ni chez l'un ni chez l'autre de ces deux genres, et qu'il est beaucoup plus facile de saisir que de décrire.

Quant aux dents, elles se présentent dans un état si complet d'anomalie, qu'il est presque impossible de leur trouver quelqu'analogie dans tout le règne animal; elles sont toutes petites et foibles, et semblables à des dents qui commenceroient à sortir de leurs alvéoles. La mâchoire supérieure a six incisives, deux canines, et quatre molaires de chaque côté; trois fausses molaires et une tuberculeuse. Ces quatre dents sont fort petites, et, entre chacune d'elles, se trouve un espace vide, aussi grand que leur largeur; les trois fausses molaires n'ont qu'une seule pointe; la première n'a qu'une racine, et les deux autres en ont chacune deux; la tuberculeuse, très-petite, est composée de deux petits tubercules, et n'a qu'une racine qui, au lieu d'être implantée perpendiculairement dans l'os maxillaire, ne l'est que fort obliquement de dedans en dehors. Les incisives de cette mâchoire sont plates, tranchantes, et divisées par un sillon sur leur face externe ; les canines sont très-pointues, droites, et en cône fort alongé. La mâchoire inférieure a six incisives semblables aux supérieures; deux canines, pointues et un peu arquées; et trois petites fausses molaires de chaque côté, séparées de la canine par un vide assez grand, formé par une échancrure en demicercle, qui se trouve à cette partie de la mâchoire inférieure; la première fausse molaire n'a qu'une pointe et une racine; la seconde est semblable à celle-ci, seulement elle a un très-petit talon à sa partie postérieure, et deux racines; la troisième a deux petites pointes à la base de la grande, et derrière la postérieure se trouve un petit talon; celle-ci a deux racines, comme la précédente.

' Le condyle de cette mâchoire est, comme dans les chats, sur la ligne des dents.

Les sens de cet animal sont fort peu connus : seulement ses oreilles sont velues en dessus, longues et pointues ; son nez paroit être celui des chiens, et, comme ces derniers, il est digitigrade, et a cinq doigts aux pieds de devant, et quatre à ceux de derrière, tous armés d'ongles pointus et forts. Le pelage est d'un jaune grisâtre, varié, sur le corps, de six ou sept bandes noires, allant du dos aux flancs; trois petites bandes longitudinales se trouvent sur le devant de l'épaule, et une grande bande noire va du poitrail au haut de l'épaule, et l'on en voit une autre sur le haut de la croupe ; la cuisse et les jambes de devant et de derrière ont quelques petits anneaux noirs interrompus; la crinière est de cette couleur; le tarse est d'un gris foncé, et sa partie antérieure est noire, ainsi que les doigts; le carpe est d'un gris jaunâtre, et sa partie antérieure est noire, de même que les doigts. La queue est jaunâtre à l'origine, et d'un brun noir, jusqu'au bout; le museau est noirâtre, et le dessus de la tête et les oreilles sont gris.

Les formes de cette espèce sont plus légères que celles de la hyène, et son museau est plus pointu ; ses poils sont plus courts ; mais elle a, comme elle, une crinière qui s'étend du cou à la croupe, et qui cependant n'est ni si longue ni si touffue ; et la queue est presque aussi fournie que celle du renard , et beaucoup plus forte au bout qu'à l'origine.

Elle se trouve au cap de Bonne-Espérance. On n'en a encore eu que des individus très-jeunes ; mais tous ses caractères s'accordent pour la désigner comme le type d'un nouveau genre, ainsi que nous l'avons dit plus haut. (F. C.)

HYEROBRYNCAS (*Bot.*), un des noms grecs anciens du *geranium*, suivant Mentzel. (J.)

HYÉROMYRTON. (*Bot.*) Ce nom grec est un de ceux donnés anciennement au fragon, *ruscus*, suivant Mentzel. (J.)

HYGIENS NATTER. (*Erpét.*) Morrens a désigné par ce nom la reptile ophidien que Daudin a décrite sous celui de couleuvre iphise. (Voyez Couleuvre.) Cette espèce a besoin d'être mieux connue. Voyez tome XI, p. 215 de ce Dictionnaire. (H. C.)

HYGROBATA. (*Ornith.*) Illiger a consacré cette dénomination à la 55.e famille de son Système, qui renferme les 122.e à 125.e genres, dont les caractères généraux consistent à avoir des jambes alongées propres à la marche dans l'eau , et dont la partie nue est plus longue que les doigts, qui sont plus ou moins palmés. Ces genres sont le *coureur*, l'*avocette*, la *spatule* , et le *flammant*. (Cʜ.D.)

HYGROBIE, *Hygrobia*. (*Entom.*) Nom donné par M. Latreille à un petit genre d'insectes coléoptères pentamérés, de notre famille des rémitarses ou nectopodes, que Fabricius avoit déjà désigné sous le nom d'*hydrachna*. Cette dernière dénomination étoit en effet mauvaise sous deux rapports, puisqu'elle avoit été employée par Muller pour indiquer un genre d'aranéides aquatiques, et que, d'après l'étymologie, elle est tout-à-fait fautive, puisqu'elle indique une *araignée d'eau*. C'étoit pour obvier à cet inconvénient que déjà depuis long-temps , dans nos cours d'histoire naturelle et dans les tableaux de zoologie analytique que nous dressions pour nos élèves, nous avions proposé le nom d'*hyphydre*, qui depuis a été employé par M. Illiger et par M. Latreille pour d'autres insectes voisins, et de la même famille.

Quoi qu'il en soit, nous adoptons ce nom d'hygrobie, tiré du mot grec υγροβιος, vivant dans les lieux humides; mais nous regrettons que la terminaison ne soit pas conservée en *bius* , comme la plupart des mots composés analogues , *hemerobius* , *amphibius*, *etc.*

M. Schoënherr, dans le second volume de son grand ouvrage sur les coléoptères, qu'il a intitulé Synonymie des Insectes , et qu'il a publié en 1808, désigne ce genre sous le nom de Poelobie, ποιπλοβιος, qui se nourrit d'herbes.

La forme du corps qui est ové, la tête qui n'est pas engagée dans le corselet, lequel est presque droit et non échancré en devant, les yeux très-saillans; enfin, un port tout particulier, ont autorisé l'établissement de ce genre, qui diffère des *haliples* de M. Latreille, des *notères* de Clairville ou des *cnémidotes* de Degéer , parce que ceux-ci n'ont pas d'écusson. Telle est :

L'Hʏɢʀᴏʙɪᴇ ᴅ'Hᴇʀᴍᴀɴɴ, *Hygrobia Hermanni*, qu'on trouve dans les mares ou dans les fossés d'eaux vives, aux environs de Paris. Cet insecte a près d'un demi-pouce de longueur; son corps est d'un jaune rouillé, plus ou moins foncé pendant la vie; le corselet est brun, traversé d'une bande rouillée; les élytres sont bruncs, avec la base et le bord d'un jaune sale

C'est un insecte qui ne sort guère de l'eau qu'à l'époque de la fécondation. (C. D.)

HYGROCHROMA. (*Bot.*) Sous-genre ou section, établi par M. Decandolle dans le genre Stilbospora. Voyez ce mot. (Lem.)

HYGROMÈTRE. (*Phys.*) Instrument qui sert à mesurer l'humidité de l'air, et à marquer les variations que subit la quantité de vapeur d'eau qu'il contient.

Depuis long-temps on a remarqué que certains corps changent de dimensions, selon que l'air est plus ou moins sec. Les cordes de chanvre et celles de boyaux, par exemple, se raccourcissent par l'humidité, et s'alongent par la sécheresse ; et c'est par le moyen de ces dernières que se meuvent les petites figures destinées à annoncer le beau temps et la pluie. Les éponges, et d'autres corps, augmentent de volume dans tous les sens, et éprouvent, en conséquence de l'eau dont ils se chargent, une augmentation de poids, comme aussi les sels déliquescens. Tels sont les principaux phénomènes sur lesquels repose l'*hygrométrie*.

La construction des hygromètres a beaucoup varié, et laisse encore à désirer des perfectionnemens ; car, il ne suffit pas d'y employer des substances susceptibles d'altération par l'humidité, il faut, de plus, que cette altération ait une marche régulière, et que la substance qui la subit passe et repasse constamment par les mêmes états, dans les mêmes circonstances, afin que les indications données par chaque instrument en particulier soient uniformes, et que les divers instrumens soient comparables entre eux.

Les hygromètres qui ont paru les moins imparfaits, sont ceux qu'on a construits avec de la baleine ou des cheveux. Celui qu'a imaginé Saussure, et qui a obtenu la préférence, est fondé sur ce que les cheveux s'alongent par l'humidité, et se raccourcissent par la sécheresse ; mais, pour prévenir ou diminuer les altérations qu'ils pourroient éprouver par d'autres causes, il faut les lessiver dans une foible dissolution de potasse, qui les dégraisse et les rend moins sensibles aux variations de la température ; car ils s'alongent aussi par la chaleur. Enfin, dans la vue de détruire, les unes par les autres, les irrégularités qui pourroient tenir à la constitution particulière du cheveu dout on fait usage, on en a mis jusqu'à quatre au même instrument, et on a fait concourir leurs actions par un mécanisme qu'il seroit trop long d'expliquer, ainsi que celui qui transmet le mouvement à une aiguille, dont l'extrémité parcourt sur un arc de cercle des espaces beaucoup plus grands que les variations opérées dans la longueur du cheveu.

Si l'on s'en tenoit à l'observation de ces espaces, on reconnoitroit bien les changemens qui ont lieu dans l'humidité de l'air, mais non pas les quantités absolues de vapeur d'eau qu'il contient, parce que les cheveux se chargeant de cette vapeur suivant les lois des affinités, les changemens qu'ils subissent varient d'étendue selon que la saturation est plus ou moins éloignée; et il faut faire entrer en ligne de compte l'influence de la température. C'est pour cela que, d'après des expériences très-délicates, dont on trouve l'exposition dans les Traités de Physique de M. Biot, on a formé des tables pour conclure des degrés indiqués par l'hygromètre, la quantité de vapeur d'eau contenue dans l'air. Je me bornerai seulement à rapporter comment on marque les points extrêmes de la division de ces instrumens. Pour déterminer celui qui répond au maximum d'humidité dont l'air peut se charger, on place l'hygromètre sous une cloche de verre dont les parois intérieures sont bien mouillées d'eau; et le point du minimum s'obtient en mettant l'instrument sous une autre cloche où l'on a, depuis quelques jours, renfermé de l'air avec des substances qui en attirent fortement l'humidité, de la potasse caustique, par exemple. (L. C.)

HYGROMITRA. (*Bot.*) Th. Nées place dans ce genre, qui n'est réellement qu'une division de celui des *tremella*, les espèces de ce dernier genre, qui sont formées d'un stipe se terminant supérieurement en forme de chapeau, comme dans quelques espèces d'helvelles. Il y ramène les deux champignons suivans :

1.º Le *tremella stipitata*, de Bosc, figuré dans les Mémoires de l'Académie de Berlin, et dans Nées, Trait. Champ., pl. 15, fig. 144. Son stipe ou pied est jaunâtre, comprimé, sillonné, fistuleux, visqueux, et le chapeau d'un noir verdâtre et lobé. M. Bosc, qui avoit proposé, avant M. Nées, de faire un genre de cette plante, l'a observée au printemps dans les lieux sablonneux, en Basse-Caroline.

2.° Le *clavaria tremula* de Holmskiold, *Fung. Dan.*, 1, tab. 11. C'est le *tremella* (hygromitra) *tremula*, de Nées, Trait. Champ., pl. 15, fig. 144 b., qui croit dans le Nord. Cette espèce est simple; son stipe est jaune, avec des teintes brunes. Elle est plus petite que la précédente. Dans le très-jeune âge, son chapeau est brun rougeâtre.

M. Th. Nées propose de diviser les *tremella* en trois genres, qu'il nomme,

1.° *Gyraria*, où il rapporte les espèces foliacées plissées ou déprimées : il comprend l'*encephalium*, Link (ou *nœmatelia*, de Fries); et l'*auricularia*, Link.

2.° *Coryne*, qui renferme les *tremella* en massue : ce genre est l'*acrospermum*, Pers.

3.° *Hygromitra*, décrit dans cet article. Voyez TREMELLA. (LEM.)

HYGROPHILA. (*Bot.*) Genre de plantes dicotylédones, à fleurs complètes, monopétalées, irrégulières, de la famille des *acanthacées*, de la *didynamie angiospermie* de Linnæus, établi par M. Robert Brown pour une espèce de *ruellia*, caractérisée par un calice tubuleux, dont les cinq divisions conniventes ne se séparent qu'à mesure que le fruit mûrit. La corolle est en masque, avec quatre étamines didynames; une capsule bivalve, à plusieurs semences.

HYGROPHILE EN MASQUE : *Hygrophila ringens*, Rob. Brown, *Nov. Holl.*, 1, pag. 479; *Ruellia ringens*, Linn.; *Upudali*, Rhèed. *Hort. Malab.*, vol. 9, tab. 64? Plante des Indes orientales et du Malabar, ainsi que de la Nouvelle-Hollande, dont les tiges sont presque couchées, rameuses, articulées, longues de sept à huit pouces, garnies de feuilles pétiolées, opposées, ovales ou lancéolées, très-entières, glabres à leurs deux faces, un peu obtuses à leur sommet, quelquefois légèrement sinuées à leurs bords; les fleurs sessiles, solitaires, axillaires, quelquefois alternes, munies à leur base de deux bractées sessiles, plus courtes que le calice; celui-ci d'abord tubuleux, puis partagé en cinq découpures, terminées par des filets sétacés, un peu velus. (POIR.)

HYGROSCOPE. (*Phys.*) C'est le même instrument que l'HYGROMÈTRE. Voyez ce mot. (L. C.)

HYIARAYA (*Bot.*), nom caraïbe d'une espèce de *tournefortia*, selon Surian. On trouve encore dans son Herbier, sous le même nom, des échantillons, sans fleurs, d'une espèce de bignone. (J.)

HYLA (*Erpét.*), nom latin du genre des RAINETTES ou RAINES. Voyez ces mots. (C. H.)

HYLACIUM, *Hylacium.* (*Bot.*) Genre de plantes dicotylédones, à fleurs complètes, monopétalées, régulières, de la famille des *rubiacées*, de la *pentandrie monogynie* de Linnæus, offrant pour caractère essentiel : Un calice à cinq dents ; une corolle infundibuliforme, à cinq divisions renversées ; cinq étamines insérées à l'orifice du tube de la corolle ; un ovaire inférieur ; le pistil épais, sillonné à sa base ; un stigmate épais, cylindrique, sillonné, tronqué au sommet. Le fruit est un drupe sec, couronné par les divisions du calice, renfermant un noyau à deux loges monospermes.

Ce genre, d'après M. de Beauvois, a des rapports avec les *pavetta*, les *chiococca* et les *psycothria* : il diffère des uns par le nombre des étamines et des divisions de la corolle, de tous par son pistil et son stigmate sillonné, ainsi que par son noyau ligneux, ridé et comprimé.

HYLACIUM D'OWARE ; *Hylacium owariense*, Pal. Beauv., Flor. d'Oware et de Benin, vol. 2, pag. 84, tab. 113. Arbrisseau découvert par M. de Beauvois, dans les déserts de l'intérieur du royaume d'Oware : ses rameaux sont garnis de feuilles opposées, médiocrement pétiolées, glabres, entières, ovales-oblongues, rétrécies à leurs deux extrémités, acuminées à leur sommet, longues de six pouces et plus, larges de deux, un peu décurrentes sur leur pétiole. Les fleurs sont blanches, assez petites, disposées en un corymbe terminal ; les ramifications chargées de deux ou trois fleurs pédicellées, opposées ; des petites bractées sont opposées à la base de chaque pédicelle. Le calice est très-court, à cinq dents ; la corolle trois fois plus longue que le calice ; son tube droit, cylindrique ; le limbe divisé en cinq lobes courts, ovales, obtus ; les étamines non saillantes ; les filamens très-courts ; les anthères ovales, à deux lobes : le fruit est un drupe sec, ovale, couronné par les dents du calice. (Poir.)

HYLEBATES, *Hylebatæ.* (*Ornith.*) Nom donné par M. Vieillot à la 11.ᵉ famille de son ordre des échassiers, qu'il caractérise par un bec pointu , un peu voûté ; par la membrane qui unit les trois doigts extérieurs , et par la hauteur à laquelle est attaché le pouce dont le bout seul porte à terre. Cette famille n'est composée que du genre *Agami*. (Ch. D.)

HYLÉCŒTE, *Hylecatus*. (*Entom.*) Ce nom signifie, en grec, qui habite dans le bois. Il a été employé par M. Latreille pour une subdivision du genre *Lymexylon* de Fabricius, insectes coléoptères pentamérés, de la famille des térédyles, qui ont les antennes en scie. Tels sont les lime-bois ou ruine-bois, nommés *dermestoïde* et *morio*. Voyez LYMEXYLON. (C. D.)

HYLÉE, *Hylœus*. (*Entom.*) Genre d'insectes hyménoptères, de la famille des mellites ou apiaires, établi d'abord sous ce nom par Fabricius, qui en a ensuite reporté plusieurs espèces dans les nouveaux genres qu'il a désignés sous les noms des *prosopis* et d'*anthophora*, lorsqu'il a publié son Système des Piézates, *Piezata*.

Ce nom, évidemment tiré du grec υλης, *qui vit dans les bois,* est à peu près insignifiant. Les auteurs d'entomologie, et Fabricius lui-même, ne se sont pas encore accordés sur les espèces que ce genre doit renfermer. D'abord, Fabricius n'y avoit fait entrer que la plupart des individus mâles de son genre Andrène. Ensuite, par la simple considération des parties de la bouche , il en a séparé les *prosopis* ; enfin , par d'autres considérations, plusieurs autres insectes hyménoptères ; de sorte que, depuis 1804, il n'a laissé dans ce genre que huit espèces, toutes d'Europe.

M. Latreille, conservant le nom de prosopis aux espèces comprises sous ce nom par Fabricius et Jurine, et donnant celui de collète à d'autres espèces, avoit été tenté de supprimer le nom d'hylée. Cependant, il l'a repris dans l'article du Dictionnaire de Deterville. Il n'en donne pas les caractères d'une manière bien précise; il avoue qu'il n'en connoit pas les mœurs. Il croit cependant que ces insectes pondent leurs œufs dans les nids des autres hyménoptères. On trouve les individus parfaits sur les fleurs, particulièrement dans celles de la gaude et des autres espèces de résédas, et sur les fleurs des alliacées.

Les hylées sont, pour la plupart, de petits insectes noirs, avec des taches tigrées ou anneaux de couleur jaune ou blanche, dont les antennes courtes, comme brisées, insérées au-devant du front, sont un peu renflées dans les mâles, et légèrement arquées en dedans. Leur tête est sessile, triangulaire, de la largeur du corselet. C'est par ces caractères que ce genre se distingue des autres mellites. En effet, leur lèvre supérieure ne couvre pas la bouche, comme dans les *bembèces*. Leur tête n'est pas revêtue de longs poils, comme dans les *abeilles*, les *eucères* et les *andrènes;* enfin, elle n'est pas arrondie comme dans les *nomades.*

Leurs caractères peuvent donc être exprimés comme il suit:

Hyménoptères à abdomen pédiculé, à lèvre inférieure plus longue que les mandibules, à antennes brisées, à tête triangu-laire, glabre, dont la bouche n'est pas recouverte par la lèvre supérieure.

1.re Espèce. Hylée a anneaux, *Hylæus annulatus.*

Hylée noir, à front tacheté de blanc; jambes postérieures à anneaux blancs. Il est figuré dans la Faune d'Allemagne de Panzer, cahier 53 et 55, pl. 1, 2 et 4.

C'est une petite espèce qui a tout au plus trois lignes de lon-gueur, et qui porte une légère odeur de musc.

Une autre espèce, très-voisine, qu'on a nommée annulaire, *annularis*, est semblable, un peu plus petite, et a toutes les jambes annelées de jaune.

2.e Esp. Hylée pattes-blanches, *Hylæus albipes.*

Il est brun, avec le milieu du ventre roussâtre; les pattes portent une grande tache blanche sur les jambes.

C'est sur cette espèce que Fabricius annonce avoir étudié les caractères pris de la bouche.

L'hylée glutineux dont M. Latreille a fait le genre Collète, qui signifie colleur, est l'Andrène a bandes, que nous avons dé-crite tom. II, pag. 122, n.° 7. (C. D.)

HYLÉSINE, *Hylesinus.* (*Entom.*) Fabricius a employé ce nom pour indiquer un genre de coléoptères tétramérés, de la famille des cylindroïdes, correspondant au genre *Scolyte* qui comprend les bostriches, et qui en est très-voisin; comme nous l'avons déjà annoncé à l'occasion de ce dernier article, Fabricius a été la cause d'une grande difficulté dans la nomen-clature, par cela même; car, n'employant pas ici le nom de *scolyte*, il l'a ensuite appliqué à un autre genre de coléoptères.

créophages, qui est une sorte de carabe aquatique, que nous indiquerons par la suite à l'article Omophron.

Nous décrirons les espèces d'hylésines au mot Scolyte. (C. D.)

HYLOTOME, *Hylotoma*. (*Entom.*) Ce nom, emprunté du grec par M. Latreille, et adopté par Fabricius, signifie un bûcheron, Υλοτομος, *incidens ligna*. Il a été donné à un genre d'insectes hyménoptères, à ventre sessile, de la division des tenthrèdes, ou mouches à scie, très-remarquables par la disposition de leurs antennes et le nombre des anneaux qui les composent, lesquels ne paroissent être que de trois seulement. Les planches de l'ouvrage de M. Jurine ayant été gravées avant le texte qui les accompagne, il n'a pas pu donner au genre qu'il avoit formé le nom d'hylotome, et il a employé celui de *crypte* qui lui correspond.

Nous renverrons, à l'article Tenthrède, toutes les particularités qui tiennent aux mœurs de ces insectes, afin d'éviter les répétitions, quoique ces mœurs soient très-curieuses à connoître. Mais, il faut l'avouer, la division indiquée ici n'est réellement propre qu'à faire distinguer les espèces ; car les habitudes sont absolument les mêmes.

Ainsi, toutes proviennent de véritables chenilles qui ont des pattes au nombre de dix-huit à vingt, dont les six premières, du côté de la tête, sont écailleuses, et les autres tuberculeuses, comme dans les chenilles des lépidoptères. C'est une disposition, chez les larves des insectes de cette famille, qui les fait ainsi différer de celles de tous les autres hyménoptères qui sont apodes, qui sont par conséquent obligées d'être soignées, et, pour ainsi dire, apatées par leurs parens, ou bien de vivre en parasites dans le corps d'autres espèces d'animaux, ou au milieu de la nourriture qui les entoure. (Voyez Hyménoptères.)

Les femelles des hylotomes, comme celles de tous les uropristes ou serricaudes, qui ont pris leur nom de la conformation que nous allons indiquer, ont toutes, pour déposer leurs œufs sous les écorces des arbres, un instrument coupant, ou plutôt une véritable scie dentelée finement et tranchante, à l'aide de laquelle elles incisent les végétaux, sous l'écorce desquels elles déposent leurs œufs.

Les chenilles qui proviennent de ces œufs vivent, le plus

souvent, en familles, et elles font le plus grand tort aux arbres; chacune de ces sociétés étant, pour ainsi dire, attachée à un genre ou à une espèce d'arbre, comme on le verra dans la suite de cet article.

A l'époque de la métamorphose, les unes se filent une coque qu'elles fixent aux branches mêmes des arbres, sur lesquels elles se nourrissent; les autres se retirent dans la terre ou dans l'épaisseur des écorces, et là, elles se filent également une coque très-fine, qu'elles consolident en y dégorgeant une humeur gommeuse qui, une fois desséchée, paroit imperméable à l'eau.

Hylotome du rosier : *Hylotoma rosæ;* la Mouche à scie du rosier, Geoff., tom. II, pag. 274.

Réaumur en a parfaitement observé l'histoire, qu'il a écrite dans ses Mémoires, tom. V, pl. 14. Panzer a donné une très-bonne figure de cette mouche à scie du rosier, à la pl. 15 du 49.ᵉ cahier de sa Faune d'Allemagne. Geoffroy, et plus anciennement Goëdaert, l'ont aussi observé.

Cet insecte est jaune, avec la tête, le dessus du corselet, la poitrine et le bord externe des ailes noirs; les tarses sont aussi annelés de noir.

Voici un extrait des observations de Réaumur sur la mouche à scie du rosier. La femelle est un peu plus grosse que le mâle; et, comme elle n'est pas très-farouche, il est facile de suivre sa ponte. Après avoir choisi la branche, encore herbacée, sur laquelle il doit pondre, l'insecte se tourne la tête en bas, se cramponne sur les pattes moyennes et postérieures; il fait sortir de dessous le ventre la double lame ou la scie qu'il enfonce sous l'écorce, eu la faisant mouvoir en va et vient. Elle y fait ainsi une entaille qui se trouve élargie latéralement, parce que les lames de ces scies sont rudes en dehors, et font l'office de râpe. Quand cette entaille est faite, l'insecte, sans en retirer complétement la scie, laisse découler dans la plaie une liqueur, ou plutôt une humeur, qui bientôt offre de petites bulles, et qui probablement a pour but de brûler la plaie, pour s'opposer à la perte de la séve, à la réunion de ses bords, et elle y dépose un œuf.

Ces femelles font ensuite une autre entaille un peu plus bas, à peu près avec le même manége, quelquefois cinq ou six à la file, d'autres fois jusqu'à vingt-quatre. Réaumur a reconnu que le temps employé par l'un de ces insectes pour faire six entailles ou six pontes de chacune un œuf, avoit été de plus d'une demi-heure. Ordinairement, quinze ou seize de ces entailles successives occupent un espace d'un pouce.

Si on enlève adroitement l'écorce du rosier correspondante à ces entailles, on trouve les œufs fichés dans la partie ligneuse: ils sont jaunes, oblongs, et un peu plus gros à l'une des extrémités.

Dans les premiers jours de l'opération, la branche qui l'a souf-ferte, n'offre d'autre apparence, au dehors, que celle de légères entailles linéaires non colorées. Mais, dès le lendemain, la petite plaie et ses alentours noircissent: elles éprouvent une sorte de boursouflure inflammatoire ou d'irritation, semblable à celle que produit l'opération du jardinier, qu'on nomme l'écussonnage; et chacune de ces petites plaies fait saillie et toutes représentent une sorte de file de grains de chapelets, appliqués à moitié dans l'écorce. Cette boursouflure est due au gonflement de l'œuf. Ce gonflement produit lui-même une légère déhiscence dans l'entaille par laquelle sort, enfin, la larve de la fausse chenille.

Cette larve, comme celles, au reste, de la plupart des ten-thrèdes, a des attitudes bizarres. Lorsqu'elle est à paître en famille, son corps est plié en Z, tantôt du côté de la tête qui tient le bord libre de la feuille, tantôt, du côté de la queue, le corps offrant deux boucles renversées.

Cette chenille est d'un jaune sale en dessus, avec des tubercules noirs qui servent chacun de base à un poil; le dessus et les côtés sont d'un vert jaunâtre, ou d'un jaune verdâtre transparent au milieu. Elle s'enfonce dans la terre pour s'y métamorphoser. Elle s'y construit une double coque: la première est un réseau à mailles lâches, d'une soie roide, gommeuse, élastique; l'intérieur est d'une soie tellement fine, qu'elle ressemble à une vésicule de gomme brune: elle paroît libre dans le premier réseau.

Hylotome brulé, *Hylotoma ustulata*.

Figuré par Degéer, tom. II de ses Mémoires, pl. 39, n.° 19-20; et par Panzer, Faune d'Allemagne, cah. 81, pl. 10.

Il est noir, bleuâtre et luisant; les ailes sont transparentes, brunes.

La chenille se trouve sur le rosier sauvage : elle est verte, avec deux lignes longitudinales blanches. La tête est jaunâtre, avec une ligne brune.

Hylotome sans nœud, *Hylotoma enodis.*

Degéer en a donné une figure, tom. II, pl. 40, fig. 6.

Il est absolument d'un bleu luisant, même les ailes.

Sa larve se nourrit de feuilles de saule. Elle est verte, avec des points noirs et une bande plissée jaunâtre sur les' côtés. Elle ne donne l'insecte parfait que l'année suivante. Les chrysalides passent l'hiver sous cette forme.

Hylotome fourchu, *Hylotoma furcata.*

Devillers, Insectes d'Europe, pl. 7, fig. 16, n.° 17.

Noir, avec les palpes, les pattes et l'abdomen d'un jaune roussâtre.

Le mâle a les antennes fourchues et très-pectinées.

M. Coquebert l'a figuré, pl. 3, n.° 4 de la 1.re Décade de ses Illustrations. (C. D.)

HYLURGE, *Hylurgus.* (*Entom.*) M. Latreille a désigné sous ce nom de genre, une espèce de *scolyte,* qui est le ligniperde.(C. D.)

HYMBER (*Ornith.*), nom norwégien du lumme ou petit plongeon des mers du Nord, *colymbus arcticus,* Linn. (Ch. D.)

HYMBRIN (*Ornith.*), nom islandois de l'imbrim ou grand plongeon des mers du Nord, *colymbus glacialis,* qui s'écrit aussi *himbryne,* Linn. (Ch. D.)

HYMÉNATHÈRE, *Hymenatherum.* (*Bot.*) [*Corymbifères,* Juss. = *Syngénésie polygamie superflue,* Linn.] Ce genre de plantes, que nous avons proposé d'abord dans le Bulletin des Sciences de janvier 1817, et que nous avons ensuite plus amplement décrit dans le Bulletin de décembre 1818, appartient à l'ordre des synanthérées, et à notre tribu naturelle des tagétinées, dans laquelle il est voisin du genre *Clomenocoma,* dont il diffère principalement par le clinanthe inappendiculé, et le péricline de squames unisériées, entre-greffées. (Voyez notre article Clomenocoma, tom. IX, pag. 416.) Le genre *Hymenatherum* présente les caractères suivans :

Calathide radiée : disque multiflore, subrégulariflore, androgyniflore; couronne unisériée, liguliflore, féminiflore. Péricline inférieur aux fleurs du disque, turbiné, plecolépide ; formé de dix ou douze squames unisériées, entre-greffées presque jusqu'au sommet qui est arrondi, munies de grosses glandes. Clinanthe plan, absolument inappendiculé. Fruits longs, grêles, striés, glabriuscules ; aigrette presque aussi longue que le fruit, composée d'une dixaine de squamellules subunisériées, dont la partie inférieure, plus courte, est simple, large, laminée, membraneuse, et la supérieure divisée en deux ou trois filets inégaux, roides, barbellulés, de couleur rousse. Fleurs de la couronne, au nombre de dix, à limbe de la corolle très-large, ovale, velouté en dessus. Fleurs du disque à corolle partagée en cinq divisions par des incisions un peu inégales ; à style portant deux longs stigmatophores.

HYMÉNATHÈRE A FEUILLES MENUES ; *Hymenatherum tenuifolium*, H. Cass., Bull. des Sc., décembre 1818. Petite plante annuelle, diffuse, à tiges anguleuses, à feuilles opposées, pinnées, filiformes, à calathides solitaires, terminant les rameaux, et composées de fleurs probablement jaunes. Nous avons observé cette plante dans l'Herbier de M. de Jussieu, où il est dit avec doute qu'elle vient du Chili.

La structure de l'aigrette ne permet pas de confondre l'*hymenatherum* avec le *tagetes*, auquel il ressemble beaucoup ; et elle ne peut le faire réunir au *dyssodia* ou *bœbera*, dont le péricline est double et formé de pièces libres. (H. CASS.)

HYMENEA. (*Bot.*) Voyez COURBARIL. (POIR.)

HYMÉNÉLYTRES, *Hymenelytra.* (*Entom.*) C'est le nom sous lequel M. Latreille a désigné une famille d'hémiptères, comme celle des pucerons ou *phytadelges*, dont les ailes supérieures, au lieu d'être croisées et à demi coriaces, sont, au contraire, semblables aux ailes supérieures, comme le nom l'indique. tels sont les PUCERONS, les COCHENILLES MALES, les PSYLLES, les CHERMÈS. Voyez ces mots, et spécialement l'article PHYTADELGES, dont le synonyme est *plantisuges* ou suceplantes. (C. D.)

HYMENODES. (*Bot.*) C'est le nom imposé par Palisot de Beauvois, à la 5.ᵉ section de la famille des mousses, dans sa Méthode. Cette section comprend les mousses, dont l'urne est garnie à son orifice de dents en forme de crochet (péristome externe), qui soutiennent et retiennent une membrane horizontale (péristome interne). Les genres sont ceux-ci :

Atrichium, *Pogonatum*, *Polytrichum* et *Dawsonia*, chez lesquels
le péristome interne est formé de cils soyeux. Voyez Mousse.
(Lem.)

HYMÉNOLÈPE, *Hymenolepis*. (*Bot.*) [*Corymbifères*, Juss. =
Syngénésie polygamie égale, Linn.] Ce genre de plantes, que
nous avons proposé dans le Bulletin des Sciences de septembre
1817, appartient à l'ordre des synanthérées, et à notre tribu
naturelle des anthémidées, dans laquelle il est intermédiaire
entre les genres *Athanasia* et *Lonas*. Il diffère de l'un et de
l'autre par la structure de l'aigrette, et présente les caractères suivans :

Calathide cylindracée, incouronnée, équaliflore, pauciflore,
régulariflore, androgyniflore. Péricline inférieur aux fleurs,
cylindracé ; formé de squames imbriquées, appliquées, coriaces, larges, arrondies, concaves, épaissies derrière le
sommet. Clinanthe petit, planiuscule, tantôt squamellifère,
tantôt inappendiculé ; squamelles plus courtes que les fleurs,
larges, irrégulières, membraneuses. Ovaires cylindracés, munis de cinq côtes ; aigrette courte, composée de squamellules
unisériées, paléiformes, membraneuses, inégales, irrégulières,
larges, oblongues, laciniées sur les bords.

Hyménolèpe a calathides menues : *Hymenolepis leptocephala*,
H. Cass. ; *Athanasia parviflora*, Linn. , *Mant.*, pag. 464 ; *Tana-
cetum crithmifolium*, Linn. , *Spec. Plant.*, ed. 3 , pag. 1182. La
tige est ligneuse, haute de trois pieds, ramifiée en sa partie
supérieure ; les feuilles sont alternes, linéaires, épaisses, charnues, vertes, blanchâtres dans leur jeunesse, divisées en la-
nières étroites, linéaires, presque cylindriques, bifurquées ; les
calathides sont disposées en grands corymbes rameux, à l'extrémité des branches, qui se ramifient immédiatement au-dessous
de ces corymbes ; chaque calathide est composée de cinq à onze
fleurs jaunes, beaucoup plus longues que le péricline ; le clinanthe est tantôt pourvu, tantôt dépourvu de squamelles. Cet
arbuste, indigène au cap de Bonne-Espérance, est cultivé au
Jardin du Roi, où nous avons observé ses caractères génériques
et spécifiques, sur plusieurs individus qui différoient par le
nombre des fleurs de la calathide, et par le clinanthe squamellifère ou inappendiculé ; ce sont peut-être des espèces distinctes.

L'aigrette des vraies *athanasia*, fort mal décrite jusqu'à présent, nous a offert une structure très-singulière, qu'aucun botaniste n'avoit remarquée, et qu'on pourroit définir assez exactement par le mot d'ostéomorphe. En effet, les squamellules de cette aigrette sont composées de plusieurs articles ajustés l'un au bout de l'autre, et imitant de petits os. L'aigrette de l'*hymenolepis* n'a aucun rapport avec cette structure insolite. Notre genre diffère également du *lonas*, dont l'aigrette est stéphanoïde, continue, indivise, crénelée, et le clinanthe ovoïde, conique ou cylindracé, très-élevé, garni de squamelles analogues aux squames du péricline. (H. Cass.)

HYMÉNONÈME, *Hymenonema*. (*Bot.*) [*Chicoracées*, Juss. ╤ *Syngénésie polygamie égale*, Linn.] Ce genre de plantes, que nous avons proposé dans le Bulletin des Sciences de février 1817, appartient à l'ordre des synanthérées, et à la tribu naturelle des lactucées, dans laquelle nous le plaçons auprès du genre *Catananche*. Il présente les caractères suivans :

Calathide incouronnée, radiatiforme, multiflore, fissiflore, androgyniflore. Péricline inférieur aux fleurs, cylindracé, formé de squames imbriquées, appliquées, ovales, aiguës, coriaces, membraneuses sur les bords. Clinanthe inappendiculé. Ovaires cylindracés, velus; aigrette très-longue, composée de dix squamellules subunisériées, égales, ayant leur partie inférieure un peu élargie, laminée, membraneuse, et la supérieure filiforme, épaisse, irrégulièrement barbée en haut, barbellulée en bas. Styles portant deux stigmatophores larges, laminés, presque membraneux, spatulés.

Hyménonème de Tournefort : *Hymenonema Tournefortii*, H. Cass.; *Scorzonera græca, saxatilis et maritima, foliis variè laciniatis*, Tourn., *Coroll.*, pag. 36; Voyage au Levant, tom. I, pag. 223, pl. 223; *Catananche lutea, foliis variè incisis*, Vaill., Mém. de l'Acad. des Sc., 1721, pag. 216; *Catananche græca*, Linn., *Spec. Plant.*, ed. 3, pag. 1142; *Scorzonera elongata*, Willd., *Spec. Plant.*, tom. III, pag. 1507. C'est une plante herbacée, dont la racine, longue d'un pied et grosse comme le pouce, produit une ou plusieurs tiges hautes d'un pied et demi, dressées, velues, striées, simples ou divisées en rameaux presque nus. Les feuilles radicales, longues de sept ou huit pouces, larges de trois ou quatre pouces, sont profondément lyrées-pinnatifides, crénelées inégalement sur les bords,

tomenteuses et blanchâtres en dessous ; les caulinaires sont très-
écartées les unes des autres, beaucoup plus petites que les radicales, tomenteuses et blanchâtres en dessous, pinnatifides,
à divisions lancéolées, aiguës ; les supérieures sont seulement
dentées sur les bords. Les calathides larges d'un pouce et demi ,
et composées de fleurs jaunes, sont solitaires au sommet de la
tige et des rameaux, dont la partie supérieure imite un long
pédoncule. Cette plante a été trouvée en Grèce, par Tournefort,
sur les rochers, au bord de la mer. Nous avons observé ses caractères génériques sur un échantillon de l'Herbier de M. de
Jussieu ; mais les caractères spécifiques que nous venons d'exposer, sont empruntés à Tournefort et à Willdenow.

HYMÉNONÈME DE DESFONTAINES : *Hymenonema Fontanesii*,H.Cass.;
Scorzonera aspera, Desf., Ann. du Mus. d'Hist nat., t.I, p. 133 ,
pl. 9; *Scorzonera stylosa* , Pers., *Syn. Plant.* , tom. II, pag. 361.
Plante herbacée, à racine vivace , de la grosseur du doigt, pivotante, charnue, lactescente, produisant ordinairement plusieurs tiges partagées inférieurement en un petit nombre de
rameaux simples, effilés, droits ou tombans, légèrement striés ,
pubescens, longs de douze à dix-huit pouces, garnis de feuilles
inférieurement, parsemés supérieurement de petites écailles
ou folioles courtes et aiguës, terminés par une calathide. Les
feuilles sont un peu rudes, d'une couleur cendrée ; les radicales et les caulinaires inférieures sont longues de quatre à
sept pouces, larges de quatre à neuf lignes, spatulées, décurrentes sur leur pétiole, inégalement dentées, et souvent même
presque pennées, avec de petites dents interposées entre les
divisions qui sont distinctes, ovales, terminées, ainsi que les
dents, par un poil roide ; les feuilles caulinaires supérieures
sont sessiles, lancéolées, aiguës, dentées. Les calathides, larges
d'un pouce et demi, et composées de fleurs jaunes, sont solitaires au sommet de la tige et des rameaux ; leur péricline est
glabre. Cette seconde espèce, qui nous paroît peu différente
de la première, a été recueillie dans le Levant par Olivier et
Bruguière, et introduite au Jardin du Roi, en 1799. Nous
avons observé ses caractères génériques sur un échantillon de
l'Herbier de M. Desfontaines, qui a publié une description et
une figure de cette plante. Les caractères spécifiques qu'on
vient de lire sont calqués sur cette description.

L'*hymenonema* est attribué au genre *Scorzonera* par Tourne‑ fort, M. de Jussieu, Willdenow et M. Desfontaines : il est attribué au genre *Catananche* par Vaillant et Linnæus. Miller, qui partageoit cette dernière opinion, croyoit même que l'*hymenonema Tournefortii* n'étoit qu'une variété du *catananche lutea*; ce qui est une erreur évidente. Tournefort n'étoit pas très‑éloigné de l'opinion de Vaillant ; car, dans la relation de son voyage au Levant, il dit (tom. I, pag. 224) que, par la structure de la semence, la plante dont il s'agit peut être rangée sous le genre *Catananche*. Nous pensons, comme Vaillant, qu'elle a beaucoup plus d'affinité avec le *catananche* qu'avec le *scorzonera* ; mais nous ajoutons qu'elle doit constituer, avec la plante de M. Desfontaines, un genre distinct de tout autre. L'affinité naturelle de l'*hymenonema* et du *catananche* est surtout établie pour nous par la conformation analogue des stigmatophores, qui diffèrent de ceux de presque toutes les autres lactucées. Mais le genre *Hymenonema* se distingue parfaitement du genre *Catananche*, 1.° par le péricline, dont les squames ne sont point surmontées d'un grand appendice scarieux; 2.° par le clinanthe dépourvu de longues fimbrilles; 3.° par l'aigrette composée de dix squamellules étroites inférieurement, plumeuses supérieurement. L'*hymenonema* diffère du *scorzonera*, 1.° par les stigmatophores larges, laminés, spatulés dans l'*hymenonema*, grêles et demi‑cylindriques dans le *scorzonera* ; 2.° par l'aigrette composée, dans l'*hymenonema*, de squamellules égales, dont la partie inférieure est laminée, nue, la partie moyenne barbellulée, la partie supérieure barbée; tandis que, dans le *scorzonera*, les squamellules sont très‑inégales, leur partie inférieure n'est pas sensiblement laminée, et est hérissée de très‑longues barbes capillaires, leur partie supérieure est seulement barbellulée. (H. Cass.)

HYMÉNOPAPPE, *Hymenopappus*. (*Bot.*) [*Corymbifères*, Juss.= *Syngénésie polygamie égale*, Linn.] Ce genre de plantes, établi par Lhéritier, appartient à l'ordre des synanthérées, à notre tribu naturelle des hélianthées, et à la section des hélianthées‑héléniées, dans laquelle il est immédiatement voisin du genre *Florestina*. Il résulte de nos observations sur les deux espèces connues du genre *Hymenopappus*, que ses caractères génériques doivent être exprimés de la manière suivante :

Calathide incouronnée, équaliflore, pluriflore, régulariflore, androgyniflore. Péricline à peu près égal aux fleurs,
formé de squames plurisériées, inégales, ovales, foliacées.
Clinanthe inappendiculé, convexe. Ovaires hérissés de poils ;
aigrette simple, formée de squamellules paucisériées, paléiformes, membraneuses.

Hyménopappe fausse-scabieuse : *Hymenopappus scabiosœus*,
Lhérit.; *Rothia caroliniensis*, Lamk., Journ. d'Hist. nat., tom. I,
pag. 16. C'est une plante herbacée, annuelle, dont la tige,
haute de deux pieds, est dressée, un peu rameuse, anguleuse,
garnie, dans sa jeunesse, d'un duvet laineux qui se détache
ensuite; les feuilles sont alternes, les inférieures pétiolées, les
supérieures sessiles, longues de six à huit pouces, larges de
trois pouces, bipinnatifides, à divisions lancéolées, aiguës, à
face supérieure verte, parsemée de points calleux, à face inférieure tomenteuse, blanche; les calathides, longues de dix
à douze lignes, et composées de fleurs blanches, très-odo-
rantes, sont disposées en un corymbe terminal très-lâche,
large de huit pouces, à ramifications velues, garnies de bractées éparses, lancéolées, aiguës. Cette plante, qui a l'apparence extérieure d'une scabieuse, habite la Caroline, où elle
a été trouvée par André Michaux.

Hyménopappe fausse-camomille ; *Hymenopappus anthemoides*,
Juss., Ann. du Mus. d'Hist. nat., tom. II, pag. 425. Cette seconde espèce, trouvée par Commerson près de Buénos-Ayres,
a le port de la camomille ; sa tige est herbacée, haute d'un demi-
pied; ses feuilles sont alternes, linéaires, décomposées; ses rameaux axillaires sont terminés chacun par une calathide.
M. Persoon, dans son *Synopsis Plantarum*, attribue à cette plante
des feuilles décurrentes : c'est sans doute une erreur typographique, le mot *decurrentibus* ayant été mis à la place du mot
decompositis.

L'opuscule, dans lequel Lhéritier a décrit l'*hymenopappus
scabiosœus*, est une monographie qui n'a d'autre titre que le
nom du genre, et qui ne porte aucune date. Cependant, nous
croyons que sa publication est antérieure à l'année 1792, dans
laquelle M. de Lamarck a décrit la même plante, comme constituant un genre nouveau, qu'il a nommé *Rothia*. C'est pourquoi nous suivons l'exemple des autres botanistes, qui ont

accordé la préférence au nom générique imposé par Lhéritier.

L'*hymenopappus anthemoides* a été publié, en 1803, par M. de
Jussieu, qui en a donné une très-courte description. Ce
botaniste attribue aux fruits de cette seconde espèce deux
aigrettes, dont l'intérieure seroit formée de quatre ou cinq
écailles rapprochées en godet, et dont l'extérieure seroit formée de poils plus courts. En conséquence, il croit que cette
double aigrette suffiroit pour autoriser l'établissement d'un
nouveau genre, si celui-ci étoit nombreux en espèces; et il
propose d'admettre dans les caractères génériques celui de
l'aigrette simple ou double, et de distinguer les deux espèces
par l'aigrette simple dans la première, double dans la seconde.
Nous avons soigneusement analysé une calathide sèche de
chacune des deux espèces, et nous croyons utile de les décrire ici.

Hymenopappus scabioseus. Calathide incouronnée, équaliflore, pluriflore, régulariflore, androgyniflore. Péricline à
peu près égal aux fleurs, formé d'environ douze squames irrégulièrement bi-trisériées, inégales, ovales, foliacées, membraneuses. Clinanthe petit, convexe, fovéolé, inappendiculé.
Ovaires obconiques (devenant épais, subtétragones), multistriés, hérissés de poils bicuspidés, atténués à la base en un
pied subfiliforme; aigrette simple, courte, formée de squamellules subunisériées, paléiformes, membraneuses, scarieuses, arrondies, irrégulièrement denticulées. Corolles hérissées de poils membraneux, glandulifères au sommet, à tube
assez long, grêle, cylindrique, à limbe large, campaniforme.
Anthères tout-à-fait exsertes, à appendice apicilaire cordiforme, chargé de glandes. Styles d'hélianthée.

Hymenopappus anthemoides. Calathide subglobuleuse, incouronnée, équaliflore, multiflore, régulariflore, androgyniflore. Péricline à peu près égal aux fleurs, formé de squames
paucisériées, inégales, ovales, foliacées, coriaces, les intérieures plus grandes. Clinanthe conique, inappendiculé, non
fovéolé, mais parsemé de glandes. Ovaires oblongs, couverts
de longs poils roux, appliqués; aigrette simple, aussi longue
que l'ovaire, presque aussi longue que la corolle, formée de squamellules paucisériées, inégales, paléiformes-membraneuses,

ovales, surmontées d'un appendice filiforme , ou prolongées en une courte arête. Corolles jaunes, analogues à celles de l'*helenium*, parsemées de glandes, à tube presque nul. Anthères point exsertes. Styles analogues à ceux de l'*helenium*, et par conséquent à ceux des anthémidées.

En comparant ces deux descriptions, on reconnoît, 1.º que l'aigrette est également simple dans les deux plantes, et que ce sont les poils de l'ovaire qui ont été pris pour une aigrette extérieure, dans la seconde espèce , qui , par conséquent, peut être légitimement rapportée au même genre que la première; 2.º qu'il y a entre les caractères génériques des deux espèces , plusieurs différences réelles, qui pourroient autoriser à faire deux genres distincts; mais que cependant ces différences ne sont pas assez fortes pour nécessiter absolument une distinction générique.

La *stevia pedata* de Cavanilles, dont nous avons fait le genre *Florestina* , nous a paru différer génériquement de l'*hymenopappus* par le péricline de squames unisériées et par quelques autres caractères. MM. Lagasca et Kunth , ne trouvant pas ces différences suffisantes , réunissent notre *florestina* à l'*hymenopappus*. Si les autres botanistes adoptent cette réunion , il faudra modifier les caractères du genre *Hymenoppapus*, qui se trouvera comprendre trois espèces. Nous engageons nos lecteurs à revoir notre article Florestine, tom. XVII, pag. 155 , pour comparer la calathide du *florestina pedata* à celles de l'*hymenopappus scabiosæus* et de l'*hymenopappus anthemoides*. (H. Cass.)

HYMENOPHALLUS. (*Bot.*) Plusieurs genres ont été formés aux dépens du genre *Phallus* de Linnæus. Le dernier qu'on ait établi est l'*hymenophallus*, créé par Nées, qui lui donne pour type le *phallus duplicatus*, Bosc, et qui y ramène le *phallus Hadriani*, Vent. Dans ce genre, le chapeau , ou tête du champignon, est ombiliqué au sommet, et son bord inférieur est muni d'un bourrelet qui se prolonge en une membrane ou peau, plissée et pendante, qui recouvre une bonne partie du stipe ou pied, lequel est percé de trous , et sort du milieu d'un volva fort large. Ces caractères rapprochent infiniment l'*hymenophallus* du Dictyophora (voyez ce mot), qui a pour type le *phallus indusiatus*, Vent. ; et si l'on vient à reconnoître que cette dernière plante est munie d'un volva, ce qui ne me paroît pas douteux, il faudra réunir ces deux genres.

Le *phallus duplicatus* (Bosc, Nouv. Dict. Hist., p. 382, 21, t. G; *Mag. cur. nat. Berl.*, 5, part. 2, pag. 86, tab. 7; *hymenophallus duplicatus*, Nées, Trait. Champ., pl. 35, fig. 238), est un champignon plus grand que le *phallus indusiatus*, Vent., décrit à l'article DICTYOPHORA. Il a six à huit pouces de hauteur; son stipe blanchâtre, creux, épais, spongieux, tient au chapeau par un bourrelet qui se développe en une membrane, qui le recouvre à moitié. Les figures données de ce champignon offrent deux plis à ce bourrelet, l'un supérieur, très-étroit; et l'autre inférieur, beaucoup plus large; le chapeau est d'un jaune orangé, conique, lacuneux, à cellules très-profondes; il se termine par un ombilic fort alongé et peu large; le volva est blanchâtre, droit, fort ample, du double plus large que le stipe, et de la moitié de la hauteur totale du champignon. Cette plante a été observée dans les endroits sablonneux et couverts de la Caroline, par M. Bosc. Elle répand une odeur extrêmement puante.

Le *phallus Hadriani* (Vent., Pers., ou *hymenophallus Hadriani*, Nées, Trait. Champ., pl. 35, fig. 258, B), s'éloigne de l'espèce précédente, et même pourroit en être distingué, car son volva est double. C'est une petite espèce à stipe cylindrique, marqué de taches noires, à chapeau point celluleux, glabre, court, à ombilic saillant, large, et à volva extérieur, rabattu en dehors; le volva intérieur engaîne le stipe. Ce champignon est fétide; il a cinq ou six pouces de hauteur. On en voit la représentation, fig. 1258, des *Icones* de Barrelier. Cette figure est copiée de celle donnée par l'Ecluse, qui a encore été répétée par Sterbeeck (*Theat. Fung.*, tab. 30, l. F). Mais la première connoissance de ce champignon est due à Adrien Junius, médecin hollandois, qui, vers le milieu du seizième siècle, l'observa dans une des îles que forme le Rhin à son embouchure. Frappé de la forme singulière de ce champignon, il le crut digne d'être célébré en vers latins. C'est là l'origine du poëme qu'il publia à ce sujet. *Adriani Junii medici Phallus, ex fungorum genere. In Hollandiæ Delphis*, 1564, in-4.°, *cum Icon*. La figure donnée par cet auteur me paroît être l'original de toutes celles que nous en avons, même de celle donnée par Nées.

Il ne paroît pas que cette espèce se trouve en France ni dans le midi de l'Europe, comme le disent Clusius pour la France, et Persoon pour le midi, sans doute, d'après Barrelier. Il est plus que probable que plusieurs espèces ont été confondues par les auteurs. Clusius l'indiquoit aux environs de Blois, sur les bords de la Loire. Voyez Phallus. (Lem.)

HYMENOPHYLLA. (*Bot.*) Fronde très-mince, sans nervure, diversement déchiquetée; fructification tuberculeuse, ramassée ou formant comme de petites taches seminifères.

Les espèces rapportées à ce genre par Stackhouse sont des *ulva*, pour quelques auteurs, et des espèces de *delesseria* de Lamouroux.

Nous citerons les *hymenophylla laciniata*, *lacerata*, *punctata*, *ulvoidea*, *bifida*, *undulata* et *sobolifera*, qui sont rapportées à ce genre par Stackhouse. (Lem.)

HYMENOPHYLLUM. (*Bot.*) Ce genre, de la famille des *fougères*, n'est qu'un démembrement du *trichomanes* de Linnæus. Il a été établi par Smith, et, depuis, les botanistes l'ont adopté. Il est caractérisé par sa fructification, disposée en petits groupes ou sores marginaux, fixés chacun à un réceptacle central, cylindrique, enveloppé dans un indusium ou tégument formé de deux valves planes.

Ce beau genre renferme plus de quarante espèces, dont deux seulement croissent en Europe. Toutes les autres sont exotiques, et la plupart ont les îles et la partie méridionale de l'Amérique pour patrie. On en trouve aussi dans les îles de la Côte orientale d'Afrique, aux Indes orientales et à la Nouvelle-Hollande. Ce sont, en général, de petites plantes souvent rampantes, hautes de un à six pouces, à fronde tantôt simple, tantôt plus ou moins découpée. Elles se plaisent dans les bois et les fentes de rochers. Nous ferons remarquer les espèces suivantes:

§. I. *Fronde simple.*

Hymenophyllum fausse-doradille : *Hymenophyllum asplenioides*, Swartz; Lamk., *Ill.*, t. 8, f. 1; Willd., *Spec.*, pl. 5, pag. 514. Fronde oblongue-lancéolée, pinnatifide, pendante; découpures inférieures, sinuées, lobées; les autres bilobées. Cette petite fougère croît dans les hautes montagnes de la

Jamaïque, sur les troncs d'arbres couverts de mousse. Elle y a été observée par P. Browne et par Swartz.

§. II. *Fronde deux ou trois fois pinnatifide, à bord poilu ou cilié.*

HYMENOPHYLLUM VELU : *Hymonophyllum hirsutum*, Swartz; Willd.; *Filicula digitata*, Plum., *Fil.*, tom. 50, fig. B.; *Darea affinis digitata*, Petiv., *Fil.*, 1, t. 15, f. 5. Fronde ailée, velue des deux côtés; frondule bifide ou pinnatifide, à découpures linéaires, retuses; rachis ailé; stipe bordé, velu. Cette jolie fougère, dont la fronde semble comme digitée, croît à la Jamaïque, à Saint-Domingue, dans les mêmes circonstances que la précédente. Elle est assez élevée et roide.

§. III. *Fronde deux ou trois fois pinnatifide, glabre, à bord dentelé.*

HYMENOPHYLLUM DE TUNBRIDGE : *Hymonophyllum tunbridgense*, Smith, *Fl. Brit.*, *Engl. Bot.*, t. 162; Swartz, Willd., Schkuhr., *Crypt.*, tab. 135, fig. d; Decand., Fl. Fr., 2, p. 548; *Trichomanes tunbridgense*, Linn., *Fl. Dan.*, t. 964; Bolt., *Fil.*, t. 31; Pluk., *Alm.*, t. 3, fig. 5 et 6; Moris., *Hist.*, 3, pag. 627, sect. 15, t. 7, fig. 50.

Fronde ailée, à frondules plusieurs fois bifurquées, presque digitées, à découpures linéaires, tronquées, dentées; sores situés à l'extrémité des découpures, solitaires, entourées d'un indusium ovale, obtus, denté au sommet, et en forme de calice à deux valves; rachis ailé, presque entier; stipe cylindrique, grêle, nu intérieurement. Cette fougère est rampante, et n'a guère plus de trois pouces de hauteur. Elle se plaît, parmi les mousses, sur les troncs d'arbres, et dans les lieux pierreux et ombragés. Elle croît en Norwège, en Angleterre, en Ecosse, en Irlande, en Italie, etc. En France, elle a été observée, particulièrement dans l'Anjou, sur les côtes de Bretagne, et en Gascogne. Selon Robert Brown, elle croît aussi à la Nouvelle-Hollande, et il regarde, comme une de ses variétés, l'*hymenophyllum cupressiforme*, que Labillardière (*Nov. Holl.*, t. 250, f. 2) a observé au cap Van-Diemen.

§. IV. *Fronde ailée, deux ou trois fois pinnatifide, glabre, très-*
entière sur ses bords.

HYMENOPHYLLUM AILÉ : *Hymenophyllum alatum*, Sow., *Engl.*
Bot., t. 1417; Schkuhr., *Crypt.*, t. 135, *b*; Willd., *Hymeno-*
phyllum tunbridgense, var. *b* , Smith; *Trichomanes pyxidiferum*,
Huds.; Bolt., *Fil.*, 36, t. 30; *Filix*, Rai, *Syn.*, t. 3, fig. 3-4.
Fronde ailée; frondules pinnatifides, à découpures linéaires,
obtuses, à peine échancrées; l'inférieure bifide; sores supraxil-
laires; rachis et stipe ailés. Cette petite espèce ressemble beaucoup à la précédente. Elle se rencontre particulièrement en
Irlande.

HYMENOPHYLLUM FLABELLIFORME: Labill., *Nov. Holl.*, 2, p. 101,
t. 260, fig. 1; Will., *Spec.*, pl. 2, p. 527. Fronde ailée; frondules pinnatifides, cunéiformes à leur base; les supérieures
confluentes; découpures entières, ou à trois lobes linéaires,
obtus; sores terminaux; indusium arrondi, elliptique; rachis
cylindrique; stipe cylindrique. Cette petite fougère croît au
cap Van-Diemen, à la Nouvelle-Hollande.

HYMENOPHYLLUM A FEUILLES DE RICCIA : *Hymenophyllum ricciæ-*
folium, Bory; Willd., *Spec.*, pl. 5, p. 531 ; *Adiantum tenellum*,
Jacq., *Colect.*, 3, t. 21, fig. 3. Fronde deux fois ailée, à divisions secondaires; frondules inférieures pinnatifides, les supérieures à trois divisions linéaires, obtuses; sores terminaux;
indusium ovale renversé, rachis ailé; stipe bordé. Cette fougère croît dans les bois de l'Ile-de-Bourbon. Elle est rampante.
Les frondes ont environ trois pouces de longueur. Elles sont
nues dans leur tiers inférieur. (LEM.)

HYMENOPODES. (*Ornith.*) Moerhing a donné ce nom aux
oiseaux composant la 1.ʳᵉ famille de son système, lesquels ont
les doigts garnis d'une foible membrane. (CH. D.)

HYMÉNOPOGONE. (*Bot.*) Voycz HYMENOPOGUM. (LEM.)

HYMENOPOGUM. (*Bot.*) Palisot de Beauvois, ayant jugé
convenable de séparer le *buxbaumia foliosa*, Linn., du *buxbaumia*
aphylla , Linn., en a fait son genre *Hymenopogum*, qui est le
diphyscium de Weber et Mohr. Voici les caractères qu'il lui
assignoit :

Coiffe petite, cuculliforme; opercule conique, aigu; cils
réunis en une membrane plissée; urne ovale, renflée d'un.

côté à sa base, fimbriée à l'orifice; tube court, placé obliquement. Voyez Buxbaumia (Supplément), et Diphyscium. (Lem.)

HYMÉNOPTÈRES, *hymenoptera insecta*. (*Entom.*) L'un des noms sous lesquels on désigne, d'apres Linnæus, un grand ordre, une division principale de la classe des insectes qui ont six pattes, et le plus ordinairement quatre ailes nues, à nervures longitudinales, dont les inférieures sont plus courtes et plus étroites que les supérieures auxquelles elles s'accrochent, et une bouche munie de mandibules distinctes, de mâchoires et d'une lèvre qui par leur réunion forment une sorte de trompe ou de suçoir qu'on appelle langue, et dont les femelles ont le plus souvent l'abdomen terminé par un aiguillon ou une tarière.

Ce nom tiré de deux mots grecs υμην-έγω, membrane, et de πτερα, ailes, étoit nécessaire à introduire dans la science pour distinguer les uns des autres les ordres des insectes ailés sans élytres, que déjà Lister avoit rapprochés sous le nom collectif d'Anélytres, par opposition aux Coléoptères; les uns ayant quatre ailes et les autres deux seulement. Parmi les premiers, trois ordres sont distincts : 1° les *Lépidoptères*, dont les ailes sont couvertes d'écailles entuilées, et qui paroissent comme pulvérulentes et farineuses; 2° les *Névroptères*; et 3° les *Hyménoptères*, ayant leurs ailes nues; les uns, à la vérité, à nervures, en réseau ou à mailles, et les autres à nervures le plus souvent alongées, formant des îles ou cellules constamment régulières dans les différens genres. Ce caractère tiré uniquement de la forme des ailes ne suffisoit pas seul, Géoffroy avoit réuni ces deux ordres sous le nom commun de *Tétraptères*; mais en tenant compte de la présence d'un aiguillon ou d'une tarière dans les femelles, en même temps que de la forme des parties de la bouche et des métamorphoses, cet ordre des hyménoptères est tout-à-fait naturel comme nous allons le voir bientôt.

Fabricius, établissant, dans son système fondé sur la disposition des parties de la bouche, ce qu'il appeloit assez improprement les classes des insectes, rapprocha, sous le nom de *synistates*, les insectes le plus bizarrement réunis par la seule analogie de la disposition des parties de la bouche, savoir, des crustacés, des myriapodes, les forbicines qu'il désignoit sous le nom d'*elinguia* (sans langue); tandis que sous le nom de *synistata linguaria*, il rapprochoit les véritables hyménoptères dont il a depuis publié l'arrangement systématique sous le titre de *Systema Piezatorum, secundum ordines , genera, species*, Brunswick , 1804. Voulant indiquer par ce nom de piézates la forme comprimée des mâchoires, qui, dans la plupart des hyménoptères, forment une sorte de gaîne à la lèvre inférieure, laquelle s'alonge pour constituer une langue propre à sucer le suc des fleurs, des mots grecs $\pi\iota\epsilon\xi\iota\tilde{o}$ ou $\pi\iota\epsilon\xi o\mu\alpha\iota$, je comprime, j'aplatis.

Maintenant tous les entomologistes ont adopté cette division principale de la classe des insectes , et le nom d'*hyménoptères*, quoique insuffisant, puisqu'il n'indique que la disposition des ailes, qui manquent dans quelques individus de l'ordre , est donné à tous les insectes qui offrent les autres caractères que nous avons indiqués au commencement de cet article.

On verra au mot INSECTE les rapports qui lient cet ordre, d'abord aux lépidoptères par le mode de métamorphoses, et par les analogies de mœurs entre les mouches à scie et plusieurs bombyces, dont les chenilles se nourrissent sur les plantes et se filent un cocon; ensuite avec les névroptères par les seules apparences extérieures : tous les autres ordres étant essentiellement éloignés par leur organisation; de sorte que l'ordre des hyménoptères, qu'Aristote semble avoir reconnu, est un des plus distincts et des plus naturels parmi les insectes.

Les hyménoptères sont donc des insectes à mandibules et à mâchoires; à quatre ailes nues, membraneuses, veinées sur leur longueur, dont les inférieures suivent, en s'écartant du corps, les mouvemens des supérieures auxquelles elles s'accrochent, et qui tous ont cinq articles aux tarses.

Avant d'entrer dans les détails que doit nous fournir l'histoire générale des insectes de cet ordre, il est nécessaire de faire connoître que deux groupes principaux semblent le partager. L'un réunit toutes les espèces dont le ventre, ou l'abdomen, est sessile ou accolé immédiatement au corselet, au lieu d'être joint à la poitrine par un pédicule très-étroit, comme on le voit dans les guêpes et les abeilles, par exemple. Tous les insectes de ce sous-ordre proviennent d'une larve appelée fausse chenille qui est munie de pattes, qui pourvoit elle-même à sa subsistance, et dont les parens ne se sont occupés qu'à l'époque où ils l'ont déposée dans un lieu convenable et sous la forme d'un œuf. Une seule famille comprend les insectes de ce sous-ordre, et comme les femelles portent à l'extrémité du ventre, tantôt d'une manière apparente, tantôt dans une sorte de fente ou de coulisse, un instrument qui sert, en même temps, par les dentelures dont il est garni, à scier l'écorce ou l'enveloppe des végétaux, et par les pièces qui l'accompagnent et qui peuvent s'écarter, une sorte de gorgeret ou de pondoir qui dirige l'œuf dans un point et dans une situation donnée, on a nommé ces insectes, en raison de cette disposition, des *uropristes* ou *serricaudes*, ou plus improprement des *mouches à scie.*

Dans toutes les autres familles, le ventre est pédiculé ou uni au corselet par un ou plusieurs anneaux plus grêles, plus étroits. Tous ces hyménoptères proviennent de larves qui sont privées de pattes, et qui, par conséquent, sont dans l'absolue nécessité de rester dans le lieu où leur mère les a déposées sous la forme d'œufs ou de germes. La plupart, appelés à vivre sous cette forme de larves dans des lieux privés de l'air ou de la lumière, sont blancs ou décolorés : leur corps est mou, presque immobile. Si leurs parens ne les ont pas placés dans des circonstances assez favorables pour que leur nourriture ne se présente pas pour ainsi dire d'elle-même à leur bouche, ils se chargent de leur apporter une sorte de becquée, à la manière des oiseaux; et, sous ce rapport, ce second groupe des hyménoptères nous offre les plus grandes différences si nous venons à les observer dans les diverses familles.

Les unes, comme les guêpes et les abeilles, construisent avec le plus grand art, pour elles et pour leurs larves, de véritables édifices. Elles se réunissent en sociétés plus ou moins nombreuses, afin de s'occuper en commun de l'éducation des individus de leur race, pour les protéger et les défendre. Il y a parmi ces individus des mâles, des femelles en plus ou moins grand nombre; et parmi ces dernières plusieurs sont condamnées, dès les premiers jours de leur naissance, à une stérilité absolue. Elles n'ont plus les organes extérieurs qui peuvent leur permettre de reproduire leurs semblables, mais le sentiment

de l'amour maternel n'est pas éteint chez elles; il les porte à
se charger de l'éducation de petits provenant d'une ou de
plusieurs femelles fécondes; elles en deviennent les nourrices
et les protectrices; elles obéissent, par un instinct admirable, à
des lois dictées par la nature, et toute leur organisation semble
modifiée par les circonstances de leurs mœurs, de leur besoin
actuel ou futur, et du climat qu'elles sont appelées à habiter :
elles semblent vivre sous un gouvernement gynocratique.

Chez d'autres hyménoptères, comme chez les fourmis, qui
vivent aussi en sociétés nombreuses, des femelles neutres sont
chargées également de tous les soins domestiques; constamment
privées d'ailes, elles sont douées de l'adresse, de l'agilité, de
la force. Elles se réunissent pour se construire des habitations
communes, appropriées à leur genre de vie et à la conservation
de leur progéniture. Elles se font des guerres de peuplades;
elles retiennent captives, et tout-à-fait en esclavage, les
prisonnières qu'elles ont faites en les condamnant aux travaux
intérieurs. Elles élèvent et nourrissent convenablement dans
des sortes d'étables, d'autres espèces d'insectes qu'elles soignent
pour les traire et en obtenir un aliment assuré dans les temps
de disette, comme nous tenons, en domesticité, nos vaches,
nos chèvres et nos brebis. Elles nourrissent elles-mêmes les
larves des femelles, des mâles et des neutres. Elles les pro-
tègent pendant tout le temps que ces individus peuvent être
utiles ou nécessaires à la société; elles constituent de véritables
républiques où tout est en commun.

D'autres, comme les sphèges, les crabrons qui, sous la forme
d'insectes parfaits, font leur nourriture principale des humeurs miellées que leur fournit le nectaire de nos fleurs, sont
cependant appelées à faire une guerre d'extermination à certaines races d'animaux, aux araignées, aux chenilles, aux
larves de plusieurs autres insectes. Quand elles se sont rendues
maitresses de l'un de ces animaux, ou elles le mutilent en lui
coupant les membres, ou elles lui ôtent la faculté de se nourrir
en le piquant de leur aiguillon; et ce n'est que lorsqu'elles
l'ont rendu paralytique et incapable de se défendre, quoique
susceptible de conserver son existence, qu'elles l'emportent à
travers les airs, comme les oiseaux de rapine, pour venir le
déposer dans un nid préparé d'avance, et l'ensevelir auprès

de l'œuf qui doit perpétuer leur race. Cet œuf ne tarde pas à éclore ; la larve qu'il produit pénètre, sans résistance, les corps de ces insectes à demi privés de la vie, mais qui cependant, n'étant pas morts tout-à-fait, peuvent se conserver pendant quelques semaines, sans éprouver les altérations que subissent les cadavres ; et, par un instinct admirable, le nombre de ces victimes ainsi sacrifiées à l'existence d'une seule larve a été, pour ainsi dire, calculé d'avance, d'après le développement qu'elle doit acquérir avant de prendre la forme de nymphe.

Les ichneumons et les autres insectes de la même famille nous présentent des particularités de mœurs encore plus admirables. Les femelles déposent les rudimens de leur progéniture à la surface ou dans l'intérieur du corps des autres insectes, lorsqu'ils sont sous la forme d'œufs, de larves ou de nymphes. Le petit ver sans pattes qui en provient se nourrit, d'abord, de la graisse de l'insecte ; ensuite, il attaque les organes les plus importans, et détruit ainsi la vie de l'animal dans lequel il se développe en parasite, soit seul, soit avec des individus de la même race ou d'une autre espèce.

Enfin, les cynips, les diplolèpes déposent leurs œufs sous l'épiderme, dans le tissu même des divers organes des végétaux. Les plaies qu'ils produisent attirent dans cet endroit, par une sorte d'irritation ou de maladie, les sucs du végétal qui s'extravasent alors et y produisent des tumeurs ou des galles, dans l'intérieur desquelles les petites larves se nourrissent, se développent et se métamorphosent pour produire le même phénomène, chaque espèce de cynips étant, à ce qu'il paroît, attachée à telle ou telle partie du même végétal.

Nous venons d'indiquer les mœurs de la plupart des familles de l'ordre des hyménoptères, et nous pouvons prévoir combien des habitudes, ainsi variées, ont dû apporter de différences dans les formes de ces insectes. Ces modifications rendent l'étude des insectes de cet ordre plus difficile. En effet, les mâles diffèrent souvent beaucoup des femelles, non seulement sous le rapport de la taille ou du volume, mais même quant aux couleurs et à la forme générale. Les neutres, qui ne sont que des femelles privées des attributs ordinaires de leur sexe, offrent en outre des différences dans la disposition générale de leur corps ou de leurs parties, et assez souvent dans l'ab-

sence des ailes qui manquent rarement chez les mâles ; de sorte
que la description d'une espèce exige quelquefois, comme
dans les abeilles et les fourmis, l'exposition des caractères des
trois sortes d'individus. L'observation même n'ayant pas encore appris à les connoître, il est arrivé que des insectes, appartenant à la même espèce, ont été regardés et décrits comme
des animaux différens.

Il est probable que les larves des hyménoptères changent de
peau, ou qu'elles muent, comme la plupart de celles des autres
insectes, mais on n'en a pas encore fait l'observation, excepté
dans les fausses chenilles qui produisent les mouches à scie.
Peut-être l'état d'étiolement dans lequel se trouvent la plupart
des autres larves apodes n'a-t-il pas permis de s'assurer du
changement de peau qu'on ne trouve pas, en effet, dans les
cellules distinctes, où quelques larves, comme celles de l'a-
beille maçonne, du sphège potier, ont été renfermées par
leurs parens avec une certaine quantité de provisions.

Mais toutes ces larves se changent en chrysalides, la
plupart se filent un cocon d'une soie très-ténue et tellement
transparente, qu'elle ressemble à une sorte de pellicule et de
membrane. Cette coque est très-solide, composée de plusieurs
couches distinctes, et d'un tissu d'autant plus serré et délicat,
qu'elles sont plus intérieures, comme on peut l'observer dans
les cocons des cimbèces et des hylotomes. Au reste, les coques
ont d'autant plus de solidité qu'elles sont, par la nature des
circonstances de leur formation, plus exposées aux injures extérieures. Dans les fourmis, par exemple, elles donnent à
la nymphe qu'elles recèlent l'apparence d'un œuf elliptique
dont les deux extrémités sont de même grosseur.

Dans les petits ichneumons qui vivent en famille dans les
chenilles, et qui ont été rapportés dans ces derniers temps
au genre Crypte par Fabricius, les larves filent en commun
une sorte de cocon soyeux, sous lequel chacune d'elles se
construit ensuite une coque distincte. Tandis que celles des
cynips, des diplolèpes ne paroissent pas avoir besoin de cette
enveloppe, étant déjà protégées par la tumeur plus ou moins
solide que leur présence a fait naître dans les végétaux.

Les nymphes des hyménoptères sont à peu près immobiles ;
toutes leurs parties sont dans un état de mollesse et de raccour-

cissement qui permet cependant de distinguer au dehors toutes les parties de leur corps : la tête avec ses antennes et les parties de la bouche couchées en avant et sous les pattes ; le corselet, avec les rudimens des ailes, et composé de ses trois parties plus ou moins développées, suivant les genres ; les trois paires de pattes ; les anneaux de l'abdomen. Mais toute la surface de ces nymphes semble enduite d'une sorte de vernis qui est une véritable membrane d'une ténuité extrême. Au reste, sous cet état, les nymphes des hyménoptères ressemblent à celles des insectes coléoptères. Elles ne prennent plus de nourriture ; elles sont inactives, d'abord très-molles et très-blanches ; elles prennent de jour en jour plus de consistance et de coloration, jusqu'à ce qu'elles aient atteint toute la solidité dont elles avoient besoin.

Le corps des hyménoptères se divise en parties analogues à celles de tous les autres insectes ailés : en tête, corselet, abdomen et membres. Les seules particularités dignes de remarque sont les suivantes :

A la tête, les antennes varient considérablement, non seulement pour la forme qui caractérise certains genres, mais même pour la disposition et le développement dans les individus de la même espèce, mais de sexe différent. Le nombre de leurs articles varie considérablement ; de sorte qu'il en est de très-courtes de trois à cinq pièces, et de très-longues de dix-sept à trente, comme dans quelques ichneumons. Tantôt, ces antennes sont en masse, en fuseau, en soie, ou en fil ; simples ou composées, en peignes, en panaches ou branchues, droites ou en spirale brisée, presque immobiles dans quelques cas, et vibratiles dans d'autres : chaque genre offrant quelques différences à cet égard.

L'insertion des antennes présente aussi beaucoup de modifications relatives à leur position, au-dessus, au-dessous ou entre les yeux. Ceux-ci sont le plus ordinairement composés ou taillés à facettes, arrondis, ovales ou en reins, plus gros ordinairement dans les mâles, chez lesquels, comme dans ceux des abeilles à miel, ils occupent presque toute la tête.

La plupart des hyménoptères portent, sur le sommet du front, trois yeux lisses ou points brillans, disposés en triangle on les nomme stemmates.

Les parties de la bouche des insectes de cet ordre présentent beaucoup de modifications, quant à la forme; car leur nombre est à peu près le même. Une lèvre supérieure, deux mandibules, deux mâchoires souvent excessivement alongées, formant une sorte de gaîne ou d'étui à la lèvre inférieure, qui s'alonge elle-même dans quelques espèces pour former une langue ou une trompe, dans la composition de laquelle les palpes maxillaires et labiaux, formés de plusieurs articles, constituent des appareils très-compliqués, qui sont décrits principalement à l'article ABEILLES.

Le corselet des hyménoptères est évidemment composé de trois pièces en général très-distinctes. La première, qui supporte la première paire de pattes, a, le plus souvent, la forme d'un collier, et ne s'étend pas vers le dos ou la partie supérieure du corselet, excepté dans quelques genres, comme dans les chrysides, les parnopès. Vient ensuite le véritable corselet qui supporte les ailes, et les pattes moyennes et postérieures; enfin, la troisième pièce, qu'on a nommée métathorax, avec lequel elle se confond, ou qui se présente sous la forme d'un écusson plus ou moins étendu.

Le ventre ou l'abdomen, composé de cinq à neuf segmens de forme variable, est tantôt sessile ou appliqué immédiatement au corselet, comme dans les tenthrèdes; tantôt, et le plus souvent, supporté par un pédicule très-distinct, comme dans quelques guêpes, les fœnes, les ichneumons; mais ce qui caractérise principalement les insectes de cet ordre, c'est l'instrument dont les femelles et plusieurs neutres sont armés, et qui sert à la ponte; tantôt, sous la forme d'une tarière composée de trois pièces écailleuses, dont deux externes servent de gaîne, et une troisième moyenne ou intermédiaire varie pour la disposition de son extrémité, qui est ou acérée, ou tronquée et dentelée en dessus, en dessous, et même sur les côtés; tantôt ces mêmes pièces sont beaucoup plus courtes, plus roides, plus pointues; elles forment alors ce qu'on nomme l'AIGUILLON. (Voyez ce mot.)

Dans quelques espèces, comme les chrysides, la tarière est formée par une suite de tuyaux qui rentrent les uns dans les autres, et qui peuvent s'alonger comme le tube d'une lunette d'approche, garnie d'une pointe très-déliée à sa dernière extrémité.

Chez les mâles qui, pour la plupart, sont privés d'aiguillon, cet instrument est remplacé par un appareil analogue, mais dont les pièces, disposées autrement, servent au rapprochement des sexes et à l'œuvre de la fécondation.

Les pattes des hyménoptères sont composées, à peu près, des mêmes pièces que celles des coléoptères. La hanche, la cuisse, la jambe et le tarse. Ces pièces diffèrent, pour la longueur, la disposition et les formes. Ainsi le tarse antérieur est dilaté dans les mâles de quelques crabrons. C'est celui des pattes postérieures qui présente cette conformation dans les neutres des abeilles. Les jambes sont velues, dentelées, épineuses, garnies de brosses, de pinceaux; elles sont cannelées, aplaties, arrondies, suivant les mœurs et les usages auxquels ces parties sont destinées.

Les ailes, dont les supérieures sont, comme nous l'avons déjà dit, plus larges et plus longues que les inférieures, sont articulées sur la pièce moyenne du corselet. Elles offrent là une sorte d'écaille, d'omoplate, de forme très-différente dans les les genres. Ces ailes elles-mêmes présentent des aires ou espaces celluleux, compris entre les nervures qui ont offert à M. Jurine les bases d'une méthode de classification, établie principalement d'après les différences que fournissent les céllules qui viennent immédiatement après les deux grandes nervures longitudinales extérieures, dont l'une est dite radiale, et l'autre cubitale.

La plupart des auteurs ont divisé les hyménoptères en deux groupes principaux. Celui de smouches à scie qui ont une tarière, et celui des porte-aiguillons. Nous allons présenter ici l'analyse de la méthode d'après laquelle nous divisons cet ordre en neuf familles naturelles.

La première famille, qui est celle des *uopristes* ou *serricaudes*, réunit tous les genres dans lesquels l'abdomen est de la même largeur que le corselet, dont les femelles portent une tarière, et dont les antennes ne sont pas brisées ou coudées en angle, comme dans les guêpes et les fourmis, telles sont les tenthrèdes ou mouches à scie.

Dans toutes les autres familles, le ventre est articulé sur le corselet par un anneau plus étroit; mais, dans les unes, la lèvre inférieure est plus longue que les mandibules; les auteunes sont brisées, et le pétiole de l'abdomen est très-court. Telles sont les abeilles : cette famille est celle des *mellites* ou *apiaires*.

Cette longueur de la lèvre inférieure, qui forme une sorte de langue, ne se laisse plus remarquer dans les autres familles qui se distinguent par d'autres particularités. Ainsi, dans les *chrysides* ou *guêpes dorées*, l'abdomen peut se rouler en boule, les anneaux étant concaves en dessous.

Les insectes d'une autre famille n'ont pas l'abdomen ainsi conformé; mais leurs ailes supérieures sont pliées en long ou doublées dans toute leur étendue, lorsque l'animal est en repos. On les a nommés, à cause de cette disposition, les *ptérodiples* ou *duplicipennes*. Telles sont, entre autres, les guêpes qui ont en outre les antennes coudées, formant comme une sorte d'angle ou de brisure.

Les *myrmèges* ou *formicaires*, ont aussi les antennes brisées, mais leurs ailes ne sont pas doublées, et leur ventre est arrondi.

Dans les quatre autres familles, la longueur des antennes, ou le nombre des articles qui les composent, offre des caractères suffisans pour les distinguer. Quand le nombre de ces articles dépasse celui de treize, il dénote la famille des *oryctères* ou *fouisseurs*, qui n'ont pas au-delà de dix-sept pièces ou anneaux aux antennes, et quand ce nombre dépasse celui de dix-sept, il dénote la famille des *entomotilles* ou *insectirodes*.

Enfin, dans les deux derniers groupes qui n'ont que treize articles au plus aux antennes, les uns, tels que les *anthophiles* ou *floriléges*, ont l'abdomen arrondi, conique; tandis que les autres, que nous nommerons *néottocryptes* ou *abditolarves*, ont le ventre comprimé et renflé, souvent en masse.

Le tableau suivant, extrait de la Zoologie analytique, présente, d'une manière synoptique, les divisions que nous venons d'indiquer, et que l'on saisira mieux dans cette sorte d'analyse. Nous renvoyons à chacun des noms de famille les détails qui les concernent, pour éviter les répétitions.

Insectes à mâchoires; à quatre ailes nues, veinées sur leur longueur.

HYM

A ventre

sessile : une tarière dans les femelles ; antennes non brisées............................ Uropristes.

pédiculé ; lèvre

plus longue que les mandibules ; ventre à pédicule très-court.................... Mellites.

courte ; ventre

concave en dessous, se roulant en boule ; corps doré.................... Chrysides.

non concave ; ailes

doublées sur la longueur ; à antennes brisées............. Ptérodiples.

brisées ou en fil : ventre arrondi........... Myrmèges.

non doublées ; à antennes

ni brisées, ni en fil ; articles

13 : ventre

arrondi
conique } Anthophiles.

comprimé
renflé } Néottocryptes.

plus de 13

14 à 17.... Oryctères.

17 à 30.... Entomotilles.

336   (C. D.)

HYMENOTHÈQUES (*Bot.*), nom de la 2.ª section du 1.ᵉʳ ordre, les gymnocarpes, de la classe des champignons, dans la Méthode de Persoon. Voyez CHAMPIGNONS. (LEM.)

HYOBANCHE. (*Bot.*) Genre de plantes dicotylédones, à fleurs complètes, monopétalées, irrégulières, de la famille des *pédiculaires*, de la *didynamie angiospermie*, offrant pour caractère essentiel : Un calice à sept folioles; une corolle en masque, à une seule lèvre, l'inférieure nulle; quatre étamines didynames; un ovaire supérieur; un style simple; un stigmate obtus. Le fruit est une capsule à deux loges, renfermant des semences nombreuses, fort petites.

HYOBANCHE POURPRÉE : *Hyobanche purpurea*, Linn., *Mant.*; Petiv., *Gazoph.*, tab. 37, fig. 4. Cette plante est parasite; elle ressemble à un orobanche; elle est distinguée par son calice, par la forme de sa corolle. Sa tige est épaisse, simple, charnue ou un peu ligneuse, haute d'un demi-pied, couverte, dans toute sa longueur, de feuilles en forme d'écailles imbriquées, glabres, ovales, obtuses, convexes en dehors. Les fleurs sont disposées en un épi terminal, charnu, de la longueur de la tige, mais trois fois plus large, chargé de fleurs et de bractées ovales oblongues, velues, de la longueur du tube de la corolle : ces fleurs sont solitaires et sessiles. Leur calice se divise en sept folioles linéaires, droites, acuminées; la corolle de la longueur du calice, n'ayant qu'une lèvre supérieure en voûte, échancrée au sommet; les étamines attachées à la base de la corolle; les anthères ovales, inclinées, s'ouvrant par leur côté extérieur; l'ovaire ovale, surmonté d'un style filiforme, courbé à son sommet, terminé par un stigmate épais, obtus, échancré; la capsule arrondie, à deux loges. Cette plante croît au cap de Bonne-Espérance, sur les racines de quelques végétaux. (POIR.)

HYOPHTHALMON (*Bot.*), un des noms anciens cités par Dodoens, de l'*aster amellus*, décrit dans les Géorgiques de Virgile. (J.)

HYOSCYAMUS. (*Bot.*) Ce nom latin, dont la jusquiame est en possession depuis long-temps, avoit aussi été donné à la stramoine, *datura*, et au tabac, probablement parce que ces deux plantes ont, comme elle, une vertu narcotique, et que, d'ailleurs, elles ont avec elle beaucoup d'affinité par leurs caractères. (J.)

HYOSÉRIDE, *Hyoseris*. (*Bot.*) [*Chicoracées*, Juss. = *Syngénésie polygamie égale*, Linn.] Ce genre de plantes appartient à l'ordre des synanthérées, et à la tribu naturelle des lactucées. Voici les caractères génériques que nous avons observés sur des individus vivans d'*hyoseris radiata* et d'*hyoseris scabra*.

Calathide incouronnée, radiatiforme, pluriflore, fissiflore, androgyniflore. Péricline cylindrique, formé de squames unisériées, égales, appliquées, largement linéaires; accompagné à sa base de quelques petites squames surnuméraires. Clinanthe plan, inappendiculé. Fruits alongés, dissemblables : ceux du centre cylindriques, lisses, portant une aigrette composée de squamellules bisériées, dont les extérieures sont courtes, filiformes, barbellulées, et les intérieures au nombre de cinq environ, sont longues, paléiformes laminées, linéaires aiguës; les fruits intermédiaires obcomprimés, hérissés de spinules, et munis de deux larges ailes latérales, portant une aigrette semblable à celles du centre ; les fruits marginaux obcomprimés, spinulés, portant des rudimens d'aigrette semi-avortée.

HYOSÉRIDE A FEUILLES RAYONNANTES : *Hyoseris radiatifolia ; Hyoseris radiata*, Linn.; *Hedypnois radiata*, Gærtn. C'est une plante herbacée, à racine vivace, suivant les uns, annuelle, selon d'autres, produisant des hampes hautes d'environ un demi-pied, glabres, mais un peu farineuses près du sommet, qui porte une calathide composée de fleurs jaunes; les feuilles sont radicales, nombreuses, alongées, pinnatifides, glabres; leurs divisions sont élargies et anguleuses; les divisions supérieures ont des angles nombreux et divergens, qui donnent aux extrémités des feuilles un aspect rayonné. On trouve cette plante dans nos départemens méridionaux, sur les collines voisines de la mer. Le nom spécifique *radiata* donne une idée fausse de cette espèce, en paroissant indiquer que sa calathide est radiée.

HYOSÉRIDE A PETITE CALATHIDE : *Hyoseris microcephala ; Hyoseris scabra*, Linn. Cette plante herbacée est lisse et presque entièrement glabre; sa racine annuelle, pivotante, produit plusieurs feuilles longues d'environ sept pouces, étroites, pétiolées, pinnatifides, à divisions presque parallélogrammiques, obtuses, dentées, parsemées de quelques poils; les hampes ne dépassent pas la longueur des feuilles, et sont notablement renflées vers l'extrémité, qui porte une petite calathíde composée de huit ou dix fleurs jaunes. Cette espèce habite la Sicile, l'Italie, la Barbarie. MM. Decandolle et Persoon ont remarqué que le nom spécifique donné par Linnæus à cette plante ne lui convient point du tout, et qu'il n'est propre qu'à induire en erreur.

Le nom d'*hyoseris* a été employé par Linnæus pour désigner un genre, dans lequel il a réuni des espèces qui ne sont pas réellement congénères. Nous trouvons, dans la troisième édition du *Species Plantarum* de ce botaniste, huit espèces d'*hyoseris*, auxquelles il en a ajouté une neuvième, dans son *Mantissa Plantarum*. La première, nommée *hyoseris fœtida*, constituoit le genre *Leontodontoides* de Micheli, et avoit été rapportée par Vaillant à son genre *Taraxaconastrum*. Scopoli, Haller, Adanson, Allioni, Lamarck, Gærtner, Willdenow attribuent cette plante au genre *Lampsana*, dont elle a tous les caractères. Les *hyoseris radiata*, *scabra* et *lucida* de Linnæus présentent les caractères génériques que nous avons décrits, et doivent constituer le véritable genre *Hyoseris*, qu'il seroit plus juste de nommer *taraxaconastrum*, puisque Vaillant avoit plus anciennement établi sous ce nom le genre dont il s'agit, et l'avoit très-bien caractérisé. Tournefort confondoit, dans son genre *Dens-Leonis*, les *taraxaconastrum* de Vaillant. L'*hyo-seris virginica* de Linnæus constitue le genre *Krigia* de Willdenow, caractérisé par une double aigrette, l'extérieure de cinq squamellules paléiformes arrondies, l'intérieure de cinq squamellules filiformes alternant avec les précédentes. L'*hyoseris minima* de Linnæus, dont les fruits portent une aigrette stéphanoïde, forme le genre *Arnoseris* de Gærtner. Enfin, les *hyoseris hedypnois*, *rhagadioloides* et *cretica* de Linnæus, que ce botaniste attribuoit autrefois au genre *Lampsana*, appartiennent réellement au genre *Hedypnois* de Tournefort, nommé *rhagadioloides* par Vaillant. Les *hedypnois* diffèrent des autres plantes que nous venons de mentionner, en ce qu'ils ont de véritables tiges au lieu de hampes : ils se distinguent des vrais *hyoseris*, en ce que les fruits intermédiaires ne sont point munis de deux ailes latérales, et qu'ils portent, ainsi que les fruits marginaux, une aigrette stéphanoïde. Voyez notre article HE-DYPNOIDE, tom. XX. pag. 337. (H. Cass.)

HYOSIRIS. (*Bot.*) Cette plante de Pline est, suivant Anguillara cité par C. Bauhin, l'espèce de jacée, *jacea nigra*, que Linnæus nomme *centaurea nigra*. Elle est très-différente des *hyoseris* de Tabernæmontanus, plantes chicoracées, dont l'une est le *lampsana pusilla* de Willdenow, l'autre l'*hypochœris glabra* de Linnæus. Celui-ci a donné le nom *hyoseris* à un autre genre de la même famille, qui a été conservé. (J.) ·

HYPACANTHE, *Hypacanthus (Ichthyol.)* Ce mot, tiré du grec, υπο, *sub*, et ά᾽κανθα, *spina*, a servi à M. Rafinesque-Schmaltz pour désigner un genre de poissons qu'il a établi en 1810, et qui doit rentrer dans la famille des atractosomes. D'après ce zélé naturaliste, le genre dont il s'agit doit être caractérisé ainsi :

Corps comprimé, nageoire dorsale opposée à l'anale; deux rayons épineux situés au devant.

M. Rafinesque-Schmaltz rapporte au genre Hypacanthe le *scomber aculeatus* de Linnæus et le *centronote vadigo* de M. de Lacépède. Aussi ce genre nous paroît le même que celui des Liches, établi par M. Cuvier. Voyez Liche. (H. C.)

HYPÆLYTRUM (*Bot.*) : *Hypælytrum*, Rich.; *Hypœlitrum*, Vahl. Genre de plantes monocotylédones, à fleurs glumacées, très-rapproché des choins, de la famille des *cypéracées*, de la *triandrie monogynie*, offrant pour caractère essentiel : Des épis imbriqués de tous côtés par des écailles uniflores, presque toutes fertiles; deux écailles calicinales, membraneuses; deux ou trois étamines; les anthères linéaires; un ovaire supérieur; le style bifide ou simple; le stigmate en pinceau; une semence trigone ou lenticulaire; point de soies.

Ce genre comprend des espèces dont les tiges sont simples, feuillées dans leur longueur ou à leur base; les épillets ordinairement agglomérés en tête, formant, par leur réunion, une sorte de corymbe ou d'ombelle, munie d'un involucre à la base.

Hypælytrum argenté : *Hypœlitrum argenteum*, Vahl, *Enum.*, 2, pag. 283 ; Kunth, *in* Humb. *et* Bonpl., 1, pag. 218; *Scirpus senegalensis*, Lamk., *Ill.*, 1, pag. 140; Poir., *Encycl.*, 759. Ses racines sont composées de fibres un peu rougeâtres, fasciculées; ses tiges trigones, hautes d'environ un pied, très-glabres, garnies à leur base de feuilles linéaires, glabres, un peu roides,

rudes à leurs bords, de deux tiers plus courtes que les tiges ;
les gaînes roussâtres, membraneuses ; cinq à six épillets ovales,
sessiles, agglomérés, blanchâtres ; un involucre à deux folioles
linéaires, inégales, élargies à leur base, très-longues, subulées ;
les valves calicinales presque planes, glabres, ovales, aiguës.
Cette plante croît au Sénégal et dans l'Amérique méridionale.

HYPÆLYTRUM DES BOIS : *Hypœlytrum nemorum*, Pal. Beauv.,
Flor. d'Owar., 2, pag. 12, tab. 67; *Schœnus nemorum*, Vahl,
Enum., 2, pag. 227. Ses tiges sont droites, glabres, triangulaires, hautes d'un pied et plus, couvertes par les gaînes des
feuilles : celles-ci sont glabres, en carène, à trois fortes nervures, une fois plus longues que les tiges, larges d'un pouce,
rudes à leurs bords et sur leur carène ; les fleurs disposées en
un corymbe terminal et feuillé. Chaque pédicelle soutenant
trois épillets presque sessiles, linéaires, oblongs, obtus ; les
écailles glabres, un peu arrondies ; les valves calicinales linéaires, concaves ; deux étamines ; le style bifide ; les semences globuleuses. Cette plante croît dans les Indes orientales, et surtout
en Afrique. Les Nègres s'en servent pour fabriquer des ficelles :
ils roulent les fibres sur leurs genoux avec la main, et à plusieurs reprises, jusqu'à ce qu'elles restent tendues, sans se
dérouler.

HYPÆLYTRUM PIQUANT; *Hypœlitrum pungens*, Vahl, *Enum.*, 2,
pag. 283. Plante de l'Amérique méridionale, dont les tiges sont
hautes de deux pieds ; les feuilles longues d'un pied ; un involucre piquant, long d'un pouce et demi ; une tête de la grosseur d'une noix, composée d'environ douze épis à peine longs
de trois lignes ; les écailles obtuses, membraneuses à leurs bords,
jaunâtres dans leur jeunesse, puis purpurines ; les valves calicinales purpurines, un peu ciliées sur leur carène, les étamines
saillantes ; les semences jaunâtres, parsemées de très-petits points
pourprés.

HYPÆLYTRUM SCARIEUX ; *Hypœlitrum sphacelatum*, Vahl, l. c.
Ses tiges s'élèvent à la hauteur d'un pied, garnies de feuilles linéaires, d'un vert glauque, souvent scarieuses à leur sommet ;
l'involucre à une ou deux folioles, la plus longue de trois
pouces ; trois ou quatre épis ovales, fort petits, blanchâtres dans
leur jeunesse, puis bruns ; les écailles aiguës, concaves, colo-

rées; deux étamines; une semence ovale, striée. Cette plante croît à Tranquebar.

Hypælytrum filiforme ; *Hypœlitrum filiforme*, Vahl, l. c. Cette plante est glauque, originaire de la Guinée. Ses tiges sont filiformes, longues d'un demi-pied et plus, munies de feuilles sétacées, trois fois plus courtes que les tiges ; une des folioles de l'involucre longue de deux pouces ; trois, quelquefois quatre épis, rarement un ou deux, alongés, une fois plus petits qu'un grain dé riz, d'un brun noir dans leur vieillesse ; les écailles aiguës.

On rapporte encore à ce genre plusieurs autres espèces bien moins connues. (Poir.)

HYPAETOS. (*Ornith.*) Voyez Gypaète. (Ch. D.)

HYPALE, *Hypalus*. (*Entom.*) Ce nom tiré du grec, et qui signifie fuyard, a été donné par M. Paykull, dans sa Faune de Suède, à un genre d'insectes coléoptères hétéromérés de la famille des *ornéphiles* ou *sylvicoles*, pour y placer quelques espèces de serropalpes ou de *dircée* de Fabricius. Voyez Serropalpes. (C. D.)

HYPECOON ; *Hypecoum*, Linn. (*Bot.*) Genre de plantes dicotylédones, de la famille des *papavéracées*, Juss., et de la *tétrandrie digynie*, Linn., dont les principaux caractères sont les suivans : Calice de deux folioles opposées, caduques, plus petites que les pétales : corolle de quatre pétales ; les deux extérieurs plus grands, trilobés ; les deux intérieurs plus petits, trifides ; quatre étamines égales : un ovaire supérieur oblong, terminé par deux styles courts, portant chacun un stigmate ; silique alongée, plus ou moins sensiblement articulée transversalement, contenant une graine dans chacune de ses articulations.

Les anciens appeloient υπηκοον, et quelquefois υποφεον, une petite plante croissant dans les moissons, dont les feuilles ressembloient à celles de la rue, et à laquelle ils attribuoient des propriétés analogues à celles du pavot. Malgré l'imperfection de leurs descriptions, il y a tout lieu de croire que cette plante est un de nos *hypecoum*. On fait dériver ce mot d'υπηχεω, je résonne, je retentis, à cause du bruit, dit-on, que les graines font dans les siliques.

Les hypécoons sont des herbes annuelles, à feuilles décomposées ou multifides; à fleurs pédonculées, latérales et terminales. On en connoit quatre espèces, dont une croit en Sibérie et en Chine, les trois autres viennent en Europe. Les deux suivantes se trouvent en France.

HYPÉCOON COUCHÉ, vulgairement CUMIN CORNU : *Hypecoum procumbens*, Linn., *Spec.*, 181; Lamk., *Illust.*, t. 88; *Hypecoum legitimum*, Clus., Hist. XCIII. Sa racine pivotante, menue, produit une ou plusieurs tiges, souvent couchées à leur base, glabres comme toute la plante, hautes de quatre à huit pouces, nues et simples dans les deux tiers de leur partie inférieure, une ou deux fois divisées ensuite, et feuillées sous chaque ramification. Les feuilles sont glauques; les radicales deux fois ailées, pétiolées, longues de deux à quatre pouces, étalées en rosette; les caulinaires sessiles et multifides. Les fleurs sont jaunes, larges de huit à dix lignes, solitaires près des bifurcations des tiges ou à l'extrémité des rameaux. Les fruits sont des siliques de deux à trois pouces de longueur, légèrement courbées en arc, un peu comprimées et redressées. Cette espèce croît dans les champs sablonneux et les moissons; elle fleurit en mai et en juin.

Cet hypécoon paroît une des plantes qui peuvent supporter un degré de chaleur considérable. J. Bauhin (*Hist. Plant.*, vol. 2, pag. 900) dit l'avoir vu fleurir et fructifier à Balaruc, tout près d'une eau thermale, dont la main pouvoit à peine supporter la chaleur. Cette plante n'est aujourd'hui d'aucun usage.

HYPÉCOON A FRUITS PENDANS : *Hypecoum pendulum*, Linn., *Spec.*, 181; *Hypecoum Clusii tenuifolium flore pallido*, Barrel., *Icon.*, 352. Cette espèce ressemble beaucoup à la précédente; elle en diffère cependant, parce que les découpures de ses feuilles sont, en général, plus étroites et plus alongées; parce ses fleurs sont un peu plus petites; mais surtout parce que ses siliques sont à peu près cylindriques, légèrement anguleuses, non sensiblement articulées, droites et pendantes. Elle croit en Provence, en Languedoc et aux environs de Paris : elle fleurit au printemps. (L. D.)

HYPECOUM. (*Bot.*) Voyez HYPÉCOON. (L. D.)

HYPÉLATE, *Hypelate*. (*Bot.*) Genre de plantes dicotylédones, à fleurs complètes, polygames, de la famille des sa-

pindées, de l'*octandrie monogynie* de Linnæus, offrant pour caractère essentiel : Un calice à cinq folioles; cinq pétales; un anneau entourant l'ovaire; huit étamines ; un style court; un stigmate trigone, rabattu; le fruit est un drupe pulpeux, monosperme. L'ovaire manque ou avorte dans quelques fleurs.

Hypélate trifolié : *Hypelate trifoliata*, Swart.; Willd., *Spec.*, 4, pag. 981 ; Brown , *Jam.*, 208. Arbrisseau observé par Swartz sur les collines crétacées de la Jamaïque, dont les rameaux sont glabres, cylindriques et fragiles; les feuilles alternes, pétiolées, ternées; les inférieures quelquefois simples; les folioles glabres, sessiles, luisantes, en ovale renversé, cunéiformes à leur base, obtuses à leur sommet; les pétioles longs d'un pouce, membraneux à leurs bords; les fleurs disposées en grappes axillaires, paniculées, plus longues que les feuilles ; les pédoncules plus longs que les pétioles ; les ramifications étalées, presque en corymbes : ces fleurs sont petites, blanchâtres , polygames ; les folioles du calice ovales , concaves, colorées ; deux vertes et plus petites ; la corolle plus courte que le calice ; un anneau charnu, du centre duquel sortent huit étamines élargies, contiguës à leur base , mais non adhérentes, un peu plus longues que la corolle. Le fruit est un drupe pulpeux, de la grosseur d'un pois, contenant une noix ovale, très-glabre, monosperme. (Poir.)

HYPERANTHERA. (*Bot.*) Ce genre de Forskal doit, selon M. Lamarck, être réuni à son *gymnocladus;* et Vahl partage son opinion en conservant le nom de Forskal. L'*hyperanthera moringa*, publié dans ses *Symbolæ*, est un autre genre que nous avons publié sous le nom de *Moringa*, en françois *ben*. Voyez Chicot. (J.)

HYPÈRES. (*Entom.*) On trouve ce nom ʽυπερα dans Aristote , Histoire des Animaux, liv. V, chap. XIX, comme désignant les phalènes qui proviennent de chenilles géomètres ou arpenteuses qui avancent une partie de leur corps pour se fixer et tirer le reste en avant, en le courbant régulièrement. (C. D.)

HYPÉRICÉES. (*Bot.*) Famille de plantes occupant une place dans la classe des hypopétalées ou polypétales à corolle et étamines insérées sous le pistil. Elle tire son nom du millepertuis, *hypericum*, genre qui, par le nombre de ses espèces , constitue seul plus des deux tiers de cette série. Ses autres caractères sont : un calice divisé profondément en quatre ou cinq parties, autant de pétales alternes avec ses divisions, des étamines nombreuses, dont les anthères sont petites et rondes, les filets polyadelphes ou réunis par le bas en plusieurs faisceaux; un ovaire simple et libre, surmonté de plusieurs styles et d'autant de stigmates. Le fruit également simple, dégagé du calice, rarement charnu, ordinairement capsulaire, se partage, dans sa longueur, en plusieurs valves égales en nombre à celui des styles; chaque valve, par ses bords repliés en dedans, forme une loge complète , polysperme, ouverte du côté intérieur, et appliquée contre un réceptacle central et séminifère, qui est tantôt simple et entier, tantot subdivisé en plusieurs rameaux, dont chacun entre dans une loge correspondante. Les graines attachées à ce réceptacle sont menues et membraneuses. Leur embryon, dénué de périsperme, est droit, à radicule dirigée vers leur point d'attache. Les plantes de cette famille sont des arbrisseaux ou sous-arbrisseaux, ou des herbes. Les feuilles sont opposées sans stipules; les fleurs sont opposées sur des corymbes ordinairement terminaux.

On range sans difficulte, dans cette famille, les genres *Ascyrum* et *Hypericum* de Linnæus, *carpodontos* de M. Labillardière, et *Eucryphia* de Cavanilles, qui ont le fruit capsulaire, conforme au caractère général; et on ne peut en éloigner le *vismia* de MM. Ruiz et Pavon, dont le fruit est charnu. Un pareil fruit se retrouve dans l'*androsœmum* de Tournefort, qu'on devroit peut-être, par cette raison, séparer de l'*hypericum*, auquel Linnæus l'a réuni. Nous avons déjà fait cette observation dans les Annales du Muséum d'Histoire naturelle , vol. 20, p. 462. Il y est aussi fait mention des genres *Knifa* et *Elodea* d'Adanson, et *Brathys* de M. Smith, qui ont des caractères suffisans pour être également détachés de l'*hypericum*. Nous y avons encore rappelé, d'accord avec d'autres auteurs, le *harungana* de M. Lamarck, différent cependant par sa baie renfermant cinq noyaux osseux; le *sarothra*, auparavant placé parmi les caryophyllées, et ramené depuis auprès des hypéricées par MM. Richard et Michaux, et même jugé par eux congénère de l'*hypericum*; le *marila* de Swartz, genre singulier qui sert de transition des hypéricées aux guttifères. La réunion du *godoya* de la Flore du Pérou est moins certaine, parce qu'on ne connoît pas bien ses caractères. Il en est de même du *palava* de cette Flore, qui exige un nouvel examen. (J.)

HYPÉRICOIDES. (*Bot.*) Linnæus a réuni à l'*hypericum* de Tournefort qui a trois styles, l'*ascyrum* du même, qui en a cinq, et qui dès lors auroit dû rester séparé, puisque le nombre différent des styles est employé généralement par lui pour caractériser des sections différentes d'une même classe. Ensuite il a employé le nom *ascyrum* devenu ainsi libre, pour désigner l'*hypericoides* de Plumier, qui diffère de l'*hypericum* par le retranchement d'une cinquième partie dans les divisions du calice et de la corolle, et d'une troisième dans les loges du fruit. (J.)

HYPERICUM (*Bot.*), nom latin du genre Millepertuis. (L. D.)

HYPERIONIS AVIS. (*Ornith.*) Dans Jonston, Charleton, Brisson, cette dénomination est placée au rang des synonymes de l'aigle noir, *falco melanaetos*; et l'on trouve au chapitre 62, liv. 19, de l'Ornithologie d'Aldrovande, le mot *hipparion* donné comme synonyme de *chenalopex*, c'est-à-dire du grand pingouin, *mergus impennis*, Linn., *chenalopex*, Moerhing. (Ch. D.)

HYPEROODONS. (*Mamm.*) Nom tiré du grec, qui signifie dents au palais, et que l'on a donné à un genre de cétacés, voisin des dauphins, et qui se caractérise par le palais hérissé de tubercules, et deux dents en avant de la mâchoire inférieure. Voyez Baleine. (F. C.)

HYPERSTÈNE. (*Min.*) L'hyperstène d'Haüy, ou le *labradorisch-hornblende* de Werner, est une substance minérale qui se distingue, au premier abord, par son reflet semi-métallique, et d'un rouge de cuivre. Sa contexture lamelleuse rappele le tissu de l'amphibole ou de la diallage; et c'est en effet avec ces deux substances que l'hyperstène semble avoir quelques rapports.

L'hyperstène raye le verre, étincelle sous le choc de l'acier, s'électrise résineusement par le frottement quand il est isolé, et est infusible au chalumeau.

Sa division mécanique conduit à un prisme rhomboïdal, dont les angles sont de 100 et 80 degrés environ, et ce prisme se sous-divise ensuite dans le sens de ses deux diagonales, mais avec cette différence que la division parallèle à la petite diagonale est infiniment plus nette que celle qui a lieu dans le sens de la grande.

On remarque aussi que les bases de ces prismes sont brûlantes, tandis que les pans sont ternes; ce qui contraste avec le clivage de l'amphibole.

L'hyperstène, comme toutes les substances minérales brunes et même noires, produit une poussière grisâtre et sans éclat.

Cent parties d'hyperstène, analysées par Klaproth, ont donné:

Silice	54,25
Magnésie	14,0
Alumine	2,25
Chaux	1,50
Oxide de fer	24,50
Eau	1,0
Oxide de manganèse	0,25
Perte	2,25

Si l'on compare cette analyse à celle des variétés de la diallage métalloïde, on remarquera une concordance frappante, sinon dans les proportions, du moins dans les trois principales substances constituantes, la silice, la magnésie et l'alumine. Je ne veux point dire pour cela qu'il seroit à propos de réunir l'hyperstène à la diallage ; car nous savons, par expérience, qu'il faut le concours des caractères géométriques et de l'analyse pour opérer ces réunions d'une manière incontestable : mais je crois, d'après l'examen comparatif que j'ai fait de ces deux subtances, qu'il se pourroit fort bien que l'espèce Diallage, telle que nous l'admettons aujourd'hui, renfermât plusieurs variétés d'hyperstène ; et c'est surtout parmi les diallages métalloïdes, les diallages bronzées, celles qui ont l'aspect du laiton, etc., que doit exister cette confusion des deux espèces.

L'hyperstène, d'abord classé parmi les variétés de hornblende ou l'amphibole, reçut le nom de *labradorisch-hornblende*, parce qu'il fut découvert et rapporté de l'île Saint-Paul, sur la côte de Labrador, où il fait partie d'une syenite composée de felspath opalin et d'amphibole, avec quelques grains de fer oxidulé. Depuis lors, il a été reconnu au cap Lézard en Cornouailles, où il est associé, dans une euphotide, à de la diallage métalloïde, avec laquelle il a les plus grands rapports d'aspect, de contexture et de dureté. J'ajoute qu'il se trouve, dans cette localité, de la diallage en lames hexaèdres qui se décomposent en commençant par leur centre, et qui, dans cet état, ressemble parfaitement aussi à la surface de certains échantillons d'hyperstène du Labrador.

L'hyperstène se rencontre encore dans les syénites de l'île de Sky, et auprès de Portsoy, en Ecosse. L'hyperstène du Groënland jouit quelquefois d'un éclat opalin, analogue à celui du felspath du Labrador. Cette substance a été retrouvée aux environs de York, sur la côte occidentale d'Afrique, vers le cap de Bonne-Espérance, et aux îles des Idoles; il paroît qu'elle existe aussi dans les serpentines du Piémont, etc. (BRARD.)

HYPHA (*Bot.*), de Persoon. Voyez HYPHASMA. (LEM.)

HYPHÆNE. (*Bot.*) Le fruit d'une espèce de palmier, décrit sous ce nom par Gærtner, et indiqué auparavant par d'autres auteurs sous des noms différens, appartient au *cuciofera* de M. Delile, nommé dans l'Egypte DOUM. Voyez ce mot. (J.)

HYPHASMA. (*Bot.*) Rebentisch, en établissant ce genre, y ramène quelques espèces de byssus des auteurs déjà portées dans d'autres genres par quelques botanistes. Il en décrit en outre plusieurs nouvelles espèces. Ce sont des plantes byssoïdes, à filamens capilacés, couchés, diversement entrelacés et étalés, semblables à du duvet.

Ces caractères sont insuffisans pour permettre de conserver ce genre; aussi Fries réunit-il presque toutes les espèces que Rebentisch y rapporte, au genre *Himantia*, et particulièrement les *hyphasma fimicola* et *nigra*, Reb.

L'*hyphasma floccosum*, Reb., est la même plante que le *dematium bombycinum*, Pers.

L'*hyphasma roseum*, Reb., *Fl. Neom.*, tabl. 6, f. 20, paroît devoir être considéré comme une espèce d'*helicomyces*.

L'*hyphasma velutina* est le *byssus velutina*, Linn., qui n'est pas un byssus. (Voyez VAUCHERIA et ECTOPERMA.)

Enfin les *hyphasma griseo-fuscum* et *flavescens*, Reb., sont peut-être des espèces d'*himantia*. Toutes ces plantes croissent sur les vieux bois humides et sur les écorces d'arbres.

Nées conserve le genre *Hyphasma*, et le place entre les genres *Hypochnus* et *Rhizomorpha*. (LEM.)

HYPHEAR. (*Bot.*) Mentzel dit que les habitans de l'Arcadie, ancienne province de la Morée, donnoient ce nom au gui. (J.)

HYPHÈNE. (*Bot.*) Voyez DOUM. (POIR.)

HYPHOMYCETES. (*Bot.*) Fries, dans son *Systema Mycologi*

'*cum*, désigne ainsi sa deuxième classe des champignons. Voyez Mycetologie. (Lem.)

HYPHYDRA. (*Bot.*) Le *tonina* d'Aublet, voisin et presque congénère de l'*eriocaulon*, a été désigné par Schreber sous le nom d'*hyphydra*, adopté par Willdenow et Gærtner; mais nul motif n'autorise ce changement de nomenclature. (J.)

HYPHYDRE, *Hyphydrus*. (*Entom.*) Illiger a donné ce nom, qui signifie sous l'eau, υπο υδωρ, à un genre d'insectes coléoptères pentamérés, nectopodes ou à tarses aplatis, ciliés, propres à nager, dont les espèces avoient été auparavant rangées dans le genre des dytiques. C'est à ce même genre que M. Clairville avoit donné le nom d'*hydropore*.

Ce genre offre quelques difficultés, à cause de la synonymie. Avant l'établissement du genre *Hydrachne* par Fabricius, dont M. Latreille a changé le nom en celui d'*hygrobie*, j'avois réuni dans ma Zoologie analytique, les espèces de dytiques à corps bossu, ové, dont les hanches étoient nues à la base, sous le nom commun d'hyphydre; mais M. Latreille a cru devoir les séparer en examinant les parties de la bouche, et surtout parce que les *hygrobies* ou les *hydrachnes*, qui sont les mêmes insectes, ont un écusson; tandis que les hyphydres n'en ont pas.

Les hyphydres sont donc de petits dytiques à corps bossu, ayant absolument les mêmes mœurs, et, à ce qu'il paroît, subissant les mêmes métamorphoses que les autres Nectopodes. (Voyez ce mot.)

Les espèces rapportées à ce genre sont,

1.º L'Hyphydre déprimé, *Hyphydrus depressus*.

Nous l'avons fait figurer sous le n.º 2 dans l'Atlas de ce Dictionnaire, qui représente les brachélytres et les nectopodes.

Il est jaune; les élytres ont, à la base externe, chacune un point noir: on y voit des stries longitudinales de points enfoncés et de taches alongées, irrégulières.

2.º L'Hyphydre inégal, *Hyphydrus inæqualis*.

Il ressemble beaucoup au précédent; mais les élytres sont noires, marquées de rouille irrégulièrement en dehors.

3.º Hyphydre a six pustules, *Hyphydrus sexpustulatus*.

Il est noir, avec la tête, les pattes et les bords du corselet fauves · on voit sur chacune des élytres noires trois taches jaunes.

4.º Hyphydre granulaire, *Hyphydrus granularis.*

C'est une très-petite espèce noire, avec une bande fauve sur le corselet. (C. D.)

HYPNE. (*Bot.*) Voyez Hypnum. (Lem.)

HYPNEA. (*Bot.*) Genre de la famille des *algues*, établi par Lamouroux, qui le place dans la section des *floridées*, et qui le distingue des genres *Laurencia* et *Acanthophora*, à cause que la fructification consiste en de petits tubercules en forme d'alênes presque opaques. Cette fructification n'est guère visible qu'à la loupe. Les capsules sont situées dans la partie renflée des tubercules. La partie supérieure, souvent courbée, en paroît dépourvue.

Les espèces de ce genre sont cornées, jaunâtres ou rouges, rarement verdâtres; elles sont petites, rameuses et surchargées d'un grand nombre de petits rameaux qui leur donnent l'aspect des mousses, et surtout de celles du genre *Hypnum.* On en connoît huit espèces qui sont considérées par les auteurs comme des espèces de *fucus* ou de *sphærococus* : elles croissent dans toutes les mers, mais notamment dans les Indes orientales et à la Nouvelle-Hollande.

On trouve sur nos côtes deux espèces; la plus remarquable est celle-ci.

Hypnea de Wiggh : *Hypnea Wigghii,* Lamouroux, Ess. tabl. 44; *Fucus Wigghii,* Turn., *Hist.,* tabl. 102; *Engl. Bot.,* tabl. 1165. Fronde filiforme, délicate, dichotome, très-rameuse, d'un beau rouge ; rameaux très-nombreux, très-courts, ramassés, les uns stériles, les autres tuberculifères et plus courts. Cette espèce croît sur les côtes d'Angleterre, et en France, sur la plage, à Saint Pol-de-Léon.

On trouve encore sur les côtes d'Europe l'*hypnea spinulosa,* Lamx., qui est le *fucus spinulosus* d'Esper.

Une espèce nouvelle est figurée dans l'Essai sur les genres de la famille des thalassiophytes, par M. Lamouroux, pl. 4, fig. 125 : c'est l'*hypnea charoides,* qui se trouve à la Nouvelle-Hollande. (Lem.)

HYPNON. (*Bot.*) Les Grecs donnoient ce nom et ceux de *sphagnos, splachnon, bryon,* à diverses plantes qui sont des *mousses* ou des *lichens.* L'*hypnon* paroît être un de ces derniers, et très-probablement une espèce d'Usnea. Voyez ce mot. (Lem.)

HYPNOTICON (*Bot.*), un des noms grecs anciens de la jusquiame, suivant Mentzel. (J.)

HYPNUM (*Bot.*), l'un des genres les plus beaux et les plus nombreux en espèces, de la famille des mousses. Dillen est son fondateur : il y réunissoit des espèces qui se convenoient particulièrement par leur port, presque toutes étant rameuses, et ayant les urnes ou capsules latérales. Ces caractères parurent suffisans à Linnæus, qui conserva le genre. Adanson comprit qu'il étoit défectueux, et le détruisit, en dispersant ses espèces dans les genres qu'il nomme *Brever*, *Luida* et *Ramifolia*, qui n'étoient guère mieux caractérisés. Il étoit réservé à Hedwig de donner à ce genre des caractères fixes. Ce célèbre cryptogamyste, dans la réforme qu'il introduisit dans la famille des mousses, fit éprouver divers changemens au genre *Hypnum* ; il en sépara plusieurs espèces qui devinrent ses genres *Fissidens* (*skitophyllum* de Lap.), *Pterigynandrum*, *Neckera*, *Leskea*. Malgré ces soustractions, le genre *Hypnum* restant étoit encore le plus nombreux en espèces.

M. Palisot de Beauvois lui fit éprouver de nouvelles modifications. Les genres précédens, admis par Hedwig, furent adoptés par lui, et il établit, sur diverses espèces d'*hypnum*, ses genres *Pilotrichum*, *Cicclidotus*, *Cecalyphum*. D'autres changemens plus nombreux ont été indiqués par Bridel dans le Supplément à sa Muscologie : ainsi, l'on y trouve que les genres *Racopilum*, *Fabronia*, *Lasia*, *Leucodon*, *Antitrichia* (voyez l'ENDULINE), *Cryphœa* (voyez OCCULTINE), *Climatium*, *Schlotheimia*, *Gymnocephalus* et *Paludella*, *Hookeria* de Smith, sont fondés sur des mousses rapportées à l'*hypnum*, ou à des genres déjà établis à ses dépens. Enfin, indépendamment de ces changemens, on voit que des mousses, données pour des *hypnum* par divers auteurs, sont des espèces des genres *Dicranum*, *Gymnostomum*, *Trichostomum*, *Orthotrichum*, *Fontinalis*, *Barthramia*, *Mnium* et *Anictangium*. Weber et Mohr ont réuni à l'*Hypnum* les genres qu'Hedwig a désignés par *Bryum*, *Webera* et *Mnium*. Cette réunion ne nous paroît pas heureuse.

Voilà, à peu près, l'historique abrégé des mutations opérées dans le genre *Hypnum*. Il nous reste à faire connoître les caractères de ce genre, et de quelques unes de ses espèces.

Le genre *Hypnum* se distingue ; par son péristome double : l'extérieur à seize dents aiguës, l'intérieur, membraneux, à seize dents alternes, avec autant de cils ; et par ses fleurs latérales.

Dans ce genre, l'urne ou la capsule est axillaire et latérale, pédicellée, oblongue, droite ou penchée, munie d'un oper‑ cule variable et d'une coiffe cuculliforme, glabre; le pédicelle est garni, à sa base, d'une gaîne oblongue, tuberculeuse, en‑ tourée par les folioles du périchèse.

Les fleurs mâles consistent en des rosettes sessiles, axillaires, distinctes, situées sur des pieds différens de ceux qui portent les urnes ou fleurs femelles, selon Hedwig.

Le nombre des espèces d'*hypnum* est porté à deux cent six par Bridel, dans son *Mantissa*, publié en 1819. Depuis lors, il s'est encore élevé, et on peut le porter à deux cent quarante.

La plus grande partie de ces espèces se trouve en Europe; mais il en existe à peu près dans toutes les contrées du globe. Ces mousses sont, généralement, les plus grandes de toutes, rameuses, rampantes ou couchées, formant des touffes ou des tapis : les unes se plaisent dans les endroits arides, d'autres dans les lieux aquatiques; les bois, les champs, les murailles, les toits, même dans les villes, offrent diverses espèces d'*hypnum*. Ces plantes, presque toutes vivaces, se propagent assez rapi‑ dement. Elles revêtent quelquefois les troncs d'arbres dans une grande partie de leur étendue. En général, les bois om‑ bragés sont les lieux où elles abondent le plus. Ce sont elles qui composent ce que nous nommons, dans les usages domes‑ tiques et agricoles, *mousses*.

Voici l'indication de plusieurs de ces espèces. Nous les pré‑ senterons dans l'ordre donné par Bridel.

A. *Feuilles distiques*, *c'est-à-dire*, *sur deux rangs opposés*.

§. I. Tige simple, ou presque simple (*Hypnums fissidentoïdes.*)

HYPNUM DES BOIS : *Hypnum sylvaticum*, Linn.; Brid., *Musc.*, 2, part. 2, pag. 53, tab. 1, fig. 5; Schwæg., *Suppl.*, 1, part. 2, tab. 82; *Hypnum denticulatum*, Sow., *Engl. Bot.*, t. 1206; Dill., *Musc.*, tab. 34. f. 6; Vaill., *Bot. Par.*, tab. 28, fig. 4. Tige à trois ou quatre branches ; feuilles sur deux rangs simples, ovales lancéolées, concaves, à deux nervures à leur base; cap‑ sule presque droite, alongée; opercule conique, surmonté d'un bec aigu, fin et aussi long que la capsule. Cette mousse, confondue souvent avec la suivante, se trouve dans les bois, presque partout en Europe. On l'indique en France, en Dauphiné, aux environs de Paris.

Hypnum denticulé : *Hypnum denticulatum*, Linn.; Hedw., *Musc. frond.*, 4, pag. 81, fig. 51; Dill., *Musc.*, tom. 54, fig. 5; Vaill., *Bot.*, tom. 29, fig. B. Tige à rameaux simples; feuilles imbriquées sur deux rangs opposés, rapprochées à leur base et divergentes à leur sommet (disposition qui fait paroître les rameaux dentelés), un peu obliques, ovales-lancéolés, concaves, munis inférieurement de deux nervures; pédicelle naissant presque au bas des rameaux; capsule penchée, oblongue, à opercule conique et pointu. Cette mousse, dont le feuillage est d'un vert clair et luisant, et dont les pédicelles sont rougeâtres et longs d'un pouce, croît dans les bois, à l'ombre, à terre, au pied des arbres et de leurs racines, dans les lieux humides, presque partout en Europe. Elle croît en France, on l'indique aux environs de Paris.

§. II. Tige rameuse, à rameaux disposées en forme d'ailes. (*Hypnums taxiformes.*)

Hypnum en forme d'if: *Hypnum taxiforme*, Brid., *Musc.*, 2, pag. 95; Schwæg, *Suppl.*, 1, part. II, pag. 190. Tige couchée, peu rameuse, simplement ailée, verte; feuilles sur deux rangs doubles, lancéolées, ovales, à sommet infléchi, marquées inférieurement de deux nervures; pédicelle lisse. Cette mousse croît en Afrique, aux environs de Sierra-Leone.

Toutes les autres espèces de cette division, au nombre d'une douzaine, sont exotiques.

§. III. Tige rameuse, à rameaux fasciculés. (*Hypnums fasciculés.*)

Hypnum fasciculé: *Hypnum fasciculatum*, Hedw., *Spec. Musc.*, tabl. 62, fig. 8-10. Tige droite, rameuse; rameaux fasciculés, inclinés, comprimés; feuilles çà et là très-étalées, presque distiques, obtuses, traversées par une nervure qui s'évanouit un peu au-dessous de la pointe : celle-ci est denticulée. Cette mousse croît au pied des arbres, dans les montagnes les plus élevées de la Jamaïque.

Hypnum arqué: *Hypnum arcuatum*, Hedw., *Musc.*, tabl. 62, fig. 1-7. Tige ascendante, rameuse; rameaux simples, droits.

fasciculés, plans; feuilles rapprochées à la base, étalées à leur sommet, sur deux rangs, presque imbriquées, en cœur, lancéolées, amincies en pointes, dentelées; pédicelle arqué; capsule un peu pendante, alongée, striée, à opercule terminé en bec, un peu droit. Cette mousse a été rapportée des îles de la mer du Sud.

§. IV. Tige irrégulièrement rameuse; rameaux comprimés; feuilles denses, touffues. (*Hypnums diaphanes.*)

Hypnum ondulé : *Hypnum undulatum*, Linn.; *Engl. Bot.*, t. 1181 ; Hook., *Musc. Brit.*, 92, tab. 24; Dill., *Musc.*, t. 56, fig. 11. Tige couchée, peu rameuse, longue de deux à cinq pouces; feuilles imbriquées, distiques, ovales, pointues çà et là rugueuses ou ridées transversalement, et sans nervures ; capsule penchée, presque cylindrique ou ovale-oblongue; opercule convexe, terminé par une pointe courte. Cette mousse, d'un vert clair ou jaunâtre, croit dans les bois montueux de l'Europe, au pied des arbres et sur la terre, dans les lieux caverneux. En France, on l'indique dans les Vosges, en Auvergne, en Gascogne, en Roussillon, etc.

§. V. Tige irrégulièrement rameuse; rameaux peu comprimés; feuilles droites, ouvertes et lâches, ou un peu écartées entre elles. (*Hypnums alongés.*)

Hypnum alongé : *Hypnum prælongum*, Linn.; Hedw., *Musc. frond.*, vol. 4, pag. 76, tab. 29; *Engl. Bot.*, 2035 ; Hook., *Musc. Brit.*, 103, tab. 25; Dill., *Musc.*, tab. 55, fig. 15, A. C. Tige couchée, irrégulièrement rameuse, presque ailée; rameaux lâches, un peu branchus; feuilles presque étalées et presque sur deux rangs, ovales-lancéolées, en cœur, et finement dentelées, sans poil terminal; pédicelle un peu rude ; capsule oblongue, pendante, à opercule conique, terminé par un bec courbé. Cette mousse, qui varie beaucoup dans son port, croit dans les bois, au pied des arbres et à terre, dans les endroits humides. Elle offre beaucoup de variétés ; et, parmi elles, Bridel place l'*hypnum Clarioni*, Decand., qui se fait remarquer par ses feuilles cordiformes marquées de deux ou trois nervures. On le trouve à Meudon, près Paris.

Selon Hooker et Taylor, il faut réunir à cette espèce,

1.° L'*hypnum Stokesii*, Turn.; *Engl. Bot.*, 205;

2.° L'*hypnum Swartzii*, Turn.; *Engl. Bot.*, 2304;

3.° Et l'*hypnum atrovirens*, Swartz; Dill., t. 35, fig. 15.

§. VI. Tige irrégulièrement rameuse ; rameaux aplatis ; feuilles très-lâches. (*Hypnums riverains.*)

Hypnum des rives : *Hypnum riparium*, Linn.; Hedw., *Musc. frond.*, 4, pag. 7, tab. 5; *Engl. Bot.*, tab. 2060; Hook., *Musc. Brit.*, pag. 92, tab. 26; Dill., *Musc.*, tab. 40, fig. 44, A. Tige grêle, pendante, rameuse, longue de deux à six pouces ; rameaux aplatis, presque simples, feuilles très-lâches, distiques, divergentes, ovales-lancéolées, aiguës, très-entières, traversées par une nervure qui s'évanouit au-dessous du sommet ; capsule très-ovale, penchée ; opercule convexe à sa base, terminé par une pointe courte. Cette mousse, qui offre plusieurs variétés, croît sur le bord des rivières et des ruisseaux. Elle adhère aux pierres, aux pieux, à la quille des bateaux, aux rouages des moulins ; souvent elle est submergée, et prend dans les eaux une longueur remarquable. Elle est commune en Europe, et se rencontre aussi dans l'Amérique septentrionale.

B. *Feuilles imbriquées, pressées ou légèrement étalées.*

§. I. Rameaux ailés ou presque ailés ; les plus petits un peu comprimés et pointus. (*Hypnums pointus.*)

Hypnum pointu : *Hypnum cuspidatum*, Linn.; *Engl. Bot.*, tab. 2407; Hook., *Musc. Brit.*, pag. 107, tab. 26; Dill., *Musc.*, tab. 59, f. 34. Tige presque droite, haute de trois à six pouces, rameuse ; rameaux presque simples, étalés sur un même plan, à sommités pointues, acérés par l'effet de l'enroulement des feuilles supérieures ; feuilles étalées, ovales, terminées par une pointe aiguë, réfléchie ; capsule couchée, penchée, ovale, cylindrique ; opercule obtus, conique.

Cette espèce est commune dans les bois marécageux, les fossés, les pâturages et les tourbières, en Europe, en Orient et dans l'Amérique septentrionale.

Hypnum a feuilles en cœur : *Hypnum cordifolium*, Hedw., *Musc. frond.*, 4, tab. 27; *Engl. Bot.*, tab. 1447; Hook., *Musc.*

Brit., 107, tab. 26 ; diffère du précédent par ses tiges plus longues, grêles, simples ou peu rameuses ; par ses feuilles écartées, disposées sans ordre régulier, étalées, en forme de cœur, pointues, marquées d'un forte nervure, diaphane à la base, et par ses urnes oblongues. Il se rencontre dans les mêmes lieux.

HYPNUM DE SCHREBER : *Hypnum Schreberi*, Brid. ; Hook., *Musc. Brit.*, tab. 24 ; *Engl. Bot.*, tab. 1621 ; Dill., *Musc.*, tab. 40, fig. 47 ; *Hypnum muticum*, Lamk., Decand. Tige presque droite, rameuse ; rameaux ailés, comprimés, à branches arquées ; feuilles imbriquées, un peu étalées, ovales, sans nervures ; capsule penchée, presque cylindrique, à opercule conique, terminée par une pointe un peu droite. On le trouve dans les bois et les pâturages humides, en Europe et dans l'Asie-Mineure, auprès de Constantinople. Il tient le milieu entre l'espèce précédente et la suivante.

§. II. Rameaux ailés ou presque ailés ; les plus petits, cylindriques et obtus. (*Hypnums vermiculaires.*)

HYPNUM PUR : *Hypnum purum*, Linn. ; Hedw., *Spec.*, tab. 66, fig. 3-6 ; *Engl. Bot.*, tab. 1599 ; Hook., *Musc. Brit.*, 93, tab. 24 ; *Hypnum illecebrum*, Smith, *Engl. Bot.*, 2189 ; Dill., *Musc.*, tab. 40, fig. 45 ; Vaill., *Bot.*, t. 28, f. 3. Tige ascendante, de trois à cinq pouces de longueur, à rameaux disposés sur le même plan, étalés, souvent courbés au sommet ; feuilles imbriquées, ovales, concaves, très-entières, terminées par une petite pointe, munie d'une nervure jusqu'aux deux tiers de la longueur ; pédicelle long de plus de deux pouces, et rougeâtre ; capsule penchée, presque cylindrique, à opercule en forme de cône pointu, un peu arqué. Cette belle espèce est commune partout en Europe. Elle forme de larges touffes, d'un vert clair et même blanchâtre, dans les bois taillis, les pâturages, etc. Elle a été recueillie dans les montagnes de la Thrace, par Saezen.

§. III. Rameaux ailés ou presque ailés ; les plus petits en forme d'alène, et roides. (*Hypnums petits sapins.*)

HYPNUM DES SAPINS : *Hypnum abietinum*, Linn. ; Hedw., *Musc. ... nd. ... pag. 84, ta. 32 ; Engl. Bot.*, tab. 2037 ; Hook., *Musc. Brit.*, ..., tab. 25 ; Dill., *Musc.*, tab. 37, f. 17 ; Vaill., *Bot.*, tab. 29, f. 12. Tige tombante, souvent hérissée, en dessous, de radicules cotonneuses, ailées, à rameaux linéaires, en alène, un peu comprimés, roides, d'un vert brun ; feuilles imbriquées, pressées, ovales-lancéolées, acérées, très-entières, striées, garnies de papilles sur le dos; capsule oblongue, pendante, à opercule conique. Cette espèce, d'un vert sombre, est commune dans les bois et les lieux sablonneux, secs, stériles et caillouteux. Elle est fort rare en fructification. On la trouve aussi dans l'Amérique septentrionale.

§. IV. Rameaux plusieurs fois ailés. (*Hypnums tamariscains.*)

HYPNUM BRILLANT : *Hypnum splendens*, Hedw., *Spec.*, tab. 67, fig. 6-9 ; Schmied., *Ic. plant. Man.*, part. III, t. 58, fig. 3 ; *Engl. Bot.*, tab. 1424 ; Hook., *Musc. Brit.*, 103, tab. 25 ; *Hypnum proliferum*, Linn., *Syst. veg.*, 950 ; Dill., *Musc.*, tab. 35, f. 13. Tige tombante, divisée ; branches planes, deux fois ailées ; feuilles imbriquées, ovales-lancéolées, terminées en une pointe ondulée qui se crispe par la sécheresse; pédicelles solitaires ou agrégés; capsules pendantes, ovales, à opercules coniques à la base, et terminées en bec alongé, aigu et courbé. Cette mousse, l'une des plus remarquables de notre continent, est d'un vert jaunâtre, et forme, dans les forêts et les lieux ombragés, des touffes larges de plusieurs pouces, et hautes de trois à quatre. Elle croît aussi dans l'Asie-Mineure et dans l'Amérique septentrionale.

HYPNUM TAMARISQUE : *Hypnum tamariscinum*, Hedw., *Spec. Musc.*, tab. 7, fig. 1-5 ; *Hypnum parietinum*, Linn., *Syst.*, 950 ; *Hypnum proliferum*, Smith; *Engl. Bot.*, 1594; Hook. et Tayl., *Musc. Brit.*, 103, tab. 25; Dill., *Musc.*, tab. 35. fig. 14; Vaill., *Bot.*, tab. 25, fig. 1. Souche couchée, rameuse, longue de trois à sept pouces, produisant des tiges éparses, droites, hautes d'un à quatre pouces, fermes, divisées sur un seul plan en rameaux deux à trois fois ailés, pointus; feuilles imbriquées, en cœur, très-pointues, piliformes à l'extrémité, striées, un peu rudes en dessus, traversées d'une nervure presque jusqu'à l'extrémité; pédicelles solitaires ou agrégés; capsules ovales, penchées, à opercule conique, surmonté par une pointe aiguë, presque droite. Cette mousse, d'un vert foncé, tantôt roussâtre, tantôt jaunâtre, n'a pas l'éclat brillant de la précé-

dente . dont, au reste, il est très-facile de la distinguer. Elle
se trouve dans les mêmes lieux.

§. V. Rameaux branchus, fasciculés, imitant de petits arbres.
(*Hypnums dendroïdes.*)

Hypnum queue de renard : *Hypnum alopecurum*, Linn.; *Engl.
Bot.*, 1182; Hook., *Musc. Brit.*, 101, t. 25; Dill., *Musc.*, t. 41,
fig. 5. Souche ou tige rampante, à fibres brunes et cotonneuses,
poussant des branches droites, fermes, nues dans le bas, divisées. à l'extrémité, en plusieurs rameaux alongés, subdivisés,
courbés vers l'extrémité, et réunis tous en un faisceau ; feuilles
imbriquées, ovales-lancéolées, dentelées; pédicelle solitaire ;
capsule ovale, penchée, à opercule terminé par un bec court.
Cette mousse, très-élégante, est d'un vert sombre : elle imite
un petit arbre. Elle croît à terre, dans les bois, particulièrement dans ceux qui sont humides, dans les grottes et sur les
rochers. On la rencontre dans presque toutes les parties de
l'Europe (mais elle n'est très-abondante nulle part), dans l'Amérique septentrionale, et au Japon.

Hypnum queue de souris : *Hypnum myurum*, Pollich. , *Pal.*,
Brid.; Decand., Flor. Fr. ; *Hypnum myosuroides*, Hedw., *Musc.
frond.*, 4, tab. 8; *Hypnum curvatum*, Swartz, Sow., *Engl. Bot.*,
t. 1566; Hook., *Musc. Brit.*, 102, t. 25, Dill., *Musc.*, t. 41, fig. 50;
Vaill., *Bot.*, tab. 28, fig. 4. Souche ou tige rampante, irrégulièrement rameuse; branches ascendantes, cylindriques, amincies aux deux bouts, arquées, vaguement fasciculées; feuilles
pressées, imbriquées, ovales-aiguës, concaves, traversées par
une nervure qui s'évanouit vers le haut , légèrement dentées; capsule droite, oblongue ou ovale; opercule conique, à
bec alongé. Cette plante, commune dans les bois des environs
de Paris et de la France, ainsi que de l'Europe , se trouve encore en Afrique et en Amérique. Elle croît à terre ou sur les
troncs d'arbres, en touffes d'un vert jaunâtre, doré ou paille.

§. VI. Rameaux irrégulièrement divisés, à divisions ou petits
rameaux anguleux. (*Hypnums polygones.*)

Hypnum tétragone : *Hypnum tetragonum*, Brid.; Hedw., *Spec.*,
tab. 73; Dill., *Musc.*, tab. 45, f. 72. Tige rampante, rameuse;
rameaux droits, obtus, tétragones, garnis sur quatre rangs de
feuilles, pressées ou serrées, imbriquées, lancéolées, concaves.

Cette espèce croît sur le tronc des vieux arbres, au sommet des montagnes de la Jamaïque, et dans les bois, à la Guiane. Toutes les autres espèces de cette section sont également exotiques, et remarquables par la forme de leurs rameaux, à quatre ou six côtés, et par la disposition de leurs feuilles.

§. VII. Rameaux irrégulièrement rameux, à divisions filiformes et cylindriques. (*Hypnums filiformes.*)

HYPNUM CONFERVOÏDE : *Hypnum confervoides*, Brid.; Schwœg. Semblable à une conferve; tige couchée, rameuse; rameaux et leurs divisions filiformes, embrouillés et touffus; feuilles lâches, imbriquées, lancéolées, sans nervures, très-entières, capsule ovale-renversée, un peu droite, à opercule conique. Cette espèce, la plus fluette de ce genre, et extrêmement embrouillée, a été découverte au mont Calenberg, près de Vienne, en Autriche.

§. VIII. Branches et rameaux entassés et droits. (*Hypnums des murailles.*)

HYPNUM DES MURS : *Hypnum murale*, Dicks.; Hedw., *Musc. frond.*, 4, tab. 30; Hook., *Musc. Brit.*, 97, tab. 24; *Hypnum confertum*, *Engl. Bot.*, 1058; Dill., *Musc.*, tab. 41, fig. 22. Tige rampante; rameaux entassés ou pressés, presque simples, droits, cylindriques; feuilles imbriquées, un peu serrées, ovales-pointues, concaves, à nervures dépassant leur milieu; capsule ovale, penchée, à opercule alongé, surmonté d'un bec courbe. Cette petite mousse, d'un vert foncé et luisant, forme des tapis assez étendus, dans les villes, sur les toits exposés à l'humidité, dans les cours, sur les murs, les pierres, les buttes de terre, ainsi que dans les bois humides et montueux. Elle est très-répandue en Europe, et difficile à distinguer. Elle offre plusieurs variétés.

C. *Feuilles lâchement imbriquées; celles du haut presque redressées et rejetées d'un seul côté. (*Hypnums renversés.*)

HYPNUM COURBÉ : *Hypnum incurvatum*, Schreb.; Brid.; Decand. Tige rampante. rameuse; rameaux rapprochés, droits, courbés à leur sommet; feuilles de l'extrémité redressées, rejetées d'un seul côté; les autres presque étalées, lâches, imbriquées, lanéolées, ou en alène, très-entières et sans nervures ; urne ovale, penchée, à opercule conique, court, aigu. Cette espèce croît sur la terre, en Suisse, en Allemagne et en France. Elle a été observée à Meudon, près Paris, au printemps.

D. *Feuilles imbriquées, étalées.*

§. I. Rameaux serrés ou rapprochés, droits. (*Hypnums veloutés.*)

Hypnum velouté : *Hypnum velutinum*, Linn.; Hedw., *Musc. frond.*, 4, tab. 27; Hook., *Musc. Brit.*, 105, tab. 26; *Engl. Bot.*, tab. 1568 et 2421 (*H. intricatum*); Buxb., *Cent.*, 4, tab. 62, fig. 2-3; Dill., *Musc.*, tab. 42, fig. 61. Tige rampante ; rameaux serrés, droits, simples; feuilles lâches, imbriquées, étalées en cœur, lancéolées, filiformes, et dentelées à l'extrémité, traversées par une nervure qui dépasse leur milieu ; feuilles du périchætium en forme de crins ; pédicelle rude, basilaire ; capsule penchée, oblongue, à opercule conique, obtus. Cet *hypnum*, peu aisé à reconnoître, croît dans les bois et les prés, sur la terre, les pierres, les troncs d'arbres : il y forme de larges touffes, des tapis d'un beau vert soyeux ou velouté. Il est commun partout en Europe, et a été observé dans l'Asie-Mineure et sur les côtes boréales d'Afrique. Il est fréquemment entremêlé avec l'*hypnum intricatum*, Hedw., qui, peut-être, n'en est qu'une variété.

§. II. Rameaux ailés ou presque ailés. (*Hypnums plumeux.*)

Hypnum jaunatre : *Hypnum lutescens*, Huds.; Hedw., *Musc.*, 4, tab. 16; *Engl. Bot.*, tab. 1301; Hook., *Musc. Brit.*, 100, tab. 25 ; Dill., *Musc.*, t. 42, fig. 50; Vaill., *Par.*, t. 27, fig. 1. Tige et ses branches irrégulièrement rameuses, presque ailées ; dernières ramifications cylindriques, nombreuses, redressées, droites ; feuilles lâches, imbriquées, étalées, ovales-lancéolées, en alène, marquées de trois stries longitudinales ; pédicelle droit, tuberculeux; capsule ovale, penchée ; opercule conique, à pointe légèrement courbe. Cette mousse, d'un vert jaune et soyeux, surtout dans l'état sec, croît à terre, sur les murs et les pierres, dans les bois secs, au pied des arbres, etc., partout en Europe, dans l'Amérique septentrionale et au Kamtschatka.

§. III. Rameaux disposés, sans ordre ; les plus petits presque cylindriques ou un peu aplatis. (*Hypnums fourgons.*)

HYPNUM FOURGON : *Hypnum rutabulum*, Linn.; Hedw., *Musc. frond.*, 4, t. 12; Hook., *Musc. Brit.*, 105, tab. 26; *Hypnum brevirostre et crenulatum*, *Engl. Bot.*, 1647 et 1261; Dill., *Musc.*, tab. 38, fig. 39; Vaill., *Bot.*, tab. 27, fig. 1. Tige couchée, irrégulièrement ramifiée ; rameaux cylindriques redressés, presque simples ; feuilles lâches, imbriquées, ovales-lancéolées, étalées, à peine dentelées, traversées d'une nervure jusqu'au-delà du milieu ; pédicelle hérissé de petites aspérités ; capsule penchée, ovale ; opercule conique, court. Cette plante croît à terre, sur les pierres et sur les troncs d'arbres, dans les bois, les haies. On la trouve partout en Europe, et encore dans l'Asie-Mineure. Bridel en indique plusieurs variétés.

HYPNUM BLANCHATRE : *Hypnum albicans*, Neck.; Hedw., *Musc. frond.*, 4, tab. 3; Dill., *Musc.*, tab. 42, fig. 63; Vaill., *Par.*, tab. 16, fig. 9. Tige ascendante, rameuse sans ordre ; rameaux peu nombreux, cylindriques, redressés ; feuilles imbriquées, ovales-lancéolées, terminées par une longue pointe, marquées de trois stries ; pédicelle très-lisse ; capsule penchée, ovale, un peu arquée ; opercule conique. Cette mousse, d'un vert blanchâtre, croît à terre, dans les bois sablonneux, les pâturages et les lieux secs, partout en Europe.

HYPNUM FRAGON : *Hypnum rusciforme*, Weiss.; Brid.; *Hypnum riparioides*, Hedw., *Musc. frond.*, 4, t. 4; *Hypnum ruscifolium*, *Engl. Bot.*, tab. 1275; Hook. et Tayl., *Musc. Brit.*, tab. 26; Dill., *Musc.*, t. 38, fig. 31. Tige rampante ; rameaux sans ordre, peu divisés, légèrement redressés, portant les pédicelles ; feuilles imbriquées, divergentes, en cœur, ovales-lancéolées, aiguës, entières, traversées par une nervure qui n'atteint pas le sommet, dentelées sur les bords ; pédicelle lisse ; capsules penchées, ovales ; opercule prolongé en un long bec courbé. Cette espèce croît sur les bords des ruisseaux et dans les bois humides. Elle atteint six pouces de longueur. On la trouve partout en Europe ; mais elle est moins commune que les espèces précédentes. Elle se rencontre aussi en Amérique.

§. IV. Dernières ramifications très-rudes. (*Hypnums trian-*
gulaires.)

Hypnum strié : *Hypnum striatum* , Schreb.; Hedw., *Musc.*
frond., 4, t. 13 ; *Engl. Bot.*, tab. 1670; Hook. , *Musc. Brit.*, 106,
tab. 26; Dill., *Musc.*, tab. 38, f. 30. Tige un peu rampante,
et rameaux droits, sans ordre, alternes et arqués à leur extrémité; feuilles imbriquées, très-étalées, presque triangulaires,
lancéolées, striées; capsule penchée, cylindrique, arquée; opercule surmonté d'un long bec oblique. Cette espèce, confondue
avec la précédente par quelques auteurs, croît en Europe, dans
l'Asie-Mineure et en Afrique, dans les bois et les vergers.

Hypnum triangulaire : *Hypnum triquetrum*, Linn.; Hedw.,
Fund., 108, t. 7, fig. 37-46 ; *Engl. Bot.*, tab. 1622 ; Hook., *Musc.*
Brit., tab. 26 ; Dill., *Musc.*, t. 38, fig. 28; Vaill. , *Bot.*, t. 28 ,
fig. 9. Tige ferme, presque droite, ramifiée sans ordre, longue
de trois à six pouces ; rameaux épars, souvent recourbés ;
feuilles triangulaires, lancéolées, très-ouvertes ou étalées,
planes, dentelées, et à deux nervures ; pédicelle long d'un à
deux pouces ; capsule ovoïde, penchée, arquée; opercule conique, droit, obtus. Cette mousse, l'une des plus remarquables
de celles qui croissent en Europe, est d'un vert tendre ou d'un
vert jaunâtre. Elle forme des touffes et des tapis, quelquefois
très-étendus, dans les bois taillis, les prés, les vergers, et elle
se rencontre partout dans l'hémisphère boréale; selon Bridel,
elle n'a pas été vue au-delà de l'équateur.

E. *Feuilles imbriquées , étalées ou un peu réfléchies.* (*Hypnums*
étoilés.)

Hypnum étoilé : *Hypnum stellatum*, Schreb. ; *Engl. Bot.*,
tab. 1302; Hook., *Musc. Brit.*, 108, tab. 26; Dill., *Musc.*, t. 39,
f. 55; Vaill., *Bot.*, t. 28, fig. 10. Tige foible, couchée, presque
ailée; rameaux presque simples, redressés; feuilles lâches, en
cœur, prolongées en lanière aiguë, étalée et réfléchie : celles
du haut des rameaux formant une étoile ou disque rayonnant ;
capsule presque cylindrique, penchée, à opercule conique et
pointu. Cette mousse, rare en fructification, offre , dans les
aisselles des feuilles, de petits corps globuleux, et sans doute
reproducteurs. Elle croît en Europe, dans les marécages et
les bois tourbeux, les lieux froids, etc.

F. *Feuilles imbriquées, recourbées. (Hypnums hérissonés.)*

Hypnum hérissé : *Hypnum squarrosum*, Linn.; *Engl. Bot.*, tab. 1953 ; Hook., *Musc. Brit.*, 108, tab. 26 ; Dill., *Musc.*, tab. 39, fig. 38; Vaill., *Bot.*, tab. 27, fig. 5. Tige ascendante; ramifiée sans ordre; rameaux presque droits, souvent courbés feuilles lâches, imbriquées, ovales-lancéolées, très-aiguës, toutes réfléchies et recourbées en bas ; capsule ovale, penchée; opercule conique, court, obtus. Elle croit dans les bois humides partout en Europe.

G. *Feuilles rejetées d'un seul côté, courbées en cercle ou en forme de fer de faucille.*

§. I. Tige ailée. (*Hypnums fougères.*)

Hypnum plumet : *Hypnum crista castrensis*, Linn.; *Hypnum molluscum*; Hedw., *Musc. frond.*, 4, t. 22, *excl. Syn.*; Dill., *Engl. Bot.*, tab. 1327; Hook., *Musc. Brit.*, 114, tab. 27 ; Vaill., *Bot. Par.*, tab. 27, fig. 14; Dill., *Musc.*, tab. 36, fig. 20. Tige couchée, rameuse; rameaux ailés; branches courtes, serrées, décroissantes jusqu'à l'extrémité des rameaux, recourbées ou enroulées, et crénues au sommet; feuilles en cœur, subulées, tortillées et secondaires, dentelées, à deux nervures peu apparentes; capsule épaisse, penchée, oblique, à opercule conique. Cette mousse, d'un vert jaunâtre, remarquable par sa forme, croît en touffes d'un éclat soyeux et luisant, douillettes au toucher. On la trouve dans les bois humides et tourbeux, et sur les collines calcaires, dans les carrières, etc., en Europe, dans l'Amérique septentrionale, et dans l'Asie boréale.

Hypnum fougère : *Hypnum filicinum*, Linn.; Hedw., *Sp.*, t. 76, fig. 3-10 ; *Engl. Bot.*, tab. 1570; *Hypnum dubium*, tab. 2126; Hook., *Musc. Brit.*, tab. 26; Vaill., *Bot. Par.*, tab. 29, fig. 9; Dill., *Musc.*, t. 36, f. 19. Tige couchée, rameuse ; rameaux ailés, roulés en crosse à l'extrémité; feuilles secondaires, en cœur, lancéolées, terminées en une pointe oblique, courbée en un crochet, prolongement de la nervure ; capsule presque cylindrique, penchée ; opercule conique, pointu. Cette espèce, dont la tige et les rameaux principaux sont revêtus d'un duvet brun, croît dans les prés, les bois humides, sur le bord des fossés et sur les rouages des moulins, partout en Europe. Elle forme des touffes longues de trois à six pouces, et couchées. Elle est rare en fruits. Hooker et Taylor ramènent à cette espèce, l'*hypnum fallax* de Bridel.

§. II. **Tige presque ailée.** (*Hypnum cyprès* ou *natté.*)

Hypnum cyprès : *Hypnum cupressiforme*, Linn. ; Hedw., *Musc. frond.*, 4, tab. 23 ; *Engl. Bot.*, tab. 1860 ; Hook., *Musc. Brit.*, tab. 27 ; Dill., *Musc.*, tab. 57, fig. 25 ; Vaill., *Bot. Par.*, tab. 27, fig. 15. Tige couchée, rameuse ; feuilles imbriquées, comme nattées, ovales-lancéolées, sans nervures, terminées en une longue pointe recourbée en faucille et secondaire, ridées à l'état sec ; capsule oblongue, penchée ; opercule conique, alongé, pointu et un peu courbé. Cet *hypnum* offre vingt variétés. Il croît à terre, sur les rochers, au pied des arbres, dans les bois, les vergers. Il se rencontre partout dans l'hémisphère boréale, et aux sommets des hautes montagnes, situées sous l'équateur.

§. III. **Tige ramifiée sans ordre.** (*Hypnums crochus.*)

Hypnum flottant : *Hypnum fluitans*, Linn. ; Hedw., *Spec. Musc.*, 4, tab. 56 ; *Engl. Bot.*, 1448 ; Hook., *Musc. Brit.*, 97, tab. 24 ; Dill., *Musc.*, tab. 38, fig. 53 ; Vaill., *Bot. Par.*, t. 55, fig. 6. Tige droite ou flottante ; feuilles inférieures éparses, presque divergentes ; les supérieures lâchement imbriquées, ovales à la base, et se terminant chacune en lanière très-longue, peu sensiblement dentelée et courbée en faucille ; capsule oblongue, penchée, un peu courbée ; opercule convexe, pointu. Cette espèce offre plusieurs variétés ; elle croît dans les eaux claires, stagnantes, ou qui ont un cours lent, ainsi que dans les marais tourbeux et les lieux inondés. Elle est fluette, et atteint plusieurs pouces de longueur. On la trouve très-rarement en fleurs. Elle se rencontre partout en Europe, et dans quelques parties de l'Amérique septentrionale.

§. IV. **Tige à rameaux resserrés, ou très-rapprochés.** (*Hypnum pâle.*)

Hypnum des marais : *Hypnum palustre*, Linn. ; *Engl. Bot.*, tab. 1665 ; et *fluviatile*, tab. 130 ; et *adnatum*, tab. 246, excl. Syn. ; Hedw. ; Hook., *Musc. Brit.*, 110. tab. 26 ; *Hypnum la-*

rdum, Hedw., *Musc. frond.*, 4, tab. 38; Dill., *Musc.*, tab. 57, fig. 27. Tige rampante, filiforme, à rameaux presque simples, rapprochés, presque droits, un peu courbés au sommet ; feuilles imbriquées, secondaires, ovales-lancéolées, concaves, recourbées; capsule oblongue, un peu oblique; opercule conique. Cette mousse croît dans les marais, les prés humides, les étangs et les ruisseaux, et s'attache souvent après les bois morts. Elle se rencontre presque partout en Europe : elle est moins commune que l'espèce précédente, et tout aussi difficile à reconnoître.

H. *Feuilles imbriquées, secondaires, c'est - à - dire rejetées d'un seul côté, et point courbées en fer de faucille.* (Hypnum trompeur.)

Hypnum de Séliger ; *Hypnum Seligeri*, Brid., *Musc.*, *Suppl.*, 2, pag. 239, et 4, pag. 181. Tige couchée irrégulièrement, ailée ; rameaux courbés à leur extrémité; feuilles imbriquées, ovales, prolongées en alènes, carénées, un peu arquées, munies d'une nervure entière ; capsule penchée. Cette plante croît, selon Bridel, dans les ruisseaux et les eaux courantes, dans les Alpes de la Silésie, de Suisse, de France, etc. Elle fructifie très-rarement.

I. *Feuilles écartées ou lâches, étalées.* (Hypnums serpentins ou trainans.)

Hypnum serpentant : *Hypnum serpens*, Linn.; Hedw., *Musc. frond.*, 4, tab. 18 ; *Engl. Bot.*, 1037; Hook. et Tayl., *Musc. Brit.*, 94, tab. 24 ; Dill., *Musc.*, tab. 42, fig. 64; Vaill., *Bot. Par.*, tab. 28, fig. 6. Tige rampante, rameuse; rameaux rapprochés, peu ramifiés, presque ailés, filiformes, un peu redressés; feuilles lâches; celles de la tige ovales-lancéolées; celles des rameaux lancéolées, subulées, traversées d'une nervure; capsule oblongue, penchée; opercule convexe ou un peu conique, pointu. Cette mousse, très-fluette, d'un vert clair, ou jaunâtre, ou orangée, forme de petits tapis ou touffes embrouillées, sur la terre, sur les troncs d'arbres, les pierres, les poutres qui se pourrissent, dans les bois, les lieux ombragés, les chantiers, etc. Elle est très-difficile à déterminer, et très-commune partout en Europe, dans l'Asie - Mineure et dans l'Amérique septentrionale. Elle offre plusieurs variétés, et se rencontre fréquemment en fructification. (LEM.)

HYPO, IPO. (*Bot.*) C'est un arbre des Philippines, à tige basse et à feuillage sombre, qui, au rapport de Rumph, passe pour très-dangereux. Son ombre seule, et même son atmosphère, tuent les animaux qui reçoivent ses émanations. Ce récit se rapporte à ce qu'on raconte de l'arbre *upas* de l'île de Java, et peut faire croire que ces deux arbres sont au moins du même genre. Voyez UPAS. (J.)

HYPOCALYPTUS. (*Bot.*) Genre établi par Thunberg pour le *crotalaria cordifolia*. Voyez CROTALAIRE. (POIR.)

HYPOCHÆRIS. Ce nom étoit donné par Daléchamps à la chicorée; par Tabernæmontanus et Gérard, à une plante que C. Bauhin et Tournefort ont rangée parmi les *hieracium*, mais dont Linnæus a fait un genre en lui restituant le premier nom. Les auteurs anciens lui avoient ajouté le surnom *porcellia*, ce qui l'a fait nommer en françois PORCELLE. Voyez ce mot. (J.)

HYPOCHÉRIDE, *Hypochæris*. (*Bot.*) [*Chicoracées*, Juss. = *Syngénésie polygamie égale*, Linn.] Ce genre de plantes appartient à l'ordre des synanthérées, et à la tribu naturelle des lactucées, dans laquelle il est immédiatement voisin du genre *Achyrophorus*, dont il se distingue par les fruits marginaux incollifères. Voici les caractères génériques que nous avons observés sur des individus vivans d'*hypochæris glabra*.

Calathide incouronnée, radiatiforme, multiflore, fissiflore, androgyniflore. Péricline à peu près égal aux fleurs extérieures, formé de squames imbriquées, appliquées, oblongues, obtuses, un peu membraneuses sur les bords. Clinanthe plan, garni de squamelles très-longues, demi-embrassantes, linéaires-subulées, membraneuses, uninervées. Ovaires dissemblables : les marginaux atténués inférieurement, incollifères, multistriés, à côtes hérissées d'aspérités, munis d'un bourrelet apicilaire, et portant une aigrette composée de squamellules nombreuses, plurisériées, très-inégales, filiformes, barbées et barbellulées; tous les autres ovaires pourvus d'un col très-manifeste, avec un bourrelet apicilaire et une aigrette semblable à celle des ovaires marginaux.

On distingue trois espèces de vraies hypochérides, dont une plus connue doit seule être décrite ici.

Hypochéride glabre; *Hypochœris glabra*, Linn. C'est une plante herbacée, annuelle, haute de huit à dix pouces, presque glabre sur toutes ses parties. Sa racine, qui est fusiforme, produit d'abord une tige très-simple, nue, terminée par une seule calathide, puis quelques autres tiges presque dressées, rameuses, très-peu garnies de feuilles. Les feuilles radicales sont oblongues, obtuses au sommet, sinuées-dentées sur les bords, luisantes, rarement ciliées et un peu poilues; les caulinaires sont alternes et sessiles. Les calathides, composées de fleurs jaunes, sont petites et solitaires au sommet des tiges et des rameaux. Cette plante fleurit en juin, juillet et août: on la trouve aux environs de Paris, et dans beaucoup d'autres parties de la France, dont elle habite les bois, les prés, les champs ou les collines.

Les *hypochœris* et *achyrophorus* étoient fort mal attribués par Tournefort au genre *Hieracium*. Vaillant créa le genre *Hypochœris*, en 1721, dans les Mémoires de l'Académie des Sciences, et il le caractérisa très-bien: mais, n'ayant pas distingué les fruits collifères et les fruits incollifères, il réunit, dans ce même genre, les vrais *hypochœris* et les *achyrophorus*. Ce botaniste nommoit *achyrophorus* un autre genre, adopté ensuite par Linnæus sous le nouveau nom de *seriola*. Linnæus adopta aussi le genre *Hypochœris* de Vaillant, et il lui conserva ce nom. Adanson et Scopoli paroissent avoir réuni, sous le nom d'*achyrophorus*, le genre *Hypochœris* de Vaillant et de Linnæus, et le genre *Achyrophorus* de Vaillant, ou *seriola* de Linnæus. Gærtner a divisé en deux genres les *hypochœris* de Vaillant et de Linnæus. Il nomme *hypochœris* les espèces à fruits marginaux incollifères, et *achyrophorus* celles dont tous les fruits sont collifères. Il eût été sans doute plus convenable de conserver le nom d'*hypochœris* au genre ayant pour type l'*hypochœris radicata*, et de créer un nom nouveau pour le genre ou sous-genre ayant pour type l'*hypochœris glabra*. Quoique la plupart des botanistes rejettent la division du genre *Hypochœris*, nous croyons pouvoir l'admettre. En conséquence, nous décrirons le genre *Achyrophorus* de Gærtner, dans notre article Porcelle. (H. Cass.)

HYPOCHNUS. (*Bot.*) Genre établi par Fries, dans la famille des *champignons*, et qui fait le passage des *thelephora* aux *himantia*. Ces champignons sont membraneux, étalés, adhérens par leur surface supérieure, et presque uniquement formée d'un tissu semblable à de la bourre. On peut les considérer aussi comme une conglomération de globules velues. L'on ne connoit pas encore leur fructification. Ehrenberg pense que ce genre est plus voisin des *sporotrichum* que des *thelephora*, et le rapproche de l'*alytosporium* de Link.

Fries en décrit neuf espèces. Nous ferons remarquer l'HYPOCHNUS BLANC DE NEIGE : *Hypochnus sereus*, Fries, *Obs. myc.*, 1818, pag. 278 ; *thelephora serea*, Pers. Il est étalé, d'un blanc de neige, inégal, tomenteux et comme givreux. Il croit sur les troncs d'arbre.

L'HYPOCHNUS BLEU : *Hypochnus cœruleus*, Fries ; *thelephora cærulea*, Schrad., Decand., Mich., *Gen.*, t. 66, fig. 6, est d'un beau bleu, étalé, à lobes souvent confluens, quelquefois plus pâles sur les bords et un peu fibreux; son centre devient lisse avec l'âge. Cette belle espèce forme des plaques d'un à trois pouces, et plus d'étendue sur le bois mort, les troncs d'arbre pourris.

L'HYPOCHNUS ENFUMÉ : *Hypochnus fumosus*, Fries. Il est étalé, difforme, d'un gris bleuâtre et entièrement velu. Il a été observé par Fries, en Suède, dans les bois montueux, sur les feuilles du bouleau tombées. Il se rapproche beaucoup de l'espèce précédente.

L'HYPOCHNUS FERRUGINEUX : *Hypochnus ferrugineus*, Fries; *Thelephora ferruginea*, Pers.; *Thelephora Personii*, Decand., Syn. 21. Il est étalé, tomenteux, pulvérulent et ferrugineux; on le trouve sur le bois d'hêtre.

L'HYPOCHNUS DORÉ : *Hypochnus aureus*, Fries, l. c., t. 6, fig. 4. Il est étalé, tomenteux, d'un fauve doré. Il croit sur l'écorce du bouleau tombée à terre, et forme de larges plaques.

L'HYPOCHNUS ISABELLE : *Hypochnus isabellinus*, Fries, l. c., t. 6, fig. 3, est étalé, tomenteux, de couleur isabelle, et garni de fausses papilles irréguliéres. On le trouve sur l'écorce du hêtre tombée à terre.

Ehrenberg indique encore deux autres espèces.

L'HYPOCHNUS GRIS-ROUGE : *Hypochnus rubrocinereus*, Ehrenb.,

Hor. Berol. phys., pag. 84, planch. 17, fig. 5. Il est d'un beau rose, avec le centre blanc, pulvérulent comme de la farine. Cette espèce croît sur l'écorce mousseuse, sur les troncs d'arbre, et sur le bois. La partie blanche centrale change avec l'âge ; elle est alors comme saupoudrée de grains blancs ou roses.

L'Hypochnus bordé de noir : *Nigrocinctus*, Ehrenb., l. c., p. 86, tab. 17, fig. 4. Il est tomenteux, noir sur les bords, blanc dans le milieu, avec le centre couvert de petits globules verdâtres.

On le trouve avec le précédent. (Lem.)

HYPOCISTE. (*Bot.*) Voyez Cytinel. (L. D.)

HYPOCISTIS. (*Bot.*) La plante nommée ainsi par tous les anciens, parce qu'elle croît sur les racines ou le bas des tiges des cistes, est le *cytinus* de Linnæus. Cet auteur lui attribuoit des fleurs hermaphrodites ; mais Cavanilles a reconnu qu'elles étoient monoïques, ce qui a prouvé que le *phelipæa* de Thunberg, différant de la description linnéenne du *cytinus* seulement par ses fleurs à sexes séparés, n'étoit plus qu'une espèce du même genre. Voyez Cytinel. (J.)

HYPOCRATÉRIFORME (*Bot.*), c'est-à-dire, muni d'un tube droit, terminé par un limbe plan ou peu concave, comme une soucoupe très-évasée. Telle est la corolle de la pervenche, des phlox ; telles sont les stipules de la persicaire d'Orient, du platane, etc. (Mass.)

HYPODERMA. (*Bot.*) Ce genre, établi par Decandolle, dans sa famille des *hypoxylées*, n'est, à proprement dire, qu'un démembrement de celui nommé *hysterium*, quoiqu'il renferme quelques espèces de *xyloma*.

Les *hypoderma* ont un receptacle oblong, crustacé, s'ouvrant par une fente longitudinale, par laquelle sort une matière séminifère presque pulvérulente. Ils naissent sous l'épiderme qu'ils déchirent en grandissant, ce qui les distingue des espèces d'*hysterium*. Celles-ci croissent sur les troncs morts. Ces plantes cryptogames sont infiniment petites, noires ou grises, solitaires ou réunies en petites taches ; on en compte une vingtaine d'espèces. Ce genre a été adopté par Bivona-Bernardi et Nées.

Hypoderma faux xyloma : *Hypoderma xylomoides*, Dec., Fl. Fr., n° 822 et Suppl. ; *Xyloma hysterioides*, Pers. Noir, ovale ou oblong, n'ayant pas une ligne de longueur, et naissant sur les deux faces des feuilles de l'aubépine. On en trouve des variétés sur les feuilles du pommier, du lierre, du fustet, de l'épine-vinette et du sorbier des oiseleurs.

HYPODERMA DES BRANCHES SÈCHES: *Hypoderma virgultorum*, Dec., Fl. Fr., Suppl., n.° 822. Il croît sur les tiges et les branches sèches, et forme des taches noires, luisantes, ovales ou oblongues, éparses d'abord, convexes, s'ouvrant par une fente qui émet une matière grisâtre, et qui s'affaisse ensuite. On le trouve sur la ronce, l'euphorbe cyprès, sur lesquels il forme des taches petites et très-nombreuses : sur les tiges d'ombellifères ses taches sont plus grandes et moins nombreuses. Il croît encore sur la vigne, le saule, le framboisier et le myrtile.

HYPODERMA DES ROSEAUX : *Hypoderma arundinaceum*, Pers.; Fl. Fr., n° 825, et Suppl. Il croît sur la tige du roseau, et y forme de petites taches noires d'un quart ou d'une demiligne de longueur, qui, s'ouvrant par une fente longitudinale de l'épiderme, laissent sortir une matière pulvérulente et noirâtre, et persistent sous la forme d'un petit disque enfoncé.

HYPODERMA DES SCIRPES : *Hypoderma scirpinum*, Dec. Il croît sur les tiges mortes ou mourantes du *scirpus lacustris*, en formant des taches éparses, ovales, oblongues, planes, d'un noir luisant, de 1 à 2 lignes de longueur.

HYPODERMA DU CHÊNE : *Hypoderma quercinum*, Dec.; *Hysterium quercinum*, Pers.; *Hysterium nigrum*, Tode, *Fung. Meckl.*, 2. p., t. 8, fig. 14; *Variolaria corrugata*, Bull., *Champ.*, t. 452, fig. 4. Il croît sur les rameaux desséchés des chênes et d'autres arbres. Il y forme d'abord des boursouflures alongées, sinueuses, la plupart transversales. Lors de la maturité, l'épiderme de l'écorce s'entr'ouvre en travers, quelquefois en long, la loge se fend, émet une matière noirâtre séminifère, puis disparoît. Selon Nées, il faut rapporter à cette espèce les *opegrapha rubella* et *herpetica*.

HYPODERMA NOIR ET BLANC : *Hypoderma melaleuca*, Nob.; *Hys. melaleucum*, Fries, *Obs. myc.*, 1, 1815, pag. 162, tab. 2, fig. 1, a. b. c. d. Il est oblong ou un peu triangulaire, noir, lisse; le bord de la fente connivent et blanc.

Il croît abondamment sur les feuilles mortes du myrtile.

HYPODERMA NOIR ET VERT : *Hypoderma nigrovirescens*, Nob. ; *Hysterium pulchellum*, Fries, l. c., t. 2, fig. 2, a d. Ovale, lisse, noir, à bords de la fente distincte et vert jaunâtre. Cette jolie espèce croît aussi sur les feuilles du myrtile.

L'hysterium versicolor de Wahlenberg se rapproche de cette espèce.

HYPODERMA GRAPHIQUE : *Hypoderma graphicum*, Nob. ; *Hystericum graphicum*, Fries, l. c. Conceptacles superficiels, rameux, radiés, flexueux et courbés, difformes, noirs ; bords de la fente d'abord rapprochés, puis fortement écartés. Cette espèce, assez grande, croît sur l'écorce du pin sauvage, et pourroit fort bien appartenir au genre *Graphis* ou *Opegrapha*. (LEM.)

HYPODERMIUM. (*Bot.*) Link, dans le Magasin des Curieux de la Nature, de Berlin, vol. 3, pag. 3, rassemble sous ce nom les genres *Uredo*, *Uromyces*, *Æcidium*, *Peridesmium*, et *Roestelia* qu'il avoit d'abord admis ou établis. Tous ces champignons sont formés d'une membrane (*indusium*, Link), qui recouvre ou qui entoure les conceptacles, après son déchirement, d'où l'origine du nom de ce genre, dérivé du grec, et qui signifie *sous la peau*. Cet *hypodermium* répond au *cæoma* de Link, mais plus étendu dans ses caractères. Nées d'Esenbeck (*Rad. Myc.*) n'adopte point cette réunion de Link de plusieurs genres en un seul. Il tient les genres cités plus haut séparés, excepté l'*uredo* et l'*uromyces* qui restent unis. Il joint à ces genres celui qu'il a nommé *dicæoma* qui est le *puccinia* de Link. Il place tous ces genres dans sa division des champignons qu'il désigne par *conyomycetes entophyti*, qui comprend aussi les genres *Xyloma*, *Leptostroma*, *Hypoderma*, *Phyllostica*, *Depazea*, *Actidium*, qui appartiennent à la famille des *hypoxylées*. (LEM.)

HYPODRYS. (*Bot.*) Nées désigne ainsi, avec Persoon, le genre *Fistulina* de Bulliard. Voyez FISTULINA. (LEM.)

HYPOESTE, *Hypoestes*. (*Bot.*) Genre de plantes dicotylédones, à fleurs complètes, monopétalées, de la famille des *acanthacées*, de la *diandrie monogynie* de Linnæus, offrant pour caractère essentiel : Un involucre à quatre divisions, renfermant d'une à quatre fleurs ; un calice à cinq découpures égales ; une corolle à deux lèvres ; la supérieure entière, l'inférieure tridentée ;

deux étamines; les anthères à une seule loge; un ovaire supérieur; un style simple. Le fruit est une capsule à deux loges, renfermant plusieurs semences, et s'ouvrant avec élasticité en deux valves.

Le genre Carmantine (*justicia*, Linn.) est si nombreux en espèces, qu'on a cherché à le diviser en genres, pour en faciliter l'étude, ou en subdivisions qui y répondent. Celui que nous présentons ici est remarquable par un involucre qui ordinairement renferme quatre fleurs, et par les anthères à une seule loge.

Hypoeste rose ; *Hypoestes rosea*, Pal. Beauv., Fl. d'Oware et de Bénin, vol. 2, pag. 66, tab. 100, fig. 1. Cette plante a des tiges couchées, radicantes à leurs nœuds, herbacées, un peu pubescentes, presque quadrangulaires, garnies de feuilles opposées, pétiolées, glabres, lancéolées, aiguës, très-entières, les supérieures longues de trois pouces et plus, larges d'un pouce; les fleurs sont axillaires, sessiles, réunies d'une à quatre dans un involucre à quatre découpures profondes, inégales, étroites, lancéolées, aiguës, plus longues que la corolle. Celle-ci est couleur de rose, à deux lèvres; le tube élargi vers son orifice; la lèvre inférieure terminée par trois dents aiguës; les étamines non saillantes; le style filiforme, un peu plus long que les étamines; le stigmate en tête. Cette plante croît dans royaume d'Oware, proche Agathon.

Hypoeste a fleurs nombreuses ; *Hypoestes floribunda*, Rob. Brown, *Nov. Holl.*, 1, pag. 474. Cette espèce a été découverte par M. Brown sur les côtes de la Nouvelle-Hollande. Ses tiges sont herbacées, garnies de feuilles opposées, elliptiques-lancéolées, glabres à leurs deux faces ; les fleurs disposées dans les aisselles des feuilles supérieures, formant par leur ensemble une sorte de thyrse, ordinairement réunies, au nombre de quatre, dans un involucre à quatre découpures à demi lancéolées, mutiques, les deux intérieures plus petites.

Hypoeste fastueux : *Hypoestes fastuosa*, Brown; *Justicia fastuosa*, Linn., *Mant.* Sa tige est glabre, ligneuse, cylindrique ; ses feuilles opposées, pétiolées, rétrécies à leurs deux extrémités, elliptiques-lancéolées, entières, velues en dessous et à leurs bords; les feuilles florales un peu arrondies, mucronées; les fleurs forment, par leur disposition, une grappe touffue, longue, feuillée, terminale, composée de beaucoup de fleurs réunies en petites grappes axillaires, de la longueur des feuilles : l'involucre à quatre découpures glabres, contenant deux fleurs ; l'ovaire entouré d'un petit godet campanulé, qui naît du fond de la corolle. Cette plante croît dans l'Inde.

HYPOESTE DE FORSKAL : *Hypoestes Forskhalei*, Brown ; *Justicia paniculata*, Forsk., *Ægypt.*, pag. 4. Cette espèce, très-rapprochée de la précédente, en diffère par ses feuilles ovales, non rétrécies à leurs deux extrémités, étalées, distantes, très-entières, pileuses en dessous et à leurs bords ; les rameaux glabres, de couleur purpurine ; les pédoncules solitaires, opposés, très-courts, formant par leur ensemble des épis droits, longs d'un pouce, serrés, imbriqués ; les feuilles florales pétiolées, ovales, aiguës ; l'involucre à quatre folioles linéaires, une plus grande que les autres. Cette plante croît dans l'Arabie heureuse.

HYPOESTE ARISTÉ : *Hypoestes aristata*, Brown ; *Justicia aristata*, Vahl, *Symb.*, 2, pag. 2. Dans cette espèce, les tiges sont ligneuses ; les rameaux velus, ainsi que toute la plante ; les feuilles opposées, pétiolées, ovales, entières, aiguës, longues d'un pouce, velues particulièrement à leur face inférieure. Les fleurs sont axillaires, verticillées, environ huit à dix de chaque côté ; réunies deux ou trois sur des pédoncules courts, entourées d'un involucre à quatre découpures linéaires, subulées, terminées par une arête ; le calice à cinq découpures inégales, subulées ; la corolle velue ; le tube de la longueur de l'involucre ; la lèvre supérieure droite, lancéolée, entière ; l'inférieure à trois découpures oblongues. Cette plante croît au cap de Bonne-Espérance. (POIR.)

HYPOGÆA. (*Malacoz.*) C'est ainsi que Poli, dans son anatomie des mollusques bivalves, appelle l'animal des genres que les conchyliologistes ont nommés PHOLADE, SOLEN et PANDORE, et auquel il donne pour caractères : Deux trachées [tubes] réunies ou séparées, le plus souvent fistuleuses et très-longues : le pied ovale, déprimé et susceptible d'être retiré dans le manteau qui est à demi fermé ; comme dans une gaîne ; les branchies réunies entre elles par leur bord interne, et se prolongeant dans la trachée inférieure ou branchiale.

Les espèces qu'il range dans ce genre sont : 1.° les *Pholas dactylus* et *pusilla* ; 2.º les *Solen siliqua*, *vagina*, *ensis*, *legumen* et *strigillatus* ; 3º. le *Tellina inæquivalvis*, dont M. de Lamarck a fait le genre Pandore ; 4.º le *Donax rhomboidea*. (De B.)

HYPOGEDERMA. (*Malacoz.*) Dans son système de nomenclature des genres de bivalves, M. Poli donne ce nom au genre de coquilles qui est formé par l'animal qu'il appelle Hypogæa. Voyez ce mot. (De B.)

HYPOGÉS. (*Bot.*) Lors de la germination, les cotylédons restent cachés sous terre (marronier, vesce ; etc.), ou bien s'élèvent au-dessus du sol (fève, haricot, belle-de-nuit, etc.) Dans le premier cas, on les dit hypogés ; dans le second cas, par opposition, on les dit épigés. (Mass.)

HYPOGEUM. (*Bot.*) Ce genre a pour type le *lycoperdum cervinum*, Link. Il a été établi par Persoon, qui l'a réuni ensuite au genre Scleroderma. Voyez cet article. (Lem.)

HYPOLÆNA. (*Bot.*) Genre de plantes monocotylédones, de la famille des *joncées*, de la *dioécie triandrie* de Linnæus. qui a beaucoup de rapports avec les *restio*, et surtout avec les *Willdenowia*. Il comprend des herbes exotiques à tiges rameuses, à fleurs dioïques, disposées en chaton, et dont le caractère essentiel consiste dans des fleurs dont les écailles imbriquées tiennent lieu de calice ; six valves pour corolle ; trois étamines ; les anthères simples et peltées ; un ovaire supérieur ; un style caduc à deux ou trois divisions. Le fruit est une noix osseuse, monosperme, placée au sommet de l'épi, entourée, par la base, de valves corollaires.

M. Robert Brown, auteur de ce genre, en cite deux espèces découvertes à la Nouvelle-Hollande.

1.º *Hypolæna fastigiata*, Rob. Brown, *Nov. Holl*, 1, p. 251. Ses tiges sont rameuses, cylindriques, striées, de couleur cendrée ; les rameaux presque fastigiés ; les valves corollaires du fruit ont une forme ovale.

2.º *Hypolæna exsulca*, Rob. Brown, l. c. Dans cette espèce, les tiges se divisent en rameaux lisses, cylindriques, divisés eux-mêmes en d'autres rameaux alternes, très-simples ; les valves corollaires du fruit sont arrondies. (Poir.)

HYPOLAIS. (*Ornith.*) Voyez Hippolaïs. (Ch. D.)

HYPOLÉON. (*Entom.*) Nous avons désigné sous ce nom, qui étoit celui d'une espèce de stratyome, ou de mouche armée, un petit genre d'insectes à deux ailes, de la famille des aplocères ou à antennes simples, sans poil isolé, latéral, et dont la bouche, n'offrant pas de suçoir, constitue une véritable trompe charnue, rétractile dans une cavité du front.

Dans ce genre, l'antenne se termine par un petit poil roide; le ventre, au lieu de se prolonger en pointe conique, est obtus et arrondi à l'extrémité, et l'écusson porte une double épine, comme dans les mouches armées; mais celles-ci n'ont pas une soie terminale aux antennes, qui sont longues, divergentes et réunies en y à la base. Meigen en a fait le genre Oxycère.

Nous avons fait figurer une espèce de ce genre sous le n.° 5 de la planche des diptères aplocères; c'est

L'Hypoléon trois lignes, *Hypoleon trilineata.*

Elle est décrite par Geoffroy sous le n.° 7, pag. 482 du tom. II de son Histoire des Insectes, et Réaumur en a donné une figure dans ses Mémoires, tom. IV, pl. 22, fig. 17. C'est la mouche armée, à bandes noires.

Elle est noire; la tête est fauve; les yeux sont très-gros; l'abdomen est d'un vert jaunâtre, avec trois lignes ou taches transversales noires. C'est peut-être celle que Fabricius a décrite sous le nom de bordée, *marginata.*

Deux autres espèces pourroient être rapportées à ce genre; ce sont les mouches armées, à taches jaunes de Geoffroy, décrites sous le n.° 6, et la viridule de Panzer, figurée dans le 58.° cahier de sa Faune d'Allemagne, sous le n.° 18. (C. D.)

HYPOLEPIA. (*Bot.*) Genre de la famille des champignons établi par Rafinesque; c'est le même que celui nommé *xylostroma* par Tode, placé dans le *racodium* par Persoon. L'espèce d'Europe est le *xylostroma giganteum.* Rafinesque en indique deux autres. Voyez Racodium et Xylostroma. (Lem.)

HYPOLEPIS. (*Bot.*) J'ai cru devoir faire ici mention de cette plante que M. de Jussieu a regardée comme devant être rapportée aux *cytinus* (voyez Cytinel, pour le caractère générique; mais cette espèce n'y est point citée). Thunberg en avoit fait un genre sous le nom de *Phelipea*, nom déjà employé par Tournefort pour quelques plantes très-rapprochées des *orobanches*, auxquels Linnæus les avoit réunies, que M. Desfontaines en a séparées en rappelant le genre de Tournefort.

M. Persoon, conservant le genre de Thunberg, y a substitué le nom d'*hypolepis*, dont il n'existe qu'une seule espèce, *hypolepis sanguinea*, Pers., *Synops.*, 2, p. 598; *phelipea sanguinea*, Thunb., *Nov. pl. Gen.*, 5, pag. 91. M. de Jussieu lui donne le nom de *cytinus dioicus*, Ann. Mus., 7, vol. 12, p. 439.

Cette plante a des tiges droites, simples, très glabres, garnies dans toute leur longueur, au lieu de feuilles, d'écailles sessiles, imbriquées, glabres, oblongues, obtuses, concaves; les fleurs d'un rouge de sang, placées sous les écailles solitaires, ou agrégées, dioïques. Les fleurs mâles sont composées d'une corolle (d'un calice, Juss.) monopétale, à six divisions; point de calice; une seule étamine (ou plutôt plusieurs étamines; les filamens monadelphes; les anthères réunies en un seul paquet); le réceptacle barbu : les fleurs femelles offrent un ovaire inférieur; une capsule à sept valves, à sept loges polyspermes. Cette plante est parasite; elle croît sur les racines des arbrisseaux, dans les campagnes sablonneuses, au cap de Bonne-Espérance. (POIR.)

HYPOLEUCOS. (*Ornith.*) L'oiseau du genre *Tringa*, auquel Linnæus a donné cette dénomination spécifique, est la guignette, *gallinula hypoleucos* de Gesner et d'Aldrovande. (CH. D.)

HYPOMÉLIDES. (*Bot.*) Voyez HIPPOMELIS. (J.)

HYPONERVIS. (*Bot.*) Paulet propose de faire, sous ce nom, un genre des champignons à nervures, qu'il décrit sous les noms de gyroles ou de chanterelles. Ce genre rentreroit dans le *merulius* des botanistes. (LEM.)

HYPONITREUX [ACIDE]. (*Chim.*) Voyez NITREUX (acide hypo). (CH.)

HYPONITRITES. (*Chim.*) Voyez NITRITES, hypo. (CH.)

HYPOPELTIS (*Bot.*) Michaux, dans son *Flora boreali america*, publié en 1803, propose, à l'article *Nephrodium*, de réunir sous le nom d'*hypopeltis* les espèces de fougères du genre *Polypodium*, chez lesquelles la fructification est en paquets semblables à des points et formés de capsules attachées autour d'un axe central qui supporte le tegument ou *indusium* qui les recouvre comme un bouclier. Ce caractère est précisement celui du genre *Polystichum*, Decand., publié en 1805, dans la Flore Française, confondu avec l'*aspidium* de Swartz par plusieurs botanistes. L'*hypopeltis* ou *polystichum* fait le passage du genre *Aspidium* (*Nephrodium*, Mich.) au *pleopeltis* d'Humboldt et Bonpland. (Lem.)

HYPOPHACE. (*Bot.*) Nom donné par Mentzel, dans son *Pugillus Plantarum rariorum*, à une production fongueuse qu'il a observée, dit-il, sous une vesce, nommée en grec *aphaca*, et qui croissoit sur sa racine. Elle est figuré etab. 6, de l'ouvrage. (J.)

HYPOPHÆSTON. (*Bot.*) La plante que Columna croit être l'*hypophæston* ou l'*hypophaes* de Dioscoride, est, selon C. Bauhin, la chausse-trappe, *centaurea calcitrapa* de Linnæus. Le même nom a été donné avec doute, d'une part, au *rhamnus oleoides*, ou à une espèce voisine; de l'autre, à l'espèce de soude nommée *salsola tragus*. (J.)

HYPOPHLÉE, *Hypophlœus*. (*Entom.*) Nom d'un petit genre d'insectes coléoptères, à cinq articles aux tarses des deux paires de pattes de devant, et quatre aux postérieures, ou du sous-ordre des hétéromérés, à élytres dures, non soudées; à antennes grenues, ou en forme de grains de chapelet, terminées par une masse arrondie, par conséquent de la famille des *fongivores* ou *mycétobies*, ainsi nommés parce qu'ils se nourrissent de champignons, de byssus et de moisissure ou de matières végétales qui se décomposent.

Ces insectes ont le corps alongé, linéaire; leurs antennes sont droites, non brisées, terminées par une petite masse dans laquelle on ne distingue que sept articles.

Ce nom d'hypophlée, employé d'abord par Paykull, adopté ensuite par Fabricius, est tiré de deux mots grecs υπο au-dessous, et de φλοος, l'écorce, parce qu'on trouve en effet ces insectes sous les écorces des arbres.

Ces insectes ont beaucoup de rapport avec les diapères, les bolétophages, les tétratomes, et, en général, avec tous les autres genres de la même famille; ils en diffèrent cependant soit par la forme du corps, qui est bombé dans les premiers, soit par celles des antennes qui sont coudées et comme brisées, dans les seconds; soit par le nombre des articles qui en forme la masse, et qui n'est que de quatre dans les tétratomes, comme l'étymologie de leur nom l'indique. Leur corselet est carré, alongé, comme rebordé.

On observe les hypophlées sous les écorces des arbres encore vivans, ou dans les caries humides qui s'y forment : on ne connoît pas beaucoup d'autres particularités sur leurs mœurs.

Les deux espèces que l'on rencontre le plus fréquemment aux environs de Paris, sont :

1.º L'Hypophlée chatain, *Hypophlœus castaneus*, qui est d'une couleur brune ferrugineuse.

2.º L'Hypophlée bicolore, *Hypophlœus bicolor*, dont le corps est rougeâtre, ainsi que la base des élytres dont le reste est noir. (C. D.)

HYPOPHOSPHITES. (*Chim.*) Voyez Phosphites, hypo. (Ch.)

HYPOPHOSPHOREUX [Acide]. (*Chim.*) Voyez Phosphoreux (acide hypo). (Ch.)

HYPOPHYLLA. (*Bot.*) Les algues marines placées dans ce genre par Stackhouse, appartiennent comme celles de ses genres *Hymenophylla, Hydrophylla, Epiphylla* et *Sarcophylla*, au genre Delesseria de Lamouroux. L'*hypophylla* est caractérisé par la fronde membraneuse, plane, rameuse, traversée dans le milieu par une forte nervure souvent prolifère. La fructification varie. Les espèces sont les *Hypophylla aluta, latifolia, angustifolia, hypoglossum, hypoglossoides, ruscifolia*, placés dans les genres *Fucus* par Turner, Decandolle, etc. (Lem.)

HYPOPHYLLUM. (*Bot.*) Suivant Paulet, les champignons feuilletés peuvent être réunis sous la dénomination générique d'*hypophyllum*. Ce genre seroit donc, à quelques modifications près, le genre *Agaricus*, Linn. Voyez Fonge. (Lem.)

HYPOPION (*Bot.*), un des noms grecs anciens de la thapsie, suivant Mentzel. (J.)

HYPOPITYS. (*Bot.*) Nom que C. Bauhin proposoit de donner à une plante qu'il rangeoit parmi les orobanches, mais qui, sans doute, lui paroissoit différente des autres. Dillen, qui en faisoit un genre distinct, avoit adopté ce nom, ainsi qu'Adanson : Tournefort l'avoit nommé *orobanchoides*. C'est maintenant le *monotropa hypopitys* de Linnæus. (J.)

HYPOPTÉRÉE [Cupule] (*Bot.*) ailée inférieurement : les pins, les sapins, les mélèzes, le cèdre du Liban, etc. ont la cupule ailée inférieurement, quoiqu'elle paroisse, au contraire, ailée supérieurement ; cela vient de ce que la cupule a, dans le fruit, la position renversée. (Mass.)

HYPORINCHOS. (*Ornith.* Voyez HIPPORINCHOS. (CH. D.)

HYPOSTOME, *Hypostomus.* (*Ichthyol.*) M. le comte de La-cépède a donné ce nom à un genre de poissons holobranches de la famille des oplophores, et très-voisin de celui des lori-caires. Ce genre, dont le nom tiré du grec (υπο, dessous, et στομα, bouche) signifie *à bouche en dessous*, est reconnois-sable aux caractéres suivans :

Bouche sous le museau; corps cuirassé; nageoire dorsale double; lèvres extensibles; point de plaques sous le ventre; corps conique; premier rayon de la nageoire pectorale épineux.

Il est facile d'isoler ce genre de celui des LORICAIRES, où la nageoire dorsale est unique, et de ceux des SILURES, des MACROPTÉRONOTES, des CATAPHRACTES, des CENTRANODONS, des PIMÉLODES, des PLOTOSES, etc., où la bouche est située au bout du museau. (Voyez ces divers mots et OPLOPHORES.)

La seule espèce que l'on puisse encore avec certitude rap-porter au genre Hypostome, est

Le GUACARI, *Hypostomus Guacari*, Lacépède, *Loricaria ple-costomus*, Linnæus. Nageoire caudale en croissant; dents très-petites, et comme sétacées; des verrues, et deux barbillons à la lèvre inférieure; une membrane lisse sur la langue et le palais; un seul orifice à chaque narine; quatre rangées lon-gitudinales de lames de chaque côté de l'étui solide qui ren-ferme le corps et la queue; une arête subulée à chacune de ces lames; un premier rayon très-dur à chaque catope; un pre-mier rayon dentelé et très-fort aux nageoires pectorales et à la première nageoire du dos. Couleur générale d'un orangé varié de taches inégales, arrondies, brunes ou noires.

Le canal intestinal du guacari est six fois plus long que le corps. Ce poisson habite les riviéres de l'Amérique méridio-nale. Sa chair est de bon goût. Bloch l'a figuré pl. 374. Mar-grave en a parlé. (*Brasil.* 166.) (H. C.)

HYPOSULFATES. (*Chim.*) Voyez SULFATES, hypo. (CH.)

HYPOSULFITES. (*Chim.*) Voyez SULFITES, hypo. (CH.)

HYPOSULFUREUX[ACIDE]. (*Chim.*) Voyez SULFUREUX (acide hypo). (CH.)

HYPOSULFURIQUE [ACIDE]. (*Chim.*) Voyez SULFURIQUE (acide hypo). (CH.)

HYPOTHÈLE. (*Bot.*) Les champignons à papilles, tels que

les chevrettes et chevrotines, sont rapportés à ce genre par le
docteur Paulet. Il représente donc le genre *Hydnum*. Voyez
Chevrettes. (Lem.)

HYPOTHYMIS. (*Ornith.*) Ce nom, qui se trouve dans la
comédie des Oiseaux d'Aristophane, est cité par Gesner
dans la synonymie de son *curruca;* et, comme ce dernier
parle d'un oiseau dans le nid duquel pond le coucou,
et qu'il désigne comme synonyme le grasmucke des Allemands, il est probable qu'il s'agit ici de la fauvette rousse de
Buffon, *motacilla rufa*, Linn.; cependant, la figure qui accompagne cet article, paroît être celle du verdier. (Ch.D.)

HYPOTRIORCHIS. (*Ornith.*) L'oiseau qui est désigné sous
ce nom par Aldrovande, Jonston, etc., est le hobereau,
falco subbuteo, Linn. (Ch. D.)

HYPOXIS. (*Bot.*) Genre de plantes monocotylédones, à fleurs
incomplètes, de la famille des *narcissées*, de l'*hexandrie monogynie* de Linnæus, offrant pour caractère essentiel : Une corolle monopétale, supérieure, à tube court ; le limbe à six divisions égales, persistantes ; point de calice ; six étamines courtes ;
un ovaire inférieur ; le style simple ; le stigmate entier. Le fruit
est une capsule à trois loges polyspermes, couronnée par la
corolle.

Ce genre est composé d'espèces, la plupart originaires du
cap de Bonne-Espérance, quelques unes de l'Amérique. Leur
racine est tubéreuse ou fibreuse ; les feuilles assez semblables à
celles des graminées ; les fleurs portées sur des hampes radicales,
solitaires, fasciculées ou en corymbe. On en cultive quelques
espèces dans les jardins de botanique : il leur faut une terre
consistante et des arrosemens fréquens. On les multiplie par
la séparation des vieux pieds en automne, plutôt que par les
graines qu'elles fournissent rarement. Parmi les espèces, aujourd'hui assez nombreuses, on distingue les suivantes :

Hypoxis a tige droite : *Hypoxis erecta*, Linn.; Lamk., *Ill. gen.*,
tab. 229, fig. 1 ; Pluk., *Almag.*, tab. 350, fig. 12. Il sort des
racines de cette plante plusieurs feuilles graminiformes, pileuses, striées, d'entre lesquelles s'élèvent plusieurs hampes,
droites, grêles, velues, un peu moins longues que les feuilles,
portant à leur sommet quatre à cinq fleurs pédonculées, presque
disposées en ombelle, de couleur jaune en dedans, un peu co-

torées en dehors ; les divisions du limbe de la corolle ouverte en étoile, plus longues que l'ovaire ; à la base de chaque pédicelle, on trouve une bractée droite, subulée. Cette plante croît dans la Virginie.

Hypoxis a feuilles étroites ; *Hypoxis angustifolia*, Lamk., Encycl. Espéce découverte à l'Ile-de-France par Commerson, dont les feuilles sont linéaires, très-étroites, à peine larges d'une ligne, un peu pileuses; les hampes très-foibles portent deux fleurs pédicellées, velues en dehors, jaunes en dedans, accompagnées de bractées velues et sétacées. L'*hypoxis tomentosa*, Lamk., se distingue par le duvet soyeux et roussâtre qui couvre les feuilles. Ses hampes sont grêles, velues, à une, quelquefois deux fleurs. Elle croît au cap de Bonne-Espérance.

Hypoxis tombant : *Hypoxis decumbens*, Linn.; Lamk., *Ill. gen.*, tab. 229, fig. 2; Miller, *Icon.*, tab. 39, fig. 2. Ses feuilles sont fasciculées, longues de huit à dix pouces, graminiformes, un peu pileuses; les hampes foibles, un peu velues, renversées, chargées de quatre fleurs opposées par paires, presque sessiles; l'ovaire pileux, oblong, en massue; la corolle jaune en dedans, velue et verdâtre en dehors. Elle croît dans l'Amérique méridionale.

Hypoxis velu : *Hypoxis villosa*, Linn., *Suppl.*; Lamk., *Ill. gen.*, tab. 229, fig. 3; *Fabricia villosa*, Thunb., *in* Fabr. *Itin. Norv.*, 31 ; *Hypoxis Fabricia*, Gærtn., *de Fruct.*, 1, tab. 11, fig. 6. Cette plante s'élève à la hauteur d'environ un pied. Ses feuilles sont longues, linéaires-lancéolées, presque ensiformes, larges d'un demi-pouce, parsemées de poils mous et blanchâtres ; les hampes droites, plus courtes que les feuilles, un peu pileuses, chargées ordinairement de quatre fleurs pédicellées, presque en ombelle; les pédoncules très-velus; la corolle jaune ; les trois divisions extérieures pileuses en dehors; les capsules petites, velues, presque en massue, un peu toruleuses, univalves, à trois loges, contenant chacune deux ou trois semences noirâtres, globuleuses, ponctuées. Cette plante croît au cap de Bonne-Espérance.

Hypoxis hygrométrique; *Hypoxis hygrometrica*, Labill., *Nov. Holl.*, 1, tab. 108. Espèce découverte par M. de Labillardière, au cap Van-Diemen de la Nouvelle-Hollande, dont les feuilles sont presque filiformes, chargées de poils rares, contournés,

irritables lorsqu'on en approche la main , se roulant et se dé-
roulant alternativement en spirale. Du centre des feuilles
s'élèvent une à trois hampes filiformes , longues de quatre
pouces , uniflores , n'ayant d'autre spathe qu'une foliole en
forme de bractée distante de la fleur : les divisions de la corolle
lancéolées , un peu jaunâtres; la capsule ovale , un peu inclinée , renfermant , dans trois loges , des semences orbiculaires ,
noirâtres , finement ponctuées.

HYPOXIS LINÉAIRE ; *Hypoxis linearis* , Andr. , *Bot. repos.* ,
tab. 171. Cette plante est glabre sur toutes ses parties , originaire du cap de Bonne-Espérance. Ses feuilles sont linéaires ,
étroites , lancéolées , canaliculées; les hampes plus courtes que
les feuilles , glabres , cylindriques , un peu purpurines , terminées par une seule fleur rouge en dedans , un peu verdâtre
en dehors; les divisions de la corolle lancéolées , obtuses , longues d'un pouce.

HYPOXIS ÉTOILÉ: *Hypoxis stellata* , Linn. , *Suppl.*; Jacq. , *Icon.
rar.* , 2 , tab. 368; Redout. , *Liliac.*; *Amaryllis capensis* , Linn. ,
Spec.; *Fabricia stellata* , Thunb. ; *Sisyrinchium indicum* , Cor-
nut. , *Canad.* , 165; Moris. , p. 4 , tab. 23 , fig. 9 ; Rudb. , *Elys.* , 2 ,
pag. 236 , fig. 17. Espèce remarquable par l'élégance et la grandeur de ses fleurs : sa racine est pourvue d'une bulbe de la grosseur d'une noisette , d'où sortent des feuilles étroites , linéaires ,
engaînant par leur base la partie inférieure des hampes. Celles-
ci sont menues , à peine aussi longues que les feuilles , chargées
chacune d'une fleur terminale ouverte en étoile , d'un blanc
jaunâtre ou pourpré ; les divisions de la corolle linéaires ,
marquées à leur base d'une tache noirâtre très-foncée.

HYPOXIS ÉLÉGANT ; *Hypoxis elegans* , Andr. , *Bot. repos.* ,
tab. 256. Cette espèce se rapproche de l'hypoxis étoilé. Ses
fleurs sont assez grandes , blanches en dedans , marquées à la
base de leurs divisions d'une large tache noirâtre et frangée.
Dans l'*hypoxis veratrifolia* , Willd. ; *hypoxis plicata* , Jacq. , *Icon.
rar.* , 2 , tab. 567 , non Linn. , les feuilles sont oblongues , elliptiques , glabres , nerveuses , un peu plissées ; la racine bul-
beuse ; les hampes terminées par une fleur jaune , verdâtre en
dehors , de la grandeur de celle de l'hypoxis étoilé. Ces
plantes croissent au cap de Bonne-Espérance.

HYPOXIS A LONGUES FEUILLES ; *Hypoxis elongata* , Kunth , *in*

Humb. *et* **Bonpl.** *Nov. Gen.*, 1, pag. 287. Cette plante, originaire des forêts de l'Amérique méridionale, a des racines tubéreuses; des feuilles linéaires, membraneuses, canaliculées,
striées, à trois nervures, longues d'un pied et demi, larges de
trois lignes, pileuses; les hampes longues de six à huit pouces ,
pileuses, chargées de trois fleurs un peu pédicellées; les bractées linéaires, pileuses; la corolle velue en dehors, ainsi que
la capsule, qui est cylindrique, longue d'environ six lignes.

HYPOXIS A HAMPES COURTES; *Hypoxis breviscapa*, Kunth, l. c.
Plante de la Guiane, à racines tubéreuses, cylindriques, garnies de fibres charnues : elles produisent des feuilles planes ,
linéaires, lancéolées, un peu pileuses à leur base, longues de
quatre à cinq pouces; les hampes très-courtes , velues, uniflores; les trois divisions extérieures de la corolle pileuses, rougeâtres en dehors, jaunes en dedans; les trois intérieures plus
petites ; les capsules pileuses , cylindriques , presque en
massue.

HYPOXIS BAS; *Hypoxis humilis*, Kunth, l. c. Cette espèce
est fort petite ; elle s'élève à peine à la hauteur de trois ou
quatre pouces. Ses feuilles sont étroites, linéaires, acuminées,
recourbées, pileuses en dehors; la hampe pileuse, cylindrique,
à deux fleurs pédicellées ; la corolle en soucoupe, pileuse en
dehors; le tube linéaire, cylindrique; les divisions du limbe
oblongues, un peu obtuses; les capsules pileuses, longues de
quatre lignes, couronnées par la corolle persistante. Cette
plante croît proche Dordones, dans l'Amérique méridionale.
L'*hypoxis pusilla*, Kunth, l. c., diffère très-peu de l'espèce précédente. Ses feuilles sont longues d'un pied, étroites, presque
glabres, striées; la hampe pileuse, chargée de trois fleurs pédicellées; la corolle jaune, pileuse en dehors; les divisions
oblongues, un peu aiguës. Cette espèce croît dans la Nouvelle-
Grenade.

HYPOXIS A REJETONS; *Hypoxis sobolifera*, Jacq., *Icon. rar.*, 2,
tab. 372. Plante du cap de Bonne-Espérance, très-rapprochée
de l'*hypoxis* velu; ses feuilles sont plus abondamment velues,
plus foiblement recourbées, linéaires-lancéolées, de la longueur
des hampes; ses hampes pileuses, portant environ quatre fleurs
pédonculées; les pédoncules une fois plus longs que les fleurs;
les divisions du limbe de la corolle obtuses. (POIR.)

HYPOXYLÉES et HYPOXYLONS. (*Bot.*) Famille de plantes cryptogames, intermédiaire entre les champignons et les lichens, qui se compose même d'une partie des premiers, les champignons sclérocarpes de Persoon, et d'une partie des seconds, les lichens pulvérulens.

Ces végétaux se distinguent par leur consistance cornée, coriace ou subéreuse; leur couleur presque toujours noire, quelquefois grisâtre ou brunâtre; par leurs conceptacles unis ou multiloculaires, remplis d'une pulpe mucilagineuse ou glaireuse, épaisse, dans laquelle flottent des séminules (ou peut-être des vésicules seminifères). Ces conceptacles, arrondis ou oblongs, épars ou groupés, s'ouvrent au sommet par une fente ou un pore, qui laisse échapper la matière mucilagineuse.

Ces plantes sont très-petites; elles croissent sur les arbres, le bois ou l'écorce, sur les feuilles mourantes des arbres qu'elles couvrent quelquefois en immense quantité. Quelques espèces se plaisent sur le bois mort, d'autres sur la terre et les rochers. On peut porter à six cents environ le nombre des espèces connues, divisées en les genres suivans que nous présentons partagés en deux sections.

Ier §. HYPOXYLONS FAUX CHAMPIGNONS. Pulpe seminifère sortant d'elle-même à la maturité; base charnue, subéreuse, non lichénoïde.

A. Pulpe très-abondante. Les SPHÉRIES ou SPHÉRULACÉES. Genres: *Rhizomorpha, Sphæria, Næmaspora, Stilbospora.*

B. Pulpe peu abondante. Les XYLOMÉES. Genres : *Polystigma, Xyloma, Asteroma, Hypoderma, Hysterium.*

IIe §. HYPOXYLONS FAUX LICHENS. Pulpe seminifère s'échappant d'une manière peu sensible ou restant dans le conceptacle. Base pulvérulente lichenoïde. Genres : *Opegrapha, Verrucaria, Pertusaria, Porina,* Ach.

Tels sont les genres que M. Decandolle ramène dans cette famille que Fries, Nées, Acharius et Persoon persistent à ne point vouloir adopter, bien qu'ils aient établi des genres nouveaux qui doivent y rentrer, et prouvé la nécessité de l'admettre.

Fries, après Decandolle, a donné le premier un aperçu des genres qu'on pouvoit rapporter à la première division de cette famille, et admet les suivans.

1.°*Poronia*, Gleditsch, *Cordylia*, *Ceratocaulon*, *Sphœria*, *Ceratostoma*, *Corynella*, *Lophium*, *Dothidea*, *Stegia*, qui sont des démembremens du grand genre Sphæria. (Voyez ce mot.) 2.° *Phacidium*, *Leptostroma*, *Depazea*, qui sont séparés du *Xyloma* et de l'*Hysterium*, et qui s'avoisinent des *Asteroma* et *Polystigma*, Decand. 3.° *Actidium* séparé de l'*Hysterium*, voisin de l'*Hypoderma*; *Actinothyrium*, Kunth, *Phoma* et *Bostrychia*, etc.

Ehrenberg forme sous le nom de *Hysteria*, un groupe dans lequel il admet sept genres. *Placuntium*, *Solenarium*, *Antennaria* (Voyez Racodium.), *Tryblidium*, *Phacidium* et *Scaphophorum*. Ces genres ont pour base des espèces placées tantôt avec les *Xyloma*, tantôt avec les *Hysterium*. Près de ceux-ci les genres *Campsotrichum* (Voyez Heliscoporium.), et *Thamnomyces* du même auteur viennent se ranger entre le *Rhizomorpha* et le *Sphœria*. Le *Thamnomyces* répond au *Chœnocarpus* de Rebentisch, et comprend le *Rhizomorpha setiformis*, Roth, de même que le *Rhizomorpha setiformis*, Dec., qui est un *Hypoxylon* de Bulliard. Enfin le genre *Cytospora* n'est qu'une division du genre *Nœmaspora* ou *Sphœronema.*, Fries. Bulliard ne reconnoissoit que trois genres dans la première division de cette famille qu'il confond avec les champignons; *Sphœrocarpus*, *Hypoxylon* et *Variolaria*. M. Persoon, tout en réunissant les Hypoxylées de la première division, aux champignons, admet à peu près les mêmes genres que M. Decandolle; seulement il donne les coupes du genre *Sphœria*, qu'il pense pouvoir former des genres ou des sous-genres qu'il indique par *Xylaria*, *Poronia*, *Hypoxylon*, *Monosticha*, *Circinaria*, *Epistroma*, *Sphœria*, *Ceratostema* et *Phyllosticha*.

Si l'on persiste à laisser dans cette famille les *Hypoxylées* de la deuxième division, on pourroit y ramener les genres *Graphis* et *Arthonia* qui sont des démembremens du genre *Opegrapha*, et que tous les botanistes n'adoptent point. Voyez Hypodermium. (Lem.)

HYPOXYLON. (*Bot.*) Bulliard avoit réuni sous ce nom générique plusieurs espèces de plantes cryptogames, de la famille des hypoxylées qui vivent sur le bois ou les arbres, dont la consistance est coriace, presque ligneuse, et qui offrent une ou plusieurs loges contenant des séminules plongées dans un suc glaireux. Ces champignons sont pour la plupart des es pèces du genre *Sphæria* des botanistes modernes, tels que le *Sphæria sphincterica*, *sanguinea*, *byssiseda*, *clavata*, *ciliaris*, *bicolor*, *deusta*, *tubiformis*, *stigma*, *glomerulata*, *nummularia*, *scabrosa*, décrites dans la Flore Française.

On y trouve placé également le *Rhizomorpha setiformis* (*Hypoxylon loculiferum*, Bull.) [Cette espèce n'est point le *rhizomorpha setiformis*, Pers., qui est le type du genre *Chænocarpus*, Rebentisch; elle appartient néanmoins au même genre dont le nom a été changé en celui de *Thamnomyces* par Ehrenberg, Link et Nées.]; les *Næmaspora leucosperma* et *chrysosperma*, et l'*Hysterium ostraceum*. Voyez Sphæria, Næmaspora, Rhizomorpha.

M. Persoon (Tr. Ch.) conserve le nom d'*hypoxylon* à une section (ou sous-genre) des *Sphæria* qui comprend les espèces à capsules cachées dans la substance de la plante dont la forme est indéterminée.

Mentzel paroît être le premier qui se soit servi du nom d'*Hypoxylon* pour désigner le *Clavaria digitata*, devenu depuis le type du genre *Hypoxylon* d'Adanson, qui renferme quelques clavaria coriaces de Linnæus, et adopté par Lamarck, et qui, comme l'*Hypoxylon* de Bulliard rentre dans le genre *Sphæria*, sinon tout entier, du moins en grande partie. De ce nombre sont:

L'Hypoxylon a sommité blanche de Paulet. (*Clavaria hypoxylon*, Linn.; *Sphæria hypoxylon*, Pers.)

L'Hypoxylon a grains, ou hypoxylon doigtier, ou hypoxylon en forme de doigts réunis, ordinaire, du même. (*Clavaria digitata*, Linn., *Sphæria polymorpha*.)

Enfin son Hypoxylon en forme de doigts réunis, des ruches ou *Keuka*, qui est une variété du *Clavaria digitata*, Linn. (Lem.)

HYPOXYLONS. (*Bot.*) Voyez Hypoxylées. (Lem.)

HYPSIPRIMNUS (*Mamm.*), nom tiré du grec, qui signifie partie postérieure élevée, et qu'Illiger a donné comme nom générique au kanguroo-rat, dont M. Desmarest avoit déjà fait le genre Potoroo. Voyez ce mot. (F. C.)

HYPTÈRE (*Malacoz.*), dénomination employée par M. Rafinesque pour désigner un genre de mollusques nuds, qui paroît avoir les plus grands rapports avec les firoles, si même il en diffère, et auquel il donne en effet pour caractères : corps gélatineux, cylindrique; la bouche à l'extrémité d'une trompe :

deux yeux; une aile comprimée sous le ventre, et des branchies en appendices laciniés sous la queue, qui conviennent presque tous aux firoles, si ce n'est pour la position des branchies ; aussi supposerois-je volontiers qu'il y a ici quelque faute typographique, et qu'il faut lire *sur*, au lieu de *sous* la queue. Quoiqu'il en soit, M. Rafinesque caractérise deux espèces dans ce genre, et qui vivent dans les mers de Sicile : 1.° L'HYPTÈRE APPENDICULÉ, *Hypterus appendiculatus*, qui est hyalin, avec deux appendices articulés sous la poitrine, et un sous l'aile, ou nageoire ; 2.° L'HYPTÈRE A VENTRE ROUGE, *Hypterus erythrogaster*, qui est également hyalin avec le ventre rouge, et sans appendices articulés. L'appendice que M. Rafinesque note sous la nageoire est sans doute la ventouse que nous avons décrite dans la firole. Quant aux deux appendices articulés de la première espèce, il est probable que ce sont les organes que Forskal a décrits dans une des espèces qu'il a observées, et que nous présumons n'être autre chose que des œufs. Voyez FIROLE. (DE B.)

HYPTIE, *Hyptia*. (*Entom.*) C'est le nom donné par Illiger à un genre d'insectes hyménoptères, que M. Latreille dit être l'évanie pétiolée de Fabricius, insecte décrit comme venant de l'Amérique méridionale. (C. D.)

HYPTIS, *Hyptis*. (*Bot.*) Genre de plantes dicotylédones, à fleurs complètes, monopétalées, irrégulières, de la famille des *labiées*, de la *didynamie gymnospermie* de Linnæus, offrant pour caractère essentiel : Un calice à cinq dents ; une corolle à deux lèvres ; la supérieure à deux lobes ; l'inférieure à trois ; les quatre étamines didynames, insérées à la base de la lèvre inférieure ; un ovaire supérieur ; un style simple ; quatre semences au fond du calice persistant.

Ce genre comprend des plantes exotiques à tiges hautes, herbacées, ou presque ligneuses, chargées de fleurs nombreuses, sessiles, disposées par verticilles axillaires, quelquefois en têtes axillaires, pédonculées, très-souvent accompagnées de bractées en forme d'involucre; les feuilles sont simples, opposées. Jacquin, auteur de ce genre, a considéré la corolle comme renversée, trompé probablement par l'insertion des étamines et par le lobe mitoyen concave de la lèvre inférieure, qu'il regarde comme supérieure.

25.

Les hyptis, par leurs fleurs nombreuses, pourroient faire l'ornement des jardins paysagers ; elles sont encore très-peu cultivées, l'*hyptis capitata* excepté : elles exigent en hiver la serre chaude ou celle d'orangerie. Les graines doivent être semées sur couche et sous châssis, dans des pots remplis de terre de bruyère, mêlée d'un peu de terre franche. Le plant se retire lorsqu'il a deux pouces de haut, pour être repiqué isolément dans d'autres pots : on le tient, pendant l'été, à l'exposition la plus chaude ; on l'arrose modérément, et on le rentre dans la serre aux approches des froids : il faut lui donner tous les ans de la nouvelle terre.

HYPTIS A FLEURS EN TÊTE : *Hyptis capitata*, Jacq., *Icon. rar.*, 1, tab. 114 ; Lamk., *Ill. gen.*, tab. 507 ; Pluk., tab. 222, fig. 7 ; Burm., *Amer.*, tab. 163, fig. 2. Ses tiges sont droites, tétragones, rameuses, un peu velues, hautes de quatre à cinq pieds ; les feuilles ovales-lancéolées, un peu pétiolées, planes, glabres, dentées à leur contour ; les fleurs petites, blanchâtres, avec un teinte couleur de chair, réunies en têtes pédonculées, axillaires, situées au sommet de la plante, munies de bractées assez nombreuses, en forme de collerette ; la lèvre inférieure de la corolle remarquable par le lobe moyen très-concave, velu en dehors. On avoit rapporté à cette espèce le *clinopodium rugosum*, Linn. ; Dillen, *Elth.*, tab. 75, fig. 86. Willdenow le regarde comme une autre espèce, qu'il nomme *hyptis radiata*, à la vérité très-rapprochée, mais dont les feuilles sont plus alongées, radiées ; les folioles de l'involucre plus longues que les fleurs. Cette plante croit à la Caroline ; la première à la Jamaïque.

HYPTIS A FLEURS VERTICILLÉES ; *Hyptis verticillata*, Jacq., *Icon., rar.*, 1, tab. 115. Arbrisseau qui s'élève à environ six pieds de haut sur une tige droite, glabre, cylindrique, rameuse ; les jeunes rameaux herbacés, tétragones, garnis de feuilles opposées, pétiolées, un peu glabres, légèrement odorantes, lancéolées, aiguës à leurs deux extrémités, longues de trois à six pouces ; les fleurs blanches, petites, un peu purpurines à leur limbe, disposées par verticilles de six fleurs, sessiles ; les calices légèrement hispides. Cette plante croit à l'île de Saint-Domingue.

HYPTIS RECOURBÉE ; *Hyptis recurvata*, Poit., Ann. Mus., 7,

tab. 28, fig. 1. Plante de Cayenne, dont les tiges sont droites, hautes d'un à deux pieds ; les feuilles pétiolées, inégalement dentées en scie; les inférieures en cœur, les supérieures plus petites, alongées, parsemées en dessous de petits points noirs; les fleurs nombreuses, petites, pédicellées, réunies en tête à l'extrémité d'un pédoncule commun ; les pédicelles de la circonférence rameux, ceux du centre très-simples, munis à leur base d'un involucre à folioles hispides, filiformes; les calices du bord campanulés, puis cylindriques après la floraison, courbés ensuite en dehors à leur partie supérieure.

HYPTIS ROUGE FONCÉ; *Hyptis atro-rubens*, Poit., l. c., tab. 27, fig. 3. Ses tiges sont d'un rouge pourpre, quelquefois un peu velues, couchées et rameuses ; les poils disposés sur quatre lignes entre chaque nœud ; les feuilles ovales-oblongues, un peu pileuses, à dentelures arrondies; les fleurs petites, en têtes globuleuses ; les folioles de l'involucre ovales-oblongues; les réceptacles velus; les calices renflés à leur base après la floraison. Cette plante croit à l'île de Cayenne.

HYPTIS VELU ; *Hyptis hirsuta*, Kunth, *in* Humb. *et* Bonpl. *Nov. Gen.*, 2, pag. 318, tab. 161. Plante herbacée de la Nouvelle-Andalousie, à tige rameuse, tétragone, hérissée de poils articulés, garnie de feuilles sessiles, opposées, oblongues, obtuses, rétrécies à leur base, hispides, longues de deux ou trois pouces ; les fleurs réunies en têtes axillaires, opposées, à peine pédonculées; les folioles de l'involucre hispides, lancéolées, de la longueur des fleurs; le calice à cinq dents égales, subulées, de la longueur du tube de la corolle.

HYPTIS A FEUILLES DE CAMARA; *Hyptis lantanæfolia*, Poit., l. c., tab. 29, fig. 1. Ses tiges sont coudées à leur base, velues, herbacées, hautes de deux pieds ; les feuilles presque sessiles, oblongues, rétrécies à leurs deux extrémités, dentées en scie, blanchâtres, velues; les fleurs réunies en une petite tête, portée sur un pédoncule axillaire, munie d'un involucre à plusieurs folioles oblongues, aiguës, les calices hispides, à cinq dents divergentes; la corolle blanche. Cette espèce croit à Porto-Ricco.

HYPTIS A FEUILLES DE CHAMÆDRYS : *Hyptis chamædrys*, Poit., l. c., tab. 27, fig. 4.; *Clinopodium chamædrys*, Vahl, *Symb.*, 3, p. 77. Plante de la Guiane, velue sur toutes ses parties. Ses tiges sont couchées, purpurines, longues d'environ deux pieds, les feuilles pétiolées, ovales-oblongues, obtuses, crénelées; les fleurs réunies en une petite tête globuleuse, pédonculée; les folioles de l'involucre lancéolées-linéaires, de la longueur du calice. L'*hyptis pseudo-chamœdrys*, Poit., l. c., tab. 31, fig. 1, est très-rapprochée de l'espèce précédente, mais elle est plus petite dans toutes ses parties; ses feuilles sont plus étroites, plus aiguës, dentées en scie; les pédoncules plus courts que les entre-nœuds; les têtes ne sont composées que de sept à huit fleurs. Cette espèce croît aux Antilles.

Hyptis a court pédoncule; *Hyptis brevipes*, Poit., l. c. Plante découverte dans l'Amérique par MM. Humboldt et Bonpland, le long de la rivière de la Madeleine, dont toutes les parties sont couvertes de gros points noirs; les tiges rameuses, pileuses, sur leurs angles; les feuilles oblongues, deltoïdes, incisées; les fleurs réunies en têtes axillaires et opposées à l'extrémité d'un pédoncule long d'environ six lignes; les folioles de l'involucre lancéolées; les calices un peu velus, trois et quatre fois plus grands après la floraison, à cinq dents hispides, subulées.

Hyptis tomenteux; *Hyptis tomentosa*, Poit., l. c. Ses tiges sont droites, simples, hautes de deux pieds, couvertes d'un duvet blanc, tomenteux; les feuilles épaisses, oblongues, pétiolées, crénelées, blanches et tomenteuses; les fleurs en têtes axillaires, presque en ombelle, opposées ou alternes, portées sur de longs pédoncules cotonneux, ainsi que les calices; la corolle blanche et lanugineuse en dedans, un peu violette en dehors. Cette espèce croît dans l'Amérique méridionale.

Hyptis a fleurs nombreuses; *Hyptis polyanthos*, Poit., l. c. Plante très-odorante, à tige droite, pubescente, tétragone; les rameaux paniculés; les feuilles pétiolées, ovales, inégalement denticulées, un peu rudes en dessus, blanchâtres et cotonneuses en dessous; les fleurs disposées en têtes nombreuses, blanchâtres; les pédicelles courts; les folioles de l'involucre sétacés; la corolle fort petite, violette et pubescente. Cette plante croît dans le royaume de Quito.

Hyptis en épi; *Hyptis spicata*, Poit., l. c., tab. 28, fig. 2. Plante de Saint-Domingue, dont les tiges sont droites, herbacées, hautes de trois à cinq pieds, à angles rudes et saillans; les feuilles pétiolées, inégalement dentées, aiguës; les inférieures

ovales, en cœur; les supérieures plus petites, presque rhomboïdales, douces au toucher; les fleurs disposées en épis simples,
terminaux, longs de quatre à six pouces, composés de très-
petites têtes pédonculées, axillaires; les bractées lancéolées; les
corolles petites, d'un bleu clair; le tube très-long, courbé à sa
base ; le calice plus court, puis trois fois plus long que les
bractées après la chute de la corolle.

HYPTIS DE PERSE : *Hyptis persica*, Poit., l. c.; *Brotera persica*,
Spreng., *Trans. Linn.*, 6, pag. 151, tab. 12. Cette espèce, découverte en Perse par MM. Olivier et Bruguière, a des tiges
rameuses, tétragones, hautes de quatre pieds, entourées à
chaque nœud de poils, et de feuilles pétiolées, ovales, dentées
en scie, un peu rudes au toucher; les fleurs disposées en petites têtes axillaires, pédonculées, environ quatre fleurs à
chaque tête, accompagnées de deux bractées plus longues que la
fleur; la corolle petite, d'un jaune pâle ; les filamens velus ; le
style violet; le stigmate en tête.

HYPTIS FAUSSE-MÉLISE; *Hyptis melissoides*, Kunth, *in* Humb. *et*
Bonpl., 2, pag. 320. Arbrisseau aromatique, à tige droite,
très-rameuse, haute de six pieds; les rameaux pubescens; les
feuilles opposées, pétiolées, oblongues, elliptiques, dentées
en scie, pubescentes en dessus, blanchâtres et tomenteuses en
dessous; les pédoncules axillaires, géminés, pubescens, bifides
au sommet, chargés de plusieurs fleurs blanches, pubescentes ;
les filamens hérissés. Cette plante croît à la Nouvelle-Grenade.
(POIR.)

HYPULE, *Hypulus*. (*Entom.*) Il est probable que c'est par
erreur typographique que ce nom se trouve dans le nouveau
Dictionnaire d'Histoire naturelle de Deterville. Voyez HYPALE.
(C. D.)

HYRACLEIA (*Bot.*), un des noms grecs anciens de la parié-
taire, suivant Mentzel. (J.)

HYRAX. (*Mamm.*) Ce nom générique, dont l'étymologie
est fort obscure, fut donné par Hermann (*tab. affinit. animalium*,
pag. 115) à un de ces mammifères anomaux qui, possédant
les caractères de plusieurs ordres, ne peuvent que difficilement s'agréger en particulier à l'un d'eux, et semblent, par
leur singulière organisation , indiquer la nécessité de nouvelles divisions. Ces animaux se reconnoissent facilement dans

les systèmes, à la manièré dont ils sont ballottés d'un ordre ou d'un genre à l'autre. Ainsi, celui qui fait le sujet de cet article, placé parmi les rongeurs, par Pallas et Erxleben, comme cavia, et par Hermann, Gmelin et Scheber, comme hyrax, fut rangé parmi les pachydermes, par MM. G. Cuvier, Geoffroy, Duméril et Illiger. Il paroît cependant qu'il n'est bien naturellement placé ni dans l'un ni dans l'autre de ces deux ordres. Il diffère des pachydermes par ses ongles qui, bien loin d'envelopper tout le bout des doigts, peuvent à peine en couvrir l'extrémité supérieure ; par sa marche plantigrade qui nécessite beaucoup de souplesse dans le carpe et le tarse, tandis que les pachydermes ont ces mêmes parties roides, relevées et susceptibles du mouvement de pronation seulement; par ses poils qui sont très-fournis et très-doux, tandis que chez les pachydermes ils sont ou fort roides ou très-rares; et enfin, par les moustaches dont ses lèvres sont garnies, organes du toucher dont manquent absolument ces derniers animaux. Ses mouvemens sont aussi beaucoup plus variés que les leurs : il saute avec légèreté, et toutes ses habitudes semblent le rapprocher beaucoup plus des mammifères onguiculés que des ongulés : d'un autre côté, ses quatre incisives inférieures le distinguent nettement des rongeurs, ainsi qu'une petite fausse molaire qu'on trouve dans le jeune âge entre les incisives et les molaires supérieures. Tels sont les caractères généraux qui éloignent l'hyrax des rongeurs et des pachydermes; mais il se rapproche de ceux-ci par ses molaires qui sont presque en tout semblables à celles du rhinocéros; et il se rapproche des premiers par le squelette et les formes générales qui sont à peu près celles des cabiais, et par les organes du mouvement.

Le nombre des incisives est de deux à la mâchoire supérieure, et de quatre à l'inférieure ; les supérieures sont grandes, arquées, anguleuses à leur face externe, taillées en biseau à l'interne et fort pointues ; les inférieures sont couchées en avant, contiguës, cylindriques et à couronne coupée obliquement en avant : les molaires sont au nombre de six de chaque côté des deux mâchoires; et entre elles et les incisives existe, comme chez les rongeurs, un espace vide, dans lequel se trouve, à la mâchoire supérieure, une petite fausse molaire qui tombe dans le jeune âge ; la première molaire supérieure est la plus petite, et a sa couronne plate et triangulaire ; les autres ont leur couronne carrée, un peu concave, et à bord externe relevé et tranchant. De l'angle interne postérieur de la seconde et de la troisième, naît une petite côte qui vient jusqu'au milieu de la couronne ; et presque du milieu du bord interne des trois dernières, l'émail rentre dans l'intérieur de la dent et forme une fente longue et très-étroite qui divise en deux le côté interne de cette même dent. Les six inférieures ont les côtés interne et externe de la couronne lisses, l'antérieur et le postérieur relevés et tranchans, et dans le milieu de la couronne une colline transversale qui la divise en deux ; cette colline est échancrée à sa partie externe par un léger repli de l'émail.

Les narines sont obliques et entourées d'un petit mufle, dont la figure offre, vue de face, la forme d'un triangle, et la lèvre supérieure est fendue. L'œil est petit, et sa troisième paupière est assez développée pour couvrir la moitié du globe. La langue est oblongue, assez étroite, renflée à sa partie postérieure, lisse et douce. L'oreille est courte, large, arrondie et fort simple, car on ne remarque dans la cavité interne que trois forts tubercules, formant entre eux un triangle dont un des angles seroit dirigé en bas.

La plante et la paume sont entièrement nues et revêtues d'une peau douce ; les pieds de devant ont quatre doigts courts : le second est le plus long, puis viennent le premier, le troisième et le dernier. Ils sont gros et armés de fort petits ongles plats qui peuvent à peine couvrir le dessus du bout des doigts ; ceux-ci sont séparés en dessus jusqu'à leur origine, et réunis en dessous par la peau de la paume qui se continue jusqu'au bout de ces mêmes doigts, en forme de semelle ; ils ont chacun à leur base un petit tubercule, et la paume est terminée par deux autres tubercules plus saillans. Les pieds de derrière n'ont que trois doigts ; le médius est le plus grand, et les deux autres sont de même longueur. Ils sont tous trois entièrement libres, et le moyen et l'externe ont des ongles semblables à ceux des doigts antérieurs ; mais l'interne a le sien plus alongé, arrondi et recourbé en gouttière ; la plante n'a proprement que deux grands tubercules, l'un qui tient aux doigts, et l'autre qui va jusqu'au bout du talon, mais ils sont divisés en quatre autres par un petit sillon longitudinal qui les traverse obliquement. Il n'y a point de queue, et le corps est entièrement couvert de deux sortes de poils. les soyeux et les laineux; les premiers sont longs, doux, assez fournis et mêlés, en petite quantité, d'autres poils soyeux qui dépassent tout le pelage de quelques lignes ; les seconds sont plus courts, fins et en moindre nombre. La lèvre supérieure est garnie de longues moustaches ou soies noires, fortes et roides; il s'en trouve de semblables sous les sourcils et sous la gorge où elles sont très-grandes et au nombre de douze ou treize.

La verge est saillante, libre, courte, grosse, arrondie, un peu déprimée, et paroît être dirigée en arrière; son corps est finement plissé transversalement, et le gland est lisse et a une petite côte saillante dans son milieu : les testicules ne font aucune saillie : il y a trois mamelles de chaque côté, une pectorale placée sous l'aisselle et deux ventrales fort rapprochées et posées entre les cuisses.

La seule espèce bien connue de ce genre, le DAMAN, *Hyrax capensis*, Buff., Suppl., tom. 6, pl. 43, est de la grandeur d'un fort lièvre; ses formes sont lourdes, il est alongé, bas sur pattes; son cou est court, et sa tête est épaisse et terminée par un museau très-obtus; son pelage est d'un gris brun résultant d'une tiqueture de brun jaunâtre et de noirâtre : tout le dessous du corps, l'intérieur des membres, le dessus du carpe et du tarse, et une petite tache sur l'œil sont d'un brun très-pâle : l'intérieur de l'oreille est revêtu de petits poils gris, et il se trouve une teinte noire sur le dos qui dans quelques individus, forme une bande de cette couleur.

Le daman habite entre les fentes des rochers, et sert souvent de pâture aux animaux de proie. Les individus de cette espèce qui ont été transportés en Europe se sont montrés faciles à apprivoiser et susceptibles d'attachement; ils étoient fort agiles et très-propres, et se nourrissoient de végétaux, de fruits et de racines. Il se trouve au cap de Bonne-Espérance où les colons le nomment *klip-daas*, c'est-à-dire blaireau de rocher, et en Abyssinie où, selon Bruce et Salt, il est connu sous les nom d'*ashkoko* et de *gihé*.

On le rencontre encore au Liban où il est appelé *daman-Israël* ou *agneau d'Israël* par les Arabes. C'est celui-ci que Buffon a regardé à tort comme formant une espèce distincte du daman du Cap, se fondant sur les longues soies qu'il remarquoit dans son pelage, et sur la fausse idée que lui en avoit donnée la description de Bruce qui le représentoit comme n'ayant que trois doigts sans aucun ongle à tous les pieds. (F. C.)

HYRIE, *Hyris*. (*Conchyliol.*) Genre de coquilles bivalves, établi par M. de Lamarck, dans la nouvelle édition de ses Animaux sans vertèbres, pour placer quelques espèces intermédiaires aux mulettes et aux anodontes, et qui ont, en outre, quelque chose de la forme des véritables avicules. Les caractères de ce genre dont on ne connoît pas l'animal, mais qui très-probablement ne diffère pas de celui des anodontes, sont : Coquille équivalve, oblique, trigone, inégalement auriculée, ce qui rend le bord supérieur long et droit ; charnière formée par deux lames fort basses, l'une cardinale, divisée en plis nombreux divergens ; l'autre latérale, tout-à-fait lamelleuse ; ligamens linéaire et extérieur. Caractères qui se rapprochent beaucoup de ceux que M. le docteur Leach assigne à son genre Dipsas démembré lui-même des anodontes. Aussi les hyries sont-elles également nacrées à l'intérieur et recouvertes en dehors d'un épiderme vert, avec des impressions musculaires tout-à-fait semblables à ce qui a lieu dans le genre *Dipsas*, et l'on suppose qu'elles vivent dans les lacs des pays chauds.

M. de Lamarck ne caractérise que deux espèces d'hyrie :

1.° L'HYRIE AVICULAIRE, *Hyris aviculaire*. Lamk, Coquille de cent dix millimètres, couverte d'un épiderme d'un vert brun, avec des stries transverses très-fines ; les sommets lisses ; les oreillettes très-grandes, terminées en pointe, l'une beaucoup plus alongée que l'autre. On ignore au juste sa patrie. Une variété qui est plus raccourcie, et dont les oreillettes sont moins prolongées vient du Brésil.

2.° L'HYRIE RIDÉE, *Hyris corrugata*, Encyc. méth., pl. 247, fig. 2, *a*, *b*. Coquille de quatre-vingt-dix millimètres, trigone ; les sommets transversalement rugueux ; les oreillettes beaucoup plus courtes, et des stries longitudinales presque semblables à des sillons. On ignore sa patrie.

M. de Lamarck donne aussi comme appartenant à ce genre le *mya variabilis* de Maton., Act. Soc. linn. X, pag. 527, tab. 24, fig. 4, 5, 6, 7. (DE B.)

HYSOPE (*Bot.*), *Hyssopus*, Linn. Genre de plantes dicotylédones, de la famille des *labiées*, Juss., et de la *didynamie gymnospermie*, Linn., qui a pour caractères : Un calice monophylle, cylindrique, strié, à cinq dents aiguës ; une corolle monopétale, tubulée à sa base, ayant son limbe partagé en deux lèvres dont la supérieure droite, courte, échancrée, et l'inférieure partagée en trois découpures dont la moyenne est bilobée ; quatre étamines droites, écartées, saillantes, hors de la corolle, deux plus longues et deux plus courtes ; un ovaire supérieur, à quatre lobes, portant un style filiforme, terminé par un stigmate bifide ; quatre graines nues, ovoïdes, situées au fond du calice persistant.

Les hysopes sont des plantes herbacées, ou souligneuses, à feuilles simples, opposées, et à fleurs verticellées, disposées ordinairement en épi terminal. On n'en connoît que cinq espèces.

L'υσσωπος, dont les Latins ont fait *hyssopus*, est, dans Dioscoride, le nom d'une plante dont il distingue deux sortes, l'une des montagnes et l'autre des jardins, mais dont il ne donne aucune description, parce que cette plante étoit alors connue de tout le monde. Si les botanistes modernes ont attribué le nom d'*hysopus* au genre de plantes qui fait le sujet de cet article, ce n'est cependant pas qu'il soit très-certain qu'aucune des deux espèces de Dioscoride lui appartiennent, et quelques auteurs même ont pensé qu'on devoit plutôt les rapporter aux genres *Satureia*, *Thymbra*, ou au *Teucrium*. Sibthorp, dans son *Floræ græcæ Prodromus*, n.° 1321, rapporte avec doute l'hysope de montagne de Dioscoride, υσσωπος ορείνος, au *thymbra spicata*.

Il est encore plus douteux que la plante qui dans la Bible est nommée *ezob* (mot que les traducteurs ont rendu par *hyssopus*), soit notre hysope. Cette espèce paroit avoir été une très-petite plante puisqu'il est dit dans le livre des Rois, que Salomon a connu toutes les plantes, depuis le cèdre du Liban jusqu'à l'hysope qui sort de la muraille. Quelques auteurs ont pensé que l'hysope de Salomon étoit une mousse, et le voyageur-naturaliste Hasselquist ayant trouvé le *bryum truncatulum*, Linn., très-abondant sur les murs de Jérusalem, cela lui a fait soupçonner que cette mousse pourroit bien être l'*ezob* de Salomon. Il est d'ailleurs assez difficile de concilier cette opinion avec les usages que les Hébreux faisoient de leur hysope ; ils employoient principalement cette plante dans les purifications, comme l'attestent les passages suivans, tirés des livres saints : *Asperges me hyssopo, et mundabor*, dit le psalmiste. *Sacerdos........ in purificatione ejus sumet duos passeres..... atque hyssopum* (Levit., c. 77).

HYSOPE OFFICINALE : *Hyssopus officinalis*, Linn., *Spec.*, 796. ; Bull., Herb., tab. 322 ; Jacq., *Flor. Austr.*, tab. 254 ; *Hyssopus officinarum, cærulea seu spicata*, Bauh., Pin., 217 ; Tournef., Inst., 200. Ses tiges sont droites, presque ligneuses dans leur partie inférieure, hautes d'un pied à quinze pouces, garnies de feuilles lancéolées-linéaires, plus ou moins glabres. Ses fleurs sont ordinairement bleues, quelquefois rouges ou blanches, presque sessiles, et disposées, plusieurs ensemble, dans les aisselles des feuilles supérieures, en épis tournés d'un seul côté. Cette espèce croît naturellement sur les collines, dans le midi de la France et de l'Europe ; elle fleurit en juin et juillet.

L'hysope a une odeur pénétrante assez agréable ; sa saveur est aromatique et un peu âcre. On emploie en médecine principalement ses sommités fleuries, comme excitantes et toniques dans les affections catarrhales chroniques, à la fin des rhumes, dans les débilités de l'estomac. On prépare dans les pharmacies un sirop et une eau distillée d'hysope dont on fait usage dans les mêmes cas.

HYSOPE A FLEURS RENVERSÉES : *Hyssopus lophantus*, Linn., *Spec.*, 796 ; Jacq., *Hort. Vend.*, tom. 182. Ses tiges sont hautes d'un pied et demi, légèrement pubescentes, garnies de feuilles ovales-oblongues, obtuses, crénelées, élargies et presque en cœur à leur base, portées sur de courts pétioles ; ses fleurs sont bleuâtres, beaucoup plus grandes que dans les autres espèces du genre, portées trois à cinq ensemble sur des pédoncules axillaires, solitaires, un peu plus courts que les feuilles ; leur corolle est oblique et presque complètement renversée. Cette espèce est originaire des parties septentrionales de la Chine ; on la cultive en pleine terre au Jardin du Roi.

HYSOPE A FEUILLES DE CATAIRE : *Hyssopus nepetoides*, Linn., *Spec.*, 796 ; Jacq., *Hort. Vend.*, 1, pag. 28, t. 69. Ses tiges sont droites, rameuses, glabres, hautes de quatre à cinq pieds, quadrangulaires, à angles tranchans, garnies de feuilles pétiolées, cordiformes, dentées en scie, à peu près glabres. Ses fleurs sont petites, nombreuses, d'un blanc jaunâtre, accompagnées de bractées presque cordiformes, et disposées en épis terminaux. Cette espèce croît naturellement dans les Etats-Unis d'Amérique et en Canada ; on la cultive au Jardin du Roi.

On connoît encore l'*hyssopus scrophulariæfolius*, Willd., originaire du Canada, qui a beaucoup de rapports avec l'espèce précédente, et l'*hyssopus angustifolius*, Marsch., qui croit dans la Tauride, et qui se rapproche de l'hysope officinale.

Willdenow a formé un genre particulier sous le nom d'*Elsholtzia* de l'*hyssopus ocymifolius*, Lamk., et de l'*hyssopus cristatus*, Lamk. Voyez ELSHOLTZIA. (L. D.)

HYSOPE DE HAIE (*Bot.*), nom vulgaire de la gratiole et de l'hélianthème commun. (L. D.)

HYSOPE DES GARIQUES. (*Bot.*) Dans le midi de la France, on désigne sous ce nom l'hélianthème commun. (L. D.)

HYSSOPIFOLIA. (*Bot*) Cette plante de C. Bauhin est le *lythrum hyssopifolia* de Linnæus, que Camerarius nommoit *hyssopoides*, et Cordus *grase poley* ou *gratiola minor*. (J.)

HYSSOPIUM. (*Bot.*) La plante indiquée sous ce nom par Dioscoride est, suivant Columna, celle que l'on nomme maintenant *teucrium polium*. (J.)

HYSSOPUS. (*Bot.*) Ce nom latin, consacré pour l'hysope des jardins et ses congénères, a été donné anciennement à d'autres plantes, non seulement à l'*origanum onites*, qui est de la même famille, mais encore suivant l'indication de C. Bauhin, à d'autres très-différentes, telles que le *melampyrum pratense*, le *gratiola officinalis*, et l'*helianthemum vulgare* ou *cistus helianthemum* de Linnæus. Celui-ci cite encore, d'après divers auteurs, ce nom comme synonyme des deux *thymbra*, du *sideritis incana*, du *dracocephalum austriacum*, et du *rhinanthus indica*; ce qui prouve que ces auteurs anciens n'avoient pas une idée exacte des caractères du véritable hysope. (J.)

HYSTERIONICA. (*Bot.*) Ce genre de plantes a été proposé par Willdenow, en 1807, dans les Mémoires de la Société des Naturalistes de Berlin. Mais la description générique donnée par l'auteur, est tellement mauvaise, qu'il nous semble impossible de déterminer, d'après elle, l'ordre naturel dans lequel on doit classer le genre dont il s'agit. Voici cette des-cription que nous traduisons littéralement du latin en fran-çois, et qui seroit tout-à-fait inintelligible, si nous n'aver-tissions pas que Willdenow attribue l'*Hysterionica* à la syngé-nésie polygamie nécessaire, et le rapproche du *Psiadia*.

Calice à peu près égal; corolle tubuleuse; style des fleurs femelles deux fois plus long que la corolle; stigmate simple; aigrette double : l'intérieure paléacée; l'extérieure séteuse, hispide.

L'auteur du genre n'en connoît qu'une espèce qu'il nomme *Hysterionica jasionoides*. C'est une plante herbacée, trouvée dans la province de Buénos-Ayres, et qui ressemble extérieu-rement au *Jasione montana*. Sa tige, longue de près d'un pied, est rameuse, un peu anguleuse, hérissée de soies; les rameaux sont alongés, simples, terminés chacun par une calathide; les feuilles sont sessiles, un peu décurrentes, longues d'un demi-pouce, linéaires-lancéolées, très-entières, point veinées, munies, sur la nervure médiaire et sur les bords, de longues soies étalées. Willdenow a oublié de dire si les feuilles sont alternes ou opposées.

On pourroit supposer que l'*Hysterionica* a de l'affinité avec le genre *Hymenopappus*, ou avec le genre *Marshallia* : mais nous ne croyons pas que la plante en question appartienne à l'ordre des synanthérées. C'est peut-être une campanu-lacée, voisine du genre *Jasione.* Il seroit également possible qu'elle appartînt à l'ordre des boopidées. Enfin, et pour épui-ser ici toutes les conjectures, nous ne serions pas étonné que l'*Hysterionica* eût quelque affinité avec le singulier genre *Ce-vallia*, décrit et figuré par M. Lagasca, dans ses *Genera et species Plantarum*. Pour résoudre les doutes que nous venons d'expri-mer, il seroit indispensable d'examiner avec soin l'échantil-lon que Willdenow a si mal décrit, et qui existe peut-être encore dans son herbier. (H. Cass.)

HYSTERIUM. (*Bot.*) Ce genre appartient à la famille des *hypoxylées.* Son caractère est donné par son conceptacle alongé ou oblong, uniloculaire, s'ouvrant par une fente lon-gitudinale, et contenant des séminules droites, enveloppées dans un liquide gélatineux. Ce conceptacle, gros au plus comme une graine de millet ou de pavot, constitue toute la plante. Les *hysterium* diffèrent des *opegrapha* et de quelques autres genres voisins (de la famille des lichens, selon Acharius, et de la familles de hypoxylées, selon Decandolle), par l'absence de toute croûte lichénoïde. Ce genre, très-voisin de l'*hypoderma* de Decandolle, qui n'en étoit qu'une division, en diffère essentiellement, parce que les espèces croissent sur les troncs d'arbres morts. Les genres *Hysterium* et *Hypoderma* réunis constituent l'*hysterium* établi par Tode, puis adopté par Persoon, et modifié ensuite par Fries qui a fait à ses dépens le genre *Actidium* ayant pour type l'*hysterium globosum*, Persoon. Il comprend une quinzaine d'espèces. Les unes sont libres ou superficielles, d'autres enfoncées dans le bois : elles sont obligées alors de le déchirer pour sortir. Ces deux modes de croissance ont servi de caractères à Nées pour diviser ce genre en deux.

HYSTERIUM EN FORME DE PUCE : *Hysterium pulicare*, Pers.; Decand., Fl. Fr., n.° 828; Nées, Trait. Champ., tab. 39, f. 302; Mich., *Nov. Gen.*, tab. 50, fig. 2. Voyez le cahier n.° 15, planch. 8, fig. 3, de ce Dictionnaire. Conceptacles oblongs ou elliptiques, rapprochés, noirs, compactes, striés et ouverts en dessus par une fente longitudinale. Ces conceptacles ont une ligne de long. Ils croissent sur l'écorce des vieux chênes, des aunes, des bouleaux, des marroniers, et aussi sur la croûte de certains lichens ; mais alors ils sont assez difficiles à reconnoître, surtout dans la jeunesse.

HYSTERIUM OPÉGRAPHE; *Hysterium opegraphoides*, Dec., Fl. Fr., n.° 507. Conceptacles à moitié enfoncés dans le bois, noirs, oblongs, convexes, rapprochés, se touchant assez souvent. Il croît sur le bois mort, et ressemble à un *opegrapha*, ou bien à un *graphis*.

HYSTERIUM DU SAPIN : *Hysterium abietinum*. Pers., *Syn.*; Decan., Fl. Fr.; *Suppl.*, n.° 829 a; *Opegrapha paralella*, Ach., Méth. Conceptacles noirs, ramassés, enfoncés dans les petites fentes parallèles et longitudinales du bois, linéaires ou elliptiques, munis en dessus d'une fente à bord mince, et à disque plane. Cette plante croît sur le bois à demi pourri et desséché du sapin. Lorsqu'elle est humectée, elle est un peu roussâtre.

HYSTERIUM A VALVES; *Hysterium valvulum*, Nées, Trait., tab. 39, fig. 299. Conceptacles arrondis, s'ouvrant en trois ou six valves qui se réfléchissent en dehors. Il croît sur le bois mort, et pourroit former un genre particulier.

HYSTERIUM RÉTRÉCI : *Hysterium angustatum*, Pers., *Syn.*; Nées, Trait., tab. 59, fig. 303 *a*. Conceptacles noirs, très-alongés, linéaires, presque lisses et presque parallèles, et s'ouvrant en dessus en une large fente. On le trouve sur le bois sec.

HYSTERIUM LONG ; *Hysterium longum*, Pers., *Syn.* Conceptacles noirâtres, livides en dedans, épars, très-longs, à moitié enfoncés dans le bois, qui forme autour de chacun d'eux une petite ceinture, s'ouvrant en dessus et dans toute leur longueur. Cette espèce croît sur le bois de hêtre desséché. C'est la plus grande du genre, ses conceptacles ayant présque une ligne et demie de longueur ; quelquefois deux ou trois sont groupés ensemble.

HYSTERIUM EFFILÉ : *Hysterium elongatum*, Wahlenb., *Fl. Lapp.*, pag. 523; *Excl. Syn.*, Pers. Conceptacles superficiels, alongés, linéaires, noirs, opaques, à lèvres, ou bords de la fente, convexes et presque lisses. On le trouve sur les rameaux du saule et de la bourgène (*Rhamnus frangula*).

HYSTERIUM VARIABLE ; *Hysterium varium*, Fries, l. c., pag. 192. Conceptacles superficiels, noirs, un peu alongés ; lèvres peu apparentes, de même couleur que le disque. C'est une espèce assez grande qui croît sur le bois de chêne desséché et le plus dur. Elle ressemble assez à certaines espèces de *sphæria*. Elle est tantôt ronde, tantôt oblongue, et le plus souvent alongée.

HYSTERIUM PONCTIFORME ; *Hysterium strictum*, Fries, l. c. Conceptacles enfoncés dans le bois, fort petits, ponctiformes ; oblongs, pointus, à bords de la fente très-minces, un peu convexes. Il croît en Suisse, sur le bois pourri.

HYSTERIUM GLOBULEUX : *Hysterium globosum*, Pers., *Syn.*; *Actidium hysterioides*, Fries, *Obs. myc.*, 2, 1818, pag. 33. Conceptacles rassemblés, noirs, lisses, ronds, ou bien à trois, quatre, cinq et six côtes; fente supérieure en forme d'étoile, à deux, trois, quatre, cinq, six rayons. On trouve cette espèce sur le bois dépourvu d'écorce; la forme de sa fente supérieure est le caractère que Fries a pris pour son genre *Actidium* dans lequel, outre cette plante, il ramène le *sphæria stellulata* d'Ach., qu'il désigne par *Actidium Acharii*, *Obs. myc.*, 2, pag. 198, tab. 3, fig. 1, *a*, et qui croît sur la bourgène.

HYSTERIUM A COQUILLE : *Hysterium ostraceum*, Decand., Fl. Fr.;

n.° 827, et *Suppl.*; *Hypoxylon ostraceum*, Bull., *Champ.*, t. 444, f. 4. Conceptacles gris sale, bruns ou noirâtres, groupés ou épars, formés de deux valves d'abord fermées, puis qui s'ouvrent et se séparent comme les battans d'une coquille bivalve. Cette espèce croît sur le bois mort. L'*Hysterium mythilinum* paroît en être une variété qui croît sur les écorces d'arbre. Fries présume qu'elle peut appartenir à son genre *Lophium*; Ehrenberg ne balance pas à l'y réunir. Ehrenberg a décrit aussi plusieurs espèces exotiques du genre *Hysterium* dans les *Horæ physicæ berolinenses*, où il fait connoître plusieurs genres établis à ses dépens, *Solenarium*, *Tryblidium*, *Scaphophorum*, etc. (Lem.)

HYSTERO-CEPHALOS ou SPHÆRO-CEPHALOS. (*Bot.*) Battara désigne ainsi les champignons qui présentent la forme d'une matrice ou celle de la poire. (Lem.)

HYSTÉROLITE. (*Foss.*) On a autrefois donné à des corps fossiles, dans la forme desquels on a cru trouver quelque ressemblance avec les organes extérieurs de la génération de la femme, les noms d'*Hysteroliti*, *Bucarditæ*, *Cunolites*, *Hystera petra*, *Hysterolithos*, *Concha Veneris lapidea*, etc.

Lapides qui pudendum muliebre repræsentant, seu figuram histeroideum pudendum cum nymphis. Bertrand, Dictionnaire des Fossiles, pag. 267. Traité des pétrif., tab. 57, fig. 594. (*mauvaise.*)

Quelques auteurs, qui ont parlé de ces corps, les ont distingués en hystérolites ailés, et sans ailes, et ont annoncé qu'ils étoient des noyaux de térébratules. Cette origine ne peut concerner que ceux qu'ils ont appelés hystérolites ailés; car, pour les autres, on voit dans l'oryctologie de Dargenville que les figures B et 3 de la planche 7, qui sont citées (pag. 349), comme représentant des hystérolites que l'on trouve en Roussillon, près du village de Saint-Laurent de Cerdans, et qui sont annoncées comme étant l'ossement de quelque animal terrestre ou marin pétrifié, représentent des polypiers auxquels on donne le nom de cyclo ites.

Quant aux hystérolites ailés que l'on trouve dans des couches schisteuses aux environs de Coblentz, et dont on voit des figures dans l'ouvrage de Knorr sur les pétrifications, tab. B iv, fig. 5 et 6, il est très-probable qu'ils sont des moules intérieurs de coquilles bivalves qu'on peut rapprocher des térébratules;

mais nulle espèce connue avec son têt ne paroît s'y rapporter. Ces corps sont suborbiculaires, un peu aplatis, amincis sur les bords, convexes du côté opposé à la rainure dont il sera parlé ci-après. Leur diamètre est de 15 à 16 lignes. A l'endroit où a dû se trouver la charnière, on voit du côté bombé, au milieu de cette dernière, un enfoncement longitudinal de 3 à 4 lignes. De chaque côté de cet enfoncement, il s'en trouve deux autres arrondis qui se prolongent en deux lignes jusque sur l'autre côté, autour d'une saillie bombée de 7 à 8 lignes de longueur, sur 3 à 4 lignes de largeur, et se terminant en pointe du côté de la charnière. Cette saillie est divisée dans sa longueur par une rainure assez profonde qui se trouve au milieu. Un de ces moules que je possède a ses bords très-finement striés.

Il est très-probable que ces moules ont été formés dans des coquilles bivalves non plissées du genre des térébratules, ou de quelques autres qui s'en rapprochent; car il y a certaines espèces de coquilles plissées qui ont été rangées jusqu'à présent dans ce genre et dont les crochets présentent des formes qui se rapprochent de celles des hystérolites.

On a autrefois donné le nom de *Diphyites* à ceux de ces corps dans lesquels on a cru remarquer d'un côté la figure des parties de la génération de la femme, et de l'autre celles de l'homme. Valérius assure que dans le district de Farsharar, en Scanie, on trouve les coquilles pétrifiées qui servent de moule à ces Diphyites.

Les auteurs qui ont parlé des hystérolites ont annoncé qu'on en trouve à Trèves, près de la forteresse d'Erenbreitstein, dans l'île de Gothland, à Marienbourg dans le pays de Hesse, et dans d'autres endroits; mais il paroît qu'on ne les rencontre que dans les plus anciennes couches. (D. F.)

HYSTÉROPE. (*Erpetol.*) Voyez Bipède dans le Supplément du IV.ᵉ vol. de ce Dictionnaire. (H. C.)

HYSTEROPHORUS. (*Bot.*) Vaillant désignoit ainsi le genre que Nissole avoit précédemment appelé *partheniastrum*, et que Linnæus a nommé plus récemment *parthenium*. (H. Cass.)

HYSTÉROPODE. (*Erpétol.*) Voyez Hystérope. (H. C.)

HYSTRIX. (*Bot.*) Ce nom latin du porc-épic a été donné par Rumph au *barleria hystrix*, parce que cet arbrisseau de l'Inde est chargé d'épines axillaires. Linnæus l'a donné aussi comme nom spécifique à son *elymus hystrix*, plante graminée dont l'épi, composé de locustes fermes et aigus, paroit comme hérissé. Moench a voulu faire de cette dernière un genre distinct sous le nom de *hystrix*, parce que ses locustes sont privées de glumes. Ce genre a été adopté par Schrader sous le nom de *gymnostephium*, et par Willdenow sous celui de *asprella*, mais aucun n'a été admis jusqu'à présent. (J.)

HYSTRIX (*Mamm.*), nom que les Grecs et les Latins donnoient au porc-épic. (F. C.)

HYVOURAHÉ. (*Bot.*) Voyez HIVOURAHÉ. (J.)

I

IAAR-VOGEL. (*Ornith.*) Ce nom, qui signifie *oiseau de l'an*, est celui sous lequel on a envoyé de Batavia à M. Temminck, l'individu qui est décrit par M. Levaillant sous celui de calao javan, *buceros javanus*, dans l'Histoire naturelle d'une partie d'oiseaux rares de l'Amérique et des Indes, pag. 45, planch. 22. (Ch. D.)

IAATS-DE, IAATS-TA (*Bot.*), noms japonois de l'*aralia japonica* de M. Thunberg. (J.)

IACAICACHI (*Bot.*), nom caraïbe de l'acajou à meuble. Voyez CEDRÈLE. (LEM.)

IACAPUCAIA (*Bot.*), nom brésilien, suivant Marcgrave, d'une espèce de quatelé, *lecythis ollaria*, dont le fruit a la forme d'une marmite couronnée de son couvercle. Il est nommé marmite de singe, parce que ces animaux mangent les graines qu'il contient. (J.)

IACCHUS. (*Zool.*) Genre établi par M. Geoffroy pour placer le ouistiti (*simia iacchus*, Linn.), et les espèces de singes qui s'en rapprochent. Voyez OUISTITI et SINGE. (DESM.)

IAGAGUE. ((*Ichthyol.*) C'est sous ce nom brésilien que l'abbé Bonnaterre décrit le moucharra, poisson que Linnæus a appelé *chœtodon saxatilis*, et dont nous avons donné l'histoire à l'article GLYPHISODON. (H.C.)

IAIAMADOU. (*Bot.*) Voyez IEAIEAMADOU. (J.)

IAITCHIR (*Ornith.*), nom kouril d'une espèce de canard. (Cʜ. D.)

IAKAIAK (*Ornith.*), nom koriaque d'oiseaux cités dans la description du Kamtschatka par Krascheninnikow, comme désignant des espèces de sternes ou hirondelles de mer. (Cʜ. D.)

IALLAL. (*Ornith.*) Les Koriaques donnent ce nom et celui d'*ialalgapin* à des espèces de canards. (Cʜ. D.)

IAMBU. (*Ornith.*) Cet oiseau est décrit par Marcgrave, pag. 192, comme étant une perdrix de la grosseur de la nôtre, dont le plumage est tacheté de brun sur un fond jaune. Des auteurs l'ont rapporté au tocro. Ce mot s'écrit aussi avec un *y*. (Cʜ. D.)

IARDU. (*Ornith.*) Ce nom, que Nieremberg, pag. 217, écrit avec un *I*, et qu'on trouve dans d'autres auteurs avec un *Y*, est donné, par quelques peuplades d'Amérique, à l'autruche de Magellan, autrement appelée *cheuque* ou *nandu* ; c'est le même que l'*iandou* de Jonston et de Charleton, et l'*yandou* de Jean de Laet. (Cʜ. D.)

IARON. (*Bot.*) Voyez Isaʀoɴ. (J.)

IARTUM. (*Bot.*) Voyez Dʀɪz. (J.)

IARUMA (*Bot.*), nom brésilien, selon Oviedo, du coulequin, *cecropia peltata*, Linn. (Leᴍ.)

IASSE, *Iassus.* (*Entom.*) Nom donné par Fabricius à un genre d'insectes hémiptères de la famille des *collirostres*, dont le bec court ne seroit composé, suivant cet auteur, que de deux pièces. Ces insectes sont compris dans notre genre Cicadelle. Au reste, ce nom en françois devroit être Jᴀsse. Voyez ce mot. (C. D.)

IATA. (*Bot.*) Nom chinois d'une espèce de corossol ou nattier, cité primitivement par le jésuite Boym, missionnaire en Chine, qui le nomme *ya-ta*, et rapporté par Burmann, dans le *Fl. Ind.*, à l'*atamaran* du Malabar, *anona squamosa* de Linnæus. On lit encore, dans l'*Hort. Malab.*, que le nom brame *iata* est donné au *tjeru-manneli* du Malabar, petite plante aquatique dont le genre n'est pas connu. Il existe aussi à Ceilan un Jᴀᴛʜᴀ-Æᴍʙᴜʟᴀ (voyez ce mot), espèce de phyllanthe. (J.)

IATI et KAJU-IATI (*Bot.*), noms malais du tek. (Leᴍ.)

IAUSIBANT (*Bot.*), nom arabe, cité par Avicenne, du muscadier, *myristica*, dont le fruit, récolté dans les îles de Banda, est nommé, pour cette raison, par cet auteur, *nux bandensis*. (J.)

IAVORFA. (*Bot.*) Dans la Hongrie, suivant Clusius, on nomme ainsi l'érable plane, *acer platanoides*; l'érable ordinaire, *acer campestre*, est nommé *iharfa*. (J.)

IBA BIRABA. (*Bot.*) Cet arbre du Brésil, cité par Marcgrave, à feuilles opposées et à fruit charnu, polysperme, couronné par le limbe du calice, paroît être une espèce de myrte. (J.)

IBA CURU-PARI. (*Bot.*) Arbre du Brésil, cité par Marcgrave, dont le fruit, de la grosseur d'une orange, est divisé intérieurement en quatre à sept loges, dont chacune contient une seule graine, de la grosseur d'une châtaigne recouverte d'un tégument testacé et fragile; l'amande est blanche et bonne à manger. D'après cette description, il est probable que ces graines sont celles que l'on connoît sous le nom de châtaignes du Brésil, contenues dans un fruit nommé maintenant BERTHOLLETIA. Voyez ce mot. (J.)

IBACUS. (*Crust.*) Voyez SCYLLARE et MALACOSTRACÉS. (DESM.)

IBALIE, *Ibalia*. (*Entom.*) M. Latreille a indiqué sous ce nom de genre une espèce de petit diplolèpe, dont il a donné une figure qui laisse, à la vérité, plus qu'à désirer, à la planche E-11, n.° 6 du tom. XVI du nouveau Dictionnaire d'Histoire naturelle. La figure qu'en a donnée Panzer, dans sa Faune d'Allemagne, cah. 72, pl. 6, est bien meilleure. M. Latreille croit que l'insecte qu'il a décrit sous ce nom, correspond au genre *Sagaris* de Panzer, et que, dans son dernier ouvrage sur les piézates, Fabricius l'a décrit sous le nom de *banchus cultellator*. Aussi notre auteur l'appelle-t-il *ibalie coutellier*. L'un des caractères principaux seroit l'irrégularité dans la forme des mandibules, dont l'une n'auroit que deux dentelures intérieures, tandis que l'autre en auroit quatre. On ignore les mœurs de cet insecte, qui s'est trouvé dans le midi de la France. C'est par analogie de configuration, qu'on le suppose voisin des cynips ou diplolèpes, et comme se développant, sous forme de larve, dans le tissu des plantes vivantes. (C. D.)

IBAMETARA. (*Bot.*) L'arbre qui porte ce nom et celui d'*acaia* dans le Brésil, suivant Marcgrave, est regardé par Linnæus comme le même que son *spondius myrobalanus*, espèce de monbin. (J.)

IBAPURUNGA. (*Bot.*) Marcgrave cite sous ce nom un arbre

du Brésil, à feuilles alternes et ternées, portant, sur chaque pédoncule, plusieurs fleurs à cinq pétales, auxquelles succèdent des baies de la grosseur d'une petite noisette, contenant, sous un parenchyme charnu, un noyau osseux à trois loges monospermes. Cette description incomplète est insuffisante pour déterminer les véritables affinités de cet arbre, que l'on rapporte avec doute aux rhamnées. (J.)

IBARA. (*Bot.*) Un des noms japonois du *rosa canina*, suivant M. Thunberg. Elle est aussi nommée *ige* ou *igino*, ainsi que le *rosa multiflora* de cet auteur. (J.)

IBATI. (*Bot.*) Marcgrave figure et décrit sous ce nom une plante laiteuse et sarmenteuse, rampant sur terre, à feuilles opposées, en cœur, à fleurs axillaires, à fruits de la grosseur d'un œuf, couvert de tubercules alongés, et contenant, dans son intérieur, beaucoup de graines aigrettées. On peut affirmer que c'est une espèce d'asclépiade. (J.)

IBDARE. (*Ichthyol.*) Quelques auteurs écrivent ainsi IDBARE (voyez ce mot), dont l'orthographe est plus généralement adoptée. (H. C.)

IBERA-PUTERANA. (*Bot.*) Nom cité par Marcgrave d'un arbre que les Portugais nomment *pao-ferro*, bois de fer, à cause de la dureté de son bois qui émousse le tranchant d'un couteau. Sa fructification n'est pas connue. Ils donnent le même nom à l'IBIRA-OBI. Voyez ce mot. (J.)

IBÈRE, *Iberus*. (*Conchyl.*) Dénomination employée par M. Denys de Montfort pour désigner une petite coupe générique qu'il a établie dans le genre Hélix des conchyliogistes modernes, et qui devoit contenir les espèces qui sont ombiliquées, déprimées, carénées, et dont l'ouverture est angulaire et sans dents. Le type de ce genre est l'*Helix gualteriana*, fig. dans Gualtéri, tab. 68., fig. F. C'est une belle espèce d'hélix d'Espagne, dont la coquille, d'un pouce et demi de diamètre et d'un gris blanchâtre, est remarquable parce qu'elle est plus bombée du côté de l'ombilic que de celui de la spire, qui paroît encore plus plat à cause d'une carène. (DE B.)

IBÉRIDE, *Iberis*, Linn. (*Bot.*) Genre de plantes dicotylédones, de la famille des *crucifères*, Juss., et de la *tétradynamie siliculeuse*, Linn., dont les principaux caractères sont les suivans : Calice de quatre folioles ovales, concaves, ouvertes,

caduques; corolle de quatre pétales inégaux, les deux extérieurs plus grands, les deux intérieurs plus petits; six étamines,
dont deux plus courtes; un ovaire supérieur, arrondi ou ovale,
comprimé, surmonté d'un style peu alongé, terminé par un
stigmate obtus : silicule arrondie ou ovale, entourée d'un
petit rebord particulier, échancrée au sommet, à deux valves
carénées, opposées à la cloison, et à deux loges ne contenant
qu'une graine chacune.

Les ibérides sont des plantes le plus souvent herbacées, à
feuilles alternes, simples ou pinnatifides, et à fleurs disposées en corymbe ou en grappe; elles ont beaucoup de rapports
avec les tabourets (*thlaspi*) par la forme de leurs fruits; mais
elles s'en distinguent facilement par leur corolle irrégulière.
On en connoît vingt et quelques espèces qui, pour la plupart,
croissent naturellement en Europe; nous ne parlerons ici que
des suivantes.

Ibéride pinnée : *Iberis pinnata*, Linn., *Spec.*, 907; *Thlaspi al-
terum minùs umbellatum*, etc., Lob., *Icon.*, 218. Sa racine est
pivotante, annuelle; elle produit une tige droite, rarement
simple, le plus souvent divisée en plusieurs rameaux divergens, hautsde six à dix pouces, très-légèrement pubescens ainsi
que les feuilles. Celles-ci sont ailées ou profondément pinnatifides, à pinnules linéaires, écartées. Les fleurs sont blanches,
disposées, au sommet de la tige et des rameaux, en corymbes
qui ne s'alongent pas sensiblement pendant le développement
des fruits. Les silicules sont arrondies, échancrées, à lobes
un peu aigus et divergens, plus courts que le style. Cette espèce
croît dans les champs du midi de la France et de l'Europe.

Ibéride amère : *Iberis amara*, Linn., *Spec.*, 906; *Thlaspidium
folio iberidis*, Riv., *Tetrap. irreg.*, tab. 112. Sa racine, pivotante et annuelle, produit une tige très-rarement simple et
droite, le plus souvent divisée dès sa base en un grand nombre
de rameaux, longs de six à dix pouces, légèrement anguleux,
très-étalés, redressés en leur partie supérieure, garnis de
feuilles oblongues, rétrécies en coin par le bas, et bordées de
quelques dents écartées. Ses fleurs, blanches et souvent d'un
rouge clair en vieillissant, sont disposées, au sommet des tiges
et des rameaux, en corymbes qui s'alongent un peu en grappes
pendant le développement des fruits. Les silicules, arrondies,

et échancrées, ont leurs lobes un peu aigus et assez rapprochés. Cette plante est commune dans les champs cultivés et dans
les moissons.

Iбéride en ombelle : *Iberis umbellata*, Linn., *Spec.*, 906;
Thlaspi Candiæ umbellatum, iberidis folio, Lob., *Icon.*, 216. Sa
racine est annuelle, pivotante ou partagée en un petit nombre
de fibres. Sa tige est droite, haute de huit pouces à un pied,
légèrement anguleuse, souvent simple, garnie de feuilles
glabres comme toute la plante ; celles de la partie inférieure
de la tige lancéolées-linéaires, aiguës, munies en leurs bords
de quelques dents écartées; les supérieures tout-à-fait linéaires,
le plus souvent très-entières. Les fleurs sont d'un rouge clair,
rarement blanches, disposées, au sommet de la tige et des
rameaux, en corymbes d'abord resserrés et hémisphériques,
mais s'alongeant un peu en grappes à mesure que la fructification s'opère. Les silicules sont ovales, largement échancrées
et à lobes très-aigus. Cette plante croît en Italie et dans le
midi de l'Europe. On la cultive pour l'ornement des jardins,
où ses fleurs produisent un joli effet en juillet et août. Elle
n'est pas délicate, et elle se sème souvent d'elle-même ; mais,
comme elle supporte assez difficilement la transplantation, il
vaut mieux la semer dans des pots dont on conserve la motte
en plantant les pieds, et l'on peut d'ailleurs par ce moyen ne
mettre ceux-ci en place qu'au moment où ils vont fleurir.

Iбéride odorante : *Iberis odorata*, Linn., *Spec.*, 906; *Iberis
nana*, *All. Auct. Fl. Ped.*, 15, tab. 2, fig. 1 ; *Thlaspi quar-
tum parvum, odorato flore*, Clus., *Hist.*, CXXXII. Sa racine
est pivotante, blanchâtre, annuelle : elle produit une tige
simple ou divisée en quatre ou cinq rameaux, légèrement anguleux, hauts de deux à quatre pouces, couchés à leur base,
garnis de feuilles un peu charnues, glabres comme toute la
plante, les radicales ovales-arrondies, pétiolées ; les suivantes
oblongues, et les supérieures linéaires, sessiles. Les fleurs sont
odorantes, le plus souvent d'uu rouge clair, quelquefois
blanches, disposées en corymbe serré, terminal, ne s'alongeant point après la floraison. Les silicules sont ovales-arrondies, échancrées et à lobes aigus. Cette plante croît dans les
montagnes de la Savoie, du Dauphiné et de la Provence.

Iбéride a feuilles de lin ; *Iberis linifolia*, Linn., *Spec.*, 905. Sa racine est pivotante, bisannuelle ; elle donne naissance à une tige légèrement anguleuse, droite, simple ou peu rameuse, haute d'un pied ou un peu plus. Ses feuilles sont glabres comme toute la plante ; les radicales lancéolées-linéaires, un peu dentées ; celles de la tige toutes linéaires, un peu aiguës, entières. Ses fleurs sont blanches ou d'un rouge clair, disposées en corymbe serré, presque semiglobuleux, ne s'alongeant pas après la floraison. Cette ibéride se trouve dans les champs et sur les collines en Provence, en Languedoc, en Espagne, en Portugal.

IBÉRIDE TOUJOURS VERTE : *Iberis sempervirens*, Linn., *Spec.*, 905 ; *Thlaspi creticum perenne, flore albo*, Barrel., *Icon.*, 214, fig. 2. Sa tige est ligneuse à sa base, tortueuse et divisée en un grand nombre de rameaux cylindriques, étalés, ou même couchés, nus et persistans dans une partie de leur étendue, herbacés, feuillés et redressés à leur partie supérieure, longs en tout de quatre à huit pouces. Ses feuilles sont oblongues ou linéaires, sessiles, un peu charnues, glabres, entières et obtuses. Ses fleurs sont blanches, quelquefois, rougeâtres, disposées, d'abord en un corymbe serré, et s'alongeant un peu en grappe après la floraison ; leurs deux pétales extérieurs sont quatre fois plus grands que les intérieurs. Les silicules sont ovales, échancrées. Cette espèce croît naturellement dans les fentes des rochers des Alpes et des Pyrénées. On la cultive pour l'ornement des jardins, où elle peut rester en pleine terre pendant l'hiver. On la multiplie de graines, de marcottes et même de boutures.

IBÉRIDE DE PERSE : *Iberis semperflorens*, Linn., *Spec.*, 904 ; *Thlaspi latifolium platycarpon, leucoii foliis*, Bocc., *Sic.*, 55, tab. 29. Cette espèce est un petit arbuste haut d'un pied à un pied et demi, divisé en rameaux foibles, tortueux, raboteux dans leur partie nue, par les cicatrices des anciennes feuilles ; garnis, dans leur partie supérieure, de feuilles oblongues, spatulées, entières, glabres, lisses, un peu charnues, persistantes. Les fleurs sont blanches, pédicellées, disposées, au sommet des rameaux, en corymbes ombelliformes. Les silicules sont plus larges que longues, aplaties, à peine échancrées à leur sommet et comme tronquées. Cette espèce croît naturellement en Perse et en Sicile. On la cultive comme plante d'ornement. Elle fait un joli effet lorsqu'elle est en fleurs. Elle ne fleurit

d'ailleurs pas continuellement comme on pourroit le croire
d'après le nom spécifique qui lui a été donné; elle est seulement
en fleurs pendant une partie de l'automne et pendant tout l'hiver, temps pendant lequel les autres fleurs sont en général
plus rares, et c'est à cette époque que son feuillage est aussi
d'un vert plus luisant et plus agréable. On la plante en pot, et
on la rentre pendant l'hiver dans l'orangerie, où il faut la placer
le plus près possible du jour. On la multiplie facilement de
boutures que l'on peut faire pendant tout l'été à l'ombre, dans
un pot rempli d'un mélange de terre franche légère et de
vieux terreau. En ayant soin de la tailler et de l'élaguer convenablement, on l'élève facilement sur une seule tige de dix à
douze pouces de haut, et on lui forme une tête arrondie d'un
aspect fort agréable. (L. D.)

IBERIS. (*Bot.*) Ce nom, donné primitivement à quelques
plantes crucifères réunies depuis à la passerage, *lepidium*, et qui
appartenoit spécialement au *lepidium iberis*, a été transporté
par Linnæus à un autre genre voisin dans la même famille.
Voyez IBÉRIDE. (J.)

IBERITE. (*Min.*) M. Fischer cite M. Schlegelmilch comme
auteur de cette dénomination, et croit que ce minéral appartient à la famille des zéolithes. (B.)

IBERUS PISCIS. (*Ichthyol.*) Les Anciens nommoient ainsi le
maquereau, parce que dans l'antique Ibérie on s'en servoit
pour la préparation du garum, ce que rappellent ces deux vers
de la 8e. satire du second livre d'Horace:

> His mixtum jus est oleo, quod prima Venafri
> Pressit cella; garo de succis piscis Iberi
> Vino. . . . .

Voyez MAQUEREAU, GARUM et SCOMBRE. (H. C.)

IBETIBIBOBOCA (*Bot.*), nom caraïbe cité par Surian,
d'une espèce d'angrec, *epidendrum ciliare* de Linnæus. (J.)

IBETTSONIA. (*Bot.*) Voyez CYCLOPIA. (POIR.)

IBEX (*Mamm.*), nom que les Latins paroissent avoir donné
au bouquetin. (F. C.)

IBIARE. (*Erpét.*) Voyez IBYARA. (H. C.)

IBIARIBA. (*Bot.*) Margrave cite, sous ce nom et sous celui
d'andira, un arbre de la famille des légumineuses, qui est l'an-

gelin de Plumier, et que les botanistes ont continué de nommer *andira*. C'est l'*andira ibaiariba* de Pison. (J.)

IBIBE. (*Erpétol.*) Feu Daudin a donné ce nom à une couleuvre bien différente de l'*ibiboboca* et de la *corais*, avec lesquelles on l'a cependant confondue. Garden et Catesby l'ont découverte en Caroline, et probablement que la couleuvre biponctuée, *coluber bipunctatus* de Daudin, n'en est qu'une variété. C'est le *coluber ibibe* de Daudin, et le *coluber ordinatus* de Gmelin. Voyez Couleuvre. (H. C.)

IBIBOBOCA. (*Erpét.*) Nom spécifique d'une couleuvre du Brésil. C'est le *coluber ibiboboca* de Daudin. Ce serpent est décrit tom. XI, pag. 188 de ce Dictionnaire. (H. C.)

IBIBOCA. (*Erpét.*) Nom spécifique d'une couleuvre, *coluber corais*, Lacépède. Nous avons décrit ce reptile tom. XI, p. 187 de ce Dictionnaire. (H. C.)

IBIEMTIRAITI (*Bot.*), nom caraïbe, suivant Surian, d'une grande espèce d'*orchis*. (J.)

IBIGA (*Bot.*), un des noms anciens de l'yvette, selon Daléchamps. (J.)

IBIJARA. (*Erpét.*) Séba, *Thes.*, 11, tab. 25, n.° 1, a parlé d'un serpent du Brésil qui porte ce nom. Ce reptile a été aussi mentionné par Marcgrave et Pison. Il paroît que c'est une sorte d'Amphisbène. Voyez ce mot. (H. C.)

IBIJAU. (*Ornith.*) Voyez, au mot Engoulevent, la 2.ᵉ section de ce genre, tom. XIV, p. 501. (Ch. D.)

IBIK. (*Ornith.*) On appelle ainsi en Turquie la huppe, *upupa epops*, Linn. (Ch. D.)

IBIPITANGA. (*Bot.*) Arbre du Brésil cité par Marcgrave et Pison, que Linnæus rapportoit à son *plinia rubra*, et que nous avons cru devoir être plutôt rapproché de l'*eugenia uniflora*. Willdenow a levé la difficulté en supprimant ce *plinia* et le réunissant à l'*eugenia*. (J.)

IBIRA. (*Bot.*) Voyez Embira (J.)

IBIRABA. (*Bot.*) Nom brésilien, cité par Marcgrave, d'un arbre dont la description, quoique très-incomplète, paroit appartenir à un *lecythis*. Il y est fait mention d'une fleur de la grandeur d'une rose, au milieu de laquelle est un corps demi-lunaire replié sur lui-même, d'un fruit qui ressemble à une coupe fermée par son couvercle. (J.)

IBIRACEN. (*Bot.*) Ce nom brésilien, qui signifie douceur, est donné, selon Pison, à un arbrisseau que Pison croit être une espèce de réglisse, et qui est employé dans le pays aux mêmes usages. (J.)

IBIRACOA. (*Erpétol.*) Ray, Ruysch et Séba ont décrit, sous ce nom, trois espèces de serpens venimeux du Brésil. Il est bien difficile de rapporter ces reptiles à une place déterminée dans le système erpétologique. L'un d'eux cependant me paroît être la vipère brésilienne. (Voyez au mot VIPÈRE.) C'est l'individu figuré dans Séba, *Th.*, 11, tab. 41, n.° 5. (H. C.)

IBIRAÉE. (*Bot.*) Voyez HIVOURAHÉ. (J.)

IBIRA-OBI. (*Bot.*) Grand arbre du Brésil, nommé par les Portugais *pao-ferro*, bois de fer, à cause de la grande dureté et de la pesanteur de son bois, suivant le récit de Marcgrave ; on ne connoît ni sa fleur ni son fruit. (J.)

IBIRAPITANGA. (*Bot.*) Cet arbre du Brésil, cité par Marcgrave, est, selon lui, le *pao-brésil*, ou bois du Brésil des Portugais. Il est rapporté au *cæsalpinia echinata* de M. Lamarck. (J.)

IBIRAREMA. (*Bot.*) Nom brésilien d'un arbre remarquable par une odeur d'ail très-marquée, suivant Pison ; il dit que de son écorce broyée et triturée on retire une substance mucilagineuse, que l'on applique en cataplasme, dans le pays, sur le corps des enfans affectés de fièvres lentes. Il ne donne aucune indication qui puisse faire reconnoître le genre de ce végétal. (J.)

IBIS. (*Ornith.*) En établissant, dans ce Dictionnaire, le genre Courlis, *numenius*, on a déjà fait remarquer une partie des caractères distinctifs du genre *Ibis*, Cuv. Quoique pendant long-temps les ibis aient été confondus avec les tantales, *tantalus*, ils n'ont de rapports avec eux que par la nudité totale ou partielle de la tête et du cou, car les tantales ont le bec presque aussi large que la tête à sa base, un peu courbé seulement vers la pointe, et les mandibules fortes, tranchantes sur leurs bords et échancrées à leur extrémité. C'est, au contraire, la tête et le cou entièrement emplumés qui forment le caractère le plus saillant des courlis, comparés aux ibis ; car le bec, droit jusque vers les deux tiers de sa longueur, et beaucoup plus grêle que celui des tantales, est d'une courbure à peu près égale chez les deux autres. Mais le bec de l'ibis, d'une substance plus compacte, est tétragone à sa base, laquelle est arrondie chez les courlis; et la mandibule supérieure, qui excède un peu l'inférieure chez ce dernier, ne la dépasse pas dans l'ibis où les deux sillons des narines, beaucoup plus prolongés, s'étendent jusqu'au bout, qui est obtus. La langue de l'ibis, très-courte, lisse, sagittée et frangée à sa base, est enfoncée dans le gosier; ses pieds sont nus au-dessus du genou; les trois doigts de devant sont unis par une membrane à leur base; le pouce est assez long pour bien appuyer par terre, et les ongles sont droits et forts.

L'Australasie est la seule partie du monde où l'on n'ait pas encore trouvé d'ibis. Ces oiseaux fréquentent les bords des fleuves et des lacs. Ce ne sont pas, comme le disent Hérodote et d'autres auteurs anciens, des destructeurs de serpens et de reptiles venimeux ; les insectes, les vers, les coquillages fluviatiles et univalves, tels que les planorbes, les ampullaires, les cyclostomes, et quelquefois de petits poissons, forment leurs seuls alimens. La plupart nichent sur les grands arbres, et ils nourrissent leurs petits dans le nid jusqu'à ce que ceux-ci soient en état de voler.

A l'exception des *tantalus loculator*, *ibis* et *leucocephalus*, ou tantales d'Amérique, d'Afrique et de Ceylan, les autres espèces de ce genre sont, pour MM. Cuvier et Temminck, des ibis.

C'est depuis la publication du Voyage de Bruce seulement, qu'on a des notions positives sur le genre auquel doit être rapporté l'oiseau qui étoit si vénéré des Égyptiens, et qu'ils embaumoient après sa mort. L'ibis de Perrault et de Buffon a été reconnu depuis pour un *tantalus* (couricaca solleikel de M. Vieillot); celui d'Hasselquist pour un héron, probablement le même que l'*ox-bird* ou oiseau-bœuf de Shaw, et garde-bœuf des Européens établis en Égypte; et celui de Maillet, poule ou chapon de Pharaon, et *rachama* ou *rokhameh* des Arabes, pour un vautour, *vultur percnopterus*, Linn. Mais Bruce, qui a exécuté, pendant les années 1768 à 1773, son voyage entrepris pour découvrir les sources du Nil, a trouvé dans la Basse-Éthiopie un oiseau, qu'on y nommoit *abou-hannès*, père jean, et il a reconnu, en le comparant aux individus embaumés et en le rapprochant des descriptions anciennes, que cet oiseau

étoit le véritable ibis noir et blanc avec des reflets sur plusieurs
parties du corps, le même que le *mengel* ou *abou-mengel*, père
de la faucille des Arabes.

La découverte a depuis été constatée par M. Cuvier sur des momies que le colonel Grobert et M. Geoffroy avoient apportées
d'Egypte, et elle l'a été également sur d'autres momies
par M. Savigny, qui d'ailleurs a trouvé en Egypte même
l'oiseau qu'il a été à portée d'examiner vivant. Le premier
de ces auteurs a fait insérer, à ce sujet, dans les Annales du
Muséum, tom. 4, pag. 116, un mémoire accompagné de figures, dont l'extrait se trouve dans le Magasin encyclopédique, 6ᵉ. année, tom. 1, et dans le Bulletin des Sciences de la
Société philomathique, an 8, tom. 2, pag. 119; le second a
publié ensuite une histoire naturelle et mythologique du même
oiseau.

Ces deux ouvrages ont puissamment contribué à éclaircir des
points d'histoire naturelle couverts d'obscurité depuis bien
des siècles; mais il en existe néanmoins sur lesquels ces savans
ne sont pas d'accord, et telle est surtout la question relative aux
causes de la vénération des Egyptiens. M. Cuvier, qui a trouvé
dans une momie d'ibis des débris, non encore digérés, de peau
et d'écailles de serpens, en a conclu que ces oiseaux en mangeoient réellement ; M. Savigny n'en ayant jamais vu dans
l'estomac d'individus existans, les habitudes naturelles et toute
l'organisation des ibis lui paroissent, au contraire, démontrer
que ces oiseaux ne poursuivent, ne tuent, ni ne dévorent les
serpens, ainsi que le confirment l'analogie, et l'opinion bien
prononcée des Egyptiens actuels.

En cet état de choses, M. Savigny ne cherche pas à nier
le fait articulé par M. Cuvier ; mais, en observant qu'il est
isolé, et que le savant professeur ne dit pas où les débris
de serpens étoient placés, il ajoute, 1.° que, suivant Hérodote,
avant de procéder aux embaumemens on enlevoit les intestins
des ibis, réputés d'une excessive longueur ; 2.° qu'il a lui-
même trouvé, dans l'intérieur d'une momie du cabinet de
M. de Tersan, non des restes de viscères et de parties molles,
mais une multitude de larves ou de nymphes d'insectes, parmi
lesquelles il a distingué des mouches dorées, des escarbots,
un scaurus, etc., donnant ainsi lieu de supposer une méprise

sur la nature des débris considérés comme ayant appartenu à des serpens ; 3.° que d'ailleurs, certaines espèces de serpens étoient comptées parmi les animaux sacrés, et qu'on a découvert de ces momies de serpens dans les grottes de Thèbes ; 4.° que plusieurs de ces momies d'ibis qu'on a retirées des puits des oiseaux aux plaines de Saccara, renfermoient, sous une enveloppe générale, des agrégations d'animaux différens, dont on n'avoit recueilli que les débris.

On ne donnera pas ici plus de développemens à ces observations, et l'on se contentera d'appeler l'attention sur la circonstance, reconnue par M. Cuvier, que les débris qu'il a considérés comme provenant de serpens, n'étoient pas encore digérés, ce qui seroit tout naturel dans la supposition qu'ils n'avoient pas même été introduits dans le canal alimentaire.

Si, après cet examen, on reprend celui des assertions d'Hérodote sur le service prétendu que les ibis rendoient à l'Egypte, en la délivrant des serpens, on remarque qu'il est surtout question de leur antipathie pour ces reptiles, qu'ils combattent et qu'ils tuent ; mais il résulte de leur organisation, qu'elle n'est pas propre à leur donner les moyens de réussir dans de pareilles entreprises, et ceux des animaux qui nous délivrent des espèces malfaisantes, ne le font point en raison de la haine qu'ils leur portent, mais au contraire par l'attrait qu'ils trouvent à les dévorer et à s'en repaître. On n'a pas non plus fait assez d'attention que la nourriture des animaux est constamment la même, hors les cas de disette, qu'ils se gardent de provoquer ; et si les serpens, ailés ou non, étoient un aliment naturel aux ibis, au lieu de les empêcher de pénétrer dans le pays où ceux-ci doivent passer une partie de l'année, ils les suivroient dans les lieux de leur retraite. On conçoit aisément que des oiseaux de proie écartent d'autres rapaces plus foibles de l'espace de terrain que la force leur permet de se réserver pour leur chasse particulière ; mais il seroit difficile de supposer à des animaux quelconques un motif pour interdire l'accès de la contrée qu'ils habitent, à des êtres destinés à leur servir de nourriture. Et si l'on ajoute à ces considérations, en les restreignant aux ibis et aux serpens, que les contrées sablonneuses conviennent à ceux-ci, tandis que les terrains humides sont les lieux recherchés par ceux-là, on y trouvera de nouveaux motifs pour repousser comme fabuleuse l'opinion d'Hérodote, qui, en effet, n'a pas inspiré une grande confiance aux Grecs, puisque leur premier naturaliste a passé sous silence l'antipathie des ibis pour les serpens, et à plus forte raison leurs combats. Si Hérodote, qui dit avoir vu lui-même aux confins de l'Arabie, et à l'endroit où les montagnes s'ouvrent sur la vaste plaine de l'Egypte, les champs couverts d'une quantité incroyable d'ossemens entassés, présente ces ossemens comme les dépouilles des reptiles attaqués et détruits par les ibis au moment où ils étoient près d'envahir l'Egypte, c'est une simple opinion qu'il émet sur un fait qui ne peut provenir d'une telle cause. Ces énormes débris de poissons et d'autres animaux vertébrés, qui se seront amoncelés avec le temps dans un lieu étroit, abandonné ensuite par les eaux, répugnent à l'idée d'une pareille origine, et l'auteur ne l'a vraisemblablement supposée qu'en admettant des bruits populaires avec une crédulité excessive. Ces masses ne se seroient pas d'ailleurs long-temps conservées, si elles n'eussent consisté que dans les petits os de reptiles incapables de résister aux attaques d'oiseaux aussi foibles que les ibis.

C'est donc à d'autres circonstances qu'à la destruction des serpens qu'il faut attribuer la vénération des Egyptiens pour ces oiseaux qu'ils admettoient jusque dans leurs temples, et qu'il étoit défendu de tuer sous peine de mort. Dans un pays où le peuple, fort ignorant, n'étoit dirigé que par des idées superstitieuses, il est naturel qu'on ait imaginé des fictions pour exprimer avec énergie les heureuses influences du phénomène qui, chaque année, attire et retient l'ibis en Egypte. Sa présence constante aux époques de l'inondation qui triomphe de toutes les sources de corruption, et assure la fertilité du sol, a paru aux prêtres et aux personnes placées à la tête du gouvernement, la plus propre à frapper vivement les esprits, à faire supposer des rapports surnaturels et secrets entre les mouvemens du Nil et le séjour de ces oiseaux aimables et de mœurs innocentes, considérés alors comme la cause d'effets exclusivement dus aux débordemens du fleuve.

Outre l'ibis blanc et noir on révéroit également en Egypte un ibis tout noir, qui étoit aussi embaumé. Celui-ci est plus svelte que l'autre dans ses formes extérieures, et ses organes intérieurs sont aussi plus déliés. M. Savigny en a ouvert une vingtaine d'individus, et il n'a trouvé dans leur gésier fort étroit que de petits coquillages fluviatiles, avec quelques débris de végétaux, qui probablement les enveloppoient au moment où ils ont été avalés, et ne sont pas à considérer comme faisant proprement partie de la nourriture de ces oiseaux.

Les deux espèces ont le vol puissant et élevé; dans cette action le cou et les pattes sont étendus horizontalement, et de temps en temps ils jettent tous ensemble des cris bas et rauques, plus forts chez les blancs que chez les noirs. Quand ces oiseaux s'abattent sur des terres nouvellement découvertes, ils restent pressés les uns contre les autres, et on les voit, pendant des heures entières, occupés à fouiller la fange avec leur bec, avançant pas à pas et sans s'élancer jamais avec rapidité comme les courlis. Les ibis ne nichent plus en Egypte : les blancs arrivent dès que le Nil commence à croître, et leur nombre augmente ou diminue comme ses eaux. Leur migration a lieu vers la fin de juin, époque à laquelle, suivant Bruce, ils arrivent en Ethiopie. L'ibis noir, qui vient plus tard en Egypte, y reste aussi davantage. Le moment où les ibis se retirent avec les eaux du Nil, est celui que les chasseurs préfèrent; ils en tuent peu à coups de fusil, mais ils leur tendent des filets, et, pendant l'automne, on en trouve beaucoup, dont on a retranché la tête, dans les marchés de la Basse-Egypte et surtout dans celui de Damiette. On a apporté plusieurs ibis noirs et un blanc, en vie, à M. Savigny, qui a observé que le plus souvent ils avoient le corps presque horizontal, le cou fléchi et la tête inclinée, frappoient la terre du bout du bec, et ne se tenoient quelquefois posés que sur une patte.

Le même naturaliste a remarqué que l'ibis blanc va tantôt seul, tantôt par petites troupes de huit à dix, et que l'ibis noir, plus nombreux, forme des troupes de trente à quarante.

Quoique plusieurs des faits que l'on vient de rapporter appartiennent plus particulièrement aux ibis d'Egypte, on a cru pouvoir les présenter comme des généralités dans l'histoire du genre. On va maintenant passer à la description des espèces, en traitant d'abord des deux dont il a déjà été fait mention.

Ibis blanc : *Ibis religiosa*, Cuv.; *Tantalus æthiopicus*, Lath.

Cette espèce, que M. Cuvier avoit proposé de nommer *nume-nius ibis* avant de s'être déterminé à en former un genre, est celle qu'Hérodote a décrite comme ayant le plumage blanc, à l'exception de la tête et du cou qui sont nus, et dont la peau est noire, ainsi que les plumes des extrémités des ailes et de la queue ; le bec en grande partie courbé, et les jambes semblables à celles de la grue. La phrase caractéristique latine, par laquelle M. Cuvier propose de désigner cet oiseau, peut se traduire par corps blanc; tête et cou nus ; extrémité des rémiges, bec et pieds noirs; pennes secondaires des ailes alongées, d'un noir à reflets violets. C'est ainsi qu'on voit l'ibis dans la pl. 53, tom. 4, des Ann. du Mus. Mais cette phrase, très-juste dans sa brièveté, lorsque l'oiseau est adulte et a éprouvé quelques mues, exige des développemens si on veut l'appliquer à l'oiseau dans sa jeunesse, car il n'y a que l'espace compris entre les yeux et le bec qui soit toujours nu ; les joues, le bas du cou et la gorge des jeunes sont revêtus de quelques petites plumes blanches, et comme semées sur la peau qu'elles ne recouvrent qu'imparfaitement ; et le dessus de la tête l'est, ainsi que la nuque, de plumes plus grandes, mieux fournies, d'un noir à reflets, dont quelques unes sont bordées de blanc, et qui sont assez longues pour former une sorte de huppe à l'occiput si l'oiseau pouvoit les relever. C'est dans cet état que Bruce a représenté, tom. 5, pl. 36, son *abou hannès*, et que M. Savigny a fait figurer, pl. 1, son jeune ibis blanc, et pl. 2, lett. B, la tête seule de grandeur naturelle ; M. Savigny tire même de sa dernière remarque l'induction que l'oiseau en bronze de Middleton, *Antiq. Monument,* tab. 10, pag. 129, n'est pas aussi étranger à l'ibis que le pense M. Cuvier, car la petite huppe qu'on voit sur cette figure, pourroit n'être que le résultat d'une supposition fautive dans la faculté d'érection attribuée aux longues plumes de l'occiput trouvées sur l'individu encore jeune.

Au reste, quand la peau de la tête et du cou est devenue entièrement nue, elle prend une couleur noirâtre; les grandes pennes sont alors terminées par un noir cendré, luisant, dans lequel le blanc forme des échancrures obliques, et les secondes le sont par un beau noir à reflets verts et violets; les barbes des trois ou quatre pennes les plus internes deviennent, avec l'âge, si longues et si effilées qu'elles couvrent tout le croupion, et que, retombant par-dessus le bout des ailes, elles cachent une partie de la queue, dont les véritables pennes sont blanches. C'est la forte échancrure formée par le blanc avec le noir du croupion, qui, suivant Hérodote, retraçoit aux Egyptiens l'image de la lune dans son croissant.

Ibis vert. Cet oiseau, qui, sous certains aspects, paroît noir, n'est pas celui auquel Belon avoit donné cette dernière dénomination, en annonçant que son bec et ses pieds étoient rouges, et qu'il vivoit en Egypte. Suivant M. Savigny on ne connoît dans aucune partie de cette contrée l'ibis de Belon ; mais Latham prétend qu'il existe en grand nombre dans les marais près du Volga, et il paroît que c'est celui qu'on nomme *karavaikr* sur les bords de l'Iaïk. Au reste l'espèce dont il s'agit ici est l'ibis noir de M. Savigny, appelé par Aristote *leheras* ou *ieheras*, et aujourd'hui, par les Arabes, *el hareiz*. On a déjà dit que cette espèce, dont M. Savigny a donné la figure pl. 4, étoit plus petite dans toutes ses dimensions que l'ibis blanc et noir ; on a même annoncé qu'elle étoit plus commune en Egypte que celui-ci, et l'on a fait connoitre plusieurs particularités de son histoire ; mais on n'a pas encore exposé que cet ibis est connu depuis long-temps en Europe, et surtout en Italie, où on le nomme *ayron negro*.

Cette espèce, dont la taille est d'un pied dix à onze pouces, a, jusque vers sa troisième année, les plumes de la tête, de la gorge et du cou bordées de blanchâtre avec des raies longitudinales d'un brun noirâtre ; le dos et les parties supérieures sont d'un cendré brun, avec des reflets verts sur les ailes et la queue ; et les parties inférieures du corps sont d'un noir cendré. C'est alors le *tantalus viridis* de Gmelin et le courlis vert de Brisson. Dans un âge plus avancé, la tête est d'un marron noirâtre ; le cou, le haut du dos, le poignet de l'aile, la poitrine et tout le dessous du corps sont d'un marron vif ; le bas du dos, le croupion, les pennes et les couvertures des ailes et de la queue sont d'un vert noirâtre à reflets bronzés et pourprés ; les yeux sont entourés d'une peau verte, encadrée dans une bande grisâtre ; l'iris est brun ; le bec est d'un noir verdâtre et brun à sa pointe, et les pieds sont d'un brun tirant sur le vert. Sa synonymie, dans cet état, comprend les *tantalus igneus* et *falcinellus* de Gmelin, ou le courlis vert et le courlis d'Italie de Buffon, le courlis brillant de Sonnini. M. Temminck propose de l'appeler, en françois, *ibis falcinelle*.

L'individu représenté dans les planches enluminées de Buffon, n°. 819, est un vieux mâle. La femelle n'en diffère que par une taille plus petite.

Cette espèce qui, comme la précédente, habite le bord des fleuves et des lacs, niche en Asie; elle se rend périodiquement en Egypte, et elle est de passage en Pologne, en Hongrie, en Turquie et dans l'Archipel. Elle visite aussi les bords du Danube, la Suisse, et on la voit accidentellement en Hollande et en Angleterre. M. Vieillot trouve chez cet oiseau beaucoup de rapports avec l'ibis des bois, de Cayenne, *tantalus cayennensis*, Lath., 820°, pl. enl. de Buff., lequel vit dans les forêts, le long des ruisseaux et des rivières.

On a déjà pu remarquer combien les variations du plumage aux diverses époques de la vie des ibis, et surtout avant la troisième mue, doivent exposer à des erreurs les naturalistes qui, à défaut de points de comparaison, et dénués des moyens d'examiner les individus dans leur passage d'un état à l'autre, sont frappés de différences qui leur paroissent suffire pour motiver l'établissement d'espèces particulières. Il en est ici comme du genre assez voisin des hérons, et les considérations qui ont déterminé à passer légèrement sur des descriptions souvent plus propres à jeter de la confusion dans les espèces réelles qu'à en éclaircir la nomenclature, porteront à suivre ici la même marche. Parmi les espèces du genre *Tantalus* qui ont été jugées devoir appartenir au genre Ibis, il y en a bien plus qui existent dans le nouveau monde que dans l'ancien, où l'on ne trouve guères que les ibis *melanocephalus*, *cristatus calvus* et *manillensis*.

La Ire espèce, l'IBIS A TÊTE NOIRE, *Ibis melanocephalus*, Vieill., et *Tantalus melanocephalus*, Gmel. et Lath., existe dans l'Inde, sur les bords du Gange, où elle porte le nom de *jaunghill*. On la décrit comme ayant plus de dix-neuf pouces de longueur, et étant toute blanche, à l'exception du bec, de la tête et des pieds, qui sont noirs, et de quelques points de cette couleur semés sur le derrière de la tête et le dessus du cou; l'iris est de couleur brune. Latham dit, dans le premier supplément du *Synopsis*, pag. 240, que les plumes de son croupion servent souvent, comme celles de l'autruche, pour la parure des dames. Cette circonstance, qui annonce clairement l'existence des plumes relevées de l'*ibis religiosa* dans l'oiseau dont il s'agit, et d'autres rapports dans la description ne permettent presque pas de douter qu'il ne soit ici question de la même espèce ; si quelque chose peut étonner, c'est qu'on n'ait pas plus tôt saisi ce rapprochement, qui peut fournir des données nouvelles sur les voyages d'un oiseau dont on ne connoît pas encore le séjour pendant l'époque de la propagation.

La II.ᵉ espèce, l'IBIS HUPPÉ , *Ibis cristatus*, Vieill. , et *Tantalus cristatus*, Gmel. et Lath., que Buffon a représenté dans sa 841.ᵉ planche, se trouve à Madagascar. Cet ibis a sur la nuque une belle touffe de longues plumes blanches et vertes qui forment une sorte de panache ; le devant de la tête et le haut du cou sont de cette dernière couleur ; le reste du cou, le dos et le devant du corps sont d'un roux marron ; les ailes sont blanches ; les yeux sont environnés d'une peau nue ; le bec et les pieds sont jaunâtres. On indique, comme signes distinctifs de la femelle, une plus petite taille, une huppe plus courte, et une teinte grise répandue sur les ailes et sur le fond brun du plumage.

La III.ᵉ. est l'IBIS A TÊTE NUE , *Ibis calva*, Vieill. , et *Tantalus calvus*, Gmel. et Lath., pl. enlum. de Buff., n° 867. Cet oiseau qu'on trouve au cap de Bonne-Espérance et dans les lieux aquatiques de quelques autres parties de l'Afrique, est d'une taille un peu plus forte et plus épaisse que le courlis d'Europe ; sa longueur depuis le bout du bec jusqu'à l'extrémité de la queue, est de deux pieds un pouce, et il a un pied et demi de hauteur. Le fond de son plumage est noir, mais on y remarque des reflets verts et pourprés ; sa tête, entièrement nue ainsi que le haut du cou et le devant de la gorge, laisse voir au sommet une sorte de bourrelet de cinq lignes d'épaisseur , recouvert d'une peau mince et fort rouge. On prétend que cet oiseau n'est pas difficile à apprivoiser.

Tout ce qu'on sait du courlis brun, *ibis fuscata*, Vieill., et *tantalus manillensis*, Gmel. et Lath., c'est que, de la taille du courlis commun, il a tout le plumage d'un brun roux, que la peau qui lui entoure les yeux est verdâtre, ainsi que le bec, et qu'il a l'iris et les pieds rouges.

A l'égard de l'Ibis hagedash, *ibis hagedash*, Vieill., *tantalus hagedash*, Lath., auquel les colons du cap de Bonne-Espérance donnent aussi le nom de *hadelde*, Sparrman le décrit, dans son Voyage, comme étant un peu plus gros qu'une poule, ayant le bec long de cinq pouces, rouge en dessus et noir en dessous, le dessus du cou jaunâtre, les ailes d'un brun noir, la queue cunéiforme et environ deux fois plus longue que le bec, les pieds et les doigts noirâtres. On doute, d'après l'habitude attribuée à cet oiseau, de se nourrir de plantes bulbeuses, qu'il appartienne réellement au genre Ibis; et l'on sait, pour le prétendu ibis d'Hasselquist, que c'est un héron, qui n'a point paru à Buffon et à Mauduyt être différent de la garzette blanche.

M. Vieillot décrit encore, comme appartenant à l'ancien continent, un ibis à ailes cuivrées, *ibis calchoptera*, lequel a le bec long de quatre pouces cinq lignes, les pieds courts, la queue carrée à son extrémité, les yeux entourés d'une peau nue et rouge, ainsi que l'arête de la mandibule supérieure; la tête, le cou, la poitrine et le ventre gris; une raie blanche et étroite partant de l'oreille et descendant sur une partie du cou; le dos, les couvertures des ailes et le croupion d'un gris brun à reflets bronzés; les grandes pennes alaires et caudales d'un beau bleu changeant en violet foncé; les jambes brunes; les tarses et les doigts rouges. On s'est presque borné à transcrire littéralement cette description, car M. Vieillot se contente d'annoncer cet oiseau comme étant d'Afrique, sans dire où il se trouve et sans donner d'autre indication sur la manière dont il s'en est procuré la connoissance.

Les autres ibis, dont les auteurs font mention, appartiennent à l'Amérique. Ce sont :

L'ibis rouge : *Ibis rubra*, Vieill.; *Tantalus ruber*, Gmel. et Lath., figuré pl. enl. de Buffon, n.⁰ˢ 80 et 81, à l'âge de deux ans et dans l'état adulte. Cet oiseau, qui est couvert d'un duvet noirâtre à sa naissance, devient ensuite cendré, puis blanc, et enfin, après la seconde et la troisième mues, d'un beau rouge qui commence par s'étendre sur le dos, ensuite sur le cou, et finit par couvrir les ailes et les parties inférieures.

Sa taille est de vingt à vingt-quatre pouces ; tout le plumage du mâle est écarlate, à l'exception des pennes alaires dont l'extrémité est noire ; le bec, les pieds et la partie nue des joues et des jambes sont d'un rouge pâle. Chez la femelle les plumes sont terminées de gris sur la tête et sur le devant du cou ; d'un gris rougeâtre au-dessus du cou, et sur la première moitié du dos ; d'un rouge vif sur la seconde moitié, sur le croupion et sur les couvertures des ailes ; et elles sont d'une teinte plus pâle sur les parties inférieures du corps ; la pointe des deux premières pennes alaires est d'un bleu azuré.

Ces oiseaux vivent presque toujours en troupes, et les vieux forment le plus souvent des bandes séparées : leur vol est soutenu et rapide, mais ils ne se mettent en mouvement que le matin et le soir pour aller chercher leur nourriture, qui consiste en insectes, en coquillages et en petits poissons recueillis sur la vase le long des côtes de la mer ou près de l'embouchure des fleuves. Pendant la plus grande chaleur et durant la nuit ils se tiennent au frais sous les palétuviers. Les couvées, qui commencent au mois de janvier, finissent en mai ; ils déposent leurs œufs, de couleur verdâtre, dans de grandes herbes, ou sur des bûchettes rassemblées dans les broussailles. Ces ibis sont répandus dans les contrées les plus chaudes de l'Amérique, et, peu farouches, ils s'habituent aisément à vivre à la maison. M. de la Borde en a gardé pendant plus de deux ans un qu'il nourrissoit avec du pain, de la viande crue ou cuite, du poisson ; mais qui donnoit la préférence aux entrailles de poissons et de volailles. Souvent aussi il étoit occupé à chercher des vers de terre autour de la maison, ou à suivre le labour d'un nègre jardinier. Le soir cet oiseau se retiroit de lui-même dans un poulailler où couchoient une centaine de volailles ; il se juchoit sur la barre la plus haute, s'éveilloit de grand matin, voloit autour de la maison, et alloit quelquefois jusqu'au bord de la mer ; il fondoit sur les chats avec intrépidité ; et il auroit vécu plus long-temps, si un chasseur ne l'eût tué, en le prenant pour un courlis sauvage, au moment où il étoit sur une mare. Ce récit laisse entrevoir la possibilité d'élever, dans les contrées chaudes de l'Europe, un oiseau qui, suivant le témoignage de Laët, a déjà produit en domesticité, qui ne coûteroit rien à nourrir, et qui feroit un jour l'ornement de nos basses cours.

M. Temminck regarde l'ibis brun à front rouge, *tantalus fuscus*, Gmel., tab. 83, tom. 1, de Catesby, comme un jeune de la même espèce ; et M. Vieillot n'est pas éloigné de le considérer comme identique avec l'ibis blanc de l'Amérique, *tantalus albus*, Lath., pl. enl. 915, avec lequel il arrive dans la Caroline, et d'où il part aussi à la même époque. Si cette conjecture est fondée, il s'ensuivroit que l'ibis koko, *tantalus coco*, Lath., ne seroit pas non plus une espèce différente, puisque le même auteur soupçonne que ce dernier n'est qu'une variété du précédent. Il résulte de là que les *tantalus ruber, fuscus, albus* et *coco* demandent un plus mûr examen.

L'IBIS ACALOT : *Ibis mexicanus*, Vieill. ; *Tantalus mexicanus*, Gmel. et Lath., dont le nom, dans Fernandez, pag. 15, chap. 9, est *Acacalotl*, se trouve sur les bords des lacs et des étangs du Mexique ; il a dix-sept pouces de longueur ; le devant de la face est couvert d'une peau rougeâtre ; les plumes de la tête et du cou sont brunes, blanches et vertes ; celles du dos et du croupion sont mélangées de vert et de noir ; le dessous du corps est d'un brun rougeâtre ; les ailes présentent des reflets verts et dorés ; l'iris est rouge, les pieds sont bleus et les tarses noirâtres. M. d'Azara rapproche de cet oiseau son curucau rosé, n.° 365, et, quoique Sonnini ne soit pas de cet avis, il est probable que le premier est un jeune et celui-ci un adulte.

IBIS A COU BLANC : *Ibis albicollis*, Vieill. ; *Tantalus albicollis*, Gmel. et Lath., pl. enl. de Buff., n.° 976. Cette espèce, qu'on trouve à Cayenne, est un peu plus forte que le courlis d'Europe ; elle a vingt-quatre pouces de longueur ; Sonnini ne fait pas de doute qu'elle ne soit la même que le *mandurria* ou *curucau* proprement dit, n.° 362 de M. d'Azara, quoique celui-ci soit présenté par l'auteur espagnol comme ayant deux pouces de plus, et qu'il y ait quelque différence entre ses couleurs et celles de l'ibis de Cayenne, qui consistent dans un blanc roussâtre sur le cou, où il est moins foncé que sur la tête ; dans un brun nuancé de gris et à reflets verts sur le dos, le ventre et les grandes pennes des ailes, dont les couvertures sont blanches, et dans le bec noir et les pieds rouges, tandis que chez le *mandurria* les couleurs sont bien plus nettes et bien plus foncées. Au reste, comme on ne connoissoit que la dépouille du courlis de Cayenne, M. d'Azara nous apprend que le mandurria se trouve par couples, par familles et par bandes de cinquante; qu'il préfère les terrains secs aux terrains humides; qu'il n'entre ni dans les eaux ni dans les terres inondées, et qu'il se nourrit de vers de terre, de sauterelles et d'insectes qu'il prend même sur les animaux morts. Les individus qui habitent le même canton se rassemblent sur les arbres les plus élevés et les plus secs à la lisière des bois, d'où ils se répandent le matin sur le terrain, et ils placent sur le tronc des arbres brisés un nid profond et composé de quantité de bûchettes. Le cri que cet oiseau fait entendre lorsqu'il vole et même quand il est par terre, est *crucau, curucau;* des personnes prétendent entendre *totac,* et les Portugais du Brésil prononcent *masarico.* M. d'Azara a vu un individu de cette espèce qui étoit privé, et qui, comme le courlis rouge, dont on a déjà parlé, vivoit paisiblement avec les poules et les oies, mangeoit les débris de la cuisine, et ne cherchoit point à s'échapper, circonstance propre à démontrer de plus en plus qu'ils n'ont point de répugnance pour la domesticité.

M. d'Azara a formé, n.° 363, du curucau de couleur de plomb, une espèce que M. Vieillot a adoptée sous le nom d'*ibis cærulescens,* et qui, par son cri, paroît prononcer *ta,* répété six ou huit fois de suite; il avoue que cet oiseau a beaucoup de rapports avec le précédent dont il ne diffère, en quelque sorte, que par des proportions dans les nuances et une teinte générale plus plombée dans le plumage, et il ne fait pas mention d'une circonstance peut-être plus essentielle puisqu'elle consiste dans le nombre des pennes alaires, qui est de vingt-sept au lieu de vingt-cinq. D'ailleurs, quoique plus rare au Paraguay, celui-ci fréquente les mêmes lieux, vit des mêmes alimens, les cherche également sur les charognes; et, si l'on ajoute à ces circonstances celle que les deux oiseaux sont de la même taille, on ne croira pas devoir surcharger la monographie des ibis de cette nouvelle espèce.

Le cangui de M. d'Azara, B. 344, que Sonnini a probablement été fondé à associer au *nandapoa* de Buffon, est un de ces êtres ambigus dont on ne peut assigner la place avec précision d'après les seules descriptions qu'en ont données les auteurs. La substance dure et calleuse du bec de celui-ci, sa physionomie et plusieurs habitudes sembleroient devoir le faire mettre à côté du jabiru si, d'une autre part, son bec, loin d'être rebroussé, n'étoit légèrement courbé en bas. Veut-on, à raison de cette courbure, en faire un tantale? mais ses mandibules, au lieu d'être échancrées à leur extrémité, sont émoussées et obtuses. Enfin si l'on cherche à l'accoler aux ibis, dont le bec a peu de consistance, on voit, au contraire, que celui du cangui a la dureté de l'os. En cet état de choses, si l'on ne peut désigner avec certitude la place méthodique de l'oiseau, il paroît plus convenable de le laisser, au moins provisoirement, à côté de celui à la suite duquel le naturaliste espagnol l'avoit rangé, d'après plusieurs considérations qui tiennent autant aux habitudes qu'à sa conformation; et l'on renverra, en conséquence, le cangui dans le voisinage du jabiru, comme déjà l'avoit fait Latham dans son *Mycteria Americana*, Var.

On n'est pas plus certain du genre du *Matuitui*, que Marcgrave dit ressembler en petit au curicaca, et dont Gmelin et Latham ont fait leur *tantalus griseus*, qu'ils disent avoir le bec d'un rouge brun; la tête grise; le corps blanc; le bas du dos, le croupion, les pennes alaires et caudales d'un vert noirâtre; la face et les ongles noirs et les pieds rouges.

Forster a observé à l'île du Nouvel-An, près la Terre des Etats, un oiseau long d'environ vingt-sept pouces, dont la tête étoit couverte d'une peau ridée et qui portoit, sous la mandibule inférieure, une poche plissée et également dénuée de plumes, dont le vertex et le cou étoient fauves, qui avoit à la nuque des plumes plus alongées, dont le dos et les couvertures des ailes étoient cendrés, qui portoit une zone transversale de la même couleur sur la poitrine, et avoit d'ailleurs le plumage d'un noir à reflets verts, les pieds rouges, le bec et les ongles noirs. Latham et Gmelin ont fait de cet oiseau leur *tantalus melanopis*, pl. 79 du *Synopsis*, et M. Vieillot son *ibis melanopis*, ibis à masque noir.

La nomenclature des ibis offre enfin l'ibis de Surinam, *tantalus minutus*, Gmel. et Lath., qui n'est que de la taille du corlieu, et qu'on a déjà cité au mot Courlis, et le pillu, *tantalus pillus*, Gmel. et Lath., dont l'abbé Molina a donné une notice bien différente, puisque ce grand oiseau auroit des

jambes de deux pieds huit pouces de haut, le cou long de deux
ou trois pouces, le bec gros, convexe, pointu, et le front nu.
L'auteur italien ajoute que, vivant dans les marais, cet
oiseau se nourrit de reptiles, ne se pose jamais sur les
arbres, et place parmi les roseaux un nid dans lequel la femelle pond deux œufs d'un blanc bleuâtre. Cette description, qui contient peut-être des mesures exagérées, annonce,
dans la forme recourbée du bec, une circonstance qui met
dans un embarras à peu près semblable à celui qu'on a exposé pour le *nandapoa*, et l'oiseau a d'ailleurs une poche
comme le *jabiru argala*, raisons pour lesquelles M. Vieillot a
peut-être agi prudemment en lui consacrant un article séparé.
(Cʜ. D.)

IBITOBOUA (*Bot.*), nom caraïbe, suivant Surian, d'une
fougère des Antilles, qui est le *danœa alata* de Swartz ou une
espèce voisine. (J.)

IBIXUMA. (*Bot.*) Cet arbre du Brésil a, selon Marcgrave,
le port d'un cerisier et un peu son feuillage dentelé. Ses fruits,
semblables à une petite boule, donnent, lorsqu'on les écrase
avant la maturité, une matière visqueuse comme la glu. Lorsqu'ils sont mûrs, ils se fendent en cinq parties égales, et laissent
échapper des graines de la grosseur de celles de moutarde.
L'écorce de cet arbre, dépouillée de sa peau extérieure, est
également visqueuse, et on l'emploie dans le Brésil aux mêmes
usages que le savon. On n'a pas encore déterminé son genre botanique. Ses propriétés le rapprocheroient du savonnier, *sapindus*,
dont le fruit contient également une matière visqueuse; mais
celui-ci a les feuilles pennées et les folioles non dentelées. Il
pourroit avoir plus de rapport, par ses feuilles et la forme de son
fruit, avec le *guazuma*, nommé orme d'Amérique; mais aucun
auteur n'attribue à ce dernier une qualité savonneuse. (J.)

IBIYAU. (*Ornith.*) C'est ainsi qu'est écrit, dans la langue
des Guaranis ou habitans du Paraguay, le mot *ibijau*, appliqué
à des espèces d'*engoulevens*. (Cʜ. D.)

IBLAN. (*Mamm.*) Les Groënlandois donnent ce nom au
fœtus du phoque à croissant. (F. C.)

IBUKI. (*Bot.*) Un des noms japonois du *thuya dolabrata* de
M. Thunberg. La bistorte, *polygonum bistorta*, est nommée *ibuki-
toranoo*. (J.)

IBUTTA. (*Bot.*) Kæmpfer dit que cet arbrisseau du Japon ressemble au troëne; selon M. Thunberg, c'est le troëne lui-même. (J.)

IBYARA. (*Erpét.*) Seba a figuré, sous ce nom, un reptile de l'Amérique méridionale, qui est notre érix roux. Voyez ÉRIX. (H. C.)

IBYARIA. (*Erpét.*) Voyez IBYARA. (H. C.)

ICACO (*Bot.*), nom américain de l'icaquier ou prunier d'Icaque, adopté par Plumier pour désigner ce genre qui est maintenant le *chrysobalanus icaco* de Linnæus. (J.)

ICACOREA. (*Bot.*) Genre de plantes d'Aublet, réuni maintenant à l'*ardisia* de Swartz. (J.)

ICAN BADOERI JANG ONGOE. (*Ichthyol.*) Les naturels des Indes orientales appellent ainsi le sogo, poisson du genre HOLOCENTRE. Voyez ce mot. (H. C.)

ICAN BANDA. (*Ichthyol.*) Ruysch (*Theat. animal.*, pag. 40, n.° 8, tab. 20) a parlé sous ce nom de l'hémiptéronote cinq taches de M. de Lacépède. Voyez RASON. (H. C.)

ICAN COUDA (*Ichthyol.*), nom par lequel, aux îles Moluques, on désigne le cheval marin ou HIPPOCAMPE. Voyez ce dernier mot. (H. C.)

ICAN PAMPUS. (*Ichthyol.*) Aux Indes orientales, on donne ce nom au *chætodon macrolepidotus* de Linnæus. Voyez HENIOCHUS. (H. C.)

ICAN POTOU BANDA. (*Ichthyol.*) Quelques écrivains hollandois, Renard, entre autres, ont désigné par ce nom l'*hémiptéronote cinq taches*, de M. Lacépède. Voyez HÉMIPTÉRONOIR et RASON. (H.C.)

ICAN SWANGI. (*Ichthyol.*) Voyez IKAN PAROOLY. (H.C.)

ICAN TOE TOMBO. (*Ichthyol.*) Voyez KAKATOCHE CAPITANO. (H. C.)

ICAQUIER, *Chrysobalanus.* (*Bot.*) Genre de plantes dicotylédones, à fleurs complètes, polypétalées, régulières, de la famille des *rosacées*, de l'*icosandrie monogynie* de Linnæus, offrant pour caractère essentiel : Un calice campanulé, à cinq divisions; cinq pétales; des étamines nombreuses, insérées sur le calice et placées circulairement ; un ovaire supérieur; un style latéral, sortant de la base de l'ovaire ; le stigmate obtus. Le fruit est un drupe charnu, de la forme d'une prune, con-

450 ICA

tenant, un noyau à cinq sillons, presque à cinq valves; une
amande ovale.

Icaquier d'Amérique : *Chrysobalanus icaco*, Linn.; Lamk.,
Ill. gen., tab. 428; Jacq., *Amer.*, tab. 94, et *Icon. pict.*, tab. 141 ;
Brown, *Jam.*, 250, tab. 17, fig. 15; *Guajeru*, Marcg., *Bras.*,
l. 2, cap. 14 : vulgairement Prunier icaque, Prune coton, Prune
des Anses. Arbrisseau de l'Amérique méridionale que ses fruits
ont placé parmi les arbres fruitiers exotiques : il s'élève à la
hauteur de dix à douze pieds. Ses rameaux sont glabres, cylindriques, bruns ou roussâtres, parsemés de points blanchâtres,
garnis de feuilles alternes, très-médiocrement pétiolées, glabres,
coriaces, ovales, obtuses, très-entières, longues d'environ
deux pouces.

Les fleurs sont petites, blanchâtres, légèrement cotonneuses
en dehors, disposées en grappes rameuses, axillaires et terminales, un peu plus courtes que les feuilles; les pédoncules comprimés, un peu anguleux, munis, à la base de leurs divisions, de
petites écailles ovales, aiguës, pubescentes, très-caduques : le
calice petit, divisé jusqu'à sa moitié en cinq découpures étalées;
les pétales oblongs, plus grands que le calice, alternes avec les
divisions; les filamens des étamines aplatis, velus à leur base,
portant des anthères petites, à deux lobes; l'ovaire velu et arrondi. Il lui succède un drupe de la grosseur d'une prune de
Damas, recouvert d'un brou charnu et succulent.

La chair des fruits de cet arbrisseau est pulpeuse, blanchâtre,
adhérente au noyau, d'une saveur douce, un peu austère, mais
point désagréable. On vend ces fruits aux marchés, dans leur
pays natal: ils se mangent crus ou confits dans le sucre. Ils varient dans leur couleur; ils sont ordinairement jaunâtres ou
d'un blanc rougeâtre; d'autres sont rouges ou pourprés, quelquefois violets ou presque noirâtres. Cet arbrisseau est en
fleurs pendant presque toute l'année; mais ses fruits ne se
recueillent que dans les mois de juin ou de décembre. On
cultive quelquefois l'icaquier dans les serres; il demande une
terre légère et un haut degré de chaleur, même dans l'été. On
le multiplie de graines tirées de son pays natal, semées sur couche et sous châssis.

Icaquier a longues feuilles : *Chrysobalanus oblongifolius*,
Mich., *Fl. Bor. Amer.*, 1, pag. 283; Pursh, *Fl. Amer.*, 1,

pag. 929; Bartram, *itin.*, *Icon.* Nouvelle espèce découverte par Michaux dans les forêts de la Nouvelle-Géorgie et de la Floride, aux lieux sablonneux, très-bien distinguée de l'espèce précédente par ses feuilles presque cunéiformes, alongées, et même en lance renversée, quelquefois ovales-oblongues, blanchâtres et lanugineuses à leur face inférieure; les pétales arrondis, en ovale renversé; les étamines glabres; le fruit ovale-oblong, de la forme d'une olive. (Poir.)

ICARANDA (*Bot.*), nom que M. Persoon, dans son *Synopsis Plantarum*, a substitué à celui de Jacaranda. Voyez ce mot. (Poir.)

ICARE. (*Entom.*) C'est le nom d'un papillon de jour. (C. D.)

ICES-BIRD. (*Ornith.*) Cette dénomination angloise, synonyme de *auk little*, s'applique à l'*alca alle*, petit guillemot de Buffon. (Ch. D.)

ICHICOULIBA. (*Bot.*) Voyez Bois pissenlit. (J.)

ICHITOBANNA (*Bot.*), nom caraïbe d'une plante composée, mentionnée sous celui de *ceratocephalus* par Vaillant, dans les Mémoires de l'Académie des Sciences, année 1720, p. 326, d'après Surian. (J.)

ICHNANTHE, *Ichnanthus.* (*Bot.*) Genre de plantes monocotylédones, à fleurs glumacées, de la famille des *graminées*, de la *triandrie digynie* de Linnæus, qui présente pour caractère essentiel des épillets composés de trois fleurs; les deux valves du calice inégales; l'inférieure plus courte, plus large, bidentée, mucronée entre les dents; la fleur inférieure univalve, mutique; l'intermédiaire incomplète, avortée; la fleur supérieure hermaphrodite, à deux valves coriaces, durcies, entières, mutiques, pileuses à leur base, barbues vers leur sommet; trois étamines; le style profondément bifide.

Ichnanthe faux panic : *Ichnanthus panicoides*, Pal. Beauv., *Agrost.*, p. 66, tab. 12, fig. 1; Poir., *Illust. gen.*, *Suppl.*, Cent. 10. Cette plante, découverte dans l'Amérique méridionale, présente une panicule lâche, étalée; les ramifications presque capillaires; les épillets pédicellés, à trois fleurs; la fleur inférieure à une seule valve, mutique; la fleur intermédiaire stérile; ses valves cartilagineuses, opposées, disposées en un sens contraire à celui des autres fleurs; les étamines situées à la base de l'ovaire ; deux écailles tronquées, échancrées ; les stigmates en goupillon. (Poir.)

ICHNEUMON (*Mamm.*), nom que les Grecs et les Latins donnoient à la mangouste d'Egypte. Voyez Mangouste. (F. C.)

ICHNEUMON, *Ichneumon.* (*Entom.*) Genre d'insectes hyménoptères, à ventre pédiculé, de la famille des entomotilles ou insectirodes.

Ce nom d'ichneumon, introduit dans la science par Linnæus, est tout-à-fait grec : ἴχνευω, *indago-sector*, je recherche ἰχ, νευμονες σφῆκες, guêpes ichneumones (Aristote, *Hist. Animal.*, lib. V, cap. 20 ; lib. IX, cap. 1). Cette dénomination indique l'activité avec laquelle ces insectes, sous leur dernière forme, s'occupent de rechercher les chenilles, et les autres larves dans lesquelles ils doivent déposer leurs œufs, comme nous le dirons bientôt.

Les anciens auteurs ont, le plus souvent, désigné les insectes de ce genre sous le nom de mouches à trois soies, *muscæ tripiles seu vibratoriæ*, parce que l'abdomen des femelles se termine par une tarière, ou oviducte, composée de trois pièces, souvent plus longues que le corps, que l'insecte introduit sous les écorces des arbres, et dans les autres réduits que certaines larves se creusent, afin de les y aller percer pour y pondre ses œufs ; et qu'en outre les mâles et les femelles de ce genre Ichneumon, qui sont toujours en mouvement, agitent continuellement leurs longues antennes avec une grande rapidité. Au reste, tous ces caractères appartiennent à la famille des Entomotilles. (Voyez ce mot.)

Le genre Ichneumon peut être caractérisé comme il suit :

Hyménoptères à abdomen étranglé à la base, comme pétio é, arrondi ou non concave en dessous, à lèvre inférieure courte, non prolongée ; à antennes en soie, non brisées, de vingt à trente articles ; à ailes supérieures simples, non doublées.

Tous ces caractères sont essentiels, ainsi que nous allons l'établir en les opposant à ceux des autres insectes du même ordre avec lesquels on pourroit les confondre sans ces distinctions.

Ainsi, c'est par le pétiole ou le pédoncule étranglé de l'abdomen que les ichneumons ne peuvent pas être rangés dans la famille des uropristes, telles que les mouches à scie ou tenthrèdes

qui proviennent de chenilles, et dont le ventre est sessile ou appliqué exactement contre le corselet dont il a la largeur, au moins
à la base.

C'est par la brièveté de la lèvre inférieure, qui ne forme
pas de leur bouche une sorte de museau, et qui ne dépasse pas
les mandibules, que les ichneumons se distinguent des mellites, telles que les abeilles et autres genres voisins.

L'abdomen arrondi, non concave en dessous, ne pouvant pas
se rouler en boule, et se terminant par une longue tarière, toujours saillante dans les femelles, empêche de confondre les ichneumons avec les insectes de la famille des chrysides ou guêpes
dorées.

Les ailes supérieures simples, qui ne sont pas pliées en double
sur leur longueur, et leurs antennes, qui ne sont pas brisées,
les font bientôt reconnoître,

1.° D'avec les guêpes et autres genres de la famille des ptérodiples ;

2.° D'avec les fourmis, mutilles et autres myrmèges, dont
les antennes sont constamment brisées ou coudées.

Enfin, le nombre des articles des antennes, qui est au moins
de dix-sept et souvent de trente, sert à les éloigner des oryctères, tels que les sphèges ; des anthophiles ou florilèges, tels
que les crabrons, philanthes ; enfin, des néottocryptes, tels
que les cynips, les chalcides, etc.

Les ichneumons sont de très-jolis hyménoptères, de forme
excessivement alongée, étroite, à longues antennes rapprochées à la base sur le front, dirigées en avant, souvent légèrement roulées sur elles-mêmes, et presque constamment en mouvement. Leur tête est large, arrondie, plus large que le corselet, munie de trois stemmates ; l'abdomen varie pour la longueur ; il est constamment garni, dans les femelles, d'un aiguillon formé de trois pièces ; les pattes sont alongées, épineuses,
très-robustes, surtout les postérieures ; les ailes sont inégales :
en général, leur corps est lisse, brillant, diversement coloré ;
mais le noir est la couleur dominante, avec des taches jaunes ou
blanches.

Mais ce qui intéresse le plus dans l'histoire des ichneumons,
c'est leur mode de propagation. Obligés, sous la forme de
larves, de se développer dans le corps des autres insectes, leur

mère va y déposer ses œufs, et l'histoire abrégée de l'une des espèces donnera une idée des mœurs de la plupart.

On observe souvent, sur les murs des jardins potagers, des flocons d'une soie blanche ou jaune, qui, examinés avec soin, font voir l'assemblage de petites coques de même couleur. Elles renferment chacune une nymphe. Au printemps suivant, il sort de chacun de ces cocons un petit ichneumon noir, avec les pattes jaunes ou rouges. Ces insectes s'accouplent, et bientôt on voit les femelles occupées à la recherche des chenilles qui donnent le papillon du chou, et dans l'intérieur desquelles ces ichneumons doivent déposer leurs œufs.

Après en avoir aperçu une, l'insecte fond dessus à l'improviste; il s'accroche sur les poils de la peau; et, malgré les mouvemens que la chenille se donne, il lui perce la peau avec sa tarière à plus de quarante reprises, et dans des endroits différens. La chenille reste tranquille quand son ennemi s'est envolé: les petites piqûres se guérissent et se cicatrisent. Elle continue de paître comme à l'ordinaire; mais dans chaque piqûre, un œuf d'ichneumon a été introduit sous la peau. Bientôt ces œufs se développent, il en sort une petite larve sans pattes et sans couleur. C'est un petit ver rongeur qui s'approprie et dévore la graisse que la chenille mettoit en réserve pour le temps où, sous la forme de chrysalide, elle devoit acquérir tous les organes qui lui manquoient pour devenir un papillon. Aussi l'animal parasite a-t-il bien soin de ménager les sources qui pourvoient à sa nourriture. Il n'attaque pas les organes digestifs de la chenille. Quand il a mangé autant qu'il le pouvoit ou que cela étoit nécessaire à son développement, le ver perfore la peau de la malheureuse chenille; et, comme tous acquièrent leur développement à la fois, on voit bientôt la chenille périr dans une sorte de convulsion, entourée de tous ces vers auxquels elle semble avoir donné naissance. Tous se rapprochent et filent leurs cocons, comme nous l'avons dit plus haut.

Nous ne pouvons résister au plaisir de citer ici les premières observations faites par Jean Goëdaert, dans le style naïf de son traducteur :

Le 18 décembre, pour mieux en découvrir le naturel, je pris quantité de chenilles de cette espèce, et je les nourris jusqu'à ce que, de leur bon gré, quittant toutes leur nourriture, elles

se mirent à reposer ; ensuite de quoi, au bout de quatre jours,
j'en observai qui étoient tachées de noir moins que les autres,
et vis que, de chaque côté, elles rendoient quantité de petits
vers : les unes quarante, les autres cinquante, et quelques unes
cinquante-deux, et chaque ver à l'instant se mit à filer une
petite maison de soie jaune, commençant par le bas et finissant
en montant en haut, et la formant au-dessus de sa tête, et lorsqu'elles s'étoient ainsi enfermées dans leur propre travail, pour
se défendre contre les injures de l'air, on vit venir la mère chenille, d'où cette fourmilière de vers étoit sortie, qui les alla
joindre les unes aux autres avec la soie qu'elle avoit filée, comme
avec des liens d'amour. La nature les ayant ainsi approchées,
afin qu'elles se puissent retrouver aisément après leur métamorphose, et afin qu'elles puissent jeter leurs œufs ensemble,
etc. etc. Après quoi, le neuvième d'octobre on vit paroître de
ces quarante ou cinquante petits vers, autant de petites mouches qui ne vécurent guère que six jours. (Goëdaert, Métamorphoses naturelles, tome 3, Expérience XI. Amsterdam 1700.)

Ce que font ces espèces d'ichneumons, qui sont ceux que
Geoffroy a décrits sous les deux premiers numéros dans son Histoire abrégée des Insectes, donne une idée exacte des mœurs
de la plupart des autres espèces, avec cette différence que le
plus grand nombre se changent en nymphes, sous la peau même
des larves où elles ont été déposées par leur mère, et que, suivant les dimensions auxquelles elles doivent atteindre, il n'y a
dans chaque larve qu'un ou deux individus qui se développent
à la fois.

Les espèces que renferme le genre Ichneumon sont en très-
grand nombre, et plusieurs offrent des singularités remarquables. Quelques espèces sont privées d'ailes, au moins les femelles.
Il en est de si petites, qu'elles vivent et se développent dans
le corps des pucerons.

Il nous seroit impossible de faire connoître toutes les espèces,
puisqu'on en a décrit près de trois cents. Pour les distinguer,
on les a distribuées par groupes : ainsi Linnæus, et par suite
Gmelin, a établi ses sous-genres, d'après la couleur de l'écusson
et d'après celle des antennes.

1. A écusson blanc et à antennes annelées de blanc.
2. A écusson blanc et à antennes noires.

3. A écusson de la même couleur que le corselet; un anneau blanc aux antennes.

4. A écusson de la couleur du corselet; à antennes non annelées, noires.

5. A antennes jaunes.

6. Très-petits, à abdomen ovale, etc.

Ce partage est tout-à-fait arbitraire : il rapproche des espèces très-différentes pour le port. D'ailleurs, le genre Ichneumon est tout-à-fait différent maintenant, d'après les subdivisions qu'on y a établies, comme nous l'avons fait connoître au mot ENTO-MOTILLES. (Voyez la Planche des hyménoptères où ces insectes sont représentés dans l'Atlas de ce Dictionnaire.)

Nous n'indiquerons donc ici que quelques espèces, d'après Geoffroy.

1. ICHNEUMON GLOBULAIRE, *Ichneumon globatus.*

Il est noir; ses antennes n'ont que la moitié de la longueur du corps qui a tout au plus une ligne; les ailes sont transparentes, avec un point brun; les pattes sont entre-coupées de couleur fauve et noir.

Ces insectes filent leur cocon en commun, sur les tiges des graminées.

2. ICHNEUMON PELOTONNÉ, *Ichneumon glomeratus.*

Noir; à pattes jaunes. Il provient de larves qui filent des cocons jaunes, toujours distincts et non recouverts d'un bourre de soie commune.

3. ICHNEUMON DES ARAIGNÉES, *Ichneumon aranearum.*

Noir; corselet à deux lignes longitudinales jaunes. Abdomen verdâtre en dessous.

Degéer a reconnu que cet insecte provenoit d'une larve qui s'étoit développée dans le corps d'une araignée.

4. ICHNEUMON DES PUCERONS, *Ichneumon aphidûm.*

Noir, avec la base de l'abdomen, les pattes de devant et les genoux des postérieures jaunes.

Cet insecte sort du corps de certains pucerons, que l'on voit morts et comme gonflés et luisans au milieu d'autres pucerons vivans. Il fait sa coque dans la peau, après avoir mangé et détruit tous les organes mous.

5. ICHNEUMON DES TEIGNES, *Ichneumon tinearum.*

Cette espèce est très-petite, noire, avec les antennes et les pattes fauves, elle se développe dans le corps de la chenille qui produit la teigne des pelleteries.

Parmi les grandes espèces, nous cieterons celle que nous avons fait figurer dans l'Atlas.

6. Ichneumon manifestateur, *Ichneumon manifestator*.

C'est une des plus grandes espèces qui atteint jusqu'à trois pouces de long. Elle est noire, avec les pattes fauves. La figure que nous en avons donnée est très-exacte.

L'insecte dépose ses œufs un à un dans les larves des capricornes et des lamies, qui vivent sous l'écorce des arbres.

7. Ichneumon persuasif, *Ichneumon persuasorius*.

Semblable au précédent, mais avec l'écusson et deux taches sur le corselet, de couleur blanche, et des points blancs disposés deux à deux sur chaque anneau de l'abdomen ; les jambes de derrière noires. (C. D.)

ICHNEUMON DE LAPONIE. (*Entom.*) Voyez Urocère. (C. D.)

ICHNEUMONIDES. (*Entom.*) C'est le nom sous lequel M. Latreille a décrit en partie la famille que nous avons nommée des entomotilles avec lesquels nous comprenons les hyménoptères qu'il nomme *Evaniales*. Voyez Entomotilles. (C. D.)

ICHNEUMONS GUÊPES-MOUCHES. (*Entom.*) Ce sont les ichneumons. (C. D.)

ICHNOCARPUS. (*Bot.*) M. Rob. Brown, dans sa nouvelle édition de l'*Hort. Kew.*, vol. II, pag. 69, a établi sous ce nom un genre particulier pour l'*apocinum frutescens* de Linnæus. Il le caractérise par une corolle en soucoupe, nue à son orifice; cinq étamines ; les anthères écartées du stigmate. Le fruit consiste en deux follicules très-distans entre eux. Ils renferment des semences chevelues à leur partie supérieure.

M. de Lamarck avoit bien auparavant considéré l'*apocinum frutescens*, Linn., comme devant constituer un genre particulier qu'il désignoit sous le nom de *quirivelia*, et que j'ai décrit dans l'Encyclopédie à l'article Quirivel, d'après des exemplaires observés dans l'Herbier de M. de Lamarck, et communiqués par Sonnerat qui les avoit recueillis à l'île de Ceilan. Il suit de l'examen de ces individus, que les fruits, dans leur grande jeunesse, nous ont offert des capsules à cinq valves; mais les semences n'ont pas pu être reconnues. Ce caractère annonceroit que ce genre ne peut appartenir à la famille des apocinées. Ces exemplaires ressemblent d'ailleurs parfaitement à la figure qu'en a donnée Burmann (*Thesaurus Zelon.*, tab. 12), citée par Linnæus ; mais les fruits n'y sont point représentés. M. Brown dit qu'ils consistent en deux follicules très-écartés entre eux, et qu'ils renferment des semences chevelues à leur partie supérieure ; caractères qui fixent alors la place de cette espèce parmi les apocinées.

En supposant l'exactitude des observations de MM. de Lamarck et Brown, il s'ensuivroit évidemment que l'*apocinum frutescens* de Linnæus est rapporté par ces deux auteurs à deux plantes très - différentes. Ne connoissant pas la plante de M. Brown , il ne m'est pas possible de dire laquelle des deux convient à l'espèce de Linnæus; mais je peux seulement affirmer que les individus observés dans l'Herbier de M. de Lamarck ressemblent parfaitement, comme je l'ai dit plus haut, à la figure que Burmann en a publiée. (Poir.)

ICHTHYITES. (*Foss.*) C'est un des noms qu'on a donnés aux poissons fossiles. (D. F.)

ICHTHYOCOLLE, *Ichthyocolla.* (*Ichthyol.*) On donne ce nom et celui de *colle de poisson*, dans le langage du commerce , à une matière sèche, coriace, blanche, demi-transparente, contournée en manière de lyre, et évidemment formée d'une membrane roulée sur elle-même.

Fade et insipide, l'ichthyocolle brûle sur les charbons ardens, en se crispant et en se raccornissant; en même temps, il s'en élève des vapeurs qui déterminent sur les organes de l'odorat la même sensation que celle qui est produite par les substances animales distillées à la cornue. Elle est inaltérable à l'air; si on la fait macérer dans l'eau froide, elle se ramollit, et les feuillets membraneux qui constituent sa masse, se séparent les uns des autres. L'eau bouillante la dissout et la change en gelée. Les acides foibles la dissolvent , et les alcalis la précipitent de cette dissolution.

D'après ces propriétés, il est clair que l'ichthyocolle est de la gélatine presque pure. Mais son tissu fibreux et élastique l'empêche d'être sèche et cassante comme les autres colles. On préfère, au reste, pour l'usage, celle qui est très-blanche et d'un tissu fin.

Cette dernière est faite spécialement avec la vessie aérienne
des esturgeons, et surtout du grand esturgeon, *acipenser huso*,
que, pour cette raison même, on a appelé quelquefois *ichthyocolle*, et comme par une sorte de métonymie. Elle est, pour la
la Russie, le produit le plus considérable de la pêche de ces
poissons; et annuellement, à l'usage de leurs brasseries de *porter*,
les Anglois en font acheter à St.-Pétersbourg des quantités considérables. Pallas (Nouveaux Voyages dans les parties méridionales de l'empire de Russie, en 1793 et 1794, t. I), d'après une
liste des marchandises exportées de cette ville pour les États Bri-
tanniques, depuis 1755 jusqu'en 1792, nous apprend que les
bâtimens anglois ont en effet chargé, en 1788, jusqu'à six mille
huit cent cinquante puds de colle de poisson. Or, mille grands
esturgeons ne rendent à peu près que sept puds et demi de
cette substance; mille sterlets n'en donnent même que deux
puds et demi, c'est-à-dire un quintal, le pud n'équivalant
qu'à quarante livres pesant. Il n'y a donc rien d'étonnant que
l'ichthyocolle se soutienne à un prix assez élevé, pour ne pouvoir
être employée dans plusieurs arts où elle rendroit de véritables
services.

Quoi qu'il en soit, c'est spécialement sur les bords de la
mer Caspienne et des fleuves qui viennent se décharger dans
son sein, que l'on prépare cette matière, qui est ensuite dis-
tribuée par toute l'Europe et avidement recherchée.

Les diverses opérations que l'on emploie dans cette partie de
la Russie, et surtout à Astrakan, pour la fabrication de cette
colle si estimée, se réduisent à plonger dans l'eau les vésicules
aériennes des esturgeons, à les y séparer avec soin de leur
peau extérieure et du sang dont elles peuvent être salies, à
les couper en long, à les renfermer dans une toile, à les ramollir
entre les mains, à les courber en petits cylindres tortillés, à
les percer, pour les suspendre, et à les exposer, pour les faire
sécher, à une chaleur modérée et plus douce que celle du
soleil. On les blanchit par le moyen du gaz acide sulfureux.

Les Ostiaques, selon Pallas encore, ôtent de la vessie natatoire de l'esturgeon, toute la graisse qui l'entoure, et la pen-
dent à l'air, afin de la faire un peu sécher. Ils la font ensuite
bouillir dans un chaudron, jusqu'à ce qu'elle nage sur l'eau;
puis ils la broient dans de l'eau fraîche, et lui donnent la forme

d'un gâteau. Cette colle de poisson , ainsi préparée, peut être employée avec plus de facilité que celle qui a été simplement séchée à l'air. On la nomme dans les magasins des droguistes *colle de morue* ou *ichthyocolle en table.*

Remarquons encore que, sur les bords même de la mer Caspienne , la vessie aérienne de tous les acipensères dont on s'empare, est mise à contribution, et qu'on ne se sert point seulement de celle de l'*acipenser huso* pour obtenir de l'ichthyocolle. On pourroit très-bien , presque dans toute l'Europe, imiter les procédés des Russes et leur enlever ainsi cette branche de commerce, plus importante qu'on ne le croit généralement. Parmi les légions si populeuses de ces poissons qui animent nos étangs, nos rivières , nos mers, il n'est presque aucune espèce dont la vésicule aérienne et toutes les parties membraneuses ne puissent fournir, après avoir été nettoyées et séchées avec soin , une colle aussi bonne que celle qu'on nous apporte de la Russie méridionale. Il est fort extraordinaire qu'on n'ait pas encore établi une fabrique de ce genre en France, pendant qu'avec la peau des perches, qui sont fort grosses et fort abondantes dans les lacs de leur pays , les Lapons préparent une colle aussi bonne que celle des esturgeons : la vessie natatoire des morues est absolument dans le même cas que celle de l'*acipenser huso*; et, pour donner de bonne colle, elle n'a besoin que des mêmes soins. J'en ai obtenu de très-pure aussi des vessies hydrostatiques de la carpe. Nous pourrions ainsi nous dispenser d'envoyer notre or à l'étranger.

Assez souvent, l'ichthyocolle, lorsqu'elle est en gros cylindres, renferme, dans le centre de ses cordons, des portions jaunes, et de mauvaise odeur. Cela tiendroit peut-être à un mode de préparation différent de celui que nous avons indiqué.

Il paroît en effet que, dans certaines contrées de la Moscovie, on fait la colle de poisson en coupant par petits morceaux la peau, l'estomac, les intestins, les nageoires et la vessie natatoire de l'esturgeon , et en les mettant macérer dans une quantité suffisante d'eau chaude, et ensuite bouillir doucement. On étend la gelée qui résulte de cette opération sur des pièces de bois, faites exprès; elle se dessèche et acquiert l'apparence du parchemin. C'est alors qu'on lui donne la forme sous laquelle on la jette dans le commerce. Les Hollandois, qui paroissoient avoir adopté ce procédé, fournissoient autrefois de colle de poisson une partie de l'Europe; mais ce produit de leur industrie étoit peu estimé. Souvent aussi, cette variété d'ichthyocolle est aplatie en tables plus ou moins minces. La plus grande partie de celle qu'on trouve dans les boutiques vient des rives de la Baltique.

L'ichthyocolle a une multitude d'usages assez importans. On peut d'abord la considérer comme une matière alimentaire : ramollie ou dissoute dans l'eau, avec laquelle elle forme une gelée dans la proportion d'un gros environ pour trois onces de liquide, elle constitue la base de plusieurs mets très-nutritifs, auxquels il ne faut ajouter que l'assaisonnement, et que l'on sert très-souvent sur les tables les plus somptueuses. Le sucre, les aromates, les sucs aigrelets des fruits se combinent fort bien avec elle pour concourir à ce but.

En France, son usage économique le plus fréquent est pour la clarification des vins, de la bière, des liqueurs, du café, etc. En en jetant quelques petits fragmens dans cette dernière liqueur, pendant qu'elle est encore bouillante, elle l'éclaircit en un moment.

La colle-à-bouche, employée si fréquemment par les dessinateurs et les architectes pour fixer leur papier, se fait également avec de l'ichthyocolle dissoute dans l'eau sucrée et aromatisée, et rapprochée à consistance de pâte, pour être divisée en tablettes alongées et séchée ensuite.

La ténacité de cette substance est d'ailleurs très-grande, et elle présente le précieux avantage de conserver sa transparence en séchant. Aussi, les Turcs ne montent leurs pierreries qu'au moyen de la colle de poisson dissoute dans l'alcool chargé de résine d'*ammoniacum*. Cette monture est très-solide.

En solution dans l'eau-de-vie, elle est utile pour réunir des fragmens de verre ou de porcelaine cassée.

La gelée d'ichthyocolle forme également un vernis fin, transparent. Les rubanniers, les gaziers, les fabricans d'étoffes, s'en servent au moins aussi souvent que de la gomme adragant pour donner du lustre à la soie. Elle est employée aussi par les fabricans de perles artificielles, afin de fixer l'essence d'Orient dans les globules de verre qui constituent ces perles.

Feu Rochon, de l'Institut, avoit proposé de remplacer le

verre, dans les vaisseaux, par des toiles métalliques enduites de colle de poisson, moyen ingénieux qui a été préconisé avec justice.

Les anatomistes se servent également, pour faire des injections fines, d'une solution d'ichthyocolle dans l'eau, et colorée avec de la laque carminée, de l'indigo ou du noir d'ivoire. Cette substance est très-précieuse pour cette espèce d'opération, et plus d'une fois j'ai rendu à la peau d'un cadavre la teinte de la vie, en poussant dans les vaisseaux cette gelée rougie par la laque de garance.

Les pharmaciens et les confiseurs en font aussi, avec le sucre, la base de tablettes gélatineuses, à la rose, au citron, à la vanille, etc., lesquelles sont d'une saveur fort agréable.

C'est aussi avec la colle de poisson et le taffetas, qu'on fait un sparadrap adhésif, si utile pour les coupures et les blessures légères, et si connu sous la dénomination de *taffetas d'Angleterre*. Pour le préparer, on applique, avec un pinceau, sur des bandes de taffetas bien tendues, plusieurs couches d'une solution de deux onces de colle de poisson choisie, dans un mélange de huit onces d'eau et de seize onces d'alcool foible. Lorsque ce sparadrap est sec, afin de lui communiquer une odeur agréable, on y applique de même une couche de teinture alcoolique de baume du Pérou en coque.

L'ichthyocolle n'est point non plus sans quelque utilité en thérapeutique. Elle convient dans la dysenterie, la diarrhée avec irritation, l'hémoptysie, la gastrite aiguë ou chronique, etc. On la donne en gelée édulcorée avec quelque sirop mucilagineux, comme celui d'*althœa*; ou bien on la combine dans des potions appropriées contre ces diverses maladies. Voyez ESTURGEON, GÉLATINE, MORUE, PERCHE, POISSONS. (H. C.)

ICHTHYODON. (*Erpét.*) J. Théod. Klein a donné ce nom à un genre de ses serpens. Voy. ERPÉTOLOGIE, tom. XV. p. 220. (H. C.)

ICHTHYODONTES. (*Ichthyol.*) On a donné ce nom aux dents de requin pétrifiées Voy. CARCHARIAS et GLOSSOPÈTRES. (H. C.)

ICHTHYOGLOSSES. (*Foss.*) On a donné improprement ce nom, qui signifie en grec *langue de poisson*, à des dents de poissons pétrifiées. La dénomination de glossopètres, par laquelle on les désigne encore, ne convient guère mieux. Le véritable mot seroit *Ichthyodontolithes*. (LEM.)

ICHTHYOLITES. (*Foss.*) C'est ainsi qu'on appelle quelquefois les poissons dont on trouve les restes dans les différentes couches de la terre. (Voyez POISSONS FOSSILES.) On écrit aussi ichthyolithes. (D. F.)

ICHTHYOLOGIE : *Ichthyologia*, du grec ιχθυς (*piscis*), et λογος (*sermo*). Ainsi que l'annonce son étymologie, ce mot composé désigne une branche de la zoologie, qui a pour but de faire connoître les poissons collectivement, et de mettre leurs différentes espèces en opposition les unes avec les autres, de manière à rendre leur comparaison facile et à les faire distinguer promptement et avec certitude. Nous allons tâcher de donner une idée de l'état actuel de cette science, en offrant à nos lecteurs l'exposition sommaire des méthodes et des systèmes d'ichthyologie qui ont été proposés par les naturalistes, et l'indication des ouvrages publiés à son sujet, et en les priant de recourir aux mots POISSON et CARTILAGINEUX pour ce qui concerne la structure des organes et l'exercice des fonctions de la vie, dans les individus de la grande classe du règne animal dont s'occupent les ichthyologistes.

Comme celle de l'erpétologie, l'histoire de l'ichthyologie se trouve liée de la manière la plus intime à l'histoire de la zoologie générale, et même à toute l'histoire naturelle. De même que les reptiles, on voit les poissons être cités dans les plus anciens ouvrages qui nous sont parvenus. Mais le philosophe de Stagire, le célèbre précepteur d'Alexandre-le-Grand, doit cependant être regardé comme le premier auteur d'ichthyologie proprement dite; non content, en effet, d'avoir recueilli toutes les observations faites jusqu'à lui sur les poissons, d'en avoir fait lui-même un grand nombre de nouvelles, il les a coordonnées, et il a considéré ces animaux sous un point de vue général, avec une finesse et une justesse qui ne commandent pas moins notre admiration que l'ordre qu'il a su mettre dans ses idées, et la simplicité de sa diction dans de volumineux ouvrages dont le temps a dévoré la plus grande partie. Cependant, sous le rapport de la classification, cet illustre naturaliste n'a parlé que des grands caractères, des attributs bien marqués qui distinguent les poissons les uns des autres. Il ne faut donc point, chez lui, chercher une véritable distribution méthodique : car il ne partage d'abord ces animaux qu'en ceux qui ha bitent les rivières et en ceux qui vivent dans la mer; quant à ces derniers, il les soudivise en ceux qui fréquentent la haute mer, en ceux qui ne quittent point les côtes, en poissons saxatiles, en poissons écailleux, en poissons alépidotes, en poissons qu'on nomme blancs, etc. C'est, au reste, dans son livre Περὶ Ζώων ἱστορίας (lib. VI, cap. 13 et 17, et lib. VIII, cap. 2 et 13), que nous trouvons le plan de cette classification si simple et si différente de celles que nous suivons aujourd'hui.

Après Aristote, qui vivoit trois cent cinquante ans avant notre ère, il s'est écoulé un grand nombre d'années, sans qu'aucun auteur, à notre connoissance du moins, ait cherché à faciliter l'étude des poissons. Ce n'est que dans le courant du premier siècle de cette ère, sous le règne des empereurs Vespasien et Titus, que parut Caius Plinius Secundus, surnommé l'Ancien, et si connu parmi nous sous le nom de *Pline le naturaliste*. Cet illustre écrivain, aussi célèbre par la fécondité de son esprit que par le genre de sa mort, est resté beaucoup au-déssous de son prédécesseur. Ce qu'il dit des poissons est rempli de confusion, et même il ne s'exprime pas bien clairement sur ce qu'il entend par le mot poisson. Trop crédule d'ailleurs, trop amateur des prodiges, n'attachant point assez d'importance aux faits qu'il pouvoit vérifier par lui-même, il ne s'est occupé qu'à recueillir les fables débitées jusqu'à lui, et la science n'a fait aucun progrès réel par ses soins.

Un seul homme pouvoit passer Pline sous ce rapport désavantageux. C'étoit le sophiste grec Claude Ælien, qu'on a confondu à tort avec deux autres Æliens, l'un qui vivoit sous l'empereur Adrien, et auteur d'un Traité de Tactique militaire; l'autre né à Préneste, aujourd'hui Palestrine, et qui florissoit sous Héliogabale et Alexandre Sévère. Il paroît bien certain que le naturaliste Ælien, touchant lequel on ne sait rien de positif aujourd'hui, est un troisième personnage de ce nom. Quoi qu'il en soit, il est le père de toutes les erreurs qui, pendant si long-temps, ont souillé l'histoire des animaux en général et des poissons en particulier, et dont on cherche aujourd'hui à la purger. Son livre est une compilation, ainsi que celui de Pline; mais il est dénué du style fleuri et des pensées brillantes si familières à ce dernier. C'est le recueil d'une multitude de faits pris de tous côtés et entassés sans ordre. Tout-à-fait nul sous le rapport du plan et de la méthode, il est néanmoins curieux par les détails qu'il donne sur les mœurs des poissons. Si donc Ælien a ajouté quelques faits spéciaux à la science, il ne l'a pas mieux caractérisée pour cela.

On en peut dire autant de l'Africain L. Apuleius, dont les ouvrages sont perdus, et du célèbre auteur du *Dîner des Savans*, le grammairien Athénée. Eux seuls pourtant méritent d'être cités dans le long laps de temps qui s'est écoulé depuis Pline et Ælien jusqu'au seizième siècle; nous ne trouvons dans toute cette période aucun ouvrage propre à guider les pas de ceux qui veulent apprendre avec méthode à connoître les individus de ces légions si populeuses des poissons qui animent le sein de nos mers, de nos lacs et de nos fleuves.

Pendant ce temps, en effet, nous ne voyons paroître qu'un poëme d'Oppien, d'Anazarbe, en Cilicie, sur la pêche et quelques poissons de la mer Adriatique; qu'un catalogue d'une vingtaine d'espèces, donné par saint Ambroise, dans un article sur la création des poissons; qu'une idylle de l'évêque françois-Ausone, sur ceux qui habitent les eaux de la Moselle; que quelques contes populaires recueillis par un autre évêque, Isidore, dit le Jeune, ou par Hildegarde de Pinguia, abbesse canonisée; que des rêveries et des absurdités encore plus singulières, publiées par Albert-le-Grand, d'ailleurs remarquable par la masse imposante de connoissances qu'il possédoit pour son temps.

Mais, vers le commencement du seizième siècle, brillèrent Paolo Giovio, médecin romain, qui commença à débrouiller quelque peu la synonymie des animaux qui font le sujet de cet article, et les françois P. Belon, né dans le Maine, en 1517, et Guillaume Rondelet, professeur royal à l'université de Montpellier, qui, de même que l'italien Hippolyte Salviani, publièrent d'excellentes observations sur les poissons, et firent sortir l'ichthyologie des ténèbres de l'ignorance où elle étoit comme ensevelie avec toutes les autres sciences.

Belon, en particulier, a rangé les poissons par groupes dont quelques uns sont assez naturels, tels que le onzième, qui traite des poissons plats, non cartilagineux; le treizième, où sont réunis les divers squales, le quatorzième, où l'on trouve les anguilliformes, comme les murènes, les congres, les lamproies, etc.

A la même époque que Rondelet, au reste, vivoit à Zurich, en Suisse, Conrad Gesner, savant laborieux et zélé, professeur de médecine et de philosophie, dans l'université de cette ville. Son savoir étoit immense, et il cultiva toutes les branches de l'histoire naturelle. Parmi ses volumineux ouvrages, on distingue particuliérement celui où il traite de la nomenclature des poissons soit de mer, soit d'eau douce. Là, il parle de plus de sept cents espéces qu'il désigne en grec, en latin, en italien, en espagnol, en françois, en allemand, et quelquefois en anglois, adoptant, à la vérité, une classification vicieuse jusqu'à un certain point, puisqu'elle est fondée sur l'ordre alphabétique, mais dont il répare les défauts par la constance avec laquelle il suit une excellente méthode secondaire qui consiste à faire connoître successivement au lecteur les noms anciens et nouveaux, la forme, le lieu natal, les mœurs, les habitudes, les particularités anatomiques, les usages économiques et médicinaux, et enfin l'histoire mythologique de chacun des poissons décrits.

Rondelet, avant que l'ouvrage de Gesner parût, avoit·déjà publié le sien dont le médecin suisse a beaucoup profité, mais d'une manière fort licite. Dans ce livre, écrit agréablement, quoiqu'avec prolixité, Rondelet tire du lieu de leur naissance la différence la plus générale qui existe entre·les diverses espèces de poissons. Malgré tout ce que laisse à désirer une ébauche aussi informe de classification, on ne peut refuser à ce savant le mérite d'avoir fait prodigieusement avancer l'ichthyologie par ses recherches et ses observations. La réputation dont jouit encore aujourd'hui son livre venge bien cet auteur du ridicule dont Rabelais a cherché à le couvrir sous le nom de *Rondibilis*. On le consulte encore souvent, parce qu'il a beaucoup vu, et que sa critique est saine.

Quant à Salviani, dans son Histoire des Poissons, il ne s'astreint à aucune règle fixe; il les dispose sans méthode; mais pourtant, le plus souvent, d'après le rapprochement des formes extérieures des différentes espèces.

A dater de l'époque où vivoient ces hommes distingués, c'est-à-dire sur la fin du seizième siècle, l'étude de l'ichthyologie commença à prendre une grande faveur dans le monde savant. Vers les premières années du siècle suivant,

néanmoins, le laborieux et infortuné compilateur Ulysse Aldrovandi, médecin de Bologne, a composé un ouvrage en
cinq livres sur les poissons et les cétacés, lequel n'a été publié qu'après sa mort, et n'offre encore aucune trace d'une
véritable méthode ichthyologique. C'est ainsi que son premier
livre, divisé en vingt-cinq chapitres, traite des poissons qui
vivent dans les rochers; que le deuxième a pour objet les poissons de rivage; que le troisième parle de ceux de la haute mer;
le quatrième des poissons anadromes; le cinquième de ceux
d'eau douce.

Nous ne nous arrêterons point à parler de J. Johnston, ni
de G. Charleton, dont les méthodes ichthyologiques ont été
calquées sur celles de Rondelet et d'Aldrovandi. Mais nous
ne saurions passer sous silence F. Willughby de Eresby, gen-
tilhomme anglois, mort en 1672, et John Ray, de la Société
royale d'Oxford, mort en 1707, qui revit, corrigea et aug-
menta les quatre livres de l'Histoire des Poissons de Willughby,
publiés par ordre et aux dépens de la Société royale de Londres. Ce sont là les premiers véritables méthodistes, les guides
principaux de Linnæus dans cette partie. Ne parlant point seulement des poissons en général, ils traitent de toutes les espèces connues, et les décrivent dans un ordre systématique.
John Ray, spécialement, dans son *Synopsis methodica Avium
et Piscium*, publié après sa mort, à Londres, en 1710, a tiré
sa division la plus générale de la manière dont les poissons respirent, et conclut du mode de leur génération par celui de leur
respiration. Cet ouvrage n'est que celui de Willughby abrégé
et corrigé; mais on y trouve des genres, sinon établis, au moins
indiqués, quoiqu'on puisse faire à l'auteur le grand reproche
d'avoir placé les cétacés parmi les poissons. Au reste, le volume
des œufs, la consistance du squelette, la forme du corps, le
nombre des dents, celui des nageoires constituent les caractères
sur lesquels Ray a fondé sa méthode.

Après J. Ray, le premier auteur systématique qui mérite
de nous arrêter dans cette partie est le célèbre ami de Linnæus, Pierre Artédi, né en 1705, dans l'Angermanland, province sauvage de la Suède septentrionale, et qui mourut en
1735, noyé malheureusement dans un canal d'Amsterdam,
comme il se retiroit fort tard chez lui, après avoir soupé chez

le pharmacien Séba, et ne connoissant pas bien les rues de la ville. Il succomba avant d'avoir pu mettre la dernière main à son ouvrage; mais son compatriote Linnæus, ayant obtenu ses manuscrits, non sans beaucoup de peine, les publia en 1738, à Leyde. C'est à Artédi qu'on doit véritablement d'avoir posé les fondemens de l'ichthyologie, et créé la nomenclature qu'on suit encore aujourd'hui dans l'étude de cette science. C'est lui qui, le premier, a divisé les poissons en ordres et en genres, et a indiqué les véritables caractères d'après lesquels ces groupes doivent être établis. Voici, au reste, une espèce de table de la classification qu'il a adoptée.

PREMIÈRE CLASSE. — Poissons à queue perpendiculaire.

Premier ordre. — Malacoptérygiens. Rayons des nageoires osseux, mais non aiguillonnés : des arcs osseux aux branchies.

L'ordre des malacoptérygiens renferme les genres *Syngnathe*, *Cobite*, *Cyprin*, *Clupée*, *Argentine*, *Exocet*, *Corégone*, *Osmère*, *Salmone*, *Esoce*, *Echénéide*, *Coryphène*, *Ammodyte*, *Pleuronecte*, *Stromatée*, *Gade*, *Anarhique*, *Murène*, *Ophidie*, *Anableps*, *Gymnote*.

Second ordre.—Acanthoptérygiens. Rayons des nageoires osseux et aiguillonnés en partie; des arcs osseux aux branchies.

L'ordre des acanthoptérygiens renferme les genres *Blennie*, *Gobie*, *Xiphias*, *Scombre*, *Mugil*, *Labre*, *Spare*, *Sciène*, *Persèque*, *Trachine*, *Trigle*, *Scorpène*, *Cotte*, *Zée*, *Chétodon* et *Gastérostée*.

Troisième ordre. — Branchiostèges. Point de rayons à la membrane des branchies; des rayons articulés seulement aux nageoires.

Quatre genres seulement composent cet ordre; ce sont les genres *Baliste*, *Ostracion*, *Cycloptère* et *Lophie*.

Quatrième ordre. — Chondroptérygiens. Rayons des nageoires cartilagineux, comme le reste du squelette.

Les genres *Lamproie*, *Esturgeon*, *Squale* et *Raie* constituent, dans Artédi, l'ordre des chondroptérygiens.

SECONDE CLASSE. — Poissons à queue horizontale (*Plagiuri*).

Cette classe du système ichthyologique d'Artédi a été depuis long-temps déja complètement supprimée. Les genres *Cacha-*

lot, *Baleine*, *Dauphin*, *Narwhal*, *Morse*, etc. qui la composent, en effet, sont formés par des animaux qu'aucun zoologiste n'est, de nos jours, tenté de séparer des mammifères. (Voyez le mot Cétacés.)

Artédi possède encore d'autres droits à notre reconnoissance, sous le rapport de l'ichthyologie. On lui doit, sous les titres de *Bibliotheca ichthyologica*, et de *Philosophia ichthyologica*, deux traités d'une haute importance, dont l'un offre une histoire complète de la science, tandis que l'autre établit les bases sur lesquelles elle est fondée.

L'illustre Karl von Linnæus, ce professeur d'Upsal, dont le nom vivra autant que l'Histoire naturelle, après avoir publié le travail d'Artédi, en avoit entièrement adopté le plan, dans la première édition de son *Systema Naturæ*. Mais, dans la seconde, il changea de méthode, et tira les caractères de ses divisions, de la présence ou de l'absence des catopes, et de leur position, relativement à celle des nageoires pectorales. Il a eu aussi le tort très-grand de rejeter de la classe des poissons, pour les faire passer dans celle des reptiles, sous le nom d'Amphibies nageurs (*Amphibia nantes*), les genres qui composent les ordres des branchiostèges et des chondroptérygiens d'Artédi, comme les diodons, les lamproies, les raies, les squales, etc. Vicq d'Azyr, Broussonnet et M. Cuvier ont démontré évidemment le vice d'une pareille division. Quoi qu'il en soit, le système ichthyologique de Linnæus, ayant servi de base à la plupart des ouvrages qui ont été publiés depuis qu'il a paru, exige que nous entrions dans quelques détails à son sujet.

Suivant le professeur d'Upsal, donc, les poissons, c'est-à-dire, les animaux pourvus de nageoires, de cerveau, de cervelet, de moelle épinière, d'un organe de l'audition, de narines, d'un crystallin sphérique, d'un cœur uniloculaire à une seule oreillette, respirant par des branchies, et ayant, pour la plupart, une vessie natatoire; mais privés de paupières, d'oreilles externes, de cou, de membres véritables, de pénis ou de vulve, sont partagés en quatre grandes divisions, et en quarante-six genres dont nous allons offrir les caractères, sans chercher à discuter la valeur de ceux par lesquels Linnæus définit les poissons en général, objet dont nous nous occuperons à l'article Poissons.

ORDRE PREMIER. — POISSONS APODES. Point de catopes.

Premier genre. MURÈNE (*Muræna*). Ouvertures des branchies sur les côtés du thorax.

Second genre. GYMNOTE (*Gymnotus*). Point de nageoire dorsale.

Troisième genre. TRICHIURE (*Trichiurus*). Point de nageoire caudale.

Quatrième genre. ANARHIQUE (*Anarhicas*). Dents arrondies.

Cinquième genre. AMMODYTE (*Ammodytes*). Tête bien plus étroite que le corps.

Sixième genre. OPHIDIE (*Ophidium*). Corps ensiforme.

· *Septième genre.* STROMATÉE (*Stromateus*). Corps ovoïde, couvert d'écailles.

Huitième genre. ESPADON (*Xiphias*). Museau terminé par un long bec ensiforme.

ORDRE SECOND. — POISSONS JUGULAIRES. Catopes en avant des nageoires pectorales.

Neuvième genre. CALLIONYME (*Callionymus*). Ouverture des branchies sur la nuque.

Dixième genre. URANOSCOPE (*Uranoscopus*). Museau tronqué et aplati.

Onzième genre. VIVE (*Trachinus*). Anus près de la poitrine.

Douzième genre. GADE (*Gadus*). Nageoires pectorales alongées en pointe.

Treizième genre. BLENNIE (*Blennius*). Catopes didactyles et sans épines.

ORDRE TROISIÈME. — POISSONS THORACIQUES. Catopes au-dessous des nageoires pectorales.

Quatorzième genre. CÉPOLE (*Cepola*). Museau tronqué, corps ensiforme.

Quinzième genre. ECHÉNÉIDE (*Echeneis*). Une plaque sillonnée transversalement sur le sommet de la tête.

Seizième genre. CORYPHÈNE (*Coryphœna*). Partie antérieure de la tête droite et tronquée.

Dix-septième genre. GOBIE (*Gobius*). Catopes réunis en une seule nageoire ovalaire.

Dix-huitième genre. Cotte (*Cottus*). Tête plus large que le corps.

Dix-neuvième genre. Scorpène (*Scorpœna*). Des tentacules implantés çà et là sur la tête.

Vingtième genre. Zée (*Zeus*). Lèvre supérieure munie d'une membrane en voûte transversale.

Vingt-unième genre. Pleuronecte (*Pleuronectes*). Les deux yeux du même côté de la tête.

Vingt-deuxième genre. Chétodon (*Chœtodon*). Dents sétacées, nombreuses et flexibles.

Vingt-troisième genre. Spare (*Sparus*). Dents très-fortes, tant les incisives que les molaires.

Vingt-quatrième genre. Labre (*Labrus*). Membrane de la nageoire dorsale s'étendant au-delà de l'extrémité des rayons qui la soutiennent.

Vingt-cinquième genre. Sciène (*Sciœna*). Un sillon sur le dos pour recevoir les nageoires dorsales.

Vingt-sixième genre. Persèque (*Perca*). Opercules des branchies dentelées.

Vingt-septième genre. Gastérostée (*Gasterosteus*). Queue carénée sur les côtés ; des épines isolées sur le dos.

Vingt-huitième genre. Scombre (*Scomber*). Queue carénée sur les côtés, et précédée en dessus et en dessous de petites nageoires surnuméraires.

Vingt-neuvième genre. Mulet (*Mullus*). La tête et le corps couverts de larges écailles peu solidement fixées.

Trentième genre. Trigle (*Trigla*). Plusieurs rayons libres près des nageoires pectorales.

ORDRE QUATRIÈME. — Poissons abdominaux. Catopes en arrière des nageoires pectorales.

Trente-unième genre. Cobite (*Cobitis*). Corps rétréci vers la queue.

Trente-deuxième genre. Amie (*Amia*). Tête nue, rugueuse et osseuse.

Trente-troisième genre. Silure (*Silurus*). Premier rayon des nageoires dorsale et pectorales dentelé.

Trente-quatrième genre. Teuthis (*Teuthis*). Tête tronquée antérieurement.

Trente-cinquième genre. LORICAIRE (*Loricaria*). Corps cuirassé.

Trente-sixième genre. SALMONE (*Salmo*). Seconde nageoire dorsale adipeuse.

Trente-septième genre. FISTULAIRE (*Fistularia*). Bec long et cylindrique, fermé par une sorte d'opercule.

Trente-huitième genre. ESOCE (*Esox*). Mâchoire inférieure ponctuée et plus longue que la supérieure.

Trente-neuvième genre. ELOPE (*Elops*). Deux membranes branchiostèges; l'antérieure plus petite.

Quarantième genre. ARGENTINE (*Argentina*). Anus voisin de la queue.

Quarante-unième genre. ATHÉRINE (*Atherina*). Une bande argentée sur les côtés du corps.

Quarante-deuxième genre. MUGE (*Mugil*). Mâchoire inférieure carénée en dedans.

Quarante-troisième genre. EXOCET (*Exocœtus*). Nageoires pectorales de la longueur du corps.

Quarante-quatrième genre. POLYNÈME (*Polynemus*). Des rayons isolés près des nageoires pectorales.

Quarante-cinquième genre. CLUPÉE (*Clupea*). Ventre tranchant et dentelé en scie.

Quarante-sixième genre. CYPRIN (*Cyprinus*). Trois rayons à la membrane branchiostège.

Tels sont les genres que Linnæus a admis dans la classe nombreuse des poissons, dans toutes les éditions de son *Systema Naturæ*, jusqu'à la douzième, la dernière à l'impression de laquelle il ait présidé. Nous verrons bientôt comment, à une époque postérieure, Gmelin a modifié le système du professeur d'Upsal.

Vers le milieu du dix-huitième siècle, J. Théod. Klein, qui s'étoit déclaré l'antagoniste de Linnæus, et qui cherchoit à critiquer les ouvrages de ce savant naturaliste, publia un système qui n'a point été adopté, et où il divise en trois sections les animaux dont s'occupe l'ichthyologie. La première de ces sections est celle des poissons qui respirent par des poumons : ce sont les cétacés qui ne font plus aujourd'hui partie des poissons ; la seconde est celle des poissons à branchies cachées : ce sont les branchiostèges et les chondroptérygiens d'Artédi; dans la troisième, sont renfermés les poissons à branchies libres et t

visibles. Voici, au reste. une espèce de table de la classification qu'il a adoptée, en faisant abstraction de la première section, puisqu'elle est composée de mammifères.

CLASSE SECONDE. — Poissons à branchies cachées et à
ouvertures

A. Placées sur les côtés du cou.

1.º *Des nageoires latérales.*

Premier genre. Cynocéphale (*Cynocephalus*). Gueule longitudinale, hérissée de dents; museau prolongé au-dessus d'elle;
cinq ouvertures branchiales. Le requin et le squale glauque
font partie de ce genre.

Second genre. Chien de mer (*Galeus*). Gueule transversale au-
dessous du museau. Cinq ouvertures branchiales.

Troisième genre. Cestracion (*Cestracion*). Tête transversale
et en forme de marteau; yeux à chacune de ses extrémités latérales; bouche en dessous et transversale; cinq ouvertures
branchiales. Le marteau appartient à ce genre.

Quatrième genre. Ange de mer (*Rhina*). Tête déprimée, portant la gueule à son extrémité. Telle est la squatine, qui a également cinq ouvertures branchiales, selon Klein.

Cinquième genre. Batrachus (*Batrachus*). Une seule ouverture branchiale; corps comme porté par des pieds. Ce sont
les lophies de Linnæus qui forment ce genre.

Sixième genre. Crayracion (*Crayracion*). Corps strumeux;
une seule ouverture branchiale aussi. Ici viennent se ranger
les coffres, les diodons, les tétraodons.

Septième genre. Baliste (*Capriscus*). Corps comprimé; peau
nue, très-rugueuse; des aiguillons sur le dos, le plus souvent
au nombre de trois, et réunis par des membranes.

Huitième genre. Congre (*Conger*). Corps cylindrique; des
nageoires pectorales.

2.º *Pas de nageoires latérales.*

Neuvième genre. Murène (*Muræna*). Une seule ouverture
branchiale; corps anguilliforme, sans catopes, et sans nageoires
pectorales.

Dixième genre. Lamproie (*Petromyzon*). Sept ouvertures branchiales; corps anguilliforme.

I'. Placées sous le thorax.

Onzième genre. NARCACION (*Narcacion*). Queue lisse, avec une nageoire. Telle est la torpille.

Douzième genre. RHINOBATE (*Rhinobatus*). Tête de la raie; partie postérieure du corps comme la squatine; cinq nageoires comme le narcacion; peau rude.

Treizième genre. LEIOBATE (*Leiobatus*). Corps lisse; queue non hérissée d'épines; mais munie d'un ou de deux aiguillons osseux.

Quatorzième genre. DASYBATE (*Dasybatus*). Queue rude et épineuse comme une branche de ronce.

CLASSE TROISIÈME. — POISSONS à branchies visibles.

Groupe premier. *Tête et ventre remarquables.*

Quinzième genre. SILURE (*Silurus*). Tête déprimée; bouche et abdomen très-grands; des barbillons sur les lèvres; corps rétréci au-delà de l'anus.

Groupe second. *Bouche variable; museau rostriforme.*

1.° Bouche sans dents et sous un museau solide.

Seizième genre. ESTURGEON (*Acipenser*).

2.° Bouche fendue.

Dix-septième genre. LATHARGUS (*Lathargus*). Museau obtus; gueule vaste, et hérissée de dents. Ce genre est le genre Anarhique de Linnæus.

Dix-huitième genre. ESPADON (*Xiphias*). Mâchoire supérieure terminée par un bec ensiforme; l'inférieure plus courte, triangulaire et mucronée.

Dix-neuvième genre. MASTACEMBLE (*Mastacembelus*). Mâchoire inférieure prolongée au-delà de la supérieure.

Vingtième genre. PSALLISOSTOME (*Psallisostomus*). Mâchoires également avancées en un bec long et en crochet; bouche garnie de dents.

3.° Bouche à l'extrémité d'un museau tubuleux.

Vingt-unième genre. SOLÉNOSTOME (*Solenostomus*). Extrémité du museau tronquée et fermée par une opercule; opercules des branchies membraneuses.

4.° *Tête et queue effilées.*

Vingt-deuxième genre. Amphisile (*Amphisilen*). Queue droite, et terminée par un aiguillon recourbé.

Groupe troisième. *Corps notablement aplati.*

1.° *Yeux placés du côté droit.*

Vingt-troisième genre. Sole (*Solea*). Branchies étroites ; corps un peu alongé.

Vingt-quatrième genre. Flet (*Passer*). Corps obliquement quadrilatère ; tête plus détachée que dans la sole et le turbot.

2.° *Yeux placés du côté gauche.*

Vingt-cinquième genre. Turbot (*Rhombus*). Corps rhomboïdal, à côtés presque égaux, mais à angles inégaux. Tête large et comprimée.

3.° *Yeux placés également des deux côtés.*

Vingt-sixième genre. Rhombotide (*Rhombotides*). Corps aplati et de figure rhomboïdale.

Vingt-septième genre. Tétragonoptère (*Tetragonopterus*). Corps plat comme celui du carrelet, et pouvant être divisé en deux moitiés d'égales dimensions, par une ligne tirée de la tête à la queue, ce qui n'a point lieu pour le genre précédent où la portion ventrale est plus considérable.

Vingt-huitième genre. Platiglosse (*Platiglossus*). Corps aplati et de la forme de celui de la sole.

Groupe quatrième. *Corps cuirassé.*

Vingt-neuvième genre. Cataphracte (*Cataphractus*). Corps et tête couverts de plaques dures et cornées.

Trentième genre. Cerystion (*Cerystion*). Une croûte dure, rugueuse et osseuse sur la tête ; peau sans écailles, granulée.

Groupe cinquième. *Poissons susceptibles de s'attacher.*

Trente-unième genre. Oncotion (*Oncotion*). Corps gonflé ; sternum disposé de manière à pouvoir adhérer aux corps étrangers.

Trente-deuxième genre. Echénéide (*Echeneis*). Corps alongé ; partie supérieure de la tête susceptible de contracter adhérence avec les corps solides extérieurs.

Groupe sixième. *Corps anguilliforme.*

Trente-troisième genre. Encheliope (*Encheliopus*). Nageoire du dos longue chez les uns, courte chez les autres.

Il est facile de voir combien le caractère de ce genre de Klein est vague et indéterminé. Il y a fait entrer, en effet, des donzelles, des trichiures, des ammodytes, des blennies, des gades, des cobites, des cyprins, etc.

Groupe septième. *Trois nageoires sur le dos.*

Trente-quatrième genre. Callarias (*Callarias*). Catopes thoraciques ; anus légèrement saillant ; tête conique, avec ou sans barbillons ; des dents ; ligne latérale plus ou moins arquée ; corps lisse, écailleux, d'une teinte variable.

Groupe huitième. *Trois fausses nageoires sur le dos.*

Trente-cinquième genre. Pelamys (*Pelamys*). Un certain nombre de fausses nageoires entre la queue et la seconde nageoire dorsale et la nageoire anale ; catopes thoraciques.

Groupe neuvième. *Deux nageoires sur le dos.*

Trente-sixième genre. Truite (*Trutta*). Seconde nageoire dorsale adipeuse ; bouche avec ou sans dents.

Trente-septième genre. Mulet (*Mullus*). Nageoires dorsales plus ou moins aiguillonnées ; tête glabre, déclive, comprimée, avec ou sans barbillons ; dos plat et large ; teinte générale fauve ou rouge avec des taches grises, ou argentée avec des taches bleues ; écailles serrées, caduques.

Trente-huitième genre. Cestrée (*Cestreus*). Ecailles s'étendant jusqu'aux narines ; bouche petite, sans dents, arrondie.

Trente-neuvième genre. Labrax (*Labrax*). Ecailles en scie ; bouche grande, garnie d'un grand nombre de dents très-serrées et très-fines.

Quarantième genre. Sphyrène (*Sphyræna*). Corps épais, tête détachée, museau en coin ; bouche très-fendue ; mâchoire supérieure obtuse, plus courte ; dents très-aiguës.

Quarante-unième genre. Gobie (*Gobio*). Catopes réunis ; queue arrondie ; bouche armée de dents ; tête épaisse.

Quarante-deuxième genre. Aspérule (*Asperulus*). Corps couvert de petites écailles rudes et redressées ; tête grosse, déprimée.

Quarante-troisième genre. Trichidion (*Trichidion*). Poils naissant des nageoires pectorales ou des écailles.

Groupe dixième. *Deux fausses nageoires dorsales.*

Quarante-quatrième genre. Glauque (*Glaucus*). Fausses nageoires représentées par des aiguillons, en place de la première nageoire du dos.

Quarante-cinquième genre. Blennie (*Blennus.*) Yeux grands; sommet de la tête garni de crêtes ou d'appendices membraneux; nageoire dorsale longue.

Groupe onzième. *Une seule nageoire du dos.*

Quarante-sixième genre. Persèque (*Perca*). Nageoire dorsale longue et interrompue.

Quarante-septième genre. Percis (*Percis*). Nageoire dorsale, longue, sinueuse et non interrompue.

Quarante-huitième genre. Mœnas (*Mœnas*). Nageoire dorsale égale partout; des dents aux mâchoires qui sont couvertes par les lèvres.

Quarante-neuvième genre. Cicle (*Cicla*). Nageoire dorsale longue et égale partout; corps épais; mâchoire supérieure d'une excessive mobilité.

Cinquantième genre. Synagre (*Synagris*). Nageoire dorsale longue, égale, armée d'une ou plusieurs épines; dents aiguës; dentelées en scie le plus souvent; lèvres charnues; yeux grands.

Cinquante-unième genre. Coryphène (*Hippurus*). Nageoire dorsale égale, très-longue, étendue de la tête à la queue; nageoires pectorales larges; catopes étroits; dos tranchant.

Cinquante-deuxième genre. Sargue (*Sargus*). Des dents larges aux deux mâchoires; ventre proéminent.

Cinquante-troisième genre. Cyprin (*Cyprinus*). Nageoire dorsale longue, égale, soutenue par un seul aiguillon; lèvres charnues; nageoire anale courte; bouche sans dents; des os pharyngiens au lieu de dents.

Cinquante-quatrième genre. Prochile (*Prochilus*). Bouche sans dents; lèvres saillantes.

Cinquante-cinquième genre. Brême (*Brama*). Une courte nageoire au milieu du dos; celle de l'anus longue; bouche sans dents; corps large et épais.

Cinquante-sixième genre. Myste (*Mystus*). Des barbillons ; second rayon de la nageoire du dos dentelé en scie ; cette nageoire exactement au-dessus des catopes.

Cinquante-septième genre. Able (*Leuciscus*). Pas de barbillons ; corps blanc ou argentin ; bouche sans dents ; nageoires quelquefois rougeâtres.

Cinquante-huitième genre. Hareng (*Harengus*). Corps argenté, comprimé ; dos large ; ventre tranchant ; nageoires courtes, effilées ; bouche tournée en haut.

Cinquante-neuvième genre. Lucius (*Lucius*). Nageoire dorsale très-courte et voisine de la queue.

Ce genre est mauvais, car l'auteur y a fait rentrer le brochet, le cyprin-couteau, l'exocet volant, etc.

Groupe douzième. *Une fausse nageoire dorsale.*

Soixantième genre. Pseudoptère (*Pseudopterus*). Au lieu de nageoires, des rayons isolés et non réunis par des membranes.

Tels sont les genres dans lesquels Klein a rangé les poissons qu'il connoissoit. Il est facile de voir combien ses subdivisions sont irrégulières ; aussi, Schœffer, qui vint après lui proposer un autre systéme, ne réussit-il pas mieux, et trouva-t-il les esprits dégoûtés. Cependant, en 1763, un naturaliste modeste et zélé, Laur. Théod. Gronow, vint à bout de contrebalancer pendant quelque temps, dans l'Europe savante, le crédit de Linnæus.

Le systéme de Gronow est fondé principalement sur la présence ou sur l'absence, sur le nombre et sur la nature des nageoires. Nous allons donner une idée de ses divisions principales, en renvoyant pour chacun des genres qu'il a créés aux articles où ils sont spécialement traités.

Dans la première classe, sous le nom de Plagiures (*Plagiuri*), il réunit tous les cétacés. C'est un tort qui lui est commun avec ses prédécesseurs, pour la plupart.

Dans la seconde, il place tous les poissons véritables, et les divise en *poissons cartilagineux* ou *chondroptérygiens* et en *poissons osseux.*

Ces derniers sont subdivisés en *branchiostèges* et en *branchiaux*, et partagés en genres, d'après les mêmes bases que dans le systéme de Linnæus, c'est-à-dire, d'après la position des catopes relativement aux nageoires pectorales, en y joignant pourtant un caractère important que Linnæus avoit négligé de mentionner, celui du nombre des nageoires dorsales.

Les nouveaux genres introduits dans la science par Gronow, par suite de cette manière de considérer les poissons, sont les genres CALLORYNQUE, CYCLOGASTÈRE, CYNŒDUS, GONORYNQUE, CALLIODON, ENCHELIOPE, PHOLIS, ELÉOTRIS, CLARIAS, ASPRÈDE, ALBULA, SYNODE, ERYTHRINE, HÉPATE, UMBRE, LEPTOCÉPHALE, PTÉRACLIDE, ANOSTOME, CHARAX, CALLICHTHE, PLÉCOSTOME, CHANNA, GYMNOGASTER. (Voyez ces divers mots.)

En 1772, après Gronow, par conséquent, Morten Thrane Brünnich publia un système ichthyologique où il combine les subdivisions de Linnæus avec celles d'Artédi. Son travail, quoique estimable, n'a fait faire aucun pas à la science; nous ne croyons donc point devoir nous en occuper d'une manière spéciale, et nous passons immédiatement à une méthode d'ichthyologie, donnée à Strasbourg, deux ans avant celle de Brünnich, c'est-à-dire en 1770, par le vénérable Antoine Gouan, professeur de botanique à Montpellier. Elle a joui d'un succès justement mérité pendant long-temps.

Le professeur Gouan a cependant conçu son plan à peu près comme Brünnich, c'est-à-dire qu'il a combiné sous de nouveaux rapports les caractères d'Artédi et ceux de Linnæus. Le tableau suivant suffira d'ailleurs pour donner une idée de l'ensemble de sa méthode.

§. I.er POISSONS A BRANCHIES COMPLETES.

PREMIÈRE CLASSE.—ACANTHOPTÉRYGIENS. Plusieurs nageoires armées d'aiguillons.

ORDRE PREMIER. APODES. Catopes nuls.

Premier genre. TRICHIURE (*Trichiurus*). Corps ensiforme : tête alongée ; dents en épée, semi-sagittées par la pointe ; les premières plus grandes que les autres ; queue effilée et sans nageoire.

Second genre. EMPEREUR (*Xiphias*). Corps grêle ; tête alongée ; mâchoire supérieure terminée par un long bec en forme d'épée.

Troisième genre. DONZELLE (*Ophidium*). Corps ensiforme, tête obtuse ; ouverture de la bouche oblique ; nageoires du dos, de l'anus et de la queue collées ensemble.

Ordre second. Jugulaires. Catopes sous le cou.

Quatrième genre. Vive (*Trachinus*). Corps oblong ; tête obtuse ; opercules dentelées en scie par le bas ; anus voisin de la poitrine.

Cinquième genre, Bœuf (*Uranoscopus*). Corps fait en coin ; tête presque ronde et plus large que le corps ; bouche camuse ; yeux verticaux ; anus au milieu du corps.

Sixième genre. Lyre (*Callionymus*). Corps presque en coin ; tête plate , plus large que le corps ; bouche horizontale ; opercules fermées ; ouvertures des branchies sur la nuque.

Septième genre. Perce-pierre (*Blennius*). Corps en lancette ; tête déclive et obtuse ; dents sur un seul rang ; catopes à deux rayons chacun.

Ordre *troisième*. Thoraciques. Catopes sous la poitrine.

Huitième genre. Goujon (*Gobius*). Corps grêle et un peu lancéolé ; deux petits trous entre les yeux ; catopes réunis.

Neuvième genre. Flamme (*Cepola*). Corps ensiforme ; tête obtuse ; bouche tronquée ; nageoires distinctes.

Dixième genre. Rasoir (*Coryphæna*). Corps en coin ; tête très-déclive.

Onzième genre. Maquereau (*Scomber*). Corps ovale ; ligne latérale carénée vers la queue ; tête aiguë, petite ; plusieurs fausses nageoires à l'extrémité du dos.

Douzième genre. Perroquet (*Labrus*). Corps ovale ; tête médiocre ; lèvres doubles ; opercules écailleuses ; nageoires du dos et de l'anus rameuses ; pectorales arrondies.

Treizième genre. Dorade (*Sparus*). Corps ové ; tête médiocre ; lèvres simples ; des dents incisives et des dents molaires ; opercules écailleuses ; nageoires pectorales pointues.

Quatorzième genre. Bandoulière (*Chætodon*). Corps ové ; tête petite ; dents sétacées, flexibles ; nageoires du dos et de l'anus écailleuses.

Quinzième genre. Daine (*Sciæna*). Corps presque elliptique ; tête déclive ; opercules écailleuses ; nageoires du dos se cachant dans un sillon.

Seizième genre. Perche (*Perca*). Corps oblong ; tête déclive ; opercules écailleuses et dentées en scie.

Dix septième genre. Rascasse (*Scorpæna*). Corps en lancette ; tête grosse avec des cirrhes ; opercules armées de piquans.

Dix-huitième genre. Rouget (*Mullus*). Corps rétréci ; tête presque tétragone ; quelquefois des cirrhes.

Dix-neuvième genre. Milan (*Trigla*). Corps rétréci ; tête presque tétragone, cuirassée ; des rayons isolés entre les nageoires pectorales et les catopes.

Vingtième genre. Cabot (*Cottus*). Corps presque cunéiforme ; tête aplatie, plus large que le corps, et garnie d'aiguillons, de cirrhes ou de tubercules.

Vingt-unième genre. Gal (*Zeus*). Corps ové ; tête grande, déclive ; mâchoire supérieure voilée.

Vingt-deuxième genre. Sabre (*Trachipterus*). Corps en épée ; tête déclive ; ligne latérale couverte d'écailles placées sur une seule file ; les deux mâchoires voilées.

Vingt-troisième genre. Epinoche (*Gasterosteus*). Corps plus large vers l'extrémité ; tête ovoïde ; queue carénée sur les côtés ; des aiguillons couchés en avant des nageoires du dos et de l'anus.

Ordre quatrième. Abdominaux. Catopes sous le ventre.

Vingt-quatrième genre. Silure (*Silurus*). Corps oblong ; tête grande ; premiers rayons des nageoires du dos et de la poitrine dentelés en scie.

Vingt-cinquième genre. Muge (*Mugil*). Corps lancéolé ; tête presque conique ; mâchoire supérieure fendue et sillonnée en dedans pour recevoir une carène de l'inférieure.

Vingt-sixième genre. Polynème (*Polynemus*). Corps oblong ; tête terminée par un bec ; des rayons libres, non articulés auprès des nageoires pectorales.

Vingt-septième genre. Theutie (*Theutys*). Corps presque elliptique ; tête tronquée ; dents égales, roides, rapprochées, et sur un seul rang.

Vingt-huitième genre. Saurel (*Elops*). Corps grêle ; tête grande ; membrane branchiale armée de cinq dents en dehors.

SECONDE CLASSE.— Malacoptérygiens. Tous les rayons des nageoires simplement articulés.

Ordre premier. Apodes.

Vingt-neuvième genre. Anguille (*Muræna*). Corps grêle ; tête terminée par un bec; ouverture des branchies en tuyau et près des nageoires pectorales; nageoires du dos, de l'anus et de la queue réunies.

Trentième genre. GYMNOTE (*Gymnotus*). Corps cultriforme; tête petite; dos sans nageoire; deux cirrhes à la lèvre supérieure.

Trente-unième genre. ANARHIQUE (*Anarhichas*). Corps grêle; tête grande, obtuse; dents antérieures, coniques et divergentes; dents de la mâchoire inférieure et du palais arrondies et de la forme des molaires.

Trente-deuxième genre. STROMATÉE (*Stromateus*). Corps ovoïde; tête petite; dents aiguës.

Trente-troisième genre. LANÇON (*Ammodytes*). Corps presque grêle; tête terminée par un bec; dents acérées.

ORDRE SECOND. — JUGULAIRES.

Trente-quatrième genre. PORTE-ÉCUELLE (*Lepadogaster*). Corps cunéiforme; tête plate, plus large que le corps; bec semblable à celui d'un canard; deux nageoires pectorales de chaque côté; catopes réunis; une sorte d'écusson entre les nageoires pectorales; ouverture des branchies en tuyau.

Trente-cinquième genre. MERLAN (*Gadus*). Corps oblong; tête en coin; plusieurs nageoires au dos et à l'anus.

ORDRE TROISIÈME. — THORACIQUES.

Trente-sixième genre. SOLE (*Pleuronectes*). Yeux accouplés ou d'un même côté de la tête; corps aplati, lancéolé.

Trente-septième genre. REMORA (*Echeneis*). Corps cunéiforme, un peu grêle; tête plus large que le corps; un bouclier ovale, strié, denticulé sur la tête.

Trente-huitième genre. JARRETIÈRE (*Lepidopus*). Corps ensiforme, argenté; tête alongée; nageoire de l'anus et catopes remplacés chacun par une écaille.

ORDRE QUATRIÈME. — ABDOMINAUX.

Trente-neuvième genre. CUIRASSIER (*Loricaria*). Corps cuirassé; tête large avec un bec; point de dents.

Quarantième genre. HEPSET (*Atherina*). Corps oblong; lèvres garnies de dents; ligne latérale recouverte d'un galon d'argent.

Quarante-unième genre. SAUMON (*Salmo*). Corps lancéolé; tête un peu aiguë; seconde nageoire dorsale adipeuse.

Quarante-deuxième genre. FISTULAIRE (*Fistularia*). Corps anguleux, fusiforme; tête en tuyau et terminée par un bec ; mâchoire inférieure servant de couvercle à la supérieure.

Quarante-troisième genre. AIGUILLE (*Esox*). Corps grêle; tête terminée par un bec; mâchoire inférieure garnie de rangées longitudinales de pores.

Quarante - quatrième genre. ARGENTINE (*Argentina*). Corps grêle; tête terminée par un bec plus large que le corps; une fausse nageoire à l'extrémité du dos.

Quarante-cinquième genre. SARDINE (*Clupea*). Corps lancéolé; tête médiocre, terminée par un bec ; mâchoire supérieure dentée en scie; ventre caréné, denté en scie également.

Quarante-sixième genre. MUGE VOLANT (*Exocœtus*). Corps oblong; tête trigone; nageoires pectorales de la longueur du corps; nageoire dorsale à l'extrémité du dos.

Quarante-septième genre. BARBEAU (*Cyprinus*). Corps alongé, presque grêle; tête terminée par un bec court; bord postérieur des opercules échancré supérieurement en croissant.

Quarante-huitième genre. LOCHE FRANCHE (*Cobitis*). Corps oblong, d'une largeur à peu près égale dans toute son étendue ; tête petite; yeux fort élevés; opercules fermées par le bas.

Quarante-neuvième genre. AMIE (*Amia*). Corps assez grêle ; tête, front, et sternum écorchés; deux cirrhes sur le nez.

Cinquantième genre. MORMYRE (*Mormyrus*). Corps ovoïde; tête alongée; plusieurs des dents échancrées; ouverture des branchies linéaire, sans opercule.

§. II. *POISSONS A BRANCHIES INCOMPLETES.*

TROISIÈME CLASSE. — Branchiostèges.

ORDRE PREMIER. APODES.

Cinquante-unième genre. CHEVAL-MARIN (*Syngnathus*). Corps polygone, cuirassé, articulé; tête terminée par un long bec, fait en tuyau; mâchoire inférieure servant de couvercle à la supérieure: ouvertures des branchies très-petites et sur la nuque; opercules attachées de toutes parts.

Cinquante-deuxième genre. BALISTE (*Balistes*). Corps comprimé, couvert d'écailles soudées; tête très-petite; huit dents à chaque mâchoire; les deux antérieures plus longues; ouvertures des branchies latérales, linéaires.

Cinquante-troisième genre. COFFRE (*Ostracion*). Corps polygone, cuirassé d'une seule écaille marquetée; tête petite ; dix
dents avancées, grêles, obtuses à chaque mâchoire ; ouvertures des ouïes latérales, linéaires, au-dessus des nageoires
pectorales.

Cinquante-quatrième genre. COFFRE-A-DEUX-DENTS (*Diodon*).
Tout le corps armé d'épines; tête petite; os maxillaires saillans, à
découvert, entiers et tenant lieu de dents; ouvertures des branchies latérales, linéaires, mais contre les nageoires pectorales.

Cinquante-cinquième genre. COFFRE-A-QUATRE-DENTS(*Tetraodon*).
Corps couvert d'épines en dessous ; tête petite; os maxillaires
à découvert, fendus en deux et tenant lieu de dents; ouverture des branchies linéaire, latérale.

ORDRE SECOND. JUGULAIRES.

Cinquante-sixième genre. BAUDROYE (*Lophius*). Corps aplati ;
tête énorme; ouvertures des branchies au bord du corps et
presque en tuyau ; nageoires pectorales portées sur un appendice.

ORDRE TROISIÈME. THORACIQUES.

Cinquante-septième genre. CYCLOPTÈRE (*Cyclopterus*). Corps
presque sphérique, un peu alongé; tête comprimée ; dents
attachées aux mâchoires; catopes réunis en forme de disque
circulaire.

ORDRE QUATRIÈME. ABDOMINAUX.

Cinquante-huitième genre. BÉCASSE (*Centriscus*). Corps oblong,
cuirassé ; tête terminée par un long bec ; ouvertures des
branchies évasées ; catopes cachés dans une carène du ventre.

Cinquante-neuvième genre. PÉGASE (*Pegasus*). Corps articulé,
maillé, cuirassé; tête terminée par un bec ensiforme linéaire;
bouche protractile : des dents à la mâchoire supérieure; ouvertures des branchies en avant des nageoires pectorales.

Il ne faut point réfléchir long-temps pour reconnoître combien cette méthode de Gouan, dont nous venons de présenter
l'ensemble, est supérieure à toutes celles que nous avons examinées jusqu'à présent, même à celle de Linnæus, dont l'auteur a, du reste, beaucoup profité.

A Gouan succéda Scopoli, qui, en 1777, dans son Introduction à l'Histoire naturelle, voulut suivre une route toute nou-

velle, et choisit pour point de départ la position de l'anus, qui est ou voisin de la tête, ou voisin de la queue, ou à égale distance de l'une et de l'autre. Ses caractères secondaires sont tirés, comme dans Gronow, du nombre des nageoires dorsales; et les tertiaires, comme dans Linnæus, de la position des catopes, relativement aux nageoires pectorales.

Après eux encore, brilla M. Eliez. Bloch qui, dans un ouvrage magnifique dont la publication a été commencée en 1785, a décrit et figuré environ six cents espèces de poissons, rangés suivant le système de Linnæus. Plusieurs d'entre eux, cependant, forment des genres nouveaux, dont les noms suivent : Bodian, Anableps, Cataphracte, Kurte, Macroure, Lutjan, Johnius, Raspecon, Gymnothorax, Symbranche, Sphagebranche, Platycéphale, Platystacus, Gymnètre, Chevalier, Holocentre, Anthias, Epinéphèle, Gymnocéphale, Lonchure. (Voyez ces mots.) Aussi l'ouvrage de Bloch est-il un des plus utiles et des plus recherchés de tous ceux qui ont été composés sur l'ichthyologie.

Mais cependant il le cède de beaucoup pour l'importance au Traité d'Ichthyologie le plus complet qui existe, livre à l'auteur duquel la France se glorifie d'avoir donné naissance. Tout le monde a déjà deviné, sans doute, que je veux parler ici de l'ami et du digne continuateur de Buffon, d'un des auteurs de ce Dictionnaire, titre qui m'empêche de lui prodiguer les éloges qu'il mérite si bien, de M. le comte de Lacépède enfin. Qu'il nous suffise de dire qu'il a suivi une méthode de classification bien supérieure à toutes celles que nous avons examinées jusqu'à présent, une méthode vraiment philosophique, universellement goûtée et adoptée de nos jours par tous les savans ichthyologistes de l'Europe entière, en raison des immenses avantages qu'elle présente. Elle mérite donc toute notre attention ; aussi allons-nous nous en occuper immédiatement, après toutefois que nous aurons indiqué les modifications qu'antécédemment Gmelin a fait subir au Système de Linnæus.

Ce savant naturaliste, en effet, a acquis des droits à notre estime en corrigeant la classification du professeur d'Upsal. et en sachant éviter le défaut dans lequel ce grand homme et Scopoli étoient tombés au sujet des poissons cartilagineux, en les reportant parmi les amphibies. Il a rétabli, avec juste raison, les deux familles des branchiostèges et des chondroptérygiens, et y a placé les genres suivans :

A. Famille des Branchiostèges.

1.° Mormyre (*Mormyrus*). Tête lisse ; dents émarginées; corps écailleux.

2.° Coffre (*Ostracion*). Catopes nuls; ouverture des branchies linéaire ; dix dents coniques et obtuses à chaque mâchoire; corps recouvert d'une enveloppe osseuse.

3.° Tétrodon (*Tetrodon*). Point de catopes; mâchoires osseuses, saillantes, divisées en deux moitiés chacune; abdomen couvert d'épines ; ouverture des branchies linéaire.

4.° Diodon (*Diodon*). Point de catopes; mâchoires osseuses, avancées, non divisées ; corps entièrement hérissé d'épines longues, fortes, couvertes par les tégumens communs, creuses à l'intérieur, mobiles.

5.° Syngnathe (*Syngnathus*). Tête petite ; un bec presque cylindrique, long, courbé en haut vers le bout ; bouche terminale, operculée ; langue nulle; mâchoire inférieure plus mobile; corps cuirassé, articulé; point de catopes; ouvertures des branchies en tuyau et aboutissant à la nuque.

6.° Pégase (*Pegasus*). Des catopes abdominaux; bouche ouverte en dessous et munie d'une trompe rétractile ; corps cuirassé, articulé et déprimé.

7.° Centrisque (*Centriscus*). Catopes réunis; tête terminée par un bec alongé ; mâchoire inférieure plus longue; bouche sans dents; corps comprimé; abdomen caréné.

8.° Baliste (*Balistes*). Tête comprimée, souvent armée d'épines entre les yeux ; bouche étroite; huit dents à chaque mâchoire ; les deux antérieures plus longues.

9.° Cycloptère (*Cyclopterus*). Tête obtuse ; mâchoires armées de petites dents; corps court, épais, alépidote ; catopes réunis en un disque ovale.

10.° Lophie (*Lophius*). Tête déprimée; langue armée de dents; yeux verticaux; nageoires dorsale et anale opposées et rapprochées de la queue.

B. Famille des Chondroptérygiens.

11.° Esturgeon (*Acipenser*). Tête obtuse; bouche ouverte

au dessous de la tête et sans dents; des écussons écailleux et anguleux sur le corps.

12.° Chimère (*Chimœra*). Ouvertures des branchies sous le cou et à quatre divisions; tête aiguë; bouche ouverte en dessous; deux dents incisives en avant de chaque mâchoire; queue terminée par un filament plus long que le reste du corps.

13.° Squale (*Squalus*). Quatre à sept ouvertures des branchies de chaque côté du cou; bouche ouverte en dessous, et armée d'une multitude de dents aiguës, en partie mobiles, en partie fixes; catopes communément plus petits que les nageoires pectorales; corps oblong; peau rude.

14.° Raie (*Raja*). Branchies ouvertes en desssous du cou à droite et à gauche; bouche tournée tout-à-fait en bas; des dents; corps déprimé, rhomboïdal.

15.° Lamproie (*Petromyzon*). Sept ouvertures branchiales de chaque côté; bouche terminale; dents d'une teinte orangée, creuses à l'intérieur; un évent sur la nuque; ni catopes, ni nageoires pectorales.

Quant à M. de Lacépède, il a partagé d'abord les poissons en deux grandes sous-classes, les cartilagineux et les osseux, coupe certainement bien heureuse et bien distincte. Et, en effet, presque tous les poissons cartilagineux manquent d'écailles proprement dites, c'est-à-dire placées en recouvrement les unes sur les autres, de dents enchâssées, d'arêtes osseuses, de vessie natatoire, ce qui est presque constamment le contraire des poissons osseux. (Voyez Cartilagineux et Poissons.) Chacune de ces sous-classes est elle-même composée de quatre ordres, formés d'après la combinaison de la présence ou de l'absence de l'opercule des branchies et de leur membrane. Puis viennent ensuite, dans chacun de ces ordres, quatre sous-ordres, déterminés d'après la présence, l'absence et la position des catopes.

Ce travail est bien manifestement une sorte de paradigme, ou de cadre tracé d'avance, pour réunir et classer de suite tous les poissons qui peuvent exister, même ceux qu'on ne connoît pas encore. Dans les deux sous-classes, les huit ordres et les trente-deux sous-ordres qui forment cette échelle ichthyologique, on trouve quelques sous-ordres qui, en conséquence, ne renferment encore aucun genre décrit. Mais c'est justement ainsi que ce plan, le plus parfait de tous

3o.

ceux qui ont été imaginés jusqu'à ce jour, celui qui est le plus en rapport avec la régularité et toute l'étendue qu'exige la Nature, n'a point besoin d'être renouvelé à mesure qu'on fait des découvertes dans la science; il peut servir à inscrire toutes les espèces qu'on découvrira à l'avenir. La table synoptique suivante pourra donner d'ailleurs une idée des principales divisions de ce bel ensemble.

Système ichthyologique de M. de Lacépède.

SOUS-CLASSES.		ORDRES.	SOUS-ORDRES.
POISSONS			
CARTILAGINEUX à branchies	sans opercules et	1 sans membrane	1 APODES.
			2 JUGULAIRES.
			3 THORACINS.
			4 ABDOMINAUX.
		2 à membrane	5 APODES.
			6 JUGULAIRES.
			7 THORACINS.
			8 ABDOMINAUX.
	à opercules et	3 sans membrane	9 APODES.
			10 JUGULAIRES.
			11 THORACINS.
			12 ABDOMINAUX.
		4 à membrane	13 APODES.
			14 JUGULAIRES.
			15 THORACINS.
			16 ABDOMINAUX.
OSSEUX à branchies	à opercules et	5 à membrane	17 APODES.
			18 JUGULAIRES.
			19 THORACINS.
			20 ABDOMINAUX.
		6 sans membrane	21 APODES.
			22 JUGULAIRES.
			23 THORACINS.
			24 ABDOMINAUX.
	sans opercules et	7 à membrane	25 APODES.
			26 JUGULAIRES.
			27 THORACINS.
			28 ABDOMINAUX.
		8 sans membrane	29 APODES.
			30 JUGULAIRES.
			31 THORACINS.
			32 ABDOMINAUX.

MÉTHODE ICHTHYOLOGIQUE
DE M. LE PROFESSEUR CUVIER.

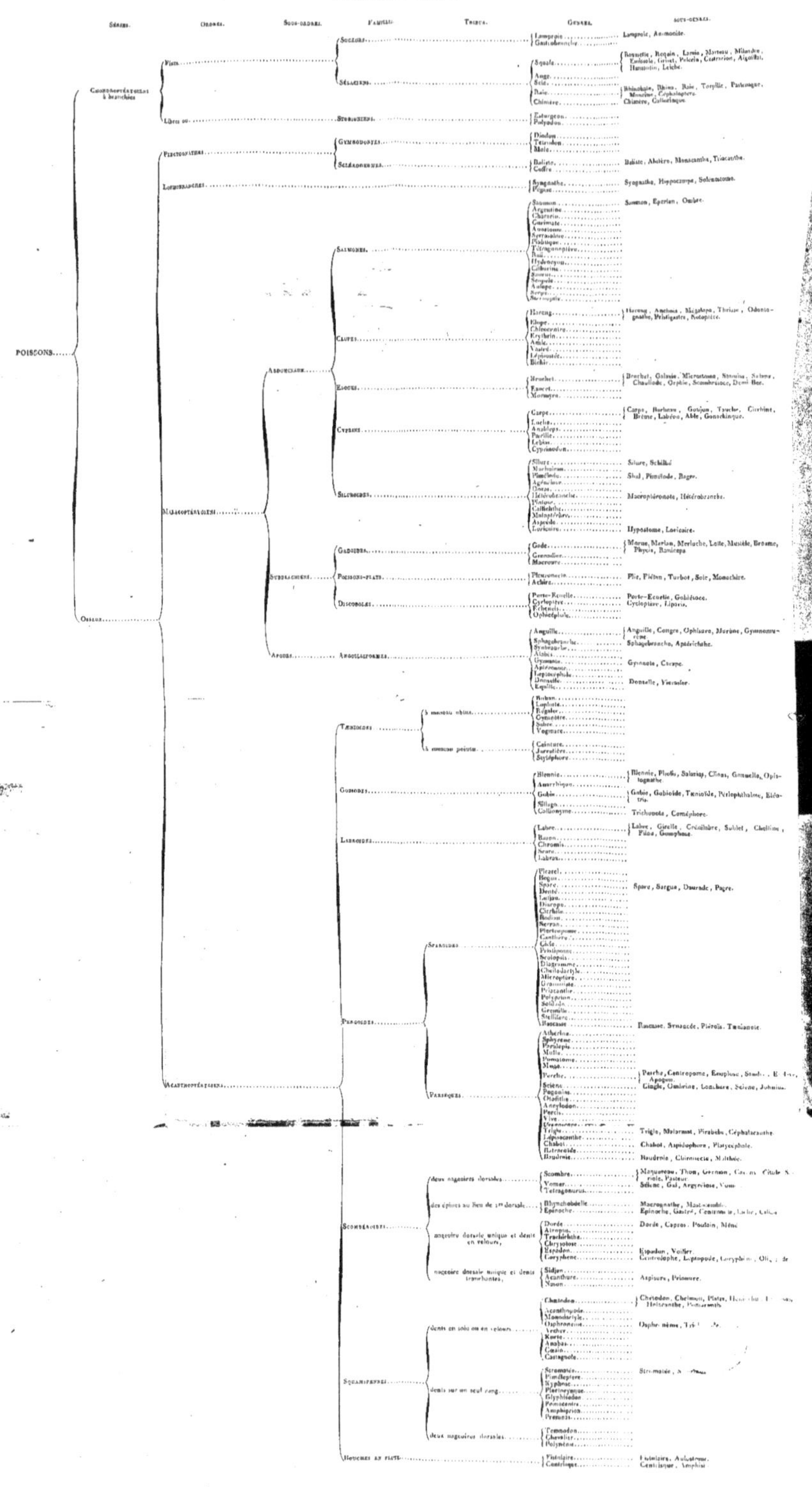

Séries	Ordres	Sous-ordres	Familles	Tribus	Genres	Sous-genres
POISSONS	CHONDROPTÉRYGIENS à branchies	Fixes	SUCEURS		Lamproie	Lamproie, Ammocète.
					Gastrobranche	
			SÉLACIENS		Squale	Roussette, Requin, Lamie, Marteau, Milandre, Émissole, Griset, Pélerin, Centrarion, Aiguillat, Humantin, Leiche.
					Ange	
					Scie	
					Raie	Rhinobate, Rhina, Raie, Torpille, Pastenague, Mourine, Céphaloptère.
					Chimère	Chimère, Callorhinque.
		Libres ou	STURIONIENS		Esturgeon	
					Polyodon	
	PLECTOGNATHES		GYMNODONTES		Diodon	
					Tetrodon	
					Mole	
			SCLÉRODERMES		Baliste	Baliste, Aluthère, Monacanthe, Triacanthe.
					Coffre	
	LOPHOBRANCHES				Syngnathe	Syngnathe, Hippocampe, Solénostome.
					Pégase	
	MALACOPTÉRYGIENS	ABDOMINAUX	SALMONES		Saumon	Saumon, Éperlan, Ombre.
					Argentine	
					Characin	
					Curimate	
					Anostome	
					Serrasalme	
					Piabuque	
					Tétragonoptère	
					Raï	
					Hydrocyon	
					Citharine	
					Saurus	
					Serpule	
					Aulope	
					Serpe	
					Sternoptyx	
			CLUPES		Hareng	Hareng, Anchois, Mégalope, Thrisse, Odontognathe, Pristigastre, Notoptère.
					Élope	
					Chirocentre	
					Erythrin	
					Amie	
					Vastrè	
					Lépisostée	
					Bichir	
			ÉSOCES		Brochet	Brochet, Galaxie, Microstome, Stomias, Salanx, Chauliode, Orphie, Scombrésoce, Demi-Bec.
					Éancet	
					Mormyre	
			CYPRINS		Carpe	Carpe, Barbeau, Goujon, Tanche, Cirrhine, Brème, Labéon, Able, Gonorhinque.
					Loche	
					Anableps	
					Porile	
					Lebias	
					Cyprinodon	
			SILUROIDES		Silure	Silure, Schilbé.
					Machoiran	
					Pimélode	Shal, Pimélode, Bagre.
					Agéniose	
					Doras	
					Hétérobranche	Macroptéronote, Hétérobranche.
					Platose	
					Callichthe	
					Malaptérure	
					Aspredo	
					Loricaire	Hypostome, Loricaire.
		SUBBRACHIENS	GADOIDES		Gade	Morue, Merlan, Merluche, Lotte, Mustèle, Brosme, Phycis, Raniceps.
					Grenadier	
					Macroure	
			POISSONS-PLATS		Pleuronecte	Plie, Flétan, Turbot, Sole, Monochire.
					Achire	
			DISCOBOLES		Porte-Écuelle	Porte-Écuelle, Gobiésoce.
					Cycloptère	Cycloptère, Liparis.
					Échenéis	
					Ophiocéphale	
		APODES	ANGUILLIFORMES		Anguille	Anguille, Congre, Ophisure, Murène, Gymnomurène.
					Sphagebranche	Sphagebranche, Aptérichthe.
					Synbranche	
					Alabès	
					Gymnote	Gymnote, Carape.
					Aptéronote	
					Leptocéphale	
					Donzelle	Donzelle, Vérastre.
					Équille	
	ACANTHOPTÉRYGIENS		TÆNIOIDES	à museau obtus	Ruban	
					Lophote	
					Régalec	
					Cymnètre	
					Sabre	
					Vogmare	
				à museau pointu	Ceinture	
					Jarretière	
					Stylophore	
			GOBIODES		Blennie	Blennie, Pholis, Salarias, Clinus, Gunnelle, Opistognathe.
					Anarrhique	
					Gobie	Gobie, Gobioïde, Ténioïde, Périophthalme, Éléotris.
					Sillago	
					Callionyme	Trichonote, Coméphore.
			LABROIDES		Labre	Labre, Girelle, Crénilabre, Sublet, Chéiline, Filou, Gomphose.
					Rason	
					Chromis	
					Scare	
					Labrax	
			SPAROIDES		Picarel	
					Bogue	
					Spare	Spare, Sargue, Daurade, Pagre.
					Denté	
					Lutjan	
					Diacope	
					Cirrhite	
					Bodian	
					Serran	
					Plectropome	
					Canthère	
					Chèle	
					Pristipome	
					Scolopsis	
					Diagramme	
					Cheilodactyle	
					Microptère	
					Grammiste	
					Priacanthe	
					Polyprion	
					Sciénoïde	
					Grémille	
					Smaris	
					Rascasse	Rascasse, Synagride, Piérais, Tæniianois.
			PERCOIDES		Athérine	
					Sphyrène	
					Péralèpe	
					Mulle	
					Pomatome	
					Muge	
					Perche	Perche, Centropome, Énoplose, Sandre, [illegible], Apogon.
					Sciène	Cingle, Umbrine, Lonchure, Sciène, Johnius.
					Pogonias	
					Otolithe	
					Ancylodon	
					Percis	
					Vive	
					Uranoscope	
					Trigle	Trigle, Malarmat, Pirabèbe, Céphalacanthe.
					Lépisacanthe	
					Chabot	Chabot, Aspidophore, Platycéphale.
					Batrachoïde	
					Baudroie	Baudroie, Chironecte, Malthée.
			SCOMBÉROIDES	deux nageoires dorsales	Scombre	Maquereau, Thon, Germon, Cæcus, Cibule, Scirole, Pasteur.
					Yomer	Séléne, Gal, Argyréiose, Vome.
					Tétragonure	
				des épines au lieu de 1re dorsale	Rhynchobdelle	Macrognathe, Mastacembe.
					Épinoche	Épinoche, Gastré, Centronote, Lache, Lichie.
				nageoire dorsale unique et dents en velours	Dorée	Dorée, Capros, Poulain, Mène.
					Atropus	
					Trachichthe	
					Chrysotose	
					Espadon	Espadon, Voilier.
					Coryphène	Centrolophe, Leptopode, Coryphène, Oli[illegible].
				nageoire dorsale unique et dents tranchantes	Sidjan	
					Acanthure	Aspisure, Prionure.
					Nason	
			SQUAMIPENNES	dents en soie ou en velours	Chætodon	Chætodon, Chelmon, Platax, Henio[illegible], Holacanthe, Pomacanthe.
					Acanthopode	
					Monodactyle	
					Osphronème	Osphronème, Tri[illegible].
					Archer	
					Kurte	
					Anabas	
					Casio	
					Castagnole	
				dents sur un seul rang	Stromatée	Stromatée, [illegible].
					Piméloptère	
					Kyphose	
					Platerynque	
					Glyphisodon	
					Pomacentre	
					Amphiprion	
					Premnas	
				deux nageoires dorsales	Temnodon	
					Chevalier	
					Polynème	
			BOUCHES EN FLUTE		Fistulaire	Fistulaire, Aulostome.
					Centrisque	Centrisque, Amphisile.

MÉTHODE ICHTHYOLOGIQUE
DE M. LE PROFESSEUR DUMÉRIL.

SOUS-CLASSES.	ORDRES.	FAMILLES.	GENRES.

POISSONS

CARTILAGINEUX ... à branchies

- **à opercules et**
  - à membrane; TÉLÉOBRANCHES à catopes [1]
    - distincts
      - derrière les pectorales ... APTYOSTOMES ... Macrorhinque, Centrisque, Solénostome.
      - sous les pectorales ... PLÉCOPTÈRES ... Cycloptère, Lépadogastère.
    - n'existant point ... OSTÉODERMES ... Ostracion, Tetraodon, Diodon, Syngnathe, Ovoïde, Sphéroïde.
  - sans membrane; ÉLEUTHÉROPOMES [2] ... ÉLEUTHÉROPOMES ... Pégase, Acipensère, Polyodon.
- **sans opercules et**
  - à membrane; CHISMOPNÉS [3] ... CHISMOPNÉS ... Baudroie, Lophie, Baliste, Chimère.
  - sans membrane; TRÉMATOPNÉS [4] ... catopes
    - nuls; bouche circulaire, arrondie ... CYCLOSTOMES ... Myxine, Épiatrème, Lamproie, Ammocœte.
    - très-distincts; bouche large, transverse ... PLAGIOSTOMES ... Rhinobate, Raie, Torpille, Squatine, Squale, Aodon.

OSSEUX; branchies

- **à opercules et**
  - à membrane; HOLOBRANCHES [5]; à catopes
    - jugulaires ... AUCHÉNOPTÈRES ... Callionyme, Uranoscope, Batrachoïde, Murénoïde, Oligopode, Blennie, Calliomore, Vive, Gade, Kurte, Chrysostome.
    - thoraciques; corps
      - très-mince
        - presque aussi haut que long; yeux
          - latéraux ... LÉPTOSOMES ... Holacanthe, Énoplose, Gal, Pomacanthe, Pomacentre, Pomadasis, Acanthinion, Chétodon, Chétodiptère, Aspisure, Acanthure, Glyphisodon, Zée, Acanthopode, Argyréiose, Capros, Sélène, Chrysostose.
          - d'un seul côté ... HÉTÉROSOMES ... Pleuronecte, Achire.
        - alongé, en forme de lame ... PÉTALOSOMES ... Bostriche, Bostrichoïde, Cépole, Tænioïde, Lépidope, Gymnètre.
      - comprimé, remarquable par
        - la tête
          - simple, à lèvres charnues, opercules
            - épineuses ou dentelées ... ACANTHOPOMES ... Holocentre, Persèque, Tæmianote, Bodian, Microptère, Sciène, Lutjan, Centropome.
            - sans épines, ni dentelures ... LÉIOPOMES ... Chéiline, Lahre, Ophicéphale, Cheilion, Cheilodiptère, Hologymnose, Monodactyle, Trichopode, Osphronème, Histule, Coris, Gomphose, Plectorhinque, Pogonias, Spare, Mulet, Diptérodon.
          - mâchoires saillantes et osseuses ... OSTÉOSTOMES ... Léiognathe, Scare, Osthorhinque.
        - en général fort grosse ... CÉPHALOTES ... Aspidophore, Aspidophoroïde, Scorpène, Gobiésoce, Cotte.
        - la nageoire du dos très-longue ... LOPHIONOTES ... Tænianote, Coryphène, Chevalier, Coryphénoïde, Centrolophe, Hémiptéronote, Coryphénoïde.
      - épais
        - les nageoires pectorales à quelques rayons isolés ... DACTYLÉS ... Péristédion, Prionote, Trigle, Dactyloptère.
        - fuseau, ou plus gros au milieu ... ATRACTOSOMES ... Scombéroïde, Scombéromore, Scombre, Trachinote, Gastérostée, Centronote, Cæsiomore, Cæsion, Lépisacanthe, Céphalacanthe, Caranxomore, Pomatome, Centropode, Caranx, Istiophore.
        - arrondi, en cylindre; nageoires pectorales
          - réunies ... PLÉCOPODES ... Gobie, Gobioïde.
          - séparées ... ÉLEUTHÉROPODES ... Gobiomore, Gobiomoroïde, Echénéide.
  - abdominaux; corps
    - cylindrique; bouche
      - à l'extrémité d'un long museau ... SIPHONOSTOMES ... Aulostome, Fistulaire, Solénostome.
      - non prolongée ... CYLINDROSOMES ... Anableps, Amie, Misgurne, Cobite, Butyrin, Fondule, Triptéronote, Colubrine, Ompok.
    - conique ou comprimé; rayons des nageoires pectorales
      - libres, distincts, au nombre de
        - un seul, pointu, roide ... OPLOPHORES ... Silure, Macroptéronote, Doras, Malaptérure, Cataphracte, Pogonate, Tachysure, Plotose, Macroramphose, Corydoras, Centranodon, Pimélode, Agénéiose, Loricaire, Hypostome.
        - plusieurs, flexibles, arrondis ... DIMÉRÈDES ... Chéilodactyle, Cirrhite, Polynème, Polydactyle.
      - réunis; opercules
        - écailleuses; bouche sans dents ... LÉPIDOPOMES ... Exocet, Mugilomore, Chanos, Muge, Mugiloïde.
        - lisses; mâchoire
          - simple, dorsale
            - à rayons osseux ... GYMNOPOMES ... Hydrargyre, Argentine, Cyprin, Stoléphore, Athérine, Baro, Méné, Xystere, Dorsuaire, Serpe, Clupée, Clupanodon, Myste.
            - adipeuse ... DESMOPTÈRES ... Serrasalme, Characin, Salmone, Osmère, Corégone.
          - très-développée ... SIAGONOTES ... Esoce, Synodon, Mégalope, Elope, Lépisostée, Sphyrène, Polyptère, Scombrésoce.
  - nuls ... les autres nageoires
    - manquant en tout ou en partie ... PÉROPTÈRES ... Cæcilie, Ophisure, Notoptère, Leptocéphale, Trichiure, Regalec, Aptéronote, Gymnonote, Monoptère.
    - existant toutes ... PANTOPTÈRES ... Murène, Ophidie, Xiphias, Anarrhique, Coméphore, Macrognathe, Rhombe, Ammodyte, Stromatée.
  - sans membrane ... STERNOPTYGES [6] ... STERNOPTYGES ... Sternoptyx.
- **sans opercules et**
  - à membrane ... CRYPTOBRANCHES [7] ... CRYPTOBRANCHES ... Styléphore, Mormyre.
  - sans membrane ... OPHICHTHYOTES [8] ... OPHICHTHYOTES ... Murénophis, Gymnomorène, Murénoblenne, Sphagebranche, Unibranchaperture.

Nous n'avons pas besoin de dire que les noms d'apodes, de jugulaires, de thoracins et d'abdominaux, indiquent que les poissons qu'ils désignent manquent de catopes, ou les ont sous la gorge, ou les portent sur le thorax, ou ne les présentent que sous l'abdomen. En parlant du Système de Linnæus nous sommes déjà entrés dans quelques détails à ce sujet. Le nombre des genres qui composent chacun des sous-ordres ainsi appelés, est, au reste, fort considérable. M. de Lacépède a d'abord conservé tous les genres de Linnæus, en retirant cependant de beaucoup d'entre eux un certain nombre d'espèces pour en former de nouveaux. Il en a fait autant pour les genres de Klein, de Gronow, de Bloch; il en a créé lui-même une assez grande quantité avec des poissons totalement inconnus jusqu'à lui. Le lecteur en trouvera l'indication dans une table que nous allons bientôt mettre sous ses yeux.

L'auteur dont nous venons de faire connoître les principes n'est point, au reste, le seul des collaborateurs de notre Dictionnaire qui mérite d'occuper un rang distingué dans l'histoire de l'ichthyologie. Deux autres d'entre eux ont su accroître l'éclat de cette science et lui ont fait faire des progrès considérables en perfectionnant la méthode tracée par l'homme célèbre qui les a précédés dans la carrière, et en remplissant quelques unes des places qu'il avoit laissées vides dans son grand tableau. Ces deux auteurs sont MM. Duméril et Georges Cuvier. A l'aide de deux tables synoptiques, nous allons tàcher d'offrir l'ensemble et les résultats de leurs immenses travaux, en avertissant le lecteur que la méthode suivie par nous dans la rédaction de nos articles, est le fruit d'une combinaison de celles de ces trois illustres savans. (Voyez les deux tables synoptiques ci-jointes.)

Nous rappellerons aussi que les premiéres traces de ces méthodes se trouvent dans les Leçons d'Anatomie comparée de M. G. Cuvier, publiées en 1800 par M. Duméril. Depuis, ce dernier a successivement introduit de nouveaux matériaux dans l'édifice de la science, lorsqu'en 1804 et en 1807 il a publié les deux éditions de son Traité élémentaire d'Histoire naturelle; et en 1806, quand il a fait imprimer sa Zoologie analytique. On trouve la Méthode de M. Cuvier complètement exposée dans le second volume de son ouvrage intitulé: le Règne animal distribué d'après son organisation, ouvrage d'un intérêt capital et qui a été publié en 1817.

Maintenant que nous avons passé en revue les principaux systèmes d'ichthyologie, que nous avons suivi la marche progressive de la science, nous pourrions encore parler de plusieurs auteurs qui, comme Broussonnet, Forster, Hasselquist, F. de Laroche, Pallas, P. Russell, Forskaël, Thunberg, etc., et comme MM. Risso, Lesueur, Tilesius, de Humboldt, Maxim. Spinola, Bosc, Giorna, Geoffroy-Saint-Hilaire, Mitchill, médecin à New-York, Schneider, etc., ont enrichi l'ichthyologie de genres nouveaux, ou décrit des espèces inconnues jusqu'à eux; mais, comme ils n'ont point créé de nouvelles classifications, nous croyons pouvoir remettre à donner l'exposition de leurs estimables travaux, dans d'autres articles, celui-ci ne nous paroissant déjà que trop long. Nous allons pourtant rappeler, en terminant, les noms des créateurs de chacun des genres ou sous-genres de poissons, ainsi que nous l'avons fait précédemment pour ceux des reptiles. (Voyez Erpétologie.) Lorsque le nom latin est par trop différent du nom françois, nous avons soin de les mettre tous les deux à leur place alphabétique.

Genres et sous-genres.	Créateurs.
Able	Klein.
Abramis	Cuvier.
Acanthinion	Lacépède.
Acanthonote	Schneider.
Acanthopode	Lacépède.
Acanthure	Bloch.
Acerina	Cuvier.
Achire	Lacépède.
Acipenser	Artédi.
Agénéiose	Lacépède.
Agone	Schneider.
Aiguillat	Cuvier.
Alabes	Cuvier.
Albula	Gronow.
Alutère	Cuvier.

GENRES ET SOUS-GENRES.	CRÉATEURS.
Batrachus	Klein, Schneider.
Baudroye	Klein, Linnæus.
Belone	Cuvier.
Blennie	Artédi, Linnæus.
Blepharis	Cuvier.
Bodian	Bloch.
Bogmare	Schneider.
Bogue	Cuvier.
Bostrichoïde	Lacépède.
Bostrichthe	Duméril.
Bostryche	Lacépède.
Brama	Klein, Schneider.
Brême	Cuvier.
Brosme	Cuvier.
Buro	Commerson.
Butyrin	Lacépède.
Callarias	Klein.
Callichthys	Gronow, Linnæus.
Calliodon	Gronow.
Calliomore	Lacépède.
Callionyme	Linnæus.
Callorhynque	Gronow.
Canthère	Cuvier.
Capriscus	Klein.
Capros	Lacépède.
Caranx	Lacépède.
Caranxomore	Lacépède.
Carape	Cuvier.
Carcharias	Cuvier.
Carpe	Cuvier.
Castagnole	Schneider.
Cataphracte	Lacépède.
Cataphractus	Klein.
Cécile	Lacépède.
Ceinture	Linnæus.
Centranodon	Lacépède.

Genres et sous-genres.	Créateurs.
Centrina	Cuvier.
Centrisque.	Linnæus.
Centrolophe	Lacépède.
Centronote	Lacépède.
Centropode	Lacépède.
Centropome	Lacépède.
Céphalacanthe	Lacépède.
Céphale.	Schneider.
Céphaloptère	Duméril.
Céphalopholis	Schneider.
Cépole.	Linnæus.
Cérystion	Klein.
Cestracion.	Klein, Cuvier.
Cestreus	Klein.
Chabot	Linnæus.
Channa.	Gronow.
Chanos	Lacépède.
Characin	Artédi.
Chauliode	Schneider.
Cheiline	Lacépède.
Cheilion	Commerson.
Cheilodactyle	Lacépède.
Cheilodiptère	Lacépède.
Chelmon	Cuvier.
Chétodiptère	Lacépède.
Chétodon	Artédi, Linnæus.
Chevalier.	Bloch.
Chimère.	Linnæus.
Chirocentre	Cuvier.
Chironecte	Cuvier.
Chromis	Cuvier.
Chrysostrome	Lacépède.
Chrysotose.	Lacépède.
Cichla	Schneider.
Ciela.	Klein.
Ciliaire	Cuvier.
Cingle	Cuvier.

Genres et sous-genres.	Créateurs.
Cirrhine	Cuvier.
Cirrhite	Lacépède.
Citharine	Cuvier.
Citule	Cuvier.
Clarias	Gronow.
Clinus	Cuvier.
Clupanodon	Lacépède.
Clupée	Artédi.
Cobitis	Artédi, Linnæus.
Cæsiomore	Lacépède.
Cæsion	Commerson.
Coffre	Linnæus.
Colubrine	Lacépède.
Coméphore	Lacépède.
Congre	Klein, Cuvier.
Coracinus	Gronow.
Corégone	Artédi.
Coricus	Cuvier.
Coris	Lacépède.
Corydoras	Lacépède.
Coryphène	Artédi.
Coryphénoïde	Lacépède.
Cotte	Artédi.
Crayracion	Klein.
Crénilabre	Cuvier.
Curimate	Cuvier.
Cyclogastre	Gronow.
Cycloptère	Artédi.
Cynocéphale	Klein.
Cynœdus	Gronow.
Cyprin	Artédi.
Cyprinodon	Lacépède.
Dactyloptère	Lacépède.
Dasybatus	Klein.
Daurade	Cuvier.
Demi-bec	Cuvier.
Denté	Cuvier.

GENRES ET SOUS-GENRES.	CRÉATEURS.
Diacope........................	Cuvier.
Diagramme....................	Cuvier.
Diodon........................	Linnæus.
Diptérodon....................	Lacépède.
Donzelle......................	Artédi.
Doras.........................	Lacépède.
Dorée.........................	Linnæus.
Dormille, *Voyez* COBITIS.........	
Dorsuaire.....................	Commerson.
Echénéide.....................	Artédi, Linnæus.
Eleotris......................	Gronow.
Elops.........................	Linnæus.
Emissole......................	Cuvier.
Enchelyopus...................	Klein.
Engraule......................	Cuvier.
Enoplose......................	Lacépède.
Eperlan, *Voyez* OSMÈRE..........	
Epibulus......................	Cuvier.
Epinelephe....................	Bloch.
Epinoche, *Voyez* GASTÉROSTÉE.	
Ephippus......................	Cuvier.
Eptatrème.....................	Duméril.
Eques.........................	Bloch.
Equille, *Voyez* AMMODYTE.	
Equula........................	Cuvier.
Erémophile....................	Humboldt.
Erythrin......................	Gronow.
Esclave.......................	Cuvier.
Esoce.........................	Artédi.
Espadon, *Voyez* XIPHIAS.	
Esturgeon, *Voyez* ACIPENSER.	
Exocet........................	Artédi.
Fiatole.......................	Cuvier.
Fierasfer.....................	Cuvier.
Filou.........................	Cuvier.
Fistulaire....................	Linnæus.
Flamme........................	Gouan.

GENRES ET SOUS-GENRES.	CRÉATEURS.
Flétan.	Cuvier.
Fondule	Lacépède.
Gade.	Artédi.
Gal.	Lacépède.
Galaxie.	Cuvier.
Galeus, *Voyez* MILANDRE.	Klein.
Gastéroplécus	Gronow, Bloch.
Gastérostée	Artédi.
Gastré.	Cuvier.
Gastrobranche	Bloch.
Germon.	Cuvier.
Girelle	Cuvier.
Glaucus.	Klein.
Glyphisodon	Lacépède.
Gnathobole.	Schneider.
Gobie	Artédi.
Gobiésoce	Lacépède.
Gobioïde	Lacépède.
Gobiomore	Lacépède.
Gobiomoroïde	Lacépède.
Gomphose.	Lacépède.
Gonelle	Cuvier.
Gonorhinque.	Gronow.
Goujon	Cuvier.
Grammistes.	Cuvier.
Gremille.	Cuvier.
Grenadier, *Voyez* LÉPIDOLÈPRE.	
Griset	Cuvier.
Gymnètre	Bloch.
Gymnogaster	Gronow, Brünnich.
Gymnomurène	Lacépède.
Gymnote	Artédi.
Gymnothorax	Bloch.
Hareng	Gouan.
Harengus.	Klein.
Harpé	Lacépède.
Harpurus	Forskaël.

GENRES ET SOUS-GENRES.	CRÉATEURS.
Monodactyle	Lacépède.
Monoptère	Lacépède.
Mormyre	Linnæus.
Morue	Cuvier.
Mourine, *Voyez* MYLIOBATE	
Mugil	Artédi, Linnæus.
Mugiloïde	Lacépède.
Mugilomore	Lacépède.
Mulle	Linnæus.
Muræna	Artédi.
Murène	Lacépède.
Murénoblenne	Lacépède.
Murénoïde	Lacépède.
Murénophis	Lacépède.
Mustèle	Cuvier.
Myletes	Cuvier.
Myliobate	Duméril.
Mystus	Artédi, Lacépède.
Myxine	Linnæus.
Narcacion	Klein.
Naseus	Commerson.
Nason	Lacépède.
Nomeus	Cuvier.
Notidanus	Cuvier.
Notoptère	Lacépède.
Novacula, *Voyez* RASON	
Odontognathe	Lacépède.
Oligopode	Lacépède.
Ombre, *Voyez* CORÉGONE	
Ombrine	Cuvier.
Ompolk	Lacépède.
Oncotion	Klein.
Opistognathe	Cuvier.
Ophicéphale	Bloch.
Ophidium	Artédi.
Ophisure	Lacépède.
Orcynus, *Voyez* GERMON	

GENRES ET SOUS-GENRES.	CRÉATEURS.
Orphie	Cuvier.
Orthagoriscus	Schneider.
Osmerus	Artédi.
Osphronème	Commerson.
Ostorhinque	Lacépède.
Ostracion	Artédi.
Otolithe	Cuvier.
Ovoïde	Lacépède.
Pagre	Cuvier.
Paralepis	Cuvier.
Passer	Klein.
Pastenague, *Voyez* TRYGON	
Pasteur	Cuvier.
Pégase	Linnæus.
Pelamys	Klein.
Pélerin	Cuvier.
Perche	Artédi.
Percis	Klein, Schneider.
Périophthalme	Schneider.
Péristédion	Lacépède.
Persèque, *Voyez* PERCHE	
Pétromyzon	Artédi, Linnæus, Duméril.
Phalangistes	Pallas.
Pholis	Artédi, Gronow.
Phycis	Artédi.
Piabuque	Cuvier.
Picarel	Cuvier.
Pimeleptère	Lacépède.
Pimélode	Lacépède.
Plagusie	Brown.
Platax	Cuvier.
Platessa	Cuvier.
Platiglossus	Klein.
Platycéphale	Bloch, Schneider.
Platystacus	Bloch.
Plecostome	Gronow.

GENRES ET SOUS-GENRES.	CRÉATEURS.
Rason	Cuvier.
Régalec	Ascan.
Requin	Cuvier.
Rhina	Klein, Schneider.
Rhinobate	Schneider.
Rhombe	Lacépède.
Rhombotides	Klein.
Rhombus	Klein, Cuvier.
Roussette	Cuvier.
Sabre, *Voyez* TRACHIPTÈRE.	
Salanx	Cuvier.
Salarias	Cuvier.
Salmone	Artédi.
Sandre	Cuvier.
Sargue	Cuvier.
Saumon, *Voyez* SALMONE.	
Saurus	Cuvier.
Scare	Linnæus.
Schilbé	Cuvier.
Scie, *Voyez* PRISTIS.	
Sciène	Artédi.
Scolopsis	Cuvier.
Scombéroïde	Lacépède.
Scombéromore	Lacépède.
Scombre	Artédi.
Scombrésoce	Lacépède.
Scopèle	Cuvier.
Scorpène	Artédi.
Scyllium	Cuvier.
Scymnus	Cuvier.
Selache	Cuvier.
Sélène	Lacépède.
Sériole	Cuvier.
Serpe	Lacépède.
Serran	Cuvier.
Serrasalme	Lacépède.
Sésérinus	Cuvier.

GENRES ET SOUS-GENRES.	CRÉATEURS.
Shal.	Cuvier.
Sidjan, *Voyez* AMPHACANTHUS.	
Sillago.	Cuvier.
Silure.	Artédi.
Smaris.	Cuvier.
Soldado.	Cuvier.
Sole.	Cuvier.
Solea.	Klein.
Solénostome.	Klein.
Spare.	Artédi.
Spatularia.	Shaw.
Sphagebranche.	Bloch.
Sphéroïde.	Lacépède.
Sphyrène.	Klein, Lacépède.
Spinachia, *Voyez* GASTRÉ.	
Spinax, *Voyez* AIGUILLAT.	
Squale.	Artédi.
Squatine.	Duméril.
Stellifère.	Cuvier.
Sternachus.	Schneider.
Sternoptyx.	Herrmann.
Stoléphore.	Lacépède.
Stomias.	Cuvier.
Stromatée.	Artédi, Linnæus.
Styléphore.	Shaw.
Sublet.	Cuvier.
Sudis.	Cuvier.
Symbranche.	Bloch.
Synagris.	Klein.
Synanceia.	Schneider.
Syngnathe.	Artédi.
Synode.	Lacépède.
Synodonte.	Cuvier.
Synodus.	Gronow.
Tachysure.	Lacépède.
Tænianote.	Lacépède.
Tænioïde.	Lacépède.

Genres et sous-genres.	Créateurs.
Zeus.	Artédi , Linnæus.
Zygène.	Cuvier.

Nos lecteurs se rappelleront, sans doute, les raisons qui nous ont engagé, à l'article Erpétologie, à rédiger un catalogue des principaux ouvrages composés sur cette partie de la science des animaux. Nous allons indiquer de même ici, aux personnes qui se livrent par goût à l'étude de l'ichthyologie, cette branche de l'Histoire naturelle si féconde en résultats intéressans, les sources auxquelles elles peuvent remonter, si elles désirent profiter des travaux originaux des auteurs dont les noms seuls peuvent être cités dans nos articles. Une pareille entreprise est ingrate pour celui qui s'en charge ; mais elle peut être accueillie avec quelque bienveillance par les naturalistes dont elle doit faciliter les recherches. Nous suivrons un ordre analogue à celui que nous avons adopté précédemment, et nous partagerons les Auteurs d'Ichthyologie en

1.º *Généraux*, qui ont traité de tous les poissons ou de la plus grande partie d'entre eux, et qui peuvent être divisés en

a. Onomatologistes, Lexicographes, Compositeurs par ordre alphabétique.

b. Poëtes, Commentateurs et Historiens de la science.

c. Systématiques,

d. Muséographes.

e. Iconographes.

f. Anatomistes et Physiologistes.

g. Médecins.

h. Economistes.

2.º *Topographes.*

3.º *Partiels*, qui se sont occupés de telle ou telle famille ou de tel genre en particulier ; ceux-ci peuvent être séparés en ceux qui ont parlé des poissons dont ils traitent sous le rapport de

1) L'Histoire naturelle.

2) L'Anatomie et la Physiologie.

3) La Médecine et l'Économie domestique.

AUTEURS GÉNÉRAUX D'ICHTHYOLOGIE.

1.º *Onomatologistes, Lexicographes, Compilateurs par ordre alphabétique.*

C'est ici que nous pourrions signaler différens dictionnaires, comme le *Dictionnaire Raisonné et Universel des Animaux*, publié à Paris, en 1759, in-4°, par La Chesnaye des Bois ; le *Dictionnaire d'Histoire Naturelle* de Valmont de Bomare, qui a eu plusieurs éditions, à Paris ; *le Nouveau Dictionnaire d'Histoire Naturelle*, par une Société de naturalistes et d'agriculteurs, publié in-8°, avec figures, à Paris, en 1803, pour la première fois. On trouve certainement, dans ces ouvrages, de nombreux détails sur l'histoire naturelle et la synonymie des poissons ; mais ces livres sont loin d'être uniquement consacrés à l'ichthyologie. Nous ne signalerons donc ici, sous le rapport de l'onomatologie, que les Traités des auteurs suivans :

AMBROISE (Saint).

DIVI AMBROSII, *Mediolanensis Episcopi, Hexaëmeron libri VI.* Basileæ, 1566, in-fol.

Dans le cinquième livre de cet ouvrage de l'évêque de Milan, sur la création du Monde, on trouve les noms d'une vingtaine de poissons ; mais ils ne sont accompagnés d'aucune description.

GYLLE (Pierre).

Liber summarius de gallicis et latinis nominibus piscium massiliensium. Lugduni, 1533, in-4°.

Les noms rapportés par P. Gylle, dans ce catalogue, sont ceux des poissons de Marseille, l'auteur n'ayant examiné que les côtes de la mer Méditerranée. Quant au catalogue lui-même, il est inséré dans un autre ouvrage du même écrivain, intitulé : *De Vi et Natura Animalium ex Æliano, Porphyrio, Heliodoro, Oppiano.* Lugd., 1533, in-4°, et il occupe l'espace compris entre les pages 545 et 598. Quoique cet écrit ne renferme rien de propre à l'auteur, il se fait lire avec plaisir par la pureté de son style et par l'ordre qui y règne.

ÉTIENNE (Robert).

Liber de latinis et græcis nominibus arborum, fruticum, piscium et avium. Lugduni, 1548, in-16.

Peucer (Gaspard).

Appellationes Quadrupedum, Insectorum, Piscium, etc. Lipsiæ, 1580, in-8°.

Gesner (Conrad).

Nomenclator aquatilium Animalium, seu icones Animalium, in mari et dulcibus aquis degentium, plus quàm 700, cum nomenclaturis singulorum lat., græc., ital., hispan., gall., germ., anglicis, aliisque interdum, per certos ordines digestæ. Heidelbergæ, 1606, in-fol., fig.

La première édition de cet ouvrage avoit été imprimée à Zurich, en 1560.

Charleton (Gualter).

Onomasticon Zoicon, plerorumque animalium differentias et nomina propria pluribus linguis exponens, cui accedunt Mantissa anatomica, etc. Londini, 1668 et 1671, in-4°, fig. Oxoniæ, 1678, in-fol., fig.

Une petite partie de cet ouvrage seulement est consacrée aux poissons, qui, suivant la méthode d'Aldrovandi, sont décrits d'après le lieu qu'ils habitent, ou d'après la nature des enveloppes de leur corps. L'auteur a pris beaucoup de soin pour rassembler les noms vulgaires des espèces; mais ses descriptions sont généralement tronquées, et son livre ne peut être que peu utile aux ichthyologistes, si ce n'est pourtant pour les étymologies savantes qu'il donne des noms génériques.

Mortimer (Cromwel).

Index piscium in Ichthyographiâ Willugbejanâ vel descriptorum vel depictorum, eorum nominum anglicanorum, belgicorum, germanicorum, gallicorum, italicorum, lusitanicorum, etc. Additis synonymis per varios Magnæ Britanniæ provincias usitatis, etc. London, 1740, in-fol.

Anonyme.

Onomatologia forestalis piscatorio-venatoria, oder Vollständiges Forst-Fisch-und Jagd-Lexicon. Frankf. und Leipz., 1772 et 1773, in-8°, fig.

Raymond.

Mémoire sur la Topographie médicale de Marseille et de son territoire. (Mémoires de la Société royale de Médecine de Paris, tom. 2, ann. 1777 et 1778, in-4°.)

Dans ce mémoire, est un catalogue fort bien fait des poissons

de Marseille ; l'auteur en donne les noms latins, grecs et marseillois. Il a composé en grande partie cette liste d'après l'*Ichthyologia Massiliensis* de Brunnich, qui lui-même avoit emprunté les noms marseillois à Salviani, lequel les avoit primitivement copiés du *Traité des Poissons de Marseille* de P. Gylle.
Raymond a fait des corrections utiles à ces noms, dont plusieurs étoient tombés en désuétude. Dans cette liste, on voit
d'ailleurs manifestement qu'un tiers à peu près des noms de
poissons, dans le langage provençal, est certainement dérivé
immédiatement du grec.

GESNER (Conrad).

*Historiæ Animalium liber IV, qui est de Piscium et aquatilium
Animantium naturâ, cum iconibus singulorum ad vivum expressis
ferè omnib.* DCCVI. Tiguri, 1558, in-fol.

C. Gesner a inséré dans cet ouvrage ceux des écrits de Guillaume Rondelet, professeur de la Faculté de Médecine de
Montpellier, et de Pierre Belon, du Mans, mort en 1564, professeur au Collége de France de Paris, qui ont rapport à l'histoire des animaux aquatiques. On peut regarder, au reste, le
livre du médecin de Zurich, composé suivant l'ordre alphabétique, comme une fort estimable compilation de tout ce que
les Anciens ont dit sur le sujet dont il traite. Il est d'ailleurs
enrichi d'observations utiles, et de nombreuses figures en bois,
la plupart assez bonnes.

Gesner a, en outre, donné un catalogue des animaux aquatiques connus de Pline, et une liste de leurs noms allemands et
anglois, imprimée avec son édition du poëme d'Ovide, sur les
poissons, donnée en 1556, in-8°, à Zurich.

ALDROVANDI (Ulysse).

De Piscibus, libri V et de Cetis liber. unus. Bononiæ, 1613,
1625, 1638, in-fol., fig. Venetiis, 1616, in-fol., fig.

Cet ouvrage a été rédigé par Jean Corneille Uterverio, professeur de matière médicale à Bologne, et publié par Marc-
Antoine Bernia, après la mort d'Aldrovandi. Il est d'une érudition étonnante, mais écrit sans goût et d'une manière lourde.
Toutes les descriptions sont prises dans Belon, dans Gesner,
dans Rondelet, etc., et presque rien n'appartient en propre à
l'auteur.

JONSTON (J.)

Historiæ Naturalis de Piscibus et Cetis lib. V. Francofurti ad Mœnum, 1649. Amstelodami, 1657 et 1718, in-fol., fig.

La Méthode ichthyologique de Jonston est calquée sur celles de Rondelet et d'Aldrovandi, qu'il a copiés, ainsi que Belon, Gesner, Marcgrave, Nieremberg, sans insérer dans son ouvrage un mot de son propre fonds. Il a d'ailleurs écrit d'une manière obscure; mais les planches qui sont à la fin de son livre ont quelque mérite, quoique beaucoup d'entre elles soient empruntées de divers auteurs.

L'édition d'Amsterdam de 1718 a paru avec le *Theatrum Animalium* de Henri Ruysch.

Ruysch (Henri).

Theatrum universale omnium Animalium, etc. Amstel., 1718, 2 vol. in-fol.

Cet ouvrage n'est qu'une édition de Jonston, à laquelle l'auteur a ajouté une copie des dessins de poissons dont se sont servi Renard et Valentin. Les figures sont grossièrement exécutées, et souvent fabuleuses. Les noms des poissons sont donnés en partie en hollandois, en partie dans la langue d'Amboine, et les descriptions semblent avoir été rédigées par des matelots crédules ou trompeurs.

2.° *Poëtes, Commentateurs, Auteurs anciens, Historiens de la science, Ichthyothéologistes, Auteurs de fragmens généraux ou de Philosophies ichthyologiques.*

Ovidius Naso (P.).

Halieuticon.

On possède, sous ce titre, un fragment d'un poëme du Chantre de Sulmone, fragment que l'on trouve dans plusieurs éditions des Œuvres complètes de son auteur, en particulier dans celle qu'a donnée Burmann, à Amsterdam, en 1714, en trois volumes in-12; et dans celle qu'a publiée, à Paris, en 1762, J. Barbou, en trois volumes in-12 aussi. Dans celle-ci, en particulier, il existe aux pages 292 et suivantes du premier volume. Pline avoit connoissance de ce poëme d'Ovide, puisqu'il dit (*Lib. xxxii, c. 2*): *Mihi videntur mira, quæ Ovidius prodidit piscium ingenia in eo volumine, quod HALIEUTICON inscribitur.*

Quoique ce petit ouvrage ait été bien maltraité par le Temps, et qu'il soit loin d'être complet, il a été imprimé à part sous ce titre : *Halieuticon poematicum Ovidii Nasonis per Gryphium.* Lugduni, 1535. Le savant C. Gesner en a également donné une édition avec des commentaires, sous le titre suivant :

Ovidii Halieuticon, hoc est de piscibus libellus, multò quàm antehac emendatior et scholiis illustratus à C. Gesnero. Accedit aquatilium Animantium enumeratio juxtà Plinium, etc.... Tiguri, 1556, in-8ᶜ.

Quelques commentateurs, Janus Ulitius, entre autres, croient que le fragment des Halieutiques attribué à Ovide n'est point de ce grand poëte, et est l'ouvrage de Gratius Faliscus.

OPPIEN.

Ce poëte, de la ville d'Anazarbe, en Cilicie, nous a laissé un ouvrage en vers sur la chasse et la pêche, où les descriptions des poissons, quoique fort incomplètes, méritent cependant d'être lues.

Le poëme d'Oppien est intitulé :

Οππιανου Αναζαρβεως Α᾽λιευτικῶν Βίβλια Ε. Κυνηρετικων βιβλια Δ.

La meilleure édition en a été publiée, en grec et en latin, à Strasbourg, en 1776, in-8°, par les soins de J. G. Schneider. Parmi les cinq livres des Halieutiques, le premier et le second sont spécialement consacrés aux mœurs des poissons.

AUSONIUS (Decius Magnus).

Mosella, Edyllium tertia. Burdigalæ, 1580, in fol.

Ce poëme d'Ausonius, auquel la ville de Bordeaux a donné naissance, renferme 381 vers, dont un certain nombre se trouve consacré aux poissons de la Moselle.

GIOVIO (Bened.).

De Lario lacu et ejus piscibus Carmen. Romæ, 1524, in-fol.

Ce poëme de B. Giovio, sur les poissons du lac de Côme, se rencontre dans la première édition de l'ouvrage de son frère Paolo Giovio, si connu sous le nom de Paul Jove. •

BOUSSUET (Franç.).

De Naturà aquatilium Carmen, in universam Guilielmi Rondeletii de piscibus marinis Historiam. Lugduni, 1558, in-4°.

Cet ouvrage renferme des figures en bois, qui sont les mêmes que celles du livre de Rondelet lui-même. F. Boussuet a encore publié un autre poëme, avec des figures en bois, et sous ce titre :

De Naturâ aquatilium Carmen, in alteram partem G. Rondelelii de aquatilibus historiæ. Lugduni, 1558, in-4°.

Nigidius Figulus (Publius).

Cet auteur, qui vivoit environ 64 ans avant notre ère, a consacré aux animaux un livre de ses Œuvres, dans lequel il fait mention de quelques poissons, et dont on trouve des fragmens dans l'ouvrage suivant :

Jani Rutgersii *variæ lectiones.* Lugduni, 1618, in-4°.

Plinius Secundus (Caius).

Historia Mundi libri xxxvii. Venetiis, 1469, in-fol. Lugduni Batavorum, 1635, in-18.

Pline a consacré les neuvième et trente-deuxième livres de son immortel ouvrage à l'histoire des poissons et des animaux aquatiques. Ils ont été commentés un grand nombre de fois, et l'on y trouve un catalogue alphabétique complet des poissons connus des Romains.

Ces livres neuvième et trente-deuxième, qui traitent, le premier de la nature des animaux aquatiques, et le dernier, des médicamens qu'ils fournissent, ont été imprimés plusieurs fois à part, et publiés avec des commentaires. La plus estimée de ces éditions est celle de Gronow :

C. Plinii Secundi *Historiæ Naturalis liber nonus de aquatilium naturâ ; recensuit amplissimisque commentariis instruxit* L. T. Gronovius. Lugduni Batavorum, 1778, in-8°.

C. Plinii Secundi *liber* 9 *de aquatilium Naturâ, et* 32 *de medicinis ex aquatilibus, cum Oppiani Halieuticon libris.* Argentorati, 1534, in-4°.

Ainsi que nous le verrons bientôt, François Massarias, de Venise, a également publié des notes sur le neuvième livre de Pline.

Solinus (Caius Julius).

Cet auteur, qui vivoit vers l'an 20 de notre ère, a publié un livre intitulé : *Polyhistor,* et qui n'est qu'un extrait des Œuvres de Pline le Naturaliste. Ce livre paroît avoir été peu recherché des savans. Scaliger l'a même critiqué, et cependant

Saumaise n'a point dédaigné d'en faire le sujet de deux volumes de commentaires. L'auteur ne parle que de quatre espèces de poissons, le thon, l'anguille, le silure et le chien de mer.

MASSARIAS (Francisco).

In nonum Plinii librum, qui est de Aquatilium Naturâ, Castigationes et Annotationes. Basileæ, 1537, et Parisiis, 1547, in-4°.

ATHÉNÉE.

On a de cet auteur, qui vivoit sous l'empereur M. Antonin le Sage, un ouvrage intitulé :

Δειπνοσοφισ]ῶν βίβλια πεν]εκαι δεκα, et dont Daléchamps a publié une édition grecque et latine, sous le titre suivant :

Athenæi Deipnosophistarum lib. XV, curâ et studio Isaaci Casauboni auctiores emendatioresque editi. Cum interpretatione latinâ Jacobi Dahlechampii Cadomensis. Adjecti sunt indices rerum, scriptorum, proverbiorum, vocum accuratissimi. Heidelbergæ, 1597, in-fol.

Des quinze livres qui composent l'ouvrage d'Athénée, le septième seul est consacré aux poissons.

ELIEN (Claude).

Ce sophiste grec, qui vivoit, dit-on, sous l'empereur Adrien, a composé, sur la nature des animaux, un ouvrage où il est assez souvent question des poissons, et où l'on trouve beaucoup de fables et d'erreurs. On en a publié plusieurs éditions. La plus estimée est celle de Gronow, donnée à Londres, en 1744, en 2 volumes in-4°.

Le titre du livre d'Elien est le suivant :

Κλαυδιου Αιλιανου περὶ ζώων ἰδιο'τη]ος Βιβλια ιξ.

PLATEARIUS (Johannes).

Expositio in Nicolai Myrepsi Antidotarium. Venetiis, 1553, in-fol.

On trouve, dans cet ancien ouvrage, quelques détails peu importans sur un fort petit nombre de poissons.

SCHNEIDER (Johann Gottlob.).

Ichthyologiæ Veterum specimina. Francofurti ad Viadrum, in-4°.

On trouve, dans cette dissertation, des détails sur l'aiguille de mer, la sphyrène et la raie pêcheresse des anciens. Elle est imprimée sans date.

Rɪᴛᴛᴇʀsʜᴜsɪᴜs (Conrad).

Catalogus eorum qui de Piscibus præter Oppianum aliquid scrip-serunt.

Ce catalogue utile se trouve dans l'introduction d'une édition d'Oppien, publiée à Leyde, en 1597, in-8°, par l'auteur.

Aʀᴛᴇ́ᴅɪ (Pierre).

Bibliotheca Ichthyologica.

Cette bibliothèque ichthyologique forme la première partie des Œuvres de l'ami de Linnæus, publiées à Leyde, en 1758, in-8°.

On en possède une autre édition considérablement augmentée, sous ce titre :

Petri Artedi Angermannia-Sueci Bibliotheca Ichthyologica...., *Emendata et aucta à J. Julio Walbaum, M. D. Gripeswaldiæ,* in-8°.

Aucun ichthyologiste ne peut se passer de cet ouvrage important.

Sᴄʜɴᴇɪᴅᴇʀ (Johann Gottlob).

Schreiben über Oppians und Aelians Verdienste um die Natur-geschichte.

Voyez l'*Allerneueste Mannigfaltigkeiten*, publié à Berlin, 1782 à 1785, 11, 392.

Petri Artedi Synonymia Piscium græca et latina emendata, *aucta atque illustrata; sive historia Piscium naturalis et litteraria,* *ab Aristotelis usque ævo ad seculum XIII deducta, duce Synonymià* *Piscium P. Artedi.* Lipsiæ, 1789, in-4°, fig.

Cet ouvrage, d'un homme aussi célèbre comme helléniste que comme naturaliste, est fort important, et demande à être souvent consulté.

Fʀᴇʏ (Hermann Heinrich).

ΙχθυοϬιϬλια, *Biblisch. Fischbuch.* Leipzig, 1594, in-4°, fig.

Dans cette dissertation, l'auteur a eu pour but de donner l'histoire des poissons dont il est parlé dans les Livres saints.

Rᴜᴅʙᴇᴄᴋ filius (Olaus).

Ichthyologiæ Biblicæ pars 1. Upsaliæ, 1705, in-4°, fig.

Cet opuscule est une dissertation inaugurale soutenue par And. Brodd. Les figures sont gravées sur bois. La seconde partie de cette Ichthyologie biblique a paru à Upsal, en 1722, in-4°, avec ce titre secondaire : *De Borith Fullonum.* Dans la première, l'auteur cherche à prouver que l'oiseau *selau* des Livres de Moïse, est un poisson volant.

Moor (Barth. de).

Oratio de Piscium et Avium creatione. Harderovici, 1716, in-4°.

Mennander (C. Frid).

Ichthyotheologiæ primæ lineæ. Aboœ, 1751, in-4°.

Cet opuscule, de 37 pages, est une dissertation inaugurale soutenue, sous la présidence de C. Frid. Mennander, par Nic. Malm.

Richter (Johann Gottfried Ohnefurcht).

Ichthyotheologie, oder Versuch die Menschen, aus Betrachtung der Fische, zur Bewunderung ihres Schoepfers zu führen. Leipzig, 1754, in-8°, fig.

Les planches de cet ouvrage, de 912 pages, sont grossièrement exécutées. Le livre, cependant, renferme quelques considérations utiles, quoiqu'il soit écrit avec prolixité. La première partie est une sorte de philosophie ichthyologique; la seconde renferme la description de vingt-cinq poissons d'eau douce, parmi lesquels on distingue la carpe, le barbeau, le brochet, le gibel, la marène, etc.

Helwing (Christoph).

Dissert. de antimonio, cicutâ et pisce magno Tobiæ sive siluro. Gryphesw., 1708, in-4°.

Marschalcus (Nicol.).

De Aquatilium et Piscium historiâ. Rostochii, 1520; in-fol.

Heinsius (Martin).

Analysis Exercitationis 225 *J. C. Scaligeri ad Cardanum de Piscium habitaculis et* ἀλληλοφθορία *seu mutuâ lanienâ.* Martino Heinsio *præside; resp.* Thom. Saurmanus. Wittebergæ, 1639, in-4°.

Celsius (Magn.).

Dissert. de naturâ Piscium in genere et piscaturâ, Magno Celsio præside, resp. Joh. Aurivillius. Holmiæ, 1676, in-4°.

Frommann (J. Christ.).

Dissertatio de Piscibus, resp. Fischer. Cobourg, 1679, in-4°.

Schæffer (Jacques Chrétien.).

Epistola de studii ichthyologici faciliori ac tutiori methodo. Ratisbonæ, 1760, in-4°.

La planche qui accompagne cette dissertation est coloriée :

elle représente la reine des carpes, ou la carpe à miroir (*Cyprinus rex cyprinorum*, Bloch. 17).

STELLER (Georg Wilhelm).

Observationes generales universam historiam Piscium concernentes.

Voyez les *Nov. Comment. Acad. Petropol.*, tom. III, p. 405-420.

LACÉPÈDE (Bernard-Germain-Etienne, de la Ville-sur-Illon, Comte de).

Introduction au Cours d'Ichthyologie donné dans les galeries du Muséum d'Histoire Naturelle.

Magasin Encyclopédique, tom. I, pag. 448.

ARTÉDI (Pierre).

Philosophia Ichthyologica.

Ce Traité forme la seconde partie des Œuvres Ichthyologiques du naturaliste suédois, publiées in-8°, à Leyde, en 1738. J. Jules Walbaum en a donné une édition très-augmentée, à Grypswald, en 1789, in-8°.

3.° *Systématiques; Auteurs spéciaux ou généraux de zoologie, qui se sont occupés de l'Ichthyologie avec quelque étendue.*

HILDEGARDE DE PINGUIA.

Cette abbesse, qui vivoit en 1180, a laissé un livre très-étendu et devenu d'une extrême rareté, où l'on trouve quelques détails sur les poissons; il est intitulé :

Physica S. Hildegardis. Elementorum, fluminum aliquot Germaniæ, metallorum, leguminum..... piscium denique, volatilium et animantium terræ naturas et operationes, quatuor libris, mirabili experientiâ, posteritati tradens, etc. Argentorati, 1533 et 1544, in-fol.

WOTTON (Edoard).

De Differentiis animalium libri X. Lutetiæ Parisiorum, 1552, in-fol.

Le huitième livre de cet ouvrage traite des poissons et des cétacés. Il commence au feuillet 136, et finit au 173.ᵉ Ce n'est qu'une simple compilation; mais elle est écrite d'un style clair et élégant.

ALBERT LE GRAND.

Alberti Magni sive Groti de Animalium Proprietatibus Libri XXVI. Romæ, 1478, in-fol. Venetiis, 1490, in-fol.

Entre autres animaux, Albert le Grand parle des poissons dans cet ouvrage; mais ce qu'il en dit de bon est noyé dans une foule de traits obscurs, futiles ou fabuleux. Il est assez remarquable que Sonnini, dans le catalogue qu'il a donné des auteurs d'ichthyologie, ait annoncé que ce livre a été imprimé à Lyon, en 1651, en 21 volumes in-folio : il a manifestement voulu parler ici des Œuvres complètes de l'auteur.

Belon (Pierre).

De Aquatilibus libri II. Lutetiæ Parisiorum, 1553, in-8°, formâ oblongâ.

Cet ouvrage de Belon renferme des figures en bois. Il est devenu fort rare, mais on en trouve les différens articles insérés, chacun à leur place, dans le Traité de Conrad Gesner, médecin de Zurich, sur les Animaux aquatiques. On en possède une traduction françoise faite par l'auteur lui-même, et publiée sous ce titre :

La Nature et Diversité des Poissons avec leurs portraits. Paris, 1555, in-8° oblong.

Les figures sont gravées sur bois.

Rondelet (Guillaume).

Libri de Piscibus marinis, in quibus veræ piscium effigies expressæ sunt, etc. Lugduni, 1554, in-fol., fig.

Universæ Aquatilium Historiæ pars altera, cum veris ipsorum imaginibus. Lugduni, 1554, in-fol., fig.

L'ouvrage de Rondelet est encore aujourd'hui fort utile par les nombreuses figures en bois qu'il renferme, et qui sont fort reconnoissables pour les ichthyologistes. L'auteur est du reste très-juste envers les personnes qui l'ont aidé dans sa publication. Il avoue, dans sa préface, avoir été secondé avec avantage par Goupyl, et, dans divers lieux de son livre, il rappelle que l'érudit C. Gesner lui a communiqué les descriptions des poissons du Danube, et que le cardinal de Tournon lui a prêté son palais pour les rédiger.

Cet ouvrage est remarquable aussi par l'érudition soignée dont il est orné, et par le soin avec lequel une foule de détails anatomiques y sont développés. On y trouve l'histoire, non seulement des poissons, mais encore des mammifères, des reptiles, des crustacés et des insectes qui vivent dans l'eau.

L'Histoire entière des Poissons, composée premièrement en latin par Maistre Guillaume Rondelet, docteur régent en médecine en l'Université de Montpelier.

Maintenant traduite en françois sans avoir rien omis estant nécessaire à l'intelligence d'icelle.

Avec leurs pourtraits au naïf.

Lyon, 1558, in-fol., fig. en bois.

Les deux parties de l'édition latine sont traduites ici et renfermées dans un seul volume. Le traducteur cependant a négligé de rappeler les noms des auteurs cités comme autorités, de donner l'étymologie des noms grecs, et de présenter les explications des passages obscurs des ouvrages des Anciens, toutes choses que l'on trouve dans l'original latin, dont les descriptions sont d'ailleurs insérées dans le traité de Conrad Gesner, de Zurich, *De Aquatilibus.*

Geoffroy Linocier.

Histoire des animaux à quatre pieds, des oiseaux, des poissons, des serpens, etc, recueillie de Gesnerus et autres autheurs. Paris, 1584, in-12, fig.

Cet ouvrage est imprimé avec une Histoire des plantes du même auteur. Les figures sont gravées sur bois.

Nieremberg (J.-Eusèbe).

Historia Naturæ, maximè peregrinæ, libris XVI distincta, in quibus rarissima Naturæ arcana, et ignota Indiarum animalia, quadrupedia, aves, pisces, reptilia, etc., etiam cum proprietatibus medicinalibus describuntur........ Antwerpiæ, 1635, in-fol., fig.

Le jésuite Nieremberg, dans cet ouvrage, qui n'est qu'une compilation sans goût et sans jugement, a montré de l'érudition, mais n'a avancé en rien l'histoire naturelle des poissons dont il a parlé, non plus que celle des autres objets dont il traite dans son livre. Il a adopté sans choix toutes les fables qui lui ont été racontées, même par les matelots, et plus d'un des poissons indiqués par lui n'a jamais existé. En somme, la compilation dont il est l'auteur est peu estimée.

Willughby de Eresby (Franç.).

De historiâ piscium libri IV, jussu et sumptibus Societatis regiæ Londinensis editi, etc. Totum opus recognovit, coaptavit, supplevit J. Rajus, è Societate regiâ. Oxoniæ, 1686, in-fol., fig.

22.   32

Dans cet ouvrage, l'auteur ne traite point seulement des poissons en général, il parle de toutes les espèces connues, auxquelles il en a même ajouté beaucoup de nouvelles. Il les décrit dans un ordre méthodique. John Ray a revu, corrigé et beaucoup augmenté le livre dont nous parlons, lequel est dédié à Samuel Pepys, qui étoit alors président de la Société royale de Londres.

Les planches, quoiqu'en général copiées d'après celles de Marcgrave, de Rondelet, de Belon, de Salviani, de Schonevelde, ont été exécutées aux frais des membres de la Société royale de Londres, et donnent beaucoup de prix à l'ouvrage. Parmi elles, celles qui sont marquées d'une + sont de l'exécution de Paul Van Somer, habile artiste.

Ces planches ont été publiées isolément, dans l'origine, avec le titre suivant :

Francisci Willoughby Ichthyographia ad amplissimum virum Dominum Samuelem Pepys, præsidem Societatis regiæ Londinensis, Concilium et Socios ejusdem. Sumtibus Societatis regiæ Londinensis, 1685, in-fol. magno. Oxoniæ, 1743.

Cet ouvrage n'est point un livre destiné à être publié à part comme il l'a été. Il n'est, comme nous l'avons dit, que le recueil des planches du livre précédent.

Ray (John).

Synopsis methodica avium et piscium. Lond., 1713, in-8°, fig.

Cet ouvrage de Ray n'a été mis au jour qu'après la mort de son auteur. Ce n'est, pour ainsi dire, qu'un abrégé de l'ichthyologie de Willughby, mais on y trouve la description de plusieurs poissons des Indes d'après Nieuhoff, celle de certaines espèces d'Amérique d'après les voyageurs Dutertre et Rochefort, celle d'autres espèces de la Jamaïque, communiquée par Hans Sloane. Les deux tables, qui sont à la fin du livre, représentent douze poissons de la province de Cornouailles, dessinés par Georges Jagon.

Artédi (Pierre).

Genera Piscium.

Synonymia nominum Piscium.

Descriptiones specierum Piscium.

Recognovit et edidit Car. Linnæus.

Ces trois ouvrages forment la 3ᵉ, la 4ᵉ et la 5ᵉ parties des

Œuvres ichthyologiques d'Artédi, publiées in-8°, à Leyde, en 1758, par Linnæus.

J.-Jul. Walbaum, à Gripswald, en 1792, a donné une dernière édition du *Genera Piscium* d'Artédi, en un fort volume in-8°. Les poissons, au nombre de deux cent quarante-deux espèces, y sont partagés en cinquante-deux genres. Sous le titre de : *Nova Genera post Artedi obitum ab aliis auctoribus constituta*, la dernière partie de ce livre fait connoître les genres établis par Klein, par Linnæus, par Gronow, par Bloch, par Forskaël, par Gouan, par Forster, par Brunnich, par Scopoli, par Herrmann, par Houttuyn. On sent assez tout ce qu'un pareil ouvrage offre d'avantages à ceux qui le consultent.

Trois planches mises à la fin, représentent huit espèces de poissons rares et curieux, comme le sternoptyx, le *tetrodon electricus*, le régalec, etc.

Klein (Jacques-Théodore).

Historiæ naturalis Piscium Missus tertius de Piscibus per branchias occultas spirantibus, ad justum numerum et ordinem redigendis. Gedani, 1742, in-4°, fig.

...... *Missus quartus de Piscibus per branchias apertas spirantibus.* Series 1. Lipsiæ, 1749, in-4°, fig.

...... *Missus quintus de Piscibus per branchias apertas spirantibus.* Series 2. Gedani, 1749, fig.

L'auteur a mis plus de soin à faire valoir son système qu'à donner des poissons de bonnes descriptions, qu'il a empruntées, pour la plupart, d'autres auteurs. Il a cependant le mérite d'avoir fait figurer d'une manière remarquable certaines espèces mal connues jusqu'à lui.

Gouan (Antoine).

Histoire des poissons, contenant la description anatomique de leurs parties externes et internes, et le caractère des divers genres rangés par Classes et par Ordres, etc. Strasbourg, 1770, in-4°, fig. Latin et françois.

Cet ouvrage, d'un professeur de Montpellier, a été généralement bien accueilli des naturalistes, et tient véritablement tout ce que le titre promet. La description des genres est faite avec beaucoup de détails, et en termes techniques à la manière de Linnæus.

Une traduction allemande en a été publiée en 1781, in-8°, à Vienne, par Meidinger.

Bloch (Marc-Eliezer).

Ichthyologie ou Histoire naturelle générale et particulière des poissons. Berlin, 1785-1796, 12 volumes in-fol., avec 452 planches coloriées.

Cet ouvrage précieux contient les figures et les descriptions de toutes les espèces que l'auteur a pu se procurer. Toutes sont exactement décrites et figurées ; mais les poissons étrangers sont presque tous mal coloriés.

Schneider.

Systema Ichthyologiæ Blochii. Berolini, 1801, fig., in-8°.

Sonnini de Manoncour (C.-S.).

Histoire naturelle générale et particulière des poissons. Paris, an XI et an XII, in-8°, fig.

Cet ouvrage fait partie de l'édition des Œuvres de Buffon publiées par Sonnini. Il n'est, pour ainsi dire, que l'extrait de celui de M. Lacépède.

Lacépède (Bernard-Germain-Etienne, de la Ville-sur-Illon, Comte de).

Histoire naturelle générale et particulière des poissons. 5 vol. in-4°, fig., Paris, 1798 à 1803.

Ce que nous avons dit du système ichthyologique du savant continuateur de Buffon, dans le courant de notre article, nous dispense de revenir ici sur cet ouvrage capital, auquel la science a d'immenses obligations.

4.° *Muséographes, Conservateurs.*

Grew (Nehemias).

Musœum regalis Societatis, or a Catalogue and Description of the natural and artificial Rarities, belonging in the royal Society and preserved at Gresham Colledge, etc. London, 1681, in-fol., fig.

Cet ouvrage, accompagné de fort bonnes blanches en taille douce, renferme, entre autres choses, les descriptions savantes de beaucoup de poissons exotiques, comme le lépisostée du Brésil, le coffre cubique, des chétodons, des tétraodons, etc.

Gronow (Laurent-Théod.).

Musæum ichthyologicum, sistens Piscium, quorum maxima pars in Musæo ejus adservatur, nec non quorumdam in aliis Museis observatorum, descriptiones. Lugduni Batavorum, 1754, in-4°, fig.

Koelreuter (Joseph.-Théoph.).

Piscium rariorum è Musæo Petropolitano Descriptiones. Fig.

Ces descriptions sont insérées dans les *Nov. Comment. Acad. Petrop.*, tom. VIII, p. 404; tom. IX, p. 420; tom. X, p. 529. Elles ont pour objet les poissons suivans : 1.° La serpe argentée de M. de Lacépède, ou le *gasteroplecus ternicla* de Bloch, qui est présentée ici sous le nom de *clupea sima;* 2.° le piabuque argentin, qui est appelé *salmo argentinus;* 3.° une espèce de périophthalme, donnée sous la dénomination de *gobius barbarus;* 4.° une variété de la dorade de la Chine, *cyprinus auratus,* Linn.; 5.° le gobie tête de lièvre, *gobius lagocephalus,* Pallas; 6.° le périophthalme auquel on a donné depuis le nom de Koëlreuter; 7.° le chironecte histrion, avec cette phrase caractéristique : *Lophius ossiculo frontis tentaculis carnosis centralibus terminato;* 8.° une espèce de mole, l'*orthagoriscus hispidus,* sous le nom de *mola aculeata,* et 9.°, enfin, l'amphiprion rayé, sous la dénomination de *percis.*

Gronow (J.-Frid.).

A method of preparing specimens of fish, by drying their skins. Philosoph. Transact., vol. 42, n.° 463.

Hemmen.

Von der trocknen Zubereitung der Fische für ein Naturalien-Cabinet. Der Naturforscher, XI, n.° 3.

Hebenstreit (J.-Ernest).

De Collectione piscium africanorum, pro eo, ac herbaria viva convinnari solent, modo parata. Commerc. litt. Norimberg., A. 1755, p. 55.

5.° *Iconographes.*

Beaucoup d'auteurs ont publié des figures de poissons, et les ont insérées dans des ouvrages systématiques ou dans des monographies. Tels sont Belon, Rondelet et Gronow. Quelques uns en ont donné d'entremêlées avec des représentations d'autres animaux, et nous citerons en particulier les voyageurs Marc Catesby, Labat, Corneille le Bruyn, Sonnerat, Pallas,

Lepéchin, Sonnini, le peintre anglois Georges Edwards, qui, dans ses *Gleanings of natural History*, publiées à Londres in-4°, de 1758 à 1764, a donné de fort belles figures enluminées de plusieurs espèces de poissons ; et surtout le pharmacien Albert Séba, qui a consacré en partie le troisième volume de son *Thesaurus Naturæ*, imprimé à Amsterdam, in-folio, en 1765, à l'histoire d'un grand nombre de poissons des Indes. Les planches de ce dernier ouvrage sont en général passables, mais les couleurs sont loin d'être appliquées exactement ; d'un autre côté, elles ont été composées avec si peu d'ordre, que le même poisson s'y trouve assez souvent représenté plusieurs fois.

Un ouvrage encore mérite d'être signalé d'une manière générale sous le rapport de l'iconographie ; c'est celui qu'a publié J.-J. Scheuchzer, médecin de Zurich, sous le titre suivant :

Biblia ex physicis illustrata, quibus res naturales in Script. Sanct. occurrentes exhibentur figuris nitidis à J. A. Pfeffel sculptis. August. Vindob., 1731-1735, in-fol., tom. V.

L'auteur a, en effet, inséré dans ce livre plusieurs figures exactes de poissons.

Il nous faut mentionner aussi, à un rang distingué parmi les iconographes qui ont donné place à des poissons dans leurs traités, C. Linnæus, auquel on doit le

Musæum Adolphi Friderici Regis Suecorum, etc. ; *in quo animalia rariora imprimis et exotica, quadrupedia, aves, amphibia, pisces, insecta, vermes describuntur et determinantur.* Holmiæ, 1754, in-fol. max., fig.

La chimère arctique, l'esturgeon ordinaire, le sterlet (*acipenser ruthenus*), la ceinture de mer (*trichiurus lepturus*), la loricaire (*loricaria cataphracta*), le *chætodon acuminatus*, qui n'est que la femelle du *chætodon macrolepidotus* de Bloch, et que nous avons rapporté au genre *Heniochus*, le *chætodon capistratus*, le chelmon bec-alongé, etc., sont, entre autres poissons, figurés ici.

Nous ferons remarquer aussi que le *silurus ascita*, représenté à la planche 30, fig. 2 de cet ouvrage, n'est, comme l'a démontré M. G. Cuvier, qu'un pimélode ordinaire sortant de l'œuf et dont le jaune n'est pas encore tout-à-fait entré dans l'abdomen. Linnæus a pris ce jaune pour un ovaire, et son erreur a été paraphrasée par Bloch. C'est aussi par une faute typographique que la mâchoire supérieure est dite armée de quatre barbillons; les figures placent ceux-ci à l'inférieure.

Parmi les iconographes nous rappellerons encore les auteurs suivans :

SALVIANI (Hippolyte.).

Aquatilium animalium Historia. Romæ, 1554, in-fol.

Ce livre renferme de bonnes figures en taille douce de beaucoup de poissons. Il a été réimprimé in-fol. à Venise, en 1600 et 1602; mais l'édition de Rome, faite aux frais de l'auteur, est un des ouvrages des temps anciens remarquable pour le luxe typographique.

FIRENS (Pierre).

Piscium vivæ icones, in æs incisæ.

Ces planches, au nombre de dix-neuf, ont été mentionnées par Walbaum, dans ses Additions à la Bibliothèque ichthyologique d'Artédi, et par Jonas Dryander, dans le Catalogue de la bibliothèque de Jos. Banks.

COLLART (Adrien).

Piscium vivæ icones inventæ ab Adriano Colardo et excussæ à N. J. Visscher. Amstelod., 1634; in-fol.

Ces planches sont au nombre de vingt-six. Aucune description ne les accompagne.

BESLER (Michel-Rupert).

Gazophylacium rerum naturalium. Norimbergæ, 1642, fol.

On place au rang des livres rares cette collection en taille douce sans texte, et où sont représentés, outre des poissons, des oiseaux et des coquilles.

MAURICE DE NASSAU (Jean, prince), ou plutôt le comte Jean Maurice de Nassau-Siegen.

Cet homme distingué, qui fut, pour les Hollandois, gouverneur du Brésil depuis 1637 jusqu'en 1644, a peint lui-même plusieurs figures de poissons, qui ont été gravées d'après lui dans l'Ichthyologie de Bloch. Il a beaucoup encouragé les travaux de Marcgrave. Ses dessins ont été conservés dans la Bibliothèque Royale de Berlin.

RENARD (Louis).

Histoire naturelle des plus rares curiosités de la mer des Indes, ou poissons, écrevisses et crabes, que l'on trouve autour des îles Moluques et sur les côtes des Terres Australes, peints d'après nature durant la régence des MM. van Oudshoorn, von Ridbeck, et von Zwoll, *gouverneurs-généraux des Indes orientales, ouvrage auquel on a employé près de* 3o *ans, et qui contient un grand nombre de poissons des plus beaux et les plus rares de la mer. Copié sur les originaux de* M. B. Coyet et M. van der Stel, *donné au public par* M. L. Renard, *avec une préface par* M. Arnout Vosmar. Amsterd., 1754, in-fol.

Dans cent planches en taille douce que renferme cet ouvrage, on trouve les figures coloriées de 459 animaux des Indes orientales, qui, sous une apparence barbare, présentent des espèces intéressantes et vraies, avec leurs noms vulgaires, mais sans aucune sorte de texte.

Haller cite une édition de ce même ouvrage, publiée à Amsterdam en 1718.

Ascanius (P.).

Figures enluminées d'Histoire naturelle du Nord. Copenhague, 1767 à 1779, cinq cahiers in-fol., dont le premier transverse.

Ce bel ouvrage est fort rare aujourd'hui, et renferme les figures de plus de trente poissons différens.

Meidinger (Karl, baron de).

Icones Piscium Austriæ indigenorum. Viennæ Austriæ, in-fol., 1785, 1790.

Les figures qui composent cet ouvrage sont en général assez bien exécutées et coloriées avec soin. On remarque, parmi elles, celles de la perche, de la gremille, du chabot, de la truite, de la truite de montagne (*salmo alpinus*), du glanis (*silurus glanis*), etc.

Bonnaterre.

Tableau encyclopédique et méthodique des trois règnes de la nature..... Ichthyologie. Paris 1788, grand in-4°, fig.

L'abbé Bonnaterre étoit professeur à Tulle. Son ouvrage a vieilli, mais on voit qu'il a été fait avec soin. Les planches qui l'accompagnent, au nombre de cent, donnent les figures de plus de quatre cents poissons différens, copiées en général chez d'autres auteurs, mais pourtant utiles.

6.° *Anatomistes et Physiologistes.*

L'histoire des poissons intéresse sous trop de rapports l'anatomie et la physiologie pour qu'on ait négligé de les examiner sous ces deux points de vue. Presque tous les médecins, qui ont donné des traités généraux sur ces deux branches de nos connoissances, ont parlé des poissons d'une manière absolue ou relative.

Jerome Fabrieio, d'Aquapendente, par exemple, dans son Traité *de formatione ovi et pulli,* publié à Padoue, en 1621, in-fol., a dit quelques mots sur la génération et sur les écailles des poissons. Il a aussi donné (tab. XXXI et XXXII), dans ses Œuvres anatomiques, la figure de la squatine disséquée, mais sans description.

En 1625, à Naples, *G. G. Francese* a donné quelques détails sur l'anatomie des poissons dans son *Trattato alle figure anatomiche delle piu principali animali terrestri, aquatili,* etc., in-fol.

Dans les Centuries de ses Histoires anatomiques, imprimées à Copenhague, en 1654 et 1662, in-8.°, *Thom. Bartholin* nous a laissé l'anatomie de l'espadon, de l'esturgeon, de la dorée, etc. *Gaspard Comelin* a donné à Amsterdam, en 1667, la première partie de ses *Observations anatomiques,* où l'on trouve l'anatomie de la carpe et du brochet. Dans la seconde partie, qui a paru en 1673 avec des planches, on remarque des détails sur la structure du pancréas dans divers poissons. *Blaës* a beaucoup profité des recherches de cet auteur. Dans les *Mémoires pour servir à l'Histoire naturelle des Animaux,* publiés in-fol. à Paris, en 1676, avec de superbes planches, on lit la description anatomique du renard de mer (*squalus vulpes,* Linn.), etc. Plusieurs poissons sont également décrits sous le rapport de l'organisation dans le *System of Anatomy* de Collins, Lond., 1685, in-fol.

Plusieurs auteurs ont également fourni des faits curieux sur la physiologie des poissons. *Georges Edwards,* par exemple, a consigné dans le 55.° volume des Transactions philosophiques de Londres, des observations sur le sens de la vue dans ces animaux.

Severini (Marco-Aurelio).

Antiperipatias, h. e. adversùs Aristoteleos de respiratione pis-

cium Diatriba de piscibus in sicco viventibus, etc. Neapoli, 1654, 1659, in-fol.

Preston (C.).

A general idea of the Structure of the internal parts of Fish. Philosoph. Transact., n.º 225.

Hebenstreit (J.-Ernest).

Programma de organis piscium externis. Lipsiæ, 1733, in-4º.

Leeuwenhoek (Ant. van).

Epistolæ ad Societatem Reg. anglicanam et alios viros illustres datæ.... Lugd. Batav., 1729, in-4º, fig.

On trouve, dans ces lettres, des détails sur l'esturgeon et la morue, sur la génération de l'anguille et du hareng, et sur l'accroissement des écailles des poissons.

Baster (Job).

Opuscula subcessiva, observationes miscellaneas de animalculis et plantis marinis, etc., continentia. Haarlem, 1762, 1765, fig.

On trouve, dans cet ouvrage, des détails sur l'ouïe des poissons, sur leurs écailles, sur l'aiguillon de la pastenague, sur le cyprin doré de la Chine, sur les pous des poissons, etc.

Monro (Alexander).

The structure and physiology of Fishes explained, and compared with those of man and other animals. Edinburgh, 1785, in-fol., fig.

Vicq d'Azyr (Félix).

Mémoires pour servir à l'histoire anatomique des poissons. Mémoires des Savans étrangers, tom. VII, pag. 18 et 233.

Leeuwenhoek (Ant. van).

A Letter concerning the flesh of VVhales, cristalline humors of the eye of VVhales, Fishes and other creatures. Philosoph. Transact., vol. 24, n.º 293.

The circulation of the Blod in Fishes. Ibidem, n.º 319.

Klein (J.-Théodor.).

Historiæ Piscium naturalis promovendæ Missus 1, de lapillis eorumque numero in craniis piscium, cum præfatione de piscium auditu ; accesserunt anatome tursionum, et observata in capite rajæ. Gedani, 1740, in-4º, fig.

Haller (Albert, von).

De cerebro avium et piscium. Voyez le tom. III des *Opera minora* de ce grand physiologiste, p. 191.

Sur les yeux de quelques poissons. Mém. de l'Acad. des Scienc. de Paris, 1762, p. 76.

De oculis quadrupedum, avium et piscium. Voyez encore le tom. III de l'ouvrage cité ci-dessus, p. 218.

Petit (François Pourfour du).

Mémoire sur plusieurs découvertes faites dans les yeux de l'homme, des animaux à quatre pieds, des oiseaux et des poissons. Mémoires de l'Acad. Roy. des Scienc. de Paris, 1726, p. 69.

Mémoire sur le crystallin de l'œil de l'homme, des animaux à quatre pieds, des oiseaux et des poissons. Ibid., 1730, p. 4.

Seger (Georg.).

De piscium auditu. Ephem. Acad. Nat. Cur., Dec. 1, ann. 4 et 5, p. 152.

Nollet.

Mémoire sur l'ouïe des poissons. Il est inséré parmi ceux de l'Académie Royale des Sciences de Paris, pour l'année 1743, p. 199.

Klein (Jacques-Théodore).

Mantissa ichthyologica, de sono et auditu piscium. Lipsiæ, 1746, in-4°.

Arderon (William).

A Letter concerning the hearing of Fish. Philosoph. Transact., vol. 45, n.° 486, p. 149.

Denso (Joan-Daniel).

Neue bestätigte Erfahrung vom Gehöre der Fische. Physikal Bibliothek, 2 Band., p. 188.

Camper (P.).

Mémoire sur l'organe de l'ouïe des Poissons. Mémoires des Savans étrangers, tom. VI, p. 177.

Hunter (John).

Account of the organ of hearing in Fish. Philosoph. Transact., vol. 72, p. 379.

Voyez aussi du même auteur : *Observations on animal œconomy*, p. 69.

Rivinus (August. Quirinus).

Observatio circà poros in piscium cute notandos. Act. Eruditor. Lips., 1687, p. 60.

Broussonnet (P. M. A.).

Observations sur les écailles de plusieurs espèces de poissons, qu'on

508   ICH

croit communément dépourvues de ces parties. Journal de Physique, tom. XXXI, p. 12.

Duverney (Guichard Joseph).

Observations sur la structure du cœur des poissons. Mémoires de l'Académie Royale des Sciences de Paris, année 1699, p. 300.

Mémoire sur la circulation du sang des poissons qui ont des ouïes. Ibidem, 1701, p. 224.

Ces deux mémoires du célèbre anatomiste françois sont insérés à la fin de l'édition qu'a donnée J.-Jul. Walbaum, de la *Philosophie ichthyologique* d'Artédi, et dans les *Œuvres anatomiques* de Duverney lui-même.

Carcani (Paolo).

Lettera sulla Respirazione de pesci. Opuscoli scelti, tom. XIV, p. 63.

Ray (John).

A Letter about the swimming bladders in Fishes. Philosoph. Transact., vol. X, n.° 115, p. 549.

Erxleben (J.-Christ.-Polycarp.).

Ueber den Nuzen der Schwimmblase bey den Fischen. Voyez les *Physikalisch chemische Abhandlungen*, du même auteur, p. 343.

Zeidlern (Melchior).

Exercitatio physica de Respiratione piscium, quam statuunt nonnulli, Melch. Zeidlern *præside; resp.* Fab. Bernhardi. Jenæ, 1656, in-4°.

Broussonnet. *Mémoire pour servir à l'histoire de la Respiration des poissons.* Mémoires de l'Acad. des Sciences de Paris, 1785, p. 174. Journal de Physique, tom. 31, p. 288.

Hewson (William).

An account of the lymphatic System in amphibious animals, and in Fishes. Philosoph. Transact., vol. 59, p. 198.

Ce mémoire important a été traduit en françois dans le *Journal de Physique*, tom. 1, p. 3 0 et 401, et en allemand dans le *Neu. Hamburg. Magaz.*, 65 stück, p. 430.

De la Roche (François).

Observations sur la vessie aérienne des poissons.

Ce mémoire a été recueilli dans les Annales du *Mus. d'Hist. nat. de Paris.* Il est remarquable par le nombre des recherches et par l'exactitude des faits.

Thilon (Gottfried).

Exercitatio de generatione piscium, G. Thilone *præside; resp.*
Gottfr. Balduinus. Wittebergæ, 1667, in-4°.

Harmer (Thomas).

*Remarks on the very different accounts that have been given of
the fecundity of Fishes, with fresh observations on that subject.* Philosoph. Transact., vol. 57, p. 280.

Ce mémoire a été traduit en allemand dans le *Neu. Hamburg.
Magaz.*, 41 *stück*, p. 457.

Langguth (G.-Aug.).

*De ortu piscium absque nuptiis pulchrè fabulari, Commentatio
prior et posterior.* Wittenbergæ, 1777, in-4°.

Programma de nuptiis piscium innumerâ prole beatis. Wittenb.,
1780, in-4°.

Broussonnet (P. M. Aug.).

Observations sur les vaisseaux spermatiques des poissons épineux.
Mém. de l'Acad. Royale des Sc. de Paris, 1785, p. 170.

Cavolini (Filippo).

Memoria sulla generazione dei Pesci et dei Granchi. Napoli, 1787,
in-4°, fig.

Broussonnet (P.-M.-Aug.).

*Observations sur la régénération de quelques parties du corps
des poissons.* Mémoire de l'Académie des Sc. de Paris, 1786,
p. 684.

Journal de Physique, tom. 35, p. 62.

Kalm (P.).

Dissertatio de caussis diminutionis piscium, Petro Kalm *præside;
resp.* Gust. Lindblad. Aboæ, 1757, in-4°.

Sonnerat.

*Observation d'un phénomène singulier, sur des poissons qui
vivent dans une eau qui a 69 degrés de chaleur.* Journal de Physique, tom. III, p. 256.

7.° *Médecins et Economistes.*

Cuba (J.).

Hortus sanitatis, quatuor libris hæc, quæ subsequuntur, complectens. — De animalibus et reptatilibus. — De avibus et volatilibus. — De piscibus et natatilibus......... Argentorati, 1536,
in-fol.

Cet ouvrage, disposé dans un ordre alphabétique, n'est qu'un composé d'extraits d'auteurs plus anciens, et n'a rien de particulier qui puisse le faire distinguer. Tournefort et Artédi n'en faisoient pas le moindre cas.

Nonnius (L.).

Ichthyophagia sive de piscium esu Commentarius. Antwerpiæ, 1616, in-12.

Ce livre est remarquable par la grande érudition dont il est enrichi, mais il se ressent de l'esprit qui dirigeoit les médecins dans le temps où il a été composé. Il est devenu assez rare, et cependant il mérite d'être lu par les médecins. J'y ai trouvé plus d'un aperçu utile.

Roberg (Laurent).

Dissertatio med. physica de piscibus, Laur. Roberg *præside;* Resp. J. G. Geringius. Upsaliæ, 1727, in-4°, fig.

Les planches qui existent dans cette dissertation sont gravées les unes sur bois, les autres sur cuivre, et représentent, pour la plupart, des détails anatomiques. Les poissons décrits ici, appartiennent d'ailleurs presque tous à la Suède.

Hume (Franç.).

Experiments on fish and flesh preserved in lime-water. Philosoph. Transact., vol. 48, ann. 1753.

Mandeville (B.).

Zoologia Medicinalis hibernica, or a treatise of Birds, Beasts, Fishes, Reptiles or Insects, giving an account of their medicinal virtues. Dublin, 1739, London, 1744, in-8°.

Arnault de Nobleville et Salerne.

Suite de la Matière médicale de M. Geoffroy. In-12, Paris, 1756.

La première partie du tome second de cet ouvrage a été consacrée à l'histoire des poissons par les deux médecins d'Orléans, et l'on y trouve des détails sur l'esturgeon, l'anguille, la morue, le merlan, le requin, l'alose, le hareng, la carpe, la tanche, le brochet, la perche, le saumon, la truite. Par une erreur excusable encore à l'époque où ils ont écrit, ces auteurs ont rangé la baleine parmi les poissons. Leur livre est, du reste, déparé par une érudition indigeste, et par une crédulité trop grande dans les propriétés médicamenteuses des êtres dont ils parlent.

Buchoz (Pierre-Joseph).

Lettres périodiques sur les avantages que la Société peut retirer de la connoissance des animaux. Paris, 1769 et 1770, in-8°.

On trouve, dans cet ouvrage, des détails sur la truite, la tanche, le barbeau, les poissons vénéneux, etc.

Anderson (William).

An account of some poissonous fish in the South Seas. Philosoph. Trans., vol. 66, pag. 544.

Sonnerat et Munier.

Sur quelques poissons de l'Ile-de-France qui empoisonnent ceux qui les mangent.

Journal de Physique, tom. III, pag. 227 ; et tom. VI, pag. 76.

Moreau de Jonnès.

Recherches sur les poissons toxicophores des Indes occidentales. Bulletin des Sciences par la Société philomat. de Paris, septembre, 1819, pag. 136. Nouv. Journal de Médecine, août 1821.

Columella (Lucius Junius Moderatus).
De Re rusticâ libri XII.

Cet ouvrage de Columelle se trouve dans la Collection des Auteurs d'agriculture, imprimée à Leipsic, en 1735, en 2 vol. in-4°, par les soins de J. M. Gesner. C'est dans le chapitre où il traite des viviers, que l'écrivain latin nous a transmis quelques détails sur plusieurs espéces de poissons.

Dubravius (Janus).

De Piscinis et Piscium, qui in eis aluntur, naturis lib. V, cum auctario Joach. Camerarii. Noribergæ, 1596, in 8°.

Ce livre qui a paru, pour la première fois, à Breslau, en 1547, in-8°, est élégamment écrit, et traite spécialement des poissons de la Bohême

Labtbom (J.).

Dissertatio de piscinis, resp. C. Isberg. Upsaliæ, 1764, in-4°.

Anonyme.

Observations sur les étangs. Journal de Physique, tom. I, p. 485.

Leblanc.

Sur la construction des étangs et sur le débit des poissons. Mém. de la Soc. R. d'Agric. de Paris, 1787, trim. d'été, p. 99.

Varenne de Fenille.

Mémoire sur les causes de la mortalité du poisson dans les étangs pendant l'hiver de 1788 à 1789, et sur les moyens de l'en préserver à l'avenir. Voyez les *Observations* de cet auteur *sur l'Agriculture,* Lyon, 1789, in-8°, et le *Journal de Physique,* tom. XXXV, p. 559.

Forster (John Reinold).

A letter on the management of Carp in Polish Prussia. Philosoph. Transact., vol. 61, p. 510.

Tiburtz (T.).

Observations sur le transport des poissons d'un étang dans un autre. Journal de Physique, tom. 1, p. 488.

Traduction d'un mémoire renfermé parmi ceux de l'Académie de Stockholm pour l'année 1768.

Arderon (William).

Von Erhaltung Kleiner Fische in gläsernen Flaschen. Hamburg. Magaz., 2 Band, p. 482.

A Letter on Keeping of small Fish in glass jars. Philosoph. Transact., vol. 44, p. 23.

Observations made on the Bausticle or Prikleback, and also on Fish in general. Ibidem, p. 424.

Letter to M. Henry Baker. Ibid., vol 45, p. 521.

Watson (William).

An account of M. Samuel Tull's method of castrating Fish. Philosoph. Transact., vol. 48, p. 870.

Ce même Mémoire est imprimé en hollandois dans l'*Uitgezogte Verhandelingen,* 1 deel, pag. 589. On trouve aussi une note sur la castration des poissons dans les Mémoires de l'Académie des Sciences de Paris, pour l'année 1742.

Anonyme.

Translation of a letter from the Hannover Magazine, n.° 23, March. 21, 1763, *giving an account of a method to breed Fish to advantage.* London, 1778, in-8°.

Kannegiesser (Gottlieb Henr.).

De curà piscium per Slesvici et Holsatiæ Ducatum usitatà Libellus. Kilonii, 1750, in-8°.

Gleditsch (Johann Gottlieb).

Exposition abrégée d'une fécondation artificielle des truites et des saumons. Hist. de l'Acad. de Berlin, 1764, p. 47.

Parmentier (Jean).

Observations concernant les effets prétendus de l'odeur des fleurs d'aubépine sur certains poissons de mer. Journal de Physique, tom. IX, pag. 113.

Stegmann (Ambr.).

De lue pennatorum et piscium morbis.

Miscell. Acad. Nat. Curios., Dec. III, ann. 5 et 6, pag. 385 et 386.

Scheuchzer (J. J.).

Piscium querelæ et vindictæ. Tiguri, 1708, in-4°, fig.

Heresbach (Conrad).

De venatione, aucupio et piscatione Compendium. Coloniæ, 1573, in-8°.

Mangold (Grégoire).

Ein ander Büchlein, wie man Fisch, etc. Zurich, 1598, in-8°, c'est-à-dire, Nouveau Traité de la manière de prendre les poissons et les oiseaux, avec l'indication de trente moyens nouveaux et éprouvés, et celle de la saison où chaque espèce de poisson est le meilleur possible.

Cet ouvrage n'offre rien de remarquable. Il suffit d'en connoître le titre.

Taverner (J.).

Certain experiments concerning Fish and Fishery. London, 1600, in-4°.

Parthenio (Nic.).

Piscatoria et Nautica. Neapoli, 1686, in-8°, fig.

Erichsen (John).

Melemata de piscaturà et præparatione salmonum, harengorum et aliorum piscium. Scripta Societatis Scient. Islandiæ, tom. III.

Scarlet.

Avis sur une lanterne de cuir qui conserve la lumière sous l'eau même, très-utile pour la pêche. Voyez les *Observations curieuses sur toutes les parties de la Physique,* publiées à Paris, in-8°, en 1719.

Hederstroem (Hans).

Ron 'om Fiskars alder. Vetensk. Acad. Handling., 1759, pag. 222.

Celsius (Andreas).

Dissertatio de novo in fluviis Norlandiarum piscandi modo, resp. And. Hellant. Upsaliæ, 1738, in-4°, fig.

Cette dissertation est écrite en latin et en suédois.

Seloenders (Nic.).

Responsio super quæstionem : quomodo talis lucerna parari posset in quâ nocturno tempore lux sub aquâ fluminis vel stagni servetur eâque pisces ad commodum receptaculum alliciantur ? Commerc. Litt. Norimberg., 1744.

Bring (Sven).

Dissertatio de piscaturis in Oceano Boreali; resp. Carl Estenberg. Londini Gothorum, 1750, in-4°.

Mennander (C. Frid.).

Dissertatio de Regiâ piscaturâ Cumoensi; resp. Frid. Reginald Brander. Aboæ, 1751, in-4°, fig.

Gadd (P. Adr.).

Dissertatio sistens insecta piscatoribus in maritimis Finlandiæ oris noxia, P. A. Gadd *præside; resp.* C. N. Hellenius. Aboæ, 1769, in-4°.

Duhamel du Monceau. *Traité général des pêches.* Paris, 1769, in-f°.

Cet ouvrage renferme un fort grand nombre de bonnes figures de poissons.

Pontoppidan (Carl).

Hval-og Robbefangsten udi Strat-Davis, ved Spitzbergen, og under eilandet Jan Mayn. Kiobenhavn, 1785, in-8°, fig.

Cet ouvrage renferme une histoire des pêches du Détroit de Davis, du Spitzberg et de l'ile de Jean Mayen.

Bernard de Reste.

Histoire des pêches, des découvertes et des établissemens des Hollandois dans les mers du Nord, ouvrage traduit du hollandois par les soins du Gouvernement, etc. Paris, 1791, an IX. Trois vol. in-8°, fig.

Ce Traité, qui est loin d'être aussi connu qu'il le mérite, renferme une foule de documens précieux pour les personnes qui se livrent à la pêche et à la navigation dans le Nord, et pour les amateurs d'histoire naturelle. Les gravures en taille-douce qui l'enrichissent sont exécutées avec soin.

AUTEURS D'ICHTHYOLOGIE SOUS LE RAPPORT TOPOGRAPHIQUE.

Marschalcus (Nicol.).

Thurii Historia aquatilium. Rostoch, 1517, in-fol.

Marschalcus étoit de Thuringe. Le livre qu'il a écrit sur les poissons de son pays est en grec et en latin.

Giovio (Paolo.).

De romanis piscibus Libellus. Romæ, 1524, in-fol. Antwerpiæ, 1528, in-8°. Basileæ, 1531, in-8°. Parisiis, 1649, in-fol.

Cet ouvrage du médecin Paolo Giovio contient 144 pages, y compris la préface et une table qui renferme les noms des poissons. Il est partagé en quarante-deux chapitres, dont les trente-huit premiers traitent des poissons de la mer d'Italie, et de ceux qui habitent les fleuves et les lacs de cette contrée. Les quatre derniers parlent des crustacés.

Le style de l'auteur est pur et clair, mais les descriptions des poissons qu'il donne sont loin d'être faites avec le soin qu'il a mis à rechercher les noms de ces animaux chez les écrivains grecs et latins, et avec celui qui l'a dirigé dans l'indication des préparations culinaires. Une chose d'ailleurs nuit à la lecture de ce livre ; c'est l'absence totale de paragraphes et de chapitres. L'esturgeon seul y est décrit au long ; les descriptions des autres poissons y sont ou très-négligées, ou même tout-à-fait nulles. L'ouvrage a pourtant été traduit en italien sous le titre suivant :

Libro di P. Giovio de Pesci romani, tradotto in volgare da Carlo Zancaruolo. Venetiæ, 1560, in-4°.

On le trouve aussi dans les Œuvres complètes de l'auteur, imprimées à Basle, en 1578, en 2 vol. in-fol.

Enfin, il a été publié à Strasbourg, en 1534, avec une édition d'Oppien, in-4°.

Figulus (C.).

Ιχθυολογια, *seu Dialogus de Piscibus.* Coloniæ, 1540, in-4°.

Ce livre, des plus rares et en forme de dialogue, renferme quelques détails sur une vingtaine de poissons de la Moselle, sans néanmoins que l'auteur indique les caractères propres à les faire reconnoître.

Mangold (Grégoire).

Fischbuch von der Natur und Eigenschaft der Fische, etc.

Zurich, 1576, in-8°, c'est-à-dire, Traité de la nature et des propriétés des poissons, et, en particulier, de ceux que l'on prend dans le lac de Podamico.

Cet ouvrage, peu important, a été réimprimé, cependant, à Zurich en 1598.

Schwenckfeld (Gaspard).

Theriotropheum Silesiæ, in quo animalium, hoc est quadrupedium, reptilium, avium, piscium et insectorum natura, vis ac usus sex libris perstringuntur. Lignicii, 1603, in-4°.

L'auteur, qui passoit pour le Pline de la Silésie, a donné dans son V.ᵉ livre des descriptions assez bonnes et l'histoire soignée des poissons de sa patrie, comme l'esturgeon, l'anguille, la loche, la lamproie, le lamproyon, le brochet, l'épinoche, la tanche, la truite, le thymalle, etc.

Schonevelde (Etienne de).

Ichthyologia et nomenclaturæ animalium marinorum, fluviatilium, lacustrium, quæ in florentissimis ducatibus Slesvici et Holsatiæ, et celeberrimo emporio Hamburgo occurrunt triviales. Hamburgi, 1624, in-4°, fig.

Ce livre, composé de 78 pages de texte, et de sept planches en taille douce, est rédigé suivant l'ordre alphabétique, d'après la méthode des Anciens. Les descriptions, courtes et imparfaites, sont extraites, pour la plupart, du Traité de Rondelet. La synonymie scientifique est peu soignée; mais tous les noms vulgaires sont exactement rassemblés. Les planches qui terminent l'ouvrage sont grossièrement exécutées, et représentent treize espèces. Elles manquent dans beaucoup d'exemplaires.

Donati (Antonio).

Trattato de semplici, pietre è pesci marini, che nascom nel litto di Venetia, la maggior parte cognosciuti da Teofrasto, Dioscoride, Plinio, Galeno e altri scrittori, diviso in duo libri, etc. Venetia, 1631, in-4°, fig.

Marcgrave de Liebstad (Georges).

Historiæ rerum naturalium Brasiliæ libri octo; quorum tres priores agunt de plantis; quartus de piscibus, etc. *Joannes de Laet Antwerpianus in ordinem digessit, annotationes addidit, et varia ab auctore omissa supplevit et illustravit.* Lugd. Batavor. et Amstel., 1648, in-fol., fig.

Cet ouvrage de Marcgrave a été imprimé, conjointement avec

le Traité de Guillaume Pison, *De Medicinâ brasiliensi.* Dans les
dix-huit chapitres de son quatrième livre, qui traitent des
poissons, l'auteur a décrit, sans aucune espèce d'ordre, environ quatre-vingt-quatre sortes de poissons, dont les descriptions
quoiqu'en général ou trop courtes ou trop longues, dénotent
cependant un bon observateur et un naturaliste zélé. Les gravures en bois, qui représentent les poissons, sont, pour la plupart, grossièrement exécutées et sans valeur, mais exactes et
reconnoissables. En somme, le livre est excellent pour le temps
où il a paru.

- PISON (Guillaume).

De Indiæ utriusque re naturali et medicâ libri XIV. Amstelodami, 1658, in-fol., fig.

Ce livre de Pison est imprimé avec plusieurs opuscules de
Bontius et de Marcgrave. Les descriptions et les figures qu'il
donne ne suffisent pas, le plus ordinairement, pour faire reconnoître les poissons dont il parle.

RAY (John).

*Piscium anglicorum qui ad notitiam nostram pervenerunt Cata-
logus.*

Cette liste est imprimée dans l'Ichthyologie de Willughby,
pag. 22.

DAINES BARRINGTON.

On some particular Fish found in Wales. Philosoph. Transact.,
vol. 57, p. 204-214.

PETIVER (James).

*De piscibus fluviatilibus anglicanis. An account of our fresh-water
Fishes, viz. Such as are found in lakes, meres, pools, ponds,
brooks, or rivers.* Memoirs for the Curious, 1708, p. 127-134.

Aquatilium animalium Amboinæ icones et nomina. London,
1713, in-fol., fig.

On trouve aussi cet écrit dans le I.er volume des Œuvres complètes de l'auteur, publiées à Londres en 1767, en deux volumes in-folio. Les descriptions qu'il y donne sont si courtes,
qu'elles ne peuvent être regardées que comme une simple nomenclature.

FABRICIUS (Phil. Conrad).

*De animalibus quadrupedibus, avibus, amphibiis, piscibus et in-
sectis Wetteraviæ indigenis.* Helmstadii, 1749, in 8°.

Borlase (William).

The natural History of Cornwall, etc. Oxford, 1758, in-f., fig.

On trouve, dans cet ouvrage, la figure et la description d'un assez grand nombre de poissons, comme le callionyme lyre, l'ange de mer, la donzelle, la baudroie, le lépadogaster, la vive, etc.

Sander (Heinrich).

Beytrage zur Naturgeschichte der Fische im Rhein. Naturfosch., 15 stuck, p. 163.

Nau (Berhnard Sebast.).

Bemerkungen zu des Herrn prof. Sanders Beytragen zur Natur-geschichte der Fische im Rhein. Ibidem, 25 stuck, p. 24.

Gronow (J. Frid.).

Pisces Belgii seu piscium in Belgio natantium et à se observato-rum Catalogus. [*Act. Societ. Upsal.*, 1741, pag. 67.]

Pisces Belgii descripti. [Ibidem, 1742, p. 79.]

Gronow (Laur. Theod.).

Lyst van eenige Vissen van Nederland, die door den heere J. F. Gronovius, in de Acta Upsaliensia van't jaar 1741, niet aan-getekind zyn. Uitgezogte Verhandelingen, 1 deel, p. 314.

Schœffer (Jacq. Chrêt.).

Piscium Bavarico-Ratisbonensium pentas. Ratisbonæ, 1761, in-4°.

Cette dissertation, de 82 pages de texte, est accompagnée de quatre planches coloriées.

Kamel (Georg. Jos.).

De piscibus, moluscis et crustaceis Philippensibus. Philosoph. Transact., vol. XXIV, n.° 302, p. 3043 *bis*.

Proli (P. P.).

Della citta di Comachio, delle sue laghune e pesche. Cesena, 1761, in-fol.

Russel (Alexander).

An account of four undescribed Fishes of Aleppo. Philosoph. Transact., vol. 49, p. 445.

Les poissons dont il s'agit dans cet ouvrage appartiennent à la famille des silures, et sont aussi décrits dans l'ouvrage sui-vant du même auteur :

A natural history of Aleppo and the parts adjacents. London, in-4°, 1756, fig.

Nau (Bernhard).

Naturgeschichte der Lamprete des Rheins. Beob. der Berlin. Ges. naturf. Fr. 1 Band, p. 466.

Brunnich (Morten Thrane).

Ichthyologia Massiliensis, sistens Piscium descriptiones, eorumque apud incolas nomina. In-8°, Hafniæ et Lipsiæ, 1768.

Schopf (Johann David).

Beschreibungen einiger Nordamerikanischer Fische, vorzüglich aus den Neu-Yorkischen Gewassern. Beob. der Berlin. Ges. naturf. Fr. 2 Band. 3 stück, p. 138-194.

Wulf (J. Christoph.).

Ichthyologia, cum Amphibiis Regni Borussici. Regiomonti, 1765, in-8°.

Cet ouvrage n'est qu'un catalogue assez imparfait. Composé de 60 pages seulement, les 14 premières sont consacrées aux reptiles.

Seetzen.

Verzeichniss der Fische in den Gewassern der Herrschaft Jever in Westphalen. Meyer's Zoolog. Annalen, 1 Band, pag. 399.

Bloch (Marc Eliezer).

Œconomische Naturgeschichte der Fische in den Preussischen Staaten besonders der Markschen und Pommerschen Provinzen. Schr. der Berlin. Ges. Naturf. Fr. 1 Band, pag. 251.

Birkholz (Johann Christoph).

Œkonomische Beschreibung aller Arten Fische, welche in den Gewassern der Churmarck gefunden werden. Berlin, 1770, in-8°.

Un petit nombre de poissons est seulement signalé dans cet ouvrage ; encore y sont-ils assez mal caractérisés.

Buch'oz (Pierre Joseph).

Aldrovandus Lotharingiæ, ou *Catalogue des animaux quadrupèdes, reptiles, oiseaux, poissons, insectes, vermisseaux et coquillages qui habitent la Loraine et les Trois Evêchés.* Paris, 1771, in-8°.

Leske (Nathanaël God.).

Ichthyologiæ Lipsiensis specimen. Lipsiæ, 1774, in-8°.

Beaucoup d'espèces du grand genre des cyprins sont ici décrites avec soin.

Osbeck (P.).

Fragmenta Ichthyologiæ Hispanicæ. Nov. Act. Acad. Nat. Curios., vol. IV, pag. 99, 104.

Forskael (P.).

Descriptiones animalium, avium, amphibiorum, piscium, insectorum, vermium, quæ in Itinere orientali observavit. Havniæ, 1775, in-4°.

On trouve, dans cet ouvrage, l'histoire de plus de cent espèces de poissons, et celle de quatre genres nouveaux. Il n'a été mis au jour par Carst. Niebuhr, qu'après la mort de son auteur.

Catalogus piscium melitensium. Voyez *Descript. animalium, etc.,* pag. 18, Hauvniæ, 1775, in-4°.

Icones rerum naturalium, quas in Itinere orientali depingi curavit; edidit. C. Niebuhr. Havniæ, 1776, in-4°.

Ces planches sont au nombre de quarante-trois, avec quinze pages d'explication.

Cetti (Francesco).

Anfibi e Pesci di Sardegna. Sassari, 1777, in-8°, fig.

Rhanæus (Samuel).

Von einigen merkwürdigen Fischen in Curland. Act. Breslau., tentam. 31, pag. 175.

Forster (John Reinhold).

Zoologia indica, tabulis quindecim æneis illustrata. Halæ, 1781, in-fol.

Le livre de Forster est imprimé en latin et en allemand. On y trouve la figure de deux poissons, la roussette tigrée et le *labrus zeylanicus.*

Account of Fishes sent from Hudson's Bay. Philosop. Transact., vol. LXIII, pag. 149.

Thunberg (Carl Peter).

Bescrifning pa tvanne Fiskar ifran Japan. Vetensk. Acad. Handling. 1790, pag. 106-110.

Tvanne japanske Fiskar beskrifne. Ibid., 1792, pag. 29.

Olivi (Giuseppe).

Zoologia adriatica, ossia Catalogo raggionato degli animali del golfo e delle lagune di Venezia. Bassano, 1792, in-4°, fig.

Siemssen (Adolph Christian).

Die Fische Meklenburgs. Rostok und Leipzig, 1794, in-8°.

Russel (Patrick).

Cet auteur a publié à Londres, en 1803, et en deux vol. in-f.° la *Description et les figures de deux cents poissons de la côte de Coro-*

mandel. C'est un ouvrage capital, surtout à cause des belles planches qui accompagnent le texte rédigé en anglois.

Risso (A.).

Ichthyologie de Nice, ou *Histoire naturelle des poissons du département des Alpes maritimes.* Paris, 1810, in-8°, fig.

Cet ouvrage, qui a été revu avec soin par M. le professeur Duméril, ainsi que l'auteur le dit lui-même dans sa préface, renferme les descriptions et les figures de plusieurs espèces nouvelles. On le consultera toujours avec fruit.

AUTEURS PARTIELS D'ICHTHYOLOGIE.

a. Histoire naturelle.

1.° *Histoire simultanée de plusieurs poissons différens.*

Nous ne parlerons point ici des auteurs qui ont traité des poissons en même temps que des autres animaux en général ; nous ne citerons donc point, en conséquence, le *Systema Naturæ* de Linnæus, le *Règne animal distribué d'après son organisation* de M. Cuvier, la *General Zoology* de Shaw ; la *Zoologie analytique* et le *Traité élémentaire d'Histoire naturelle* de M. Duméril. Tous ces ouvrages sont généralement connus ; quiconque se livre à l'étude de la Zoologie doit les lire, et nos lecteurs, sans doute, les ont déjà consultés bien des fois. Il en est de même des voyageurs et des auteurs des diverses Faunes publiées jusqu'à présent. Il seroit beaucoup trop long de rapporter toutes les découvertes consignées dans les écrivains de ce genre. On pourra consulter, au reste, sur ce point, les Voyages en Abyssinie, en Perse, aux Indes, autour du Monde, de Bruce, Sonnerat, Olivier, A. J. de Krüsenstern, etc., et les Faunes de Suède, d'Egypte et d'Arabie, de Linnæus, d'Hasselquist et de Forskaël.

D'ailleurs, Jean de Laët, dans son *Novus orbis, seu Descriptionis Indiæ occidentalis libri XVIII* (Lugd. Batav. 1633), a décrit brièvement quelques poissons du Brésil. Olaus Worms, dans le *Musæum Wormianum,* publié à Leyde, en 1656, in-f.°, a donné des gravures en bois et en taille douce, d'un certain nombre de poissons qu'il décrit à la manière des Anciens. Le comte A. F. de Marsigli, dans son magnifique ouvrage sur le Danube, publié à Amsterdam, en 1726, en six volumes grand in-f.°, a consacré le quatrième tome à l'histoire des poissons du fleuve qui fait l'objet de son travail, et a traité, dans le cinquième, de l'anatomie de l'esturgeon. C'est encore ainsi que Molina, dans son livre sur le Chili, ouvrage fait de mémoire en Italie, et souvent d'ailleurs fort suspect, donne cependant quelques détails utiles sur certains poissons de cette région de l'Amérique, et que Pallas, dans ses *Spicilegia zoologica*, publiés à Berlin, pendant les années 1767 et suivantes, a décrit et figuré environ vingt-cinq poissons nouveaux, comme la fistulaire paradoxale, qui est le solénostome de M. de Lacépède, l'oligopode, le filou, le *centriscus velitaris*, dont nous avons parlé à l'article Amphisile, dans le Supplément du II volume de ce Dictionnaire.

Giovio (Paolo).

De piscibus marinis, lacustribus, fluviatilibus, item de testaceis ac salsamentis liber. Romæ, 1527, in-4°.

La saveur paroît être la seule qualité remarquée par l'auteur dans les poissons. Du reste, il fait la satire des Anciens pour le luxe qui régnoit dans leurs festins, par rapport à ces animaux.

Belon (Pierre).

L'Histoire naturelle des estranges poissons marins, avec leurs portraits gravés en bois. Plus, la vraie peinture et description du dauphin et de plusieurs autres de son espèce. Paris, 1551, in-4°.

Ce livre est devenu d'une extrême rareté, et l'on cite les exemplaires qui existent encore dans les bibliothèques des curieux.

Caius (J.).

De canibus britannicis liber unus, et de rariorum animalium et stirpium historiâ liber unus. Londini, 1570, in-4°, et 1729, in-8°.

Parmi les poissons dont il est parlé dans cet ouvrage, on distingue l'espadon, le caranx, l'orphie, la daurade, etc.

Eglin (Raphael).

Conjecturæ halieuticæ novæ et admirandæ è notis et characteribus ternorum piscium marinorum, ad latera stupendo prodigio insignitorum, desumtæ. Hanoveræ, 1611, in-4°.

Je n'ai pu me procurer cet ouvrage, dont je cite le titre d'après Walbaum.

Fabius Columna.

Ecphrasis minùs cognitarum plantarum, itemque de aquatilibus, aliisque nonnullis animalibus libellus. Romæ, 1616, in-4°.

Avant de publier ce livre, F. Columna en avoit livré un autre au monde savant, sous le titre suivant :

Phytobasanus, sive plantarum aliquot Historia. Accessit piscium aliquot Historia. Neapoli , 1592, in-4°, fig. ære incisis.

Ce dernier livre renferme, entre autres, la description de deux espèces de raies; mais le premier contient celle de deux autres espèces du même genre. Les figures ont été dessinées avec un grand soin par l'auteur lui-même.

En 1744, Janus Plancus a publié à Florence une édition in-4° du *Phytobasanus*, avec des annotations et des figures.

Anonyme.

Artificia hominum miranda, in Sinâ et Europâ. Francofurti, 1656, in-12.

En tête de cet ouvrage, il est fait mention de quarante-deux espèces de poissons de la Chine ou de l'Europe.

Voigt (Gothof.).

Deliciæ physicæ de stillicidis sanguinis, lacrimis crocodili, ca-tulis ursorum, piscibus fossilibus et volatilibus, etc. Rostoch, 1671, in-8°.

Disputatio de piscibus fossilibus atque volatilibus, Goth. *Voigt præside; resp. Joh. Heinr. Vulpius.* Wittebergæ, 1667, in-4°.

Imperati (Ferrand).

Historiæ naturalis libri XXVIII. Accesserunt nonnullæ J. M. Fer-ri annotationes ad librum 28. Nunc primùm ex italicâ in linguam conversa latinam. Coloniæ, 1685, in-4°, fig.

L'édition originale de cet ouvrage a paru in-f°. à Naples, en 1599. Le vingt-huitième livre, celui où il est spécialement traité des animaux, ne renferme l'histoire que de deux poissons seulement.

Gronow (J. Frid.).

Animalium rariorum fasciculus. Pisces. [*Act. Helvet.*, vol VII, pag. 43.]

Sous le nom de *Pteraclis pinnata*, l'auteur décrit ici l'oligo-pode de M. de Lacépède et le *coryphæna velifera* de Pallas. Il en donne la figure, tab. 2; il décrit également, sous le nom de *blennius torvus*, un véritable tænianote qui se rapproche beau-coup de la *scorpæna spinosa* de Gmelin, et dont J. Jules Walbaum a copié la figure, dans son édition d'Artédi, part. III, pl. 2, fig. 1. Il parle, en outre, du *callorynque* de l'Amérique.

Piscis scombri et percæ descriptio. [*Act. Societ. Upsal.*, 1744, tab. 4.]

GULDENSTAEDT (Anton Johann).

Salmo leucichtus et cyprinus calchoides descripti. Nov. Comment. Acad. Petrop., tom. XVI, 1772, pag. 531, 547.

Le *cyprinus chalcoides*, décrit ici, rentre dans la division des ables.

SUJEF (Wasil).

Blenniorum duæ species, ex Musæo academico.

Act. Acad. Petropol., 1779, pars post., pag. 195.

Les deux poissons décrits par Sujef, appartiennent, le premier aux *salarias*, et le second aux *gonnelles*. L'un est le *blennius simus* de Gmel., l'autre est son *blennius murænoides*. Tous les deux sont décrits dans ce Dictionnaire, aux articles GONNELLE et SALARIAS.

BROUSSONNET (Pierre Marie Auguste).

Ichthyologia, sistens Piscium descriptiones et icones. Decas 1. Londini et Lutetiæ, 1782, in-4°, fig.

Dans les dix planches que renferme cette décade, la seule qui ait été publiée, l'auteur a représenté 1.° le gobiomore taiboa, sous le nom de *gobius strigatus;* 2.° le gobie awaou, sous celui de *gobius ocellaris;* 3.° une espèce de turbot, sous celui de *pleuronectes mancus;* 4.° l'acanthure zèbre, sous celui de *chœtodon triostegus;* 5.° l'éphippus forgeron, qu'il nomme *chœtodon faber;* 6.° le chelmon soufflet, qu'il appelle *chœtodon longirostris;* 7.° le *polynemus plebeius*, qui n'est point le poisson donné par Bloch, sous le même nom; 8.° le mégalope filamenteux, qu'il appelle *clupea cyprinoides;* 9.° le *cailleu-tassard*, qui est de même un mégalope, et qu'il range, avec Linnæus, parmi les clupées, sous la dénomination de *clupea thrissa;* 10.° enfin, une espèce de myste de M. de Lacépède, qu'il désigne par l'appellation de *clupea setirostris.*

Les figures sont bonnes, et les descriptions claires et bien faites.

PALLAS (P. Simon).

Piscium novæ species descriptæ. Nov. Act. Acad. Petropol., 1783, pag. 347.

Les divers poissons signalés dans ce mémoire sont originaires de l'empire de Russie.

Zouiew (Basil.).

Descriptio characis leucometopontis, et echeneidis nova species. Nov. Act. Petropol. 1786, pag. 275.

Walcott (John).

The figures, description, and history of exotic animals, comprised under the classes amphibia and pisces of Linnæus. London, 1788, in-4°, fig.

Thunberg (Carl Peter).

Dissertatio de Murœnâ et Ophictho, C. P. Thunberg præside; resp. J. N. Ahl. Upsaliæ, 1789, in-4°, fig.

Bloch (Marc Eliéz.).

Beschreibung zweyer neuen Fische. Beobach. der Berlin. Ges. Nat. Fr., 4, Band, pag. 422.

Thunberg (Carl Peter).

Tvanne udlandska Fiskar beskrifne. Vetensk. Acad. Handling., 1791, pag. 190.

Euphrasen (Bengt And.).

Scomber atun och echeneis tropica beskrifne. Vetensk. Acad. Handling., 1791, p. 315.

Beskrifning pa trenne Fiskar. Ibid., 1788, pag. 51.

Delaroche (François).

Observations sur des poissons recueillis dans un voyage aux îles Baléares et Pythiuses.

Ce mémoire est renfermé dans les Annales du Muséum d'Histoire naturelle de Paris.

Humboldt (Alexandre de).

Recueil d'observations de Zoologie et d'Anatomie comparée. Paris, 1807, 1811, grand in-4°, fig.

Cet illustre et savant voyageur a consigné dans ce recueil plusieurs mémoires d'ichthyologie fort intéressans et qui ont pour sujet le genre Astroblèpe, le genre Erémophyle, les divers gymnonotes, le *pimelodus cyclopum*, etc.

Lesueur (C. A.).

Description of several species of chondropterygious Fishes of North America, with their varieties.

Ce mémoire de l'intéressant compagnon de Péron est inséré dans les *Transactions of the American philosophical Society*, vol. 1, new series. On y trouve la description de plusieurs esturgeons, d'un ammocète, d'une lamproie, etc. que l'on peut considérer comme des espèces nouvelles.

Descriptions of several new species of North American Fishes.

Ce mémoire est renfermé dans le *Journal of the Academy of natural Sciences of Philadelphie*, pour le mois de mai 1818.

On y trouve la description et la figure d'une nouvelle squatine, dédiée au professeur Duméril, de Paris.

2.° *Monographies d'un seul genre ou d'une seule espèce.*

Bloch (M. Eliéz.).

Bemerkungen zu obiger Abhandlung über den Ansauger. Beob. der Berlin. Ges. Naturf. Fr., 4 Band., pag. 244.

Frisch (Johann Leonhard).

Observationes ad lampetrarum tres species. Voyez les *Miscellan. Berolinens.* tom. VI, pag. 118.

De mustellæ fluviatilis rapacitate. (Ibid., tom. IV, pag. 392.)

Ce dernier mémoire renferme des détails assez curieux sur la lote, *Gadus lota*, Linn.

Gobius capitatus. (Ibid., tom. VI, pap. 123.)

Ce *Gobius capitatus* de l'ichthyologiste du Nord est le chabot des François.

Broussonnet (P. M. Aug.).

Sur les différentes espèces de chiens de mer.

Ce mémoire de Broussonnet est inséré parmi ceux de l'Académie royale des Sciences, pour l'année 1788, et dans le Journal de Physique, tom. XXVI, pag. 51 et 120. Il a été, en outre, traduit en allemand, dans le *Leipzig. Magaz.*, pour l'année 1787.

Siegesbeck (J. G.).

Anmerkungen uber die Relation von dem Fische Carcharias. Act. Bresl., tentam. 31.

Konold (J.)

Von dem Fisch Carcharias. Act. Breslav., 1721.

Watson (William).

An account of the blue shark. Philosoph. Transact., vol. LXVIII, pag. 789.

Le *blue shark* est le *squalus glaucus* des auteurs. Nous avons parlé de ce poisson, à l'article Carcharias.

Gunner (Joh. Ernst.).

Vom gelben Hayfische. Act. Nidros., 2 Th. 216.

Von der Seekatze. Ibidem, 248.

Vom schwarzen Hayfische. Ibidem, 284.

Vom Haa skierding. Ibidem, 299.

Ces différens mémoires ont pour objets le *squalus catulus,* Linn.; le *chimœra monstrosa,* Linn; le *squalus spinax,* Linn.; le *squalus carcharias,* Linn.

Dans le troisième tome des mêmes Actes, on trouve encore quelques Mémoires d'Ichthyologie du même auteur.

Euthius (J. Ægid.).

De pisce monstroso et prægrandi. Ephem. Acad. Nat. Curios., dec. III, ann. 5 et 6, pag. 145.

Dans cette note fort courte, l'auteur me semble parler d'un pélerin, *squalus maximus,* Linn., qui échoua à Dieppe, en novembre 1695, et qui fut porté à Rouen, quoiqu'il pesât sept milliers. On sait que le même port a vu plusieurs fois depuis le poisson dont il s'agit, venir se perdre sur la côte.

Latham (John).

An essay on the various species of sawfisch. Transact. of the Linnean Society, vol. II, pag. 273.

Stephans (Chr. Frid.).

Schediasma de rajis. Lips., 1729, in-8°.

Schneider (Johann Gottlob).

Von den Rochen überhaupt. Leipzig. Magaz., 1783, pag. 265.

Neue Beytrage zur Naturgeschichte dei Rochengeschlechts. Ibidem, 1788, pag. 73.

Moehring (Paul Gérard Henri).

Rajarum trium descriptiones. Act. Academ. Natur. Curios., vol. VI, pag. 482.

Euphrasen (Bengt Anders).

Raja narinari beskrifven. Vetensk. Acad. Handling., 1790, pag. 217.

Plancus (Janus) ou Jean Bianchi.

Epistola de molà pisce. Arimini, 1741, in-4°, fig.

Voyez aussi Comment. Instituti Bonon., tom. II, pag. 297.

De molà pisce Epistola altera. Ibidem, tom. III, pag. 331.

Ce dernier opuscule a été traduit en allemand, dans le *Hamburg. Magaz.,* 18 Band., pag. 13.

Retz (Anders Jahan).

Tetrodon mola beskrifven. Vetensk. Acad. Hand.,1785 , p. 115 .

Anmarkningar vid slagtet myxine. Ibidem , 1790, pag. 110.

Swartz (Olof).

Tillad vid foregaende anmarkningar. Ibidem , pag. 114.

Barlow (William).

A paper concerning the mola salv, or sun-fish, and a Glue made of it. Philosoph. Transact., vol. XLI, n.º 456, pag. 343.

Anonyme.

Description du poisson nommé lune ou mole, pêché à Brest. Journal de Physique , tom. XVI, pag. 58.

Villeneuve.

Von den Ohren des Seepferdes. Hamburg. Mag., 24 Band., p. 598. Mercure de France pour le mois de juin 1756.

Le Mémoire de Villeneuve est une monographie anatomique du cheval marin, *syngnathus hippocampus* de Linnæus , dont nous avons parlé à l'article Hippocampe.

Shaw (George).

Description of the stylephorus chordatus, a new fish. Transact. of the Linnean Soc., vol. I, pag. 90.

Parsons (James).

Some account of the rana piscatrix. Philosoph. Transact., vol. XLVI, n.º 492 , pag. 126.

Ferguson (James).

An account of a remarkable fish, taken in King-Road near Bristol. Ibidem, vol. LIII , pag. 170.

Ces deux mémoires traitent également l'un et l'autre de la baudroie commune.

Hiortberg (Gustaf Fredric).

Beskrifning pa en Guaperva, fangad i sjograset Sargazo. Vetensk. Acad. Handling., 1768, pag. 350.

Cette note a pour objet le *lophius histrio* des auteurs, dont nous avons parlé à l'article Chironecte.

Braam Houckgeest (A. E. Van).

Bericht wegens den lophius histrio. Verhandel. van de Maatsch. te Haarlem, 15 deel, Berichten, pag. 20.

Montin (Lars).

Beskrifning pa en fish , lophius barbatus. Vetensk. Acad. Handling., 1779, pag. 187.

Sonnerat.

Description du guaperva tacheté. Journal de Physique, tom. IV, p. 445.

Description du guaperva cendré. Ibidem , tom. IV , p. 78.

Lepéchin (Iwan).

Descriptio piscis, è gadorum genere, Russis Saida dicti. Nov. Comm. Acad. Petrop., tom. XVIII, p. 512.

Descriptio cyclopteri lineati. Ibidem, p. 522.

Brunnich (M. Th.).

Descriptio gadi ranini. Act. Haffniens., tom. XII.

Strussenfelt (Alexand. Mich. Von).

Beskrifning pa tvanne fiskar af Torsk-slagtet. Vetinsk. Acad. Handling., 1773 , p. 22., fig.

Strussenfelt décrit, dans ce Mémoire, le *gadus cimbricus* et le *gadus mustelinus* de Walbaum, deux poissons de la mer Baltique. Ses descriptions sont soignées, et ses figures bonnes.

Stroem (Hans).

Beschreibung eines Norwegischen Fisches burkelange (id est gadus dipterygius). Act. Nidrosiens. , 3 th. , 400, tab. 8.

Om et par rare fiske. Naturhist. selsk. skrivt. 2 bind, 2 heft, p. 12.

Le poisson décrit par Stroëm , sous le nom de burkelange, a été désigné, dans l'édition d'Artédi par Walbaum, sous la dénomination de *gadus byrkelange.*

Osbeck (Pehr).

Beskrifning pa en fisk, kallad lerbleking. Vetensk. Academ. Handling., 1767, p. 245.

Le poisson décrit ici est le merlan jaune, *gadus pollachius,* Linn.

Beskrifning om en fisk, som kallaslods. Ibidem, 1755, p. 71.

Le poisson célèbre sous le nom de pilote fait le sujet de ce Mémoire. Il est nommé par Linnæus *gasterosteus ductor.* Nous en avons parlé à l'article Centronote.

Walbaum (Johan Jul.).

Naturgeschichte des gelben Kohlmauls. Schr. der Berlin. Ges. Naturf. Fr., 4 band, p. 147.

Il s'agit, dans ce Mémoire, du merlan jaune, *gadus pollachius,* Linn.

Beschreibung der Russigen Meerquappe mit einer Bartfaser. Schr. der Berlin. Ges. Naturf. Fr., 5 band, pag. 107.

22. 34

Le poisson décrit par Walbaum est le *blennius raninus* de Gmelin. Nous en parlons à l'article RANICEPS.

ABBS (Cooper).

Observations on the remarkable failure of haddoks, on the coasts of Northunberland, Durham and Yorkshire. Philosoph. Transact., 1792, p. 367.

Le poisson nommé *haddok* ici, est l'égrefin, *gadus æglefinus* des auteurs.

EUPHRASEN (Bengt And.).

Gadus lubb, en ny svensk fisk, beskrifven. Vetensk. Academ. Handling., 1794, p. 223.

Le lubb appartient à la division des brosmes.

KOELREUTER (Jos. Théop.).

Descriptio piscis, è gadorum genere, Russis nawaga dicti. Nov. Comment. Acad. Petropol., tom. XIV, part. I, p. 484.

Beschreibung des Fisches nawaga bey den Russen, aus dem Geschlechte der Gadorum. Neu. Hamburg. Magaz., 107 stück, p. 387.

Le poisson décrit par Koelreuter, sous le nom russe de nawaga, est le dorsch, *gadus callarias* des auteurs.

Descriptio piscis, è coregonorum genere, russicè sig vocati, historico-anatomica. Nov. Comment. Acad. Petrop., tom. XV, p. 504.

Le sig des Russes est le lavaret de nos auteurs. Nous en avons parlé à l'article CORÉGONE.

DAINES BARRINGTON.

Of the Gillaroo-Trout. Philosoph. Transact., vol. LXIV, p. 116.

Le *gillaroo-trout* des Irlandois est une variété de la truite, *salmo fario,* Linn.

BLOCH (Marc. Eliéz.).

Naturgeschichte der Marœne. Besch. der Berlin. Ges. Naturf. Fr., 4 band., p. 60.

Le poisson dont parle le naturaliste de Berlin, sous le nom de marœne, est une espèce de corégone, le *salmo marœnula,* Gmel.

WARTMANN (Bernhard).

Beschreibung und Naturgeschichte des Blaufelchen. Besch. der Berlin. Ges. Naturf. Fr., 3 band, p. 184.

Le poisson dont il est ici question est l'ombre bleu. Nous en avons parlé à l'article CORÉGONE.

KOELREUTER (Jos. Théoph.).

Descriptio piscis, è coregonorum genere, russicè riapucha *dicti, historico-anatomica.* Nov. Comm. Acad. Petrop., tom. XVIII, p. 5o3.

Le riapucha des Russes paroît être le même poisson que le *salmo albula.*

Descriptio cyprini rutili hist. anatom. Ibidem, tom. XV, p. 494.

WARTMANN (Bernhard).

Von dem Rheinanken oder Illanken. Schr. der Berlin. Ges. Naturf. Fr., 4 band, p. 55.

L'illanken de Wartmann est l'espéce de truite appelée par Bloch, *salmo lacustris.*

Alpforelle aus dem seealper See. Ibidem, p. 69.

L'alpforelle de Wartmann est le *salmo alpinus* de Linnæus.

SCHRANK (Franz von Paula).

Beytrag zur Naturgeschichte der Salmo alpinus, Linn.Ibidem, 2 band, p. 297.

Von Renken (salmo renke) *und Huchen* (salmo hucho). Ibidem, 4 band, p. 427.

GRONOW (J. Frid.).

Salmo oblongus, maxillæ inferioris apice introrsùm reflexo, descriptus. [*Act. Societ. Upsal.*, 1741, p. 85.]

The figure of the mustela fossilis. Philosoph. Transact., vol. XLIV, n.° 483, p. 451.

Le poisson, donné ici, sous le nom de *mustela fossilis,* est le *cobitis fossilis* de Linnæus, et le misgurn de M. de Lacépède.

DU RONDEAU.

Sur la loche campinoise. Mém. de l'Académ. de Bruxelles, tom. IV, p. 247.

La loche campinoise dont il est parlé ici est le misgurn de M. de Lacépède, ou le *cobitis fossilis* de Linnæus.

PETIT (François du).

Histoire de la carpe. Mém. de l'Acad. des Sciences de Paris, 1733, p. 197.

DE SAUVIGNY.

Histoire naturelle des dorades de la Chine. Paris, 1780; in-f°, fig.

Linnæus (Karl von).

Cyprinus pinnæ ani radiis 11, pinnis albentibus, Stæm *Suecis, descriptus.* Act. Soc. Upsal., 1744-1750, p. 35.

Le poisson décrit par le célèbre professeur d'Upsal est le cyprinus grislagine des auteurs.

Beskrifning om Guld-fisken och silver-fisken. Vetensk. Acad. Handling., 1740, p. 403.

Il s'agit dans ce Mémoire, comme dans le suivant, de la carpe dorée de la Chine, *cyprinus auratus*, Linn.

Cyprinus pinnâ ani duplici, caudâ trifurcâ descriptus. Analect. Transalpin., tom. I, p. 83.

De Latourette.

Recherches et observations sur le carpeau de Lyon. Journal de Physique, tom. VI, p. 271.

Frank de Frankenau (Georg.).

Dissertatio de anguillis. Argentorati, 1673, in-4°.

Paullini (Christian Franç.).

Cœnarum Helena, seu anguilla. Francof. et Lipsiæ, 1689, in-12.

Zouiew (Basil.).

Gymnoti nova species. Nov. Act. Academ. Petropol., 1787, p. 269.

Le poisson décrit ici est du sous-genre des carapes. C'est le *gymnotus albus* de Pallas.

Descriptio piscis non descripti qui pertinet ad genus scarorum Forskalii. Act. Acad. Petrop., 1779, pars pr., p. 229.

Fœtus squali singularis.

Ibid., 1787, pag. 239.

Anarricas pantherinus. Act. Acad. Petropol., 1781, part. I, p. 271.

Broussonnet (P. M. Aug.).

Observations sur le loup marin. Mémoires de l'Académ. des Sciences de Paris, 1785, p. 161.

Ce loup marin est le poisson que les ichthyologistes ont appelé *anarhichas lupus.*

An account of the ophidium barbatum Linnei. Philosoph. Transact., vol. LXXI, p. 436.

Holm (Theodor) ou De Holmskiold.

Beskrivelse over den fisk Mallenkaldet. Kiobenh. selsk. skrifter, 12 deel, p. 133.

Le *Mallen* de Holm est le *silurus glanis* des auteurs.

Osbeck (Pehr).

Beskrifning ofver fisken Mal. Vetensk. Academ. Handling., 1756, p. 34.

Silurus pinnâ dorsali unicâ, cirris ad os plurimis, descriptus. Analect. Transalpin., tom. II, p. 472.

Le poisson décrit dans ces deux Mémoires est le glanis, *silurus glanis*, Linn.

Osbeck a aussi publié en suédois, à Stockholm, en 1757, in-8°, un Voyage à la Chine, où l'on trouve la description d'un grand nombre de poissons, comme le cailleu tassart, le remora, le pilote, l'albicore, etc. Cet ouvrage a été traduit en allemand, à Rostock, en 1765, in-8°.

Fougeroux de Bondaroy.

Description d'un poisson du genre des silures, appelé shaïd ou shaïden par les Allemands. Mém. de l'Académ. des Sciences de Paris, 1784, p. 216.

Bloch (Marc Eliéz.).

Pleuronectarum duplex species. Nov. Act. Academ. Petropol., 1785, Hist., p. 159.

Les deux pleuronectes dont parle l'ichthyologiste prussien, sont les *pleuronectes zebra* et *dentatus*.

Geoffroy-Saint-Hilaire (Et.).

Description de l'achire barbu, espèce de pleuronecte, indiquée par Gronow. Annales du Muséum d'Hist. nat. de Paris, tom. I, p. 152.

Ce Mémoire est accompagné d'une fort bonne planche, mais que le graveur a omis de tracer au miroir, ce qui fait que les yeux du poisson, au lieu d'être à droite, sont à gauche.

Histoire naturelle et description anatomique d'un nouveau genre de poisson du Nil, nommé polyptère. Ibidem, p. 57.

Une planche fort belle accompagne également ce Mémoire.

Tonnings (Henrich).

Beschreibung des Fisches Sympen. Act. nidros., 2 th., 312 s.

Ce Mémoire traite du scorpion de mer, *cottus scorpius*, Linn.

Gronow (J. Frid.).

Cottus, ossiculo pinnæ dorsalis primo longitudine corporis, descriptus. [Act. Societ. Upsal., 1740, p. 121, tab. 8.]

Le poisson décrit ici par J. F. Gronow est le *callionyme lyre*
de M. de Lacépède, *callionymus lyra* de Linnæus.

Fabricius (Otho).

Beskrivelse over den punkteerte tangsprel. Naturhist. selsk.
skrivt. 2 bind, 2 heft, p. 84.

Le poisson dont il est question dans ce Mémoire est le *blennius gunnellus*, Linn. Il appartient aujourd'hui au genre Gonnelle.

Gissler (Nils).

*Blennius capite dorsoque fulvo-flavescente, lituris nigris, pinnâ
ani flavâ, descriptus.* Analect. Transalpin., tom. I, p. 485.

L'espèce de poisson décrite ici est le *blennius viviparus* de
Linnæus. Le même auteur en a également donné une description en suédois, et une figure dans les *Act. de Stockholm*, pour
l'année 1748, pag. 37, tab. 2. Gronow le faisoit entrer dans
son genre *Enchelyopus*, et M. Cuvier en a fait le type d'un genre
nouveau, celui des Zoarcès.

Ascanius (P.).

Beretning om sild-tusten. Danske vidensk. selsk. skrivt. nye
saml. 3 deel, p. 419.

Le régalec, *gymnetrus remipes*, Schneid., fait le sujet de ce
Mémoire d'Ascanius. Dans le même volume du même recueil,
pag. 414, Morten Thrane Brunnich parle du même poisson,
sous le nom de *regalecus remipes*.

Schlosser (John Albert).

An account of a fish from Batavia, called jaculator. Philosoph.
Transact., vol. LIV, p. 89; vol. LVI, p. 186.

Le poisson appelé ici *jaculator* est le *labrus jaculator* des auteurs, dont nous avons parlé à l'article Archer.

Pallas (P. Simon).

Descriptio sciænæ jaculatricis. Philosoph. Transact., vol. LVI,
p. 187.

Il est question de ce même poisson dans les *Spicileg. zoolog.*
de l'auteur, fascic. 8, p. 41, not. a.

Vahl (Martin).

Holocentrus lentiginosus beskreven. Naturhist. selsk. skrivt. 3
bind, 1 heft, p. 116.

Schoepf (Johann David).

Der Nord-Amerikanische Pertsch, Naturforscher, 20 stück,
p. 17.

Le poisson décrit ici est la *perca americana* de Gmelin, que Walbaum a nommée *perca immaculata*.

Guldenstaedt (Anton. Johann).

Acerina, piscis ad percæ genus pertinens, descriptus. Nov. Comm. Acad. Petropol., tom. XIX, p. 455.

L'acérine, dont il est ici question, appartient à la division des gremilles.

Cyprinus capoeta et cyprinus mursa. Ibidem, tom. XVII, p. 507.

Cyprinus barbus et cyprinus capito descripti. Act. Acad. Petrop., 1778, pars post., p. 239.

Nous avons parlé des trois premiers de ces cyprins, à l'article Barbeau, dans le Supplément du IV volume de ce Dictionnaire.

Hermann (Johann).

· *Abhandlung ueber ein neues Fischgeschlecht, Sternoptyx diaphana.* Naturforscher, 16 stück, p. 8.

Ibid., 17 stück, pag. 249.

C'est dans ce mémoire que le genre Sternoptyx est établi pour la première fois.

Brunnich (Morten Thrane).

. *Om den Islandske fisk vogmeren.* Danske vidensk. selsks. skrivt. nyes saml, 3 deel, p. 408.

Le poisson dont il est ici question est le bogmare, que Brunnich a nommé *Gymnogaster articus*.

Den barbudgede pampelfisk (*coryphæna apus*), *en nye art, etc.* Ibidem, 2 deel, 319. 3 deel, p. 406.

Le poisson dont il s'agit ici est le *stromateus paru* de Linnæus, et des autres ichthyologistes.

Braccio (Igna.).

Remoræ pisciculi effigies. Romæ, 1634, in-f°.

Cette production, fort rare et peu connue, n'est composée que d'une page de texte; les figures sont en bois.

Brown (Thomas).

Description of the Exocœtus volitans, or flying fish. Philosoph. Transact., vol. LXVIII, p. 791.

Tyson (Edward).

The yellow gurnard. Philosoph. Transact., vol. XXIV, n.° 293, p. 1749.

Le *yellow gurnard* dont il est ici question est le *callionyme lyre* de M. de Lacépède, le même poisson sur lequel, par conséquent, J. F. Gronow a publié également une Monographie, dans les Actes de la Société d'Upsal, en 1740.

Hornstedt (Clas Fredric).

Trigla rubicunda, en okand fisk fran Amboina. Vetensk. Acad. Handling., 1788, p. 49.

Hannæus (Georg.).

Xiphias adumbratus. Ephem. Acad. Nat. Cur., dec. 2, ann. 8, p. 241, 1689.

Mauvaise production et qui se ressent de l'esprit d'érudition mal dirigée qui régnoit à l'époque de sa publication.

Koelpin (Alexander Bernhard).

Anmarkningar vid svard-fiskens anatomie och natural-historia. Vetensk. Academ. Handling., 1770, page 5, et 1771, p. 115.

Ce mémoire renferme des détails d'anatomie et d'histoire naturelle sur le *xiphias gladius*.

Broussonnet (P. M. Aug.).

Mémoire sur le voilier, espèce de poisson peu connue. Mém. de l'Acad. des Sciences de Paris, 1786, p. 450.

C'est le voilier qui a servi de type à M. de Lacépède, pour l'établissement de son genre Istiophore. Ce même poisson a, en outre, donné lieu à plusieurs écrits de différens auteurs, parmi lesquels nous citerons :

1.° Cromwell Mortimer. *An account of the horn of a fish struck several inches into the side of a ship.* [Philosoph. Transact., vol. XLI, n.° 461, p. 862.]

2.° Abraham Back. *De cornu piscis planè singulari carinæ navis impacto.* Act. Academ. Natur. Curios., volume VIII, p. 199.

3.° J. Théod. Klein. *Epistola de cornu piscis carinæ navis impacto.*

Cette lettre est imprimée, pag. 96 de la cinquième partie de l'*Histoire Naturelle des poissons* de l'auteur.

Reuss (Chr. Fr.).

Von der Weise wie aus dem Fische Tkotspiggs (gasterosteus aculeatus) in Schweden Oel bereitet wird. Besch. d. Berlin. Ges. Naturf. Fr., 3 b., p. 171.

Stroem (Hans).

Om haa storjen. Norske vidensk selsk. skrift. nye saml, 2 bind., p. 341.

Le thon fait le sujet de cette note.

Ankarcrona (Theodor).

Beskrifning ofver famfingers fisken. Vetensk. Academ. Handling., 1740, p. 457.

Le poisson décrit ici est le *coryphœna pentadactyla* de Bloch, ou l'hémiptéronote cinq-taches de M. de Lacépède. Nous en parlons à l'article Rason.

Blennius sinensis descriptus. Analep. Transalpin., t. I, p. 103.

Schoepf (Joh. David).

Der gemeine Hecht in Amerika. Naturfoscher, 20 stück, p. 26.

L'ésoce américain, *esox americanus,* que le professeur Gmelin considère comme une variété du brochet ordinaire, fait le sujet de cette note.

Mortimer (Cromwell).

The description of a fish... Philosoph. Transact., vol. XLVI, n.° 495, p. 518.

Le poisson décrit par Mortimer est l'opah , *zeus luna,* Gmel. Nous en avons parlé à l'article Chrysotose.

C'est le même animal sur lequel M. Thr. Brunnich a publié des détails, dans le tome III des Nouveaux Actes de l'Académie des Sciences de Copenhague, pag. 398, tab. A. Ce dernier auteur l'appelle *zeus guttatus.*

Buddaert (Pierre).

Epistola ad virum celeberrimum J. Burmanum, M. D., de chœtodonte argo descripto, atque accuratissimâ icone illustrato, ex musœo viri celeberrimi J. Alb. Schlosseri. Amstelodami, 1770, in-4°, fig. color.

Epistola ad virum celeberrimum Hier. Dav. Gaubium M. D., de chœtodonte diacantho descripto, atque accuratissimâ icone illustrato ex musœo viri celeberrimi J. Alb. Schlosseri. Amstelodami, 1772, in-4.°, fig. color.

Ces deux dissertations sont imprimées avec luxe en hollandois et en latin. Les planches coloriées qui les accompagnent sont fort bien exécutées.

Le *chœtodon diacanthus,* dont il est question dans la dernière,

est le même poisson que l'acanthopode Boddaert de M. de Lacé-
péde, que le *chætodon dux* de Gmelin, que le *chætodon fascia-
tus* de Bloch, 195. Nous l'avons décrit sous le nom d'HOLACANTHE
DUC.

BELL (William).

*Description of a species of chætodon, called by the Malays, ecan
bonna.* Philosoph. Transact., 1793, p. 7.

SCHOOCK (Martin).

Dissertatio de harengis, vulgò halecibus dictis. Grœning., 1649,
in-8°.

DODD (James Solas).

An essay towards a natural history of the herring. London,
1752, in-8°, fig.

ANONYME.

Naturliche Geschichte des Herings. Hamburg. Magaz., 23 band,
p. 563.

BOCK (Friedrich Samuel).

*Versuch einer vollstandigen Natur und Handlunggeschichte der
Heringe.* Kœnigsberg, 1769, in-8°.

HEYKE (Detlof).

Pisciculi testis ostrearum inhærentes. [Analect. Transalpin.,
tom. I, p. 297.]

DE SAINT AMANT.

Lettre sur un poisson trouvé dans une huître. Journal de Physique, tom. XII, p. 276.

WOLFGANG WEDEL (Georg.).

De pisce monstruoso pedato. Miscell. Acad. Nat. Curios., dec.
II, ann. 1, 1682, p. 381.

Il est impossible de rien comprendre à la description de ce
poisson monstrueux; mais, en jetant les yeux sur la figure
informe qui le représente, on voit que l'auteur allemand doit
avoir pris un tétard de batracien pour un poisson. Walbaum,
dans sa Bibliothèque ichthyologique, a changé le mot *monstruoso* en *magno*, et beaucoup d'auteurs, après lui, ont parlé
de ce *grand poisson* et de ses pieds.

b.) ANATOMIE ET PHYSIOLOGIE D'UN GENRE OU D'UNE ESPÈCE DE
POISSONS.

DUMÉRIL (A. M. Constant).

Dissertation sur les poissons qui se rapprochent le plus des ani-maux sans vertèbres. Paris, 1812, in 4°.

Cette dissertation, remarquable par un grand nombre de vues aussi nouvelles que philosophiques, offre une foule de détails précieux sur l'anatomie des poissons de la famille des cyclostomes.

OLIGERUS JACOBÆUS.

Anatome piscis centrines.

De Anguillà.

Ces deux Monographies anatomiques, dont la première a pour sujet le humantin, et l'autre l'anguille commune, ont été recueillies dans les *Actes de Copenhague*, de Bartholin, vol. V, p. 251 et 261.

Anatome piscis torpedinis.

Cette dissertation est insérée dans le même volume, à la page 253, et, par conséquent, entre les deux précédentes. Enfin, à sa suite, c'est-à-dire, à la page 259, on trouve encore, par le même auteur, des détails sur l'anatomie de la lamproie, sous ce titre : *De lampetrà ejusque pulmonibus.*

WALDSCHMID (Wilhelm Hulderic).

Lampetræ fluviatilis anatome. Ephem. Acad. Nat. Curios, dec. III, ann. 5 et 6, p. 545.

On trouve aussi cette anatomie de la lamproie dans l'*Am-phitheatrum zootomicum* de Valentin, part. II, p. 131.

ABILDGAARD (Peter Christian).

Kurze anatomische Beschreibung des Säugers. Beob. der Ber-lin. Ges. Naturf. Fr., 4 band, p. 193.

BRONZERIO (J. Hieron.).

Dubitatio de principatu jecoris ex anatome lampetræ. Patavii, in-4°.

RHODIUS (J.).

Jecur lampetræ rubrum, itemque viride.

Voyez à la page 15 de la *Mantissa anatomica* de cet auteur, imprimée in-8° à Copenhague, en 1661, avec les Centu-ries 5 et 6 des Histoires anatomiques de Thom. Bartholin.

Stenon (Nicolas).

Canis carchariæ dissectum caput.

Historia dissecti piscis ex canum genere.

De rajæ anatome Epistola.

Les détails sur l'anatomie des squales sont imprimés depuis la page 90 jusqu'à la page 147 du *Specimen myologiæ* du même auteur, publié à Amsterdam, en 1669, in-8°. Quant à la lettre sur l'anatomie de la raie, elle a été imprimée in-4°, à Copenhague, en 1664, à la page 48 du traité *De musculis et glandulis.*

Lamorier.

Sur un organe particulier du chien de mer. Hist. de l'Acad. des Sc. de Paris. 1742, p. 32.

Guettard (Jean Etienne).

Sur la défense du poisson scie. Voyez les Mémoires de cet académicien, tom. I, p. 86.

Hérissant (François David).

Recherches sur les usages du grand nombre de dents du canis carcharias. Mém. de l'Acad. des Sc. de Paris, 1749, p. 155.

Koelreuter (Josep. Théoph.).

Observationes splanchnologicæ ad acipenseris rutheni et husonis Linn. anatomen spectantes. Nov. Comm. Acad. Petropol., tom. XVI, p. 511, et XVII, pag. 521.

Koenig (Emanuel).

De ranæ piscatricis anatome. Ephem. Acad. Nat. Curios., dec. III, ann. 2, p. 204.

Cette histoire anatomique de la baudroie a été recueillie par Valentin, dans son *Amphitheatrum zootomicum*, part. II, p. 135.

Lorenzini (Stephan.).

Osservazioni intorno alle torpedine. Firenza, 1678, in-4°, fig.

Observations on the dissections of the cramp-fish, done into english by J. Davis. London, 1705, in-4°, fig.

Girardi (Michele).

Saggio di osservazioni anatomiche intorno agli organi elettrici della torpedine. Mem. della Società italiana, tom. III, p. 555.

Hunter (John).

Anatomical observations on the torpedo. Philosoph. Transact., volume LXIII, p. 481. Voyez aussi le Journal de Physique, tom. IV, p. 219.

An account of the gymnotus electricus. Ibidem, vol. LXV, p. 395.

Geoffroy Saint-Hilaire (E.).

Mémoire sur l'Anatomie comparée des organes électriques de la raie torpille, du gymnote engourdissant, et du silure trembleur. Annales du Muséum d'Hist. nat. de Paris, tom. I, p. 392.

Ce mémoire est accompagné d'une gravure.

Walbaum (J. Jul.).

Anatomia xiphiæ. Imprimé à la suite de son édition de la *Philosophie ichthyologique* d'Artédi, publiée à Grypswald, en 1789, in-8°, p. 146.

Beschreibung eines Schwertfisches. Berlin. Sammlung, 10 band, p. 70.

Schelhammer (Gunth. Christoph.).

Anatome xiphiæ piscis, accedit lumpi et ophidii examen. Hamburgi, 1707, in-4°, fig.

Cet opuscule est renfermé dans les Ephémérides des Curieux de la Nature, cent. I et II, p. 110 de l'Appendice.

On le retrouve également dans l'*Amphitheatrum zootomicum* de Valentin, part. II, p. 102.

Hartmann (Phil. Jac.).

Descriptio anatomico-physica xiphiæ s. gladii piscis. Ephem. Ac. Nat. Cur., dec. III, ann. 2, App. p. 1.

En 1693, Hartmann a publié séparément, à Royaumont, une dissertation sur l'espadon.

Descriptio anatomica siluri ventriculi. Miscell. Acad. Nat. Curios., dec. II, ann. 7, p. 80. Voyez aussi l'*Amphitheatrum zootomicum* de Valentin.

Koenig. (Emanuel).

Lupi piscis et mugilis ventriculi conformatio. Ephem. Ac. Nat. Curios., dec. II, ann. 5, 1687, p. 208.

Collinson (Peter).

Some observations on the food of the soal-fish. Philosoph. Transact., vol. 43, n.° 472, p. 38.

André (William).

A description of the teeth of the anarrhicas lupus L. and of those of the chætodon nigricans; with an attempt to prove that the teeth of cartilaginous fishes are perpetually renewed. Philosoph. Transact., vol. LXXIV, p. 274.

Muralto (J. de).

Examen anatomicum mustelæ fluviatilis. Miscell. Acad. Nat. Cur., dec. II, ann. 1, 1682, p. 124.

Examen truttæ magnæ. Ibidem, p. 128.

Valentin a inséré ces deux dissertations dans son *Amphitheatrum zootomioum*, part. II.

Hunter (John).

Observations on the gillaroe trout. Philosoph. Transact., vol. LXIV, p. 310.

Ces observations de l'anatomiste anglois sont consignées aussi dans l'ouvrage qu'il a publié sous le titre de : *Observations on the animal œconomy*, p. 141.

Watson (Henry).

Account of the stomach of the gillaroo trout. Philosoph. Transact., vol. LXIV, p. 121.

Le *gillaroo trout* des Irlandois est une variété de la truite, *salmo fario.*

Domsma (Mart.).

Descriptio anatomica tetrodontis levis, compressi zonnevisch, (id est mola). Act. Haarl., tom. XII, p. 413.

Frisch (Johann Leonhard).

De ossibus dentalis in utràque pinnà ventris carpionis. Miscell. Berolinens., tom. VI, p. 122.

Olaus Borrich.

Aci marini anatome.

Cette description anatomique de l'orphie (*esox belone,* Linn.) a été recueillie dans les *Acta Haffniens.,* de Bartholin, pour l'année 1673, p. 149, et dans l'*Amphitheatrum zootomicum,* de Valentin, part. II, p. 119. Elle est fort incomplète.

Battarra (J. Anton.).

Epistola de pene rajarum contra Kleinium. Atti dell' Acad. di Siena, tom. IV, p. 353.

Starcke (J. Henri).

De pisce hermaphroditâ. Ephem. Acad. Nat. Curios., dec. 3, ann. 7 et 8, p. 190.

Schwalbe.

Lactes et ova simul in uno carpione. Commerc. litter. Norimberg., 1734, p. 305.

Defay.

Bemerkung über eine bastard Art von Barben und Karpfen. Beob.
der Berlin. Ges. Naturf. Fr., 1 band , p. 490.

Hellant (Anders).

De propagatione salmonis. Analect. Transalpin., t. I, p. 408.
Grant (W.).

De coitu et propagatione salmonis. Ibidem, tom. II, p. 422.
Ferris.

Lettre sur la génération des saumons. Journal de Physique ,
tom. XX, p. 521.

Argillander (Abraham).

Ron om Gjädd-leken. Vetensk. Acad. Handling., 1753, p. 74.
Vallisneri (Antonio).

Descriptio anatomica anguillæ. Valentini Amphitheatrum
zootom., part. II, p. 126.

Elsner (J. G.).

De anguillis viviparis. Miscell. Acad. Nat. Curios., dec. I,
ann. 1670, observ. 119, p. 242.

L'auteur examine la question si long-temps agitée de la
génération des anguilles, et croit qu'elles sont vivipares.

Allen (Benjamin).

Of the manner of the generation of eels. Philosoph. Transact., vol. XIX, n.° 231 , p. 664.

Dale (Jam.).

*An account of a very large eel, with some considerations about
the generation of eels.* Ibid., vol. XX, n.° 238, p. 90.

Vallisneri (Antonio).

Nuova scoperta delle uova, ovaje e nascita delle anguille. Voyez
le tome II des Œuvres complètes de cet auteur, p. 89.

Dissertatio de ovario anguillarum. Ephem. Acad. Nat. Curios.,
cent. I et II, Append., p. 153.

Fahlberg (Algot) et De Geer (Carl).

Angaende alh-fiskens alstrande och forokelse. Vetensk. Acad.
Handling., 1750, p. 194.

Ce même Mémoire a été traduit en latin, sous le titre : *De
propagatione anguillarum Observationes* , et inséré dans les *Analect. Transalp.*, tom. II, p. 298.

Monti (Cajetanus).

De anguillarum ortu et propagatione. Comment. Instituti Bonon., tom. VI, p. 392.

Mundini (Carol.).

De anguillæ ovariis. Ibidem, p. 406.

Marsigli (Al. Fern.).

Lettera scritta al signor Antonio Valisneri intorno all' origine della anguilla. Giornale letterali d' Italia, tom. XXIX.

Gilpin (John).

Observations on the annual passage of herrings. Transactions of the Amer. Society, vol. II, p. 236. Voyez aussi Leipzig. Magaz., 1788, p. 90.

Ledel (Samuel).

Carpiones diù viventes. Ephem. Acad. Nat. Curios., dec. II, ann. 10, p. 28.

c.) Médecine et économie domestique.

Neucrantz (Paul).

De harengo exercitatio medica, in quâ principis piscium exquisitissima bonitas summaque gloria asserta et vindicata. Lubecæ, 1654, in-4°.

Cette dissertation mérite encore aujourd'hui d'être lue par ceux qui s'occupent de médecine ou d'ichthyologie.

Hamberger (G. Erhard).

Programmata 1, 2, 3, *et* 5 *de cyprino monstroso rostrato.* Jenæ, 1748, in-4°.

Chacun de ces programmes contient huit pages d'impression. Le premier est accompagné d'une planche en taille douce.

Muller (Gerard Frederic).

Sur la colle de poisson. Mémoires des Savans étrangers de l'Académie des Sciences de Paris, tom. V, p. 263.

Camera.

Notice sur l'ichthyocolle fournie par différentes espèces de gadus que l'on pêche au Brésil. Journal de Fourcroy, t. I, p. 564.

Réaumur (René-Antoine-Ferchault de).

Sur la matière qui colore les perles fausses, et sur quelques autres matières animales d'une semblable couleur.

Ce Mémoire est inséré parmi ceux de l'Académie royale des Sciences de Paris, pour l'année 1716, p. 229. La même matière se trouve traitée aux articles Able, dans le Supplément du premier volume, et Essence d'Orient, dans le XV° vol. de ce Dictionnaire.

Cloquet (Hippolyte).

Note sur l'introduction du gorami dans les Colonies françoises d'Amérique. Nouveau Journal de Médecine, Chirurg., Pharmacie, février 1820, p. 163.

Severini (Marco Aurelio).

De radio turturis marinæ ejusque vi, medicinâ et veneno Epistola.

Cette lettre est imprimée avec l'*Antiperipatias* du même auteur, Append., p. 67.

Willius (Joh. Valent.).

De aculeo piscis fosing. Bartholini Act. Hafniens., vol. III, p. 154.

Hannémann (J. L.).

Dissertatio piscem torpedinem, ejusque proprietates admirandas exhibens, J. L. Hannemanno *præside; resp.* Abias G. Cramerus. Kilonii, 1710, in-4°.

Walsh (John).

Of torpedos found on the coast of England. Philosoph. Transact., vol. LXIV, p. 464.

Of the electric property of the torpedo. Ibidem, vol. LXIII, p. 461.

Lettre à M. Franklin. Journal de Physique, tom. IV, p. 206.

Pringle (sir John).

A discourse on the torpedo. London, 1775, in-4°.

Ce Discours a été traduit en françois, dans le Journal de Physique, tom. V, p. 241, et en italien, avec des additions du traducteur, dans le *Scelta di opusc. interess.*, vol. XV, p. 15.

D. F. L. G. E. V. S. De Montelimart.

Lettre adressée à M. le comte de Tressan. Journal de Physique, tom. V, p. 444.

Cette Lettre est une critique du Discours de Pringle.

Langguth (Georg. August).

Programma de torpedinibus quibusdam nothis. Wittembergæ, 1777, in-4°.

Paterson (William).

An account of a new electrical fish. Philosoph. Transact., vol. LXVI, p. 382.

Kæmpfer (Engelbert).

Anatome torpedinis sinûs Persici.

On trouve cette description anatomique dans les *Amœnit. exotic.* de l'auteur, p. 509, et dans la seconde partie de l'*Amphitheatrum zootomicum* de Valentin, p. 115.

Réaumur (René Ant. Ferchault de).

Des effets que produit le poisson appelé torpille sur ceux qui le touchent, et de la cause dont ils dépendent. Mém. de l'Acad. royale des Sciences de Paris, 1714, p. 344.

Ingenhousz (John).

Experiments on the torpedo. Philosoph. Transact., vol. LXV, p. 1.

Cavendish (Henry).

An account of some attempts to imitate the effects of the torpedo by electricity. Ibidem, vol. LXVI, p. 196.

Langguth (G. Aug.).

Dissert. de torpedine veterum, genere raja, G. A. Langguth *præside; resp.* J. S. T. Frenzel. Wittembergæ, 1777, in-4°.

Dissert. de torpedine recentiorum, genere anguilla; resp. J. A. Garn. Wittembergæ, 1778, in-4°.

La première de ces dissertations a pour objet la véritable torpille; l'autre traite du gymnonote électrique.

Allamand (J. N. Sebast.).

Van de nitwerkzelen, welke een Americaanse vis veroorzaakt op de geenen, die hem aanraaken. Verhand. van de Maatsch. te Haarlem, 2 deel, p. 572.

Lott (Franz van der).

Bericht van den congeer-aal, ofte drilvisch. Ibidem, 6 deel, 2 stuck, p. 87.

Ces deux Mémoires ont pour sujet le gymnonote électrique. L'un et l'autre renferment des faits curieux.

Bryant (William).

Account of an electrical eel, or the torpedo of Surinam. Transact. of the Americ. Society, vol. II, p. 166.

Flagg (Henry Collins).

Observations on the numb fish or torporific eel. Ibid., p. 170.

Broussonnet (P. M. A.).

Mémoire sur le trembleur, espèce peu connue de poisson électrique. Mém. de l'Acad. royale des Sc. de Paris, année 1782, p. 692.

Le trembleur de Broussonnet est le *Silurus electricus* de Linnæus : nous en parlons à l'article MALAPTÉRURE.

LE ROY (J.-B.).

Lettre à l'auteur du Journal de Physique.

Cette Lettre a pour objet le gymnonote électrique. Elle est imprimée en françois dans le Journal de Physique , tom VIII, p. 331 , et en italien , dans le *Scelta di opusc. interess.*, v. XXVI, p. 106.

TERMEYER (Raim. Maria de)

Esperienze su l'anguilla tremante. Opusc. scelti , tome IV, p. 324.

GRONOW (Laur. Theod.).

Gymnoti tremuli descriptio , atque experimenta cum eo instituta. [Act. Helvet., vol. IV, p. 26.]

SCHILLING (Godef. Wilh.).

Observatio physica de torpedine pisce. Imprimé avec l'ouvrage du même auteur, intitulé : *Diatribe de morbo jaws.* (Trajecti , 1770, in-8°.) Ce Mémoire a été traduit en françois, dans le Journal de Physique (Introduction, tom. II, p. 437), et reproduit dans les nouveaux Mémoires de l'Académie de Berlin, pour l'année 1770, p. 98. Le *torpedo piscis* de Schilling est le gymnonote électrique.

BAJON.

Sur un poisson à commotion électrique, connu à Cayenne, sous le nom d'anguille tremblante. Journal de Physique, tome III, p. 47.

Ce Mémoire a été traduit en italien ; dans le *Scelta di opusc. interess.*, vol. V , p. 69.

WILLIAMSON (Hugh).

Experiments and observations on the gymnotus electricus. Philosoph. Transact., vol. LXV, p. 94.

Le même Mémoire est imprimé avec des augmentations , dans les Actes de Haarlem, tom. XVII.

GARDEN (Alexander).

An account of the gymnotus electricus. Philosoph. Transact., vol. LXV, p. 102.

MOHR (Nic. P.).

De methodo Fœroensium , Scotorum et Hellandorum circa piscaturam gadi virentis. Act. Societ. Scient. Island., vol. III.

Roberg (Laurent).

Dissertatio de salmonum naturâ, eorumque apud Ostrobothnienses piscatione, Laur. Roberg *præside; resp.* Dan. Bonge. Upsaliæ, 1730, in-4°, fig.

Les planches de cette dissertation sont gravées sur bois.

Deslandes.

Lettre sur la pêche du saumon. Elle est imprimée dans le Recueil de Traités de Physique et d'Hist. nat. de cet auteur, p. 161. Ce recueil a été publié à Paris et à Bruxelles, en 1736 et en 1753, in-8°.

Frondin (Elias).

Dissertatio de piscaturâ harengorum in Roslagiâ; resp. Nic. Humble. Upsaliæ, 1745, in-4°. (H. C.)

ICHTHYOMETHYA (*Bot.*), nom donné par P. Browne à un arbrisseau de la Jamaïque, parce que ses feuilles jetées sur l'eau enivrent le poisson; et, pour la même raison, Lœfling le nommoit *piscipula :* c'étoit le *botor* de Rumph et d'Adanson; maintenant c'est le *piscidia* de Linnæus. (J.)

ICHTHYOMORPHES, Ichthyomorphites ou Ichthyopolites, Ichthyoptères. (*Foss.*) On a quelquefois donné ces noms aux pierres qui ont la forme de poissons, ou dans lesquelles se trouvent des poissons pétrifiés, ou des empreintes de poissons. (D. F.)

ICHTHYOPÈTRES. (*Foss.*) Voyez Poissons Fossiles, et Ichthyomorphes. (D. F.)

ICTHYOPHAGES. (*Zool.*) On donne ce nom aux oiseaux comme aux autres animaux qui se nourrissent de poissons. Voyez Ichthyophagie. (H. C.)

ICHTHYOPHAGIE, *Ichthyophagia.* (*Ichthyol.*) On a ainsi appelé l'habitude contractée, par certaines peuplades ou par certains individus, de vivre particulièrement de poissons. Ce mot dérive de ιχθυς, poisson, et de φαγειν, manger. L'ichthyophagie mérite l'attention du naturaliste, sous plus d'un rapport, et a une grande influence sur la santé des hommes soumis à son régime. Cet objet important se trouve traité naturellement à l'article Poissons. (H. C.)

ICHTHYOPHERON. (*Bot.*). Voyez Ichthyothera. (J.)

ICHTHYOPHTHALMITE. (*Min.*) Ce nom, donné par Werner à une nouvelle espèce de minéral, et adopté par Karsten, Hoffman, et plusieurs autres minéralogistes. a paru trop long et d'une prononciation trop dure à M. Haüy, qui lui a substitué celui d'apophyllite, sous lequel nous avons fait connoître cette espèce minérale. Voyez Apponyllite. (B.)

ICHTHYOPOLITES. (*Foss.*) Voyez Ichthyomorphes. (D. F.)

ICHTHYOSARCOLITE. (*Foss.*) Dans le Journal de l'hysique (juillet 1817), M. Desmarest a donné la figure et la description d'un nouveau genre de coquille auquel il a donné ce nom. Voici les caractères qu'il lui assigne : *Coquille droite et épaisse, presque triangulaire, munie intérieurement de cloisons obliques, en forme de demi-cônes ou cornets, et d'un sinus ou siphon longitudinal et latéral.*

Son nom lui a été donné à cause de la ressemblance de forme qui existe entre les fragmens qui ont servi à établir ce genre et les muscles des maquereaux, des merlans, des morues, et des autres espèces de scombres et de gades.

M. Desmarest regarde le fossile qui forme le type de ce nouveau genre comme devant faire le passage des hippurites aux orthocéralites.

Chacune des articulations, qui n'est que le noyau intérieur d'une chambre ou d'une cloison, a la forme d'un cornet ou d'un demi-cône creux, dont la surface extérieure est marquée d'un demi-canal, aussi creux dans le sens de la longueur, que M. Desmarest regarde comme équivalent aux deux tuyaux longitudinaux dont l'existence constitue l'un des principaux caractères des hippurites.

La coupe transversale d'une de ces articulations représenteroit une sorte de triangle dont les angles seroient arrondis, et dont un des côtés seroit marqué d'un sinus que M. Desmarets considère comme occupant la place du siphon.

Comme on ne trouve que des noyaux intérieurs de cette coquille, on ne connoît rien sur son organisation extérieure. Quelques uns de ces noyaux ont plus de trois pouces de longueur; mais on ne peut rien conclure sur la longueur de la coquille entière, ni sur sa grosseur.

M. Desmarest a donné à l'espèce qu'il a décrite le nom d'ichthyosarcolite triangulaire. Sa nature est calcaire; mais il ne connoît pas son gisement.

Je possède plusieurs morceaux qui paroissent avoir de très-

grands rapports avec ceux sur lesquels ont été établis les caractères de ce nouveau genre ; mais ils sont cintrés, et ne présentent aucune apparence de siphon. La longueur de quelques
uns est de cinq pouces, sur près de deux pouces dans leur
plus grand diamètre; et il en a déjà été parlé dans ce Dictionnaire, tom. XIX, pag. 72, à l'article GLOSSOPÈTRES. J'ajou-
terai seulement ici que ces morceaux sont accompagnés d'é-
chinites et de térébratules de la grosseur d'une noisette.
L'intervalle entre quelques unes des cloisons est quelquefois
de deux pouces, tandis que, dans d'autres morceaux qui sont
de grosseur à peu près pareille, il n'est que de deux lignes.
(D. F.)

ICHTHYOSPONDILI. (*Foss.*) On a désigné autrefois sous ce
nom les vertèbres d'animaux que l'on a trouvées à l'état fossile.
(D. F.)

ICHTHYOTHERA. (*Bot.*) Un des noms grecs anciens donné,
suivant Mentzel, au cyclame, *cyclamen*, parce qu'il est propre à
tuer et prendre les poissons. Ruellius cite le nom *ichthyopheron*
pour le même. (J.)

· ICHTHYOTYPOLITHES (*Foss.*), c'est-à-dire, *pierre à
empreinte de poissons*, en grec. Voyez POISSONS FOSSILES.
(LEM.)

ICHTHYPÉRIES. (*Foss.*) Ce nom a été donné quelquefois
aux bufonites ou dents de poissons fossiles dont la forme est
rhomboïdale. Voyez l'article GLOSSOPÈTRES. (D. F.)

ICHTHYQUE [POISON]. (*Ichthyol.*) Quelques auteurs ont
désigné, par le nom de *poison ichthyque*, en anglois *fish-poison*,
le principe vénéneux qui rend dangereuse, pour ceux qui en
mangent, la chair de certains poissons qui, plus redoutables
que la torpille ou le gymnonote, répandent encore autour
d'eux la mort ou la stupeur après avoir cessé de vivre. Plusieurs
espèces de cette classe d'animaux ont, en effet, reçu en partage, à
la place de la vertu électrique, la funeste propriété de renfermer
un poison actif; poison d'autant plus à craindre qu'on ne peut
en découvrir la source. Rien en effet, chez eux, ne rappelle
la conformation des crochets à venin de la vipère ou des crotales, de l'aiguillon du scorpion : aucune partie du corps ne
paroit être le réservoir de la substance délétère. C'est surtout,
au reste, dans les mers équatoriales, dans la saison des chaleurs

ou dans d'autres circonstances de temps et de lieu , qu'on leur voit souvent renfermer, au moment où on les prend , un principe qui rend leur chair vénéneuse et capable de devenir un poison mortel pour l'homme et pour les animaux à sang chaud qui en mangent, soit que ce principe soit inhérent à leur organisation, soit qu'il dépende d'alimens de mauvaise nature encore renfermés dans leurs entrailles, ainsi que semble porté à le penser M. le comte de Lacépède.

Dans nos climats, les œufs de plusieurs poissons possèdent la propriété dont nous parlons : tels sont en particulier, et surtout au premier printemps, ceux du barbeau vulgaire, ainsi que nous l'avons dit à l'article Barbeau dans le Supplément de notre IV.ᵉ volume. La saison de l'année où ils produisent des accidens a fait imaginer à plusieurs personnes que leur qualité malfaisante tenoit à ce qu'alors les barbeaux se nourrissoient des fleurs des saules qui tombent dans les eaux bourbeuses où ils vivent. Mais il est bon d'observer que presque tous les œufs des nombreux habitans des eaux sont purgatifs à un degré plus ou moins marqué; précaution que la Nature a peut-être prise pour les préserver de l'action destructive des organes digestifs des animaux qui en font leur pâture.

Quelques poissons sont vénéneux en tout temps ; d'autres ne le deviennent qu'à certaines époques. C'est ainsi que depuis l'établissement des Européens dans l'Archipel des Antilles, les voyageurs ont mentionné souvent un phénomène dont les causes sont encore couvertes d'obscurité , quoique, par ses effets dangereux, il intéresse la santé publique, et même la vie des hommes. Dans un Mémoire qu'il a lu à l'Académie royale des Sciences, un de nos officiers supérieurs, M. Moreau de Jonnès, vient récemment encore de fixer l'attention sur ce sujet.

Parmi les poissons que la pêche fournit journellement à la substance de la population des îles Antilles, ceux qui tiennent le premier rang par leur taille, leur nombre et la saveur de leur chair, changent parfois, en effet, leurs propriétés alimentaires en propriétés évidemment vénéneuses. Il ne se passe pas d'années sans que, au milieu de leurs repas, plusieurs individus ne soient victimes du poison caché dans des mets agréables, où rien de nuisible ne se décèle à la vue, au goût et a l'odorat.

Au mois d'octobre 1808, le savant observateur que nous venons de citer, a vu à la Martinique, près du Saint-Esprit, vingt personnes être empoisonnées par une carangue (*caranx carangus*), pêchée la veille dans le canal de Sainte-Lucie, et cependant le même lieu fournissoit habituellement la même espèce de poisson à l'habitation où cet événement arriva, et jusqu'alors aucun événement de ce genre n'y étoit arrivé. L'empoisonnement d'un chien qui avoit mangé une partie des entrailles du poisson, et l'examen des vases culinaires ne permirent point de croire qu'une cause étrangère à la carangue pût exister dans ce cas. Le venin d'ailleurs paroit avoir été répandu également, ou du moins sans aucune modification appréciable par ses effets, dans toutes les parties du corps du poisson. La tête, les os, et quelques restes que se partagèrent entre eux les domestiques, produisirent les mêmes accidens que la chair du dos et du ventre, qui fut mangée par les maîtres, et que les entrailles que le chien dévora. Personne cependant n'en mourut.

En 1803, déjà, à la Martinique aussi, un empoisonnement, analogue et accompagné des mêmes circonstances, avoit eu lieu avec des suites plus funestes encore, puisque deux personnes succombèrent, l'une immédiatement et l'autre après deux mois de souffrances déchirantes, et cela pour avoir mangé un poisson armé (*diodon orbicularis*).

Dans la mer d'Amérique, beaucoup d'autres poissons partagent cette funeste faculté avec ceux dont nous venons de parler; la mer des Indes et celle qui baigne les côtes d'Afrique sont dans le même cas, sous ce rapport, que celle d'Amérique. Depuis près de deux siècles déjà, on a fait mention des propriétés malfaisantes de quelques uns des animaux qui les habitent; mais les différens auteurs qui en ont parlé se sont servis, pour les désigner, de dénominations vulgaires et locales, ce qui rend assez difficile de déterminer avec exactitude de quelles espèces ils ont prétendu traiter. C'est ainsi que Dutertre a signalé les mauvais effets de la *bécune* ou de l'*orphie*; que Labat a indiqué ceux de la *vieille* et du *tassart*; Barrère, ceux de la *lune*; Sloane, ceux du *poisson armé*, etc. Mais en rapportant les poissons dont il est dangereux de manger, à leur véritable place, on trouve les espèces suivantes à mentionner : le poisson armé, *diodon orbicularis*; la lune , *orthagoriscus mola*, Schneider; le tétraodon ocellé, *tetraodon ocellatus*; le tétraodon scélérat , *tetraodon sceleratus*; la vieille, *balistes vetula*; la petite vieille , *aluterus monoceros*; le coffre triangulaire, *ostracion trigonus*; le cailleu tassart, *clupea thrissa*, Bloch ; la grande orphie, *esox brasiliensis*, Linn.; la petite orphie, *esox marginatus*, Lacép.; le perroquet, *aurata psittacus*; le capitaine, *sparus erythrurus*, Bloch; la bécune, *sphyræna becuna*; la carangue, *caranx carangus*. (Voyez ces différens mots, et ALUTÈRE, BALISTE, CARANX, COFFRE , DAURADE, DIODON, MÔLE, ORTHAGORISCUS, POISSONS VÉNÉNEUX, SPARE, SPHYRÈNE, MÉGALOPE, TÉTRAODON).

Quoi qu'il en soit, lorsqu'on est empoisonné par suite de l'ingestion de la chair de poissons toxicophores, on ressent des douleurs d'estomac et d'entrailles, d'abord foibles et intermittentes, puis progressivement plus violentes, et enfin continues et atroces. Ces douleurs se manifestent au bout d'un temps plus ou moins court, car une mort certaine et prompte suit communément les repas où l'on a mangé du cailleu tassart (voyez MÉGALOPE); et souvent, au bout de peu d'heures, pour les autres poissons, le mal se manifeste par de la langueur, de l'accablement, de la pesanteur, une grande agitation, de la rougeur à la face, et une constriction de la gorge. Bientôt surviennent des nausées que suivent des vomissemens répétés, lesquels sont accompagnés de vertiges, d'éblouissemens, de cardialgie, de coliques et d'évacuations alvines fréquemment répétées.

Le sentiment d'ardeur qui ne se faisoit d'abord sentir qu'au visage et aux yeux, finit par s'étendre dans tout le corps, mais plus particulièrement aux paumes des mains , et à la plante des pieds. Il est souvent suivi d'une éruption qui se manifeste par de larges ampoules semblables à celles qu'occasionne la piqûre de la punaise ou de l'ortie commune. Cette éruption se termine par la desquamation de l'épiderme et par la chute des poils.

D'abord, le pouls est ordinairement dur et fréquent; il devient bientôt ensuite petit et foible. Une adynamie complète remplace les symptômes de l'irritation abdominale, et le coma semble être la crise finale de la maladie, que l'on reconnoit d'une manière assurée au sentiment de picotement qui se manifeste dans les mains lorsqu'on les plonge dans de l'eau froide.

Si la mort n'arrive point, le rétablissement est lent, et souvent on voit persister encore pendant long-temps des douleurs dans les articulations des poignets, des genoux et des pieds, et quelquefois dans les os cylindriques; elles sont accompagnées de mouvemens involontaires, de tremblement et même, dit-on, d'hémiplégie et de paraplégie, et de gonflement œdémateux des pieds. Souvent encore, il y a ptyalisme et gonflement des glandes salivaires, ou la peau devient jaune comme dans l'ictère.

Quand la mort a lieu, c'est presque toujours au milieu de violentes convulsions.

Tels sont les terribles effets causés par l'ingestion de la chair des poissons dont nous venons de parler. Le tableau des indications thérapeutiques à remplir en pareille occurrence, ne peut être présenté dans un ouvrage de la nature de celui-ci. Ceux de nos lecteurs qui seroient curieux de s'instruire sur ce point, pourront consulter un ouvrage publié à Londres en 1815, par M. G. M. Burrows, sous le titre suivant : *Of two cases of death from eating mussels with some general Observations on fish-poison*, de même que le Traité de Médecine pratique du docteur Robert Thomas, de Salisbury, dont j'ai publié assez récemment une traduction françoise.

Au reste, tous ceux qui ont remarqué les phénomènes que nous venons d'indiquer ont dû nécessairement en rechercher la cause ; de là sont nées une foule d'hypothèses plus ou moins plausibles, que nous ferons connoître successivement en peu de mots à l'article Poissons, en examinant si le principe vénéneux existe dans l'estomac et le canal intestinal, dans le foie ou la vésicule biliaire, ou dans la substance entière de l'animal ; s'il dépend de la nature de ses alimens, d'une altération morbide du système entier de son économie, ou enfin s'il est un poison *sui generis*. (H. C.)

ICHU, OCSSA. (*Bot.*) Noms péruviens du *jarava*, genre de plante graminée de la Flore du Pérou, que MM. de Beauvois et Kunth regardent comme congénère du *stipa*, dont il ne diffère que par l'unité d'étamine. C'est, dans le pays, un fourrage estimé pour les bœufs. On l'emploie aussi pour faire des nattes et couvrir des chaumiéres ; on en fait encore des torches utiles dans les voyages de nuit. (J.)

ICICA. (*Bot.*) Voyez ICIQUIER. (POIR.)

ICICARIBA. (*Bot.*) Cet arbre du Brésil, cité par Marcgrave, est l'*amyris elemifera* Linn.; et la résine qui en découle est nommée *icica*. Aublet emploie ce dernier nom pour désigner un genre voisin et peu différent de l'*amyris*. Il y rapporte plusieurs espèces, et croit que l'*icicariba* doit en faire partie. (J.)

ICIME. (*Ichthyol.*) Nom d'un poisson qui vit dans les petits ruisseaux et les étangs vaseux du Groënland, et que la plupart des ichthyologistes du Nord ont rapporté au genre Salmone, sous la dénomination de *salmo rivalis*. Le mot *Icime* est danois. Voyez SALMONE. (H. C.)

ICIPO. (*Bot.*) Arbrisseau du Brésil, cité par Marcgrave, dont la tige grimpe le long des arbres. Il a des feuilles alternes, simples, lancéolées et dentées, des fleurs blanches à cinq pétales, chargées de beaucoup d'étamines, disposées en grappes terminales; son fruit n'a pas été observé. D'après sa description très-incomplète et la mauvaise figure donnée par l'auteur, l'*icipo* auroit peut-être quelque affinité avec le *tetracera*, dans la famille des dilleniacées. (J.)

ICIQUIER, *Icica*. (*Bot.*) Genre de plantes dicotylédones, à fleurs complètes, polypétalées, régulières, de la famille des *térébinthacées*, de l'*octandrie monogynie* de Linnæus, très-rapproché des *amyris*, offrant pour caractère essentiel : Un calice à quatre ou cinq dents ; quatre ou cinq pétales insérés sur le disque de l'ovaire, ainsi que les huit étamines ; un ovaire supérieur, entouré par un disque à sa base ; un style court ; un stigmate en tête, à quatre lobes ou sillons. Le fruit est un drupe coriace, à deux ou quatre valves : deux ou quatre osselets enveloppés d'une pulpe propre.

Ce genre est composé d'arbres résineux qui, la plupart, croissent dans les grandes forêts de la Guiane; leurs feuilles sont alternes, ailées avec une impaire; les fleurs petites, disposées en grappes ou en panicules axillaires. Ils fournissent une résine employée à plusieurs usages particuliers. Les iciquiers diffèrent très-peu des *amyris*. Plusieurs auteurs les y ont réunis avec assez de raison. Je n'en parle ici que parce qu'il n'en a pas été fait mention à l'article BALSAMIER (*amyris*).

Iciquier a sept feuilles : *Icica heptaphylla*, Aubl., *Guian.*, tab. 150; Lamk., *Ill.*, tab. 305 ; vulgairement Aroucou des Galibis, Arbre d'encens des Nègres. Arbre de trente pieds et plus, dont l'écorce est roussâtre, raboteuse, le bois blanc, rougeâtre dans le centre ; les feuilles ailées avec impaire, composées de cinq à sept folioles ovales, aiguës, lisses, entières. Les fleurs sont blanchâtres, disposées en grappes axillaires très-courtes : elles produisent des espèces de capsules coriaces, s'ouvrant en deux, trois ou quatre valves, et contenant autant d'osselets, enveloppés dans une pulpe rouge, d'un goût agréable. Lorsqu'on entame l'écorce de cet arbre, ou qu'on coupe quelques grosses branches, il en découle un suc clair, transparent, balsamique, résineux qui, étant desséché, devient une résine blanchâtre, dont quelques habitans se servent pour parfumer leurs appartemens. Cet arbre croît dans les grandes forêts de la Guiane, quelquefois dans les lieux sablonneux, aux bords de la mer; mais alors il est beaucoup plus petit. Il donne ses fruits dans le mois de septembre.

Iciquier a fleurs vertes : *Icica viridiflora*, Lamk., Encycl. ; *Icica guianensis*, Aubl., *Guian.*, tab. 151 ; vulgairement le Bois d'encens. Cet arbre ne s'élève qu'à quinze ou dit-huit pieds. Son écorce est ridée et roussâtre ; son bois blanc et léger ; ses feuilles composées de cinq folioles ovales, glabres, acuminées, très-entières; les fleurs petites, verdâtres, ramassées, pédicellées, les unes axillaires, les autres placées sur la partie nue des rameaux. Les fruits sont coriaces, jaunâtres, de la grosseur d'une noisette, s'ouvrant en deux ou quatre valves, renfermant autant d'osselets enveloppés d'une substance rouge et succulente. Cet arbre croît vers les bords de la mer, dans les forêts de la Guiane. Il découle de son écorce, lorsqu'on l'entame, un suc résineux, amer et balsamique, dont l'odeur approche de celle du citron. Ce suc, épaissi et desséché, devient une résine blanche ou jaunâtre. On l'emploie dans les églises, à Cayenne, aux mêmes usages que l'encens. Les Nègres sucent avec plaisir la substance rouge qui enveloppe les osselets ; elle est douce et agréable au goût.

Iciquier cèdre : *Icica altissima*, Aubl., *Guian.*, t. 152 ; vulgairement le Cèdre blanc, et une variété nommée le Cèdre rouge. Arbre de soixante pieds et plus, dont l'écorce est roussâtre, le bois rougeâtre et léger; les feuilles très-grandes, composées de sept à neuf folioles lisses, ovales, entières, quelquefois longues d'un pied, les fleurs disposées en grappes axillaires. Les fruits sont ovales; ils s'ouvrent en deux ou six valves épaisses, charnues, rouges en dedans, renfermant des osselets enveloppés d'une pulpe blanche, douce, d'un goût agréable : les créoles les sucent avec plaisir. Cet arbre croît à la Guiane, dans les forêts du quartier de Caux. Lorsqu'on entame son écorce, il en découle un suc balsamique et résineux.

Iciquier balsamifère; *Icica aracouchini*, Aubl., *Guian.*, tabl. 133. Arbre de douze à quinze pieds, dont l'écorce est lisse et cendrée, le bois blanc et cassant; les rameaux grêles, garnis de feuilles ternées ou à cinq folioles lisses, ovales, acuminées; les fleurs sont disposées en grappes simples, solitaires, axillaires : les fruits verts, s'ouvrant en deux ou quatre valves, contenant autant d'osselets anguleux, enveloppés d'une substance blanche et succulente. Cet arbre croît dans les forêts de la Guiane. Lorsqu'on l'entame, il en découle une liqueur jaunâtre, balsamique, aromatique, aussi fluide que la térébenthine, qui conserve long-temps sa fluidité. Les habitans s'en servent pour guérir les blessures. C'est particulièrement dans le fruit du petit coui (*crescentia cujete*, Linn.) qu'ils conservent ce baume que leur apportent les Galibis, qui le nomment *aracouchini*. Les habitans du pays en envoient en présent à leurs amis, comme quelque chose de précieux : les Caraïbes s'en parfument, en le mêlant avec de l'huile de *Cupara* et la fécule du rocou, mélange dont ils s'enduisent tout le corps, même les cheveux, pour se préserver de la pluie et se garantir des insectes, ne faisant usage d'aucuns vêtemens.

Iciquier a trois feuilles : *Icica enneandra*, Aubl., *Guian.*, tab. 134; vulgairement l'Araou des Galabis. Cet arbre se rapproche beaucoup du précédent; mais son tronc s'élève jusqu'à trente pieds; ses rameaux sont glabres et anguleux vers leur sommet; les feuilles composées de trois folioles ovales, entières, glabres, d'un vert clair; les fleurs petites, disposées sur de petites grappes rameuses et axillaires. Cet arbre croît dans les forêts de la Guiane. Il en decoule un suc propre, résineux et aromatique.

Iciquier décandrique : *Icica decandra*, Aubl., *Guian.*, tab. 135;

vulgairement le Chipa des Galibis. Arbre de quarante à soixante pieds de haut sur deux ou trois pieds de diamètre. Son écorce est roussâtre; son bois blanc, peu compacte; ses feuilles composées de cinq folioles fermes, glabres, ovales, acuminées, entières. Les fleurs sont petites, disposées en longues panicules axillaires; elles sont pourvues d'un calice à cinq dents, de cinq pétales renfermant dix étamines, d'un stigmate à cinq lobes. Le fruit est une sorte de capsule, grosse comme une cerise, ovale, un peu aiguë, verte en dehors, rouge en dedans, à cinq valves, renfermant autant d'osselets enveloppés d'une pulpe rose, d'un goût agréable. Lorsqu'on entame l'écorce, il en découle un suc résineux, blanchâtre, balsamique, d'une odeur approchant de celle du citron. Ce suc, en se desséchant, se convertit en une résine jaune, transparente, qu'on trouve par morceaux plus ou moins gros sur l'écorce ou au bas du tronc. Cette résine est apportée par les Galibis à Cayenne, où on l'emploie dans les églises au défaut d'encens. Cet arbre croît à cinquante lieues des bords de la mer, dans les grandes forêts de la Guiane. (Poir.)

ICMANE. (*Bot.*) Selon Ruellius, les Lucains, peuple ancien de l'Italie, voisin de la Calabre, nommoient ainsi le laurose, *nerium*. (J.)

ICORY. (*Bot.*) Voyez Hickery. (J.)

ICOSAÈDRE [Pollen]. (*Bot.*) La forme des grains qui composent la poussière fécondante des étamines est variée, et toujours la même dans les espèces du même genre. Dans le tragopogon, par exemple, les grains sont à vingt facettes ou icosaèdres. (Mass.)

ICOSANDRIE. (*Bot.*) Douzième classe du système sexuel de Linnæus, dans laquelle sont réunies les plantes qui ont vingt étamines insérées sur le calice. Ce nom est formé de mots grecs qui signifient vingt maris. (Mass.)

ICTAR. (*Ichthyol.*) Suivant Athénée, quelques peuplades anciennes nommoient ἴϰ]αρ ou ἰϰ]άρα, un petit poisson marin, qui paroît être l'Athérine. Voyez ce mot. (H. C.)

ICTÉRIE. (*Ornith.*) M. Vieillot a formé sous ce nom un genre de l'ordre de ses Oiseaux sylvains et de la famille des tisserands; et il lui a assigné pour caractères un bec assez robuste, entier, un peu arqué, pointu; des mandibules à bords fléchis en dedans;

des narines arrondies et à demi couvertes d'une membrane; une langue cartilaginense, bifide à la pointe; la bouche garnie de cils; les deux extérieurs des trois doigts de devant unis à la base, et l'interne libre. Ce genre ne comprend qu'une espèce, le *muscicapa viridis* de Gmelin et de Latham, l'*ampelis luteus*, ou cotinga jaune de Sparrmann, *Museum Carlson.*, pl. 70. Cette espèce, que M. Vieillot a figurée pl. 65 de ses Oiseaux de l'Amérique septentrionale, est son ictérie dumicole, *icteria dumicola*. Sa taille est de six pouces : le mâle a la tête et tout le dessus du corps d'un gris vert; les pennes alaires, bordées de la même couleur en dehors, sont brunes intérieurement. On voit un trait noir au-dessous du cercle blanc qui entoure l'œil, et une raie noire, partant de la mandibule inférieure, descend sur les côtés de la gorge, qui est d'un jaune vif; le bec et les pieds sont noirs. Le plumage est plus terne chez la femelle, dont les yeux ne sont pas entourés de blanc, et qui n'a pas de marque noire sur les côtés de la tête. Les jeunes en diffèrent peu.

Cet oiseau, que l'on trouve aux Etats-Unis, vit dans les buissons fourrés et dans les taillis arrosés d'une eau courante; il se nourrit d'insectes et de baies, et surtout de celles du *solanum carolinense*, ou morelle de la Caroline. Le mâle chante, au temps des amours, en s'élevant perpendiculairement à trente ou quarante pieds de hauteur, comme le pipi des arbres; et, après avoir fait une pirouette, il descend les pieds pendans. (Ch. D.)

ICTÉROCÉPHALE. (*Ornith.*) Ce nom est donné par Buffon au guépier à tête jaune, *apiaster icterocephalus*, de Brisson, *merops congener*, Linn. (Ch. D.)

ICTERUS. (*Ornith.*) Brisson applique ce nom générique aux troupiales, et M. Cuvier emploie aussi cette dénomination pour désigner les mêmes oiseaux, dont il fait une section de ses cassiques, *cassicus*. (Ch. D.)

ICTIN. (*Ornith.*) Voyez ICTINOS. (Ch. D.)

ICTINE, *Ictinus*. (*Bot.*) [*Corymbifères*, Juss.=*Syngénésie polygamie frustranée*, Linn.] Ce genre de plantes, que nous avons proposé dans le Bulletin des Sciences de septembre 1818, appartient à l'ordre des synanthérées, à notre tribu naturelle des arctotidées, et à la section des arctotidées-gortériées. Il présente les caractères suivans.

Calathide radiée : disque multiflore, régulariflore, androgyniflore ; couronne unisériée, liguliflore, neutriflore. Péricline supérieur aux fleurs du disque, plécolépide ; formé de squames plurisériées , irrégulièrement imbriquées , entregreffées à la base, foliacées, subulées, hérissées de très-longues soies denticulées. Clinanthe... (probablement alvéolé). Ovaires hérissés de poils longissimes ; aigrette stéphanoïde, denticulée au sommet, chaque dent prolongée en un long poil. Corolles de la couronne à languette longue, quadrilobée au sommet.

Icṭine fausse-piloselle ; *Ictinus piloselloides*, H. Cass., Bull. des Sc., septembre 1818. Tige herbacée, rameuse, grêle, cylindrique, striée, hérissée de poils qui sont garnis eux-mêmes d'autres poils très-petits. Feuilles alternes, sessiles, spatulées, hispides et vertes en dessus, tomenteuses et blanches en dessous. Calathides solitaires au sommet de la tige et des rameaux ; fleurs jaunes.

Nous avons étudié les caractères génériques et spécifiques de cette plante, dans l'herbier de M. de Jussieu, sur un échantillon recueilli, par Sonnerat, au cap de Bonne-Espérance. Les apparences extérieures semblent rapprocher l'*ictinus* de l'*hispidella* ; mais cette affinité apparente n'a aucune réalité ; car, outre que les caractères génériques sont très-différens, l'*ictinus* est une arctotidée, et l'*hispidella* est une lactucée. Voyez notre article Hispidelle. (H. Cass.)

ICTINIE. (*Ornith.*) M. Vieillot a tiré du mot *ictinos*, par lequel le milan étoit désigné en grec, le nom de ce genre, composé jusqu'à présent d'une seule espèce, qui est le *falco plumbeus* de Gmelin et de Latham, le *spotted tailed hobby* de ce dernier, *Synops.*, 1, pag. 106, n.° 92 ; le hobereau plombé de Daudin et de Sonnini ; le faucon d'un bleu terreux de M. d'Azara, n.° 37. M. Vieillot l'a décrit dans ses Oiseaux de l'Amérique septentrionale, sous la dénomination de milan-cresserelle, à cause de ses rapports avec ces deux espèces ; et il en a donné la figure n°. 10 bis. On a déjà dit, d'un autre côté, pag. 151 du supplément au tome V de ce Dictionnaire, que M. Cuvier, tom. I, pag. 324 de son Règne Animal, l'avoit rangé parmi les buses ; et M. Vieillot, ayant depuis examiné plus attentivement cet oiseau, et ayant trouvé qu'il s'écartoit des buses par la forme de son bec, par ses tarses grêles et sa queue carrée, a pris le parti de l'isoler des autres rapaces, et d'en former un genre caractérisé par un bec très-court, droit, comprimé latéralement; des mandibules dont la supérieure présente un dos étroit et des bords dilatés en une dent crochue et acuminée à la pointe, et dont l'inférieure, plus courte, est obtuse et échancrée vers le bout; des narines lunulées, obliques; des tarses courts et grêles; les extérieurs des doigts de devant unis à leur base par une membrane; les ongles courts et peu aigus; les ailes alongées, dont la première rémige est la plus longue, et les rectrices égales.

L'Ictinie bleuatre, *Ictinea plumbea*, Vieill., que l'on trouve dans les parties chaudes de l'Amérique septentrionale, à la Guiane, et dans les contrées méridionales, vers le 27° degré de latitude, est décrite par M. Vieillot, d'après un individu existant dans sa collection, comme étant longue de 16 pouces, et ayant la tête et le dessus du cou d'un gris bleuâtre, plus foncé sur le dos et le croupion; les couvertures supérieures et plusieurs pennes des ailes noires, ainsi que les rectrices, dont les latérales présentent trois marques blanches à leur côté interne; les parties inférieures d'un gris bleuâtre; le bec et la cire noirs; les yeux d'un rouge clair, les pieds d'un jaune orangé, et les ongles noirâtres.

Il paroît exister d'assez grandes variations dans la taille et la couleur des divers individus; mais, si ces dissemblances peuvent être attribuées à l'âge ou au sexe, la description de M. d'Azara en offre une plus importante, puisque, suivant lui, le tarse est *robuste*, tandis que, dans les caractères génériques, M. Vieillot le donne comme *grêle*. C'est probablement la première observation qui, jointe à la longueur de la queue, aura déterminé M. Cuvier à placer l'oiseau dont il s'agit parmi les buses.

Ces oiseaux se tenant long-temps suspendus au haut des airs, et voltigeant de côté et d'autre, M. d'Azara pense qu'ils font la chasse aux insectes. Quand ils se posent, c'est de préférence sur un arbre mort. (Ch. D.)

ICTINOS. (*Ornith.*) Ce mot et celui d'*ictin* désignoient, en grec, le milan, *falco-milvus*, Linn. (Ch. D.)

ICTIS. (*Mamm.*) Les Grecs donnoient ce nom à une espèce mammifère de la famille des martes, très-avide de miel, qu'ils n'ont point décrite, et que par conséquent on ne peut reconnoître. Les uns ont cru y voir le putois, d'autres l'hermine, le roselet; enfin MM. Cetti et Buni ont pensé que l'ictis étoit l'animal qu'en Sardaigne on nomme boca-mêle; mais eux-mêmes ont si imparfaitement décrit ce boca-mêle, qu'on ne peut s'en faire une juste idée, et que le problème reste encore à résoudre. (F. C.)

ICTHYOCOLLE. (*Chim.*) Pour la préparation de cette substance, voyez ICHTHYOCOLLE (Histoire Naturelle). Pour sa conversion en gélatine, voyez tome XVIII, pag. 293. (Cu.)

IDA (*Entom.*), nom d'un papillon de Gibraltar, voisin de celui de la piloselle, et figuré par Esper, planch. 92, fig. 2. (C. D.)

IDADHU, ITANA. (*Bot.*) Noms d'une plante graminée à épis réunis sur un point commun, comme dans le *digitaria* ou l'*eleusine*, et, d'après l'indication de Burmann, elle pourroit être le *cynosurus indicus* de Linnæus, maintenant reporté à l'*eleusine*. Cependant Linnæus, dans son *Fl. Zeyl.*, en fait une graminée paniculée; mais les deux phrases de Burmann et de Plukenet qu'il cite comme synonymes, paroissent appartenir, la première au *briza minor*, la seconde au *panicum brevifolium*, et sa propre phrase peut être reportée à un autre *panicum* (J.)

IDÆUS DACTYLUS. (*Foss.*) Quelques auteurs anciens ont donné ce nom aux bélemnites cylindriques à pointe émoussée et arrondie. (D. F.)

IDATIMON (*Bot.*), nom galibi, cité par Aublet, d'une espèce de quatelé de la Guiane, *lecythis idatimon*. (J.)

IDBARE. (*Ichthyol.*) On donne ce nom à un poisson des lacs du nord de l'Europe. C'est le *cyprinus idbarus*, qui appartient au sous-genre des ables, et qui n'est peut-être qu'une variété du *cyprinus idus* de Bloch et des autres ichthyologistes. Les Danois l'appellent *emd*, et Pontoppidan l'a décrit et figuré (*N. H. in Dænnemark*, tab. 15). Voyez ABLE dans le supplément du premier volume de ce Dictionnaire, CYPRIN et IDE. (H. C.)

IDDA, IDDAGHAS. (*Bot.*) Le *nerium divaricatum* de Linnæus est ainsi nommé à Ceilan, suivant Hermann. Un autre *idda* de Ceilan, cité par Burmann, est le *nyctanthes sambac* de Linnæus, maintenant reporté au *mogorium*. Il parle encore d'un troisième *idda*, qu'il assimile au *bel ericu* des Malabares, *asclepias gigantea* des botanistes. (J.)

IDE. (*Ichthyol.*) Gmelin, Bloch, 36, et M. de Lacépède ont décrit sous le nom de cyprin ide, *cyprinus idus*, un poisson que l'on trouve dans presque toute l'Europe septentrionale, au milieu des eaux des grands lacs d'Allemagne, de Suède, de Russie, etc. Il parvient à la taille de dix-huit pouces environ ; son ventre est blanc, ses nageoires pectorales sont jaunâtres ; ses catopes, variés de blanc et de rouge ; sa dorsale et sa caudale, grises. Sa chair est tendre et savoureuse ; ce poisson rentre évidemment parmi les ables, et nous croyons qu'il le faut désigner sous le nom de *leuciscus idus*. Voyez ABLE dans le Supplément du Ier volume de ce Dictionnaire. (H. C.)

IDÉE. Voyez INTELLIGENCE.

IDESIA. (*Bot.*) Scopoli donne ce nom au ropourier, *ropourea* d'Aublet, qui est le *canax* de Schréber. (J.)

IDICIUM. (*Bot.*) Necker divise le genre *Perdicium* de Linnæus en deux genres, qu'il nomme *Perdicium* et *Idicium*. Le *Perdicium* de Necker correspond au genre *Trixis* de M. Lagasca, et l'*Idicium* de Necker correspond au genre *Perdicium* de M. Lagasca. (H. CASS.)

IDIE, *Idia*. (*Polyp.*) M. Lamouroux, pag. 199 de son ouvrage sur les polypiers flexibles, a formé, sous ce nom, un genre de sa famille des sertulariées, pour une jolie espèce de sertulaire rapportée par MM. Péron et Lesueur, de leur voyage aux Terres Australes, et qui diffère des autres, en ce que les cellules, également alternes, sont distantes, saillantes, à sommet aigu et recourbé, et qu'elles sont portées sur des rameaux alternes, comprimés, naissant d'une tige peu flexueuse. Ce genre ne contient qu'une espèce, d'un décimètre de haut environ, de couleur fauve jaunâtre assez vif, et à laquelle M. Lamouroux donne le nom de IDLE SQUALE-SCIE, *I. pristis*, à cause de la disposition des cellules qui, ressemble un peu au vomer prolongé et armé de dents des squales scies. Il en donne la figure pl. 5, fig. a, B, C, D, E, de l'ouvrage cité. Il ne faut pas confondre ce genre avec celui que M. de Fréminville a nommé IDYE. (DE B.)

IDIOGYNES [ÉTAMINES] (*Bot.*), ne se trouvant pas dans la même fleur avec le pistil. (MASS.)

IDIOMORPHES. (*Foss.*) Les corps fossiles provenant des animaux ou des végétaux ont été désignés sous ce nom générique par quelques auteurs. (D. F.)

IDIOPHYTON (*Bot.*), un des noms grecs anciens, suivant Ruellius et Mentzel, du *leontopodium* de Dioscoride, mentionné précédemment sous celui de *cemos*, qui paroît être le *filago leontopodium* de Linnæus. (J.)

IDIOTHALAMES, *Idiothalami*. (*Bot.*) C'est, dans la Lichénographie d'Acharius, la désignation de la première classe de sa méthode, qui comprend tous les lichens dont les conceptacles et l'expansion ou substance propre, sont dissimilaires pour la couleur, comme pour la structure. Voyez Lichen. (Lem.)

IDMONÉE. (*Foss.*) Dans l'exposition méthodique des genres de l'ordre des polypiers, M. Lamouroux a donné le nom d'idmonée à un nouveau genre dont il établit ainsi les caractères : Polypier fossile rameux ; rameaux très-divergens, contournés et courbés, à trois côtés ; deux côtés couverts de cellules saillantes, coniques ou évasées à leur base, distinctes ou séparées, situées en lignes transversales, et parallèles entre elles, l'autre face légèrement canaliculée, très-lisse et sans aucune apparence de pores.

La seule espèce sur laquelle cet auteur a établi ces caractères, et qu'il a nommée idmonée triquètre, a été trouvée une seule fois dans la couche ancienne à polypiers, des environs de Caen. Sa grandeur est inconnue; la largeur des rameaux est de deux millimètres environ, et la longueur des cellules d'un demi-millimètre. On en voit une figure dans l'ouvrage ci-dessus cité, pl. 79, fig. 13, 14 et 15.

J'ai trouvé, dans la falunière de Grignon, département de Seine et Oise, une espèce de ce genre, qui ne diffère de la précédente que par la largeur des rameaux, qui n'est que d'un millimètre environ; sa grandeur est de dix millimètres. Ce polypier est divisé en huit rameaux, et paroît avoir été attaché par sa base.

Quoiqu'il soit rare de remarquer de l'analogie entre les corps trouvés dans des couches qui paroissent n'avoir pas été contemporaines, j'ai regardé cette espèce comme une variété de l'idmonée triquètre.

On en trouve encore deux autres espèces dans des couches qui dépendent du calcaire coquillier, savoir :

L'idmonée a échelons, *Idmonea gradata*, Def. Les cellules de cette espèce, au nombre de quatre à cinq sur la même ligne, sont disposées transversalement en échelons saillans; la largeur des rameaux est à peine d'un millimètre, quelques uns ont six millimètres de longueur; mais la fragilité de ce polypier n'a pas permis de le rencontrer entier : on le trouve à Hauteville, département de la Manche. · · ·

L'idmonée corne-de-cerf, *Idmonea coronopus*, Def. Les cellules de cette espèce sont rhomboïdales et disposées en rangées opposées sur une des surfaces du polypier où la réunion de ces rangées forme une sorte de crête. Sa longueur est de vingt millimètres. Sa base évasée prouve qu'il a adhéré sur d'autres corps. On le trouve à Hauteville, à Grignon et à Chaumont, département de l'Oise. (D. F.)

IDOCRASE. (*Min.*) *Hyacinthe brune des volcans*, ou *vésuvienne.*

Le minéral qui porte le nom d'idocrase se présente ordinairement en cristaux groupés, brillans et nets, dont le *facies*, et surtout la cassure ont quelque chose de gras, analogue à l'aspect luisant du zircon, de l'étain oxidé, etc.

La forme dominante de ces cristaux est celle d'un prisme à huit pans, court, obtus, dont les sommets sont occupés par une large face encadrée par une série de facettes plus ou moins nombreuses. Cette forme dérive d'un prisme rectangulaire, voisin du cube.

Le brun et le vert foncé sont les couleurs les plus ordinaires de l'idocrase; mais on verra bientôt que ce ne sont pas les seules teintes sous lesquelles on la rencontre.

La pesanteur spécifique de cette substance varie de 3,09 à 3,41 ; sa double réfraction est aisée à observer, et la facilité avec laquelle on peut fondre l'idocrase au chalumeau en un verre opaque, ne permet point de la confondre avec certains grenats communs et olivâtres qui lui ressemblent beaucoup au premier aspect. Cette ressemblance, au reste, en impose rarement aux minéralogistes exercés qui reconnoissent bientôt l'idocrase à son aspect luisant, à sa cassure brillante et comme huileuse, à la netteté et à la vivacité de ses facettes, lorsqu'elle est cristallisée, tandis que les grenats communs (*grossular*, W.) ont la cassure et la surface ternes, et même assez souvent raboteuses.

L'idocrase, analysée par Klaproth, a donné les principes suivans :

	Idocrase du Vésuve.	Idocrase de Sibérie.
Silice.	35,50.	42,00.
Chaux.	33,00.	34,00.
Alumine.	22,25.	16,25.
Fer oxidé.	7,50.	5,50.
	98,25	97,75

M. Lucas en rapproche l'analyse du grenat mélanite, qui est aussi un produit volcanique, ou au moins un minéral rejeté par les volcans; mais si les doses de silice et de chaux sont en effet les mêmes que dans l'idocrase du Vésuve, l'alumine qui ne se trouve que pour 6 centièmes dans le grenat mélanite suffiroit pour écarter toute idée d'identité entre ces deux substances, qui diffèrent d'ailleurs par leurs formes cristallines. Quant au minéral nommé *égeran*, qui a été trouvé à Eger, en Bohême, il ne paroît être qu'une simple variété de notre idocrase, dans laquelle on a cependant trouvé 3 centièmes de magnésie; aussi, l'opinion de M. de Monteiro n'est-elle point partagée par M. Borkowsky, auteur de l'analyse de l'égeran, qui se fonde, pour séparer les deux substances, sur ce que, suivant lui, l'égeran est essentiellement formé de silicate, d'alumine et de bisilicate de chaux, tandis que l'idocrase n'admet dans sa composition que du silicate d'alumine et du silicate de chaux (1).

Au reste, on trouve dans les analyses de l'idocrase une parfaite coïncidence entre les principes essentiels à la composition; mais, il faut l'avouer, une grande variation dans les proportions de ces mêmes principes. Nous touchons au moment où l'on décidera jusqu'à quel point les proportions peuvent entraîner le démembrement des espèces fondées sur la considération des formes primitives, et nous croyons qu'il est prudent de nous en tenir à ce principe immuable et fondamental, jusqu'à ce qu'il soit bien démontré qu'il ne suffit point à la fondation d'une espèce, lorsque d'ailleurs les analyses ne diffèrent que dans les proportions ou dans l'absence de l'apparition de quelques principes secondaires.

---

(1) Annales des Mines, tom. IV, pag. 149.

Parmi les variétés de formes de l'idocrase, nous citerons l'idocrase *unibinaire*, qui est composée d'un prisme à huit pans, terminé par des sommets à cinq faces, dont une horizontale, encadrée par les quatre autres. Tantôt les faces secondaires prennent
tellement d'accroissement, qu'elles masquent en quelque sorte
les faces du noyau primitif, tantôt ce sont les facettes addi-
tionnelles qui sont à peine sensibles sur le cristal. Le signe
représentatif de cette variété *unibinaire* est $\dfrac{M'\,G'\,\overset{2}{A}\,P}{M\ \ d\ \ C\ \ P}$

Id. soustractive. Même forme que la précédente, avec cette
seule différence, que les arêtes du prisme sont remplacées
par des faces secondaires; ce qui donne seize côtés à ces
cristaux, au lieu de huit. Le signe représentatif de cette variété
est $\dfrac{M^2 G^{2'}\,G'\,\overset{2}{A}\,P}{M\ \ h\ \ d\ \ c\ \ P}$

Jusqu'ici, chaque sommet n'est composé que de cinq facettes,
mais, dans d'autres variétés, ils se compliquent de plus en plus,
et à tel point, que l'une d'elles, nommée par M. Haüy *Ennéa-
contaëdre*, seroit composée, si le cristal étoit pourvu de ses deux
sommets, de quatre-vingt-dix facettes, savoir : trente-sept faces
à chaque pyramide, et seize pans sur le pourtour des prismes.
Le signe de cette variété est

$$\frac{M^2 G^{2'}\,G'\,\overset{\frac{1}{2}}{A}\,\overset{2}{A}\left({}^2A^{22}A^{\frac{3}{2}'}\,A\,{}^1B^2G^1\right)\overset{2}{B}P}{M\ \ h\ \ d\ \ r\ \ c\ \left(x\ \ s\ \ z\right)\ OP}$$

Outre les teintes sombres que nous avons indiquées ci-dessus, comme étant celles qui se présentent le plus souvent dans
l'idocrase, on peut encore ajouter les suivantes, qui sont plus
rares que les variétés brunes, olivâtres, verdâtres, noirâtres, etc.
du Vésuve, de l'Etna, telles sont:

L'idocrase *vert de pomme*, découverte par M. le D. Bonvoisin,
dans la montagne de la Ciarmetta, à l'extrémité de la vallée
d'Ala, en Piémont. Elle est accompagnée de pyroxènes cristallisés blanc-verdâtres, de grenats orangés et de plusieurs autres
substances remarquables par leurs belles cristallisations et leurs
vives couleurs.

L'idocrase *vert péridot*, du même lieu, susceptible d'être

taillée, et qui prend un très-beau poli (connu par M. Lé-
man.

L'idocrase *vert grisâtre*, de divers points des Alpes, des Pyrénées, de la Sibérie, du Kamtschatka.

L'idocrase *noire*. M. de Bournon cite cette variété qui vient
de Locana, dans la vallée d'Ala, comme étant l'une des plus
rares.

L'idocrase *opaque* d'Oravitza, dans le Bannat.

L'on a donc trouvé jusqu'à présent l'idocrase dans des terrains bien différens d'origine, savoir : dans les pays volcani-
sés récents, et dans des terrains primordiaux, c'est-à-dire, au
Vésuve et à l'Etna, dans les Alpes, les Pyrénées, la Sibérie, etc.

L'idocrase volcanique ne s'est pas encore trouvée dans les
produits des volcans éteints ; on ne l'a rencontrée jusqu'à présent que dans les roches qui paroissent avoir été simplement
rejetées et non fondues par les éruptions de l'Etna, et surtout du Vésuve. Ces roches sont presque entièrement composées de talc vert sombre, de mica noir, de calcaire grenu, de
felspath renfermant, avec l'idocrase, plusieurs autres minéraux cristallisés, assez rares dans d'autres terrains ; tels sont
les meïonites, les spinelles noirs ou pléonastes, les néphé-
lines, etc.

L'idocrase des terrains primitifs est souvent associée au
grenat, soit dans le calcaire des Pyrénées, soit dans le gneiss de
la vallée de Saint-Nicolas, en Valais, soit enfin dans les roches
serpentineuses de la Sibérie ou du Kamtschatka.

L'origine de l'idocrase volcanique, comme celle des amphi-
gènes, des pyroxènes et de plusieurs autres minéraux cristallisés, qui se trouvent aussi dans le produit des éruptions de ces
montagnes embrasées, est encore le sujet d'une contestation
entre les minéralogistes : les uns prétendent que ces substances
sont le produit immédiat de la volcanisation, et les autres les
considèrent comme ayant une origine antérieure, c'est-à-dire,
qu'elles auroient existé toutes formées dans les roches qui ont
servi d'aliment aux éruptions volcaniques ; nous pensons que
l'une ou l'autre opinion ne peut être exclusivement adoptée, car
nous sommes persuadés qu'il y a de nombreuses circonstances où
les substances se sont formées dans le cours même de l'éruption, soit par sublimation, soit par tout autre mode ; mais nous

sommes convaincus aussi que la plupart des laves qui contiennent
des cristaux empâtés, de telle nature qu'ils soient, les renfermoient tels qu'ils sont, à quelque modification près, avant
d'avoir été mis au jour sous la forme de courant, ou de toute
autre manière. En résumé, il nous paroît probable que toutes
les substances dont les cristaux sont empâtés, ont une origine
antérieure à celle dont les cristaux sont implantés, ou qui tapissent simplement les parois des cavités nombreuses dont les
laves sont criblées ; mais encore cela ne doit s'entendre que
pour les substances qui se trouvent dans les roches qui ont
évidemment coulé, et non pas pour celles qui ont été simplement rejetées sans altération sensible, comme cela paroît être
à l'égard de la roche qui contient l'idocrase du Vésuve. L'idocrase du Vésuve et la roche qui la renferme sont travaillées à
Naples : la première par les lapidaires, sous le nom de gemme, ou
d'hyacinthe du Vésuve, et l'autre par les marbriers, qui en font
des socles, des plaques et des tables de rapport. (Brard.)

IDOLE. (*Conchyl.*) Nom marchand et vulgaire donné à une
espèce de coquille du genre Ampullaire des conchyliologistes
modernes, dont Bruguière faisoit une espèce de son genre
Bulime, sous la dénomination de *bulimus urceus.* C'est le *nerita
urceus* de Muller. Voyez Ampullaire. (De B.)

IDOLE DES NÈGRES. (*Erpétol.*) On trouve, dans beaucoup
de voyageurs, le devin ainsi dénommé. Voyez Boa. (H. C.)

IDOLE DES MAURES. (*Ichthyol.*) Quelques voyageurs ont
ainsi appelé un poisson qui est probablement un chétodon,
d'après ce qu'ils en disent, et dont les Nègres s'abstiennent de
manger la chair par une sorte de superstition religieuse. D'autres ont décrit sous ce nom une espèce de marsouin. (H. C.)

IDOMÉNÉE (*Entom.*), nom d'un papillon chevalier grec,
à ailes dentelées, d'un brun réfléchissant le bleu en dessus ;
grises, avec deux grands yeux jaunâtres en dessous. Il est décrit par Cramer comme américain. Nous l'avons reçu du Brésil.
(C. D.)

IDOTÉE, *Idotea.* (*Crust.*) Genre de crustacés isopodes, voisins
des aselles, des ligies, des sphéromes et des cymothoées, et que
nous décrirons à l'article Malacostracés, où nous nous pro-
posons de traiter de l'organisation des crustacés en général,
et de leur distribution méthodique. (Desm.)

IDOU-MOULLI. (*Bot.*) Voyez Elicanto. (J.)

IDYE, *Idya*. (*Arachnoderm.*) M. de Fréminville, et par suite M. Ocken, dans son Système de Zoologie, tom. I, pag. 129, établissent, sous ce nom, un genre d'animaux que celui-ci range dans une famille particulière des médusaires, avec les genres Stéphanomie et Pyrosome, et qu'il caractérise ainsi : Corps cylindrique, lisse, en forme de sac alongé, sans aucun tentacule à la bouche; les parois renfermant de longs tubes garnis de cloisons transverses. M. Ocken y range trois espèces : l'une sous le nom de *Idya infundibulum* qui a trois pouces de long sur un et demi de large, avec huit plis dans ses parois; la seconde l'*Idya macrostoma* qui a à peu près la même longueur, avec neuf canaux dans ses parois, étendus de la bouche à l'extrémité postérieure; et la troisième, ou l'*Idya islandica*, a le même nombre de ces canaux qui ne s'étendent qu'au tiers antérieur du corps. Elle a deux pouces de long, et vient des mers d'Islande. C'est celle qui a été observée par M. de Fréminville. (De B.)

FIN DU VINGT-DEUXIÈME VOLUME.

IMPRIMERIE DE LE NORMANT, RUE DE SEINE, N.° 8.